INDUSTRIAL ENGINEER MANUFACTURING AUTOMATIZATION

생산자동화산업기사

한홍걸 편저

머리말

생산자동화라는 용어는 생산에 관여하는 모든 분야 즉, 산업 전반의 모든 분야라고 할 수 있다. 산업분야가 기계화 되면서 생산자동화는 모든 산업에서 중추적인 역할을 하게 되었으며 원가 절감에 지대한 역할을 하게 된다.

생산자동화는 감지장치(Sensor), 제어기기(Controller), 구동장치(Actuator), 및 기계장치(Mechanism)로 구성된 시스템으로 어느 공학 기술보다 광범위한 학문으로서 산업사회 경제 발전의 성장 동력이다.

본 교재는 수년간의 강의 경험을 통해 습득한 자료들을 토대로 생산자동화 산업기사를 준비하는 수험생들에게 필요한 내용만을 요약·정리하여 수록하였으며, 엄선된 예상문제의 풀이를 통하여 단기간에 생산자동화 산업기사 시험에 대비할 수 있도록 하였다.

본 교재만의 특징

- 국가기술자격 출제기준에 의하여 출제 과목별 체계적인 단원 분류 및 해설을 삽입하여 단기간에 시험 준비를 마무리 할 수 있다록 하였다.

- 각 단원마다 출제예상 문제를 엄선하여 수록하고 해설을 붙여 수험자가 쉽게 이해하고 문제를 해결할 수 있도록 하였다.

- 기존의 산업기사 출제문제들을 통해 학습자 스스로 자신의 수준을 평가할 수 있도록 하였다.

끝으로, 이 한권의 책이 나오기까지 여러모로 도움을 주신 모든 분께 고마움을 표하며, 특히 이 책을 출간하는데 아낌없이 노력을 쏟아주신 도서출판 한필 직원 여러분께 깊은 감사를 드린다.

한홍걸

목 차

PART 01 기계가공 및 안전관리 | 1

CHAPTER 01 기계가공 | 1

1. 측정기 ··· 3
2. 절삭이론 ··· 13
3. 선반 ··· 19
4. 밀링 ··· 29
5. 드릴링 · 보링 ·· 40
6. 세이퍼 · 슬로터 · 플레이너 ·· 49
7. 연삭 ··· 53
8. 정밀입자 및 특수가공 ·· 62
9. 기어절삭 ··· 69
10. 수기가공 및 브로칭 ·· 73
11. CNC 공작기계 ·· 82

CHAPTER 02 안전관리 | 111

1. 기계안전 ··· 112

Contents

PART 02 기계제도 및 기초공학 | 145

CHAPTER 01 기계제도 | 145

1. 제도의 기본 ·· 146
2. 기초제도 ·· 155
3. 기계제도의 실제 ·· 185
4. 끼워맞춤 공차 ··· 191
5. 기계 요소 제도 ·· 204

CHAPTER 02 기초공학 | 227

1. 기초수학 ·· 228
2. 재료역학 ·· 246
3. 기초역학 ·· 258
4. 기초전기 ·· 269

목 차

PART 03 자동제어 및 응용기기 | 295

CHAPTER 01 자동제어 | 295

1. 자동제어의 개념 ·· 296
2. 자동제어계의 분류 ·· 301
3. 자동제어공학에 필요한 기호 ·· 309
4. 자료의 표현 ·· 319
5. 자동제어공학의 수학적 기법 ·· 323
6. 블록선도 ··· 332
7. 물리계의 수학적 모델 및 제어계의 특성 ···························· 339
8. 자동제어계의 과도응답 ·· 346

CHAPTER 02 응용기기 | 359

1. PLC(Programmable Logic Controller) ······························ 360
2. 유압기기 ··· 369
3. 측정용 센서 ·· 378

Contents

PART 04 메카트로닉스 | 383

1. 반도체 및 센서의 기초 ·········· 384
2. 마이크로프로세서 ·········· 408
3. DC 및 AC 서보 모터 ·········· 424
4. 수의 진법 및 코드 ·········· 431
5. D/A 및 A/D 변환기 ·········· 443

PART 05 과년도 출제문제 |

1. 2013년 1회 과년도 출제문제 ·········· 450
2. 2013년 2회 과년도 출제문제 ·········· 467
3. 2013년 3회 과년도 출제문제 ·········· 485
4. 2014년 1회 과년도 출제문제 ·········· 502
5. 2014년 2회 과년도 출제문제 ·········· 520
6. 2014년 3회 과년도 출제문제 ·········· 538
7. 2015년 1회 과년도 출제문제 ·········· 556
8. 2015년 2회 과년도 출제문제 ·········· 574
9. 2015년 3회 과년도 출제문제 ·········· 592
10. 2016년 1회 과년도 출제문제 ·········· 610
11. 2016년 2회 과년도 출제문제 ·········· 629
12. 2016년 3회 과년도 출제문제 ·········· 651
13. 2017년 1회 과년도 출제문제 ·········· 671
14. 2017년 2회 과년도 출제문제 ·········· 693
15. 2018년 1회 과년도 출제문제 ·········· 714
16. 2018년 2회 과년도 출제문제 ·········· 736

01 PART

기계가공 및 안전관리

CHAPTER 01　SECTION 01　측정기
　　　　　　SECTION 02　절삭이론
　　　　　　SECTION 03　선반
　　　　　　SECTION 04　밀링
　　　　　　SECTION 05　드릴링 · 보링
　　　　　　SECTION 06　세이퍼 · 슬로터 · 플레이너
　　　　　　SECTION 07　연삭
　　　　　　SECTION 08　정밀입자 및 특수가공
　　　　　　SECTION 09　기어절삭
　　　　　　SECTION 10　수기가공 및 브로칭
　　　　　　SECTION 11　CNC 공작기계
CHAPTER 2　 SECTION 01　기계안전

SECTION 01 측정기

PART 01 기계가공 및 안전관리

기계제작시 공작물의 치수 및 표면 거칠기를 확인하기 위해서는 가공작업 중이거나 종료 후에 검사 및 측정을 하여야 원하는 치수 또는 모양을 얻을 수 있으며, 정밀도가 높아질수록 측정의 중요성은 증대된다.측정치는 물체의 온도상승이나 하강에 따라 측정오차가 발생하는데, 정밀측정의 표준온도는 20℃이다.

❶ 측정기의 특성

측정기는 얼마나 정확하게 측정하는 계기인가를 판단해야 하므로 다음과 같은 특성을 살펴봐야 한다.

(1) 감도(sensitivity)와 배율(factor of magnification)

감도란 지시의 변화와 그것을 주는 측정량의 변화와의 관계이며, 길이 측정일 경우 감도 대신에 배율을 사용한다.

(2) 측정력

대다수의 측정기는 필요한 힘만큼을 계산해야 하므로 인자는 기체층, 유막, 지방막 등이 있다.

(3) 기계적인 변형

(4) 열팽창 및 광학적인 오차

❷ 오차(Error) 및 측정의 방식

오차가 발생하는 원인은 계통적인 것과 우연적인 것이 있다. 계통오차란 동일조건하에서 항상 같은 크기와 같은 부호를 가지는 오차이며, 이러한 오차의 원인은 주로 측정기, 측정 방법, 및 피측정물의 불완전성 등이다.

	오차의 종류	원 인	실 례
우연오차	복잡한 영향에 의한 오차	갖가지 조건이 겹쳐서 일어나므로 원인 불명인 경우가 많다.	외부상황의 미세한 변동
고정오차	측정기의 고유오차	측정기의 구조상 또는 취급상에서 일어난다.	눈금, 나사 피치의 백래시, 측정압의 변화, 귀환오차.
	측정자의 개인오차	측정자의 버릇, 부주의, 숙련도에서 일어난다.	눈금을 읽는 버릇, 시차(視差)취급방법
	환경에 의한 오차	실온, 기압, 채광, 진동 등에서 일어난다.	온도변화, 압력변화, 탄성변형, 조명방법

> 아베의 원리(Abbe's principle) : "표준척과 피측정물은 동일 축 선상에 위치하여야 한다."이며 그렇지 않으면 측정 오차가 생긴다.

❸ 측정기의 종류 및 재료

측정기를 분류하면 길이 측정기, 각도 측정기, 평면 측정기로 구분할 수 있다.

① 길이 측정기 : 강철자, 직각자, 퍼스, 디바이더, 마이크로미터, 버어니어 캘리퍼스, 높이 게이지, 다이얼 게이지, 두께 게이지, 표준 게이지, 리밋 게이지, 광학 측정기 등

② 각도 측정기 : 각도 게이지, 직각자, 분도기, 컴비네이션, 사인바, 테이퍼 게이지, 만능 각도기(bebel protractor), 분할대 등

③ 평면 측정기 : 수준기, 직각자, 서어피스 게이지, 정반, 옵티컬플렛, 조도계 등

(1) 측정기의 재료

측정기의 재료는 특히 중요한 사항으로서 일반적으로 게이지 강을 사용하며 다음 사항을 만족하여야 한다.

① 열팽창 계수가 적고 변화율이 적을 것
② 경도가 커서 내마모성이 클 것
③ 정밀 다듬질이 가능하고 가공성이 양호할 것

(2) 길이 측정

1) 버어니어 캘리퍼스(Vernier calipers)

버어니어 캘리퍼스는 두 개의 측정 조오(measuring jaw)를 강재 곧은자와 결합한 측정구이다. 측정방법은 일반적으로 부척의 한눈이 본척의 n-1개의 눈금을 n등분한 것이다.

본척의 한 눈금을 A라하면 읽을 수 있는 최소 치수는 $\frac{A}{n}$ 이다.

종류는 M1(0.05), M2(0.02, 이동장치), CM(0.02)등이 있다.

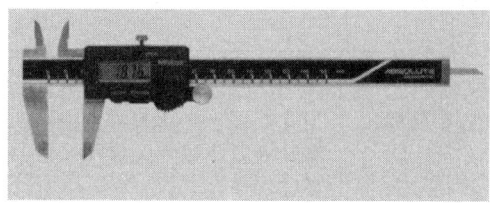

[그림 1-1] 캘리퍼스

2) 마이크로미터(micrometer)

정밀한 피치를 가진 나사 스핀들을 측정수단으로 하는 것으로 측정력을 일정하게 유지하기 위해 래칫 스톱(ratchet stop)으로 회전 모우멘트를 제한하도록 되어 있다. 종류로는 외측용, 지시용, 내측용, 깊이용 마이크로미터가 있다.

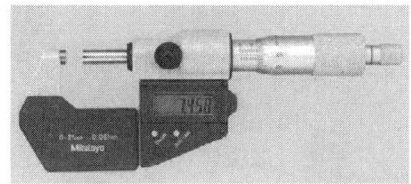

[그림 1-2] 마이크로미터

3) 하이트 게이지(height gague)

정반 위에 설치하여 공작물에 평행선을 긋거나 높이를 측정하는 데 사용

[그림 1-3] 하이트 게이지

4) 다이얼 게이지(dial gauge)

길이의 비교측정에 사용되며 평면이나 원통형의 진직도 또는 축의 흔들림 정도 등의 검사나 측정에 사용한다.

5) 미니미터(minimeter)

지렛대를 이용하여 측정량을 확대시키는 길이 측정기

6) 옵티미터(optimeter)

미니미터가 lever에 의한 측정자의 눈금확대인데 반해 옵티미터는 광학작용에 의해 측정하는 측정기이다.

그 외에 윤곽투상기(optical projector 또는 optical comparator) 전기 마이크로미터, 공기 마이크로미터 등이 있다.

(3) 단면측정

1) 블록 게이지(block guage)

각면을 밀착(wringing)시켜 필요한 치수를
만든 후의 길이를 기준으로 한다.
- AA-참조용
- A-표준용
- B-검사용
- C-공장용

[그림 1-4] 초경, 세라믹, 스틸블럭 게이즈

2) 한계 게이지

가공의 치수를 통과측과 제지측을 두어 허용공차 이내에서 측정하는 게이지로서 허용치수에는 최대치수와 최소치수가 있으며, 사용장소에 따라 축용과 구멍용 게이지가 있고 구멍용에는 통과측이 최소치수이며 제지측이 최대치수이다. 또한 통과측은 사용에 따라 마멸을 고려, 마멸여유를 주어야 하며 구멍용에는 원통형 플러그 게이지, 평형 플러그 게이지, 판 플러그 게이지, 봉 게이지가 있고, 축용으로는 링 게이지, 스냅 게이지가 있다.

● 테일러의 원리.

"통과측에는 모든 치수 또는 결정량이 동시에 검사되며 정지측에는 각 치수가 따로 따로 검사되지 않으면 안된다"이다.

(5) 각도의 측정

각도의 측정은 웜(worm)과 웜기어(worm gear)에 의한 방법과 반사에 의한 방법을 주로 사용하므로 길이측정에 대해 정도가 낮다.

1) 각도 게이지

각도 게이지는 서로 조합하여 임의의 각도를 만드는 것으로 요한슨(johanson)식과 NPL(영국국립물리연구소)식 등이 있다.

① 분도기(protractor)

만능 분도기(universal protractor) : 분도기에 버니어가 붙어 5' 단위로 공작물의 각도를 측정

② 수준기(level)

수평선 또는 수평면을 구하기 위한 기구이며 기포관수준기(봉형(棒形)수준기)와 원형수준기 두 종류가 있다. 정밀한 것은 모두 기포관수준기로 한 눈금은 $2mm$이다. 기포의 중심을 눈금의 중심에 낮추면 수평이 된다.

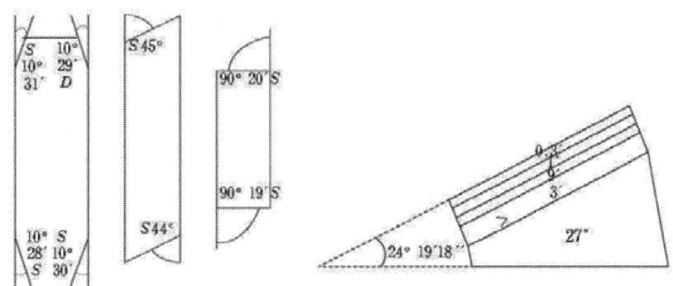

[그림 1-5] 요한슨식 각도게이지   [그림 1-6] NPL식 각도 게이지

③ 사인 바(sine bar)

정밀가공된 바를 2개의 로울러(steel pin) 위에 올려 놓고 측정물의 경사가 일치되도록 블록 게이지 롤러(steel pin)를 지지하여 계산한다.

$$\sin \alpha = \frac{H-h}{L}$$

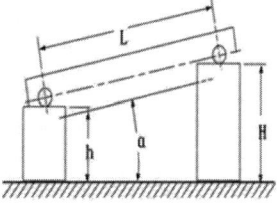

[그림 1-7] 사인바

④ 탄젠트 바(tangent bar)

$$\tan \alpha = \frac{\Delta h}{L}$$

4 거칠기

(1) 평면도와 진직도

평면도란 가공면이 이상적인 평면과 얼마만큼의 차이가 있는가를 나타내는 것이며, 진직도란 가공물의 직선부분이 이상적인 직선과의 차를 나타내는 것으로서 일반적으로 동시에 측정을 한다.

① 직정규(straight edge)
② 긴장강선
③ 광선정반(optical flat)

(2) 표면 거칠기(조도)(surface roughnes)

상대적으로 매우 작은 범위에서 면의 요철부분의 정도를 조도라 하며 높이, 폭, 방향으로 조도의 형상을 정해준다.

1) 조도의 표시방법

① 중심선 평균 조도
② 최대높이 조도
③ 10점 평균 조도

〈표 1-2 거칠기의 표시〉

a. 중심선 평균 거칠기=R_a	
중심선으로부터 아래쪽 면적의 합을 S1, S2 중심선으로부터 위쪽의 면적 합을 S2라 할 때, S1=S2가 되도록 그은 선을 중심선이라 한다. 다음 중심선 이하의 부분을 중심선 위로 올리면 파선과 같게 되고 이들의 면적의 합 즉 S1+S2=S를 구하고, 이 S를 측정길이 ℓ로 나눈 값이 R_a가 된다.	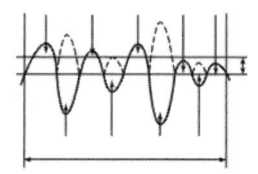
b. 최대높이=$R_{\max}$	
단면 곡선에서 기준 길이만큼 채취한 부분의 가장 높은 봉우리와 가장 깊은 골밑을 통과하는 평행한 두 직선의 간격을 단면곡선의 세로 배율 방향으로 측정하여 이 값을 단위로 표시한 것이다.	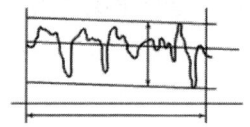
c. 10점 평균 거칠기=R_z	
단면 곡선에서 기준 길이만큼 채취한 부분에 있어서 평균선에 평행한 직선 가운데 측정한 가장 높은 곳으로부터 5번째까지 봉우리의 표고 평균값과 가장 낮은 곳으로부터 5번째까지의 골밑의 표고 평균값과의 차이를 단위로 나타낸 것을 말한다.	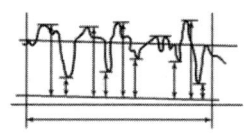

2) 조도의 측정방법

① 촉침법
② 광절단법
③ 광파간섭

❺ 나사측정

나사의 종류에는 사용목적에 따라 운동용 나사와 체결용 나사로 구분된다.
나사의 오차는 없도록 하여야 하며 체결용 나사에는 약간의 오차가 있더라도 큰 문제가 발생하지 않으나 운동용 나사에는 오차가 발생 시 공작기계 등의 정밀도에 큰 문제를 야기한다.
측정에 중요한 요인은 유효지름, 피치, 나사의 각도이다.

(1) 나사의 측정방법

1) 나사 마이크로미터에 의한 측정

나사용 마이크로미터 선단이 나사의 산과 골에 끼워지도록 되어 나사를 알맞게 끼웠을 때의 지시눈금이 유효지름이다.

2) 삼침법

나사의 골부에 적당한 굵기의 침을 3개 끼워서 침선의 밖에서 마이크로미터를 측정한 치수(M)를 식에 적용 유효지름을 계산하는 방식으로 가장 정확하다.

미터식나사 $d_2 = M - 3d + 0.86603p$

d_2 : 유효지름
d : 침의 지름
p : 나사의 피치

3) 광학적 방법(공구현미경)

렌즈나 거울을 사용하여 측정하는 방법이다

4) 암나사 내부 유효지름의 측정

볼과 블록 게이지를 사용하여 측정하며 측정방법은 삼침법과 유사하다.

SECTION 01 실전 예상문제

01 S-N 곡선과 관계있는 시험은?
① 인장시험　　② 충격시험
③ 피로시험　　④ 조직시험

1. Stress Number 107~8

02 버어니어 캘리퍼스는 아들자의 한 눈금은 어미자의 n-1개의 눈금을 n등분한 것이다. 어미자의 한 눈금을 A라고 하면 읽을 수 있는 최소값은?
① $n \cdot A$　　② $\dfrac{A}{n}$
③ $\dfrac{nA}{n-1}$　　④ $\dfrac{n-1}{nA}$

03 어미자에 새겨진 0.5mm의 24눈금(12mm)으로 25등분 할 때 어미자와 아들자의 1눈금의 차는 얼마인가?
① $\dfrac{1}{20}$ mm　　② $\dfrac{1}{24}$ mm
③ $\dfrac{1}{25}$ mm　　④ $\dfrac{1}{50}$ mm

3. $\dfrac{A}{n} = \dfrac{0.5}{25} = \dfrac{1}{50}$

04 다음 측정기 중 아베(Abbe)의 원리에 맞는 구조를 갖고 있는 것은?
① 다이얼 게이지　　② 하이트 게이지
③ 컴비네이션세트　　④ 외경 마이크로미터

4. 아베의 원리 : 표준척과 피측정물은 동일 축선상에 위치하여야 한다.

05 다이얼 게이지에 의한 측정은 어느 계측법에 속하는가?
① 영위법　　② 편위법
③ 보상법　　④ 치환법

5.
영위법 : 0부터 측정(자)
편위법 : 비교 측정

06 보통 버니어 캘리퍼스로 할 수 없는 측정은?
① 외측 측정　　② 유효경 측정
③ 좁은 폭의 외측 측정　　④ 내측 측정

6.
유효지름 측정 :
나사 마이크로미터, 삼침법

정답　1. ③　2. ②　3. ④　4. ④　5. ②　6. ②

07 C급 블록 게이지는 주로 어디에 사용되는가?
① 검사용　　② 표준용
③ 참조용　　④ 공장용

7.
AA-연구소용(참조용)
A-표준용
B-검사용

08 선반에서 절삭 속도를 구하는 식은 어느 것인가?
(단, D = 일감의 지름 ㎜, v = 절삭 속도 m/분, N = 1분간 회전수이다)
① $v = \pi DN$　　② $v = \dfrac{\pi D}{1000N}$
③ $v = \dfrac{\pi V}{D \times 1000}$　　④ $v = \dfrac{\pi DN}{1000}$

09 블록 게이지를 재질별로 구분할 때 그 종류가 아닌 것은?
① 전시용　　② 니켈-크롬강
③ 고탄소니켈강　　④ 고속도강

10 버니어 캘리퍼스에서 어미자의 눈금이 1mm일 때 아들의 눈금이 19mm를 20등분 할 때 최소 눈금은?
① 0.01　　② 0.05
③ 0.1　　④ 0.2

10. $\dfrac{A}{n} = \dfrac{1}{20}$

11 표면 거칠기를 측정하는 방법 중 틀린 것은?
① 요한슨식　　② 촉침식
③ 현미간섭식　　④ 광절단식

11. 요한슨식 : 각도측정

12 다음 측정기를 선택하는 기준 중 거리가 가장 먼 것은?
① 공차의 크기　　② 측정할 물체의 수량
③ 측정한계　　④ 측정물의 경도

13 어미자의 1눈금이 0.5mm이며, 아들자의 눈금이 12mm를 25등분한 버니어 캘리퍼스의 최소 측정값은?
① 0.01㎜　　② 0.02㎜
③ 0.04㎜　　④ 0.05㎜

13. 0.5÷25=0.02

정답　7. ④　8. ④　9. ①　10. ②　11. ①　12. ②　13. ②

14 외측 마이크로미터 또는 실린더 게이지 등의 2점 측정기로 얻어지는 읽음의 최대값과 최소값의 차를 구하여 측정하는 진원도 측정법은?

① 반지름법　　② 지름법
③ 삼점법　　　④ 삼침법

15 마이크로미터 측정면의 평면도 검사에 가장 적당한 기기는?

① 블록 게이지　　② 옵티컬 플랫
③ 옵티컬 페러렐　④ 다이얼 게이지

15.
- 블록 게이지 : 단면측정
- 다이얼 게이지 : 길이측정
- 옵티컬 플랫 : 평면측정기
- 평면측정기 : 수준기, 직각자, 서피스 게이지, 정반, 조도계

정답　14. ②　15. ②

SECTION 02 절삭이론

PART 01 기계가공 및 안전관리

1 절삭의 정리

공작물보다 경도가 높은 공구를 사용하여 공작물에서 칩(chip)을 깍아내는 것이 절삭(cutting)이며, 절삭하는 기계를 공작기계라고 할 수 있다. 절삭기계의 종류는 가공방법에 의한 분류 즉, 기구학적 운동에 의한 분류로 나눌 수 있으며 다음과 같다.

가공방법에 의한 분류
① 공구가 직선운동을 하며 절삭 : 선반, 세이퍼, 플레이너, 브로칭 머신
② 공구가 회전운동을 하며 절삭 : 밀링, 보링, 호빙
③ 공구가 회전운동과 직선운동을 동시에 하며 절삭 : 드릴링 머신

2 절삭이론

절삭이론에서 항상 고려해야 할 중요한 요소는 절삭의 기구, 절삭저항, 절삭온도, 다듬질면, 공구수명, 피삭성, 진동, 공작액 등이며 이들을 고려해야만 능률적이고 합리적으로 절삭이 가능하다.

(1) 절삭공구의 각도 명칭

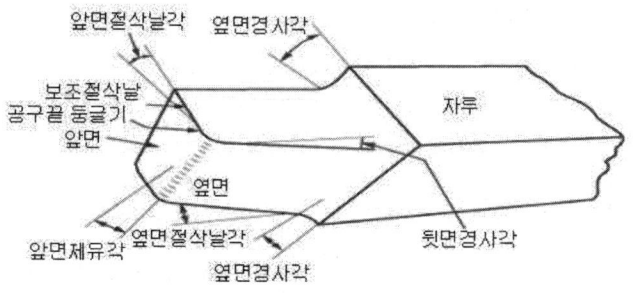

[그림 2-1] 절삭공구의 각도 명칭

(3) 칩의 종류와 형태

절삭이 시작되면 공작물은 공구에 의해 칩으로 제거되며, 칩의 모양은 크게 4가지로 구분할 수 있다.

1) 유동형 칩(flow type chip)

재료 내의 소성변형이 연속해서 일어나 균일한 두께의 칩이 흐르는 것처럼 연속하여 나오는 것
① 신축성이 크고 소성 변형하기 쉬운 재료(연강, 동, 알루미늄 등)
② 바이트의 경사각이 클 때
③ 절삭속도가 클 때
④ 절삭량이 적을 때

2) 전단형 칩(shear type chip)

압축을 받은 바이트 윗면의 재료는 칩이 연속적으로 발생하다가 가로방향으로 끊어지는 상태로 나오는 것이다. 칩의 두께가 자주 변하므로 절삭력도 변하며 진동을 일으키게 된다.
그러므로 가공면이 거칠다.
① 비교적 연한 재료를 작은 윗면 경사각으로 절삭시
② 유동형에서보다 뒷면 경사각이 클 때

3) 열단형 칩(tear type chip)

재료가 공구전면에 정착 공구 위를 미끄러지지 않고 아래 방향으로 균열이 발생한다.
그러므로 가공면은 뜯은 흔적이 남는다.
· 점성이 큰 재질을 작은 경사각으로 절삭 시

4) 균열형 칩(crack type chip)

열단형과 균열이 발생하는 것은 같으나 균열방향이 공구의 진행과 함께 절삭각이 작을 때는 비스듬히 위로 향하며 칩이 발생한다. 그러나 절삭각이 커지면 아래로 향하게 된다.
그러므로 다듬질면은 요철이 남고 절삭저항의 변동도 커진다.
① 주철과 같은 취성이 큰 재료를 저속 절삭 시
② 절삭 깊이가 크거나 경사각이 작을시

(3) 구성인선(built up edge)

바이트 등에 의해 절삭작업을 할 때 연강, 스테인레스강, 알루미늄 등과 같은 연질의 재료를 절삭시 절삭된 칩의 일부가 바이트 끝에 부착하여 절삭날과 같은 작용을 하면서 절삭을 하는 것을 구성인선이라 하며 발생 → 성장 → 분열 → 탈락 → 일부잔류 → 성장을 반복한다.
구성 날끝을 방지하려면 다음과 같은 것에 주의하여야 한다.
① 절삭깊이를 적게 하고 경사각의 윗면 경사각을 크게 한다.
② 절삭속도를 빠르게 한다.
③ 날 끝에 경질 크롬도금 등을 하여 윗면 경사각을 매끄럽게 한다.

(4) 절삭저항

바이트 절삭에서 절삭저항의 크기 및 방향은 여러 가지 원인에 의해 변화하나 일반적으로 절삭방향의 분력인 주분력, 이송방향의 분력인 횡분력, 절삭깊이 방향의 분력인 배분력으로 되며 분력의 크기는 주분력, 배분력, 이송분력의 순으로 주분력이 가장 크다.

> **절삭저항의 크기에 관계되는 인자**
> ㉠ 공작물의 재질
> ㉡ 바이트 날끝의 형상
> ㉢ 절삭속도
> ㉣ 절삭면적
> ㉤ 칩의 형상
> ㉥ 절삭각

(5) 공구수명

1) 공구의 수명은 바이트에서는 일정한 조건에서 더 이상 절삭할 수 없을 때까지의 시간(min)이거나 구멍을 뚫을 때는 절삭한 구멍 깊이의 총 절삭시간을 분(min)으로 나타낸 것이다.

2) 바이트에서의 절삭공구 수명 판정
① 백휘대 현상 : 가공면이 둔한 광택(크레이터링)
② 가공치수의 증대 : 플랭크 가공면의 마찰량 0.7mm
③ 절삭 저항 중 배분력과 주분력이 급격히 증가시

3) 절삭속도와 공구수명
테일러는 칩의 생성에 절삭속도가 공구수명의 중요인자라는 것을 실험을 통해 알아내었다.

$$VT^n = C$$

여기서, V : 절삭속도[m/min]
T : 공구수명[min]
n : 공구와 일감에 의해 변하는 지수
C : 공구수명을 1분으로 할 때의 절삭속도, 공구, 일감, 절삭조건에 의해 변화함

(6) 절삭제

절삭제란, 칩의 생성부에 붓는 액체이며 3가지 작용을 한다.
① 공구의 절삭면과 칩 사이의 마모감소, 공구수명 연장 (윤활작용)
② 온도상승방지 (냉각작용)
③ 칩의 용착방지 (세척작용)

1) 절삭유의 장점

① 절삭저항 감소
② 공구수명 연장
③ 다듬질면 향상
④ 치수 및 정밀도 유지
⑤ 절삭칩의 흐름을 도움

2) 절삭유의 종류

① 수용성 : 냉각작용이 큰 물에 방청제나 유화제를 첨가,
주로 광물성 기름을 비눗물에 녹인 것으로 유백색의 색깔임
② 불수용성 : 광물유, 동식물유와 두 가지를 혼합한 혼합유 및 절삭공구가 고압상태에서 마찰을 받을 시 사용하는 극압유가 있다. 극압유의 첨가재로는 황, 염소, 납, 인 등의 화합물 첨가

SECTION 02 실전 예상문제

01 주철의 절삭제는?
① 광물성 기름
② 피마자 기름
③ 그리이스
④ 사용하지 않음

02 바이트의 수명 방정식(테일러의 공식)은 어느 것인가?
① $T^n = \dfrac{C}{V}$
② $T^n = \dfrac{V}{C}$
③ $T^n = VC$
④ $T^n = \dfrac{VC}{2}$

03 Silvegr White Cutting법과 관계가 가장 깊은 것은?
① 빌트업에지
② 경작형 칩
③ 유동형 칩
④ 2차원 절삭

04 주철을 절삭할 때의 일반적인 칩(chip)의 형태는?
① 유동형
② 일단형
③ 전단형
④ 균열형

05 다음 금속 중 구성인선이 발생하지 않는 금속은?
① 연강
② 황동
③ 알루미늄
④ 주철

06 절삭공구가 가져야 할 기계적인 성질은?
① 내충격성, 내열성, 담금성, 강인성, 절연성
② 고경도성, 내충격성, 자성
③ 내식성, 내열성, 담금성, 내마모성, 취성
④ 내마모성, 강인성, 고온경도성

---

1. 광물성 기름 : 고속경절삭, 비철금속에 사용 점도가 낮고 냉각성이 크다.

2. $VT^n = C$

3.
· 경작형 칩(열단형 칩) : 가공면 아래쪽으로 균열이 발생해 진행하다가 도달하면 균열이 정지되고 전단면을 따라 파단되어 칩발생
· 유동형 칩 : 공구선단의 전단면에서부터 슬립형태의 소성변형이 연속적으로 발생

4.
· 구리, 구리합금, 알루미늄 같은 인성이 있는 것 : 조건에 따라 유동형, 전단형, 열단형의 칩 발생
· 주철같은 취성재료 : 균열형 칩

5.
· 연성이 큰 공작물을 절삭할 때 발생
· 방지법 :
  ㉠ 절삭속도를 크게 한다.
  ㉡ 공구경사각을 크게 한다.
  ㉢ 적당한 절삭제 사용한다.
  ㉣ 절삭깊이를 작게 한다.

6.
· 기계적 성질 : 강도, 경도, 인성, 메짐성, 피로, 크리이프 연성, 전성, 가단성, 주조성, 연신율, 항복점
· 구비조건 :
  ㉠ 고온경도가 높을 것
  ㉡ 마모 저항이 클 것
  ㉢ 강인성이 클 것
  ㉣ 낮은 마찰일 것
  ㉤ 조형이 용이할 것
  ㉥ 적당한 가격일 것

정답 1. ④ 2. ① 3. ① 4. ④ 5. ④ 6. ④

07 구성인선(built up edge)의 주기를 나타낸 것으로 맞는 것은?

① 발생 → 성장 → 탈락 → 분열
② 발생 → 분열 → 탈락 → 성장
③ 발생 → 탈락 → 분열 → 성장
④ 발생 → 성장 → 분열 → 탈락

08 절삭유의 가장 큰 목적은?

① 냉각 작용   ② 방부 작용
③ 유동 작용   ④ 방청 작용

09 일감의 재질이 유연하고 인성이 많은 재료에서 유동형 칩의 발생과 관계 없는 것은?

① 절삭속도가 클 때
② 바이트 윗면 경사각이 클 때
③ 절삭깊이가 작을 때
④ 절삭깊이가 클 때

10 금형에서 윤활유의 사용 목적 중 틀린 것은?

① 냉각 작용   ② 마찰 감소
③ 방청 작용   ④ 수명 감소

11 절삭 공구 재료의 구비 조건을 나열한 것이다. 틀린 것은?

① 내마멸성이 좋을 것
② 강인성이 클 것
③ 고온에서 경도가 높고 취성이 클 것
④ 피삭제가 굳고 질길 것

12 절삭제의 구비 조건이 아닌 것은?

① 방청, 방식성이 좋을 것
② 인화점, 발화점이 낮을 것
③ 냉각성이 충분할 것
④ 장시간 사용해도 변질하지 말 것

---

7. 칩의 일부가 가공 경화하여 절삭날 끝에 부착되어 날과 같이 절삭하는 현상 1/100초~1/300초의 주기로 발생→성장→분열→탈락

8.
· 절삭제 사용시
㉠ 마찰감소 ㉡ 절삭부 온도저하
㉢ 칩 제거 ㉣ 가공면의 조도 향상
㉤ 공구 수명연장 ㉥ 구성인선 방지
· 조건 :
  ㉠ 냉각성 大
  ㉡ 윤활성 大
  ㉢ 부식성이 없어야 함
  ㉣ 화학적 물리적 안정성
  ㉤ 냄새 독성 無

9. 유동형 칩 발생시 조건은 연성 재료일 때, 이송속도가 작을 때, 공구 상면경사각이 클 때, 절삭속도가 빠를 때, 적당한 절삭제에 의해 끝날부분의 온도가 낮을 때

10.
냉각성, 유동성 - 청정 작용

11. 취성이 작을 것, 마모저항이 클 것, 강인성이 클 것, 낮은 마찰일 것

12.
조건
  ㉠ 냉각성이 클 것
  ㉡ 윤활성이 클 것
  ㉢ 부식성이 없어야 함
  ㉣ 화학적, 물리적 안전성
  ㉤ 냄새 독성이 없을 것
  ㉥ 고온에서 쉽게 연소하지 않고 연기가 나지 않아야 함
  ㉦ 저점도라야 함

정답   9. ④   8. ①   9. ④   10. ④   11. ③   12. ②

SECTION 03 선반

PART 01 기계가공 및 안전관리

❶ 가공방식

선반은 공작물에 회전운동을 주고 절삭공구에 직선운동을, 즉 주축에 고정한 일감을 회전시키고 공구대에 설치된 바이트에 절삭깊이와 이송을 주어 일감을 절삭하는 기계로서 공작기계 중 가장 많이 사용한다.

① **바깥지름 절삭** : 바이트를 회전축에 평행하게 보내어 원주 등의 외주를 깎는다.

② **단면절삭** : 환봉의 면을 깎는 것으로 축과 직각방향으로 바이트 날끝을 보내어 깎는다.

③ **절단작업** : 바이트를 축에 직각으로 보내어 재료를 절단한다.

④ **테이퍼절삭** : 바이트를 회전축과 경사시켜 보내면서 외면 또는 내면을 깎는다.

⑤ **곡면절삭** : 바이트에 전후, 좌우의 복합이송을 주어 깎는다.

⑥ **구멍뚫기** : 바이트를 회전축에 평행하게 보내어 구멍을 뚫거나 내면을 깎는다.

⑦ **나사절삭** : 바이트를 좌우방향으로 규칙적으로 보내어 나사의 모양을 만든다.

⑧ **정면 절삭** : 넓은 면을 절삭하는 것으로 바이트의 날끝을 깎는 면과 직각으로 하여 축과 직각방향으로 보내어 깎는다.

⑨ **총형절삭** : 특수형상의 날끝의 바이트를 축과 직각방향으로 보내어 깎는다.

⑩ **롤렛작업** : 롤렛을 원통의 외주에 밀어 넣어 좌우방향으로 보내어 껄끄럽게 만드는 것이다.

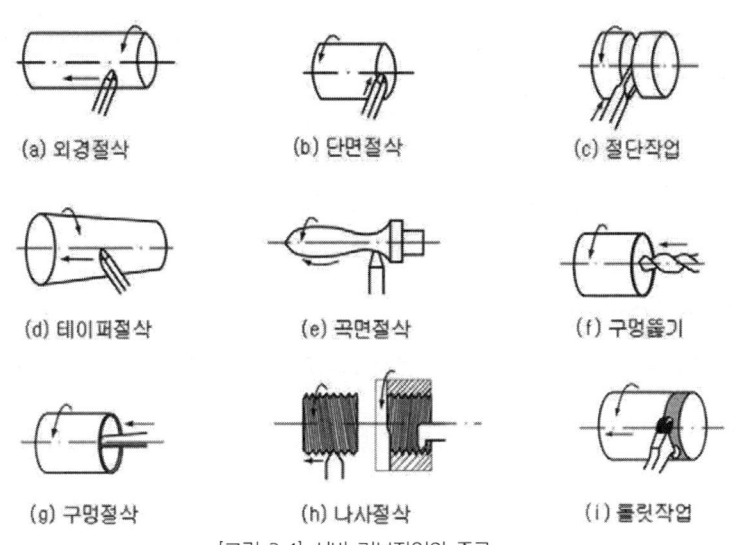

[그림 3-1] 선반 기본작업의 종류

❷ 선반의 구조와 명칭

선반은 일반적으로 주요 구성부분을 표시하면 주축대, 심압대, 왕복대 및 베드와 다리로 구성되어 있다.

(1) 주축대

베드의 윗면 왼쪽에 위치하며 전동기의 회전을 받아 스핀들을 여러 속도로 회전시키는 변속기어장치를 가진 선반의 주요 부분의 하나이다.
긴 봉재를 스핀들에 물리거나 콜릿척을 장치하도록 주축(main spindle)은 속이 비어 있다.

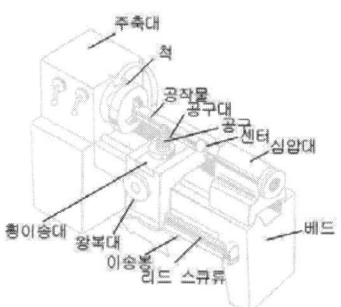

(2) 심압대

베드의 윗면 오른쪽에 위치하며 오른쪽 끝을 센터로 지지하는 것이 본래의 역할이나 센터를 빼고 드릴을 부착 구멍뚫기에도 사용한다. 또한 편위 조절 나사를 이용 테이퍼 절삭도 가능하다.

(3) 왕복대

왕복대는 베드 윗면에서 주축대와 심압대 사이를 미끄러지면서 운동하는 부분으로 에이프런(apron), 새들(saddle), 복식공구대(compound tool rest) 및 공구대(tool post)로 구성되어 있다.

① 에이프런 : 이송기구, 자동장치, 나사 절삭장치 등이 내장되어 있으며 나사절삭시 이송은 하프너트(half nut or split nut)를 리드 스크루에 맞물리고 왕복대를 이동시켜 전달한다.
② 복식공구대 : 임의의 각도로 회전시키며 큰 테이퍼 가공이 가능하다.
③ 새들 : 베드면과 접촉하여 이송하는 부분이며 H자로 되어 있다.

(4) 베드(bed) 및 다리(leg)

베드는 공작 정도를 유지하는 선반의 몸체로서 강력한 구조로 하고 안내면은 정도와 내구성을 갖도록 하여야 한다.
다리는 기계전체를 필요한 높이로 지지하기 위한 것으로 소형선반에서는 일체의 박스형으로 한다.

③ 선반의 종류

〈표 3-1〉 선반의 종류와 크기 표시법

종 류	크 기 표 시 법
보 통 선 반	베드 위의 스윙, 양 센터 사이의 최대거리 및 왕복대 위의 스윙
탁 상 선 반	
모방선반(模倣旋盤)	
다 인(多刃) 선 반	
공 구 선 반	
릴 리 빙 선 반	
정 면 선 반	베드 위의 스윙 또는 면판의 지름 및 면판에서 왕복대까지의 최대거리
터 릿 선 반	베드 위의 스윙, 왕복대 위의 스윙, 주축 위 터릿면 사이의 거리
탁 상 터 릿 선 반	터릿대의 최대이동거리 및 봉재공작물의 최대지름
자 동 선 반	공작물의 최대지름 및 최대길이

④ 선반의 부속장치

(1) 척(chuck)

공작물을 고정하기 위한 조(jaw)가 있어서 이것으로 공작물을 물어서 고정하는 일종의 바이스
① 단동척 : 4개의 조가 각각 별도로 움직여서 강한 체결력이 있다.
　　　　　단동척의 크기는 척의 외경으로 표시한다.
② 연동척 : 스크롤 척이라고 하며, 3개의 조(jaw)가 동시에 움직여서 체결력이 적다.
③ 콜릿척 : 환봉이나 각봉재를 가공할 때 자동선반이나 터릿선반 등에서 사용하는 척으로 척이 원판 스프링의 힘에 의해 고정된다.
④ 복동척(combination chuck) : 단동척과 연동척을 겸용할 수 있으며, 불규칙한 현상의 가공물이 많을 때 편리하다.

(2) 면판(face plate)

크기가 다르거나 복잡한 형상의 공작물을 고정할 때 구멍에 볼트 또는 보조 고정구를 사용하여 고정한다.

(3) 센터(center)

주축이나 심압대 축에 끼워 공작물을 고정할 때 사용한다.
① 회전센터 : 주축에 삽입하여 주축과 함께 회전
② 정지센터 : 심압축에 끼워 정지상태로 사용하는 센터
　　　　　ex) 하프센터 : 센터구멍이 뚫린 부분의 단면을 절삭
③ 센터의 각도는 보통 60°로 하며, 센터자루의 테이퍼는 모스테이퍼(1/20)로 되어 있다.

(4) 회전판과 돌리개(dog of carrier)

회전판은 센터작업시 주축의 회전을 공작물에 전달하기 위해서 주축의 앞끝을 고정하는 원형판이며, 돌리개란 센터작업시 공작물에 고정해서 회전판의 회전이 공작물에 전달되도록 연결시키는 부품이다.

(5) 심봉(mandrel)

기어나 풀리(pulley)와 같이 중앙에 구멍이 있을 시 구멍에 맨드럴을 끼워 고정하고 맨드럴을 센터로 지지한 다음 작업한다.
종류로는 단체 맨드럴, 팽창식 맨드럴, 너트 맨드럴, 테이퍼 자루 맨드럴, 갱 맨드럴 등이 있으며, 갱 맨드럴은 여러 개의 공작물을 맨드럴에 끼우고 다른 끝을 너트로 죄어 고정하는 방식으로 두께가 얇은 공작물을 동시에 많이 가공할 때 사용한다.

(6) 방진구(stedy rest)

공작물이 지름에 비해 길이가 너무 길 때는 굽힘이 발생하여 진동을 수반한다.
이를 방지하기 위해 중간에 지지구를 사용한다.
① 고정식 방진구 : 베드 위에 고정하여 3개의 조로 공작물 고정
② 이동식 방진구 : 왕복대 위의 새들에 방진구를 설치 공구의 좌우이송과 더불어 이송

5 절삭조건 및 선반가공

(1) 절삭조건

1) 절삭속도

$$V = \frac{\pi d n}{1000} \, \text{m/min}$$

바이트에 대한 일감의 표면속도를 말하며, 경제적 절삭속도는 60~120분 정도이다.

2) 이송

매회전시마다 바이트가 이동되는 거리를 말하며 mm/rev로 표시한다.

3) 절삭깊이

바이트가 일감의 표면에서 깎는 두께를 절삭깊이라고 하며 mm로 표시한다.

(2) 테이퍼 절삭 작업

1) 심압대 편위에 의한 방법 : 일감이 길고 테이퍼가 작을시 적합

$$x = \frac{(D-d)L}{2l}$$

2) **복식공구대에 의한 방법** : 일감의 길이가 짧고 경사각이 큰 테이퍼 가공시 적합

$$x = \frac{(D-d)}{2}$$

3) **테이퍼 절삭장치에 의한 방법**

선반 뒤의 테이퍼 절삭장치에 왕복대를 연결하고 왕복대를 이동시켜 테이퍼 절삭을 하는 장치로서 테이퍼각은 절삭장치 슬라이드의 기울임 각으로 정한다.

(3) 나사절삭작업

1) **절삭원리**

왕복대 에이프런 내의 하프너트(half nut, split nut)를 리드 스쿠루에 연결, 나사를 가공하며 자동반복을 매공정마다 하기 위해서는 체이싱 다이얼을 이용한다.

2) **변환기어**

나사를 절삭하기 위해서는 단차가 필요하며, 영국식 선반과 미국식 선반이 있다.
① 영국식 선반 : 잇수가 20개에서 120개까지 5개씩 증가 인치계 나사를 절삭하기 위해 127개 잇수 1개
② 미국식 선반 : 잇수가 20개에서 64개까지 4개씩 증가 이외에 72, 80, 120, 127개 잇수 1개

3) **변환기어 계산**

변환기어에는 2단걸기와 4단걸기가 있는데, 속비가 $\frac{1}{6}$보다 적을 때는 4단 걸기로 한다.

2단걸기 $\quad \dfrac{\text{절삭할 나사의 피치}}{\text{리드 스쿠루 피치}} = \dfrac{A}{D}$ (단식)

4단걸기 $\quad \dfrac{\text{절삭할 나사의 피치}}{\text{리드 스쿠루 피치}} = \dfrac{A \times C}{B \times D}$ (복식)

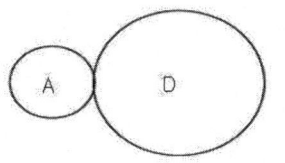
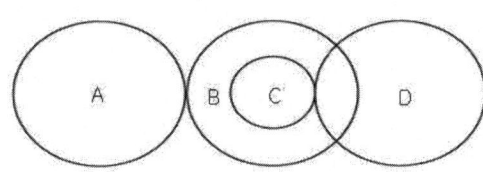

[그림 3-3] 2단 걸기와 4단 걸기

SECTION 03 실전 예상문제

01 가늘고 긴 공작물의 가공시 자중으로 인한 처짐을 방지하기 위해 사용하는 선반의 보조기구는?

① 돌리개 ② 돌림판
③ 방진구 ④ 클릿척

02 선반에서 길이가 지름의 몇 배 이상일 경우에 방진구를 사용하나?

① 6배   ② 12배
③ 16배 ④ 20배

03 선반작업에서 절삭속도가 60m/min이고 절삭 저항력이 250kg일 때 절삭 동력은 약 몇 마력인가?

① 3.3 ps ② 3.0 ps
③ 2.5 ps ④ 2.0ps

04 지름 20mm의 재료를 600rpm으로 회전시키며 절삭할 때의 절삭속도는 몇 m/min인가?

① 57.68 ② 17.68
③ 47.68 ④ 37.68

05 다음 그림과 같은 테이퍼를 가공하려고 한다. 심압대를 편위시키는 편위량을 얼마로 하면 되는가?

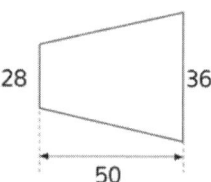

① 10mm ② 8mm
③ 6mm   ④ 4mm

1.
- 돌리개 : 센터 작업을 할 때 공작물에 고정해서 회전판의 회전이 돌림판 공작물에 전달되도록 연결시키는 역할
- 클릿척 : 환봉이나 각봉재를 가공할 때 사용

2. 방진구 : 가늘고 긴 공작물을 가공할 때 자중으로 처짐을 방지하기 위해 사용

3. $H = \dfrac{F \cdot V}{75} = \dfrac{25 \times 60}{75 \times 60} = 3.3$

4. $V = \dfrac{\pi D N}{1000} = \dfrac{\pi \cdot 20 \cdot 600}{1000}$

5. $\tan\theta = \dfrac{D-d}{2L}$

편위량 $\dfrac{D-d}{2} = \dfrac{36-28}{2} = 4$

정답 1. ③ 2. ④ 3. ① 4. ④ 5. ④

06 선반에서 백 기어를 설치한 목적은 다음 중 어느 것인가?
① 가공시간을 단축하기 위해서
② 주축의 변환 속도의 폭을 넓히기 위해서
③ 가볍게 회전시키기 위해서
④ 소비 전력을 줄이기 위해서

6. 저속강력 절삭을 위해, 회전수를 작게 한다.

07 선반에서 테이퍼를 절삭할 때 심압대를 편위 시키는 방법이 있다. 심압대의 이동량을 x, 테이퍼의 길이를 ℓ, 공작물의 길이를 L, 테이퍼 양쪽의 지름을 d, D라고 하면 심압대의 편위량을 구하는 공식은 어느 것인가?

① $y = \dfrac{D-d}{2L}$ ② $x = \dfrac{2\ell}{(D-d)L}$
③ $x = \dfrac{(D-d\ell)}{2L}$ ④ $x = \dfrac{(D-d)L}{2\ell}$

7.
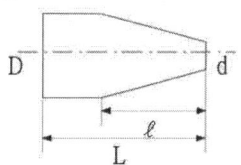

08 다음 절삭저항 중 가장 적은 분력은?
① 주분력   ② 배분력
③ 횡분력   ④ 이송분력

8. 주분력 > 배분력 > 이송분력 (횡분력)

09 다음 중 대량 생산용 자동 선반에서 많이 사용되는 척은?
① 연동척   ② 단동척
③ 복동척   ④ 콜릿척

9.
· 연동척 : 척의 조는 3개로 되어 있고 동시에 방사상으로 진퇴하게 되며, 공작물의 단면이 원형, 6각형 같은 공작물을 물린다.
· 단동척 : 나사가 각각 조마다 별개로 되어 있어 조가 단독으로 움직이며 공작물의 단면이 불규칙한 것, 편심가공할 때 쓰인다.
· 복동척 : 단동식 또는 연동식으로 겸용. 불규칙한 형상 가공시
· 콜릿척 : 환봉이나 각봉재를 가공할 때 자동선반이나 터릿선반에서 사용한다.

10 절삭력을 3분력으로 나눌 때 주분력(P_1), 배분력(P_2), 횡분력(P_3)으로 부른다. 그 크기 표시가 맞는 것은?

① $p_1 > p_3 > p_2$ ② $p_1 > p_2 > p_3$
③ $p_2 > p_1 > p_3$ ④ $p_3 > p_1 > p_2$

10. 주분력 > 배분력 > 횡분력
횡분력을 이송분력이라고 함

11 영식선반으로 미터나사를 절삭할 경우 기어 중 꼭 필요한 것이 1개 있다. 어느 것인가?
① 117   ② 125
③ 127   ④ 130

11. 유니파이 나사 때문에 필요하다.

정답 6. ② 7. ④ 8. ④ 9. ④ 10. ② 11. ③

12 선반에서 심봉(mandrel)을 사용하는 목적은?
① 구멍과 외면이 동심원이 되게 하기 위하여
② 구멍 때문에 직접 센터 사용을 할 수 없기 때문에
③ 작업이 용이하기 때문에
④ 정확한 치수를 얻을 수 있기 때문에

13 리이드 스쿠루우 피치가 4mm인 영국식 선반에서 나사의 피치가 1mm인 나사를 가공하려고 할 때 변환기어의 잇수는?
① 20, 40   ② 20, 80
③ 10, 40   ④ 30, 60

13. 5의 배수
$$\frac{1}{4} = \frac{20}{80}$$

14 선반에서 백기어를 설치하는 목적은?
① 소비동력을 줄이기 위하여
② 주축회전수를 높이기 위하여
③ 가공시간을 단축하기 위하여
④ 저속강력 절삭을 위하여

14. 회전수가 낮아진다.

15 구성인선을 방지하려면 어떻게 하는가?
① 경사각을 작게 한다.
② 절삭 속도를 크게 한다.
③ 주철제는 유화유를 주입한다.
④ 절삭 깊이를 크게 한다.

15.
·방지법
㉠ 절삭속도를 크게 한다.
㉡ 공구경사각을 크게 한다.
㉢ 적당한 절삭제를 사용한다.
㉣ 절삭깊이를 작게 한다.

16 선반 베드의 종류 중 미식베드의 장점으로 알맞은 것은?
① 진동이 적고 정밀가공에 적합하다.
② 강력절삭에 적합하다.
③ 구조가 간단하다.
④ 압력받는 면적이 크다.

16.
·미식식장점
㉠베드면이 마멸되어도 가공 정밀도에 영향이 적다.
㉡절삭칩이 쉽게 떨어져 베드손상이 적다.
·영국식장점
㉠베드면적이 넓어 마모가 적다.
㉡산형에 비해 얇게 할수 있다.
㉢베드측면 마모에 의해 전후 흔들림이 생긴다.

정답   12. ② 13. ② 14. ④ 15. ② 16. ①

17 선반작업에서의 안전사항 중 틀린 것은?

① 긴 가공물은 방진구를 써서 흔들리지 않게 한다.
② 기름 숫돌로 갈거나 샌드 페이퍼질을 할 때는 장갑을 낀다.
③ 바이트는 가급적 짧게 물린다.
④ 가공물의 무게중심이 한쪽으로 기울어질 때에는 균형추를 단다.

18 3줄 나사에서 피치가 1.5mm일 때 2회전시키면 몇 mm 이동하는가?

① 2.25mm ② 6mm
③ 6.5mm ④ 9mm

18. $l = n \cdot p$

19 가늘고 긴 공작물의 정확한 가공을 하기 위하여 고정방진구와 이동방진구를 사용하게 되는데, 이동방진구에 대한 설명 중 틀린 것은 어느 것인가?

① 왕복대의 새들에 고정시켜 사용한다.
② 두 개의 조로 일감을 지지한다.
③ 바이트와 함께 이동하면서 일감을 지지한다.
④ 베드의 상단에 고정하여 사용한다.

19.
· 고정 방진구 : 배드 위에 고정
· 이동 방진구 : 왕복대에 설치 왕복대와 함께 이동

20 기울기가 작고 가늘며 긴 공작물의 테이퍼 가공시 맞는 것은?

① 심압대 편위
② 총형 바이트
③ 복식 공구대 회전
④ 심압대와 복식 공구대 동시 사용

21 베드상의 스윙(swing)을 크게 하기 위하여 주축대로부터 베드의 일부가 분해될 수 있도록 만들어진 선반은?

① 릴리빙선반 ② 터릿선반
③ 갭선반   ④ 롤선반

21.
· 릴리빙선반 : 밀링커터, 호브 등에서 공구 여유각을 일정하게 유지
· 갭선반 : 배드일부를 깊게 하여 지름이 큰 공작물을 가공
· 터릿선반 : 터릿 공구대를 설치 여러 개의 바이트나 공구를 부착시켜 이것을 순서대로 회전시켜 절삭

22 선반에서 길이가 긴 공작물을 가공할 때 이동 방진구를 설치하는 곳은?

① 주축   ② 베드
③ 새들   ④ 심압대

22. 왕복대와 함께 축대방향으로 이동

정답 17. ② 18. ④ 19. ④ 20. ① 21. ② 22. ③

23 선반작업에서 절삭조건과 절삭속도의 관계가 옳은 것은?
① 일감이 굳을 때는 절삭속도를 느리게 한다.
② 이송이 클 때는 절삭속도를 빠르게 한다.
③ 절삭유를 사용할 때는 절삭속도를 낮춘다.
④ 절삭깊이를 크게 하면 절삭속도는 빠르게 한다.

24 가늘고 긴 일감을 선반에서 가공할 때 휜다든지 처지는 현상이 생기는데, 이런 현상을 막아서 정확한 치수로 깎을 수 있게 하는 부속 장치는 어느 것인가?
① 면판
② 맨드릴
③ 돌리개
④ 방진구

24.
·면판 : 불규칙한 형상의 공작물 고정
·맨드릴 : 속이 빈 공작물 외면을 양쪽끝까지 가공하거나 단면 가공시
·돌리개 : 공작물이 양 센터 사이에 설치될 때 주축의 회전력을 공작물로 전달

25 절삭작업에서 절삭저항이 300kg, 절삭속도가 60m/min이라면 절삭동력은?
① 2HP
② 2.5HP
③ 3HP
④ 4HP

25. $H = \dfrac{F \cdot V}{75}$

$60\text{m/min} \div 60 = 1\text{m/sec}$
$H = \dfrac{300 \times 1}{75} = 4$

정답 23. ① 24. ④ 25. ④

SECTION 04. 밀링

PART 01 기계가공 및 안전관리

❶ 밀링 머신의 개요

밀링 머신은 회전하는 절삭공구에 가공물을 이송하여 원하는 현상으로 가공하는 공작기계이다. 이때 절삭공구를 밀링 커터라고 한다. 밀링 머신은 가장 만능적인 공작기계로서 평면절삭과 복잡한 면의 절삭 모두에 적합하며 밀링 가공의 작업은 다음과 같다.

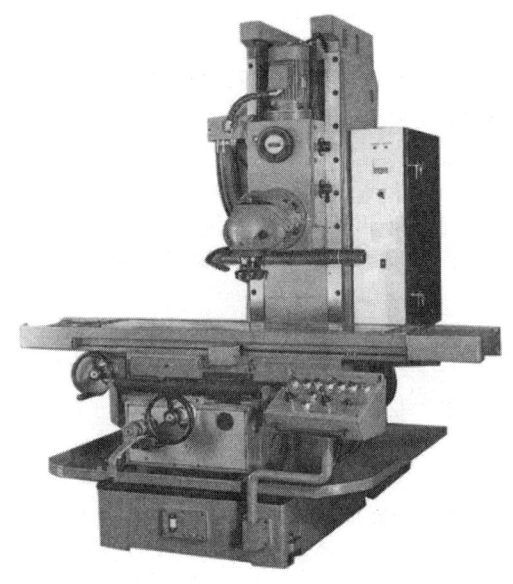

[그림 4-1] 밀링 머신

① 평면 및 단면 절삭

② 홈파기 및 곡면 절삭

③ 나사 절삭

④ 캠 절삭

⑤ 각종 기어 절삭

⑥ 스플라인 축 절삭

위와 같이 작업 범위가 넓으므로 공장에서 필수 불가결한 공작기계이다.

❷ 밀링 머신의 크기 및 구조

표준형 밀링 머신의 크기는 테이블의 이동량(좌우×전후×상하)으로 표시하며,
테이블의 크기(길이×폭), 주축 중심선으로부터 테이블면까지 최대거리 등으로 표시한다.

(1) 밀링 머신의 주요부분

1) 칼럼 및 베이스

기계의 본체로 베드와 일체로 되어 있고 전면에는 니, 상부에는 오버암, 내부에는 주축,
주축 변속장치, 주축 구동용 모터 등이 있으며 베이스 내부에는 절삭유 탱크가 있다.

2) 니(Knee)

칼럼 앞부분의 뻗어나온 부분으로 칼럼의 미끄럼면을 상하로 이동하며
새들과 테이블을 지지하고 있다.

3) 오버암(Over arm)

칼럼 상부에 설치되고 스핀들과 평행방향으로 이동할 수 있는 롤의 일부이며 아버 및
여러 부속장치를 바로잡고 절삭력에 의한 아버의 굽힘을 적게 하기 위해 버팀쇠(brace)를 장치한다.

4) 주축(Spindle)

주축은 칼럼 윗면에 직각으로 설치되어 고속 강력 절삭에 적합하도록 테이퍼 롤러 베어링으로 지지
되어 있으며 3점지지 방법으로 강성이 크다.

5) 새들(Saddle)

새들은 니 상부에 있으며 테이블의 좌우 이송볼트와 너트 방향 전환장치, 백래시(back lash)제거장
치 등이 있다.

6) 테이블(Table)

새들 위에 설치되며 길이 방향으로 이송을 주며 작업면에는 T홈이 파져 있어 T볼트를 사용하여 공
작물 또는 고정구를 고정할 수도 있다.

(2) 밀링 머신의 부속장치

1) 아버(arbor)

밀링 머신 스핀들 끝 테이퍼 구멍에 고정하고 다른쪽 단의 지지에 의해 커터의 위치를 조정한다.

2) 어댑터와 콜릿(Adapter and collet)

엔드 밀과 같이 섕크(shank)의 크기나 테이퍼가 주축구멍과 다를 때에는 어댑터와 콜릿을
사용하여 주축에 고정 후 가공한다.

3) 밀링 바이스(milling vise)

일감을 고정하는 데 사용하며 평행 바이스, 또는 바이스 밑에 각도 눈금이 있는 회전대가 있어 수평면 내에서 임의 각도 조절이 가능한 회전 바이스와 수평면과 수직면 내에서 임의의 각도로 조정할 수 있는 만능식 바이스가 있다.

4) 회전 테이블(rotary table)

원형으로 밀링 가공할 때 공작물을 회전시키는 장치이며, 분할판이 부착되어 있어 간단한 분할도 가능하다.

5) 기타 부속장치

슬로팅 장치, 랙 밀링장치, 나사 밀링장치, 수직 밀링장치, 만능 밀링장치

❸ 밀링 커터 및 절삭 가공

(1) 밀링 커터의 종류

밀링 커터의 종류는 가공하는 일감의 모양, 치수 재질의 모양에 따라 적당히 선택하여야 한다.

1) 플레인 밀링 커터(plane milling cutter)

원주에 절삭날이 등간격으로 붙어 있어 평행인 평면을 절삭한다.
절삭날은 보통 나선이며 15°정도이다.

2) 엔드밀 커터(end-mill cutter)

엔드밀은 솔리드(solid) 엔드밀과 셸(shell)형 엔드밀이 있으며
주로 홈, 측면, 좁은 평면을 절삭한다.

3) 메탈 소(metal saw)

절단작업 및 홈가공에 사용한다.

4) 그밖의 커터

측면 밀링 커터, T홈 밀링 커터, 총형 밀링 커터 등

(2) 절삭 가공

1) 커터의 절삭방향

밀링 커터의 회전 방향과 공작물의 이송 방향에 따라서 상향 절삭과 하향 절삭으로 나눈다.
① 상향 절삭 : 절삭공구의 회전 방향과 공작물의 진행 방향이 반대 방향
② 하향 절삭 : 절삭공구의 회전 방향과 공작물의 진행 방향이 같은 방향

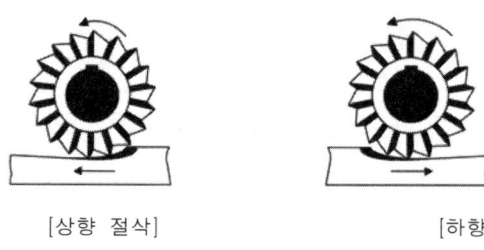

[상향 절삭]   [하향 절삭]

2) 절삭 방향에 따른 특징

① 상향 절삭의 특징
  ㉠ 커터와 공작물을 격리시키므로 언더컷을 일으키지 않는다.
  ㉡ 공작물의 표면에 흑피와 모래가 녹아붙는 경향이 없다.
  ㉢ 절삭공구는 고속도강 커터가 유리하다.
  ㉣ 다듬질 표면이 하향 절삭에 비하여 곱지 못하다.

② 하향 절삭의 특징
  ㉠ 절인의 수명이 길다.
  ㉡ 밀링 커터의 초경질인 경우 중절삭에 유리하다.
  ㉢ 공작물 설치는 이송 방향의 고정에 주의하면 좋으며, 공작물이 상하로 요동이 적다.
  ㉣ 공작물 이송에 요하는 동력이 상향 절삭에 비하여 적다.
  ㉤ 회전마크 영향이 적다.
  ㉥ 다듬질면이 양호하다.
  ㉦ 뒤틀림(back lash) 제거장치가
  ㉧ 속도가 부적절할 시 날이 부러질 염려가 있다.

(3) 절삭 속도와 피드

1) 절삭 속도

절삭 속도란 밀링 커터의 인선이 공작물을 절삭통과하는 속도이므로 보통 원주 속도로 생각한다. 절삭 속도는 1분간에 대한 길이의 단위로 나타내며

$$V = \frac{\pi d N}{1000}$$

2) 이송

밀링 커터날 1개마다의 이송을 기준한다. (f_z)

$$f = f_Z \times Z \times N \quad \therefore \quad f_Z = \frac{f}{Z \times N}$$

Z : 커터 날의 수,
f_z : 커터의 1날당 이송량(mm)
N : 커터의 회전수
f : 테이블의 이송속도(mm/min)

3) 절삭 속도와 이송의 고려사항

① 커터의 지름과 폭이 작을 경우 고속으로 절삭하며, 거친 절삭에는 이송을 크게 한다.
② 고운 가공면 즉 다듬절삭일 때는 절삭 속도를 크게하고 이송은 적게하며 절삭깊이를 작게하면 날끝이 커지므로 0.3~0.5mm로 한다.
③ 일반적으로 높은 절삭 속도와 낮은 이송을 주면 좋은 가공면을 얻을 수 있으나 경도가 높은 재료는 절삭 속도를 낮춘다.

❹ 분할법

밀링 작업에는 각도의 분할이 요구되는 작업이 많이 있다. 예를 들면 기어의 잇수를 가공 시 임의의 수로 등분하여 가공하여야 한다.

분할에 사용되는 분할법은 다음과 같다.

① 직접 분할법(direct indexing Method)
② 단식 분할법(simple indexing Method)
③ 차동 분할법(differential indexing Method)

(1) 직접 분할법(direct indexing)

주축의 선단이 고정된 직접 분할판을 이용하는 방법으로 24등분의 구멍이 설치되어 있으므로 24의 약수 즉 2, 4, 6, 8, 12, 24등분만이 분할할 수 있다.

(2) 단식 분할법(simple indexing)

직접 분할판으로 분할되지 않는 분할을 할 때 속비가 $\frac{1}{40}$인 워엄과 워엄휠을 이용하여 분할 크랭크 1회전에 가공물이 $\frac{1}{40}$ 회전하도록 한 분할법이다.

1) 등분 분할

즉 N등분하기 위하여 가공물은 $\frac{1}{N}$ 회전을 하여야 한다.

$$n = \frac{40}{N}$$

N : 분할수
n : N등분에 요하는 분할 크랭크 핸들의 회전수

2) 각도 분할법

등분으로 분할하지 않고 각도로 분할할 경우 사용하는 방법으로 분할 크랭크가 1회전하면 스핀들은 $\frac{360°}{40} = 9°$ 회전한다. 그러므로 t= $\frac{D°}{9}$ 이다.

(4) 차등 분할법

분할판의 구멍수로 분할할 수 없는 등분에서 분할하는 방법으로 변환기어와 아이들 기어를 사용하여 치차열을 이용 분할하는 방법이다.
변환기어로는 24(2개), 28, 32, 40, 44, 48, 56, 64, 72, 86, 100의 12개가 있다.

다음은 분할판의 구멍수에 대한 표이다.

〈표 4-1〉 분할판의 구멍 수

종 류	분할판	구 멍 의 수
브 라 운 샤 프 형	No. 1	15, 16, 17, 18, 19, 20
	No. 2	21, 23, 27, 29, 31, 33
	No. 3	37, 38, 41, 43, 47, 49
신시내티형	표 면	24, 25, 28, 30, 34, 37, 38, 39, 41, 42, 43
	이 면	46, 47, 49, 51, 53, 54, 57, 58, 59, 62, 66
밀워어키형	표 면	100, 96, 92, 84, 72, 66, 60
	이 면	98, 88, 78, 76, 68, 58, 54

예-1 브라운 샤프형 분할대를 써서 32등분하라

직접 분할대로 분할할 수 없으므로 단식 분할법으로 분할한다.

$$n = \frac{40}{N} = \frac{40}{32} = 1\frac{1}{4}$$

크랭크를 1회전과 1/4회전하면 된다. 여기서 1/4의 분모 4의 배수 구멍수를 가진 분할판을 찾으면 No.1에 16이다.

$$\frac{4}{16} \;\;\;\cdots\cdots\cdots \begin{matrix}(\text{크랭크를 돌린 구멍수})\\(\text{분할판의 구멍수})\end{matrix}$$

따라서 No.1의 분할판의 16구멍을 써서 크랭크를 1회전과 4구멍씩 돌리면 32등분이 된다.

SECTION 04 실전 예상문제

01 다음 밀링 머신 중에서 가장 작은 것은 어느 것인가?
① 0번 ② 1번
③ 3번 ④ 4번

02 밀링 작업에서 주로 절단용에 적당한 커터는?
① 총형 커터 ② end mill
③ side cutter ④ metal saw

03 워엄과 워엄 휠(worm, worm wheel)형 인덱스 크랭크를 1회전시키면 주축은 몇 회전하는가?
① $\frac{1}{5}$ ② 5
③ 40 ④ $\frac{1}{40}$

04 다음 중 밀링 머신으로 할 수 없는 작업은?
① 기어절삭 ② 키 홈 절삭
③ 나사절삭 ④ 바깥지름 절삭

05 브라운 샤프형 머신에서 지름 피치 12, 잇수 76의 스퍼어기어의 이를 깎을 때 사용하는 분할판의 구멍 열은?
① 17구멍 ② 18구멍
③ 19구멍 ④ 20구멍

06 밀링 머신의 부속 장치가 아닌 것은?
① 아버 ② 에이프런
③ 슬로팅 장치 ④ 밀링 바이스

---

1. 전후 이동량이 50mm씩 증가함에 번호가 1번씩 증가

2.
· 총형 커터 : 공작물의 윤곽선과 날의 윤곽선이 일치하게 한 커터, 커터 회전축과 직각 방향으로만 이송 여러모양, 굴곡
· end mill : 키홈, 구멍부분, 좁은 평면 등의 절삭
· side cutter : 폭이 좁은 평밀링 커터의 양측면에 날이 있다. 홈, 단면가공

3.
· 바깥지름 절삭 : 선반
· 밀링 머신 : 평면, 키이홈, 절단, 각홈, 정면, 곡면, 기어, 총형, 나사 절삭

5. $\frac{40}{n} = \frac{40}{76} = \frac{10}{19}$

6.
· 에이프런 : 선반의 왕복대에 설치
· 아버 : 주축단에 고정할 수 있도록 각종 테이퍼를 갖고 있는 환봉재
· 슬로팅 장치 : 회전운동을 직선운동으로 바꿔주는 장치
· 밀링 바이스 : 공작물을 고정

정답 1. ① 2. ④ 3. ④ 4. ④ 5. ③ 6. ②

07 원판 주위에 5°의 눈금을 넣으려 할 때 사용하는 분할판은?
  ① 13구멍 ② 15구멍
  ③ 17구멍 ④ 27구멍

7. $\dfrac{D}{9} = \dfrac{5}{9} = \dfrac{15}{27}$

08 고속도강, 밀링 커터의 경사각은?
  ① +각 ② - 각
  ③ 0   ④ 상관없음

8. 각이 커지면 절삭저항은 감소하나 날은 약해짐

09 상향밀링(올려깎기)의 장점으로 맞는 것은?
  ① 기계에 무리를 주지 않는다.
  ② 날의 마멸이 적고 수명이 길다.
  ③ 일감의 고정이 간편하다
  ④ 가공면이 깨끗하다.

9. ②③④ : 하향절삭의 장점

10 밀링 머신에서 사용하지 않는 바이스는 어느 것인가?
  ① 스위블 바이스 ② 플레인 바이스
  ③ 만능 바이스   ④ 벤치 바이스

10. 수평 바이스(plane vise), 회전 바이스(swivel vise), 만능 바이스 등

11 다음 중 밀링 커터의 재료로 가장 알맞은 것은?
  ① 니켈   ② sorbite
  ③ 초경합금   ④ 산화알루미늄

11. 밀링 커터의 종류 : 평, 사이드, 각, 총형 밀링 커터, 엔드밀, T-홈 커터, 더브테일 커터 등

12 다음 중 주로 수직 밀링 머신에서 하는 작업은?
  ① 절단 ② 비틀림 홈
  ③ 키 홈 ④ 총형 홈

12.
· 수직 밀링 머신 : 홈. 평면, 드릴링, 리밍, 보링, 더브테일홈, 경사면, T홈가공 등
· 수평 밀링 머신 : 총형, 평면, 홈, 평행면, 경사홈, 나사가공

13 분할대의 크기를 나타내는 것은?
  ① 분할할 수 있는 수
  ② 주축대와 심압대 양 센터 사이의 거리
  ③ 주축대에 고정할 수 있는 가공물의 중량
  ④ 테이블 상의 스윙

13. 테이블스윙만큼 가공이 가능. 일반적으로 300, 400, 500이 있다.

정답 7. ④ 8. ① 9. ① 10. ④ 11. ③ 12. ③ 13. ④

14 칩이 공구의 경사면 위를 마찰에 의해 공구상면에 오목하게 파지는 현상은?

① 플랭크 마멸   ② 크레이터 마멸
③ 치핑   ④ 구성인선

15 주 절삭력 150kg 절삭속도 50m/min일 때 절삭마력은 몇 PS인가?

① 7.67   ② 5.67
③ 3.67   ④ 1.67

15.
$$PS = \frac{FV}{75} = \frac{150 \times 50}{75 \times 60}$$
$$= 1.67$$

16 절삭속도 2m/sec 밀링 커터의 지름이 3cm라면 밀링 커터의 회전수는 몇 rpm 정도인가?

① 1127   ② 1273
③ 1574   ④ 1896

16. $V = \frac{\pi d N}{60 \times 1000}$

$N = \frac{60 \times 1000 \, V}{\pi d}$

$= \frac{60 \times 1000 \times 2}{\pi \times 30}$

$= 1273 \, rpm$

17 다음 중 수평 밀링 머신의 크기를 나타내는 설명이 아닌 것은?

① 테이블의 크기
② 테이블의 이동거리(좌우×전후×상하)
③ 스핀들 헤드의 이동거리
④ 스핀들 중심선부터 테이블 면까지의 최대거리

18 밀링 커터나 호브 등의 여유각을 절삭할 때 사용하는 선반은?

① 수직 선반   ② 터릿 선반
③ 릴리빙 선반 ④ 다인 선반

18.
· 터릿 선반 : 터릿공구대 설치 여러개의 바이트가 순서대로 회전하며 절삭

· 수직 선반 : 공작물은 수평에서 회전하는 테이블위에 장치하고, 공구대는 크로스레일을 이송운동한다.

· 다인 선반 : 여러개의 바이트가 부착된 동시에 절삭가공

19 밀링작업의 안전에 관한 사항 중 틀린 것은?

① 상하 이송핸들은 사용 후 반드시 빼내 두어야 한다.
② 절삭 도중 가공물의 거칠기를 손으로 검사한다.
③ 커터가 회전할 때 손을 대지 않는다.
④ 절삭하는 도중 측정기구로 측정하지 않는다.

정답 14. ② 15. ④ 16. ② 17. ③ 18. ③ 19. ② 20. ③

20 밀링작업 중 회전자리가 나타나는 원인이 아닌 것은?
    ① 아버의 편심
    ② 날 피치의 불균일성
    ③ 공작물의 고정불량과 절삭조건 불량
    ④ 절삭저항에 의한 아버의 변형

정답 20. ③

SECTION 05 드릴링 · 보링

PART 01 기계가공 및 안전관리

드릴링 머신은 주로 드릴을 사용하여 구멍을 뚫는 공작기계이다.
이 기계는 드릴에 회전운동과 이송을 주는 스핀들과 공작물을 고정하는 테이블과 프레임으로 구성되며, 보링머신은 보링 바아(boring bar)에 바이트를 고정시켜 주축과 같이 회전시켜 뚫려 있는 구멍을 원하는 치수로 넓히는 기계이다.

1 드릴 및 보링 작업의 종류

① 드릴링(구멍뚫기, drilling) : 드릴로 구멍을 뚫는 작업
② 리머가공(reaming) : 드릴로 뚫은 구멍의 내면을 리이머로 다듬질하는 작업
③ 보링(boring) : 뚫려 있는 구멍의 내면을 넓히는 작업
④ 카운터보링(자리파기, counter boring) : 작은 평나사 등의 머리부를 공작물 내로 끼울 수 있도록 파내는 작업

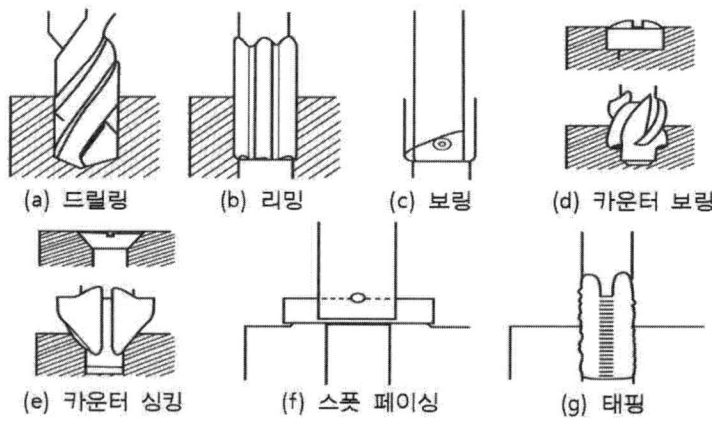

[그림 5-1] 드릴링 머신에 의한 작업종료

❷ 드릴링 머신의 종류

(1) 탁상 드릴링 머신

탁상 드릴링 머시인은 작업대에 고정하여 사용하는 소형 드릴링 머신이며 드릴의 직경이 $\frac{1}{2}$ inch(13mm)이하의 드릴을 드릴척에 물려서 사용하는 수동형이다.

(2) 래이디얼 드릴링 머신

래이디얼 드릴링 머신은 공작물이 커서 이동이 곤란할때 컬럼의 중심으로부터 멀리 떨어진 곳의 구멍을 뚫을 때 사용한다.

(3) 다축 드릴링 머신

다축 드릴링 머신은 동일 평면내에 있는 다수의 구멍을 뚫을 때 사용된다.

(4) 다두 드릴링 머신

다두 드릴링 머신은 여러개의 스핀들이 나란히 있어 하나의 공작물에 치수가 다른 구멍을 뚫거나 리이밍, 카운터 보링 등의 기타의 작업을 연속 작업시 공정순서대로 작업하면 능률적 작업이 가능하다.

❸ 드릴의 종류 및 각부 명칭

(1) 드릴의 종류

1) 트위스트 드릴(twist drill)

가장 널리 사용되며 2개의 비틀림 홈이 있어 절삭성이 좋고 칩의 배출이 좋다.

2) 종류

직선자루 - 자루의 직경이 13mm($\frac{1}{2}$ inch) 이하

테이퍼자루 - 자루의 직경이 13mm 이상의 자루에 사용하며 테이퍼 자루가 크고 작아서 맞지 않을 경우에는 슬리브 또는 테이퍼 소켓에 드릴을 끼워서 사용한다.

3) 센터 드릴(center drill)

공작물을 센터로 지지할 때 센터의 테이퍼와 동일한 원추각 같은 구멍을 뚫을 때 사용한다.

4) 평 드릴(flat drill)

트위스트 드릴에 비해 약하며 칩제거가 곤란하므로 황동이나 얇은 판의 구멍 뚫기용이다.

(2) 드릴의 각부 명칭

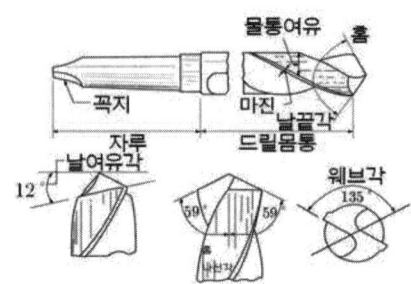

[그림 5-2] 드릴의 각부 명칭

① 드릴끝(drill point) : 원추형으로 드릴의 끝부분이고 절삭날은 이 부분에서 연삭한다.
② 몸통(body) : 드릴의 본체이며 홈이 있다.
③ 홈(flute) : 드릴 본체에 직선 또는 나선으로 짜여진 홈이며 칩을 배출하고 또 절삭유를 공급하는 통로가 된다.
④ 자루(shank) : 드릴 고정구에 맞추어 드릴을 고정하는 부분이며 곧은 것과 테이퍼 진 것이 있다.
⑤ 꼭지(tang) : 테이퍼자루 끝을 납작하게 한 부분이다. 드릴에 회전력을 주며 드릴과 소켓이 맞는 테이퍼를 손상시키지 않고 드릴의 회전을 주는 역할을 한다.
⑥ 사심(dead center) : 드릴끝에서 두 절삭날이 만나는 점이다.
⑦ 마진(margin) : 드릴의 홈을 따라서 나타나 있는 좁은 면으로 드릴의 크기를 정하며 드릴의 위치를 잡아준다.
⑧ 절삭날(lips) : 드릴끝에서 드릴링을 할 때 재료를 깎아내는 날 부분이다.
⑨ 웨브(web) : 홈 사이의 좁은 단면이며 드릴의 척추가 된다. 자루 쪽으로 갈수록 커진다.
⑩ 드릴끝각(point angle) : 드릴끝에서 절삭날이 이루는 각이다.
⑪ 홈 나선각(helix angle) : 드릴의 중심축과 비틀림 사이에 이루는 각이다.
⑫ 몸통여유(body clearence) : 마진보다 지름을 작게한 드릴 몸통부분이며 절삭할 때 공작물에 드릴 몸통이 닿지 않도록 여유를 두기 위한 부분이다.

4 절삭속도와 이송

(1) 절삭속도

$$V = \frac{\pi d n}{1000} \text{m/min}$$

여기서, d : 공구의 직경
n : 공구의 회전수(rpm)

(2) 이송

$$T = \frac{t+h}{ns}$$

n : 드릴의 회전수(rpm)
t : 공작물 구멍깊이
h : 드릴원뿔 높이
s : 1회전당 이송

5 드릴의 연삭

드릴의 절삭날은 연삭하여야 절삭능률이 저하되지 않으므로 재연삭하여 사용하여야 한다.

(1) 재연삭시 주의 사항

㉠ 드릴의 날 끝각 및 여유각을 바르게 연삭
㉡ 드릴의 중심선에 대칭으로 연삭
㉢ 치즐포인트(chisel point)의 폭을 좁게 연삭

(2) 시닝(thinning)

웨브의 끝은 작업중 절삭이 되지 않고 드릴을 이송할 때의 저항으로 된다. 강도를 감소시키지 않고 절삭을 증가시키기 위해 끝의 일부를 연삭하는 작업이다.

6 보링 머신의 종류 및 공구

(1) 수평식 보링 머신

보링 머신의 크기는 주축 지름의 크기로 표시하며 또한 주축의 이송거리 테이블 전후, 좌우의 이동거리 및 주축헤드의 상하 이동거리로 나타낸다. 수평 보링 머신은 테이블형, 플레이너형, 플토어형, 이동형이 있다.

(2) 지그 보링 머신

지그 등으로 다수의 구멍을 매우 정확한 위치에 정밀하게 구멍 뚫기 또는 보링 가공을 하는 보링 머신으로 주축에 대해 공작물을 높은 정밀도로 위치 결정할 수 있는 장치를 비치하고 있다.

(3) 정밀 보링 머신

원통 내면을 작게 깎고 적은 이송으로 고속도 보링 가공을 하며 정밀하여 아름다운 다듬면을 얻는다.

7 보링 공구

공구에는 보링 바이트(boring bite), 보링 봉(boring bar), 보링 공구대(boring tool head)가 있다.

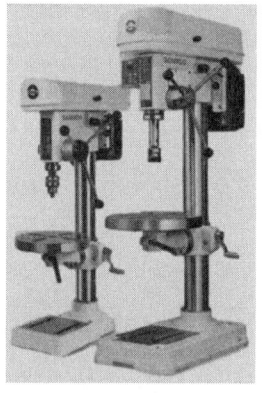

[그림 5-3] 보링머신

[그림 5-4] 래이디얼 보링 머신

SECTION 05 실전 예상문제

01 도면의 표면가공 기호 "3-20 드릴" 이란?

① 직경 3mm의 구멍을 깊이 20mm로 판다.
② 직경 20mm의 구멍을 3개 판다.
③ 직경 20mm의 구멍을 깊이 3mm로 판다.
④ 직경 3mm의 구멍을 20개 판다.

02 뚫어져 있는 구멍을 깎아서 넓히는 작업은?

① 드릴링　　　② 보링
③ 밀링　　　　④ 호우닝

03 작은 공작물의 구멍을 뚫기에 가장 편리한 드릴링 머신은 어느 것인가?

① 다축 드릴링 머신　② 탁상 드릴링 머신
③ 드릴 유닛　　　　　④ 레이디얼 드릴링 머신

04 다음 보링 머신 중에서 매우 빠른 절삭속도를 주어 정밀도가 높은 가공 면을 얻는 것은?

① 수평 보링 머신　② 수직 보링 머신
③ 정밀 보링 머신　④ 코어 보링 머신

05 표준 드릴의 여유각은?

① 5°~ 7°　　② 7°~ 10°
③ 12°~ 15°　④ 16°~ 20°

06 드릴이 1회전할 때 이송의 길이를 s mm, 드릴끝 원뿔 높이를 h mm, 공작물의 구멍 깊이를 t mm, 드릴의 회전수를 n이라고 할 때 이 구멍을 뚫는데 소요시간 T는 다음 중 어느 것인가?

① $T = \dfrac{ns}{t+h}$　　② $T = \dfrac{h+t}{ns}$

③ $T = \dfrac{s(t+h)}{n}$　④ $T = \dfrac{(t-h)}{n-s}$

2.
· 드릴링 : 구멍을 뚫는 작업
· 호우닝 : 원동 내면에 혼(hone)이라는 입자 숫돌을 넣고 공작물과의 사이에서 회전 운동시켜 원통 내면의 정밀도를 높이는것

3.
· 다축드릴링 : 한번에 많은 구멍을 동시에 뚫거나 공정의 수가 많은 구멍의 가공에 편리
· 레이디얼드릴링 : 공작물을 고정시켜 놓고 주축의 위치를 이동시켜 구멍의 중심을 맞춰 작업

4.
· 수평 : 주축이 수평으로 배치
· 수직 : 주축이 수직으로 배치 (구멍의 조직도, 원동도가 높다)

5. 표준드릴
· 선단 각 : 118°
· 비틀림 각 : 20~30°
· 치즐에지 각 : 125~135°

정답　1. ②　2. ②　3. ②　4. ③　5. ③　6. ②

07 보링 머신에서 할 수 없는 작업은?

① 구멍 뚫기(drilling) ② 탭가공(tapping)
③ 리머가공 ④ 기어가공

08 리벳 작업시 리벳의 구멍 크기는?

① 리벳 구멍이 리벳 지름보다 작아야 한다.
② 리벳 구멍과 리벳 지름은 같아야 한다.
③ 리벳 구멍은 리벳 지름보다 1~1.5㎜정도 크게 한다.
④ 리벳 구멍은 리벳 지름보다 3~5㎜정도 크게 한다.

09 직립 드릴링 머신의 크기에서 스윙을 나타내는 것은?

① 칼럼의 중심부터 주축 표면까지 거리의 3배
② 주축의 중심부터 칼럼 표면까지 거리의 3배
③ 칼럼의 중심부터 주축 표면까지 거리의 2배
④ 주축의 중심부터 칼럼 표면까지 거리의 2배

10 급속 귀환 운동기구를 사용하지 않는 공작기계는?

① 플레이너 ② 세이퍼
③ 드릴링 머신 ④ 슬로터

11 다음에 열거한 재료로서 태핑(tapping)할 때, 어느 것의 나사면이 가장 깨끗하지 못한가?
(단, 재료두께 10mm, 탭의 크기 M5인 핸드탭)

① 청동재료 ② 연강 재료
③ 황동재료 ④ 알루미늄 재료

12 뚫린 구멍을 넓히거나 다듬질하는 바이트는?

① 태핑 ② 막깎기 바이트
③ 보링 바이트 ④ 다듬질 바이트

---

7. 기어가공 : 호빙머신

11. 재질이 무를수록 나사면이 깨끗하지 못하다.

12.
· 태핑 : 암나사 작업,
· 막깎기 바이트 : 왼쪽 오른쪽, 둥근끝의 세 가지가 있다.
· 다듬질 바이트 : 끝의 둥글기를 크게 하고 절삭속도를 높이며 이송을 줄인다.

정 답 7. ④ 8. ③ 9. ④ 10. ③ 11. ④ 12. ③

13 리머와 드릴의 관계에서 가장 옳은 것은?
① 리머의 절삭 속도가 드릴의 절삭 속도보다 빠르게 한다.
② 리머의 절삭 속도가 드릴의 절삭 속도보다 느리게 한다.
③ 리머의 절삭 속도와 드릴의 절삭 속도를 같게 한다.
④ 리머의 절삭 속도와 드릴의 절삭 속도는 상관없다.

13. 드릴링에서 보다 1/2~1/4정도 줄이고 이송속도에서는 약 3~4배 정도 높여 가공

14 드릴링 머신에서 가장 많이 사용되는 드릴은 어느 것인가?
① 트위스트 드릴   ② 센터 드릴
③ 평 드릴   ④ 특수용 드릴

14.
· 트위스트 드릴 : 홈이 2개인 것으로 가장 널리 사용
· 센터드릴 : 센터구멍을 뚫을 때 사용

15 다음 중 뚫린 구멍을 깎아서 넓히거나 구멍을 소정의 치수로 다듬는 가공은 어느 것인가?
① 보링   ② 드릴링
③ 래핑   ④ 버니싱

15.
버니싱 : 내경보다 약간 지름이 큰 버니심을 압입하여 내면에 소성 변형을 주어 매끈한 정밀도가 높은 면을 얻는 가공법

16 다음 드릴 가공 중 작은 나사머리, 볼트의 머리부를 일감에 묻히게 하기 위한 것은?
① 카운터 보링(counter boring)
② 카운터 싱킹(counter sinking)
③ 스폿 페이싱(spot facing)
④ 보링(boring)

16.
· 카운터 싱킹 : 센터드릴, 센터밀 등을 사용하여 구멍입구를 원추형으로 테이퍼 가공한다.
· 스폿 페이싱 : 너트, 볼트등의 자리를 만들기 위해 구멍 돌출부를 평탄하게 가공
· 보링 : 구멍 내면을 확대가공

17 드릴의 절삭시간(T)의 공식은?
① $T = \dfrac{t+h}{ns}$ ② $T = \dfrac{n+s}{ns}$
③ $T = \dfrac{n+s}{nt}$ ④ $T = \dfrac{t+s}{nh}$

18 휘트워드 나사의 외경이 20mm이고 1"(25.4mm)당 10산일 때 드릴의 직경은?
① 약 17.5   ② 약 20.5
③ 약 14.5   ④ 약 19.5

18.
$\dfrac{25.4}{10} = 2.54$
$d = d_o - P$
$= 20 - 2.54 ≒ 17.5$

정답 13. ② 14. ① 15. ① 16. ① 17. ① 18. ①

19 드릴 작업시 칩의 제거는 다음 중 어떤 방법이 가장 안전한가?

① 회전을 중지시키고 솔로 제거
② 회전을 시키면서 손으로 제거
③ 회전을 시키면서 솔로 제거
④ 회전을 중지시키고 손으로 제거

정답 19. ①

SECTION 06 세이퍼·슬로터·플레이너

PART 01 기계가공 및 안전관리

1 셰이퍼

셰이퍼는 바이트를 직선왕복시키고 공작물을 절삭운동에 수직 방향으로 이송시켜 평면을 가공하는 공작기계이다.

(1) 셰이퍼의 구조

1) 셰이퍼의 각부 명칭

[그림 6-1] 수평형 보통세이퍼

(2) 램의 운동기구

① 급속귀환 운동기구 : 절삭행정 때보다 귀환행정이 빨리 되돌아오는 장치
② 클래퍼 : 귀환행정시 바이트를 약간 뜨게 하여 충격을 없이 하는 장치

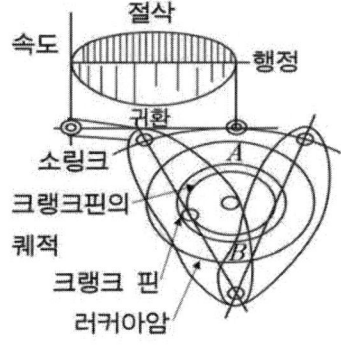

[그림 6-2] 급속귀환운동 원리

(2) 세이퍼 작업

1) 세이퍼 바이트

선반바이트와 비슷하나 가공면의 치수 정밀도와 바이트의 파손을 적게 하기 위해 섕크 부분이 굽은 바이트를 사용한다.

2) 절삭 속도

$$V = \frac{\ell N}{1000a}$$

V : 절삭속도 m/min
ℓ : 행정길이 mm
N : 램의 1분간 왕복횟수 stroke/min
a : 절삭행정시간과 바이트 1왕복시간과의 비

❷ 슬로터

세이퍼를 수직형으로 한 것으로 수직 세이퍼(vertical shaper)라고도 한다.

(1) 슬로터의 구조

슬로터의 주요 부분은 베드와 컬럼, 램의 안내면이 있으며, 베드 위에는 2중의 새들과 그 위에 테이블이 있다.

● 램의 운동기구
① 크랭크식
② 휘트워어스 급속귀환 운동기구식
③ 랙과 피니언식
④ 유압식

(2) 슬로터의 작업

직립 세이퍼라는 말처럼 구멍을 키홈이나 내접기어 스프라인구멍을 가공한다.

[그림 6-3] 슬로터

③ 플레이너

공작물은 테이블 위에 고정되어 수평 왕복운동을 하고,
바이트는 공작물의 운동방향과 직각 방향으로 이송시켜 절삭하는 공작물이다.

[그림 6-4] 플레이너

(1) 플레이너의 종류

플레이너는 컬럼의 수에 따라 쌍주형 플레이너와 단주형 플레이너로 구분된다.

1) 쌍주식 플레이너

공작물의 크기는 제한을 받으나 기계 본체의 강성이 높으므로 강력한 절삭을 할 수 있다.

2) 단주식 플레이너

한쪽에만 컬럼이 있으므로 폭의 크기는 제한받지 않으나 절삭력은 약해진다.

(2) 플레이너의 크기 표시

플레이너의 크기는 테이블의 최대행정과 가공할 수 있는 공작물의 최대 폭 및 높이로 나타낸다.

SECTION 06 실전 예상문제

01 세이퍼로 공작물을 깎을 때 바이트의 행정 길이를 공작물 길이보다 어느 정도 길게 하는가?

① 10~15㎜ ② 20~30㎜
③ 30~40㎜ ④ 40~50㎜

02 슬로터의 작동기구에서 귀환행정 중 램의 상승을 돕는 역할을 하는 것이 있다. 다음 중 어느 것인가?

① 밸런싱 웨이트 ② 기어 변속 장치
③ 크랭크 샤프트 ④ 베어링 안내 장치

2. 슬로터는 램을 올리고 내리는데 큰 힘이 든다. 그러므로 밸런싱 웨이트를 컬럼속에 넣어 램의 무게와 평행추의 무게를 같게 해서 균형이 잡히도록 한다.

03 플레이너 및 세이퍼의 절삭 효율은 몇 % 되는가?

① 20~25% ② 30~35%
③ 40~45% ④ 60~70%

4.
· 세이퍼 : ram에 설치된 비이트를 왕복운동시켜 소형공작물의 평면이나 홈가공

· 슬로터, 세이퍼를 수직으로 설치. 키홈, 평면, 특수한형상, 곡면절삭

04 비교적 긴 평면을 절삭하는 기계는?

① 세이퍼 ② 슬로터
③ 플레이너 ④ 브로우칭 머어신

· 브로우칭 : 브로우치라는 직렬평행에 많은 날을 가진 공구를 공작물 내면, 외면에 대고 통과 여러 가지 모양을 절삭

05 공작기계를 용도에 따라 분류할 때 전용 공작기계(special purpose machine tool)에 해당하는 것은?

① 플레이너 ② 타이어 보링 머신
③ 트랜스퍼 머신 ④ 밀링 머신

5. 전용공작기계 : 다스테이션 기계(공작물이 직선적으로 반송 다공정가공이 병행하는 기계)
ⓐ 트랜스퍼머신
ⓑ 다이얼머신
ⓒ 트러니온머신

정 답 1. ② 2. ① 3. ① 4. ③ 5. ③

SECTION 07 연 삭

PART 01 기계가공 및 안전관리

① 연삭가공 일반

연삭가공은 연삭숫돌에 고속회전을 시켜 가공물에 상대운동을 주어 숫돌 표면의 절삭작용으로 공작물의 표면을 깎아내는 작업이다.

② 연삭기의 가공분야

(1) 특징

연삭기는 다른 공작기계로 이미 가공된 많은 공작물에 대하여 더욱 표면정밀도를 필요로 하는 다듬질 가공이나 경질재나 담금질 등으로 경화된 공작물의 정밀가공에 사용한다.
 ① 칩이 대단히 작으므로 가공정도가 높고 가공면이 매끈하다.
 ② 숫돌 입자의 경도가 커서 경화된 공작물의 가공에 적합하다.
 ③ 다른 절삭공구와 같이 연삭할 필요가 없다.

(2) 가공분야

연삭기의 가공분야는 외경연삭, 내면연삭, 평면연삭으로 구분된다.

③ 연삭기의 종류

(1) 외경 연삭기(cylindrical grinding machine)

원통형 공작물 외주의 연삭가공을 하는 것으로 숫돌의 이송과 절입을 동시에 하는 트래버스 연삭과 절입만을 하는 플런지 컷(plunge cut) 연삭법이 있다. 일반적으로 주축대 심압대 숫돌대로 구성되어 있다.

(2) 센터리스 연삭기(centerless grinding machine)

보통 외경 연삭기의 일종으로 가공물을 다량 생산하기 위해 가공물의 외경을 조정하는 조정숫돌과 지지판을 이용 가공물에 회전운동과 이송운동을 동시에 실시하는 연삭기로서
외경, 나사, 내면, 단면 연삭도 할 수 있다.

(3) 내면 연삭기(internal grinding machine)

가공물의 내면을 연삭하기 위하여 연삭숫돌을 내면에 넣고 연삭하는 기계로서 플레인(plain) 형태와 플라네타리 형태가 있다.

1) 플레인(plain) 형태

소형의 내면 연삭방식으로 가공물의 축방향 이송 및 연삭숫돌의 왕복운동을 행한다.

2) 라네타리(planetary) 형태

유성형 연삭기라고 하며, 내연기관의 실린더 중에서 대형이며, 균형이 잡히지 않은 원에 적합하다.

[그림 7-1] 연삭기

(4) 평면 연삭기(surface grinding machine)

공작물의 평면을 연삭하는 연삭기

[그림 7-2] Nc Micro 내경 연마기

(5) 기타 연삭기

① 공구 연삭기
② 스플라인축 연삭기
③ 베드 연삭기
④ 나사 연삭기

❹ 연삭숫돌

(1) 숫돌바퀴의 구성

숫돌 바퀴의 3대 요소는 숫돌입자·기공·결합제이며, 5대요소로 구분하면
숫돌입자·입도·결합도·조직·결합제이다.

1) 숫돌입자(abrasive)

연삭숫돌 재료에는 천연산과 인조산이 있다. 그러나 현재 사용되고 있는 것은 거의가 인조의 것이며 알루미나(Al_2O_3)계와 탄화규소(SiC)계를 사용한다.

① 산화알루미늄계(Al_2O_3)

알루미나를 전기로에서 고온 용융시킨 것으로 알런덤이라고도 함

  ㉠ WA(백색)

  ㉡ A(암갈색) : 결합력이 강하여 강의 연삭에 적합

② 탄화규소(SiC) : 규소($Si O_2$)와 코우크스 등을 전기로에서 가열하여 만든 것으로 카버 런덤 이라고 함

  ㉠ GC(녹색) : 초경합금, 칠드주철연삭

  ㉡ C(흑색) : 주철, 비철금속, 유리의 연삭

  ㉢ 천연산 다이아몬드(D) : 보석, 초경합금. 연삭

2) 입도

입도의 크기를 말하며 선별하는 데 사용한 체의 1인치당의 체눈의 수로 표시하며 메시(mesh)라고 한다(번호가 높을수록 곱다).

3) 결합도

결합제의 결합상태의 강약을 표시하는 것이며 입자 자체의 경도와는 무관하다.

〈표 7-1〉 결합도

결합도 번호	E. F. G	H. I. J. K	L. M. N. O	P.Q.R.S	T.U.V.W.X.Y.Z
결합도 호칭	극 연	연	중	경	극 경

4) 조직과 지립률

숫돌단위 체적당 입자의 수를 조직이라 하며 일반적으로 공작물의 재질이 연하고 연성이 큰 경우는 조한조직, 여린 경우는 밀한 조직을 사용한다.

💿 지립률이란, 연삭 지석의 전용적에 대한 인조 연삭재의 지립의 용적 비율을 말한다.

〈표 7-2〉 조직과 지립률

조직 호칭	조직 기호	지립률(%)
조	w	42 미만
중	m	42 이상 50 미만
밀	c	50 이상

〈표 7-3〉 조직의 분류

입자의 밀도	밀	중	조
기 호	0, 1, 2, 3	4, 5, 6	7, 8, 9, 10, 11, 12

5) 결합제

연삭입자를 결합하여 적당한 숫돌 형상을 유지하는 물질로서 무기질 결합제와 유기질 결합제로 구분된다.

① 무기질 결합제
    ㉠ 비트리파이트 결합제   (V)
    ㉡ 실리케이트 결합제   (S)

② 유기질 결합제
    ㉠ 레지노이드 결합제   (B)
    ㉡ 러버 결합제   (R)
    ㉢ 셀락 결합제   (E)

(2) 연삭숫돌의 표시법

WA	46	H	8	V	1호	405×50×38
↓	↓	↓	↓	↓	↓	↓ ↓ ↓
입자	입도	결합도	조직	결합제	모양	외경 두께 구멍지름

이 외에도 사용 원주속도범위, 제조자명, 제조번호, 제조년월일 등을 기입한다.

5 연삭작업 및 연삭숫돌의 수정법

연삭숫돌의 주 속도는 숫돌의 재질과 공작물의 재질에 따라 적당한 속도를 선정해야 한다.

(1) 연삭숫돌의 원주속도

$$V = \frac{\pi D N}{1000}$$

(2) 연삭숫돌의 결함

연삭이 진행됨에 따라 적당한 속도와 결합제가 되었다면 입자는 무디어지고 절삭력이 적어져서 결국에는 탈락되고 새로운 입자가 생기는 자생작용이 일어나야 한다.
만일 자생작용이 일어나지 않게되면 눈메꿈 현상이나 글레이징 현상이 일어났다고 보아야 되며, 즉시 연삭을 정지하고 원인을 찾아 해결한 후 드레싱을 하여 새로운 입자가 나오도록 해야 한다.

1) 눈메움(로딩)
숫돌입자의 표면이나 기공에 연삭칩이 꽉차있는 상태

2) 무딤(글레이징)
마멸된 입자가 탈락되지 않는 현상으로 공작물이 타거나 크랙(crack)이 발생한다.

3) 입자탈락
입자가 연삭을 하지 않고 쉽게 탈락하는 현상

(3) 수정작업

1) 드레싱
드레서라는 공구를 사용하여 결함부분을 벗겨내어 새로운 입자를 나오게 하는 작업

2) 트루잉
숫돌의 모양을 바로잡아 연삭에 유리한 형태로 만드는 작업으로 드레서 사용

SECTION 07 실전 예상문제

01 고속도강 바이트 연삭에 적당한 숫돌은?
① GC 숫돌   ② AC 숫돌
③ WA 숫돌   ④ A 숫돌

02 숫돌바퀴의 형상을 바르게 수정하는 것을 무엇이라고 하는가?
① Sizing   ② Glazing
③ Truing   ④ Dressing

03 연삭 숫돌바퀴의 3대 구성요소에 포함되지 않은 것은?
① 숫돌입자   ② 입도
③ 결합제   ④ 기공

04 30메시와 100메시 입자 치수비는?
① 0.9   ② 0.09
③ 0.3   ④ 0.03

05 연삭숫돌의 입자가 탈락되지 않고 마모에 의해 납작하게 되는 현상을 무엇이라고 하는가?
① 로우딩   ② 드레싱
③ 트루잉   ④ 그레이징

06 숫돌 바퀴의 입자가 탈락되지 않고 마모에 의해서 납작하게 되어 반들해진 그대로 연삭되는 상태를 무엇이라고 하는가?
① dressing   ② loading
③ truing   ④ glazing

---

1. GC숫돌(SiC) : 경연삭용, 특수주철, 칠드주철 조경합금, 유리
   WA숫돌(Al_2O_3) : 경연삭용, 담금질강, 특수강, 고경도강재, 고속도강
   A숫돌(Al_2O_3) : 거친연삭용, 일반강재, 기단주철, 청동(샌드페이퍼)

2.
· glazing(글레이징) : 숫돌입자가 탈락하지 않고 마모에 의해 납작하게 된 그대로 연삭되는 상태
· dressing(드레싱) : 불량을 잡기 위해 날카롭고 새로운 날끝을 발생
· loading(로우딩) : 눈메꿈현상, 숫돌입자의 표면, 기공에 쇳가루가 찬상태

4.
mesh = 1인치 체눈의 수
$30^2 \div 100^2 = 0.09$

5.
· 로우딩 : 눈메꿈현상, 숫돌입자 표면, 기공에 쇳가루가 찬 현상
· 드레싱 : 불량을 수정하기 위해 날을 가는 것
· 트루잉 : 숫돌바퀴의 현상을 바르게 수정하는 것

정답 1.③ 2.③ 3.② 4.② 5.④ 6.④

07 강의 연삭시 다듬질 연삭을 할때 연삭 깊이는 어느 정도가 좋은가?
① 0.002 ~ 0.005㎜   ② 0.02 ~ 0.05㎜
③ 0.08 ~ 0.01㎜   ④ 0.01 ~ 0.3㎜

08 연삭숫돌의 입자 틈에 칩이 막혀 광택이 나며 잘 깎이지 않는 현상을 무엇이라 하는가?
① 드레싱   ② 시이닝
③ 로우딩   ④ 트루잉

8.
· 드레싱 : 숫돌의 불량을 잡기 위해서(눈메움, 눈마멸)
· 시이닝 : 눈의 탈락현상
· 트루잉 : 숫돌의 표면측을 깍아내는 방법

09 다음 중 고속도강 바이트의 연삭에 적당한 숫돌은?
① GC 숫돌   ② A 숫돌
③ WA 숫돌   ④ G 숫돌

9.
· GC : 경연삭용, 특수주철, 칠드주철, 초경합금 유리
· A : 거친연삭용, 일반강재, 가단주철, 청동(샌드페이퍼)

10 연삭비란 다음중 어느 것인가?

① 연삭비 = $\dfrac{\text{숫돌바퀴의 소모된 부피}}{\text{피연삭재의 연삭된 부피}}$

② 연삭비 = $\dfrac{\text{피연삭재의 연삭된 부피}}{\text{숫돌바퀴의 소모된 부피}}$

③ 연삭비 = $\dfrac{\text{공작물의 이송량}}{\text{숫돌바퀴의 원주속도}}$

④ 연삭비 = $\dfrac{\text{숫돌바퀴의 원주속도}}{\text{공작물의 이송량}}$

11 연삭 작업에서 가공물이 1회전 할 때의 이송량은?
① 숫돌차의 폭과 같게
② 숫돌차의 폭보다 작게
③ 숫돌차의 폭의 2배로
④ 숫돌차의 폭의 $1\dfrac{1}{2}$ 배로

11. 축방향 이송은 공작물이 1회전 하는 동안 숫돌폭의 2/2 ~3/4, 다듬질 연삭에는 1/4 ~1/2, 주철에는 다소크고, 거친 연산은 3/4 ~ 5/6정도

정답 7. ① 8. ③ 9. ③ 10. ② 11. ②

12 드릴의 연삭에서 좌우의 날이 깊지 않은 경우 생기는 결과로서 해당되는 것은 어느 것인가?

① 드릴의 수명이 길어진다.
② 정밀하게 가공된다.
③ 구멍이 휜다.
④ 가공된 구멍이 드릴 지름보다 커진다.

13 연삭 숫돌에서 결합도가 중간인 것은?

① E. F. G
② H. I. J. K
③ L. M. N. O
④ P. Q. R. S

14 다음 중 용접부에 연삭 다듬질 할 때 보조 기호로 옳은 것은?

① GD
② G
③ M
④ F

15 연삭 숫돌과 조정 숫돌 바퀴를 써서 공작물에 회전과 이송을 주어 작은 지름의 공작물을 연삭하는 연삭기는?

① 만능 연삭기
② 공구 연삭기
③ 센터리스 연삭기
④ 캠 연삭기

15.
· 만능연삭기 : 원통연삭, 모서리부 내면을 연삭, 내면 숫돌축 이용
· 공구연삭기 : 바이트, 드릴, 리머, 밀링커터, 호브등을 정확하게 연삭하는 전용 연삭기

16 숫돌을 선택하는 데 필요한 요소로 거리가 먼 것은?

① 입도와 결합도
② 조직과 결합체
③ 연삭입자
④ 회전도

16.
입자의 종류, 입도, 결합도, 조직, 결합제

17 다음 중 거친 래핑이나 굳은 일감 래핑에 사용되는 래핑재는 어느 것인가?

① 산화크롬이나 산화철
② C. GC
③ A. WA
④ 다이아몬드 미분

17.
· 다듬래핑 : 산화 알루미늄
· 거친래핑 및 다듬래핑 : 탄화규소, 다이아몬드

정답 12. ④ 13. ③ 14. ② 15. ③ 16. ④ 17. ②

18 센터리스 연삭기에서 조정 연삭숫돌(regulating wheel)의 기능을 가장 바르게 나타낸 것은?
　① 일감의 회전과 이송　② 일감의 지지
　③ 일감의 회전　　　　④ 일감의 절삭량 조정

19 다음 연삭재 중 천연산인 것은? (단, 숫돌입자에서)
　① 코런덤　　　　　　② 알록사이트
　③ 카버런덤　　　　　④ 39 크리스톤톱

19.
·천연연삭재 : 천연다이아몬드(ND), 에머리, 코런덤, 카네트프린트
·인조 : Al_2O_3, Sic, Bc, MD (합성다이아몬드)

20 연삭 숫돌의 결합 조직이 가장 굳은(경질) 것은?
　① HIJS　　　　　　② LMNO
　③ PQRS　　　　　　④ TUVW

20. EFG l HIJK l LMNO l PQRS l TUVW
→ 갈수록 더욱 단단해진다

21 연삭가공에서 일감표면에 떨림자리가 나타나는 원인은?
　① 숫돌바퀴의 로우딩 현상
　② 숫돌바퀴의 입자탈락 현상
　③ 숫돌바퀴의 형상이 심하게 변할 때
　④ 숫돌바퀴의 그레이징 현상

정 답　18. ①　19. ①　20. ④　21. ①

SECTION 08 정밀입자 및 특수가공

PART 01 기계가공 및 안전관리

1 정밀입자 가공

(1) 래핑(lapping)

1) 개요

랩이란 공구와 일감 사이에 랩제를 넣고 운동을 시킴으로서 매끈한 다듬질 면을 얻는 가공방법
① 블럭게이지, 각종 측정기의 평면, 광학렌즈 등의 다듬질 등에 쓰인다.
② 정밀도가 높은 제품을 만들 수 있으며 다량생산이 가능하다.
③ 가공면은 내식성, 내마모성이 좋다.

2) 랩

일반적으로 주철을 사용한다.

3) 랩제

탄화규소(SiC) 알루미나계(Al_2O_3)

4) 랩 작업

습식법과 건식법이 있다.
① 습식법 : 래핑액을 랩제와 혼합하여 사용하는 방법으로 거친 다듬질에 사용
② 건식법 : 랩제만으로 다듬질하며 정밀 다듬질에 사용

(2) 호닝(honing)

1) 개요

혼(hone)이라는 고운 숫돌 입자를 방사상의 모양으로 만들어 구멍에 넣고 회전운동과 구멍의 내면을 정밀하게 다듬질하는 방법

2) 혼(hone)

① 알루미나 : 강
② 탄화규소 : 주철, 질화강
③ 다이아몬드 : 유리, 초경합금

3) 슈퍼 피니싱(super finishing)

원통외면, 평면구면 등의 표면을 정밀가공하는 방법으로 숫돌은 미세한 입자를 결합제로 결합시켜 공작물 표면에 누르고 공작물에 이송운동을 주고 숫돌은 빠른진동을 주면 짧은 시간에 정밀한 다듬질면을 얻을 수 있다.

4) 액체 호닝(liquid honing)

연삭입자를 액체와 혼합하여 압축공기로 고속도로 분출시켜 표면에 부딪치게 하여 표면을 다듬는 정밀 가공방식이다.
① 산화피막 제거용이
② 피이닝 효과로 피로한도 증가
③ 복잡한 모양의 일감도 다듬질 가능

5) 버핑(buffing)

모, 면, 직물 등으로 원반을 만들고 이것에 윤활제를 섞은 미세한 연삭입자의 연작작용으로 공작물의 표면을 매끈하게 광택이 나게 하는 작업

6) 텀블링

배럴이라는 통속에 가공물과 미디어, 컴파운드, 공작액 등을 넣고 이것에 회전 또는 진동을 주면 표면의 스케일이 제거되고 피로강도가 높여지는 가공법

7) 샌드 블라스트

모래를 압축공기에 의해 분사시켜 이것을 공작물 표면에 닿게 하여 주물의 표면을 청소하거나 도장이나 도금의 바탕을 깨끗이 하는 가공법

8) 숏피닝

숏이라는 강구를 공작물에 분사시켜 표면 강도를 증가시키며 녹이 슨 부분을 없애 버리는 가공법

❷ 특수 가공

(1) 방전 가공(electric discharge machining)

1) 개요
액 중에서의 방전에 의하여 직접 기계가공을 하는 가공법으로 방전전극의 소모현상을 이용한 것이다.

2) 조건
① 가공재료 : 초경합금, 담금질 열처리강, 내열강 등
② 가공액 : 경유, 변압기유, 유화유 등이 쓰이나 등유를 가장 널리 사용
③ 공작물을 양극 공구를 음극으로 하여 직류전류를 통하여 단속적인 방전을 발생 공작물 재료를 미소량씩 용해시켜 가공
④ 전극은 일반적으로 황동이 쓰이고 있으며, 동·텅스텐·은 등을 사용
⑤ 전극은 공작물 가공모양의 반대 모양으로 만듦

3) 특징
① 열의 영향이 적어 가공변질층이 얇다.
② 내마멸성, 내부식성 높은 표면을 얻을 수 있다.
③ 작은 구멍, 좁고 깊은 홈의 가공에 적합하다.

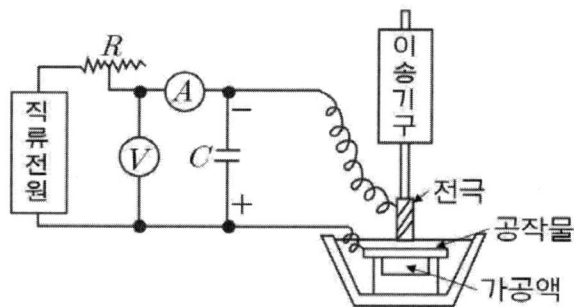

[그림 8-1] 콘덴서 방전가공회로

(2) 전해 연마(electrolytic polishing)

호우닝, 슈퍼 피니싱, 래핑은 숫돌이나 숫돌입자 등으로 연삭, 마찰로서 다듬질하는 방법이며, 전기 화학적 방법으로 표면을 다듬질하는 것을 전해 연마라 한다. 가공물을 인산이나 황산 등의 전해액 속에 넣어서 (+)전극을 연결하여 직류 전류를 짧은 시간 동안 세게 흐르게 하여 전기적으로 그 표면을 녹여 매끈하게 하여 광택을 내는 방법으로서 원리적으로는 전기도금의 반대적인 방법이며, 기계적으로 연마하는 방법에 비해서 **훨씬 아름답고 매끈한 표면처리를 단시간에 할 수 있다.**
드릴의 홈이나 주사침의 구멍 다듬질에 적용한다.

(3) 초음파 가공(Ultra-sonic machining)

1) 개요

봉 또는 판상의 공구에 초음파 주파수의 진동을 주고 공작물과 공구사이에 연삭입자를 두어 공작물을 정밀하게 다듬는 방법이다.
전기 에너지를 기계적 에너지로 변화시키는 가공법이기 때문에 전기의 양도체이거나 부도체거나를 불문하고, 정밀가공에 광범위하게 이용된다.

2) 특징

① 공구재료 : 황동, 연강, 피아노선 모넬메탈 등
② 가공분야 : 보석 귀금속 가공 및 구멍가공

SECTION 08 실전 예상문제

01 래핑(lapping) 방법을 맞게 나타낸 것은?
① 건식, 습식 래핑이 있다. ② 건식 래핑만 있다.
③ 습식 래핑만 있다. ④ 가역 혼합식 래핑이 있다.

02 차량, 차축, 저어널과 같이 선삭후 연삭 가공이 힘이 들 때 하는 가공법은?
① 래핑 ② 로울러 다듬질
③ 호우닝 ④ 입자벨트 가공

03 기계적 가공과는 다르므로 방향성이 없는 매끈하고 내식성이 높은 면을 얻을 수 있는 가공법은 어느 것인가?
① 배럴 가공 ② 전해 연마
③ 액체 호우닝 ④ 버핑 가공

04 다음 중 정밀입자 가공이 아닌 것은?
① lapping ② hobbing
③ super finishing ④ tapping

05 다음 중 다이아몬드, 루비, 사파이어 등의 가공에 알맞은 방법은?
① 배럴 가공 ② 호우닝 가공
③ 방전 가공 ④ 화학연마

06 NC에서 사용되는 서보기구의 위치 검출방식이 아닌 것은?
① 개방회로 방식 ② 리졸버 방식
③ 하이브리드 방식 ④ 폐쇄회로 서보방식

07 블록 게이지는 어떤 공작기계에서 최종 완성되는가?
① Honing machine ② Grinding machine
③ Lapping machine ④ shaper

1.
· 래핑 : 숫돌입자의 절삭 작용을 이용해 공작물의 표면을 마모시켜 가장 정밀하고 정밀도가 높은 다듬질면을 얻는 가공
· 습식래핑 : 거친 래핑으로 랩제와 래핑유를 거의 같은 양으로 혼합한 것을 공작물과 공구인 랩 사이에 넣고 랩제의 구름과 미끄럼 접촉에 의해 공작물을 깎아내는 방식
· 건식래핑 : 래핑유를 사용하지 않고 랩에 랩제를 묻힌 다음 잘 닦아내 건조한 상태에서 랩 표면에 박힌 미세한 랩제에 의해 미량의 칩을 깎아낸다. 광택이 뛰어나다.

2.
· 래핑 : 가공물과 랩공구사이에 랩제와 윤활유를 넣고 가공 (원통외면, 평면, 기어 등가공)
· 호우닝:hone(혼)이라는 숫돌을 공작물에 대고 압력을 가해 가공(다듬질한 원통의 내면)

3.
· 배럴가공 : 용기속에 가공물과 미디어, 컴파운드를 넣고 회전 or 진동을 줘 매끈한 면을 얻는다.
· 액체호우닝 : 압축공기로 연마제와 용액이 혼합된 혼합용액을 가공물 표면에 고속으로 분사시켜 매끈한 면을 얻는다.
· 피로한도와 크리이프를 증가시키고 기계적 성질을 향상시킨다.

4.
· 정밀입자 가공 :
 호우닝(honing).
 슈퍼피니싱(super finishing)
 래핑(lapping)
· tapping은 탭을 사용해 드릴링 머신 → 암나사가공

5.
· 호우닝 가공 : 호운이라는 숫돌을 회전, 왕복운동시켜 가공
· 화학연마 : 화학약품을 침지시켜 열에너지를 주어 화학반응으로 가공

7.
· Honing machine : 구멍 연삭
· shaper : 쉐이퍼

정답 1. ① 2. ② 3. ② 4. ④ 5. ③ 6. ② 7. ③

08 다음에서 표면 정밀도가 낮은 것부터 높은 순서로 맞게 된 것은?
① 래핑 → 슈퍼 피니싱 → 연삭 → 호우닝
② 슈퍼 피니싱 → 래핑 → 연삭 → 호우닝
③ 호우닝 → 연삭 → 래핑 → 슈퍼 피니싱
④ 연삭 → 호우닝 → 래핑 → 슈퍼 피니싱

09 전기도금과 같은 방법으로 가공물 표면을 전기분해하여 광택이 있고 매끈한 면을 얻는 가공방법은?
① 방전 가공
② 화공연마
③ 전해 가공
④ 전해연마

9.
· 방전가공 : 가공액 속에서 선전극과 공작물 사이의 아크방전에 의한 열작용과 가공액의 기화폭발작용으로 공작물을 용융성형하는 방법
· 화학연마 : 가공물 표면의 볼록 부분을 화학적으로 용해시켜 평활하게 하는 가공법

10 슈퍼 피니싱 가공의 설명 중 잘못된 것은?
① 가공시간이 길다.
② 방향성이 없다.
③ 전 가공의 변질층을 제거한다.
④ 내마멸성이 높은 다듬질면을 얻는다.

10. 가공시간이 짧다. 발열이 적고, 내식성, 내마열성이 높은 다듬질면을 얻는다.

11 슈퍼 피니싱에서 연삭액으로 사용되지 않는 것은?
① 경유
② 스핀들유
③ 동물성유
④ 기계유

11. 슈퍼 피니싱에서는 석유나 경유가 많이 사용되며, 보통경유에 10~30%의 스핀들유나 기계유를 혼합한 것을 사용한다.

12 다음 중 호우닝의 가공 압력은?
① 4~8kg/cm²
② 5~20kg/cm²
③ 1.5kg/cm²
④ 0.5kg/cm²

12.
· 보통 10~30kg/cm²이나, 최종 다듬질에서 4~6kg/cm²

13 원통 내면의 정밀도를 더욱 높이기 위하여 막대모양의 가는 입자의 숫돌을 방사상으로 배치한 공구로 다듬질하는 방법을 무엇이라 하는가?
① 슈퍼 피니싱
② 호닝
③ 래핑
④ 입자밸트 가공

13.
· 슈퍼피니싱 : 입도가 작고 연한 숫돌을 작은 압력으로 가공물의 표면에 가압하면서 숫돌을 진동시키면서 가공(원통내, 외면)
· 래핑 : 마포현상을 이용, 랩 공구 사이에 미세한 랩제와 평면도 윤활유를 넣고 상대운동 시켜 표면을 가공

정답 8. ④ 9. ④ 10. ① 11. ③ 12. ② 13. ②

14 방전가공에서 전극재질의 구비조건이 아닌 것은?

① 기계가공이 쉬워야 한다.
② 방전이 안정하고 가공속도가 커야 한다.
③ 황동이 비교적 좋은 재료이다.
④ 가공전극의 소모가 빨라야 한다.

15 강철의 래핑 가공에 주로 많이 사용되는 랩(lap)의 재질은?

① 주철   ② 동
③ 황동   ④ 연

14.
동, 그래파이트, 은텅스텐, 동텅스텐을 주로 사용 전극의 저소모는 1% 이하 이어야 한다. 가공속도, 면조도, 클리어런스, 전극소모성

15.
· 담금질강, 경질합금 :
  주철, 구리, 황동
· 연질금속 :
  활자 합금 (pb +Sn+Sb) 납, 화이트메탈
· 비금속재료 : 나무, 대나무, 화이버, 목탄

정답 14. ④ 15. ①

SECTION 09 기어절삭

PART 01 기계가공 및 안전관리

1 개요

기어절삭의 방법에는 주조나 전조의 방법도 있으나 대부분 절삭에 의한 가공을 하며 기어절삭기를 사용하면 효율적이다. 치형가공법에는 형판에 의한 방법, 총형커터에 의한 방법, 창성법과 오돈토그래프에 의한 방법이 있다.
성형법에는 형판에 의한 기어모방절삭과 총형커터에 의한 방법이 있으며, 창성법에는 래크커터, 퍼니언커터에 의한 방법과 호브에 의한 방법이 있다.

2 제작방법

(1) 형판에 의한 방법

세이퍼 테이블에 소재를 설치하고 형판을 치형과 같은 곡선으로 하여 안내봉을 형판으로 지지하고 테이블을 이송하면서 치형을 만들며 가공되나 정밀한 치형을 가공하기는 어렵다.

(2) 총형커터에 의한 방법

플레이너나 세이퍼를 이용가공하며 치차이홈의 단면 모양을 가진 총형커터로서 1피치씩 분할기로 회전시키며 가공하는 방법이다.

(3) 창성에 의한 방법

랙커터에 의한 기어 세이핑(gear shaping)과 호브를 이용하는 기어 호빙 (gear hobbing) 방법이 있으며 치형모양의 공구를 구름접촉에 의해 공구에 축 방향 왕복운동을 시켜 치형을 깍는 방법으로 인볼류트 치형을 정확히 가공할 수 있다.

(4) 오돈토그래프

미리 거칠게 가공된 치형을 원호와 같은 간단한 곡선으로 치형을 가공하는 방법이다.

③ 기어절삭기

(1) 호빙 머신(hobbing machine)

호빙 머신은 밀링 머신의 일종으로 호브라는 커터를 소재에 주어 창성법으로 기어의 이를 절삭한다. 대형기어는 수직형으로 하며 작은기어는 수평형으로 하며, 스퍼기어, 헬리컬기어, 웜기어 가공을 한다.

(2) 기어 셰이퍼(gear shaper)

기어 모양으로된 커터를 사용하여 주로 스퍼 기어와 인터널 기어 등을 깍는 기어이다.

(3) 베벨기어 절삭기

베벨기어를 창성법으로 절삭하는 기계이다.

SECTION 09 실전 예상문제

01 Gear에 모듈을 M, 지름피치를 D·P라 할 때 M과 D·P는 어떤 관계로 나타내는가?

① M=25.4/D·P ② M=D·P / 25.4
③ M=25.4 D·P/x ④ M=25.4/xD·P

1.
지름피치 D.P $= \frac{Z}{D}$ (inch)
원주피치 $P = \frac{\pi D}{Z}$
$\quad = \pi \cdot m$
$D = m \cdot z$
이끝원 > 피치원 > 기초원 > 이뿌리원

02 직선 베벨 기어를 밀링 가공하기 위한 기어 커터를 선택할 때, 커터 번호는 다음 어느 가상 잇수에 의하여 결정되나?
(단, 여기서 β는 피치 원추각이다.)

① $Z_0 = \frac{Z}{\cos \beta}$ ② $Z_0 = \frac{Z}{\cos^3 \beta}$
③ $Z_0 = \frac{Z}{\sin \beta}$ ④ $Z_0 = \frac{Z}{\sin^2 \beta}$

03 다음 중 호브를 사용하여 치형을 깎는 기계는 어느 것인가?

① 호빙 머신 ② 브로칭 머신
③ 래핑 머신 ④ 슬로터

3.
· 브로칭 머신 : 뚫린 구멍 내면의 형상가공
· 슬로터 : 키홈, 스플라인가공, 특수한 형상
· 래핑머신 : 정밀도가 높은 다듬질면

04 기어가공 공작기계 중에서 가장 정밀한 작업을 할 수 있고, 커터에는 직선 절삭 운동과 직선 이송을 주며, 일감은 회전하여 절삭한다. 커터는 래크형과 피니언형을 모두 사용할 수 있는 기계는 무엇인가?

① 기어 세이퍼 ② 호빙 머신
③ 기어 세이빙 머신 ④ 마그 기어 절삭기

4.
· 호빙 머신 : 기어의 이를 절삭
· 기어 세이퍼 : 커터에 왕복운동을 주어 창성법에 의해 기어를 절삭
· 기어 세이빙 머신 : 기어를 열처리 전에 이모양이나 피치를 수정해 정밀도가 높은 것으로 완성가공

05 잇수 70개, 바깥지름 420mm인 스피기어를 절삭할 때, 모듈율 m은?

① 7 ② 6
③ 5 ④ 4

5.
$D_k = m(z+2)$
$m = \frac{D_k}{Z+2} = \frac{420}{70+2}$
$= 5.8 ≒ 6$

06 공작물과 공구가 회전하며 가공하는 것은 어느 것인가?

① 호빙 ② 밀링
③ 브로칭 ④ 플레이너

6.
호빙 : 기어의 치형 절삭
밀링 : 공구회전
브로칭 : 공구이동

정답 1. ① 2. ① 3. ① 4. ① 5. ② 6. ①

07 치차의 D·P란? (단, 치수 : Z, 피치원의 직경 : D, inch 혹은 ㎜)

① $D(\text{mm}) \times Z$ ② $\dfrac{D(\text{inch})}{Z}$

③ $D\dfrac{(\text{mm})}{Z}$ ④ $\dfrac{Z}{D(\text{inch})}$

정답 7. ④

SECTION 10 수기가공 및 브로칭

PART 01 기계가공 및 안전관리

❶ 금긋기 작업

금긋기란 도면을 토대로 하여 공정 순서에 따라 공작물에 가공상 기준이 되는 선을 그어주는 것을 말한다.

> 작업을 시작하기 전에 주의할 점
> ① 도면을 완전히 이해할 것
> ② 공작 순서와 가공 방법을 잘 알고 있을 것
> ③ 기준면을 어디로 할 것인가를 결정할 것
> ④ 금긋기용 공구의 정확한 사용 방법을 알고 있을 것

(1) 금긋기 작업용 공구

1) 서어피스 게이지
주로 정반에서의 금긋기 작업 또는 선반에서의 공작물 중심내기, 공작물의 평면검사에 사용된다. 바늘의 한쪽은 곧게, 다른 한쪽은 90°로 굽혀져 있으며 바늘끝은 열처리가 되어 있다.

2) 직각자
두면의 직각도, 수직도 등의 주로 90°를 필요로 하는 곳에 사용된다.

3) V-블록
금긋기에서 재료를 지지하고 그 중심을 구할 때 사용되는 V자형 블록이다.

4) 곧은 자(Straight edge)
① 종류
  ㉠ 소형 : 단면이 삼각형 또는 판상(板狀)으로 가공
  ㉡ 대형 : 단면이 I형이며 주물로 만듦
② 용도
  선을 그을 때, 평면을 검사할 때

5) 정반(Surface plate)
가공물의 완성 가공할 형상의 기준선을 그을 때 가공물을 올려놓는 평면대이다.

6) 트로멜

큰 지름의 원을 그릴 때 사용한다.

7) 하이트 게이지

정반 위에 올려서 높이를 측정하거나 공작물에 V평행선을 정밀하게 그을 때 사용한다.

8) 펀치

① 센터펀치

가공물의 중심위치 표시, 드릴위치 구멍표시에 쓰인다. (펀치 각도 60°)

② 표지펀치

금긋기 한 것의 흔적을 표시할 때(펀치각도 50°)

9) 평행대 및 앵글 플레이트

① 평행대

복잡한 형상을 한 공작물을 금긋기 할 때 사용

② 앵글 플레이트

작은 공작물을 금긋기할 때 선반 플레이너 등에 가공할 가공물의 고정에 사용한다.

(2) 금긋기용 도료

1) 흑피용(黑皮用)

호분(조개 껍질을 태운 분말), 백묵, 백색 페인트

2) 다듬질용

청죽, 알코올 황산동 액, 매직 잉크

❷ 줄작업

(1) 줄의 종류

1) 단면형에 의한 분류

평형, 원형, 반원형, 각형, 삼각형 등이 있다.

2) 줄날의 종류에 따른 분류와 그 특성

① 홑줄날 : 구리, 알루미늄 등의 유연한 재료나 얇은 판의 가장자리 다듬질에 쓰인다.
② 겹줄날 : 강, 주철 등의 보통 다듬질에 쓰인다.
③ 라아스프날 : 목재, 비금속 또는 연한 금속의 거친 깎기에 쓰인다.
④ 곡선날 : 알루미늄, 납 등의 절삭에 쓰이며 절삭력도 크다.

(2) 줄 작업

1) 직진법

좁은 곳에 행하는 방법

2) 사진법

거친 다듬질에 행하는 방법

3) 횡진법

좁은 곳에 최후로 행하는 방법

(3) 줄 작업할 때 유의할 점

① 새줄 사용시는 연한 재료에서부터 경한 재료의 순으로 사용할 것
② 줄눈 전체를 사용하여 작업할 것
③ 와이어 브러시로 줄눈 방향으로 털어 사용할 것
④ 줄 작업후 서로 겹쳐놓아 줄눈이 상하는 일이 없도록 할 것

③ 절단 작업

(1) 절단 작업용 공구

쇠톱, 바이스, 기계톱, 띠톱, 고속도 숫돌 절단기 등이 있다.

1) 쇠톱

프레임에 톱날을 끼워 재료를 절단하는 것으로 피치는 1인치 사이의 잇수로 나타내는데 14, 18, 24, 32의 잇수가 있다. 톱날의 길이는 양단 구멍의 중심 거리로 나타낸다.

2) 바이스

작업대에 붙여 공작물을 조우 부분으로 고정시키는 데 연금속이나 공작물의 다듬질한 면을 고정시킬 때는 구리, 알루미늄판을 공작물에 붙여 고정시킨다. 바이스의 종류로는 수평, 수직, 특수가 있다.

(2) 절단 작업 요령

1) 각재의 절단

쇠톱을 수평이나 절단 각도를 크게 하지 말고 절단 각도를 작게 하여 절단한다.

2) 환봉 및 파이프의 절단

환봉은 적당한 깊이로 절단한 후 방향을 바꾸어 절단하면 능률이 좋다. 파이프는 힘을 가감하면서 약간 파이프를 돌리면서 절단하면 된다.

3) 박판의 절단

얇은 판을 절단할 때 목재 사이에 얇은 판을 끼워 톱을 30° 정도 경사시켜 절단하면 진동도 적고 절단이 쉽다.

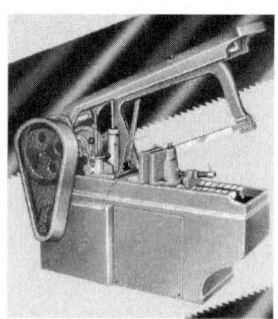

[그림 10-1] Hacksawing Machine

4 스크레이퍼 작업

스크레이핑은 세이퍼나 플레이너 등으로 절삭 가공한 평면이나 선반으로 다듬질한 베어링의 내면을 더욱 정밀도가 높은 면으로 다듬질하기 위해서 스크레이퍼(scraper)를 사용해서 조금씩 절삭하는 정밀 가공법의 하나이다.

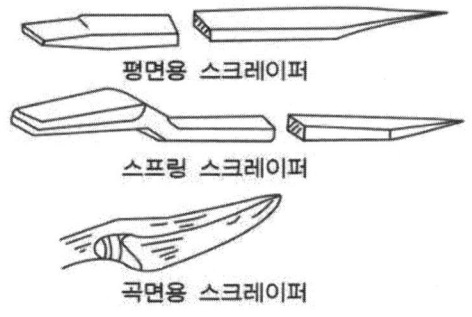

[그림 10-2] 스크레이퍼의 종류

스크레이퍼 작업의 가공 정도는 1인치 평방의 면적당 접촉점 수로서 나타내는 데 거친 가공은 1~6, 정밀 가공은 6~19, 초정밀 가공은 20 이상이다.

5 탭 작업

나사를 만드는 방법은 여러 가지가 있는데, 수나사는 다이스(dies), 암나사는 탭(tap)을 써서 가공한다. 탭으로 나사를 만드는 것을 태핑(tapping)이라 한다.

[그림 10-3] Tapping Machine

(1) 탭의 각부 명칭

탭은 크게 나사부와 섕크부로 되어 있다.

(2) 탭의 종류

등경수동 탭, 증경 탭, 기계 탭, 관용 탭이 있다.

1) 등경수동 탭

나사내기 작업에 가장 많이 쓰인다.

2) 증경 탭

강인한 재료 또는 정밀한 나사내기에 쓰인다.

3) 기계 탭

선반, 드릴링 머신에 장치하여 나사를 내는데 쓰인다. 1개의 탭으로 나사를 다듬질하기 때문에 수동 탭보다 나사부 및 섕크부가 길다.

4) 관용 탭

가스 탭이라고도 하며 오일 캡이나 가스 파이프, 파이프 이음 등의 나사내기에 쓰인다.

(3) 탭 작업

탭이 들어가는 구멍의 치수는 공작물의 재질 또는 용도에 따라 다르나, 다음과 같은 간편 계산으로 된다.

1) 미터 나사의 경우 $d = D - p$

2) 인치 나사의 경우 $d = 25.4 \times D - \dfrac{25.4}{N}$

d : 나사의 구멍 드릴의 지름(mm)
D : 나사의 바깥지름(호칭지름)
p : 나사의 피치. N=1인치(25.4mm당의 산수)

예 - 1 휘트워드 가는 나사계 d=15mm, N=16의 경우 나사 구멍 드릴의 지름을 구하여라.

$d = 15 - 25.4 \times \dfrac{1}{16} = 15 - 1.59 = 13.41 (mm)$

예 - 2 미터 가는 나사계 나사 D=12mm, P=1.5mm의 경우 나사 구멍 드릴의 지름을 구하여라.

$d = 12 - 15 = 10.5 (mm)$

6 리머 작업

드릴로 뚫은 구멍을 정밀하게 다듬는 작업을 리이밍(reaming)이라 한다. 리머 작업시 리머가 들어가는 구멍의 지름이 작으면 절삭저항이 커 날의 수명이 짧고 다듬면도 거칠다.
또 크면 드릴 자국이 남아 좋은 다음 면이 되지 않는다.

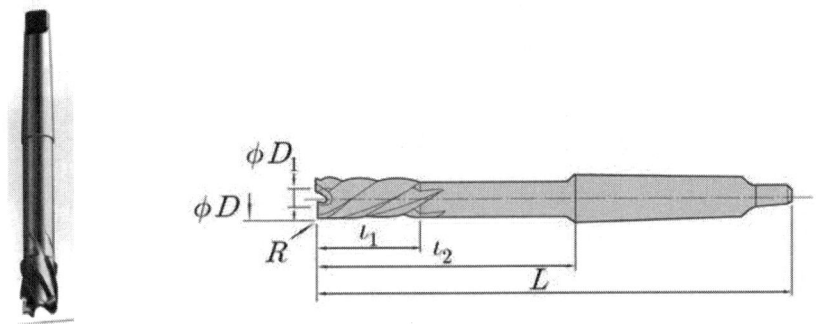

[그림 10-4] 리머의 형태 및 구조

8. 브로우칭

브로우칭(broaching)은 많은 절삭인선을 가진 브로우치라는 공구로서 형상을 가공하기 위해 인발 또는 압입하여 키홈 등의 내면과 외면을 절삭하는 기계로 다량생산에 적합하다.

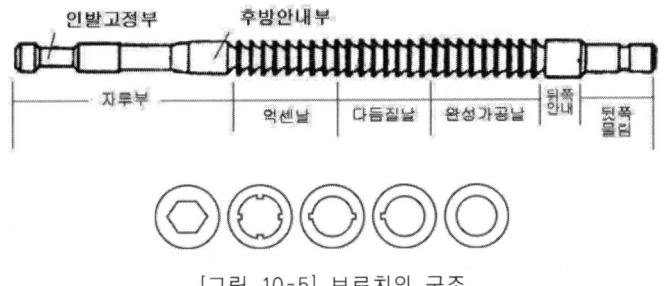

[그림 10-5] 브로치의 구조

> 🔵 **브로우칭 머신의 종류**
> ① 운동 방향에 의한 분류 : 수평 브로우칭 머신, 수직 브로우칭 머신
> ② 가공 방식에 의한 분류 : 내면 브로우칭 머신, 외면 브로우칭 머신
> ③ 구동 방식에 의한 분류 : 인발식 브로우칭 머신, 압출식 브로우칭 머신

SECTION 10 실전 예상문제

01 호칭지름이 12mm이고 피치가 1.5mm인 나사를 가공하려고 할 때 탭 구멍은 얼마로 하면 될까?

① 12㎜   ② 11㎜
③ 10.5㎜   ④ 9.5㎜

1.
$d_1 = d - 2h = d - p = 10.5$

02 탭작업에서 1번탭을 사용했을 때 가공률은 얼마인가?

① 40%   ② 50%
③ 55%   ④ 60%

2. 1번탭 55%,
2번탭 25%,
3번탭 20%

03 스크레이퍼 작업에 의하여 정밀하게 다듬어진 면의 가공 정도를 말할 때 평당 몇 개라고 한다. 이것은 무엇에 대한 접촉점의 수를 말하는가?

① 10cm 평방   ② 10mm 평방
③ 1inch 평방   ④ 25.4cm 평방

04 다음 중 탭작업을 할 수 없는 것은?

① 드릴 머신   ② 호빙 머신
③ 선반   ④ 태핑 머신

4. 호빙 머신 : 호브를 사용 치형을 깎는 기계

05 브로칭 머신에서 브로치를 움직이는 방식에 속하지 않는 것은?

① 나사식   ② 기어식
③ 유압식   ④ 벨트식

6. 밀링 머신 : 축에서 키홈을 가공시(엔드밀)

06 풀리(pulley)의 보스(boss)에 키홈을 가공하려 한다. 다음 공작기계 중 가장 적합한 것은?

① 호빙 머신   ② 브로칭 머신
③ 보링 머신   ④ 드릴링 머신

정답 1. ③ 2. ③ 3. ③ 4. ② 5. ④ 6. ②

07 각형 구멍, 키홈, 스프라인의 구멍 등을 다듬는 데 사용되고, 제품모양과 꼭 맞는 단면모양을 한 공구를 한번 통과시켜 가공 환성하는 기계는?
① 호빙 머신
② 기어 세이퍼
③ 브로칭 머신
④ 보링 머신

7.
· 호빙 머신 : 기어이를 절삭
· 기어 세이퍼 : 창성법에 의해 기어를 절삭
· 보링 머신 : 가공된 구멍을 정밀한 치수, 형태로 확대·가공하는 것

정답 7. ③

SECTION 11 CNC 공작기계

PART 01 기계가공 및 안전관리

1 프로그래밍의 기초

(1) 좌표축과 운동기호

NC의 좌표축과 운동기호는 다음과 같이 기본적인 개념을 정해 놓고 있다.

① 가공작업의 프로그래밍과 표전좌표계(오른손 직교좌표계)를 사용한다. 표준좌표계는 공작물에 대하여 공구가 움직이는 것을 기준으로하여 그림 표준 좌표계와 같이 좌표축 X, Y, Z를 사용하고 이를 축에 평행한 이동치수를 X, Y, 7로 표시하여 좌표축 주위의 회전운동은 각축에 대해 A, B, C를 사용한다.

② 가공물은 고정되어 있고 공구가 절삭하는 것으로 생각하여 프로그래밍한다.
일반적으로 주축방향을 Z축으로 하고 이것을 기준으로 하여 X, Y축을 잡는다.

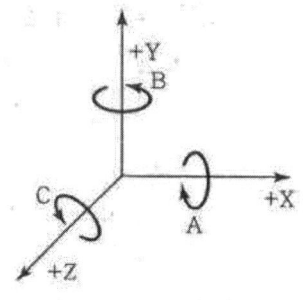

[표준 좌표계]

2 CNC 공작기계의 개요

(1) CNC 공작기계의 개요

CNC(Computer Numerical Control) 공작기계는 작업자가 가공할 도면을 파악한 후 도면 대로 제품을 가공하기 위하여 공구의 위치를 수치와 기호로서 구성된 정보를 해당 공작 기계에 입력하면 자동으로 가공되는 기계를 말한다. CNC공작기계의 주요구성은 (제어부, 서보부, 작동부, 기계부)로 구성되었으며, 그 구성 도는 그림과 같다.

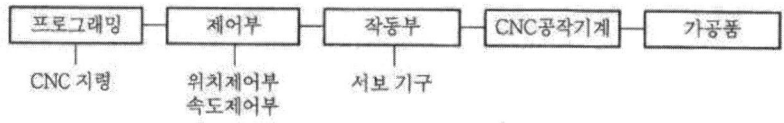

[CNC 공작기계의 구성]

1) 제어부

제어부에서는 CNC 공작기계 작동을 총괄하며 데이터의 입출력과 공구위치와 이송 및 공구장, 경보정의 연산과 기계 입출력과 인터페이스를 수행하며 아래와 같은 기능을 한다.
① 중앙처리장치(CPU)
② 기억장치
③ 정보교환
④ 이송 모터 위치 및 속도제어
⑤ 주축속도제어

2) 서보부(Servo Unit)

CNC공작기계에서는 기계의 위치를 제어하는 데 Servo Motor를 이용한다.
위치검출기의 부착위치에 따라 구분한다.
① Open Loop System
② Semi Closed Loop System
③ Closed Loop System
④ Hybrid Servo System

위의 네 가지 방식 중 개방회로 시스템은 작은 동력으로 정밀도가 낮은 제품 생산에 사용되며, CNC 공작기계에서는 반폐쇄회로 시스템을 가장 많이 적용하고 있으며, 정밀도는 하이브리드 시스템이 가장 좋다.

3) 작동부 (Actuator)

작동부는 기계부라고도 하며 주축대, 이송장치, 고정장치, 공구대(ATC), 조작반으로 구성되어 있다.
- 주축대 : 절삭운동을 담당하는 장치
- 이송장치 : 공작물의 이송을 담당하는 장치
- 고정장치 : 공작물을 장착하는 장치
- 공구대 (ATC) : 공구의 장착을 담당하는 장치 (Automatic Tool Change)
- 조작반 : 제어부와 통신을 담당하는 장치

(2) CNC 프로그래밍

CNC 가공프로그램에는 공구의 위치를 따라서 작업자가 그 공작기계 제어부에 맞게 작성하는 수동프로그램과 머시닝센터 등에서 가공되는 복잡한 2차원 윤곽형상 또는 3차원 형상가공 시 공구의 위치를 컴퓨터가 생성하여 해당 공작기계 제어부에 맞게 자동으로 가공프로그램을 완성하는 자동프로그램이 있다.

1) 수동 프로그래밍

CNC공작기계에서 제품형상이 간단한 제품의 경우 자동 프로그래밍으로 작성하면 오히려 프로그래밍이 길어지며 경쟁력이 떨어지므로 수동 프로그래밍으로 작성하는 것이 유리하다.

2) 자동 프로그래밍

자동 프로그래밍은 작업자가 복잡한 2차원형상 또는 3차원 형상을 자동 프로그램장치 (CAM S/W)를 이용하여 이를 해당 공작기계의 제어형식에 맞게 NC Data를 작성하는 것을 말한다.

예-1 CAD/CAM 시스템을 이용한 자동프로그래밍의 장점을 설명한 것 중 틀린 것은?

① NC테이프 및 데이터를 작성하는 데 필요한 시간과 노력이 절감된다.
② 인간의 능력으로 연산 불가능한 형상의 프로그램도 쉽게 처리할 수 있다.
③ NC 데이터의 오류를 확인하기가 어려워 신뢰성이 높지 않다.
④ NC 데이터작성에 관련된 여러 가지 계산을 동시에 할 수 있다.

정답 ③

예-2 CNC 공작기계에 사용되는 서보(Servo)기구 중 위치검출회로가 없는 방식은?

① 반폐쇄회로 방식
② 폐쇄회로 방식
③ 개방회로 방식
④ 하이브리드 서보 방식

정답 ③

예-3 범용 공작기계에서 사람의 손, 발과 같은 기능이 CNC 공작기계에서는 어느 부분에서 이루어지는가?

① 컨트롤러
② 볼 스크루
③ 리졸버
④ 서보기구

정답 ④

❸ CNC 선반

(1) 구조

CNC 선반은 일반적으로 많이 사용되는 NC 공작기계 중의 하나다.

CNC 기계는 각 제작회사마다 그 모양이나 구조가 약간씩 다른 특성을 갖고 있지만 CNC 선반의 기본 구조는 구동모터, 주축대, 유압척, 공구대, 심압대, 감전제어반, 조작반, X • Z축 서보기구 등으로 나눌 수 있으며 위치검출장치로서는 증분식 엔코더가 많이 사용된다. 또한 CNC 선반의 크기는 베드상의 스윙으로 표시하며 칩배출을 용이하게 하기 위해 베드는 경사져 있다.

- 절대식 엔코더 (Absolute Encoder) : CNC 기계에 전원을 차단 후 다시 공급하여도 기계 좌표치를 유지하는 엔코더이다.
- 증분식 엔코더(Incremental Encoder) : CNC 기계에 전원을 차단 후 다시 공급하면 기계좌표치를 잃어버려 매번 기계원점 복귀가 필요한 인코더이다.

1) 구동모터

NC 선반에서는 회전 후가 증가함에 따라 출력이 증가하는 토크일정영역(전압 제어 법)과 일정한 회전수 이상에서는 회전수가 변하여도 출력이 일정한 회전수 일정영역 (계자 제어법)이 있는 직류(DC)모터로 사용한다.

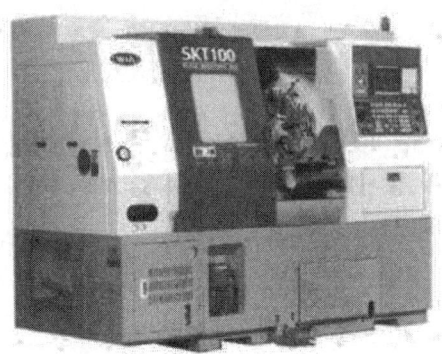

[CNC 선반]

2) 주축대

전동기의 회전을 풀리를 이용해 주축대 내의 변속장치로 전달시켜 소정의 회전수로 주축 스핀들을 회전시킨다.

주축의 전면은 척이 부착되고, 공작물은 척에 고정된다. 또 주축의 후단에는 척장치가 부착되어 있어, 유압구동에 의해 척의 조(JAW)를 자동개폐시킬 수 있다.

3) 공구대

공구위 장착 회전분할을 하는 부분으로 X축 서보모터에 의해서 주축 직각방향의 위 치결정, 절삭운동을 한다. 공구대는 여러 개의 공구를 한번에 설치하여 가공에 필요한 공구를 자동으로 교환하면서 사용할 수 있으며 공구교환에 있어서도 근접 회전방향 을 채택하여 가공시간을 크게 단축할 수 있다.

[공구대]

4) 심압대

절삭저항이 많이 걸리는 저속강력절삭 시나 길이가 긴 공작물의 떨림 방지에 사용한다.
동력원에 따라 유압식과 수동식으로 구분한다.

(2) 프로그램

1) 주요 어드레스

CNC선반의 프로그램 작성에 사용되는 어드레스는 다음 표와 같고 X, 고는 절대좌표 값 지령에 사용하고 U, 류는 증분좌표값 지령에 사용한다. 또 X, U는 일반적으로 지름지령으로 프로그램한다.

[어드레스의 의미]

기능	ADDRESS	의미
PROGRAM 번호	O	PROGRAM NUMBER
BLOCK 전개번호	N	SEQUENCE NUMBER
준비기능	G	동작의 Mode를 지정
좌표어	X, Y, Z	각 축의 이동 좌표치
	R	원호의 반경
공구기능	T	공구번호지정
보조기능	M	기계축의 ON/OFF 제어
OFFSET 번호	H	OFFSET 번호(공구장 보정)
	H, D	OFFSET 번호(공구경 보정)
DWELL	P, u, X	휴지(일시정지) 시간
PROGRAM 번호지령	P	SUB PROGRAM 호출번
반복횟수	P	SUB PROGRAM 반복횟수
매개변수	P, Q	고정CYCLE의 PARAMETER

2) 주요 준비기능

CNC 선반의 G-code의 주요 준비기능은 다음과 같다.

G Code	Group	의미
G00	01	위치결정(비절삭 급속이송)
G01		직선 절삭이송
G02		원호 절삭이송(시계방향)
G03		원호 절삭이송(반시계방향)
G04	00	Dwell(일시정지)
G10		데이터 설정
G20	06	inch 입력
G21		mm 입력
G22	00	Stored Stroke Check 기능 ON
G23		Stored Stroke Check 기능 OFF
G27		원점복귀 Check
G28		자동원점 복귀
G29		원점으로부터의 복귀
G30		제2원점 복귀
G31		Skip 기능
G32	01	나사 절삭 기능
G40	07	공구 인선 반지름 보정 취소
G41		공구 인선 반지름 보정 좌측
G42		공구 인선 반지름 보정 우측
G50	00	공작물 좌표계 설정, 주축 최고 회전수 설정
G70		정삭 사이클
G71		내·외경 황삭 사이클
G72		단면 황삭 사이클
G73		형상 반복 사이클
G74		단면 홈 가공 사이클(펙 드릴링)
G75		X방향 홈 가공 사이클
G76		나사 가공 사이클
G90	01	내·외경 절삭 사이클
G92		나사 절삭 사이클
G94		단면 절삭 사이클
G96	02	원주 속도 일정 제어
G97		원주 속도 일정 제어 취소, 회전수 일정
G98	05	분당 이송 지정 (mm/min)
G99		회전당 이송 지정 (mm/rev)

3) 주축기능

주축기능은 절삭속도와 밀접한 인자로 S 형식으로 지령한다.

좌표계 설정(G50)지령에서 지령된 값은 최고 주축회전수이며 단위는 (rpm)이다.

또한 절삭속도 일정제어 (G96)에서 제어값의 단위는 (mm/min)로 주어지고, 주축속도 일정제어 삭제 (G97)에서의 단위는(rpm)으로 주어진다.

4) 공구기능

공구기능에서는 장동공구교환과 공구보정이 있고 공구보정 및 취소는 절삭 개시 전·후에 하는 것을 원칙으로 한다. 이동지령과 T 기능지령을 동시에 개시한다.

T□□□□○○ : □□□□ 공구 선택번호
　　　　　　　○○ 　　공구보정(Offset) 번호

5) 이송기능

(1) G98 G01 Z100, F20 1분당 20mm 이송

(2) G99 G01 Z100, F0.3 1회전당 0.3mm 이송

CNC 선반에서는 기계에 전원공급시 대부분 G99가 유효하게 설정되어 있기 때문에 지령된 이송속도의 단위는 (mm/rev)이고 G98 지령시는 ($mm/\min$)이다.

6) 보조기능

주축의 시동, 정지, 프로그램의 스톱, 절삭유의 ON/OFF 등의 기계의 동작을 보조해 주는 기능이다.

코드	기능내용	코드	기능내용
M00	Program Stop	M09	절삭유 OFF
M01	Optional Program Stop	M19	주축 Orientation Stop
M02	Program End(Reset)	M30	Program End(Reset) & Rewind
M03	주축 정회전(CW)	M40	주축 기어 중립
M04	주축 역회전(CCW)	M41	주축 기어 저속
M05	주축 정지	M42	주축 기어 고속
M06	공구교환	M98	보조 프로그램 호출
M08	절삭유 ON	M99	보조 프로그램 종료, 주 프로그램 호출

(3) 좌표계

CNC 기계에 사용되는 자표계는 크게 세 종류가 있으며, 공구는 이들 중의 한 좌표계에서 지정된 위치로 이동하게 된다.

1) 기계 좌표계(Machine Coordinate System)

기계의 기준점으로 기계 원점이라고도 하며, 기계 제작자가 파라메타에 의해 정하는 점이며, 사용자가 임의로 변경해서는 안 된다. 이 기준점은 공구대가 항상 일정한 위치로 복귀하는 공정점이며, 일감의 프로그램 원점과 거리를 알려 줄 때에 기준이 되는 점이다.

2) 공작물 좌표계(Work Coordinate System)

도면을 보고 프로그램을 작성할 때에 절대 좌표계의 기준이 되는 점으로서, 프로그램 원점 또는 공작물 원점이라고도 한다.

3) 상대 좌표계(Relative Coordinate System)

일감을 측정하거나 정확한 거리의 이동 또는 공구 보정을 할 때에 사용하며, 현 위치가 좌표계의 중심이 되고, 필요에 따라 그 위치를 0점(기준점)으로 지정(Setting)할 수 있다. 좌표계 설정공구가 일감을 가공하기 위해서는 기계의 CNC장치에 일감의 위치가 어디 있는지, 즉 기계 원점과 공작물 원점과의 거리를 CNC장치에 알려 주어야 한다. 이 작업을 좌표계 설정이라 하며,
CNC선반은 G50 X_ Z_로 밀링 머신이나 머시닝 센터는 G92X_ Y_ Z_로 설정한다.
실제 프로세스 시트는 도면만 보고 작성할 때가 대부분이므로 기계 원점과 공작물 원점의 거리를 알지 못 한 상태이다. 그러므로 좌표계 설정은 불가능하며, 가공 할 일감을 고정한 후 기계 원점과 공작물 원점과의 거리를 측정해 좌표값을 구한 후 설정한다.
왜냐하면, 수치 제어 공작 기계는 측정이 쉬우므로 이렇게 하는 방법이 시간이 절약되며 편리하다.

(4) 기계가공의 실제 프로그램 예제

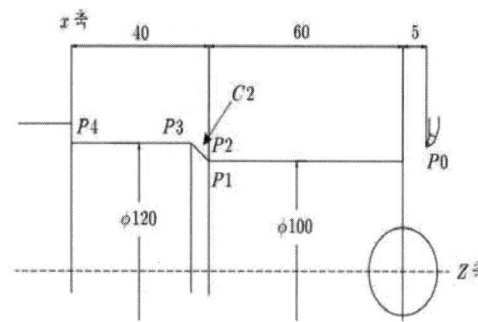

N1 : G00 X100. Z5;   P0 지점
N2 : G01 Z-60. F0.25;   P1 지점
N3 : X116/;   P2 지점
N4 : X120.Z-62.;   P3 지점
N5 : Z-100.F0.25;   P4 지점

[직선 가공]

2) 원호가공(G02, G03)

원호가공을 할 때에 사용하는 기능이며, 가공 방향이(CW)이면 G02을 명령한 후 종점의 좌표값을 명령하고, 반지름값 R을 명령하거나 원호의 크기로서 I(X축 방향), K(Z축 방향) 값을 명령한다.
이때, I, K값은 원호의 시작점에서 중심까지 거리를 증분값으로 나타낸 반지름값으로서,
원호의 시작점을 기준으로 중심의 위치가 (+)방향이냐 (-)방향이냐에 따라 부호가 결정되고, I, K의 어느 쪽이 0일 경우 그 단어(word)를 생략할 수 있다. CNC선반의 경우 원호의 가공 범위는 $\theta \leq 180°$이고, $\theta > 180°$일 때에는 명령이 불가능하다.

절대 증분(명령) : G02(G03) X(U)_ Z(W)_ R_ F_ ;
                 G02(G03) X(U)_ Z(W)_ I_ K_ ;

그림은 원호 가공을 나타낸 것이다.

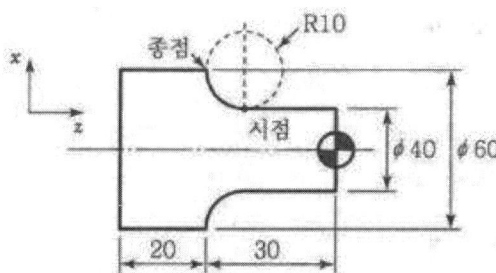

1. G02. X60. Z-30. I10. F0.2 : 절대 명령
2. G02. U20. W-10. I10. F0.2 : 증분 명령
3. G02. X60. Z-30. R10. F0.2 : 절대 명령

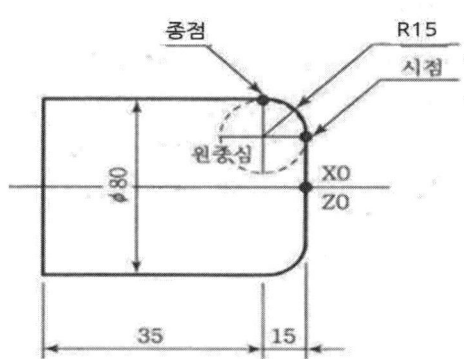

1. G03. X80. Z -15. K -15. F0.2 : 절대 명령
2. G03. U30. W-15. K-15. F0.2 : 증분 명령
3. G03. X80. Z -15. R15. F0.2 : 절대 명령

[원호의 가공]

3) 일시정지(G04)

홈 가공이나 드릴 작업 등에서 간헐 이송에 의해 칩을 절단하거나, 홈 가공에서 회전당 이송으로 생기는 단차를 제거하고, 표면 거칠기를 깨끗이 하기 위해 정해진 시간 동안 정지시킬 때 사용하는 기능이며, X, Y 또는 P의 번지(Address)와 수치로 명령한다. P는 소수점을 입력할 수 없으며, X와 U는 소수점 이하 세자리까지 유효하다. 예를 들어 2.5초 동안 정지시킨다면

G04 P2500 ;
G04 X 2.5 ;
G04 U 2.5 ;

중에서 하나를 선택하여 명령하면 된다.

아래 예제를 프로그래밍 하고 가공하시오.

제 2원점 X200. Z80.

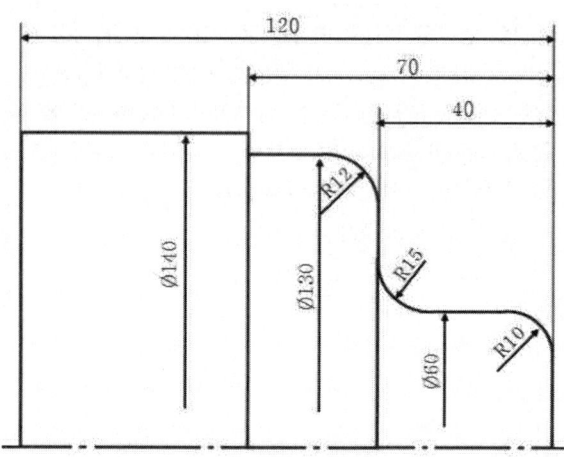

절삭조건	정서	공구	공구번호	절삭속도	FEED	소재치수
	1.	외경황삭	T0100	180m/min	0.25mm/rev	φ 140 XL120
	2.	외경정삭	T0300	200m/min	0.2mm/rev	

프로그래밍	설명
O00002	프로그램 문번호
G28 X0. Z0.	원점복귀
G50 X. Z. S2800 T0100	좌표계 설정
G96 S180 M03	주축회전
G00 X142. Z0.1 T0101 M08	
G01 X0. F0.25	단면황삭가공
G00 X142. Z1.	
G71 U1.5 R0.5	황삭사이클
G71 P10 Q20 U0.4 W0.2 F0.25	
N10 G00 X50.	
G01 Z0.	
G03 X60. Z-10. R10.	
G01 Z-25.	
G02 X90. Z-40. R15.	
G01 X106.	
G03 X130. Z-52. R12	
G01 Z-70.	
X142.	
G00 X200. Z80. T0100 M09	
T0300	정삭 공구교환
G00 X142. Z0. S220 T0303 M08	
G01 X0. F0.2	단면 정삭가공
G00 X60. Z1.	
G70 P10 Q20	정삭사이클
G00 X200. Z80. T0300 M09	
M05	주축정지
M02	프로그램 종료

④ 머시닝센터

(1) 구조 및 준비 기능과 보조기능

머시닝센터는 범용 밀링에 제어부를 장착시킨 것으로 주요구조는 주축대, 컬럼, 테이블, 구동 모터, 조작반, 전기장치와 공구와 공작물을 자동으로 교환하는 자동공구 교환장치(ATC : Automatic Tool Changer), 공작물 자동교환장치(APC: Automatic Pallet Changer)와 공구 매거진(Tool Magazine)은 머시닝 센터에서 사용할 공구를 보관하고 공급하는 장치이다.

[머시닝 센터]

1) 준비기능

머시닝센터 프로그램에 사용되는 준비기능은 다음의 표와 같다. 일부 기능은 CNC 선반과 동일하게 사용된다.

코드	그룹	기 능	코드	그룹	기 능
G00	01	위치결정 (급송이동)	G55		공작물 좌표계 2번 선택
G01		직선보간(절삭이송)	G56		공작물 좌표계 3번 선택
G02		원호보간 CW	G57	12	공작물 좌표계 4번 선택
G03		원호보간 CCW	G58		공작물 좌표계 5번 선택
G04	00	드웰 (dwell)	G59		공작물 좌표계 6번 선택
G09		Exact stop	G60	00	한 방향 위치 결정
G10		공구원점 오프셋량 설정	G61	13	Exact stop check mode
G17	02	XY 평면지점	G64		연속절삭 mode
G18		ZX 평면지점	G65	00	User macro 단순호출
G19		YZ 평면지점	G66	14	User macro modal 호출
G20	06	인치 입력	G67		User macro modal 호출 무시
G21		메트릭 입력	G73		Peck drilling cycle
G22	04	Stored stroke limit ON	G74		역 tapping cycle
G23		Stored stroke limit OFF	G76		정밀 보링 사이클
G27	00	원점복귀 check	G80		고정 사이클 취소
G28		자동 원점에 복귀	G81		Drilling cycle, stop boring
G29		원점으로부터의 복귀	G82	09	Counter boring
G30		제2, 제3, 제4원점에 복귀	G83		Peck drilling cycle
G31		Skip 기능	G84		Tapping cycle
G33	01	헬리컬 절삭	G85		Boring cycle
G40	07	공구지름 보정 취소	G86		Boring cycle
G41		공구지름 보정 좌측	G87		Back boring cycle
G42		공구지름 보정 우측	G98		고정사이클 초기점 복귀
G54		공작물 좌표계 1번 선택	G99		고정사이클 요점에 복귀

2) 보조기능

주축의 시동, 정지, 프로그램의 스톱, 절삭유의 ON/OFF 등의 기계의 동작을 보조해 주는 기능이다.

코드	기능 내용	코드	기능 내용
M00	Program Stop	M19	주축 Orientation Stop
M01	Optional Program Stop	M28	Magazine 원점복귀
M02	Program End (Reset)	M30	Program End (Reset) & Rewind
M03	주축 정회전(CW)	M48	Spindle Override Cancel OFF
M04	주축 역회전(CCW)	M49	Spindle Override Cancel ON
M05	주축 정지	M60	APC Cycle Start
M06	공구 교환	M80	Index테이블 정회전
M08	절삭유 ON	M81	Index테이블 역회전
M09	절삭유 OFF	M98	Sub - Program 호출
M16	Tool Into Magazine	M99	주프로그램 호출

3) 이송기능

이송기능은 제품의 표면거칠기, 절삭시간, 절삭저항에 영향을 미치고 지령은 다음과 같이 한다.
① G94F_[mm/min]
② G95F_[mm/rev]

(2) CNC 프로그램과 좌표계

1) CNC 프로그램

CNC 프로그램은 프로그램 번호로 시작하여, 마지막에는 프로그램의 종료를 나타내 는 M02나 M30, 또는 보조 프로그램의 경우에는 M99로 끝난다.

어드레스 + 수치 → 워드

> **예)** G + 01 = G01
> X + 33.5 = X33.5

예) 프로그램은 아래와 같이 구성되어 있다.

프로그램	설명
O1002;	프로그램 번호
N01 G40 G49 G80;	4개의 워드로 구성된 블록
N02 G91 G28 X0. Y0. Z0.;	6개의 워드로 구성된 블록
⋮	
N20 M05 M02	프로그램의 종료

2) 좌표계의 입력방법

좌표값을 입력할 때에는 소수점을 사용하는 것이 편리하며, 소수점을 사용하지 않으면 좌표값의 첫째 자리를 소수점 아래 셋째 자리로 인식하게 된다.
그 이유는 좌표값의 입력 형식이 □□□□□.□□□의 8자리 숫자로 되어 있어, 소수점이 없으면 제일 끝자리(1/1000자리)부터 인식하기 때문이다.

> **예)** X123=X0.123
> X123.=X123.000

3) 기계원점과 기계좌표계

머시닝 센터에는 기계적으로 고정되어 좌표의 기준이 되는 기준점(Reference Point) 이 있는데, 이 기준점을 기계 원점이라고 한다. 기계좌표계(Machine Coordinate System)는 기계 원점을 좌표계의 원점(X0. Y0. Z0.)으로 사용하는 좌표계이며, 기계에 전원을 넣은 후에 원점 복귀 동작을 실행하면 기계좌표계가 설정된다.

4) 절대좌표방식 (G90)

절대좌표방식은 공구의 이동 종점의 위치를, 공작물 좌표계 원점으로부터의 좌표로 명령하는 방식이다. 즉, 현재의 위치에 관계없이 이동 종점의 위치만 명령하는 것이다. 명령방법은 위의 형식과 같이 필요한 블록에 G90을 명령하면 되고, G90은 연속 유효 G코드(Modal Code)이므로 한번 명령되면 G91이 명령될 때까지 유효하다.

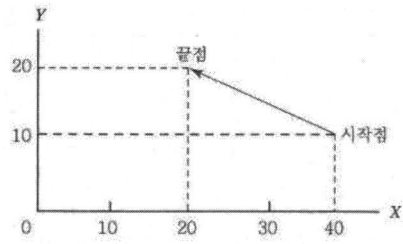

> 예) 그림 시작점에 있는 공구를 끝점으로 직선 이동시키는 동작이다.
> 여기서, 공구의 이동종점의 위치를 절대 좌표로 나타내면 G90 X20. Y20.이 된다.

5) 증분좌표방식 (G91)

증분좌표방식은 공구의 이동 시작점에서 종점까지의 증분거리와 방향으로 명령한다.
부호는 이동방향에 따라 각 축의 좌표가 증가하는 방향이면 (+), 감소하는 방향이면 (-)로 명령한다.

> 예) 위의 그림에서 종점의 위치를 증분 좌표로 나타내면 G91 X-20. Y10.이 된다.

6) 원점 복귀

NC 공작기계는 각 이송축마다 고정된 기준점, 즉 기계 원점을 가지고 있는데, 각 축을 현재 위치에서 기계 원점으로 보내는 기능을 원점 복귀라고 한다. 대부분의 NC 기계는 전원을 넣을 때마다 처음 한 번은 원점 복귀를 시켜야 기계 좌표계가 바르게 인식된다.

 자동 원점 복귀

프로그램의 G28 명령에 의해 각 축을 기계 원점에 복귀시키는 기능을 자동 원점 복귀라고 한다.

$$G28 \begin{Bmatrix} G90 \\ G91 \end{Bmatrix} X\_.\ Y\_.\ Z\_.;$$
※ X. Y. Z : 원점 복귀할 축과 중간점의 좌표

좌표어가 생략된 축은 원점 복귀를 하지 않고 명령된 축반원점에 복귀한다.
또, G28 명령은 경유해야 할 중간점을 반드시 지정하여야 한다.

7) 위치 결정

위치 결정은 일감을 가공하지 않고 공구의 위치만 빠른 속도로 이동시키는 기능으로, G00으로 명령한다.

🌀 **명령 형식**

G00 $\begin{pmatrix} G90 \\ G91 \end{pmatrix}$ X . Y . Z . ;

► G90 : 절대좌표방식
► G91 : 증분좌표방식

위치 결정의 속도는 기계에 설정된 급속 이송 속도이며, 몇 개의 단계로 나뉘어 있어 사용자가 선택할 수 있다.

위치결정은 다음과 같은 경우에 주로 사용한다.
① 가공하기 위해 공구를 일감에 접근시킬 경우
② 한 부분의 가공이 끝난 후, 다른 부분의 가공을 위해 공구를 이동시킬 경우
③ 한 공정을 끝내고 공구를 교환하기 전에 공구를 안전한 위치로 이동시킬 경우
④ 모든 공정을 완전히 끝내고 공구를 안전한 위치로 이동시킬 경우

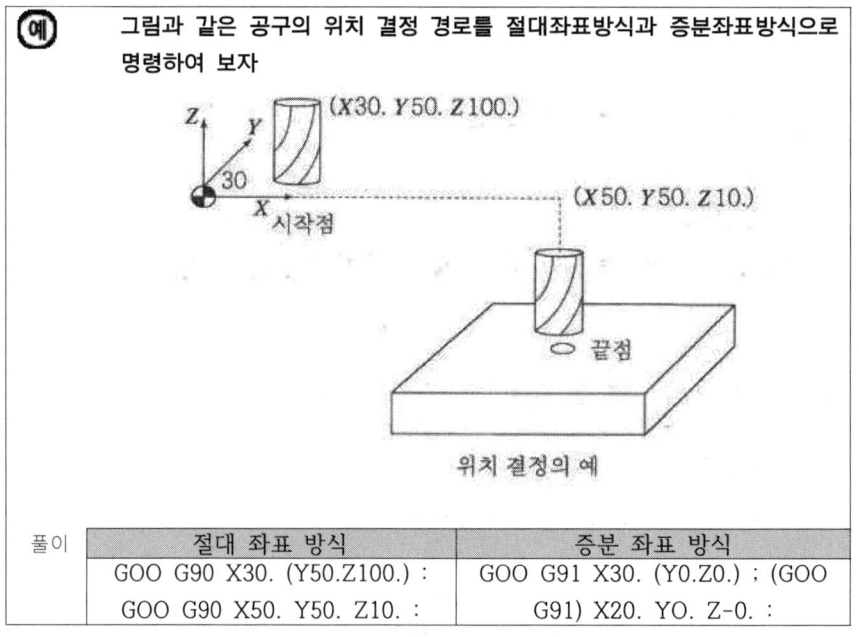

풀이	절대 좌표 방식	증분 좌표 방식
	G00 G90 X30. (Y50.Z100.) :	G00 G91 X30. (Y0.Z0.) ; (G00
	G00 G90 X50. Y50. Z10. :	G91) X20. Y0. Z-0. :

8) 직선가공

직선가공은 에로 명령하여, F기능으로 지정한 이송 속도로, 명령한 위치까지 공구를 직선으로 이동시킨다.

🔵 명령 형식

$$G01 \begin{Bmatrix} G90 \\ G91 \end{Bmatrix} X\_.\_Y\_.\_Z\_.\_F\_. ;$$

► X, Y, Z : 이동 종점의 좌표
► F : 이동속도

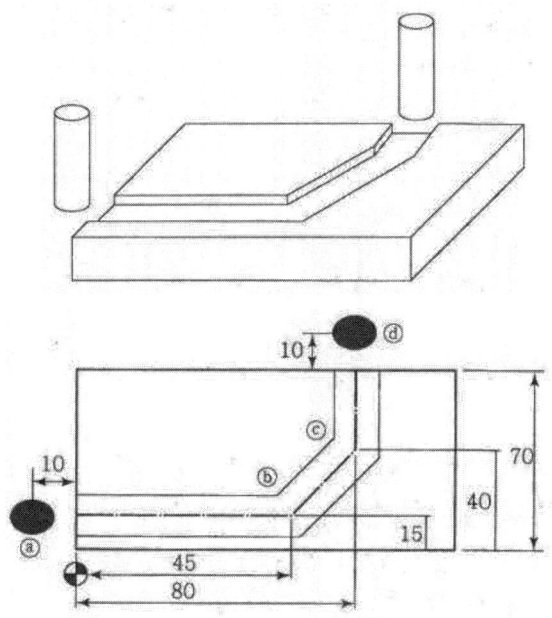

| 예 | 그림과 같은 직선가공 경로 ⓐ-ⓑ-ⓒ-ⓓ를 절대좌표방식과 증분좌표방식으로 표현하면 다음과 같다. |

절대 좌표 방식	증분 좌표 방식
G01 G90 X45. (Y15.) F90 ;	G01 G91 X55. (Y0.) F90 ;
(G01 G90) X80. Y40. (F90) ;	(G01 G91) X35. Y25. (F90) ;
(G01 G90 X80.) Y80. (F90) ;	(G01 G91 X0.) Y40. (F90) ;

F는 피드(feed)로서 1분당 90mm 이송한다.

9) 평면의 선택

X, Y, Z 축이 이루는 3차원 좌표계에서 원호가공이나 공구의 지름보정, 고정사이클 을 실행할 때에는 반드시 가공할 평면을 선택해야 한다.

- ▶ G17 : XY 평면의 선택 〈그림 a〉
- ▶ G18 : ZX 평면의 선택 〈그림 b〉
- ▶ G19 : YZ 평면의 선택 〈그림 c〉

※ 대부분의 가공이 XY 평면에서 이루어지기 때문에, 기계의 전원을 켜면 G17이 선택되도록 기본값으로 설정되어 있으며, 가공할 평면이 달라질 경우에는 반드시 해 당 평면을 선택하는 명령을 해주어야 한다.

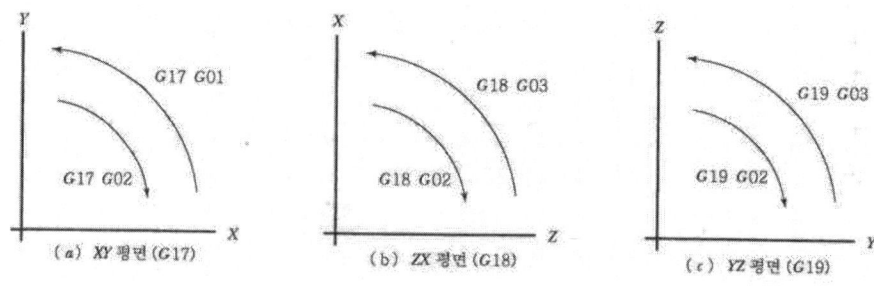

[평면의 선택과 원호방향]

10) 원호가공

그림과 같이 원호의 가공방향이 시계방향이면 G02를 명령하고, 반시계방향이면 G03을 명령한다. 시계방향(CW) 반시계 방향(CCW)이라고 하는 회전방향은 선택한 평면에 수직한 축의 (+) 방향에서 평면을 바라볼 때의 회전방향이다.

원호가공은 동시에 2축을 제어하여 원 및 원호를 가공하는 것이므로, XY, ZX, YZ 평면 중 어느 한 평면에서만 명령할 수 있다.

- ■ 명령 형식 : X - Y 평면의 원호

    G17 〈$\genfrac{}{}{0pt}{}{G02}{G03}$〉 〈$\genfrac{}{}{0pt}{}{G90}{G91}$〉 X_ Y_ ($\genfrac{}{}{0pt}{}{R\_}{I\_J\_}$) F____ ;

- ■ 명령 형식 : Z - X 평면의 원호

    G18 〈$\genfrac{}{}{0pt}{}{G02}{G03}$〉 〈$\genfrac{}{}{0pt}{}{G90}{G91}$〉 X_ Z_ ($\genfrac{}{}{0pt}{}{R\_}{I\_K\_}$) F____ ;

- ■ 명령 형식 : Y - Z 평면의 원호

    G19 〈$\genfrac{}{}{0pt}{}{G02}{G03}$〉 〈$\genfrac{}{}{0pt}{}{G90}{G91}$〉 Y_ Z_ ($\genfrac{}{}{0pt}{}{R\_}{J\_K\_}$) F____ ;

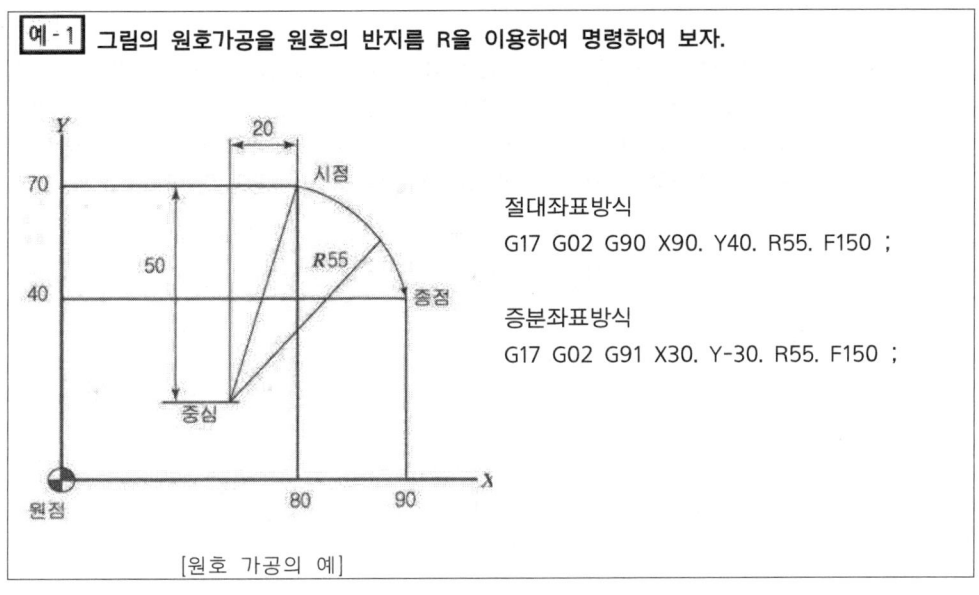

[원호 가공의 예]

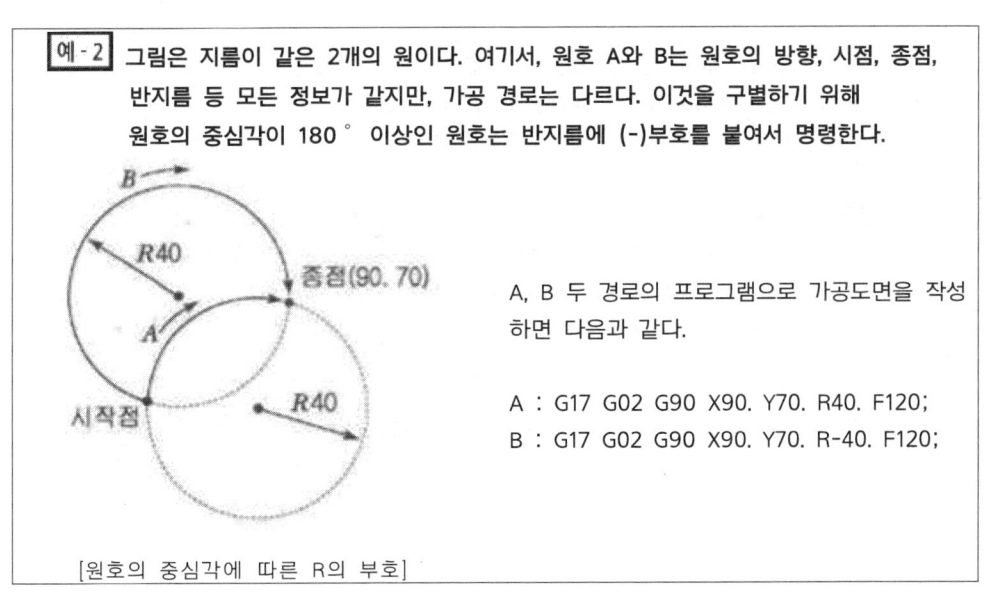

[원호의 중심각에 따른 R의 부호]

예-3 원호의 중심 위치 I, J, K 에 의한 원호 가공 원호의 반지름 R 대신에 원호의 중심 위치 I, J, K를 이용하여 원호가공을 명령할 수 있다. I, J, K는 아래 그림 (a), (b)와 같이 원호의 시작점에서 중심까지의 벡터(Vector)의 X, Y, Z축 방향 성분으로, G90, G91 에 관계없이 항상 증분좌표로 명칭한다.

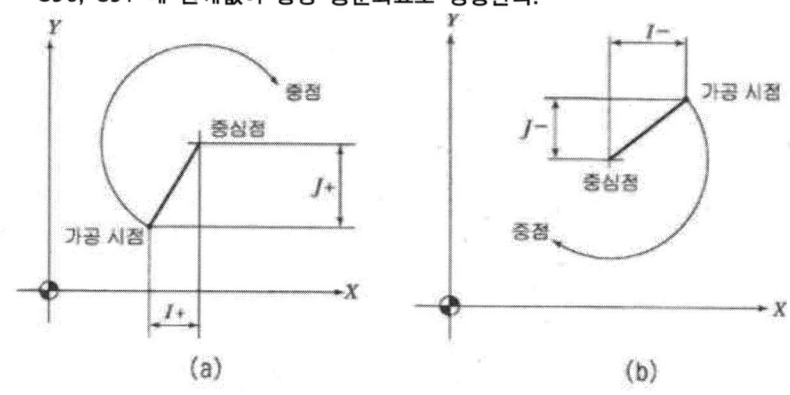

[XY 평면 원호의 I. J]

위의 그림을 원호가공을 원호의 중심 위치 I, J, K를 이용한 프로그램
절대좌표방식 : G17 G02 G90 X90. Y40. I-20. J-50. F150 ;
증분좌표방식 : G17 G02 G91 X30. Y-30. I-20. J-50. F150 ;

원(360°원호)의 가공
원의 가공은 시점과 종점이 같기 때문에, 반지름 정보로는 원호의 경로를 정의할 수 없다.
그러나 원호의 중심 위치 I, J, K를 이용하면 원의 가공을 명령할 수 있다.
원 가공에서 종점의 좌표는 시점과 같으므로 대개 생략하며, I0, J0, K0도 증분좌표의 개념으로 생각할 수 있다.

예-4 그림에서 A점과 B점에서 각각 화살표 방향으로 출발하여 원을 가공하는 프로그램

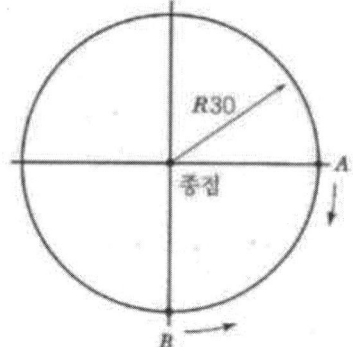

[원 가공]

A점이 시점과 종점인 원 : G17 G02 (G90) I - 30. (J0.) F150;
B점이 시점과 종점인 원 : G17 G03 (G90 I0.) J30. F150;

11) 공구보정

프로그램 할 때는 보정 벡터의 방향 (즉, G41 : 좌측, G42 : 우측)과 보정 메모리의 번호
(즉, D2 : D 다음에 2자리 숫자 01 32까지)만 프로그램상에 넣어주면 된다.
작업 시 공구의 직경을 정확히 측정하여 반경만큼만 보정 메모리번호,
즉 D_에 입력(MDI 사용) 시키면 된다.

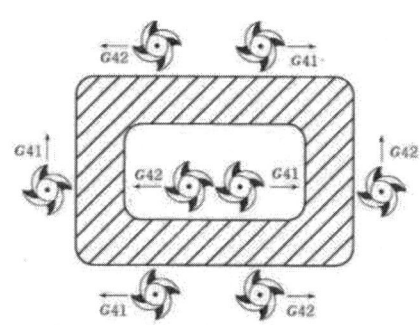

[공구지름 보정방향]

지름 보정의 방향은, 그림과 같이 항상 진행 중인 공구의 입장에서 생각한다.
진행방향의 왼쪽으로 보정하려 면 G41 로 명령하고, 오른쪽으로 보정하려 면 G42로 명령한다.

■ 명령 형식 : X-Y 평면에서의 공구 지름 보정

$$G17 \; \left\{ \begin{array}{c} G00 \\ G01 \end{array} \right\} \left\{ \begin{array}{c} G41 \\ G42 \end{array} \right\} X\_\; Y\_\; D\_\; ;$$

▶ X. Y : 보정 시작 블록의 중심 좌표
▶ D : 공구 지름 보정 번호

■ 최소 형식 : X-Y 평면에서의 공구 지름 보정 취소

$$G17 \; \left\{ \begin{array}{c} G00 \\ G01 \end{array} \right\} G40 \; X\_\; Y\_\; ;$$

▶ X. Y : 보정 취소 블록의 종점 좌표

G41, G42는 연속유효 G코드이므로, 한 번 명령하면 취소될 때까지 계속 유효하다. 공구 지름 보정
은 경보정이 시작되는 블록(Start-up Block) 바로 다음 블록부터 완벽하게 실행되며, 보정할 구간이
끝나면 반드시 취소해야 한다.

아래 예제를 프로그래밍 하고 가공하시오.

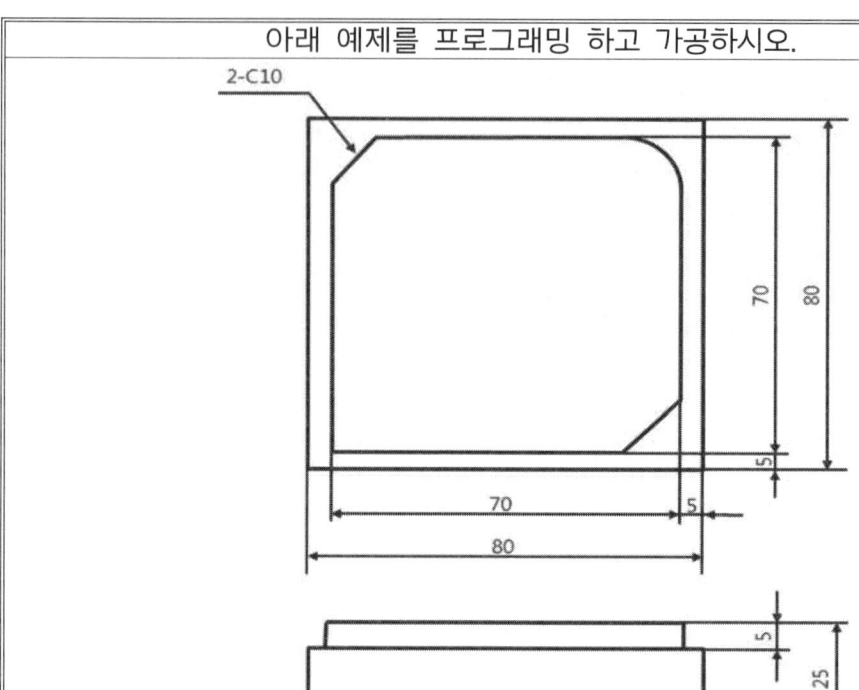

절삭조건	공구종류	공구직경	절삭속도	이송속도	소재치수	재질
	FEM	16	35m/min	200m/min	80X80X25	S45C

프로그래밍	설명
O00001	프로그램 문번호
G40 G49 G80	공구경취소, 공구길이보정취소, 사이클기능취소
G91 G28 Z0.	Z축 복귀
G28 X0. Y0	X, Y축 원점복귀
G90 G92 G00 X300. Y186. Z235.	공작물 좌표계설정
G00 X-10. Y0	
G42 Z20. D01	D01 공구경 보정
M03 S700	
G01 Z-10. F200 M08	절삭유 ON
Y5.	
X65.	
G03 X65. Y75. I-10.	
G01 X15.	
X5. Y65.	
Y-10.	
G40 Z20. M09	공구경 보정 취소 절삭유 OFF
G00 X150. Y150. Z150.	
M05	주축 정지
M02	프로그램 종료

SECTION 11 실전 예상문제

01 CNC프로그래밍에서 이송기능에 대한 설명으로 잘못된 것은?

① CNC선반에서 G99는 회전당 이송(mm/rev) 이다.
② CNC선반에서 G98는 분당 이송tam/min) 이다.
③ 머시닝센터에서 이송은 G94가 초기설정되어 있다.
④ 머시닝센터에서 G95는 분당이송(mm/min) 이다.

1.
G94 : 분당 이송
G95 : 회전당 이송
G98 : 초기점 레벨복귀
G99 : R점 레벨복귀

02 CNC공작기계에서 작업이 안전사항에 위배되는 사항은?

① 작업 중 위급 시는 비상정지 스위치를 누른다.
② CNC선반작업의 절삭시간을 줄이기 위하여 작업문을 열어 놓고 가공한다.
③ 가공된 칩 제거 시는 기계를 반드시 정지하고 제거한다.
④ CNC방전 가공 시에는 감전에 유의한다.

03 커플링으로 연결된 CNC공작기계의 볼스크루 피치가 12mm이고, 서보모터의 회전각도가 240°일 때 테이블의 이동량은?

① 2mm   ② 4mm
③ 8mm   ④ 12mm

3.
$12 \times \dfrac{240}{360} = 8$

04 CNC수동 프로그래밍에서 절삭에 관한 준비기능이 아닌 G코드는?

① G01   ② G02
③ G03   ④ G04

4. G04 : 일시휴지로서 절삭준비 기능이 아님

정답 1. ④ 2. ② 3. ③ 4. ④

05 CNC선반작업에서 A점에서 B점으로 이동할 때 지령방법으로 틀린 것은?

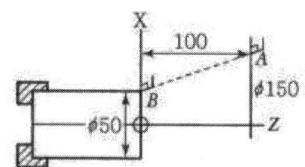

① G00 U-100.0 W-100.0 ;
② G00 U-50.0 Z0.0 ;
③ G00 X50.0 W-100.0 ;
④ G00 X50.0 Z0.0 ;

06 자유곡면이 CNC가공을 위하여 고려하여야 할 것이 아닌 것은?
① 공구간섭 방지
② 황삭계획 및 허용공차 지정
③ 가공경로 계획
④ 자재수급 계획

07 CNC선반의 지령 중 어드레스 F의 단위가 다른 것은?
① G32_F_ ;
② G76_F_ ;
③ G92_F_ ;
④ G98_F_ ;

7.
G32 : 나사가공
G76 : 간단나사가공
G92 : 나사가공
G98 : 분당이송

08 머시닝센터 준비기능 중 연속유효 지령(Model G code)이 아닌 것은?
① G01   ② G03
③ G00   ④ G04

8. G04 : 일시휴지

정답 5. ② 6. ④ 7. ④ 8. ④

09 CNC 프로그램을 간단히 할 목적으로 보조프로그램(Sub Program)이 사용된다. 다음 중 보조프로그램에 관한 설명 중 틀린 것은?

① 주프로그램에서 M98로 호출한다.
② M99로 보조프로그램을 종료하고 주프로그램으로 복귀한다.
③ 보조프로그램에서 다시 보조프로그램을 호출할 수 없다.
④ 주프로그램에 사용하는 어떠한 명령도 사용할 수 있다.

10 CNC공작기계에서 위치결정 이동시 가장 주의해야 하는 사고 위험은?

① 사용공구의 열변형
② 공구와 공작물의 충돌
③ 가공부위의 오버컷
④ 공작물의 진동

11 다음 중 CNC 프로그램의 어드레스(Address)와 그 기능이 잘못 연결된 것은?

① 준비기능-G
② 이송기능-F
③ 주축기능-S
④ 휴지(Dwell)-M

12 CNC 프로그램의 구성에서 보조기능에 해당되지 않는 내용은?

① 프로그램 시작지령
② 절삭유 공급 여부
③ 주축회전 방향 결정
④ 보조프로그램 호출 및 주프로그램으로 복귀

13 CNC 선반에서 공구 기능을 4자리 숫자로써 표시할 경우 T0204에서 04는 무엇을 뜻하는가?

① 공구 선택 번호
② 공구 삭제 번호
③ 공구 보정 번호
④ 공구 교환 번호

27.
T : 공구기능
02 : 공구번호
04 : 보정번호

정 답   9. ③ 10. ② 11. ④ 12. ① 13. ③

14 다음 프로그램에서 보조(Sub) 프로그램 1375번은 몇 번 반복하는가?

```
N10;
N20;
N30 M98 P1375 ;
N40;
N10 M02 ;
```

① 1회 ② 2회
③ 3회 ④ 4회

28.
P : 어드레스
1375 : 보조프로그램 번호
L30 : 30회 반복
반복회수 생략시 1회 가공

15 CNC 선반 프로그램의 주요기능 주축의 회전속도를 지령하는 주축기능은?

① M00
② T0100
③ G01
④ S1300

29.
M00 : 프로그램스톱
T0100 : 공구교환
G01 : 직선절삭이송

16 기계의 원점을 기준으로 정한 좌표계는?

① 절대 좌표계
② 상대 좌표계
③ 잔여 좌표계
④ 기계 좌표계

30. 기계의 원점은 기계의 기준점으로 기계좌표계이다.

17 일반적으로 머시닝센터에서 사용하지 않는 공구는?

① 절단 바이트
② 볼엔드밀
③ 센터드릴
④ 탭

18 머시닝센터에서 공작물 가공시 주의해야 할 사항으로 옳은 것은?

① 절삭유로 기름을 사용할 때에는 필히 장갑을 끼고 가공한다.
② 칩의 제거는 기계가 정지한 후에 한다.
③ 주축의 회전은 1200rpm 이상을 지령해야 한다.
④ 측정은 기계 가동 중 직접 행한다.

정답 14. ① 15. ④ 16. ④ 17. ① 18. ②

19 포스트 프로세서의 작업 내용은?
① 도면 작성시 프로그램으로 도형을 정의하는 작업
② 3차원 프로그램 작업
③ 프로그램으로 표준화하는 작업
④ CNC 공작기계에 맞추어 NC 데이터를 생성하는 작업

20 머시닝센터의 특징을 설명한 것 중 해당하지 않는 것은?
① 원통형상의 공작물을 다른 CNC공작기계에 비해 능률적으로 가공할 수 있다.
② 밀링, 드릴링, 태핑, 보링 작업 등을 연속공정으로 가공할 수 있다.
③ 윤곽절삭 및 곡면가공과 같이 범용 공작기계에서는 수행하기 어려운 작업을 손쉽게 수행할 수 있다.
④ ATC를 비롯하여 APC 장치, Robot 및 자동 창고장치를 갖추어 FMS의 실현을 가능하게 한다.

21 곡면을 가공할 때 볼 앤드밀이 지나가고 남은 흔적을 말하며 골간의 간격에 따라서 높이가 달라지는 것은?
① Path   ② Length
③ Pitch   ④ Cusp

22 CAM System에서 후처리(Postprocessing)의 설명으로 맞는 것은?
① 곡선 또는 곡면을 형상 모델링하는 것을 말한다.
② 곡선 또는 곡면을 형상 모델링한 후 CL데이터를 생성하는 것을 말한다.
③ 곡선 또는 곡면의 CL데이터를 공작기계가 인식할 수 있는 NC코드로 변환시키는 것을 말한다.
④ 곡선 또는 곡면의 NC코드를 CL데이터로 변환시키는 것을 말한다.

23 다음 중 자유곡면 가공에 해당하지 않는 사항은?
① 적어도 3축 이상의 공작기계가 필요하다.
② 정확한 가공을 위해서 Flat-endmill이 적합하다.
③ 비교적 가공시간이 매우 길다.
④ 비교적 공구마모나 손상이 잦다.

23. 자유곡면가공에는 Bail-endmill이 적당하다.

정답 19. ④ 20. ① 21. ④ 22. ③ 23. ②

24 다음 중 디지털 목업(Digital Mock-up)에 관한 설명으로 가장 거리가 먼 것은?

① 실물 Mock-up의 사용빈도를 줄일 수 있는 대안이다.
② 간섭검사, 기구학적 검사 그리고 조립체 속을 걸어 다니는 듯 한 효과 등을 낼 수 있다.
③ 적어도 Surface나 Solid Model로 각각의 단품이 모델링되어야 한다.
④ 조립체 모델링에는 아직 적용되지 않는다.

> 24. 디지털 목업은 실물 목업 전에 확인 하는 방법으로 조립체의 간섭현상도 확인할 수 있다.

25 다음 중 좌표계에 관한 설명으로 잘못된 것은?

① 실세계에서 모든 점들은 3차원 좌표계로 표현된다.
② x, y, z축의 방향에 따라 오른손좌표계와 왼손좌표계가 있다.
③ 모델링에서는 직교좌표계가 사용되지만, 원통좌표 계나 구면좌표계가 사용되기도 한다.
④ 좌표계의 변환에는 행렬 계산의 편리성으로 동차좌표계 대신 직교좌표계가 주로 사용된다.

> 25. 좌표계의 변환은 행렬계산의 편리성 보다는 물체의 현상을 파악하는데 편리한 좌표계를 선택한다.

26 NC에서 사용되는 서보기구의 위치 검출방식이 아닌 것은?

① 개방회로 방식
② 리졸버 방식
③ 하이브리드 방식
④ 폐쇄회로 서보방식

정답 24. ④ 25. ④ 26. ②

SECTION 01 기계안전

SECTION 01 기계안전

PART 01 기계가공 및 안전관리

❶ 일반적인 안전사항

(1) 작업 복장

1) 작업복
① 작업복은 신체에 맞고 가벼운 것으로서 상의의 끝이나 바짓자락이 말려 들어가지 않는 것이 좋다.
② 실밥이 풀리거나 터진 것은 즉시 수선하도록 한다.
③ 고온 작업 시에도 작업복을 벗지 않는다. 작업복을 벗고 작업 시에는 재해의 위험성이 크다.
④ 작업복 선정 시 스타일을 고려하여 선정한다.

2) 작업모
① 기계의 주위에서 작업을 할 때는 반드시 모자를 쓰도록 한다.
② 여성 및 장발자의 경우에는 모자나 수건으로 머리카락을 완전히 감싸도록 한다.

3) 신발
① 신발은 작업 내용에 잘 맞는 것을 선정하고, 넘어질 우려가 있는 신발은 착용하지 않는다.
② 발의 보호를 위해 신발은 안전화의 착용이 바람직하다.

4) 보호구
① 보안경:철분, 모래 등이 날리는 작업(연삭, 선반, 셰이퍼 등)에 사용한다.
② 차광 보호 안경:용접 작업 등과 같이 불꽃이나 유해광선이 나오는 작업에 사용한다.
③ 방진 마스크:먼지가 많은 장소나 유해가스가 발생되는 작업에 사용, 산소가 16% 이하로 결핍되었을 때에는 산소 마스크를 사용한다.
④ 장갑:선반작업, 드릴, 밀링, 연삭, 해머, 정밀기계 작업 등에는 장갑 착용을 금한다.
⑤ 귀마개:소음이 발생하는 작업 등에는 귀마개를 사용한다.
⑥ 안전모
　㉠ 물건이 떨어지거나 추락, 충돌에서 머리를 보호할 수 있는 안전모를 착용한다.
　㉡ 안전모의 상부와 머리 상부 사이의 간격을 유지하여 충격에 대비한다.
　㉢ 턱 조리개는 반드시 졸라맨다.

(2) 통행과 운반

1) 통행 시 안전수칙

① 통행로 위의 높이 2m 이하에는 장해물이 없을 것
② 기계와 다른 시설물 사이의 통행로 폭은 80cm 이상으로 할 것
③ 뛰거나 주머니에 손을 넣고 걷지 말 것
④ 통로가 아닌 곳은 걷지 말 것
⑤ 통행규칙을 지킬 것
⑥ 높은 작업장 밑을 통과할 때는 안전모를 착용할 것
⑦ 통행 우선 수칙을 숙지할 것

2) 운반 시 안전수칙

① 운반차는 규정속도를 지킬 것
② 운반 시 시야를 가리지 않게 할 것
③ 긴 물건에는 끝에 표지를 단 후 운반할 것

3) 작업장에서 작업을 시작하기 전 점검사항

① 기계 및 공구는 그 기능이 정상적인지 점검한다.
② 가스 사용 시 누설 및 폭발 위험이 없는지 점검한다.
③ 전기장치에 이상이 없는지 점검한다.
④ 작업장 조명이 정상인지 점검한다.
⑤ 정리 정돈이 잘 되어 있는지 점검한다.
⑥ 주변에 위험물이 있는지 점검한다.

❷ 수공구류의 안전수칙

(1) 일반적인 안전수칙

1) 일반수칙

① 주위를 정리정돈할 것
② 손이나 공구에 기름, 물 등 미끄러운 물질은 제거할 것
③ 수공구는 그 목적에만 사용할 것
④ 적절한 공구를 사용할 것

2) 수공구류 안전수칙

① 해머 작업
  ㉠ 보호안경을 착용할 것
  ㉡ 처음과 마지막에는 서서히 칠 것
  ㉢ 장갑을 끼지 말 것
  ㉣ 해머를 자루에 꼭 끼울 것
  ㉤ 적당한 공간을 유지할 것

② 정, 끌작업
  ㉠ 거스러미가 있는 정은 사용하지 말 것
  ㉡ 정에 기름이 묻을 시 기름을 깨끗이 닦은 후에 사용할 것
  ㉢ 따내기 작업 시에는 보호안경을 착용할 것
  ㉣ 절단 시 조각이 비산할 경우 반대편에 차폐막을 설치하여 비산을 방지할 것
  ㉤ 정을 잡은 손의 힘을 뺄 것
  ㉥ 날끝이 결손된 것이나 둥근 것은 사용하지 말 것
  ㉦ 정 작업은 처음에는 가볍게 두들기고 차츰 세게 두들기며, 작업이 끝날 때는 타격을 약하게 할 것
  ㉧ 담금질한 재료는 작업을 하지 않을 것
  ㉨ 절삭면을 손가락으로 만지거나 절삭칩을 손으로 제거하지 않을 것

③ 스패너, 렌치 작업
  ㉠ 사용목적 이외로 사용하지 말 것
  ㉡ 너트에 꼭 맞게 사용할 것
  ㉢ 조금씩 돌릴 것
  ㉣ 작업 중 벗겨져도 손을 다치거나 넘어지지 않는 안전한 자세인 몸 앞쪽으로 회전시킬 것
  ㉤ 스패너와 너트 사이에 물림쇠를 끼우지 말 것
  ㉥ 스패너에 파이프를 끼우거나 해머로 두들겨서 작업하지 말 것

④ 드라이버 작업
  ㉠ 드라이버는 홈에 맞는 것을 사용할 것
  ㉡ 드라이버의 이가 상한 것은 사용하지 말 것
  ㉢ 작업 중 드라이버가 빠지지 않도록 할 것
  ㉣ 전기 작업에서는 절연된 드라이버를 사용할 것

(2) 다듬질의 안전작업

1) 바이스 작업

① 바이스는 이가 꼭 맞는 것을 사용할 것
② 조(Jaw)의 기름을 잘 닦아낼 것
③ 조의 중심에 공작물이 오도록 고정할 것
④ 바이스대에 재료, 공구 등을 올려놓지 말 것
⑤ 작업 중 헐거울 시 바이스를 조인 후 작업할 것
⑥ 가공물에 체결한 다음에는 반드시 핸들을 밑으로 내릴 것
⑦ 둥근 가공물은 V-블록 등의 보조구를 이용하여 고정할 것

2) 줄 작업

① 줄을 점검하여 균열이 있는 것은 사용하지 않는다.
② 줄자루는 소정의 크기의 것으로 자루를 확실하게 고정하여 사용한다.
③ 칩은 반드시 브러시로 턴다.
④ 오른손 사용자는 오른손에 힘을 주고 왼손은 균형을 잡도록 한다.

3) 쇠톱 작업

① 작업 중 톱날이 부러지지 않도록 하며 전체 날을 사용한다.
② 쇠톱자루와 테의 선단을 잘 고정시켜 좌우로 흔들리지 않도록 하고 작업한다.
③ 절삭이 끝날 무렵에는 힘을 빼고 가볍게 사용한다.

4) 스크레이핑 작업

① 스크레이퍼의 절삭날은 날카로우므로 다치지 않도록 조심한다.
② 작업을 할 때는 공작물을 확실히 고정시킨다.
③ 허리로 스크레이퍼 작업을 할 때는 배에 스크레이퍼를 대어 작업한다.

(3) 주요 기계 작업 시 안전

1) 공작기계의 안전수칙
① 공구나 재료는 반드시 공구대에서 사용하도록 한다.
② 이송 중 기계를 정지시키지 않는다.
③ 기계의 회전을 손이나 공구로 멈추지 않는다.
④ 가공물, 절삭공구의 설치를 확실히 한다.
⑤ 절삭 공구는 짧게 설치하고 절삭성이 나쁘면 공구를 교체한다.
⑥ 칩이 비산하는 작업은 보안경을 사용한다.
⑦ 칩을 제거할 때는 브러시나 칩 클리너를 사용한다.
⑧ 공작물 측정 시에는 반드시 정지시킨 후 측정한다.

2) 선반 작업
① 가공물의 설치는 전원 스위치를 끄고 바이트를 충분히 뗀 다음 작업한다.
② 바이트 설치 시에는 기계를 정지시킨 다음에 한다.
③ 공작물의 설치가 끝나면 척, 렌치류는 곧 떼어 공구대에 놓는다.
④ 공작물의 길이가 직경의 12배 이상일 경우 방진구를 설치한다.

3) 밀링 작업
① 절삭 공구나 공작물 설치 시 전원스위치를 끄고 작업한다.
② 예리한 칩이 비산하므로 보안경을 착용한다.
③ 상하 이송용 핸들은 작동 후 반드시 벗겨 놓는다.
④ 칩이 많이 비산하는 재료는 커터 부분에 커버를 부착한다.

4) 연삭 작업
① 숫돌은 시운전 시 지정된 사람이 운전하도록 한다.
② 숫돌을 설치하기 전에 나무망치로 숫돌을 때려 탁한 소리가 나면 숫돌의 균열을 조사한다.
③ 숫돌차의 안지름은 축의 지름보다 0.05~0.15mm 정도의 틈을 준다.
④ 플랜지는 좌우 같은 것을 사용하고 숫돌 바깥 지름의 1/3 이상의 것을 사용한다.
⑤ 플랜지와 숫돌 사이에는 플랜지와 같은 크기의 종이와셔를 양쪽에 끼우고 너트를 조인다.
⑥ 숫돌은 시작 전 1분 이상, 숫돌 대체 시 3분 이상 시운전을 하며 작업자는 숫돌의 회전 방향으로부터 몸을 피하여 안전에 유의한다.
⑦ 숫돌과 작업대의 간격은 항상 3mm 이하로 유지한다.
⑧ 공작물과 숫돌은 조용하게 접촉하고, 무리한 압력으로 연삭은 금한다.
⑨ 소형 숫돌은 측압에 약하므로 컵형 숫돌 외에는 측면 사용을 금한다.
⑩ 숫돌의 커버를 반드시 부착하여 사용한다.
⑪ 안전 차폐막을 갖추지 않은 연삭기를 사용할 때는 방진 안경을 사용한다.

5) 플레이너 작업

① 프레임 내의 피트(Pit)에는 뚜껑을 설치하여 재해를 방지한다.
② 테이블의 이동 범위를 나타내는 안전 방호울을 세워 놓아 재해를 예방한다.
③ 기계 작동 중에 테이블 위에는 절대로 올라가지 않는다.(탑승 금지)
④ 베드 위에 다른 물건을 올려놓지 않는다.
⑤ 바이트는 되도록 짧게 나오도록 설치한다.
⑥ 일감은 견고하게 징치한다.
⑦ 일감 고정 작업 중에는 반드시 동력 스위치를 꺼 놓는다.
⑧ 절삭 행정 중 일감에 손을 대지 않는다.

6) 용접 시 안전수칙

① 산소용접 시 안전수칙
  ㉠ 용접 작업 시 적당한 차광 안경을 사용한다.
  ㉡ 점화 시 아세틸렌 밸브를 먼저 열고 점화한 뒤 산소 밸브를 연다.
  ㉢ 충전된 산소병은 직사광선이 직접 투사하는 곳에 놓지 않도록 한다.
  ㉣ 작업 후 산소 밸브를 먼저 닫고 아세틸렌 밸브를 닫는다.
  ㉤ 점화는 로치 라이터로 한다.
  ㉥ 역화가 일어났을 때는 즉시 산소 밸브를 잠근다.
  ㉦ 발생기에서 5m 이내, 발생기실에서 3m 이내의 장소에서 흡연과 화기의 사용 또는 불꽃이 일어나는 행위를 금한다.
  ㉧ 아세틸렌 용기밸브를 열 때는 $\frac{1}{4} \sim \frac{1}{2}$ 회전만 하고 핸들은 끼워놓는다.
  ㉨ 아세틸렌 누출 검사 시에는 비눗물을 사용하여 검사한다.
  ㉩ 호스의 색은 산소용은 흑색, 아세틸렌용은 적색을 사용한다.

② 전기용접 시 안전수칙
  ㉠ 전기용접은 환기장치가 완전한 일정한 장소에서 실시한다.
  ㉡ 용접 시에는 소화기 및 소화수를 준비한다.
  ㉢ 우천시 옥외 작업을 금한다.
  ㉣ 홀더는 항상 파손되지 않은 것을 사용한다.
  ㉤ 작업 시에는 반드시 보호장비를 착용한다.
  ㉥ 용접봉을 갈아끼울 때는 홀더의 충전부에 몸이 닿지 않도록 주의한다.
  ㉦ 작업 중단 시에는 전원 스위치를 끄고 커넥터를 풀어준다.
  ㉧ 보호장갑 및 에이프런(앞치마), 발 덮개 등의 보호장구를 착용한다.

7) 드릴 작업

① 드릴을 고정하거나 풀 때는 주축이 완전히 멈춘 후에 한다.
② 드릴은 양호한 것을 사용하고, 생크에 상처나 균열이 있는 것은 교환한다.
③ 가공 중에 드릴의 절삭성이 떨어지면 곧 드릴을 재연삭하여 사용한다.
④ 작은 물건이라도 반드시 바이스나 고정구로 고정한다.
⑤ 얇은 물건을 드릴 작업할 때는 밑에 나무 등을 받치고 작업한다.
⑥ 드릴 끝이 가공물의 맨 밑에 나올 때는 가공물이 회전하기 쉬우므로 이송을 늦춘다.
⑦ 가공 중 드릴이 가공물에 박히면 기계를 정지시키고 안전장치를 한 후 손으로 드릴을 뽑아야 한다.
⑧ 드릴이나 소켓 등을 뽑을 때는 드릴 뽑게를 사용하며, 해머 등으로 두들겨 뽑지 않도록 한다.
⑨ 드릴 및 척을 교환할 때는 주축과 테이블의 간격을 좁히고 테이블 위에 나뭇조각을 놓고 작업한다.

8) 프레스(전단기) 작업

① 기계의 사용방법을 완전히 익힐 때까지는 단독으로 기계를 작동시키지 않는다.
② 작업 전에 운전하여 기계의 움직임 및 작업상태를 점검한다.
③ 형틀(Die)을 교정 또는 교환 후에는 시험 작업을 해 본다.
④ 안전장치의 작동상태를 점검한다.
⑤ 2명 이상이 작업할 때는 신호규정을 정하고 조작에 안전을 기한다.
⑥ 작업이 끝난 후에는 반드시 스위치를 내린다.
⑦ 손질, 수리, 조정 및 급유 시에는 반드시 전원 스위치를 내린 후 작업한다.
⑧ 이송이나 배출 시에는 손의 사용보다는 장치를 이용하도록 한다.

(4) 동력전달장치의 안전

기계에 동력을 전달하는 원동기, 전동기, 축, 기어, 풀리, 벨트 등에는 항상 위험이 따르므로 적당한 안전장치를 해야 한다.

1) 벨트의 안전장치

① 벨트의 이음쇠는 되도록 돌기가 없는 구조로 한다.
② 벨트가 돌아가는 부분에는 커버 등을 한다.
③ 통행 중 접근할 염려가 있는 것은 둘러싸거나 안전 울타리를 한다.

2) 축(Shaft)의 안전장치

① 볼트, 키 등의 머리가 튀어 나온 부품은 컬러로 덮어준다.
② 돌출부가 없어도 지상 2m 이내에서는 의복, 머리카락 등이 감기지 않도록 장치를 한다.

3) 기어 맞물림부의 안전장치

① 기어는 가급적 전부 덮어야 한다.
② 맞물린 부분과 측면 부분은 특히 안전 커버를 한다.

❸ 안전 표지와 가스용기의 색채

(1) 안전 표지와 색채 사용도

① 적색:방향 표시, 규제, 고도의 위험 등
② 오렌지색(주황색):기계·전기설비의 위험, 일반위험 등
③ 황색:주의 표시(충돌, 장애물 등)
④ 녹색:안전지도, 위생표시, 대피소, 구호소 위치, 진행 등
⑤ 청색:수리·조절 및 검사 중, 송전 중 표시
⑥ 진한 보라색:방사능 위험표시(자주색)
⑦ 백색:글씨 및 보조색, 통로, 정리정돈
⑧ 흑색:방향 표시, 글씨
⑨ 파란색:출입금지

(2) 가스용기의 색채

산소(녹색), 수소(주황색), 액화 이산화탄소(파란색), 액화 암모니아(흰색), 액화 염소(갈색), 아세틸렌(노란색), 기타(쥐색)

(3) 화재의 종류

- A급-일반화재
- B급-유류
- C급-전기
- D급-금속분화제

SECTION 01 실전 예상문제

01 작업장에서 전기, 유해 가스 및 위험한 물건이 있는 곳을 식별하기 위해서는 다음 중 어느 색으로 표시해야 하는가?
① 황색 ② 적색
③ 녹색 ④ 청색

02 기중기의 주요 부분이나 작업장의 위험 표시 혹은 위험이 게재된 기둥 지주·난간 및 계단을 표시하는 데 사용되는 색은?
① 황색과 보라색 ② 적색
③ 흑색과 백색 ④ 녹색

03 작업장의 벽에는 어느 색이 좋은가?
① 연초록색 ② 노란색
③ 파랑색 ④ 검은색

3.
작업장의 색은 경우에 따라 다르나 다음 기준에 맞추는 것이 좋다.
- 벽:황색, 상아색, 연초록색
- 천정:흰색
- 기계 플레임에는 회색 또는 녹색, 중요한 부분에는 밝은 회색

04 작업장의 안전 표시 중 주의를 요할 때의 표시색은?
① 적색 ② 노랑
③ 주황 ④ 청색

05 다음 작업 중 보안경이 필요한 것은?
① 리베팅 작업 ② 선반작업
③ 줄 작업 ④ 황산 제조작업

5.
밀링, 선반, 드릴 작업은 칩 비산에 의하여 눈에 상해를 입을 수 있으므로 보안경을 반드시 착용하여야 한다.

정답 1. ② 2. ① 3. ① 4. ② 5. ②

06 산업 공장에서 재해의 발생을 적게 하기 위한 방법 중 틀린 것은 어느 것인가?
① 칩은 정해진 용기에 넣는다.
② 공구는 소정의 장소에 보관한다.
③ 소화기 근처에 물건을 쌓아 놓는다.
④ 통로나 창문 등에 물건을 세워 놓지 않는다.

07 다음 중 작업장에서 착용해서는 안 되는 것은?
① 작업모
② 안전모
③ 넥타이나 반지
④ 작업화

08 퓨즈가 끊어져 다시 끼웠을 때 또 끊어졌다면 그 대책은?
① 다시 한 번 끼워본다.
② 좀 더 굵은 것으로 끼운다.
③ 굵은 동선으로 바꾸는 것이 좋다.
④ 기계의 합선 여부를 점검한다.

09 공장의 정리정돈 방법에 관한 설명으로 적당치 않은 것은?
① 폐품은 정해진 용기 속에 넣는다.
② 공구, 재료 등은 일정한 장소에 놓는다.
③ 사용이 끝난 공구는 즉시 뒷정리를 한다.
④ 통로를 넓히기 위해 통로 한쪽에 물건을 세워 놓는다.

10 전기 스위치는 오른손으로 개폐해야 한다. 이때, 왼손의 위치로 가장 좋은 것은?
① 주위의 물체를 잡는다.
② 주위의 기계를 잡는다.
③ 접지 부분을 잡는다.
④ 일체의 것을 잡지 않는다.

정답 6. ③ 7. ③ 8. ④ 9. ④ 10. ④

11 기계의 안전을 확보하기 위해서는 안전율을 감안하게 되는데 다음 중 적합하지 않은 것은?

① 탄성률, 충격률, 여유율의 곱으로 안전율을 계산하기도 한다.
② 재료의 균질성, 응력 계산의 정확성, 응력의 분포 등 각종 인자를 고려한 경험적 안전율도 쓴다.
③ 안전율 계산에 사용되는 여유율은 연성재에 비하여 취성재를 크게 잡는다.
④ 안전율은 클수록 안전하므로 안전율이 높은 기계는 우수한 기계라 할 수 있다.

12 공장의 출입문은 안전을 위하여 어느 것이 안전한가?
① 안 여닫이문
② 밖 여닫이문
③ 셔터
④ 미닫이문

13 플레이너(Planer) 작업 시에 대한 설명 중 안전상 맞지 않는 것은?
① 비산하는 공구 파편으로부터 작업자를 지키기 위해 가드를 마련한다.
② 이동 테이블에 방호울을 설치한다.
③ 테이블과 고정벽이나 다른 기계와의 최소 거리가 7cm 이하일 때는 그 사이를 통행할 수 없게 한다.
④ 플레이너 프레임 중앙부에 있는 비트에 덮개를 씌운다.

13. 플레이너의 프레임 중앙부 비트(bit)에는 덮개를 설치하고 공구류, 물건 등을 두지 않아야 하며 테이블과 고정벽 또는 다른 기계와의 최소 거리가 40cm 이하가 될 때는 기계의 양쪽 끝부분에 방책을 설치하여 근로자의 통행을 차단하여야 한다.

14 다음 중 방호울을 설치하여야 하는 공작 기계는?
① 선반
② 밀링
③ 드릴
④ 셰이퍼

14. 셰이퍼의 안전장치에는 방호울, 칩받이, 칸막이 등이 있다.

15 작업 환경에 속하지 않는 것은?
① 공구
② 소음
③ 조명
④ 채광

정답 11. ④ 12. ② 13. ③ 14. ④ 15. ①

16 압력 용기에 설치하는 압력 방출장치의 작동 설정점은?
① 상용압력 초과 시
② 최고사용압력 이전
③ 최고사용압력 초과 시
④ 최고사용압력의 110%

> 16. 압력방출장치는 용기의 최고압력 이전에 방출하도록 되어야 한다.

17 다음 중 재해가 가장 많은 동력전달장치는?
① 기어
② 커플링
③ 벨트
④ 차축

18 사다리 작업 시 사다리의 경사 각도는?
① 0°
② 15°
③ 30°
④ 45°

19 기계와 기계의 간격은 최소한 얼마 이상으로 해야 하는가?
① 0.5m
② 0.8m
③ 1.2m
④ 1.4m

20 운전 중인 평삭기 테이블에 근로자가 탑승할 수 있는 경우는?
① 테이블의 행정 끝에 덮개 또는 울 등을 설치할 때
② 돌출하여 위험한 부위에 덮개 또는 울 등을 설치할 때
③ 탑승한 근로자 또는 배치된 근로자가 즉시 기계를 정지시킬 수 있을 때
④ 탑승석이 지정되어 재해 위험이 없을 때

21 기계 설비의 안전화를 위해서는 기계, 장비 및 배관 등에 안전 색채를 구별하여 칠해야 한다. 다음 중 알맞지 않은 것은?
① 시동 단추식 스위치 : 녹색
② 정지 단추식 스위치 : 적색
③ 가스 배관 : 황색
④ 물 배관 : 백색

> 21. 안전 색채
> • 시동 단추식 스위치 : 녹색
> • 정지 단추식 스위치 : 적색
> • 가스 배관 : 황색
> • 대형 기계 : 밝은 연녹색
> • 고열을 내는 기계 : 청록색, 회청색
> • 증기 배관 : 암적색
> • 기름 배관 : 황암적색

정답 16. ② 17. ③ 18. ② 19. ② 20. ③ 21. ②

22 취급 운반의 5원칙과 관계가 먼 것은?

① 연속 운반으로 할 것
② 직선 운반으로 할 것
③ 운반 작업을 집중화할 것
④ 손이 닿는 운반 방식으로 할 것

22.
1. 취급 운반의 5원칙
• 연속 운반으로 할 것
• 직선 운반으로 할 것
• 운반 작업을 집중화할 것
• 생산을 최대로 할 수 있는 운반일 것
• 시간과 경비를 최대한 절약할 수 있는 운반 작업일 것

2. 취급 운반의 3조건
• 운반 거리를 단축할 것
• 가능한 한 운반 작업은 기계화 할 것
• 가능한 한 손이 닿지 않는 운반 방식을 택할 것

23 밀링 작업 시 주의할 점을 잘못 설명한 것은?

① 보호안경을 사용한다.
② 커터에 옷이 감기지 않도록 한다.
③ 절삭 중 측정기로 측정한다.
④ 일감은 기계가 정지한 상태에서 고정한다.

24 밀링 작업 시 안전에 대한 설명이다. 잘못 설명한 것은?

① 절삭 중 표면 거칠기를 손으로 검사한다.
② 측정은 기계를 정지시킨 후 한다.
③ 작업 중에는 장갑을 끼지 않도록 한다.
④ 칩은 솔로 제거한다.

25 밀링 작업에 대한 설명 중 틀린 것은?

① 일감의 고정과 제거는 기계 정지 후 실시한다.
② 측정은 기계 정지 후 실시한다.
③ 기계 사용 후 이송장치 핸들은 풀어 놓는다.
④ 절삭 중 칩 제거는 칩 브레이커로 한다.

25.
선반 작업에서는 칩이 길게 연속적으로 나오기 때문에 칩 브레이커가 필요하나, 밀링 작업에서는 칩이 짧게 끊어져 나오기 때문에 칩 브레이커가 필요 없다.

정 답 22. ④ 23. ③ 24. ① 25. ④

26 밀링 커터를 바꿀 때의 주의사항이다. 옳은 것은?
① 밑에 걸레를 깔고 바꾼다.
② 밑에 종이를 깔고 바꾼다.
③ 그냥 바꾼다.
④ 밑에 목재 받침을 깔고 바꾼다.

27 세이퍼 작업 시 주의할 점 중 틀린 것은?
① 일감을 바이스에 확실히 고정하도록 한다.
② 절삭 중 일감에 손을 대지 않도록 한다.
③ 바이트를 손으로 누르면서 작업을 한다.
④ 램 조정 핸들은 조정 후 빼놓도록 한다.

28 세이퍼 공구대가 세이퍼의 컬럼에 부딪칠 위험성이 있는 작업은?
① 평면가공
② T홈가공
③ 더브테일 홈가공
④ 직각 홈 가공

28. 더브테일 홈을 세이퍼로 가공할 때 공구대를 홈의 각도만큼 경사시켜야 하므로 세이퍼의 직주에 부딪칠 위험성이 커진다. 따라서 램이 귀환 행정 종료 시 컬럼의 앞쪽까지만 오도록 한다.

29 세이퍼 작업 시 공구의 설치에 대한 설명 중 잘못 설명한 것은?
① 세이퍼 공구대에 바이트 홀더를 확실히 고정한다.
② 바이트는 잘 갈아서 사용한다.
③ 클램프 블록이 잘 작동되도록 한다.
④ 기계가 정지하면 바이트는 절삭 상태 그대로 둔다.

30 사업장 내에서 통행 우선권이 가장 빠른 것은?
① 보행자
② 화물 실으러 가는 차량
③ 화물 싣고 가는 차량
④ 기중기

30.
④ > ③ > ② > ①

정답 26. ④ 27. ③ 28. ③ 29. ③ 30. ④

31 세이퍼의 작업 규칙 중 틀린 것은?

① 공작물을 단단하게 고정할 것
② 바이트는 가급적이면 짧게 고정할 것
③ 운전 중 바이트가 이동하는 방향에 설 것
④ 보호 안경을 사용할 것

31. 세이퍼는 작동될 때 램이 앞뒤로 움직이기 때문에 앞이나 뒤는 작업자에게 매우 위험하다.

32 와이어 로프로 중량물을 달아올릴 때 로프에 가장 힘이 적게 걸리는 각도는?

① 120° ② 60°
③ 30°   ④ 90°

33 세이퍼에서 공작물 고정 시 주의할 점 중 틀린 것은?

① 테이블을 깨끗이 한다.
② 테이블 위의 칩은 완전히 제거한다.
③ 테이블에 바이스를 고정할 때 와서는 필요 없다.
④ 무거운 물건은 타인의 도움을 청한다.

34 세이퍼 바이스에 일감을 정확히 고정할 때 좋은 방법은?

① 핸들에 파이프를 넣어 고정한다.
② 바이스 핸들을 해머로 때린다.
③ 바이스 핸들에 충격을 가한다.
④ 바이스 핸들을 손으로 고정한다.

35 기계 설비에서 왕복 운동을 하는 운동부와 고정부 사이에 형성되는 기계의 위험점으로 적합한 것은?

① 끼임점   ② 절단점
③ 물림점   ④ 협착점

35. 협착점이란 왕복 운동 부분과 고정 부분 사이에 형성된 위험점으로 프레스, 전단기에서 많이 볼 수 있다.

정답 31. ③ 32. ③ 33. ③ 34. ④ 35. ④

36 고압가스의 충전용기 보관 시 유의할 점 중 틀린 것은?

① 전도하지 않도록 한다.
② 전락하지 않도록 한다.
③ 충격을 방지하도록 한다.
④ 밀폐된 곳에 보관한다.

> 36. 충전용기는 통풍이 잘 되는 곳에 보관한다.

37 고압가스 용기 운반 시 주의할 점 중 틀린 것은?

① 운반 전에 밸브를 닫는다.
② 용기의 온도는 35℃ 이하로 한다.
③ 종류가 다른 가스 용기도 함께 운반한다.
④ 적당한 운반차나 운반도구를 사용한다.

> 37. 고압가스 용기 운반 시에는 같은 종류끼리 운반한다.

38 기계 설비의 안전 조건 중 외관의 안전화에 해당되는 조치는 어느 것인가?

① 고장 발생을 최소화하기 위해 정기 점검을 실시하였다.
② 강도의 열화를 위해 안전율을 최대로 고려하여 설계하였다.
③ 전압 강하, 정전 시의 오동작을 방지하기 위하여 자동제어장치를 설치하였다.
④ 작업자가 접촉할 우려가 있는 기계의 회전부를 덮개로 씌우고 안전 색채를 사용하였다.

39 탁상 공구 연삭기 안전 커버의 최대 노출 각도는 얼마인가?

① 180°   ② 90°
③ 120°   ④ 60°

> 39. 탁상용 연삭기의 덮개 노출 각도는 최대 노출 각도 90°, 수평면 위 65°, 수평면 이하 작업 시 125°까지 노출할 수 있다.

40 와이어 로프로 물품을 달아올릴 경우 두 로프가 나란할 때의 장력을 1로 하면, 로프의 간격이 120°가 되었을 때의 장력은 얼마인가?

① 1배   ② 1.5배
③ 2.0배   ④ 1.7배

> 40.
> • 30°: 1.04배
> • 60°: 1.1배
> • 90°: 1.41배
> • 120° : 2.0배
> • 140°: 4.0배

정답 36. ④ 37. ③ 38. ④ 39. ② 40. ③

41 다음 중 작업 시 칩이 가장 가늘고 예리한 것은?
① 세이퍼   ② 선반
③ 밀링   ④ 플레이너

42 중량품을 운반할 때 주의할 점이다. 잘못 설명한 것은?
① 운반 기구를 사용한다.
② 다리와 허리에 힘을 주어 물체를 들어 움직인다.
③ 운반차를 이용한다.
④ 운반차는 바퀴가 3개 이상인 것이 안전하다.

42. 중량물을 운반할 때는 반드시 운반기구로 이동시킨다.

43 와이어 로프로 물건을 달아 올릴 때 힘이 가장 적게 걸리는 로프의 각도는?
① 30°   ② 45°
③ 60°   ④ 75°

44 기중기 운반 시 가장 필요 없는 것은?
① 행거   ② 로프
③ 운반 상자 ④ 포크 리프트

44. 포크리프트는 지게차이다.

45 다음 중 안전한 해머는?
① 머리가 깨진 것
② 쐐기가 없는 것
③ 타격면이 평탄한 것
④ 타격면에 홈이 있는 것

46 앞치마를 사용하는 작업은?
① 밀링 작업   ② 용접 작업
③ 형삭 작업   ④ 목공 작업

정답 41. ③ 42. ② 43. ① 44. ④ 45. ③ 46. ②

47 드릴 머신에서 얇은 철판이나 동판에 구멍을 뚫을 때에는 다음 중 어떤 방법이 좋은가?

① 각목을 밑에 깔고 기구로 고정한다.
② 테이블에 고정한다.
③ 클램프로 고정한다.
④ 드릴 바이스에 고정한다.

47. 드릴 작업 시 안전대책
• 드릴 작업 시 장갑을 끼고 작업하지 말 것
• 운전 중에는 칩을 제거하지 말 것
• 큰 구멍을 뚫을 때에는 먼저 작은 구멍을 뚫은 뒤에 뚫을 것
• 얇은 철판이나 동판에 구멍을 뚫을 때에는 각목을 밑에 깔고 기구로 고정할 것
• 자동 이송 작업 중에는 기계를 멈추지 않도록 할 것

48 계속 감아올라가 일어나는 사고를 방지하기 위한 안전장치는?

① 일렉트로닉 아이
② 라체트 휠
③ 전자 클러치
④ 리밋 스위치

48. 리밋 스위치(Limit Switch) 과도하게 한계를 벗어나 계속적으로 감아올리거나 하는 일이 없도록 제한하는 기계 설비의 안전장치로서 권과 방지장치, 과부하 방지장치, 과전류 차단장치, 입력 제한장치 등이 있다.

49 안전장치의 기본 목적이 아닌 것은?

① 작업자의 보호
② 인적·물적 손실의 방지
③ 기계 기능의 향상
④ 기계 위험 부위의 접촉 방지

50 장갑을 끼고 하여도 좋은 작업은 어느 것인가?

① 드릴 작업　　② 선반 작업
③ 용접 작업　　④ 판금 작업

51 다음 중 정작업 시 틀린 것은?

① 정작업할 때 반드시 보안경을 착용한다.
② 정으로 담금질된 재료를 가공하지 말아야 한다.
③ 자르기를 시작할 때와 끝날 무렵에는 세게 친다.
④ 철강제를 정으로 절단할 때에는 철편이 날아 튀는 것에 주의한다.

51. 정작업 시에 처음과 끝날 무렵에는 가볍게 친다.

정답　47. ①　48. ④　49. ③　50. ③　51. ③

52 다음은 드라이버 사용 시 주의할 점이다. 틀린 것은?
① 규격에 맞는 드라이버를 사용한다.
② 드라이버는 지렛대 대신으로 사용하지 않는다.
③ 클립(Clip)이 있는 드라이버는 옷에 걸고 다녀도 좋다.
④ 나사를 빼거나 박을 때 잘 풀리지 않으면 플라이어로 꽉 잡고 돌린다.

53 안전작업이 필요한 이유에 해당되지 않는 사항은?
① 생산성이 감소된다.
② 인명 피해를 예방할 수 있다.
③ 생산재의 손실을 감소시킬 수 있다.
④ 산업 설비의 손실을 감소시킬 수 있다.

54 다음 중 보호구를 사용하지 않아도 무방한 작업은 어느 것인가?
① 보일러를 수선하는 작업
② 유해물을 취급하는 작업
③ 유해 방사선에 쬐는 작업
④ 증기를 발산하는 장소에서 행하는 작업

55 작업장에서 작업복을 착용하는 이유는?
① 방한을 위해서
② 작업자의 복장 통일을 위해서
③ 작업 비용을 높이기 위해서
④ 작업 중 위험을 적게 하기 위해서

56 다음은 공작 기계 작업 시 안전사항이다. 잘못 설명한 것은?
① 바이트는 약간 길게 설치한다.
② 절삭 중에는 측정하지 않는다.
③ 공구는 확실히 고정한다.
④ 절삭 중 절삭면에 손을 대지 않는다.

정 답 52. ④ 53. ① 54. ① 55. ④ 56. ①

57 다음 중 안전 커버를 사용하지 않는 곳은?
① 기어   ② 풀리
③ 체인   ④ 선반의 주축

58 취급 운반 재해의 안전사항 중 틀린 것은?
① 슈트를 설치하여 중력의 이용을 시도한다.
② 취급 운반작업을 단순화한다.
③ 작은 물건을 손으로 운반한다.
④ 작업장의 조명, 환기를 적절히 한다.

58. 작은 물건은 상자나 용기 속에 넣어 운반한다.

59 선반 작업을 할 때 바지가 감기기 쉬운 부분은?
① 주축대   ② 텀블러 기어
③ 리드 스크류   ④ 바이트

60 프레스에서 클러치나 브레이크가 고장나면 슬라이드가 정지되는 구조의 안전장치는?
① 풀 프루프 방식   ② 인터로크 방식
③ 페일 세이프 방식 ④ 릴레이 방식

61 선반에서 주축 변속은 언제 하는 것이 좋은가?
① 절삭 중   ② 저속 회전 중
③ 정지 상태   ④ 어느 때든 상관없다.

62 산소, 아세틸렌 용접장치에 사용되는 ㉠ 산소 호스와 ㉡ 아세틸렌 호스의 색깔로 맞는 것은?
① ㉠ 적색 - ㉡ 흑색   ② ㉠ 적색 - ㉡ 녹색
③ ㉠ 흑색 - ㉡ 적색   ④ ㉠ 녹색 - ㉡ 흑색

62. 산소 호스는 녹색 또는 흑색으로 한다.

정답 57. ④ 58. ③ 59. ③ 60. ③ 61. ③ 62. ③

63 드릴 머신에서 얇은 판에 구멍을 뚫을 때 가장 좋은 방법은?
① 손으로 잡는다.
② 바이스에 고정한다.
③ 판 밑에 나무를 놓는다.
④ 테이블 위에 직접 고정한다.

63. 얇은 판에 구멍을 뚫을 때는 밑에 나무를 놓고 뚫으면 판이 갈라지거나 회전하는 일이 적다.

64 와이어 로프를 절단하여 고리걸이 용구를 제작할 때 절단방법 중 옳은 것은?
① 가스 용단
② 전기 용단
③ 기계적 절단
④ 부식

65 드릴 작업 중 사고가 날 우려가 있는 것은?
① 드릴 작업 중 바이스가 회전하지 않도록 힘을 주어 잡거나 볼트로 테이블에 고정한다.
② 드릴 작업 중 장갑을 끼지 않는다.
③ 드릴 작업 중 반드시 보호안경을 사용한다.
④ 얇은 판은 테이블에 힘을 주어 누르고 드릴 작업을 한다.

66 드릴 작업 시 올바른 보안경 착용방법은?
① 항상 착용한다.
② 필요할 때만 착용한다.
③ 저속할 때만 착용한다.
④ 고속할 때만 착용한다.

67 드릴 작업에서 간단히 구멍이 완전히 관통되었는지의 여부를 판정하는 방법 중 옳지 않은 것은?
① 막대기를 넣어 본다.
② 철사를 넣어 본다.
③ 손가락을 넣어 본다.
④ 빛에 비추어 본다.

68 선반 바이트에서 안전장치가 필요한 것은?
① 칩 브레이커
② 경사각
③ 여유각
④ 절삭각

68. 초경합금으로 연강을 고속 절삭할 때는 연속형 칩이 발생하여 칩의 처리가 곤란하다. 그러므로 적당한 길이로 절단하기 위하여 바이트의 경사면에 칩 브레이커를 설치한다.

정답   63. ③   64. ③   65. ④   66. ①   67. ③   68. ①

69 드릴링머신 작업 시 안전수칙 중 틀린 것은?
  ① 공작물을 고정하지 않고 손으로 잡고 가공해서는 안 된다.
  ② 작업할 때 소매가 길거나 찢어진 옷을 입으면 안 된다.
  ③ 테이블 위에서는 공작물에 펀치질을 해서는 안 된다.
  ④ 정확하게 공작물을 고정하고 작업 중 칩을 솔로 닦아서 제거한다.

70 드릴 작업 시 칩의 제거 방법으로 가장 적당한 것은?
  ① 회전을 중지시킨 후 손으로 제거
  ② 회전시키면서 솔로 제거
  ③ 회전을 중지시킨 후 솔로 제거
  ④ 회전시키면서 막대로 제거

71 기계작업 중 정전되었을 때 책임자가 꼭 해야 할 일은?
  ① 작업의 능률을 향상시키기 위해 작업 중 공작물을 제거한다.
  ② 전원 스위치를 끈다.
  ③ 공작물의 치수, 공작의 진척 등을 살펴본다.
  ④ 기계 주위를 청소 및 정돈한다.

72 기계작업의 작업복으로서 적당치 않은 것은?
  ① 계측기 등을 넣기 위해 호주머니가 많을 것
  ② 소매를 손목까지 가릴 수 있을 것
  ③ 점퍼형으로서 상의 옷자락을 여밀 수 있을 것
  ④ 소매를 오무려 붙이도록 되어 있는 것

72. 호주머니는 없거나 적은 것을 선택한다.

73 반복 응력을 받게 되는 기계 구조 부분의 설계에서 허용 응력을 결정하기 위한 기초 강도로 삼는 것은?
  ① 항복점   ② 극한 강도
  ③ 크리프 강도   ④ 피로 한도

정답 69. ④ 70. ③ 71. ② 72. ① 73. ④

74 드릴 작업에서 드릴링할 때 공작물과 드릴이 함께 회전하기 쉬운 경우는?
① 작업이 처음 시작될 때
② 구멍이 거의 뚫릴 무렵
③ 구멍을 중간쯤 뚫었을 때
④ 드릴 핸들에 약간의 힘을 주었을 때

74. 드릴의 끝작업에서는 회전수를 감소시키거나 힘을 감소시킨다.

75 기계 가공 후 일감에 생기는 거스러미를 가장 안전하게 제거하는 것은?
① 정   ② 바이트
③ 줄   ④ 스크레이퍼

76 다음은 다듬질 작업 시 안전사항이다. 잘못 설명한 것은?
① 줄 자루가 빠지지 않도록 한다.
② 공작물은 바이스 조(Jaw)의 중심에 고정한다.
③ 손톱은 부러지지 않게 한다.
④ 절삭이 끝날 때 손톱을 힘껏 민다.

76. 절삭이 끝날 무렵에 힘을 주면 톱날이 부러진다.

77 드릴 머신 주축에서 드릴 소켓을 뺄 때 가장 적당한 것은?
① 드릴 렌치   ② 스패너
③ 파이프 렌치   ④ 드릴 뽑기

78 다음 절삭 공구로 절삭깊이를 일정하게 절삭했을 때 칩이 가장 가늘고 예리한 것은?
① 엔드밀   ② 플라이 커터
③ 플레인 커터   ④ 메탈 소

79 다음 안전장치에 관한 설명 중 틀린 것은?
① 안전장치는 효과 있게 사용한다.
② 안전장치는 작업 형편상 부득이한 경우에는 일시 제거해도 좋다.
③ 안전장치는 반드시 작업 전에 점검한다.
④ 안전장치가 불량할 때는 즉시 수정한 다음 작업한다.

정답 74. ② 75. ③ 76. ④ 77. ④ 78. ③ 79. ②

80 다음은 작업 중 특히 주의해야 할 사항을 서로 짝지은 것이다. 잘못된 것은?

① 드릴 작업 – 작업복이나 긴 머리가 감기기 쉽다.
② 선반 작업 – 척 렌치는 반드시 기계에서 떼어 놓는다.
③ 밀링 작업 – 칩이나 절삭날에 의한 상처가 없도록 한다.
④ 플레이너 작업 – 커터의 회전에 의한 재해를 방지해야 한다.

81 스패너의 크기가 너트보다 클 때 끼움판을 사용하면?

① 좋다.
② 나쁘다.
③ 경우에 따라 좋다.
④ 스패너가 너트보다 커도 무방하다.

81. 크기가 너트보다 클 때는 적당한 크기를 다시 선정한다.

82 다음 중 귀마개가 필요한 작업은?

① 전기 용접　② 연삭
③ 리베팅　　　④ 가스용접

83 둥근 봉을 바이스에 고정할 때 필요한 공구는?

① V 블록　　② 평형대
③ 받침대　　④ 스퀘어 블록

84 정 작업 시 정을 잡는 방법 중 옳은 것은?

① 꼭 잡는다.
② 가볍게 잡는다.
③ 재질에 따라 다르다.
④ 두 손으로 잡는다.

84. 정 작업 시 안전대책
• 작업의 처음과 끝에는 세게 치지 말 것
• 정의 재료는 담금질할 재료를 사용하지 말 것
• 철재를 절단 시에는 철편이 튀는 방향에 주의할 것
• 정의 머리는 항상 연마가 잘 되어 있을 것
• 정은 공작물의 재질에 따라 날끝의 각도가 60~70°일 것

85 정 작업을 하면 안 되는 재료는?

① 연강　　　② 구리
③ 두랄루민　④ 담금질된 강

85. 담금질 강 중 가장 경도가 큰 것은 마텐자이트로서 깨질 위험이 크다.

정답　80. ④　81. ②　82. ③　83. ①　84. ②　85. ④

86 다음 사항 중 탭(Tap)이 부러지는 원인이 아닌 것은?
① 탭의 구멍이 일정하지 않을 때
② 소재보다 경도가 높을 때
③ 핸들에 과도한 힘을 주었을 때
④ 구멍 밑바닥에 탭이 부딪혔을 때

87 공작 기계에서 주축의 회전을 정지시키는 방법으로 옳은 것은?
① 스스로 멈추게 한다.
② 역회전시켜 멈추게 한다.
③ 손으로 잡아 정지시킨다.
④ 수공구를 사용하여 정지시킨다.

88 다음은 작업복이 갖추어야 할 조건이다. 틀린 것은?
① 바지는 반바지를 입도록 한다.
② 작업복의 단추는 잠그도록 한다.
③ 호주머니는 너무 많이 달지 않도록 한다.
④ 용해 작업 시에는 면으로 만든 작업복을 착용하도록 한다.

88. 반바지는 재해의 원인이 될 수 있다.

89 숫돌 바퀴를 교환할 때는 나무 해머로 숫돌의 무엇을 검사하는가?
① 기공 ② 크기
③ 균열 ④ 입도

89. 해머로 숫돌을 때렸을 시 탁한 소리가 나면 균열이 있는 것으로 교환할 수 없다.

90 연삭 숫돌 바퀴에 부시를 끼울 때 주의해야 할 점 중 틀린 것은?
① 부시의 구멍과 숫돌의 바깥 둘레는 동심원이어야 한다.
② 부시의 구멍은 축지름보다 1mm 크게 하여야 한다.
③ 부시의 측면과 숫돌의 측면은 일치하여야 한다.
④ 부시의 필릿 두께가 고른 것을 사용한다.

정 답 86. ② 87. ① 88. ① 89. ③ 90. ②

91 양 두 그라인더에서 숫돌과 받침대의 간격은 얼마로 하는 것이 좋은가?
① 3mm 이내　② 5mm 이내
③ 8mm 이내　④ 10mm 이내

92 숫돌 바퀴의 교환 적임자는?
① 관리자　② 숙련자
③ 기계 구조를 잘 아는 자　④ 지정된 자

93 숫돌은 연삭기에 장치한 후, 몇 분 동안 시운전을 해야 하는가?
① 1분　② 3분
③ 5분　④ 8분

94 양 두 그라인딩 작업 시 작업자로서 가장 위험한 곳은?
① 숫돌 바퀴의 왼쪽　② 숫돌 바퀴의 오른쪽
③ 숫돌의 회전 방향　④ 숫돌의 후면

95 바이트를 연삭할 때 숫돌의 어느 곳에서 갈아야 하는가?
① 우측면　② 좌측면
③ 원주면　④ 아무 곳이나

96 회전 중 연삭 숫돌의 파괴 위험에 대비한 장치는?
① 받침대　② 와셔
③ 플랜지　④ 커버

97 연삭 숫돌이 작업 중에 파손되는 원인은?
① 숫돌과 공작물의 재질이 맞지 않을 때
② 입도가 작을 때
③ 숫돌 커버가 없을 때
④ 숫돌 회전수가 규정 이상일 때

정답　91. ①　92. ②　93. ②　94. ③　95. ③　96. ③　97. ④

98 새 연삭 숫돌을 취급하는 방법으로 적합하지 않은 것은?
① 숫돌 양면의 종이를 떼지 말고 고정한다.
② 고정하기 전에 가볍게 때려 음향 검사를 한다.
③ 숫돌의 원주면에 공작물을 연삭한다.
④ 숫돌이 빠지는 것을 방지하기 위해 강하게 죄어 고정한다.

99 연삭 숫돌 부시의 재질은 다음 중 어느 것이 좋은가?
① 연강　　　　　② 탄소강
③ 납　　　　　　④ 인청동

100 연삭작업에서 주의해야 할 사항 중 틀린 것은?
① 작업 중 반드시 보호 안경을 사용한다.
② 숫돌의 측면을 사용하면 좋은 가공면을 얻을 수 있다.
③ 회전 속도는 규정 이상으로 내지 않도록 한다.
④ 작업 중 진동이 심하면 즉시 중지해야 한다.

100. 숫돌의 원주면을 사용하여 연삭한다.

101 다음은 연삭 작업 시 주의할 점이다. 틀린 것은?
① 숫돌 커버를 반드시 장치한다.
② 숫돌을 해머로 가볍게 두드려서 소리를 들어 균열을 확인한다.
③ 양 숫돌 바퀴의 입도는 같게 하여야 한다.
④ 작업 전에 몇 분 동안 공회전시켜 이상 유무를 확인한다.

102 사용했던 숫돌을 재사용할 때 작업 개시 전 몇 분 정도 시운전을 해야 하는가?
① 1분　　　　　② 2분
③ 3분　　　　　④ 4분

102. 시작 전 1분 이상이며, 숫돌 대체 시 3분 이상 시운전을 한다.

103 기계의 점검 중 운전 상태에서 할 수 없는 것은?
① 기어의 물림 상태　② 급유 상태
③ 베어링부의 온도 상승　④ 이상음의 유무

정답　98. ④　99. ③　100. ②　101. ③　102. ①　103. ②

104 기계를 운전하기 전에 해야 할 일이 아닌 것은?
① 급유   ② 기계 점검
③ 공구준비   ④ 정밀도 검사

104. 정밀도 검사는 제품가공 완료시 점검사항이다.

105 공구는 사용한 후 어느 곳에 보관하는 것이 좋은가?
① 공구 상자   ② 재료 위
③ 기계 위   ④ 관리실

106 앤빌의 운반작업 중 안전에 위배되는 행동은?
① 혼자서 든다.
② 타인의 협조를 얻는다.
③ 운반차를 이용한다.
④ 조용히 내려놓는다.

107 해머 작업 시 가장 안전한 장소는?
① 좁은 통로   ② 기계 바로 옆
③ 행동에 불편이 없는 곳   ④ 전동장치가 있는 곳

108 해머는 다음 중 어느 것을 사용해야 안전한가?
① 쐐기가 없는 것
② 타격면에 홈이 있는 것
③ 타격면이 평탄한 것
④ 머리가 깨진 것

108. 타격면에 홈이 있는 해머가 미끄럼이 적다.

109 해머 작업 시 장갑을 끼면 안 되는 이유는?
① 미끄러지기 쉬우므로
② 주의력이 산만해지므로
③ 손에 상처를 적게 하기 위하여
④ 비산하는 파편에 상처를 입지 않기 위해서

정답   104. ④   105. ①   106. ①   107. ③   108. ②   109. ①

110 바이스 조에 주물과 같은 거친 일감을 고정시킬 때 그 사이에 두꺼운 종이를 놓는 이유는?

① 공작물을 확실히 고정하기 위하여
② 공작물의 진동을 방지하기 위하여
③ 바이스의 조를 보호하기 위하여
④ 가공할 면의 평면을 유지하기 위하여

111 스패너나 렌치 사용 시 주의사항으로 적합지 않은 것은?

① 너트에 맞는 것을 사용할 것
② 가동 조에 힘이 걸리게 할 것
③ 해머 대용으로 사용치 말 것
④ 공작물을 확실히 고정할 것

112 드라이버 사용 시 주의사항이다. 잘못 설명한 것은?

① 홈의 폭과 같은 것을 사용할 것
② 공작물을 고정할 것
③ 자루에 대하여 축이 수직일 것
④ 날끝이 둥근 것을 사용할 것

113 스패너 작업 시 주의사항으로 가장 옳은 것은?

① 스패너 자루에 파이프 등을 끼워서 사용한다.
② 가동 조에 가장 큰 힘이 걸리도록 한다.
③ 고정 조에 큰 힘이 걸리도록 한다.
④ 볼트 머리보다 약간 큰 스패너를 사용하도록 한다.

114 정의 머리에 거스러미가 생겼을 때의 상황으로 옳은 것은?

① 해머가 미끄러져 손을 상하기 쉽다.
② 해머로 타격할 때 정에 많은 힘이 작용한다.
③ 타격면적이 커진다.
④ 금긋기 선에 따라서 쉽게 정 작업을 할 수 있다.

정답 110. ① 111. ② 112. ④ 113. ③ 114. ①

115 안전·보건표지의 색채, 색도기준 및 용도에서 특정 행위의 지시 및 사실의 고지에 사용되는 색채는?

① 빨간색　　② 노란색
③ 녹색　　　④ 파란색

115.
안전 표지의 색채
- 적색:방화 금지, 고도의 위험
- 황적:위험, 항해, 항공의 보안 시설
- 노랑:충돌, 추락, 전도 등의 주의
- 녹색:안전 지도, 피난, 위생 및 구호 표시, 진행
- 청색:주의, 수리 중, 송전 중 표시(특정 행위의 지식 및 사실의 고지)
- 진한 보라색:방사능 위험 표시
- 백색:통로, 정돈
- 검정:위험표지의 문자, 유도 표지의 화살표

116 안전·보건표지의 색채, 색도기준 및 용도에서 비상구 및 피난소, 사람 또는 차량의 통행표지에 사용되는 색채는?

① 빨간색　　② 노란색
③ 녹색　　　④ 흰색

117 다음 중 응급처치의 구명 4단계에 속하지 않는 것은?

① 쇼크 방지　　② 지혈
③ 상처 보호　　④ 균형 유지

117.
- 구명 1단계:지혈
- 구명 2단계:기도 유지
- 구명 3단계:상처 보호
- 구명 4단계:쇼크 방지 및 치료

118 다음 중 2도 화상에 관한 설명으로 가장 적절한 것은?

① 피부가 붉게 되고 따끔거리는 통증을 수반하는 화상으로 피부층 중의 가장 바깥층인 표피의 손상만 가져온 상태
② 표피와 진피 모두 영향을 미친 화상으로 피부가 빨갛게 되며 통증과 부어오름이 생기는 상태
③ 표피와 진피, 하피까지 영향을 미쳐서 검게 되거나 반투명 백색이 되고 피부 표면 아래 혈관을 응고시키는 상태
④ 표피와 진피 조직이 탄화되어 검게 변한 경우이며 피하의 근육, 힘줄, 신경 또는 골조직까지 손상을 받는 상태

118.
- 1도 화상:표재성 화상이라 하여 표피층만 손상
- 2도 화상:부분층 화상이며, 표피 전층과 진피 상당 부분의 손상
- 3도 화상:전층 화상이며 진피 전층과 피하지방까지 손상

119 산업안전보건법상 화학물질 취급 장소에서의 유류·위험 경고를 알리고자 할 때 사용하는 안전·보건표지의 색채는?

① 빨간색　　② 녹색
③ 파란색　　④ 흰색

정답　115. ④　116. ③　117. ④　118. ②　119. ①

120 안전모의 일반 구조에 대한 설명으로 틀린 것은?
① 안전모는 모체, 착장체 및 턱끈을 가질 것
② 착장체의 구조는 착용자의 머리 부위에 균등한 힘이 분배되도록 할 것
③ 안전모의 내부 수직 거리는 25mm 이상 50mm 미만일 것
④ 착장체의 머리 고정대는 착용자의 머리 부위에 고정되도록 조정할 수 없을 것

121 물체와의 가벼운 충돌 또는 부딪침으로 생기는 손상으로 충격을 받은 부위가 부어 오르고 통증이 발생되며 일반적으로 피부 표면에 창상이 없는 상처를 뜻하는 것은?
① 찰과상   ② 타박상
③ 화상   ④ 출혈

122 다음 중 안전·보건표지의 색채에 따른 용도에 있어 지시를 나타내는 색채로 옳은 것은?
① 빨간색   ② 녹색
③ 노란색   ④ 파란색

123 다음 중 보안경을 필요로 하는 작업과 가장 거리가 먼 것은?
① 탁상, 그라인더 작업
② 디스크 그라인더 작업
③ 수동 가스절단 작업
④ 금긋기 작업

124 안전모의 내부 수직거리로 가장 적당한 것은?
① 20mm 이상 40mm 미만일 것
② 15mm 이상 40mm 미만일 것
③ 10mm 이상 30mm 미만일 것
④ 25mm 이상 50mm 미만일 것

124.
- 안전모는 모체, 착장체 및 턱끈을 가지고 있을 것
- 안전모의 착용 높이는 85mm 이상이고 외부수직거리는 80mm 미만일 것
- 안전모의 내부 수직거리는 25mm 이상 50mm 미만일 것
- 안전모의 수평 간격은 5mm 이상일 것

정답 120. ④ 121. ② 122. ④ 123. ④ 124. ④

125 다음 중 발화성 물질이 아닌 것은?
① 카바이드   ② 금속 나트륨
③ 황린   ④ 질산 에테르

125.
발화성 물질이란 스스로 발화하거나, 발화가 쉽거나 물과 접촉하여 발화하고 가연성 가스를 발생할 수 있는 물질이다.

- 가연성 고체로서 황화린, 적린, 황, 철분, 금속분, 마그네슘, 카바이드 등이 있다.
- 자연발화성 및 금수성 물질에는 칼륨, 나트륨, 황린, 알칼리 금속, 유기금속 화합물 등이 있다.

126 금속나트륨, 마그네슘 등과 같은 가연성 금속의 화재는 몇 급 화재로 분류되는가?
① A급 화재   ② B급 화재
③ C급 화재   ④ D급 화재

정답 125. ④ 126. ④

02 PART

기계제도 및 기초공학

CHAPTER 01	SECTION 01 제도의 기본
	SECTION 02 기초제도
	SECTION 03 기계제도의 실제
	SECTION 04 끼워맞춤 공차
	SECTION 05 기계 요소 제도
CHAPTER 02	SECTION 01 기초수학
	SECTION 02 재료역학
	SECTION 03 기초역학
	SECTION 04 기초전기

SECTION 01 제도의 기본

PART 02 기계제도 및 기초공학

❶ 개요

(1) 정의

기계 또는 구조물의 모양 그리고 크기를 일정한 규격에 따라 점, 선, 문자, 숫자, 기호 등을 사용하여 도면으로 작성하는 과정

(2) 목적

설계자의 의도를 사용자에게 모양, 치수, 재료, 표면 정도로 정확하게 표시하여 전달하는 데 있다.

(3) 규격

① 국제표준화 규격:ISO(International Organization for Standardization)
② KS의 분류

A:기본(통칙)	B:기계
C:전기	D:금속
E:광산	F:토건
G:일용품	H:식료품
K:섬유	L:요업
M:화학	P:의료
R:수송기계	V:조선
W:항공	

❷ 도면의 분류

(1) 도면의 종류

① 원도(Original Drawing):최초의 도면
② 트레이스도(Traced Drawing):원도를 원본으로 하여 그린 도면
③ 복사도(Copy Drawing):트레이스도를 원본으로 복사한 도면(청사진, 백사진, 전자복사 도면)

(2) 사용 목적에 따른 분류

① 계획도:설계자가 제작하고자 하는 물품의 계획을 나타내는 도면
② 제작도:제작에 필요한 모든 정보를 전달하기 위한 도면(공정도, 시공도, 상세도)
③ 주문도:주문자의 요구에 맞는 정보를 제시한 도면
④ 견적도:주문자에게 제품의 내용, 가격 등을 제시한 도면
⑤ 승인도:주문자 또는 기타 관계자의 승인을 얻는 도면
⑥ 설명도:사용자에게 제품의 구조, 기능, 작동원리, 취급방법 등을 설명하기 위한 도면 (카탈로그)

(3) 내용에 따른 분류

① 조립도:2개 이상의 부품을 조립한 상태로 나타내는 도면으로 물품의 구조를 알 수 있도록 그린 도면(전체 조립도, 부분 조립도)
② 부품도:개별적인 부품을 상세하게 그린 도면
③ 기초도:기계 또는 구조물을 설치하기 위한 기초도면
④ 배치도:기계 또는 구조물을 설치하기 위한 위치도면
⑤ 장치도:구조물의 장치, 배치, 제조공정 등의 관계를 나타내는 도면
⑥ 스케치도:도면 자체를 프리핸드(Free Hand)로 그린 도면

(4) 표현 형식에 따른 분류

① 외형도:구조물의 외형만을 나타내는 도면
② 전개도:대상을 구성하는 면을 평면으로 전개한 도면
③ 곡면선도:곡면을 이루는 구조물의 곡선으로 나타내는 도면
④ 계통도:배관, 전기장치의 결선 등 계통을 나타내는 도면(전기 접속도, 배선도, 배관도)
⑤ 구조선도:구조물의 골조를 나타내는 도면
⑥ 입체도:투상법을 입체적으로 표현한 도면

③ 도면의 크기

(1) 도면의 크기

제도 용지의 세로와 가로의 비는 $1:\sqrt{2}$ 이고, A열 A0의 넓이는 $1m^2$이다. 큰 도면을 접을 때에는 A4의 크기로 접는 것을 원칙으로 한다.

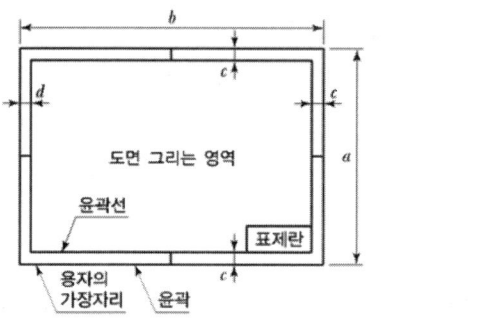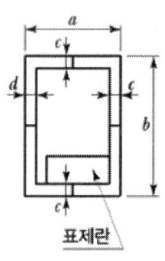

(a) A0 ~ A3의 경우   (b) A4의 경우

[그림 1-1] 도면의 크기

〈표 1-1〉 도면의 윤곽 치수

크기의 호칭		A0	A1	A2	A3	A4
도면의 윤곽	a×b	841×1189	594×841	420×594	297×420	210×297
	c(최소)	20	20	10	10	10
	d (최소) 철하지 않을 때	20	20	10	10	10
	철할 때	25	25	25	25	25

※ 비고:d 부분은 도면을 철하기 위하여 접었을 때, 표제란의 왼쪽이 되는 곳에 마련한다.

(2) 도면에 기입하는 내용

① 윤곽선:테두리선
② 표제란:도면 관리에 필요한 사항을 기입하는 것으로 도면의 우측 하단에 기입
③ 부품란:각 부품의 특징을 기입하는 사항으로 표제란과 연결(상단)하여 기입

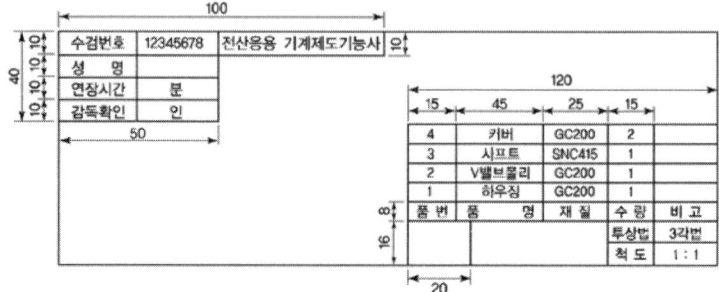

[그림 1-2] 기사/산업기사 자격증 시험 시 적용되는 도면 양식

4 척도

(1) 종류

① 현척:도형을 실물과 같은 크기(1:1)로 그릴 경우
② 축척:도형을 실물보다 작게 그릴 경우
③ 배척:도형을 실물보다 크게 그릴 경우

(2) 표시방법

① A:B (A:도면에서의 치수, B:실물의 실제 치수)
② NS(No Scale):비례척이 아님
※ 척도 표시는 표제란에 기입을 원칙으로 하고 특별한 경우 부품도에 기입하는 경우도 있다.

5 문자와 선

(1) 선의 종류(KSA0109, KSB0001)

1) 모양에 따른 선의 종류

① 실선(Continuous Line):연속적으로 이어진 선(_____)
② 파선(Dashed Line):짧은 선을 일정한 간격으로 나열한 선(............................)
③ 1점 쇄선(Chain Line):길고 짧은 2종류의 선을 번갈아 나열한 선(_._._._._)
④ 2점 쇄선(Chain Double-dashed Line):긴 선과 2개의 짧은 선을 번갈아 나열한 선
 (_.._.._.._)

2) 굵기에 의한 분류

① 굵은 선:굵기는 0.4~0.8mm로서 주로 물체의 외형선에 사용된다.
② 중간 굵기 선:같은 도면에서 사용되는 굵은 선과 가는 선의 중간 굵기의 선으로 은선에 사용된다.
③ 가는 선:굵기는 0.2~0.3mm 이하로서 물체의 실형이 아닌 부분을 나타낼 때 사용된다.

3) 용도에 의한 선의 분류

용도에 따른 명칭	선의 종류	용도
외형선	굵은 실선	물체의 보이는 부분의 형상을 나타내는 선
은선	중간 굵기의 파선	물체의 보이지 않는 부분의 형상을 표시하는 선
중심선	가는 1점 쇄선 또는 가는 실선	도형의 중심을 표시하는 선
치수보조선	가는 실선	치수를 기입하기 위하여 쓰는 선
치수선	가는 실선	치수를 기입하기 위하여 쓰는 선
지시선	가는 실선	지시하기 위하여 쓰는 선

용도에 따른 명칭	선의 종류	용도
절단선	가는 1점 쇄선으로 하고 그 양끝 및 굴곡에는 굵은 선으로 한다.	단면을 그리는 경우, 그 절단 위치를 표시하는 선
파단선	가는 실선	물품 일부의 파단한 곳을 표시하는 선 또는 끊어낸 부분을 표시하는 선
가상선	가는 2점 쇄선	• 도시된 물체의 앞면을 표시하는 선 • 인접부분을 참고로 표시하는 선 • 가공 전이나 후의 모양을 표시하는 선 • 이동하는 부분의 이동위치를 표시하는 선 • 공구, 지그 등의 위치를 참고로 표시하는 선 • 반복을 표시하는 선 • 도면 내에 그 부분의 단면형을 회전하여 나타내는 선
중심선 기준선 피치선	가는 1점 쇄선	• 도형의 중심을 표시하는 선 • 기준이 되는 선 • 기어나 스프로킷 등의 이 부분에 기입하는 피치원의 피치선
해칭선	가는 실선	절단면 등을 명시하기 위하여 쓰는 선
특수한 용도의 선	가는 실선	• 외형선과 은선의 연장선 • 평면이라는 것을 표시하는 선
	굵은 1점 쇄선	• 특수한 가공을 실시하는 부분을 표시하는 선 • 기준선 중 특히 강조하는 부분의 선

(2) 겹치는 선의 우선 순위

외형선 → 숨은 선 → 절단선 → 중심선 → 무게중심선 → 치수보조선 → 해칭선
(굵은 선)　(파선)

6 도면 작성 시 주의사항

(1) 일반 부품도

① 척도는 가능한 한 현척을 사용한다.
② 치수는 알기 쉽고 완전하게 기입한다.
③ 부품은 동일한 척도로 그린다.
④ 부품도는 조립순서대로 배치한다.
⑤ 관련부품은 같은 용지에 그린다.
⑥ 작은 부품은 그룹별로 정리한다.
⑦ 표준품(규격품)은 부품 명세서에 기입한다.(키, 핀, 볼트, 너트)

(2) 부품번호 기입방법

① 조립순서대로 기입
② 부품의 중요도에 따라 기입
③ 기타 크기에 따라 기입

7 스케치 방법

(1) 프린트법

평면 형상의 복잡한 윤곽을 갖는 부품의 실제 모양을 뜨는 방법

(2) 판(모양)뜨기 법

불규칙한 형상을 한 부품을 스케치할 경우

(3) 프리 핸드법

자 또는 컴퍼스를 사용하지 않고 척도에 관계없이 프리핸드로 스케치하는 방법

(4) 사진법

복잡한 구조의 조립 상태를 여러 각도에서 촬영하여 제작도 작성 및 부품을 조립할 때 사용하는 방법

SECTION 01 실전 예상문제

01 도면의 척도가 1 : 2 로 주어졌다. 도면의 투상도를 재어보니 50mm 일 때, 실제 대상물의 길이는 몇 mm인가?
① 10 ② 20
③ 50 ④ 100

02 다음 중 가는 파선 또는 굵은 파선의 용도에 대한 설명으로 맞는 것은?
① 치수를 기입하는 데 사용된다.
② 도형의 중심을 표시하는 데 사용된다.
③ 대상물의 일부를 파단한 경계 또는 떼어낸 경계를 표시한다.
④ 대상물의 보이지 않는 부분의 모양을 표시한다.

03 한국산업규격(KS)에 제도규격으로 제도통칙이 제정되어 있으며 이 규격은 공업의 각 분야에서 사용하는 도면을 작성할 때 요구되는 사항을 규정하고 있는데 다음 내용 중 규정되어 있지 않은 것은?
① 제도에 있어서 치수의 허용한계 기입방법
② 회전축의 높이
③ 도면의 크기와 양식
④ 제도에 사용하는 척도

04 가는 1점 쇄선으로 표시하지 않는 선은?
① 가상선 ② 중심선
③ 기준선 ④ 피치선

4. 가상선은 가는 2점 쇄선이다.

05 기계제도에서 가공 전이나 후의 형상을 표시할 경우 사용되는 선의 종류는?
① 굵은 실선 ② 가는 실선
③ 가는 1점 쇄선 ④ 가는 2점 쇄선

정답 1. ④ 2. ④ 3. ② 4. ① 5. ④

06 선에 대한 설명 중 틀린 것은?
① 지시선은 가는 실선으로 기술, 기호 등을 표시하기 위하여 끌어내는데 쓰인다.
② 수준면선은 수면, 유면의 위치를 표시하는 데 쓰인다.
③ 기준선은 특히 위치결정의 근거가 된다는 것을 명시할 때 쓰인다.
④ 아주 굵은 실선은 특수한 가공을 하는 부분에 쓰인다.

6. 굵은 실선은 외형선으로 대상물의 보이는 부분을 나타내는 선이다.

07 기계제도에 사용되는 선 중에서 선의 종류가 다른 것은?
① 지시선   ② 회전 단면선
③ 치수 보조선   ④ 피치선

7. 피치선은 가는 1점 쇄선이다.

08 도면에 사용하는 가는 1점 쇄선의 용도에 의한 명칭에 해당되지 않는 것은?
① 중심선   ② 기준선
③ 피치선   ④ 파단선

8. 파단선은 파형의 가는 실선이나 지그재그선이다.

09 다음 중 실선으로 표시하지 않는 것은?
① 물체의 보이는 윤곽   ② 치수
③ 해칭   ④ 표면 처리부분

9. 표면처리부분은 굵은 1점 쇄선이다.

10 도면의 A1 크기에서 철하지 않을 때 d의 치수는 최소 몇 mm인가?

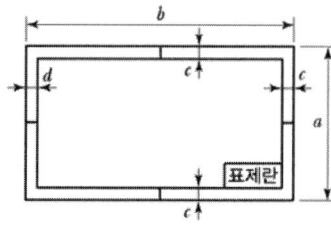

① 5   ② 10
③ 20   ④ 25

정답 6. ④ 7. ④ 8. ④ 9. ④ 10. ③

11 가는 2점 쇄선의 용도 중 틀린 것은?

① 되풀이하는 것을 나타내는 데 사용한다.
② 중심이 이동한 중심 궤적을 표시하는 데 쓰인다.
③ 인접부분을 참고로 표시하는 데 사용한다.
④ 가공 전 또는 가공 후의 모양을 표시하는 데 사용한다.

> 11. 중심이 이동한 중심궤적은 중심선으로서 가는 1점 쇄선이다.

12 물체의 일부분에 특수한 가공을 하는 경우 가공범위를 나타내는 표시방법은?

① 외형선에 가공방법을 명시한다.
② 외형선과 평행하게 그은 굵은 1점 쇄선으로 표시한다.
③ 가공하는 부분의 단면과 수직하게 2점 쇄선으로 표시한다.
④ 지시선을 표시하여 가공방법을 표시하고 굵은 실선으로 나타낸다.

13 리브(Rib), 암(Arm) 등의 회전도시 단면을 도형 내에 나타낼 때 사용하는 선은?

① 굵은 실선
② 굵은 1점 쇄선
③ 가는 파선
④ 가는 실선

> 13. 회전도시단면은 가는 실선으로 나타낸다.

14 무게중심을 표시하는 데 사용되는 선은?

① 굵은 실선
② 가는 1점 쇄선
③ 가는 2점 쇄선
④ 가는 파선

15 가공 전·후의 모양을 표시하거나 인접부분을 참고로 표시하는데 사용하는 선의 종류는?

① 굵은 실선
② 가는 실선
③ 가는 1점 쇄선
④ 가는 2점 쇄선

16 도면에서 부품란의 품번 순서는?
(단, 부품란은 도면의 우측 아래에 있다.)

① 위에서 아래로
② 아래에서 위로
③ 좌에서 우로
④ 우에서 좌로

정답 11. ② 12. ② 13. ④ 14. ③ 15. ④ 16. ②

SECTION 02 기초제도

PART 02 기계제도 및 기초공학

❶ 투상법

공간에 있는 입체물의 위치, 크기, 모양 등을 평면 위에 나타내는 것을 투상법이라고 하고, 투상된 면에서 투상된 물체의 모양을 투상도(Projection)라고 한다.

(1) 정투상법

1) 정투상도

대상물의 주요 면을 투상면에 평행한 상태로 놓고 투상하므로 투상선은 서로 나란하게, 투상면에 수직으로 닿게 한 것을 말한다. 다시 말해, 정투상법에 의하여 물체의 형상 및 특징이 가장 잘 나타나는 부분을 정면도로 선정하고 정면도를 기준으로 위에는 평면도, 우측에는 우측면도를 그린다. 이러한 3개의 그림을 조합하면 입체적인 물체의 형태를 완전히 평면적인 도면으로 나타낼 수 있다. 이것을 정투상도라 한다.

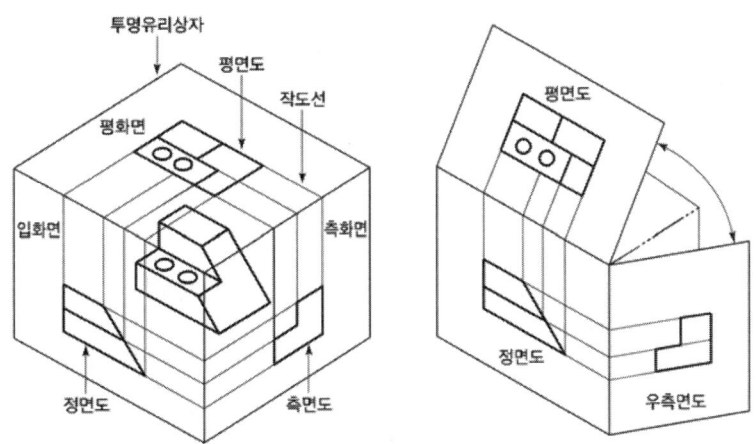

[그림 2-1] 정투상도

(2) 투상법

다음 그림은 투상도의 명칭을 말한다.

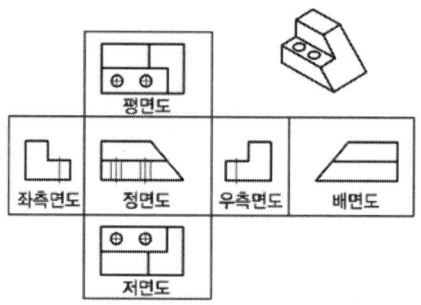

[그림 2-2] 그림투상도의 명칭

1) 제 1각법과 제 3각법

다음과 같이 수직, 수평의 두 개의 평면이 직교할 때 한 공간을 4개로 구분한다.

오른쪽 수평한 면의 위쪽의 공간을 1상한이라 한다. 1상한을 기준으로 반시계방향으로 2상한, 3상한, 4상한이 된다. 이때 수직한 면과 수평한 면이 이루는 각을 투상각이라 한다.

1상한, 즉 대상물을 투상면의 앞쪽에 놓고 투상한 도면을 3각법이라 하고(눈 → 투상면 → 물체), 대상물을 투상면 뒤쪽에 놓고 투상한 도면을 1각법(눈 → 물체 → 투상면)이라 한다.

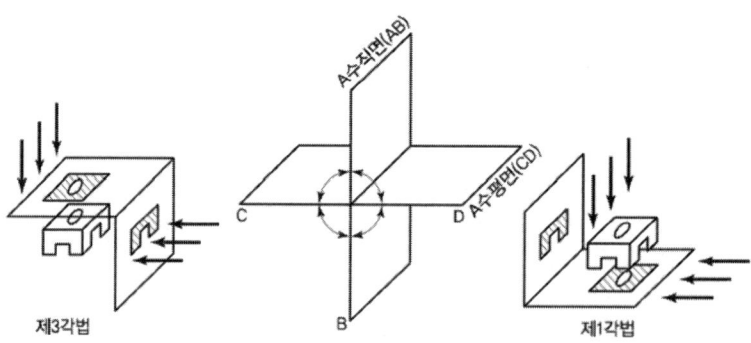

[그림 2-3] 제 1각법과 제 3각법

다음 그림은 이러한 방법들을 투상면에 정투상하여 그리는 방법을 말한다.

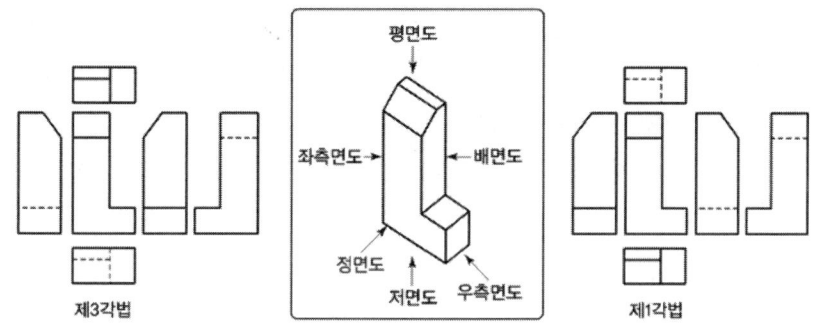

[그림 2-4] 투상면에 정투상하여 그리는 방법

다음 표와 그림은 제도에 사용되는 투상법과 투상법의 기호이다.

투상법의 종류	사용하는 그림의 종류	특성	용도
정투상	정투상도	도형의 모양을 엄밀하고, 정확히 표현할 수 있다.(일반도면)	일반 도면
등각투상	등각도	세 면을 주된 면으로 선정해 그려진 도면의 세 면의 정도가 같다.	설명용 도면
사투상	캐비닛도	하나의 면을 중점적으로 선정해 엄밀하고, 정확히 표현할 수 있다.	

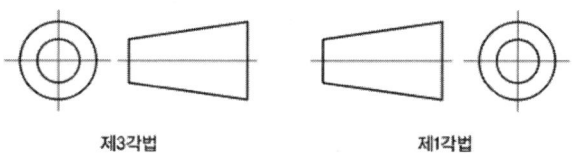

[그림 2-5] 투상법의 기호

(3) 축측 투상도

정투상도로 나타낼 경우 물체의 선이 겹쳐서 이해하기 곤란할 경우 입체형상, 즉 한 투상도(입체도)를 한 개의 투상면에 그리는 것으로 설명이 필요한 도면을 그릴 때 사용하며, 등각 투상, 이등각 투상, 부등각 투상이 있다.

(4) 사투상법

정투상법에서 정면도의 크기와 모양은 그대로 사용하고 평면도와 우측면도를 경사시켜 그리는 투상법으로 3면 중 1개의 면을 중점적으로 정확하게 표현할 경우에 사용된다.

1) 캐비닛도(Cabinet Projection Drawing)

투상선이 투상면에 대하여 60°의 경사를 갖는 사투상도로 Y, Z축은 실제 길이로, X축은 실제 길이의 1/2로 나타낸다.

2) 카발리에도(Cavalier Projection Drawing)

투상선이 투상면에 대하여 45°의 경사를 갖는 사투상도로 3축 모두 실제 길이로 나타낸다.

(5) 투시도법

시점과 물체의 각 점을 연결하는 방사선에 의하여 그리는 것으로 원근감이 있어 건축 조감도 등에 사용된다.

❷ 도형의 표시방법

(1) 투상도의 표시방법

외형선, 숨은선, 중심선의 3개의 선을 사용함을 원칙으로 한다.

① 3면도:3개의 투상도로 완전하게 표시할 수 있는 것으로 정면도, 평면도, 측면도로 도시할 수 있을 때 사용
② 2면도:원통형, 평면형인 간단한 물체는 정면도와 평면도, 정면도와 측면도로 도시할 수 있을 때 사용
③ 1면도:원통, 각주, 평판처럼 단면형이 똑같은 형의 물체는 기호를 기입하여 정면도 1면으로 충분히 도시할 수 있을 때 사용

(2) 투상도 그리는 방법

① 주 투상도(정면도)는 대상물의 모양, 기능을 가장 명확하게 표시하는 면을 선택하여 그린다.
② 조립도와 같이 기능을 표시하는 물체는 물체가 움직임을 확실하게 알 수 있는 상태를 선택하여 그린다.
③ 가공하기 위한 부품도에서는 가장 많이 이용하는 공정을 대상으로 선택한다.
④ 특별한 이유가 없는 한 대상물을 가로길이로 놓은 상태를 선택한다.

(3) 선과 면의 투상법칙

1) 직선
① 투상면에 평행한 직선은 진정한 길이로 나타낸다.
② 투상면에 수직인 직선은 점(點)이 된다.
③ 투상면에 경사진 직선은 진정한 길이보다 짧게 나타낸다.

2) 평면
① 투상면에 평행한 평면은 진정한 형태를 나타낸다.
② 투상면에 수직인 평면은 직선이 된다.
③ 투상면에 경사진 평면은 단축되어 나타낸다.

(4) 특수 투상법

도면을 알기 쉽게 하고 제도능률을 높이기 위해 간략한 약도로 그리거나 불필요한 선 또는 정규 투상법에 의하지 아니하고 특수하게 도시하여 도면을 쉽게 이해할 수 있도록 그리는 투상방법

1) 보조 투상도
물체의 평면이 투상면에 평행할 경우 길이가 실제길이로 나타나고 면의 형상은 실제형상으로 나타나지만 사면(斜面)일 경우에는 면이 단축되거나 변형되어 나타나므로 도면을 이해하기 곤란하여 사면에 수직으로 필요한 부분만을 투상하여 실제 형상과 실제길이로 나타내는 투상도

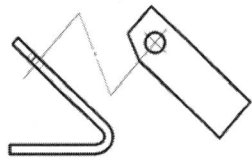

[그림 2-6] 보조 투상도

2) 부분 투상도
그림의 일부 중 필요 부분만을 투상도로 표시하는 것으로 국부 투상도, 부분 확대도, 상세도 등이 있다.

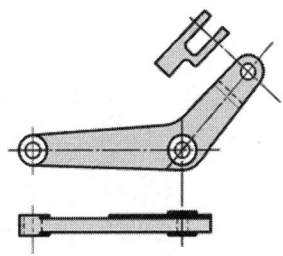

[그림 2-7] 부분 투상도

3) 회전 투상도

일정한 각도를 가지고 있는 물체의 실제 형태를 표시하지 못할 때 물체의 일부를 회전시켜 투상하는 방법(작도선을 남긴다.)

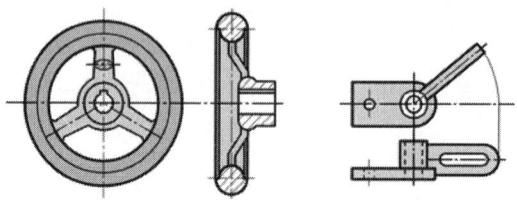

[그림 2-8] 회전 투상도

4) 전개 투상도

구부러진 판재의 실물을 정면도에 그리고 평면도에 펼쳐놓은(전개도) 투상도

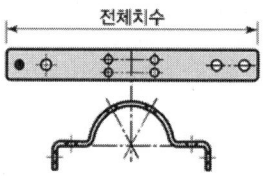

[그림 2-9] 전개 투상도

5) 가상 투상도

도시된 물체의 인접부, 연결부, 운동범위, 가공변화 등을 도면에 가상선을 사용하여 그리는 투상도

6) 국부 투상도

대상물의 구멍, 홈 등 한 부분만의 모양을 도시하는 것으로 충분한 경우에는 그 필요 부분만을 그리는 투상도

[그림 2-10] 국부 투상도

7) 부분 확대도

특정 부분의 도형이 작아서 그 부분의 상세한 도시나 치수 기입을 할 수 없을 때에는 그 부분을 다른 장소에 확대하여 그리고, 표시하는 글자 및 척도를 기입한다.

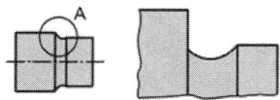

[그림 2-11] 부분 확대도

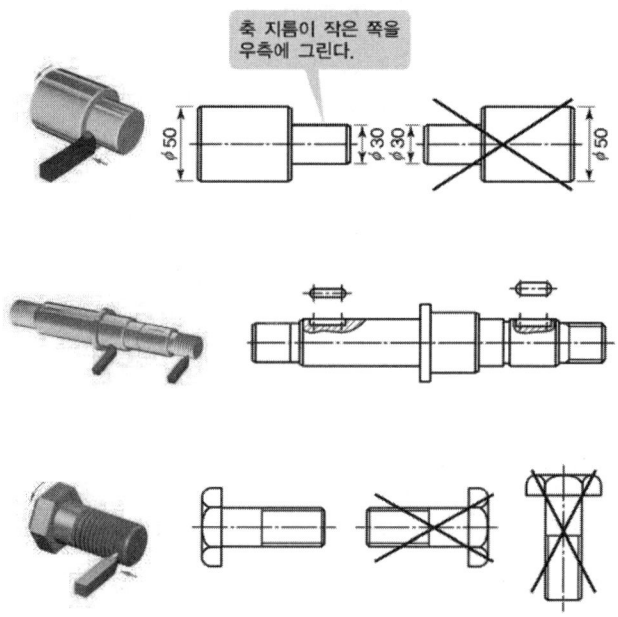

[그림 2-12] 외경 절삭 시 투상방법

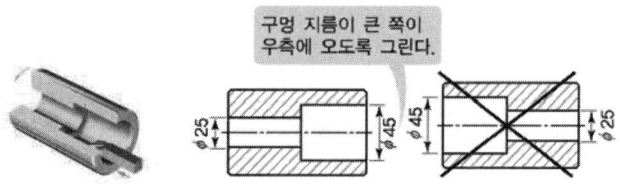

[그림 2-13] 내경 절삭 시 투상방법

③ 단면도의 표시방법

단면도란 물체 내부가 보이도록 물체를 절단하여 그린 도면을 말한다.

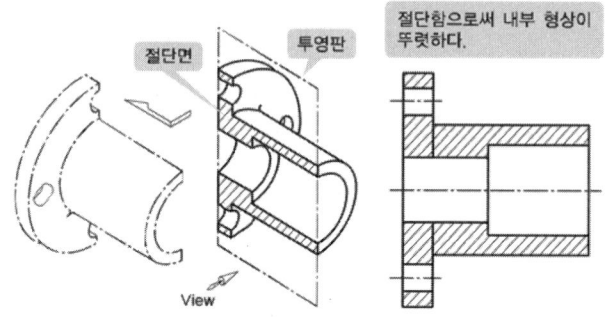

(1) 목적

- 외관도보다 명확히 알기 쉽게 할 것
- 도형을 간단히 하여 그릴 것

(2) 단면 표시 법칙

- 절단면 상에 나타난 외형선, 중심선을 그린다.
- 필요할 경우 보이지 않는 부분의 숨은선을 그린다.
- 절단면 부분은 해칭(Hatching, 45° 방향) 또는 스머징(Smudging)을 한다.
- 관계도에 절단선을 표시하고 단면보는 방향표시(화살표)와 기호를 기입한다.

(3) 단면도의 종류

1) 온 단면도(전 단면도)

물체를 기본 중심선에서 전부 절단하여 도시하는 방법과 기본 중심이 아닌 곳에서 물체를 절단하여 필요부분을 단면으로 도시하는 방법이 있다.

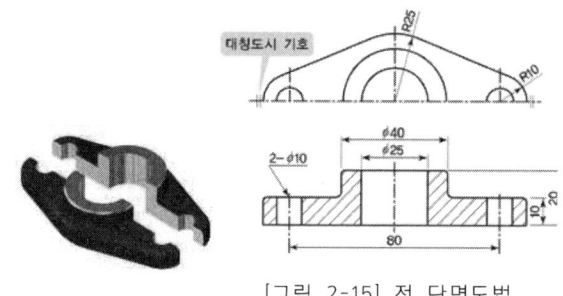

[그림 2-15] 전 단면도법

2) 한쪽 단면도(반 단면도)

기본 중심선에서 대칭인 물체의 1/4만 잘라내어 절반은 단면도, 절반은 외형도로 나타내는 방법

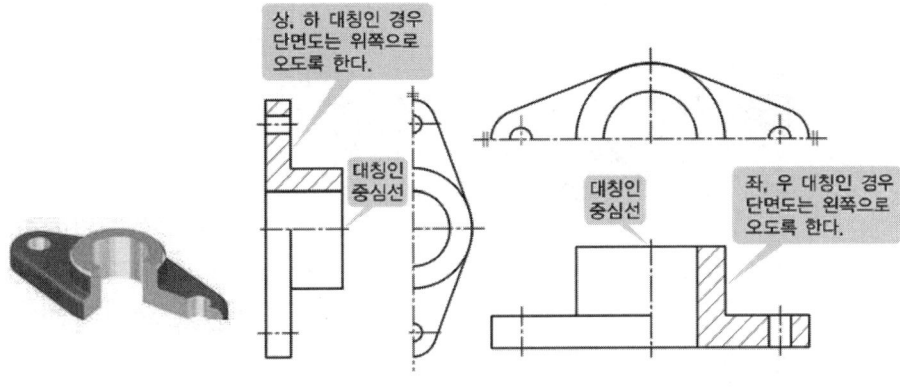

[그림 2-16] 반 단면도법

3) 부분 단면도

필요로 하는 요소의 일부만을 단면도로 나타내는 방법(파단선으로 경계선을 표시한다.)

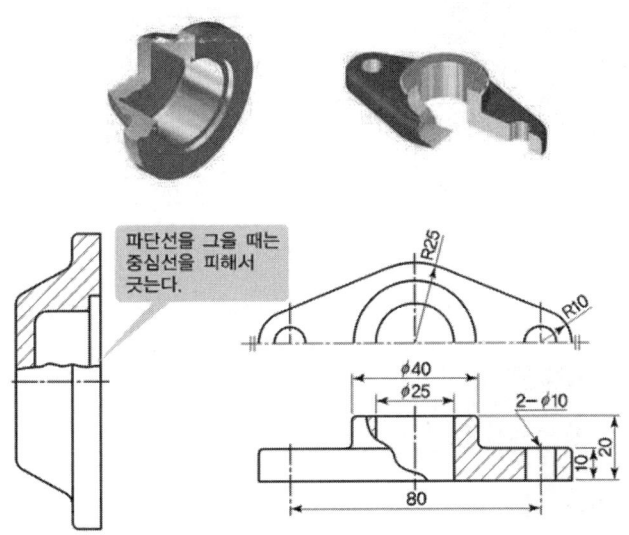

[그림 2-17] 부분 단면도법

4) 회전 단면도

물체를 수직한 단면으로 절단하여 90° 회전하여 나타내는 방법(핸들, 바퀴, 암, 리브, 축 등에 적용)

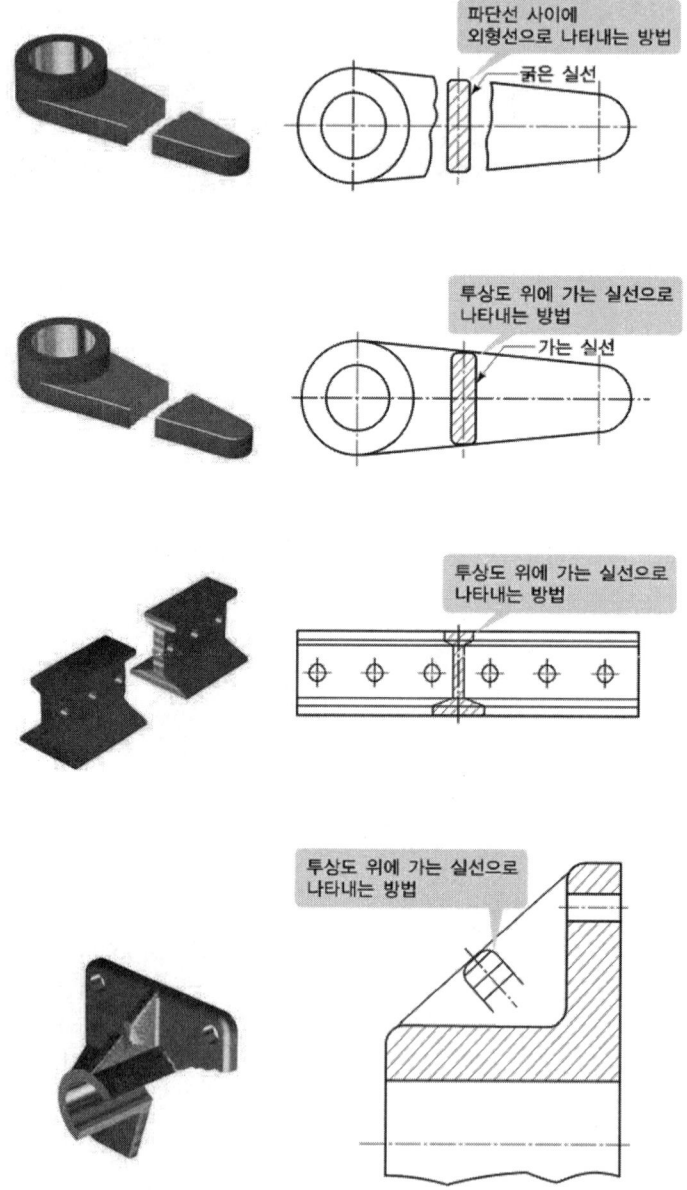

[그림 2-18] 회전 단면도법

5) 계단 단면도

2개 이상의 평면계단 모양으로 절단한 단면

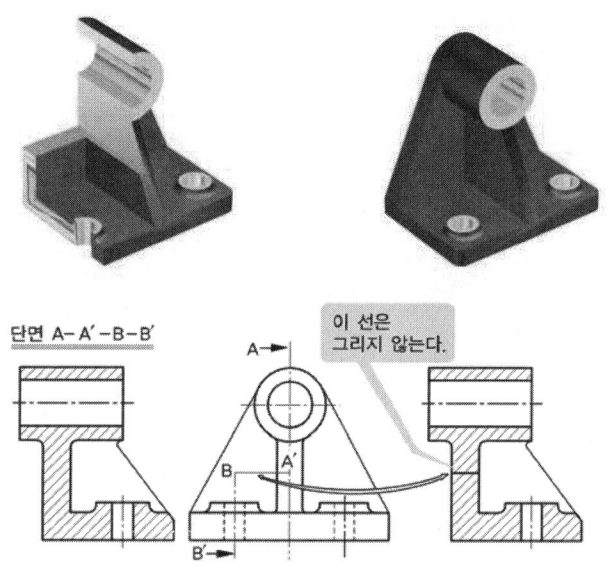

[그림 2-19] 조합에 의한 단면도 중에서 계단 단면도의 예

6) 구부러진 관의 단면

구부러진 중심선에 따라 절단하여 투상한 단면

7) 예각 및 직각 단면도

아래 그림은 A-O-B로 절단한 예각 단면도를 보여준다.

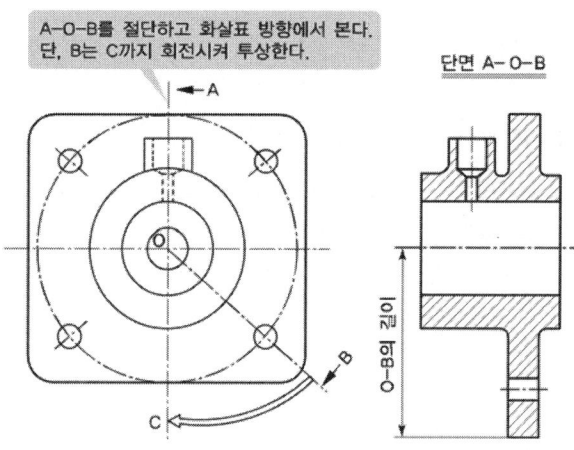

[그림 2-20] 조합에 의한 단면도 중에서 예각 단면도의 예

8) 다수의 단면도

1개의 물체에 여러 부분을 동시에 절단하여 단면 표시하는 방법

9) 단면 처리를 하지 않는 부품

축, 핀, 나사, 리벳, 키, 베어링의 볼, 리브, 기어, 벨트 풀리의 암

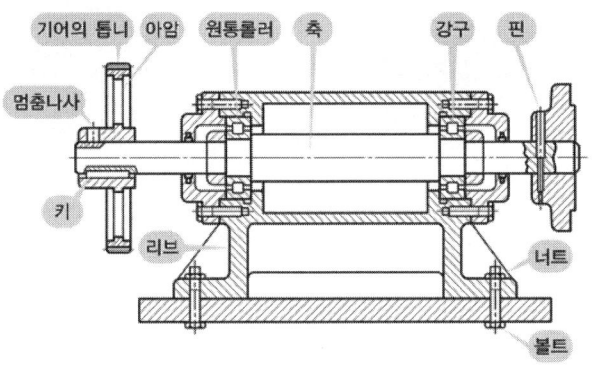

[그림 2-21] 단면하지 않는 기계요소

(4) 도형의 생략

도형의 일부를 생략하여도 도면을 이해할 수 있을 때 그리는 투상법

1) 대칭도형의 생략

① 대칭 중심선의 한쪽 도형만을 그리고 대칭 중심선의 양 끝부분에 짧은 2개의 대칭기호로 표시한다.
② 대칭 중심선을 조금 넘게 그릴 경우에는 대칭도시 기호를 생략한다.

2) 반복도형의 생략

같은 종류, 같은 크기의 모양이 다수 있을 경우 그 일부를 생략하여 주 요소만을 표시하고 다른 것은 중심선 또는 중심선의 교차점에 표시한다.

3) 도형의 중간부분 생략

① 지면을 여유있게 활용하기 위하여 중간 부분을 절단하여 도시한다. (치수는 실제 크기로 기입)
② 동일 단면형:축, 파이프, 형강
③ 같은 모양이 규칙적으로 된 제품:랙기어, 공작기계 어미 나사, 교량의 난간
④ 테이퍼가 있는 제품:테이퍼 축

(5) 특별한 도시방법

1) 전개도

판을 구부려서 만든 제품을 전개하여 그릴 필요가 있을 때 '전개도'라고 기입하여 표시한다.

2) 간략한 도시

도형의 실제를 간단하게 할 경우에 사용한다.

① 숨은선이 없어도 도형을 이해할 수 있을 경우에는 생략
② 정투상에 의한 그림이 이해하기 곤란할 경우에는 부분 투상도로 표시
③ 절단면의 앞쪽에 보이는 선을 이해할 수 있을 경우에는 생략
④ 특정한 모양의 일부는 투상면 위쪽으로 표시
   (키 홈이 있는 보스 구멍, 홈이 있는 실린더, 쪼개진 링)
⑤ 피치원 상에 동일 구멍이 있을 경우 측면 투상도(단면도 포함)에 피치원을 표시한 후 1개의 구멍으로 표시

3) 2개 면의 교차 부분 표시

① 2개 면의 교차 부분에 일정한 R 및 구부러짐이 있을 경우 평면도에 교차 부분을 굵은 실선으로 표시한다.
② 리브와 같이 끝나는 선의 끝 부분은 직선 또는 R(안쪽, 바깥쪽)로 표시한다.
③ 원주와 각주가 교차하는 부분은 직선 또는 정투상에 의한 원호로 표시한다.

4) 평면의 표시

도형 내의 특정한 부분이 평면일 경우(내·외부)에는 가는 실선으로 표시한다.

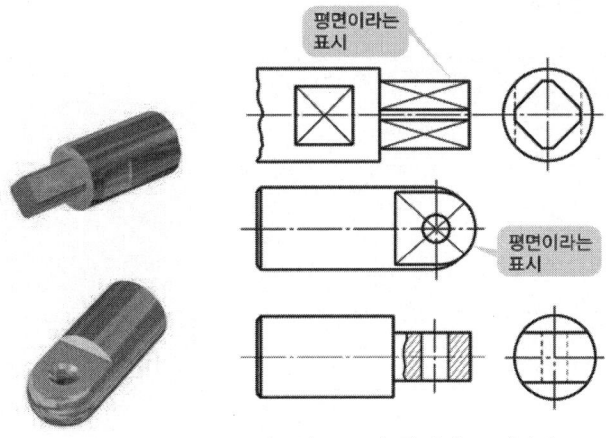

[그림 2-22] 평면의 표시방법

5) 가상선을 이용한 도시

도형의 내용을 확실하게 표시할 경우 가는 2점 쇄선으로 표시한다.
① 가공 전·후 모양의 도시를 할 경우
② 절단면의 앞쪽에 있는 부분을 도시할 경우(가상투상도방법 이용)
③ 가공에 사용하는 공구, 지그의 표시를 할 경우
④ 인접 부분을 참고로 표시할 경우

6) 특수한 가공물의 표시

① 대상물의 일부에 특수한 가공을 표시할 경우 외형선과 평행하게 굵은 1점 쇄선으로 표시한다.
② 특정 범위를 지시할 경우 그 범위를 굵은 1점 쇄선으로 둘러싼다.

7) 조립도에서 용접된 상태 표시

① 용접의 비드 크기만을 표시할 경우(a)
② 용접의 종류와 크기를 표시할 경우(b)
③ 겹침의 관계를 표시할 경우(c)
④ 겹침 및 비드 관계를 표시하지 않을 경우(d)

8) 제품의 특징 표시

제품의 특징을 외형의 일부분에 표시하여 도시한다.

4 치수 기입방법

도면에 기입된 대상물의 크기, 자세, 위치 등을 정확하게 지시하기 위한 방법

(1) 치수 기입 보조기호

구분	기호	사용법
지름	ϕ	치수의 수치 앞에 붙인다.
반지름	R	
구의 지름	$S\phi$	
구의 반지름	SR	
정사각형	□	
판의 두께	t	
45°의 모떼기	C	
원호의 길이	⌢15	치수의 수치 위에 붙인다.
정확한 치수	15	수치를 박스로 둘러싼다.
참고치수	(15)	수치를 괄호로 한다.
비례척이 아님	15	수치 밑에 밑줄을 긋는다.

1) 치수 기입의 원칙

① 관련되는 치수는 가능한 한 주 투상도에 기입한다.
② 같은 조건을 만족하는 투상도에서는 중복치수를 피한다.
③ 치수는 계산하여 구할 필요가 없도록 기입한다.
④ 물체의 기준(점, 선, 면)을 정하여 순차적으로 치수를 기입한다.
⑤ 치수는 공정순서에 의하여 기입한다.

(2) 치수 기입방법

1) 치수선과 치수 보조선

① 치수는 치수선, 치수 보조선, 치수 보조기호 등을 사용하여 나타낸다.
② 치수선은 길이, 각도의 방향으로 평행하게 나타낸다.
③ 치수선 양 끝에는 끝부분을 표시하는 화살표, 사선 또는 점을 사용한다.
④ 기점을 중심으로 누진치수(계속되는 치수)를 기입할 때는 기점 기호를 표시한다.

2) 치수 기입 위치 및 방향

① 지시하는 모든 치수는 치수선 위쪽에 대상물 수직으로 기입한다.
② 지시하는 모든 치수는 수평 치수선일 때는 위쪽에, 수직치수선일 때는 중앙에 수직으로 기입한다.

3) 좁은 곳의 치수 기입

① 지시선을 대상물의 경사방향으로 끌어내어 기입한다.
② 치수 보조선 간격이 좁을 때는 확대도로 별도 표시하거나 끝 기호를 검은점 또는 경사선으로 표시한다.

4) 치수 배치

① 직렬치수기입법:치수의 공차가 누적되어도 관계가 없을 때 사용한다.
② 병렬치수기입법:다른 치수의 공차에 영향을 주지 않을 때 사용한다.
③ 누진치수기입법:한 개의 연속된 치수로 간편하게 표시할 때 사용하며, 반드시 기점 표시를 하여야 한다.
④ 좌표치수기입법:기준기점을 좌표점으로 하여 치수를 기입하는 방법

(3) 요소 치수 기입방법

1) **지름의 표시방법**

   치수 수치 앞에 ϕ를 기입하여 표시한다.

2) **반지름 표시방법**

   치수 수치 앞에 R을 기입하여 표시하고 화살표는 원호에만 표시

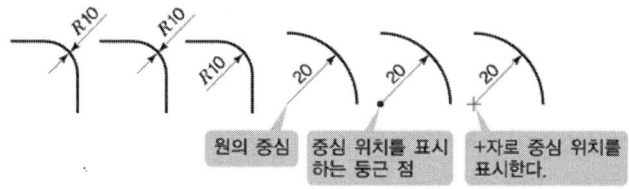

[그림 2-23] 반지름 치수 기입방법

3) **구의 지름 또는 구의 반지름 표시방법**

   치수 수치 앞에 구의 지름 Sϕ, 구의 반지름 SR을 기입하여 표시한다.

4) **정사각형 변의 표시방법**

   치수 수치 앞에 □를 기입하고 사각형이 되는 면에 가는 실선으로 대각선을 표시한다.

5) **두께의 표시방법**

   1면도로서 투상을 나타내는 경우 판의 두께 치수는 주 투상도 안에 두께기호 t를 표시하고 치수를 기입한다.

6) **현·원호의 길이 표시방법**

   ① 현의 길이 표시는 현에 직각으로 치수보조선을 긋고 표시한다.
   ② 원호의 길이 표시는 원호와 동심의 치수선을 긋고 치수 수치 위에 기호를 표시한다.

7) **곡선의 표시방법**

   반지름 표시방법 참고

8) **모떼기 표시방법**

   ① 45°일 경우: 모떼기각 45°를 표시하거나 치수 수치 앞에 C를 표시한다.
   ② 45°가 아닌 경우: 모떼기 각을 표시한다.

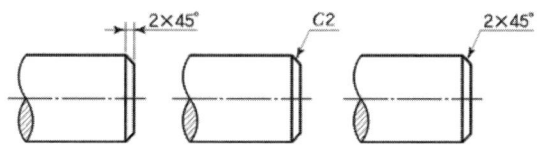

[그림 2-24] 45° 모떼기 치수기입방법

9) 가공구멍 표시방법

치수 수치 앞에 보조기호를 표시하고 치수를 기입한 후 가공방법을 표시한다. (예: $\phi 28$드릴)

10) 키 홈의 표시방법

키 홈의 표시는 키 홈의 너비×깊이×길이로 표시하고 주 투상도에는 키 홈이 위쪽을 향하게 그린다.

11) 테이퍼, 기울기의 표시방법

한쪽 면만 경사진 경우를 기울기(Slope)라 하고 양쪽 면이 중심선에 대하여 대칭으로 경사진 경우를 테이퍼(Taper)라 하며, 둘 다 $\frac{(a-b)}{l}$로서 그 비율을 나타낸다. 치수는 원칙적으로, 기울기는 변에 따라 기입하고 테이퍼는 중심선에 따라 기입한다.

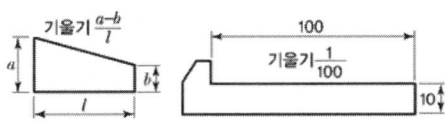

[그림 2-25] 기울기의 표시법

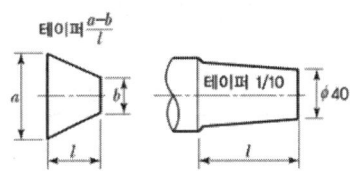

[그림 2-26] 테이퍼의 표시법

(4) 치수 기입 시 주의사항

① 외형선과 겹쳐서 기입하면 안 된다.
② 치수선과 교차되는 장소에 기입하면 안 된다.
③ 치수 수치가 인접해서 연속되는 경우에는 병렬 또는 직렬 치수기입법을 택하여 기입한다.
④ 지름의 치수가 대칭 중심선의 방향에 여러 개 있을 경우 같은 간격으로 작은 치수는 안쪽에, 큰 치수는 바깥쪽으로 기입한다.
⑤ 대칭도형의 치수 기입에서는 한쪽에만 화살표를 붙이고 치수를 기입한다.
⑥ 치수 기입이 복잡할 경우에는 수치 대신 기호(글자)로 표시하고 수치를 별도로 표시한다.
⑦ 키 홈과 같은 반지름의 치수가 자연이 결정될 경우 반지름 기호 R만 표시하고 수치는 기입하지 않는다.
⑧ 기준으로 하여 가공 또는 조립할 경우 치수 기입은 기준점을 준하여 기입한다.
⑨ 공정을 달리하는 부분의 치수는 배열을 나누어서 기입한다.
⑩ 일부 도형이 치수 수치에 비례하지 않을 경우 수치 밑에 굵은 실선(—)을 긋는다.

5 KS에 의한 기계재료 표시방법

(1) 구성

① 제1부분 기호:재질 표시(영문 또는 원소기호)
② 제2부분 기호:규격 또는 제품명(모양 및 용도)
③ 제3부분 기호:재료의 종류(인장강도, 탄소 함유량)
④ 제4·5부분 기호:열처리 상태, 모양, 제조방법

〈표 2-1〉 제 1부분 기호

기호	재질	비고	기호	재질	비고
Al	알루미늄	Aluminium	F	철	Ferrum
AlBr	알루미늄 청동	Aluminium Bronze	MS	연강	Mild Steel
Br	청동	Bronze	NiCu	니켈 구리 합금	Nickel-Copper Alloy
Bs	황동	Bross	PB	인 청동	Phosphor Bronze
Cu	구리 구리합금	Copper	S	강	Steel
HBs	고강도 황동	Highstrenth Brass	SM	기계 구조 용강	Machine Structure Steel
HMn	고망간	High Manganese	WM	화이트 메탈	White Metal

〈표 2-2〉 제 2부분 기호

기호	제품명 또는 규격명	기호	제품명 또는 규격명
B	봉(Bar)	MC	가단 철주품(Malleable Ironcasting)
BC	청동 주물	NC	니켈 크롬강(Nickel Chromium)
BsC	황동 주물	NCM	니켈 크롬 몰리브덴강
C	주조품(Casting)	P	판(Plate)
CD	구상 흑연 주철	FS	일반 구조용강
CP	냉간 압연 연간판	PW	피아노선(Piano Wire)
Cr	크롬강(Chromium)	S	일반 구조용 압연재
CS	냉간 압연 강대	SW	강선(Steel Wire)
DC	다이캐스팅(Die Casting)	T	관(Tube)
F	단조품(Forging)	TB	고탄소 크롬 베어링관
G	고압 가스 용기	TC	탄소 공구강
HP	열간 압연 연강판	TKM	기계 구조용 탄소 강관
HR	열간 압연	THG	고압가스 용기에 이음매 없는 강관
HS	열간 압연 강대	W	선(Wire)
K	공구강	WR	선재(Wire Rod)
KH	고속도 공구강	WS	용접 구조용 압연강

〈표 2-3〉 제 3부분의 기호

기호	기호의 의미	보기	기호	기호의 의미	보기
1	1종	SHP 1	5A	5종 A	SPS 5A
2	2종	SHP 2	34	최저 인장강도 또는 항복점	WMC 34
A	A종	SWS 41 A			SG 26
B	B종	SWS 41 B	C	탄소 함량(0.10~0.15%)	SM 12C

예

1) S F 34(탄소강 단강품)
   → S:강(steel), F:단조품(forging), 34:최저 인장강도(kg/mm^2)

2) S M 20 C(기계구조용 탄소강재)
   → S M:기계구조용 탄소강(Steel for Machine),
   20C:탄소 함유량(0.15~0.25C의 중간 값)

3) P W 1(피아노선)
   → P W:피아노 선(piano wire), 1:1종

참고정리

- 냉간 압연 강판 : SCP
- 고속도 공구강 : SKH
- 스프링 강 : SPS
- 기계 구조용 탄소강 : SM
- 합금 공구강 : STS
- 용접 구조용 압연강 : SWS
- 피아노 선 : PW
- 탄소 공구강 : STC
- 탄소 주강품 : SC
- 다이스 강 : STD

SECTION 02 실전 예상문제

01 기계제도에서 주로 사용되는 투상법은?

① 투시도　　　　　② 사투상도
③ 정투상도　　　　④ 등각투상도

02 그림과 같이 두 부품이 교차하는 부분을 표시한 것 중 옳은 것은?

①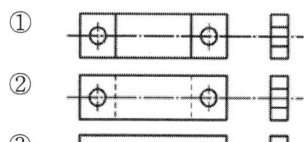
②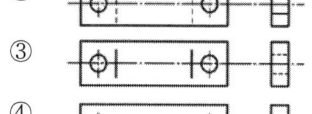
③
④

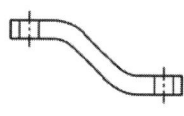

03 가상선의 용도로 맞지 않는 것은?

① 인접부분을 참고로 표시하는 데 사용
② 도형의 중심을 표시하는 데 사용
③ 가공 전·후의 모양을 표시하는 데 사용
④ 도시된 단면의 앞쪽에 있는 부분을 표시하는 데 사용

04 다음 그림에 해당되는 좌표계는?

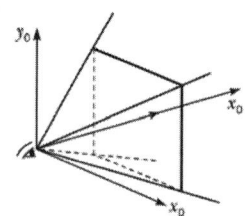

① 시점(視点) 좌표계　　② 정규 투시 좌표계
③ 3차원 스크린 좌표계　④ 상대 좌표계

정답　1. ③　2. ③　3. ②　4. ①

05 다음 투상의 평면도에 해당하는 것은?

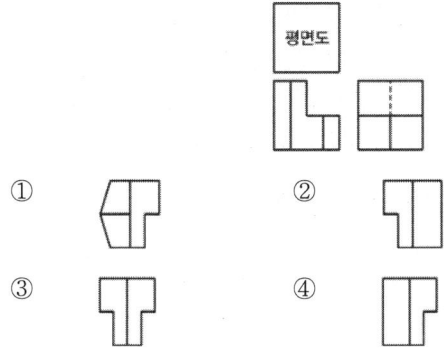

06 주어진 평면도와 우측면도를 보고 정면도를 고르면?

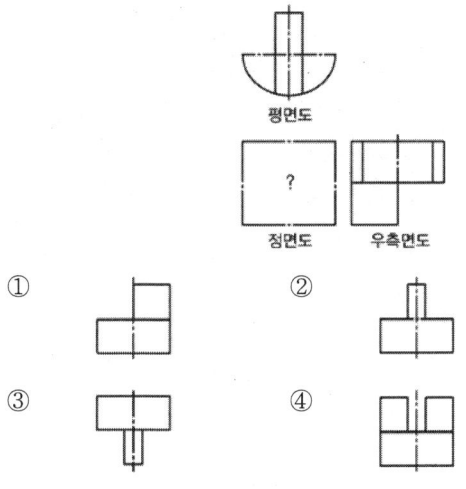

07 투상도에 대한 설명으로 틀린 것은?
① 주 투상도에는 대상물의 모양, 기능을 가장 명확하게 표현하는 면을 그린다.
② 주 투상도를 보충하는 다른 투상도는 되도록 적게 하고 주 투상도만으로 표시할 수 있는 것에 대하여는 다른 투상도는 그리지 않는다.
③ 주 투상도는 어떻게 놓더라도 괜찮다.
④ 서로 관련되는 그림의 배치에는 되도록 숨은선을 쓰지 않도록 한다.

정답 5. ③ 6. ② 7. ③

08 단면을 해칭하는 방법과 가장 관계없는 사항은?
① 동일한 부품의 단면은 떨어져 있어도 해칭의 각도와 간격은 일정하게 그린다.
② 두께가 얇은 부분의 단면도는 실제 치수와 관계없이 한 개의 굵은 실선으로 도시할 수 있다.
③ 필요에 따라 해칭하지 않고 스머징할 수 있다.
④ 해칭한 곳에는 해칭선을 중단하고 글자, 기호 등을 기입할 수 없다.

09 다음 요소 중 길이방향으로 단면하여 도시할 수 있는 것은?
① 풀리   ② 작은 나사
③ 볼트   ④ 리벳

10 투상법상 도형에 나타나지 않으나 편의상 필요한 모양을 표시하는 데 쓰이는 선은?
① 숨은선   ② 가상선
③ 수준면선   ④ 특수 지정선

11 다음 투상의 우측면도에 해당하는 것은?

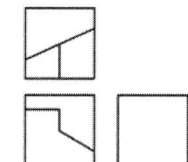

①   ②

③   ④

정답 8. ④ 9. ① 10. ② 11. ③

12 그림은 어떤 형체를 정면도와 우측면도로 표현한 것이다. 평면도의 투상으로 옳지 않은 것은?

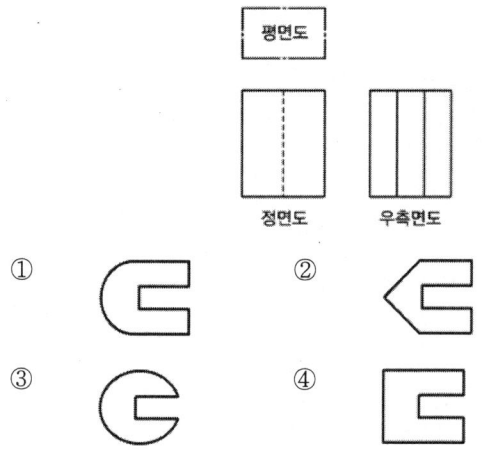

13 정면도의 정의로 옳은 것은?

① 물체의 각 면 중 가장 그리기 쉬운 면을 그린 그림
② 물체의 뒷면을 그린 그림
③ 물체를 위에서 보고 그린 그림
④ 물체 형태의 특징을 가장 뚜렷하게 나타낸 그림

14 다음 그림에서 ⓐ와 같은 투상도를 무엇이라고 부르는가?

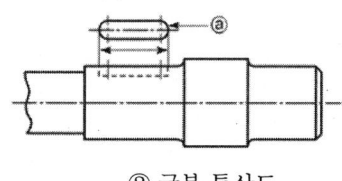

① 부분 확대도 ② 국부 투상도
③ 보조 투상도 ④ 부분 투상도

15 도면의 크기와 대상물의 크기 사이에는 정확한 비례 관계를 가져야 하나 예외로 할 수 있는 도면은?

① 부품도 ② 제작도
③ 설명도 ④ 확대도

정답 12. ② 13. ④ 14. ② 15. ③

16 다음 회전도시 단면도에 대한 설명 중 틀린 것은?

① 핸들, 림, 리브 등의 절단면은 45° 회전하여 표시한다.
② 절단한 곳의 전후를 끊어서 그 사이에 그릴 수 있다.
③ 절단선의 연장선 위에 그린다.
④ 도형 내의 절단한 곳에 겹쳐서 가는 실선으로 그린다.

17 도형의 표시방법에 대한 설명 중 틀린 것은?

① 둥근 막대 모양은 세워서 나타낸다.
② 정면도는 대상물의 모양·기능을 가장 명확하게 표시하는 면을 그린다.
③ 그림의 일부를 도시하는 것으로 충분한 경우에는, 그 필요한 부분만을 부분 투상도로서 표시한다.
④ 특정 부분의 도형이 작은 까닭으로 그 부분의 상세한 도시나 치수 기입을 할 수 없을 때는 그 부분을 가는 실선으로 에워싸고, 영자의 대문자로 표시함과 동시에 그 해당 부분을 다른 장소에 확대하여 그린다.

18 부품도를 제도할 때 물체의 일부분만을 도시하여도 충분한 경우 그 필요한 부분만을 나타내는 투상도는?

① 국부 투상도 ② 부분 투상도
③ 보조 투상도 ④ 회전 투상도

19 다음 그림은 어느 단면도에 해당하는가?

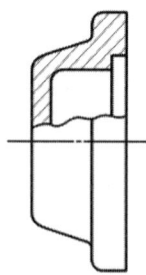

① 온 단면도 ② 한쪽 단면도
③ 회전 단면도 ④ 부분 단면도

정답 16. ① 17. ① 18. ② 19. ④

20 그림과 같은 투상도의 명칭은?

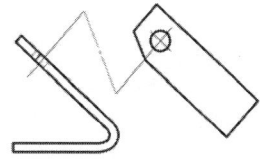

① 부분 투상도 ② 보조 투상도
③ 국부 투상도 ④ 회전 투상도

21 다음 투상도법에 대한 설명 중 옳은 것은?
① 제1각법은 물체와 눈 사이에 투상면이 있는 것이다.
② 제3각법은 평면도 아래에 정면도를 둔다.
③ 제1각법은 한국공업규격에서 채택하고 있는 투상법이다.
④ 제1각법은 정면도 아래에 저면도를 둔다.

22 도형의 표시방법 중 맞지 않는 것은?
① 가능한 한 자연, 안정, 사용의 상태로 표시한다.
② 물품의 주요 면이 가능한 한 투상면에 수직 또는 평행하게 한다.
③ 물품의 형상이나 기능을 가장 명료하게 나타내는 면을 평면도로 선정한다.
④ 서로 관련되는 도면의 배열에는 가능한 한 은선을 사용하지 않도록 한다.

23 아래의 입체도를 화살표 방향에서 본 정면도로 가장 적합한 것은?

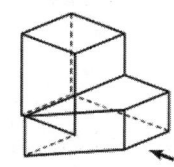

정답 20. ② 21. ② 22. ③ 23. ①

24 다음 도면에서 S가 나타내는 의미는?

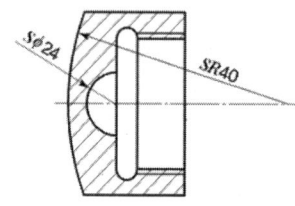

① 구 ② 반지름
③ 면 ④ 모서리면

25 가공 전·후의 모양을 표시하거나 인접부분을 참고로 표시하는 데 사용하는 선의 종류는?

① 굵은 실선 ② 가는 실선
③ 가는 1점 쇄선 ④ 가는 2점 쇄선

26 다음과 같은 그림 기호에 대한 설명으로 틀린 것은?

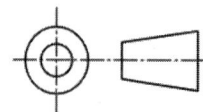

① 제3각법을 나타낸 것이다.
② 투상이 되는 원리는 눈 → 물체 → 투상면 순서대로 위치시켜 보는 눈을 기준으로 물체의 뒷면이 투상면에 비춰지는 모습을 정면도로 하여 나타낸다.
③ KS에서는 이 각법에 따라 도면을 작성하는 것을 원칙으로 한다.
④ 정면도를 기준으로 평면도는 위에, 우측면도는 오른쪽, 좌측면도는 왼쪽에 위치한다.

26. 제3각법으로서 눈 → 투상면 → 물체순이다.

27 핸들이나 바퀴 암 및 리브, 훅, 축 등의 단면을 나타내는 도시법으로 가장 적합한 것은?

① 회전 도시 단면도
② 계단 단면도
③ 부분 단면도
④ 한쪽 단면도

정답 24. ① 25. ④ 26. ② 27. ①

28 다음 설명 중 옳지 않은 것은?
  ① 부품의 모서리 부분을 각이 지도록 깎아내는 것을 모따기(Chamfering)라고 한다.
  ② 치수 기입 시 원호가 180°가 못 되는 것은 반지름으로 표시한다.
  ③ 호의 길이를 표시하는 치수선은 그 호와 같은 중심의 원호로 표시한다.
  ④ 치수 기입할 때 기록해야 하는 숫자가 많은 경우 3자리마다 콤마(,)를 찍어야 한다.

29 도면에 치수 기입 시 유의사항을 설명한 것 중 틀린 것은?
  ① 서로 관련이 되는 치수는 알아보기 쉽게 분산하여 기입한다.
  ② 참고 치수에 대하여는 괄호를 붙인다.
  ③ 각 투상도 간 비교, 대조가 용이하게 기입한다.
  ④ 치수는 되도록 주 투상도에 기입한다.

30 다음 중 1각법과 3각법을 비교 설명한 것으로 틀린 것은?
  ① 1각법은 평면도를 정면도의 바로 아래에 나타낸다.
  ② 3각법에서 측면도는 오른쪽에서 본 것을 정면도의 바로 오른쪽에 나타낸다.
  ③ 1각법에서는 정면도 아래에서 본 저면도를 정면도 아래에 나타낸다.
  ④ 3각법에서는 저면도는 정면도의 아래에 나타낸다.

31 도면에서 2종류 이상의 선이 같은 곳에 겹치는 경우 다음 선 중에서 우선 순위가 가장 높은 것은?
  ① 중심선
  ② 무게 중심선
  ③ 숨은선
  ④ 치수 보조선

31.
겹치는 선의 우선순위
외형선 → 숨은선 → 절단선 → 중심선 → 무게중심선 → 치수보조선 → 해칭선

정답 28. ④ 29. ① 30. ③ 31. ③

32 다음 중 평면도에 해당하는 것은?

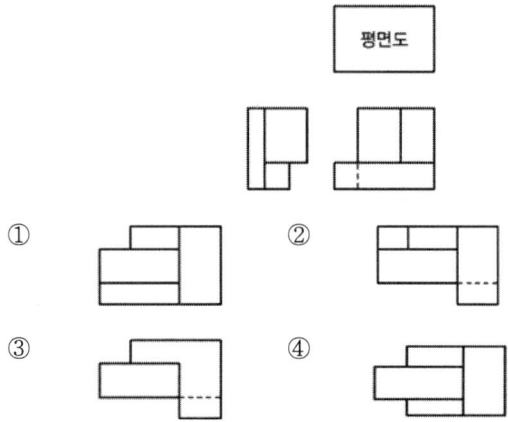

33 다음 중 단면도의 절단된 부분을 나타내는 해칭선은?
   ① 가는 2점 쇄선   ② 가는 실선
   ③ 숨은선   ④ 가는 1점 쇄선

34 축의 도시방법을 바르게 설명한 것은?
   ① 긴 축의 중간을 파단하여 짧게 그리되 치수는 실제의 길이를 기입한다.
   ② 축 끝의 모따기는 각도와 폭을 기입하되 60° 모따기인 경우에 한하여 치수 앞에 "C"를 기입한다.
   ③ 둥근 축이나 구멍 등의 일부 면이 평면임을 나타낼 경우에는 굵은 실선의 대각선을 그어 표시한다.
   ④ 축에 있는 널링(Knurling)의 도시는 빗줄인 경우 축선에 대하여 45°로 엇갈리게 그린다.

35 치수 기입의 원칙을 설명한 것이다. 바르지 못한 것은?
   ① 특별히 명시하지 않는 한 도시한 대상물의 마무리 치수를 기입
   ② 서로 관련되는 치수는 되도록이면 분산하여 기입
   ③ 기능상 필요한 경우 치수의 허용한계를 기입
   ④ 참고치수에 대해서는 수치에 괄호를 붙여 기입

정답 32. ③ 33. ② 34. ① 35. ②

36 치수 배치방법이 아닌 것은?
① 직렬 치수 기입법 ② 병렬 치수 기입법
③ 누진 치수 기입법 ④ 공간 치수 기입법

37 얇은 물체의 단면을 표시하는 방법 중 틀린 것은?
① 얇은 물체는 단면을 표시할 수 없다.
② 개스킷, 박판, 형강 등의 절단면이 얇은 경우에 널리 쓰인다.
③ 아주 굵은 실선 1개로 표시할 수 있다.
④ 두 개의 얇은 물체가 인접되어 있을 때는 0.7mm 이상의 간격을 두고 그어서 구별한다.

38 다음 중 호의 길이치수 기입은 어느 것인가?

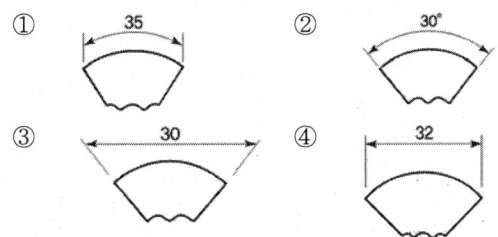

38.
② 호의 각도
④ 현의 길이

39 다음 그림의 정면도에 해당하는 것은?

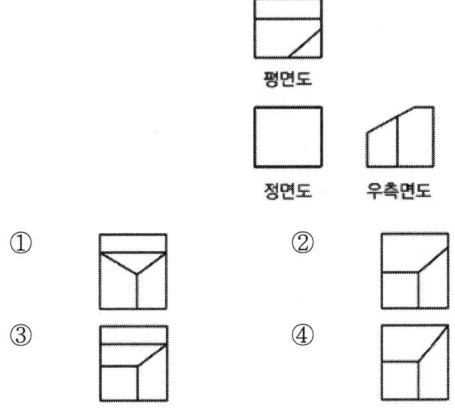

정답 36. ④ 37. ① 38. ① 39. ②

40 작도의 시간과 지면의 공간을 절약한다는 관점에서 중심선의 한쪽 도형만 그리고 중심선의 양 끝에 짧은 2개의 평행한 가는 선의 도시 기호를 그려 넣는 경우는?

① 반복 도형의 생략
② 대칭 도형의 생략
③ 중간 부분 도형의 단축
④ 2개 면의 교차부분이 둥글 때 도시

41 출도 후 도면 내용을 정정했을 때 틀린 것은?

① 변경한 곳에 적당한 기호( )를 부기한다.
② 변경 전의 도형, 치수는 지운다.
③ 변경 연월일, 이유 등을 명기한다.
④ 변경 전 치수는 한 줄로 긋고 그대로 둔다.

42 치수를 나타내는 수치에 부가하여 그 치수의 의미를 명확히 나타내기 위하여 사용하는 치수 보조기호의 설명이 잘못된 것은?

① ϕ : 지름
② $S\phi$: 작은 지름
③ ⌒ : 호의 길이
④ R : 반지름

43 철강 재료 기호의 첫째 자리 부분이 나타내는 것은?

① 제품의 형상
② 재질
③ 경도
④ 인장강도

44 SM10C로 표시된 재료기호의 10C는 무엇을 나타내는가?

① 재질번호
② 재질등급
③ 최저 인장강도
④ 탄소 함유량

정답 40. ② 41. ② 42. ② 43. ② 44. ④

SECTION 03 기계제도의 실제

PART 02 기계제도 및 기초공학

1 표면 거칠기

(1) 다듬질 기호

다듬질 기호 (종래의 기호)	표면거칠기 기호 (새로운 심벌)	가공방법 및 적용 부분
~	∇	• 절삭가공 및 기타 제거가공을 하지 않는 부분에 기입한다. • 주물의 표면부가 대표적이다.
∇	$^W\!\!\!\nabla$	• 밀링, 선반, 드릴 등 기타 여러 가지 공작기계로 일반 절삭가공만 하고, 끼워 맞춤은 없는 표면에 기입한다. • 드릴구멍, 흑피 등을 제거하는 황삭 가공부분이 대표적이다.
∇∇	$^x\!\!\!\nabla$	• 가공된 부분이 끼워 맞춤만 있고 마찰운동은 하지 않는 표면에 기입한다. • 커버와 몸체의 접촉부, 키홈 등
∇∇∇	$^y\!\!\!\nabla$	• 끼워 맞춤과 마찰이 있고 회전운동이나 직선왕복운동 등을 하는 표면에 표시한다. • 베어링과 조립부 및 연삭부위
∇∇∇∇	$^z\!\!\!\nabla$	• 정밀가공이 요구되는 가공 표면으로, 높은 정밀도를 요구하는 곳에 기입한다. • 오일실 접촉부, 피스톤, 실린더, 게이지류 등의 정밀입자 가공에 기입한다.

(2) 표면 거칠기

일정한 거리에서 나타난 공작물의 표면에 발생된 요철(凹凸)면을 표면 거칠기라고 한다.

구분	기호	특기사항
최대높이	$R_{\max}$	• 측정 구간(기준길이) 내의 모든 표면 요소를 포함하는, 측정 구간 평균선에 평행한 두 직선의 간격을 마이크로(micro) 단위로 표시 • 표면의 흠이라고 볼 수 있는 너무 높은 산이나 깊은 골은 제외
10점 평균	R_z	측정 구간(기준길이) 내의 모든 표면 요소 중, 측정 구간 평균선을 기준으로 가장 높은 산부터 순서대로 5개, 가장 깊은 골부터 순서대로 5개씩을 찾아, 각각의 5개 점의 평균선으로부터의 거리값 평균을 구하고 그 차이값을 마이크로(micro) 단위로 표시
중심선 평균 (가장 정밀)	R_a	• 측정 구간(기준길이)의 중심선에서 위쪽과 아래쪽 전체 면적의 합을 구하고, 그 값을 측정 구간의 길이로 나눈 값으로 표시 • 손으로 면적을 계산하기 어려우므로, 중심선 평균 거칠기 측정기로 측정기에서 계산한 결과치를 사용

1) 최대높이(R_{max}, R_s)

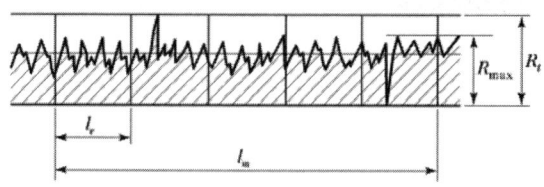

[그림 3-1] 최대 거칠기(R_{max})

- 기준길이:0.08, 0.25, 0.8, 2.5, 8, 25mm의 6종류
- 표준수열:허용할 수 있는 가장 큰 높이

0.05S	0.1S	0.2S	0.4S
0.8S	1.6S	3.2S	6.3S
12.5S	25S	50S	100S
200S	400S		

- R_{max}가 7μm일 때의 표시방법은 6.3S와 12.5S 사이에 있으므로 상한값 12.5S로 표시한다.

2) 10점 평균 거칠기(R_z)

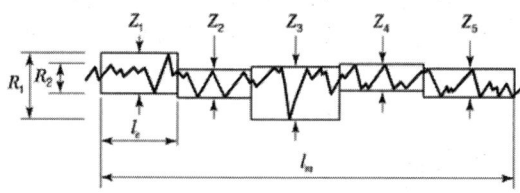

[그림 3-2] 10점 평균 거칠기(R_z)

- 기준길이:0.08, 0.25, 0.8, 2.5, 8, 25mm의 6종류
- 표준수열:허용할 수 있는 가장 큰 높이

3) 중심선 평균 거칠기(R_a)

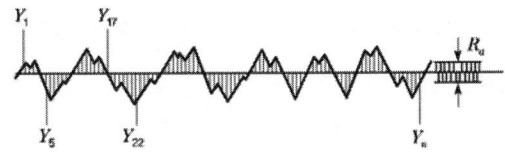

[그림 3-3] 중심선 평균값(R_a)

- 컷 오프(Cut off) 값 : 0.08, 0.25, 0.8, 5.3, 8, 25mm의 6종류에서 표준값 0.8mm로 한다.

0.013a	0.025a	0.05a	0.1a
0.2a	0.4a	0.8a	1.6a
3.2a	6.3a	12.5a	25a
50a	100a		

- 표준수열

0.05Z	0.1Z	0.2Z	0.4Z
0.8Z	1.6Z	3.2Z	6.3Z
12.5Z	25Z	50Z	100Z
200Z	400Z		

(3) 표면 거칠기 표시방법

표면 거칠기 표시는 중심선 평균 거칠기(R_a)로 나타내는 것이 가장 정밀하다.

1) 표면 거칠기 기호의 구성

2) 다듬질 기호

면의 지시기호 대신 사용할 수 있는 기호

3) 표면 거칠기의 지시방법

① 중심선 평균 거칠기(R_a)로 지시할 경우 표준수열을 택하여 지시하고 첨자 "R_a"는 생략한다.

　　㉠ 표준수열에 따를 수 없는 경우: 허용할수 있는 최대값 $R_a \leq 10$과 같이 지시한다.

　　㉡ 지시값이 상한값과 하한값을 동시에 지시할 경우: 위쪽을 상한값 아래쪽을 하한값으로 지시한다.

　　㉢ 컷 오프값을 지시할 경우: λc의 기호를 표시하고 지시기호 끝에 가로선을 그은 후 아래쪽에 기입한다.

② 최대높이($R_{\max}$), 10점 평균거칠기(R_z)로 지시할 경우

　　㉠ 표준수열에 따를 수 없을 경우: $R_{\max} \leq 10s, R_z \leq 10z$

　　㉡ 기준 길이를 지시할 경우: 표면 거칠기 지시값 아래쪽에 기입한다.

〈표 3-1〉 줄무늬 방향의 기호

기호	=	⊥	X	M	C	R	p
설명도							
의미	가공으로 생긴 줄무늬 방향이 기호를 기입한 그림의 투상면에 평행	가공으로 생긴 줄무늬 방향이 기호를 기입한 그림의 투상면에 직각	가공으로 생긴 선이 2방향으로 교차	가공으로 생긴 선이 여러 방면으로 교차 또는 방향이 없음	가공으로 생긴 선이 거의 동심원	가공으로 생긴 선이 거의 방사선	미립자 모양이 나무방향 또는 돌기 모양
보기	셰이핑면	셰이핑면 (옆으로 보는 상태)선삭 원통 연삭면	호닝 다듬질면	래핑 다듬질면 슈퍼 피니싱 가로이송을 준 정면 밀링 또는 엔드 밀 절삭면	끝면 절삭면 선반	밀링	

③ 면의 지시기호를 표면거칠기에 기호로 나타낸다.

표면의 결표시에서 면의 지시기호에 대한 사항은 아래 그림 3-4에 표시하는 위치에 배치하여 표시하며, 도면에 지시하는 경우에는 그림 3-5에 따른다.

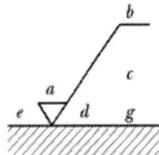 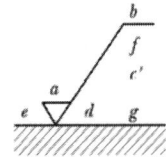

여기서, *a*:중심선 평균거칠기의 값
       b:가공방법
       c:컷 오프 값
       c':기준길이
       d:줄무늬 방향의 기호
       e:다듬질 여유
       f:중심선 평균거칠기 이외의 표면 거칠기의 값
       g:표면 파상도[KS B 0610(표면 파상도)에 따른다.]

[그림 3-4] 면의 지시기호의 위치

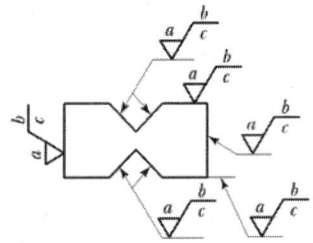 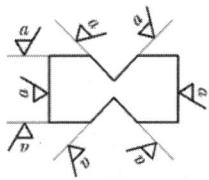

[그림 3-5] 면의 결도시

> **예제 ①**
>
> **문제** 표면 거칠기 기입방법이 잘못 설명된 것은?
> ① 부품 전체가 같은 다듬질 기호일 때는 부품번호 옆에 기입한다.
> ② 기어에 기입할 때는 피치선에 기입할 수도 있다.
> ③ 기어에 기입할 때는 측면도의 잇봉우리에 따라서 기입한다.
> ④ 부품 전체가 같은 다듬질 기호일 때는 표제란 곁에 기입한다.
>
> **풀이** ③

>> 예제 ❷

[문제] 표면거칠기 기호의 기입을 그림과 같이 하였을 때 a 부분에 들어가야 하는 것으로 적당한 것은?
① X
② F
③ G
④ S

[풀이] ①

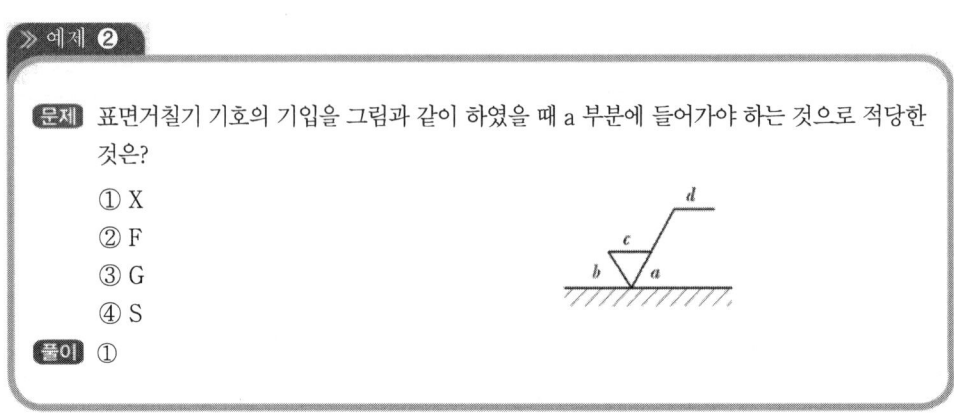

4) 대상면 및 제거가공의 지시방법

표면의 결을 도시할 때에 대상면을 지시하는 면의 지시기호는 60°로 벌린 길이가 다른 절선으로 표시하며, 대상면을 나타내는 선에 바깥쪽에서 붙여서 쓴다.[그림 3-6 ~ 3-8]

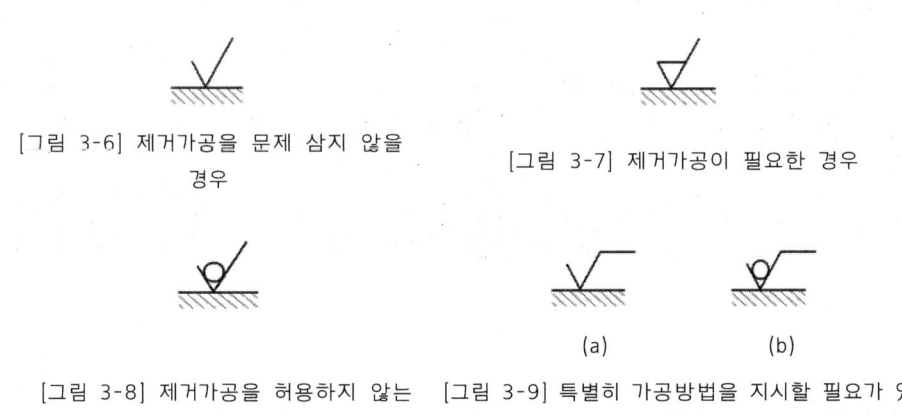

[그림 3-6] 제거가공을 문제 삼지 않을 경우

[그림 3-7] 제거가공이 필요한 경우

[그림 3-8] 제거가공을 허용하지 않는 경우

[그림 3-9] 특별히 가공방법을 지시할 필요가 있을 경우

또한, 특별히 가공방법 등을 지시할 필요가 있을 때에는 면의 지시기호의 긴 쪽 다리에 가로선을 부가한다.[그림 3-9]

SECTION 04 끼워맞춤 공차

PART 02 기계제도 및 기초공학

1 끼워맞춤 공차

(1) 공차(Tolerance)

제품을 가공하는 데 있어서 허용할 수 있는 오차의 범위

(2) 기본공차

ISO에서 정한 IT00-IT18급까지 20등급으로 규정

※ IT00-IT01급은 사용 빈도수가 적어 사용치 않음

용도	게이지 제작	끼워맞춤	기타
구멍	IT01-IT5급	IT6-IT10급	IT11-IT18급
축	IT01-IT4급	IT5-IT9급	IT10-IT18급

(3) 끼워맞춤

구멍과 축을 조립하기 위한 치수의 차이에서 생기는 관계

- 틈새(Clearance):구멍의 지름이 축의 지름보다 큰 경우 두 지름의 차
- 죔새(Interference):축의 지름이 구멍의 지름보다 큰 경우 두 지름의 차
- 최소틈새:구멍 최소허용치수-축 최대허용치수
- 최대틈새:구멍 최대허용치수-축 최소허용치수
- 최소죔새:축 최소허용치수-구멍 최대허용치수
- 최대죔새:축 최대허용치수-구멍 최소허용치수

1) 종류

① 구멍 기준식:아래 치수 허용차가 0인 H를 기준구멍으로 하여 축을 선정, 필요한 죔새나 틈새를 얻는 끼워맞춤(H6-H10을 기준구멍으로 사용)
② 축 기준식:위 치수 허용차가 0인 h를 기준축으로 하여 구멍을 선정, 필요한 죔새나 틈새를 얻는 끼워맞춤(h5-h9를 기준축으로 사용)

2) 끼워맞춤 상태에서의 분류

① 헐거운 끼워맞춤 : 구멍의 최소치수가 축의 최대치수보다 큰 경우
② 억지 끼워맞춤 : 구멍의 최대치수가 축의 최소치수보다 작은 경우
③ 중간 끼워맞춤 : 축 또는 구멍의 치수에 따라서 틈새 또는 죔새가 생기는 끼워맞춤

〈표 4-1〉 구멍 기준 끼워맞춤

기준 구멍	축의 공차역 클래스																
	헐거운 맞춤						중간 맞춤				억지 맞춤						
H6						g5	h5	js5	k5	m5							
H6					f6	g6	h6	js6	k6	m6	n6*	p6*					
H7					f6	g6	h6	js6	k6	m6	n6	p6*	r6*	s6	t6	u6	x6
H7				e7	f7		h7	js7									
H8					f7		h7										
H8				e8	f8		h8										
H8			d9	e9													
H9			d8	e8			h8										
H9		c9	d9	e9			h9										
H10	b9	c9	d9														

* 는 치수의 구분에 따라 예외가 있다.

〈표 4-2〉 축 기준 끼워맞춤

기준 축	구멍의 공차역 클래스																
	헐거운 맞춤						중간 맞춤				억지 맞춤						
h5							H6	JS6	K6	M6	N6*	P6					
h6					F6	G6	H6	JS6	K6	M6	N6	P6*					
h6					F7	G7	H7	JS7	K7	M7	N7	P7*	R7	S7	T7	U7	X7
h7				E7	F7		H7										
h7					F8		H8										
h8			D8	E8	F8		H8										
h8			D9	E9			H9										
h9			D8	E8			H8										
h9		C9	D9	E9													
h9	B10	C10	D10														

(4) 허용한계 치수 기입방법

1) 길이치수 허용한계 기입방법

① 외측, 내측 형체에 관계없이 위 치수 허용차는 위쪽에, 아래 치수 허용차는 아래쪽에 기입한다.
② 위, 아래 어느 한쪽의 허용차가 0인 경우 +, -의 기호를 붙이지 않는다.
③ 위, 아래 허용차가 같을 때는 ±의 기호를 붙인다.
④ 최대, 최소 허용차가 기준치수보다 클 때는 +, 작을 때는 -의 부호를 붙인다.
⑤ 허용한계 치수에 의해 표시할 경우 외측, 내측 형체에 관계없이 최대는 위쪽에 최소는 아래쪽에 기입한다.
⑥ 최대, 최소 중 어느 한쪽만 지정할 경우 치수 앞에 최대, 최소 또는 max, min을 기입한다.
⑦ 허용한계 기호에 의해 지시할 경우 공차기호를 기준치수 뒤에 붙인다.

예)
1) 32H7, ⌀80js6, 100g6
2) 52H7/g6, 52H7-g6,
3) 30f7   30f7

⑧ 통신을 이용할 경우에는 기준치수 앞에 H, h(Hole), S(Shaft)를 붙인다. H50H5, S50h5

2) 끼워맞춤 상태에서의 기입방법

① 공차값에 의한 방법
② 공차기호에 의한 방법

2 기하공차(형상공차 또는 자세공차)

제품의 모양 및 위치에 따라 진직, 평면, 진원, 원통, 윤곽, 평행, 직각, 경사, 위치, 동축(동심), 대칭, 흔들림 등을 가하학적인 방법으로 정밀도를 부여하는 방법을 기하공차(GT;Geometrical Tolerance)라고 한다.

(1) 기하공차 부여시의 장점

1) 장점

- 효율적 생산성 증가
- 생산 원가 절감
- 부품 상호 간 호환성 증대
- 정밀도 증가
- 효율적 검사 및 측정 용이
- 설계의 획일화

2) 치수공차로 규제된 도면 분석

- 원통 중심의 어긋남
- 대칭 중심의 어긋남
- 치수공차로 규제된 끼워맞춤의 불확실
- 치수공차로 규제된 구멍과 핀

(2) 기하공차의 표시

1) 용어의 뜻

① 데이텀(Datum):기하학적 기준이 되는 면 또는 선
② 데이텀 형체:데이텀을 설정하기 위하여 사용하는 대상물 실제의 형체
③ 실용 데이텀 형체:데이텀을 설정할 경우에 사용하는 실제의 표면(정반, 맨드릴 등)
④ 데이텀 표적:데이텀을 설정하기 위한 가공, 측정, 검사기구 등에 접촉시키는 대상물의 점 또는 선의 영역

(3) 기하공차의 종류

적용하는 형체	공차의 종류		기호
단독 형체	모양공차	진직도(straightness)	—
		평면도(flatness)	▱
		진원도(roundness)	○
		원통도(cylindricity)	⌭
단독 형체 또는 관련 형체		선의 윤곽도(line profile)	⌒
		면의 윤곽도(surface profile)	⌓
관련형체	자세공차	평행도(parallelism)	∥
		직각도(squareness)	⊥
		경사도(angularity)	∠
	위치공차	위치도(position)	⊕
		동축도 또는 동심도(concentricity)	◎
		대칭도(symmetry)	═
	흔들림공차	원주 흔들림	↗
		온 흔들림	↗↗

공차 구분	특징 및 적용
치수 공차	• 2차원적 규제 • 길이, 두께, 높이, 직경 등
형상 공차	• 3차원적 규제 • 진직도/평면도/진원도/원통도/윤곽도(선윤곽도, 면윤곽도) • 단독 형체에 적용
자세 공차	• 3차원적 규제 • 직각도/평행도/경사도 • 관련 형체에 적용
위치 공차	• 3차원적 규제 • 위치도, 대칭도, 동심도, 동축도 • 축선 또는 중심면을 갖는 사이즈 형체에 적용
흔들림 공차	• 형상 공차와 위치 공차 복합 부품 형체 상의 원주 흔들림, 온 흔들림

• 공차값의 비교

치수공차 > 형상공차 > 표면거칠기

1) 모양공차

① 진직도

부의 표면 또는 축선이 정확한 직선으로부터 벗어난 측정값으로 평면, 원통표면과 같은 단일 표면이나 축선에 사용된다.
- 평탄한 표면의 진직도
- 원통형체의 진직도
- 단위 진직도

② 평면도

평면도는 한 평면상에 있는 모든 표면이 정확한 평면으로부터 벗어난 크기로 공차역은 치수공차 범위 내에서 두 평행 사이의 간격으로 나타낸다.

③ 진원도

원의 중심으로부터 벗어난 측정값으로 공차역은 원 표면의 모든 점이 들어가야 하는 완전한 동심원 반경상의 공차이다. (중심에 수직한 단면상 표면의 측정값)

④ 원통도

원통도는 축선에서 표면이 완전히 평행한 원통으로부터 벗어난 크기로 공차는 반경상의 공차이며 원통형상 전 표면에 대하여 적용한다. (모든 표면이 2개의 동심원이 들어가는 공차역으로 진원도, 진직도, 평행도의 복합 공차이다.)

⑤ 윤곽공차

기준 윤곽으로부터 벗어난 크기로 면의 윤곽도, 선의 윤곽도로 구분한다.
- 면의 윤곽도
- 선의 윤곽도

선의 윤곽도는 진직도가 평면이나 원통 표면상의 한 방향으로 규제되는 것과 같이 곡면에 대한 한 방향의 선의 윤곽을 규제하는 것으로 공차역은 선의 윤곽에 정확히 평행한 2개의 가상공선 사이의 거리이며 곡선을 따른 진직도 공차와 같이 생각할 수도 있다.

2) 자세공차

① 평행도

평행도는 데이텀을 기준으로 규제된 형체의 표면, 선, 축선 기하학적으로 직선 또는 평면으로부터 벗어난 크기로 나타낸다.
- 2개 평면의 평행도: 데이텀 평면을 기준으로 규제형체의 표면은 규제된 공차 범위 내에서 2개의 가상 평면 사이의 간격이다.
- 하나의 평면과 중심을 가지는 형체의 평행도: 구멍의 중심은 규제된 평행도 공차 범위 안에 2개의 가상폭 범위 내에서 평행하여야 한다.
- 2개의 축선에 대한 평행도: 하나의 축선이 기준이 되어 규제되는 형체의 축선은 규제 된 범위 내에서 평행하여야 한다.
- 단위 길이와 전 길이에 대한 평행도 규제
- 일정한 범위 내에서의 평행도 규제

② 직각도

직각도는 데이텀을 기준으로 규제형체의 표면이나 축심 또는 중간면이 90°를 기준으로 완전한 직각으로 부터의 벗어난 크기로 반드시 데이텀을 기준으로 규제되며 단독 형상으로는 규제될 수 없다.

- 두 개의 표면에 대한 직각도
- 하나의 평면과 원통형체 중심의 직각도 공차 앞에 ϕ가 있으면 직경공차, 없으면 폭 공차이다.

③ 경사도

경사도는 90°를 제외한 임의의 각도를 갖는 표면이나 중심, 중간면을 데이텀을 기준으로 공차 범위 내에서 폭 공차로 규제된다.

(경사도 공차는 각도의 공차가 아니라 규정된 각도의 기울기를 갖는 두 평면 사이의 간격이다.)

- 평면에 대한 경사도
- 구멍 중심에 대한 경사도

3) 위치공차

① 동축도 또는 동심도

동축도는 데이텀 축직선과 동일 직선 위에 있어야 할 축선이 데이텀 축직선으로부터 어긋남의 크기

② 대칭도

데이텀 축직선 또는 데이텀 중심 평면에 관해 서로 대칭이어야 할 형체의 대칭 위치로부터 어긋남의 크기

- 데이텀 중간면에 대한 면의 대칭도
- 데이텀 중심 평면에 대한 선의 대칭도
- 데이텀 직선에 대한 면의 대칭도
- 데이텀 직선에 대한 선의 대칭도

③ 위치도

위치도는 규제된 형체가 다른 형체나 데이텀에 관계된 형체의 규정 위치에서부터 점, 선, 또는 평면형체 어긋남의 크기

- 치수공차만으로 규제된 구멍의 위치
- 위치도 공차로 규제된 구멍의 위치

4) 흔들림 공차

데이텀을 기준으로 규제형체(원통, 원추, 호, 평면)가 완전한 형상으로부터 벗어난 크기로 진원도, 진직도, 직각도, 원통도 등을 포함한 복합 공차이다.

① 원주 흔들림: 1개의 방향만 규정
  · 반지름 방향의 원주 흔들림: 두 개의 동심원 사이의 영역
  · 축선 방향의 원주 흔들림: 두 개의 부품이 결합된 상태의 영역
② 온 흔들림: 2개의 방향을 규정
  · 반지름 방향의 원주 흔들림: 두 개의 동축 원통 사이의 영역
  · 축선 방향의 원주 흔들림: 두 개의 부품이 평행한 평면상태로 결합된 상태의 영역

(5) 기하공차 표시방법

1) 틀에 의한 표시방법

2) 공차값의 표시

① 공차의 영역이 원 또는 구인 경우 ϕ 또는 $S\phi$를 붙인다.
② 공차값이 지정된 길이, 넓이에 대하여 지시할 경우 지시값을 지정하여 준다
③ 공차값이 전체길이 또는 전체 면과 지정길이에 대한 2개를 지시할 경우 전자를 위쪽에 후자를 아래쪽에 기입한다.
④ 기하공차 형상이 2개 이상으로 위치 및 정밀도를 나타 낼 경우 각각의 공차값을 기입한다.

3) 규제되는 형체의 표시방법

① 선 또는 면 자체에 공차를 지정할 경우 외형선 또는 외형선 연장선 위에 화살표를 수직으로 한다.
② 치수가 형체의 축선 또는 중심면에 공차를 지정할 경우 치수선의 연장선에 지시하여 기입한다.
③ 축선 또는 중심면이 공통일 때 공차를 지정할 경우 축선 또는 중심면을 나타내는 중심선에 수직으로 화살표를 그린다.
④ 떨어져 있는 다수의 같은 형체의 공차를 지정할 경우 각각의 형체에 지정하는 지시선을 끌어내어 분기하여 표시하거나 각각의 형체를 문자기호로 표시할 수도 있다.

4) 표시방법과 공차역의 관계

① 공차값 앞에 ϕ가 있는 경우와 없는 경우
② 공차역의 나비는 규제되는 면에 대하여 법선 방향에 존재하는 것으로 취급한다.
③ 공차역을 특정한 방향에 지정하고자 할 때는 그 방향을 지정한다.
④ 같은 공차 기입틀을 사용할 경우 각각의 형체에 지정하는 공차역을 적용한다.
⑤ 공통 공차 기입틀을 사용할 경우 기입틀 위에 "공통 공차역"이라고 표시한다.

5) 데이텀(Datum)의 표시방법

① 데이텀은 영어의 대문자를 사용하고 삼각기호로 표시한다.
② 선 또는 면 자체가 데이텀일 경우에는 외형선 또는 외형선을 연장한 선에 표시한다.
③ 치수와 관계되는 데이텀일 경우 치수선의 연장선에 표시한다.
④ 중심이 데이텀인 경우에는 중심선에 표시한다.
⑤ 데이텀과 형상공차를 확실하게 할 경우 지시선에 데이텀 문자를 생략하고 직접 표시한다.
⑥ 데이텀과 형상공차를 별도로 분리하여 표시할 경우 데이텀 표시를 한 후 형상공차를 필요부분에 표시한다.
⑦ 한정된 범위에서 허용값을 표시할 경우 범위를 굵은 1점 쇄선으로 나타낸 후 공차값을 표시한다.
⑧ 보충사항을 특별히 기입하고자 할 경우 내용을 기입한다.

(5) 최대 실체공차방식(최대 허용치수 공차방식)

치수공차와 기하공차 사이의 상호 존재 관계를 최대 실체 상태를 기본으로 하여 주어지는 공차 방식
① 최대 실체상태: 형체의 실체가 최대 허용한계 치수를 갖는 형체의 상태
② 최대 실체치수(Maximum Material Size): 형체의 최대실체 상태를 정하는 치수축:
   최대 허용치수, 구멍: 최소 허용치수
③ 실효 치수(Virtual Size): 형체의 실효상태를 정하는 치수

　㉠ 축
　　· 최대 허용치수+(형상공차 또는 위치공차)
　　· 축을 검사하는 게이지의 기본치수
　　· 형상, 위치공차는 0이 된다.
　㉡ 구멍
　　· 최소 허용치수-(형상공차 또는 위치공차)
　　· 구멍을 검사하는 게이지의 기본치수
　　· 형상, 위치공차는 0이 된다.

1) 최대 실체공차방식 적용원칙

① 2개 또는 그 이상의 형체가 위치 또는 형상에 관한 상호 관계에 있어서 적어도 하나는 크기 치수를 갖는 형체이어야 한다(2개의 부품 이상 결합시 적용).
② 적용하는 형체는 축심이나 중간면을 갖는 형체로 결합되는 부품이어야 한다.

2) 최대 실체공차방식 기호 적용방법

① 공차에 적용하는 경우에는 공차값 뒤에 M을 기입한다.
② 데이텀 형체를 적용하는 경우 데이텀 문자 뒤에 M을 기입한다.
③ 공차 및 데이텀에 적용할 경우 공차값과 데이텀에 각각 M을 기입한다.
④ 데이텀이 표시되어 있지 않은 형체일 경우에는 데이텀 기호에 M을 기입한다.

3) 최대 실체조건으로 규제된 평행도

4) 최대 실체공차방식으로 축에 규제된 직각도

5) 최대 실체공차방식으로 구멍에 규제된 직각도

6) 최대 실체공차방식이 위치도 공차에 규제된 경우

(6) 구멍과 축의 실효치수의 결합

1) **구멍의 실효치수**

ϕ20구멍에 위치도 공차 ϕ0.1의 외주상에 한점을 중심으로 구멍의 최대 실체 치수 ϕ20의 원을 그리면 내접하는 원 ϕ19.9의 원(구멍에 결합하는 축의 최대 치수)이 생긴다.

2) **축의 실효치수**

ϕ19.8축에 위치도 공차 ϕ0.1의 외주상에 한점을 중심으로 축의 최대 실체 치수 ϕ19.8의 원을 그리면 외접하는 원 ϕ19.9의 원(구멍에 결합하는 축의 최소 치수)이 생긴다.

※ ϕ20의 구멍과 ϕ19.8의 실효치수는 ϕ19.9이므로 두 부품은 결합될 수 있다는 것을 알 수 있다.

(7) 돌출 공차역

2개의 부품이 나사에 의해 결합될 때 2개의 부품에 똑같은 위치도 공차가 규제되어 가공되었다고 하더라도 결합이 안 되는 경우가 발생되므로 돌출 공차역은 결합하는 구멍의 높이에 작용하는 방법으로 기호 P를 사용하여 도면에 지정한다.

SECTION 04 실전 예상문제

01 억지 끼워 맞춤 시 축의 최소 허용치수에서 구멍의 최대허용치수를 뺀 값은?

① 최소 죔새 ② 최대 죔새
③ 최소 틈새 ④ 최대 틈새

02 기준치수가 30, 최대 허용치수가 29.96, 최소 허용치수가 29.94일 때 아래 치수 허용차는?

① −0.06 ② +0.06
③ −0.04 ④ +0.04

2.
29.94−30=−0.06

03 다음 끼워맞춤의 표시방법을 설명한 것 중 틀린 것은?

① $\phi 20H7$: 직경이 20인 구멍으로 7등급의 IT 공차를 가짐
② $\phi 20h6$: 직경이 20인 축으로 6등급의 IT 공차를 가짐
③ $\phi 20H7/g6$: 직경이 20인 구멍으로 H7구멍과 g6급 축이 헐겁게 결합되어 있음
④ $\phi 20H7/f6$: 직경이 20인 구멍으로 H7구멍과 f6급 축이 억지로 결합되어 있음

3.
H구멍과 ±축은 헐거운 끼워맞춤

04 40H7은 $40^{+0.025}_{0}$, 40G6은 $40^{+0.025}_{+0.009}$ 라고 할 때 40G7의 공차 범위는 얼마인가?

① $^{+0.009}_{0}$ ② $^{-0.009}_{-0.034}$
③ $^{+0.034}_{0}$ ④ $^{+0.034}_{+0.009}$

05 "구멍의 최대 허용치수−축의 최소 허용치수"가 나타내는 것은?

① 최소 틈새 ② 최대 틈새
③ 최소 죔새 ④ 최대 죔새

정답 1. ① 2. ① 3. ④ 4. ④ 5. ②

06 구멍 $50^{+0.025}_{\ 0}$, 축 $50^{+0.050}_{+0.034}$로 기입된 끼워맞춤에서 최소 죔새는 얼마인가?

① 0.009 ② 0.025
③ 0.034 ④ 0.050

6. 0.034−0.025=0.009

07 최대허용치수가 100.004mm, 최소허용치수가 99.995mm이면 치수공차는 얼마인가?

① 0.001 ② 0.004
③ 0.005 ④ 0.009

7. 100.004−99.995=0.009

08 축의 지름이 $30^{+0.021}_{+0.012}$일 때 이 축의 치수공차는 얼마인가?

① 0.033 ② 0.021
③ 0.012 ④ 0.009

8. 0.021−0.012=0.009

09 구멍의 치수가 $\phi 30^{+0.025}_{\ -0}$, 축의 치수가 $\phi 30^{+0.020}_{-0.005}$일 때 최대 죔새는 얼마인가?

① 0.030 ② 0.025
③ 0.020 ④ 0.005

9. 0.02−0=0.02

10 기하공차의 종류 중 모양 공차에 해당하지 않는 것은?

① 진직도 공차 ② 평면도 공차
③ 평행도 공차 ④ 원통도 공차

10. 자세공차:직각도, 평행도, 경사도

11 다음 기하공차의 부가기호 중 돌출 공차역을 나타내는 것은?

① Ⓟ ② Ⓜ
③ ⓠ ④ Ⓝ

정답 6. ① 7. ④ 8. ④ 9. ③ 10. ③ 11. ①

12 다음 그림의 기하공차의 기호가 나타내는 것은?

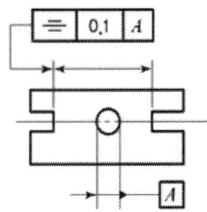

① 진직도 ② 원통도
③ 동심도 ④ 대칭도

13 기준직선 A에 평행하고 지정길이 100mm에 대하여 0.01mm의 공차값을 지정할 경우 표시방법으로 옳은 것은?

① | A | 0.01 / 100 | // |
② | // | 100/ 0.01 | A |
③ | A | // | 100/ 0.01 |
④ | // | 0.01/ 100 | A |

14 기하공차의 기호 중 원통도를 나타내는 기호는?

①
②
③
④

14.
② 위치도
③ 진원도
④ 동심도(동축도)

15 기하공차의 종류 중 모양 공차에 속하지 않는 기호는?

①
②
③
④

15.
① 평면도
② 진원도
③ 경사도(자세공차)
④ 선의 윤곽도

정답 12. ④ 13. ④ 14. ① 15. ③

SECTION 05 기계 요소 제도

PART 02 기계제도 및 기초공학

1 나사(Screw)

(1) 규격

① 수나사(Bolt):외경
② 암나사(Nut):수나사의 외경

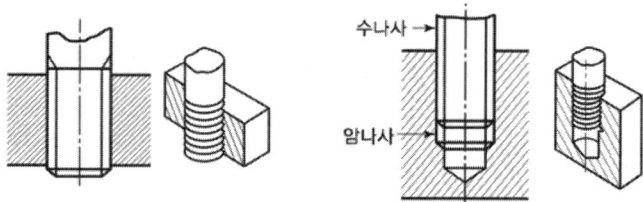

[그림 5-1] 수나사와 암나사의 조립도

(2) 나사 각부의 명칭

① 피치(Pitch):나사산과 산의 거리
② 리드(Lead):나사가 1회전할 때 나사산의 1점이 축방향으로 진행하는 거리

$$L : nP$$

여기서, n:줄의 수
P:피치

③ 유효경:나사산과 골의 폭이 같아지는 가상원의 직경

(3) 나사의 종류

① 미터 나사:직경과 피치를 mm로 표시, 산의 각도는 60°, 크기는 피치로 나타낸다.
② 유니파이 나사:나사의 직경을 inch로 표시, 산의 각도는 60°, 크기는 1inch 사이에 들어 있는 산의 수로 나타낸다.
③ 미니어처 나사:정밀기계, 광학기계, 계측기, 시계, 전기기기 등에 사용되는 0.3~1.4mm 직경의 작은 나사로, 미터 나사에 따른다.
④ 관용 나사:배관용 강관 나사로 1/16의 테이퍼로 되어 있고 산의 각도는 55°이다.
⑤ 사다리꼴 나사:선반의 리드스크류 등 동력 전달용으로 사용된다.(30°:미터 나사, 29°:inch 나사)
⑥ 둥근 나사:먼지, 모래 등이 들어가기 쉬운 접촉구에 사용된다.
⑦ 볼 나사:축과 구멍에 볼을 넣어 마찰을 적게 한 나사로 수치 제어기계, 자동차에 사용된다.

⑧ 사각 나사 : 프레스와 같이 큰 힘을 전달할 때 사용된다.
⑨ 톱니 나사 : 바이스와 같이 축방향으로 힘을 전달할 경우에 사용된다.

구 분		나사의 종류	표시방법	나사의 호칭에 대한 표시방법의 보기
일반용	ISO 규격에 있는 것	미터 보통 나사	M	M8
		미터 가는 나사		M8 × 1
		미니어처 나사	S	S 05
		유니파이 보통 나사	UNC	3/8-16UNC
		유니파이 가는 나사	UNF	No. 8-36UNF
		미터 사다리꼴 나사	Tr	Tr10 × 2
		관용 테이퍼 나사 / 테이퍼 수나사	R	R3/4
		관용 테이퍼 나사 / 테이퍼 암나사	Rc	Rc3/4
		관용 테이퍼 나사 / 평행 암나사	Rp	Rp3/4
		관용 평행 나사	G	G1/2
	ISO 규격에 없는 것	30° 사다리꼴 나사	TM	TM18
		29° 사다리꼴 나사	TW	TW20
		관용 테이퍼 나사 / 테이퍼 나사	PT	PT7
		관용 테이퍼 나사 / 평행 암나사	PS	PS7
		관용 평행 나사	PF	PF7
특수 나사		후강 전선관 나사	CTG	CTG16
		박강 전선관 나사	CTC	CTC19
		자전거 나사 / 일반용	BC	BC3/4
		자전거 나사 / 스포크용		BC2.6
		미싱 나사	SM	SM1/4산 40
		전구 나사	E	E10
		자동차용 타이어 밸브 나사	TV	TV8
		자동차용 타이어 밸브 나사	CTV	CTV8tks 30

(4) 나사의 호칭

① 미터나사:나사의 종류×수나사의 직경×피치

　　예 M 10×1.5

② 유나파이 나사:수나사의 직경×산의 수×나사의 종류

　　예 1/2-16 UNC

(5) 나사의 표시방법

① 나사산의 감긴 방향:왼나사만 "왼, 좌, L"로 표시
② 나사산의 줄 수:2줄 또는 3줄로 표시
③ 나사의 길이
　㉠ 일반나사:머리부분을 제외한 길이
　㉡ 접시머리 나사:머리부분을 포함한 전체 길이
④ 나사의 표면 정도 표시 및 리드 표시
⑤ 유효 나사부 길이 및 드릴직경, 깊이표시
⑥ 나사의 제도
　㉠ 수나사의 외경, 암나사의 내경은 굵은 실선으로 그린다.
　㉡ 수나사·암나사의 골지름은 가는 실선, 불완전 나사부의 경계선은 굵은 실선으로 그린다.
　㉢ 암나사의 드릴구멍 끝부분은 120°가 되도록 굵은 실선으로 그린다.
　㉣ 수나사와 암나사가 결합된 상태일 경우에는 수나사를 기준으로 그린다.
　㉤ 단면으로 표시하고자 할 경우 수나사는 산 끝까지, 암나사는 나사의 내경까지 해칭한다.
　㉥ 나사의 측면을 도시하고자 할 경우 골지름은 가는 실선으로 3/4의 원을 그린다.

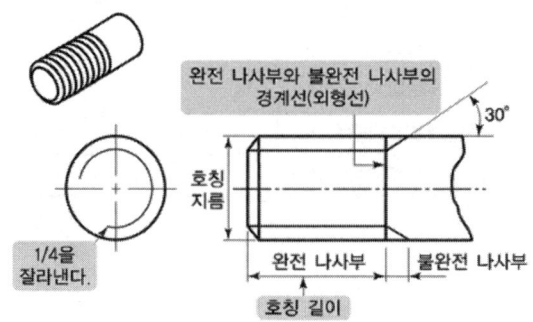

[그림 5-2] 수나사의 제도 방법

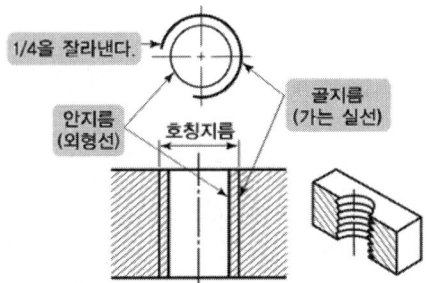

[그림 5-3] 암나사가 관통했을 때의 제도

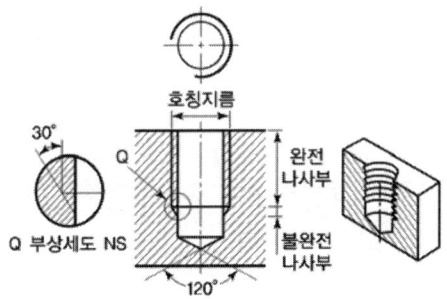

[그림 5-4] 암나사가 관통이 안 됐을 때의 제도

❷ 키(Key)

동력을 전달하는 축에 벨트풀리, 기어 등을 결합하여 회전운동시키는 요소로, 1/100의 구배를 준다.

(1) 키의 종류

① 묻힘 키(Sunk Key) : 축과 보스 양쪽에 홈을 파고 고정하는 키로 평행키, 경사키, 머리붙이 경사키가 있다.
② 반달 키(Woodruff Key) : 반원 모양으로 축과 보스를 결합할 때 자동적으로 위치를 조정하는 키로 홈가공이 용이하고 작은 직경의 축과 경하중축에 사용된다.
③ 새들 키(Saddle Key) : 보스에만 키 홈을 파서 장소에 구애없이 마찰력으로 고정하는 키
④ 플랫 키(Flat Key) : 보스에 키 홈을 파고 축에는 키의 폭만큼 평편하게 깎아 고정하는 것으로 경하중 및 축직경이 작을 때 사용된다.
⑤ 페더키(Feather Key) : 기어 또는 벨트차가 축 방향으로 이동 가능할 때 사용하는 키로, 축에 작은 나사로 키를 고정한다.
⑥ 접선 키(Tangential Key) : 고정력이 가장 큰 키로 구배가 있는 2개의 키를 양쪽에서 고정 하는 방법으로 큰 동력을 전달하는 데 사용된다.
⑦ 스플라인 축(Spline Shaft) : 여러 개의 키를 만들어 붙인 형상의 축으로 큰 하중이 작용하는 곳에 사용된다.

(2) 키 홈 치수 기입법

키 홈은 국부 투상도를 사용하여 도시한다.

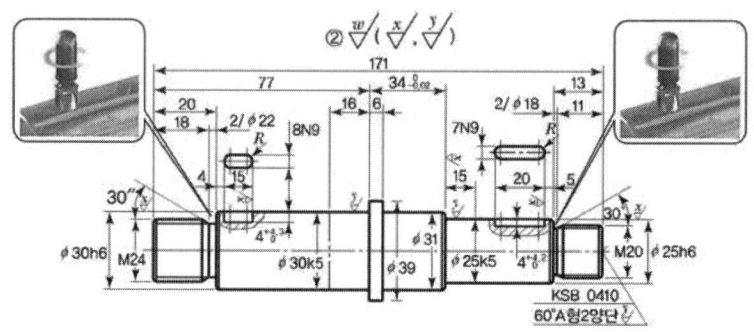

[그림 5-5] 엔드밀과 커터 공구를 사용한 묻힘키의 가공방법

세이퍼 기계 　　　　　슬로터 기계

[그림 5-6] 세이퍼 기계와 슬로터 기계

(3) 키의 호칭법

종류, 폭×높이×길이, 재질

예 평행키 25×14×80 SM20C

❸ 핀(Pin)

핸들을 축에 고정하거나 치공구에서 부품의 결합 또는 너트의 풀림을 방지할 때 사용

(1) 종류

① 평행핀:직경이 일정한 핀
② 테이퍼 핀:1/50의 테이퍼를 준다.
③ 분할핀:너트의 풀림 방지용으로 사용한다.

(2) 핀의 호칭법

종류, 직경×길이(분할핀은 핀 구멍의 직경으로 표시)

예) 평행핀 φ10m6×25 SM40C

① 평행핀의 호칭법

규격번호 또는 명칭	종류(끼워맞춤 기호)	형 식	호칭지름×길이	재 료

예) 평행핀 h 7 B 8 × 50 STS 303 B

▶ 형식은 끝면의 모양이 납작한 것은 A, 둥근 것은 B로 한다.

② 테이퍼핀의 호칭법

규격번호 또는 명칭	등 급	호칭지름×길이	재 료

예) KS B 1322 2 × 20 SM 25C-Q

③ 분할핀의 호칭법

규격번호 또는 명칭	호칭지름×길이	재 료	지정사항

4 베어링(Bearing)

(1) 베어링의 사용목적과 종류

회전하는 축의 마찰운동을 원활하게 하기 위하여 사용한다.

[그림 5-7] 베어링의 종류

〈표 5-2〉 베어링 기호의 종류

니들 롤러 베어링		앵귤러 롤러 베어링	자동 조심 롤러 베어링	평면자리형 스러스트 볼 베어링		스러스트 자동 조심 롤러베어링
NA	RNA			NA	RNA	

구름 베어링	깊은 홈 볼 베어링	앵귤러 볼 베어링	자동 조심 볼 베어링	원통 롤러 베어링				
				NJ	NU	NF	N	NN

(2) 베어링 호칭번호의 구성 및 배열

① 베어링 계열기호:베어링 형식 및 치수계열
② 안지름 번호:안지름 번호가 04 이상인 것은 5배를 하여 안지름을 구한다.
③ 접촉각 기호:베어링 내·외륜의 접촉점을 연결하는 직선이 반지름 방향과 이루는 각도
④ 보조기호:형식 및 주요 치수 이외의 베어링 규격

   예 6205 ZZ
   62:단열 볼 베어링
   05:베어링 안지름 25mm(5×5=25mm)
   ZZ:보조기호로 양쪽 실드형

5 스프링(Spring)

(1) 종류

① 코일 스프링:인장, 압축
② 겹판 스프링
③ 원뿔 스프링
④ 볼류트 스프링

(2) 스프링 제도

① 일반적인 스프링 제도는 하중이 가해지지 않은 상태에서 그리며, 겹판 스프링은 스프링 판이 수평한 상태에서 그리는 것을 원칙으로 한다. 하중이 가해진 상태에서 그려서 치수를 기입할 때는 하중을 명기한다.
② 하중과 높이(혹은 길이) 또는 휨과의 관계를 표시할 필요가 있을 때에는 선도 또는 표로 나타낸다. 이 선도는 사용상 지장이 없는 한 직선으로 표시한다. 선도로 표시할 경우 하중과 높이(혹은 길이) 또는 휨을 나타내는 좌표축과 그 관계를 표시하는 선은 스프링을 표시하는 선과 같은 굵기의 선으로 그린다.
③ 도면에서 특별히 지시가 없는 스프링은 모두 오른쪽으로 감긴 것으로 표시하며, 왼쪽으로 감긴 경우에는 "감긴 방향 왼쪽"이라고 기입한다.
④ 도면에 기입하기 복잡한 것은 일괄하여 요목표에 기입한다.
⑤ 양 끝을 제외한 동일 모양 부분을 일부 생략하는 경우에는 생략한 부분을 가는 1점 쇄선으로 표시한다. 그러나 가는 2점 쇄선으로 표시하여도 좋다.
⑥ 스프링의 종류, 모양만을 도시할 경우에는 스프링 재료의 중심선을 굵은 실선으로 그린다. 단, 겹판 스프링에서는 스프링의 외형을 실선으로 그린다. 또 조립도, 설명도 등에서는 코일 스프링을 그 단면만 표시해도 좋다.

(3) 스프링 제도의 간략도

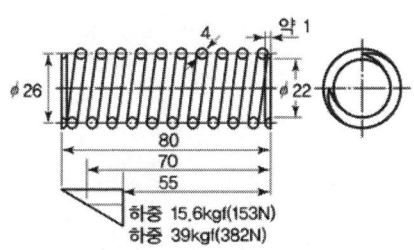

[그림 5-8] 압축 코일 스프링 제도

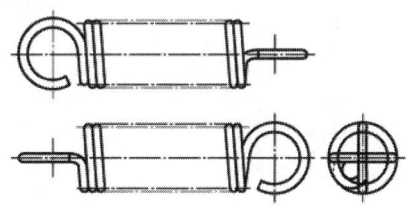

[그림 5-9] 인장 코일 스프링 제도

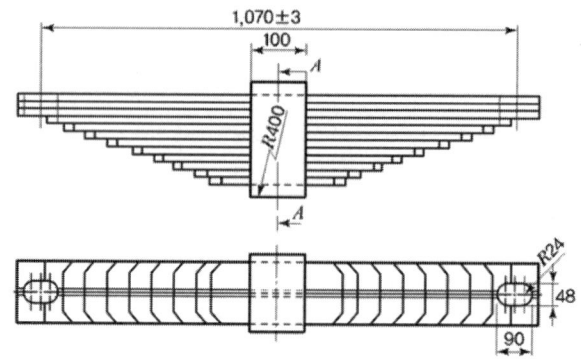

[그림 5-10] 겹판 스프링

6 벨트 및 벨트풀리

(1) 벨트(Belt)

축 간 거리가 먼 두 개의 축에 동력을 전달할 때는 벨트와 체인 및 로프를 사용한다.

1) V형 벨트

단면이 사다리꼴의 형태로 각도 40°±10′로 되어 있다.

※ M형은 풀리의 홈이 1개일 때 사용

2) 평 벨트

평 벨트 풀리는 림(Rim), 보스(Boss), 암(Arm)의 3부분으로 구분되며 재료는 일반적으로 주철을 사용하며 일체형과 부리형이 있는데, 일체형은 소형 풀리에 사용, 솔리드 풀리(Soild Pulleyh)라고 하며 분리형은 대형에 사용한다. 바깥면에 형상에 따라 C형과 F형으로 분리하여 C형은 가운데가 높고 가장자리가 낮은 형으로 벨트가 풀리를 이탈하는 현상을 방지하기 위한 것이며 크라운 풀리(Crown Pulley)라 한다.

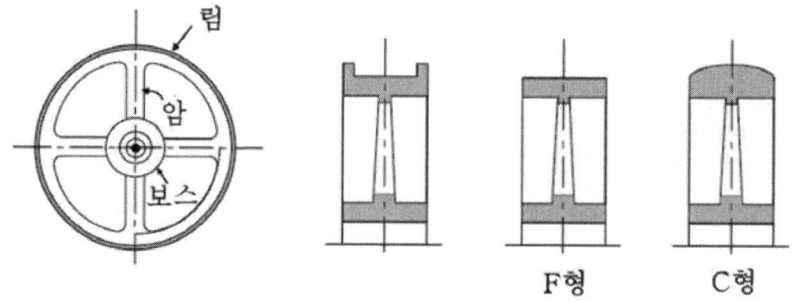

[그림 5-11] 풀리의 구조

7 체인

벨트나 로프 대신에 금속의 링크를 연결 가용성(Flexible)이 있게 하여 만든 체인을 스프로킷(Sproket) 휠의 이에 걸어 동력을 전달시키는 기구이다.

(1) 체인 전동의 특징

① 속비가 일정하며 미끄럼이 없다.
② 유지와 수리가 간단하며, 체인의 길이를 조정할 수 있다.
③ 체인의 탄성에 의하여 어느 정도의 충격에 견딘다.
④ 초기 장력이 필요가 없으므로 베어링에 무리가 없다.

(2) 체인 전동의 계산

구분	롤러 체인	사일런트 체인
최대속도	7 [m/s]	10 [m/s]
사용 속도	5 [m/s]	7 [m/s]
축간 거리	피치의 40~50배	피치의 40~50배

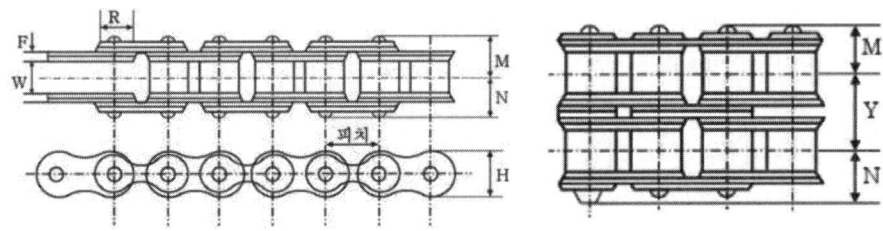

[그림 5-12] 롤러 체인

※ 체인은 코일 체인, 롤러 체인, 사일런트 체인으로 구분되며 코일체인은 인양용, 롤러 체인은 전동용, 사일런트 체인은 소음이 적어 고속 운전 시 적합하다.

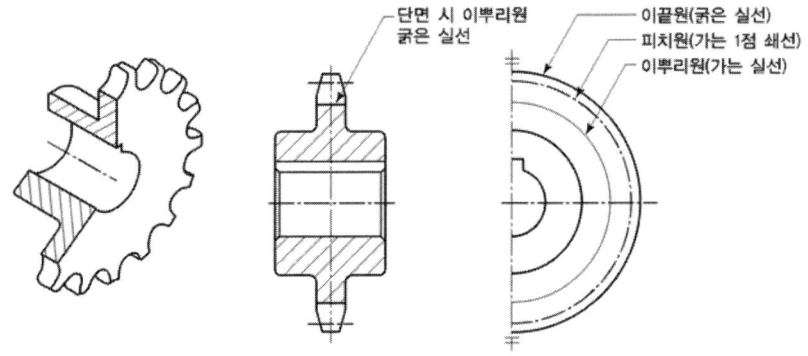

[그림 5-13] 스프로킷 휠 각부 명칭

8 기어(Gear)

(1) 평행축 기어

두 축이 평행할 때 사용하는 기어

1) 종류

① 평치차(Super Gear)
② 헬리컬 기어(Healical Gear)
③ 내접치차(Internal Gear)
④ 랙 기어(Rack Gear)

2) 기어 각부의 명칭

① 피치원: 축에 수직인 평면과 피치면이 교차하는 면
② 원주피치: 피치원 상에서 하나의 치형면에 대응하는 상대 치형 간 원호의 길이
③ 이두께: 피치원 상의 치형의 폭
④ 이끝원: 이의 끝을 통과하는 원(기어의 외경)
⑤ 이뿌리원: 이뿌리를 통과하는 원
⑥ 이끝높이: 피치원에서 이끝까지의 수직거리
⑦ 이뿌리 높이: 피치원에서 이뿌리원까지의 수직거리
⑧ 유효높이: 한 쌍의 기어에서 물리고 있는 이높이 부분의 길이
⑨ 총 이높이: 이의 전체 높이
⑩ 클리어런스: 이뿌리원에서 상대기어의 이끝원까지의 거리
⑪ 뒤 틈: 한 쌍의 기어가 물렸을 때 치형면 간의 간격
⑫ 이 폭: 이의 축 단면의 길이

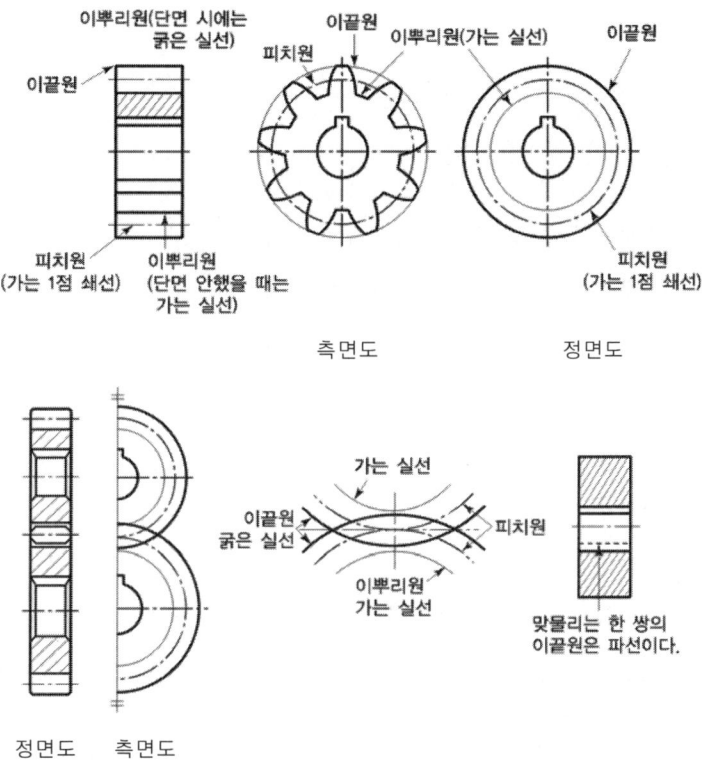

[그림 5-14] 기어의 각부 명칭

> **참고정리**
>
> ✔ 기어 제도 시 주의사항
> - 요목표에는 기어 치형, 공구의 치형, 모듈, 압력각, 기어 잇수, 피치원 지름 등을 반드시 기입한다.
> - 열처리에 관한 사항은 필요에 따라서 요목표의 비고란 또는 도면 속에 적당히 기입한다.
> - 기어의 측면도에서 이끝원은 굵은 실선, 피치원은 가는 1점 쇄선, 이뿌리원은 가는 실선으로 그린다. 다만, 정면도를 단면으로 표시할 경우에는 이뿌리원은 굵은 실선으로 그린다.
>   특히, 베벨기어 및 웜 기어의 측면도에서는 이뿌리원은 생략한다.
> - 헬리컬 치차의 잇줄 방향은 3개의 가는 실선으로 그리되, 스파이럴 베벨기어 및 하이포이드 기어에서는 1개의 굵은 실선으로 그린다.
> - 맞물리는 한 쌍의 기어에서 측면도의 이끝원은 굵은 실선으로 그리고, 정면도를 단면했을 때는 한 쪽 기어의 이끝원을 파선(숨은선)으로 그린다.

3) 기어의 크기

① 원주피치($C \cdot P$) : $C \cdot P = \dfrac{\pi \times 피치원\ 직경}{잇수} = \dfrac{\pi d}{z}$

② 모듈(m) : $m = \dfrac{피치원직경}{잇수} = \dfrac{d}{z}$

③ 피치원 직경($D \cdot P$) : $D \cdot P = \dfrac{잇수}{피치원직경} = \dfrac{z}{d('')} = \dfrac{25.4z}{d(\mathrm{mm})}$

※ 모듈과 원주피치 및 피치원 직경과의 관계
$$m = \dfrac{C \cdot P}{\pi},\ D \cdot P = \dfrac{25.4}{m}$$

4) 치형

치형의 종류에는 인볼류트 치형과 사이크로이드 치형이 있으나 인볼류트 치형을 가장 많이 사용한다.

※ 표준치형의 압력각 : 14.5°, 15°, 20°

5) 평 치차(Super Gear)

평행한 두 축 사이에 회전운동을 전달할 때 사용되며 이끝은 직선이다.

① 외접기어 : 원통의 바깥쪽에 이를 만든 것으로 두 축의 회전방향이 서로 반대이다.
② 내접기어 : 원통의 안쪽에 이를 만든 것으로 두 축의 회전방향이 서로 같다.
③ 래크기어 : 피치원이 무한대로 된 직선형 이의 기어로 회전운동을 직선운동으로 변환시키는 데 사용
④ 피니언 기어 : 한 쌍의 기어에서 잇수가 적은 기어

6) 표준기어

피치원상의 이의 두께가 원주피치의 1/2이 되는 기어

7) 스퍼 기어의 제도

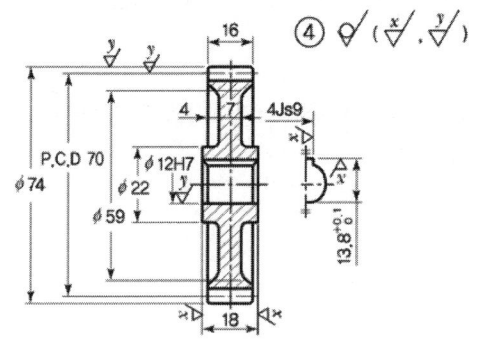

스퍼 기어 요목표	
품번	4
기어치형	표준
치형	보통이
모듈	2
압력각	20°
잇수	35
피치원지름	φ70
전체 이높이	4.5
다듬질방법	호브절삭
정밀도	KS B 1405.5급

※ 치수 및 요목표 기입 내용
- 기어치형:기어의 모양을 기입(표준기어 등)
- 공구:치형, 모듈, 압력각을 기입
- 잇수
- 기준피치원 지름
- 이 두께

8) 헬리컬 기어

기어의 이를 나선형으로 만들어 고속 중하중의 전동용으로 큰 감속을 얻을 때 사용한다.

① 치형의 크기
  ㉠ 축직각 방식:축의 직각방향에서 측정한 이의 크기로, 축직각 원주피치와 축직각 모듈로 이의 크기를 표시한다.
  ㉡ 치직각 방식:이의 직각 방향에서 측정한 이의 크기로, 치직각 원주피치와 축직각 모듈로 이의 크기를 표시한다.

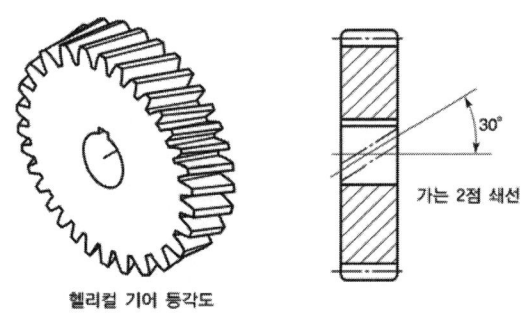

[그림 5-16] 헬리컬 기어

(2) 베벨기어(Bevel Gear)

서로 교차하는 두 축 사이의 동력을 전달하고자 할 때 사용되며 일반적으로 90°가 많이 사용된다.

베벨기어 각부의 명칭
① 피치원 직경, 피치, 이높이 등 이부의 치수는 외단에서 측정한 최대치로 표시한다.
② 피치 원추각:피치 원추의 모선과 축이 이루는 각
③ 이끝 원추각:이끝 원추의 모선과 축이 이루는 각
④ 이뿌리 원추각:이끝 원추의 모선과 축이 이루는 각
⑤ 이끝각:이끝 원추의 모선과 피치 원추의 모선이 이루는 각
⑥ 이 뿌리각:이뿌리 원추의 모선과 피치 원추의 모선이 이루는 각
⑦ 원추거리:피치 원추의 모선을 따라 꼭지각까지의 거리

(3) 두 축이 평행하지도 교차하지도 않는 경우의 기어

1) 하이포이드 기어

스파이럴 베벨기어와 유사한 기어로서 자동차에 많이 사용된다.

2) 나사기어

이를 나선형으로 만든 기어

3) 웜(Worm) 기어

나사 형상을 한 기어에 물리는 상대기어 웜 휠(Worm Wheel)의 조합으로 운전이 원활하고 감속비가 커서 감속 장치에사용된다.

- 웜 기어의 제도
요목표에 치직각식과 축직각식을 구별하여 기입하고 웜 및 웜 휠의 줄 수 및 방향을 기입한다.

⑨ 리벳

(1) 리벳의 호칭방법

리벳의 호칭은 [리벳의 종류] [지름] × [길이] [재료] 로 나타낸다.

> **예** 열간 둥근 머리 리벳 25×36 SBV34
> 보일러용 둥근 머리 리벳 20×40 SBV 41 B

(2) 리벳 이음의 제도

① 리벳을 나타낼 때에는 기호로 표시한다.

〈표 5-3〉 리벳의 기호

구분		둥근 머리 리벳	접시머리 리벳					납작머리 리벳				둥근 접시머리 리벳	
종별		↓	↓	↓	↓	↓	↓	↓	↓	↓	↓	↓	↓
기호 화살표 방향에서 봄	공장 리벳	○	◎	◌	⊘	◯	⌀	⊘	○	⌀	⊗	⊚	⊗
	현장 리벳	●	◉	◉	⦿	◉	⦿	⦿	◉	⦿	⊗	⊗	⊗

② 같은 피치로 연속되는 같은 크기의 리벳구멍 표시는 구멍 개수, 구멍 크기, 피치, 처음 구멍과 마지막 구멍 사이의 총 길이를 기입한다. 처음 구멍과 마지막 구멍 간의 거리치수는 피치의 수×피치=전체 치수로 기입한다.

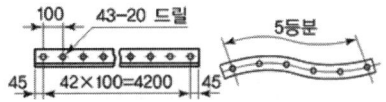

[그림 5-17] 같은 간격의 구멍의 배치

③ 리벳의 위치만을 표시할 때에는 중심선만을 그으면 된다.

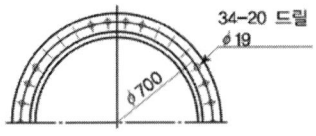

[그림 5-18] 리벳의 위치

④ 리벳은 절단하여 표시하지 않는다.

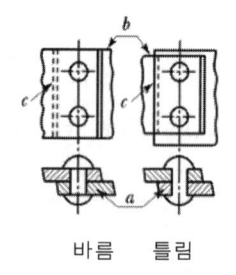

바름   틀림

[그림 5-19] 리벳이음의 단면

SECTION 05 실전 예상문제

01 미터나사(Metric Thread)에서 사용하는 나사산의 각도는?

① 30° 　　② 45°
③ 50° 　　④ 60°

02 나사의 도시법에 대한 설명 중 틀린 것은?

① 수나사의 바깥지름과 암나사의 안지름은 굵은 실선으로 그린다.
② 불완전 나사부와 완전 나사부의 경계선은 굵은 실선으로 표시한다.
③ 수나사의 골지름과 암나사의 바깥지름은 굵은 실선으로 그린다.
④ 암나사 탭 구멍의 드릴 자리는 120°의 굵은 실선으로 그린다.

03 호칭 치수 3/8인치, 1인치 사이에 24산의 유니파이 가는 나사의 도시법은?

① $\frac{3}{8}$ UNC 24   ② $\frac{3}{8}$ – 24 UNF
③ $\frac{3}{8}$ UNF 24   ④ $\frac{3}{8}$ – 24 UNC

04 다음 나사의 도시법 중 옳은 것은?

① 수나사와 암나사의 골은 굵은 실선으로 그린다.
② 암나사 탭구멍의 드릴 자리는 60°의 굵은 실선으로 그린다.
③ 완전 나사부와 불완전 나사부의 경계선은 굵은 실선으로 그린다.
④ 가려서 보이지 않는 부분의 나사부는 가는 1점 쇄선으로 그린다.

05 호칭지름 40mm, 피치가 6mm인 1줄 미터 사다리꼴 왼나사를 표시하는 방법은?

① Tr40×6L   　② Tr40×6P
③ Tr40×6H   　④ Tr40×6LH

정답　1. ④　2. ③　3. ②　4. ③　5. ④

06 나사 제도방법에 대한 설명 중 틀린 것은?

① 수나사의 바깥 지름은 굵은 실선으로 한다.
② 수나사와 암나사의 골은 가는 실선으로 한다.
③ 완전 나사부와 불완전 나사부와의 경계를 표시하는 선은 굵은 실선으로 한다.
④ 암나사의 안지름은 가는 실선으로 한다.

6.
암나사의 안지름은 굵은 실선으로 한다.

07 나사의 종류를 표시하는 기호이다. ISO 규격의 관용 평행나사를 나타내는 기호는?

① M　　　　② R
③ G　　　　④ E

7.
• M:미터 보통나사
• R:관용 테이퍼 수나사

08 용접부의 도시법에 대한 설명 중 틀린 것은?

① 설명선은 기선, 화살, 꼬리로 구성되고 기선은 필요 없으면 생략해도 좋다.
② 화살표는 필요하다면 기선의 한쪽 끝에 2개 이상을 붙일 수 있다.
③ 기선은 보통 수평선으로 하고, 기선의 한쪽 끝에는 화살표를 붙인다.
④ 화살표는 기선에 대하여 되도록 60°의 직선으로 한다.

8.
용접부의 설명에 기선은 반드시 포함되어야 한다.

09 롤링 베어링 호칭번호가 60 26 P6일 때 안지름의 값은 몇 mm인가?

① 100　　　　② 120
③ 130　　　　④ 140

9.
26×5=130

10 베어링 기호 NA4916V에 대한 설명 중 틀린 것은?

① NA : 니들 베어링　　② 49 : 치수계열
③ 16 : 안지름 번호　　④ V : 접촉각 기호

10.
V:유지기 없음

정답　6. ④　7. ③　8. ①　9. ③　10. ④

11 다음 그림은 구름베어링의 형식기호이다. 어떤 베어링을 나타내는가?

믐

① 니들 롤러 베어링 ② 원뿔 롤러 베어링
③ 원통 롤러 베어링 ④ 스러스트 롤러 베어링

12 아래 그림에서 앵귤러 볼 베어링을 나타내는 것은?

①    ②

③    ④

13 구름 베어링 제도에서 상세한 간략도시방법 중 그림과 같은 베어링은?

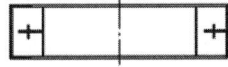

① 단열 롤러 베어링
② 단열 깊은 홈 볼 베어링
③ 스러스트 볼 베어링
④ 단열 원통 롤러 베어링

14 베어링의 호칭이 6026P6이다. P6이 가리키는 것은?

① 등급기호   ② 안지름 번호
③ 계열번호   ④ 치수계열

14.
베어링 등급
• 보통급:무기호
• 상급:H
• 정밀급:P
• 초정밀급:SP

정답   11. ③ 12. ④ 13. ③ 14. ①

15 베어링 호칭기호가 6310ZNR이다. 각부의 뜻을 틀리게 표시한 것은?
① 63 : 베어링 계열 기호 ② 10 : 안지름 번호
③ Z : 실드 기호 ④ NR : 틈 기호

15.
- Z:실드기호(한쪽 실드)
- NR:궤도륜 모양 기호(스냅링붙이)

16 스프링 도시에 대한 설명 중 틀린 것은?
① 스프링은 원칙적으로 무하중 상태에서 도시한다.
② 스프링의 모양이나 종류만 도시하는 경우에는 스프링 재료의 중심선을 굵은 2점 쇄선으로 그린다.
③ 하중과 높이 또는 처짐과의 관계를 표시할 필요가 있는 경우에는 선도 또는 표로 표시한다.
④ 특별한 단서가 없는 한 모두 오른쪽 감기로 도시한다.

16. 스프링의 모양이나 종류만을 도시하는 경우에는 중심선을 굵은 실선으로 그린다.

17 코일 스프링(Coil Spring)을 그리는 방법으로 옳은 것은?
① 원칙적으로 하중이 걸린 상태에서 그린다.
② 특별한 단서가 없는 한 모두 왼쪽 감기로 그린다.
③ 중간 부분을 생략할 때에는 생략한 부분을 가는 실선으로 그린다.
④ 스프링의 종류 및 모양만을 도시하는 경우에는 중심선을 굵은 실선으로 그린다.

17. 코일스프링은 특별한 단서가 없는 한 오른쪽 감기로 그린다.

18 스프링의 제도방법으로 틀린 것은?
① 코일스프링은 하중이 가해지지 않은 상태에서 그리는 것을 원칙으로 한다.
② 겹판스프링의 모양만을 도시할 때에는 스프링의 외형을 가는 1점 쇄선으로 그린다.
③ 도면에서 지시가 없는 코일스프링은 모두 오른쪽으로 감은 것을 나타낸다.
④ 코일 스프링의 간략도는 스프링 재료의 중심선을 굵은 실선으로 그린다.

18. 겹판스프링은 상용하중 시 스프링의 외형을 실선으로 나타내며, 무하중상태의 모양은 2점 쇄선으로 나타낸다.

정답 15. ④ 16. ② 17. ④ 18. ②

19 코일 스프링의 도시방법으로 적합한 것은?

① 모양만을 도시할 때는 스프링의 외형을 가는 파선으로 그린다.
② 특별한 단서가 없는 한 모두 왼쪽 감기로 도시한다.
③ 중간 부분을 생략할 때는 생략한 부분을 가는 1점 쇄선 또는 가는 2점 쇄선으로 도시한다.
④ 원칙적으로 하중이 걸린 상태에서 도시한다.

20 스프로킷 제도 시 바깥지름은 어떤 선으로 도시하는가?

① 굵은 실선 ② 가는 실선
③ 굵은 파선 ④ 가는 1점 쇄선

21 축방향에서 본 기어의 도시에서 원칙적으로 이뿌리원을 생략하여 그리는 기어는?

① 스퍼기어 ② 헬리컬기어
③ 베벨기어 ④ 나사기어

22 기어를 그릴 때 사용되는 선의 설명으로 틀린 것은?

① 잇봉우리원(이끝원)은 굵은 실선으로 그린다.
② 피치원은 가는 1점 쇄선으로 그린다.
③ 이골원(이뿌리원)은 가는 실선으로 그린다.
④ 잇줄 방향은 통상 3개의 굵은 실선으로 그린다.

22. 헬리컬 치차의 잇줄 방향은 3개의 가는 실선으로 나타낸다.

23 모듈 6, 잇수 $Z_1 = 45$, $Z_2 = 85$, 압력각 14.5°의 한 쌍의 표준기어를 그리려고 할 때, 기어의 바깥지름 D_1, D_2를 얼마로 그리면 되는가?

① 282mm, 522mm ② 270mm, 510mm
③ 382mm, 622mm ④ 280mm, 610mm

23.
$D_1 = mZ_1 = 6 \times 45 = 270$
$D_2 = mZ_2 = 6 \times 85 = 510$
$D_{k1} = m(Z+2) = 6(45+2) = 282$
$D_{k2} = m(Z+2) = 6(85+2) = 522$

24 축 방향으로 본 단면으로 도시할 때 기어의 이뿌리원을 그리는데 사용되는 선의 종류는?

① 가는 1점 쇄선 ② 가는 파선
③ 가는 실선 ④ 굵은 실선

24. 우측면도의 이뿌리원은 가는 실선으로 그린다.

정답 19. ③ 20. ① 21. ③ 22. ④ 23. ① 24. ③

02 CHAPTER

기초공학

SECTION 01 기초수학

SECTION 02 재료역학

SECTION 03 기초역학

SECTION 04 기초전기

SECTION 01 기초수학

PART 02 기계제도 및 기초공학

1 그리스 문자

문자	수식표현	읽는 방법	문자	수식표현	읽는 방법	문자	수식표현	읽는 방법
A, α	Alpha	알파	B, β	Beta	베타	Γ, γ	Gamma	감마
Δ, δ	Delta	델타	E, ϵ	Epsilon	엡실론	Z, ζ	Zeta	제타
H, η	Eta	에타	Θ, θ	Theta	세타	I, ι	Iota	요타
K, κ	Kappa	카파	Λ, λ	Lambda	람다	M, μ	mu	뮤
N, ν	Nu	뉴	Ξ, ξ	Xi	크사이	O, o	Omicron	오미크론
Π, π	Pi	파이	P, ρ	Rho	로우	Σ, σ	Sigma	시그마
T, τ	Tau	타우	Y, υ	Upsilon	입실론	Φ, ϕ	Phi	파이
X, χ	Chi	치	Ψ, ψ	Psi	프사이	Ω, ω	Omega	오메가

2 항등식

① $a^2 - b^2 = (a+b)(a-b)$

② $(a \pm b)^2 = a^2 \pm 2ab + b^2$

③ $a^3 \pm b^3 = (a \pm b)(a^2 \mp ab + b^2)$

④ $(a \pm b)^3 = a^3 \pm 3a^2b + 3ab^2 \pm b^3$

3 분수의 성질

① $\dfrac{a}{b} = \dfrac{a \times m}{b \times m} = \dfrac{a \div m}{b \div m}$

② $\dfrac{a}{b} \times \dfrac{c}{d} = \dfrac{ac}{bd}$

③ $\dfrac{a}{b} \div \dfrac{c}{d} = \dfrac{a}{b} \times \dfrac{d}{c} = \dfrac{ad}{bc}$

④ $\dfrac{a}{b} = \dfrac{c}{d} \Rightarrow ad = bc$

⑤ $\dfrac{a}{d} + \dfrac{b}{d} - \dfrac{c}{d} = \dfrac{a+b-c}{d}$

⑥ $\dfrac{\frac{a}{b}}{\frac{c}{d}} = \dfrac{a}{b} \div \dfrac{c}{d} = \dfrac{a}{b} \times \dfrac{d}{c} = \dfrac{ad}{bc}$

⑦ $\dfrac{a_1}{b_1} = \dfrac{a_2}{b_2} = \cdots = \dfrac{a_n}{b_n} = \dfrac{a_1 + a_2 + \cdots + a_n}{b_1 + b_2 + \cdots + b_n}$

4 지수법칙

$a^m \times a^n = a^{m+n}$ $\qquad$ $a^m \div a^n = a^{m-n}$

$(a^m)^n = a^{mn}$ $\qquad$ $a^{-n} = \dfrac{1}{a^n}$

$a^{m/n} = \sqrt[n]{a^m} = (\sqrt[n]{a})^m$ $\qquad$ $(ab)^m = a^m b^m$

$a^0 = 1 \ (a \neq 0)$

5 log의 성질

① $y = \log_a x \leftrightarrow x = a^y$

② $\log_a a = 1$

③ $\log_a 1 = 0 \ (a > 0, a \neq 1)$

④ $\log_a (xy) = \log_a x + \log_a y$

⑤ $\log_a (x/y) = \log_a x - \log_a y$

⑥ $\log_a x^n = n \log_a x$

⑦ $\log_c a = \log_c b \times \log_b a$

⑧ $\log_a a = \log_a b = 1$

⑨ $\log_a x$에서 $a = 10$일 때 상용대수라고 하고 $\log x$로 표시한다.

$\qquad$ $a = e$ 일 때 자연대수라 하고 $\ln x$로 표시한다.

⑩ $\log x = 0.4343 \ln x$

$\ln x = 2.3026 \log x$

$e = 2.7182818284\cdots$

6 복소수

$j = \sqrt{-1}, j^2 = -1, j^3 = -j, j^4 = 1$

$1/j = -j, 1/j^2 = -1, 1/j^3 = j, 1/j^4 = 1$

a, b, c, d를 실수라 하면

① $a \pm jb = c = -jd$ 이면 $a = c, b = d$

$a \pm jb = 0$ 이면 $a = 0, b = 0$

$(a+jb) \pm (c+jd) = (a \pm c) + j(b \pm d)$

$(a+jb)(c+jd) = ac - bd + j(ad+bc)$

$\dfrac{a+jb}{c+jd} = \dfrac{ac+bd}{c^2+d2} = j\dfrac{bc-ad}{c^2+d^2}$

② 공액 복소수 $a+jb, a-jb$ 사이에는

$(a+jb) + (a-jb) = 2a$

$(a+jb) - (a-jb) = 2jb$

$(a+jb)(a-jb) = a^2 + b^2$

③ 복소수 $z = a+jb$에서

절대치 $|z| = \sqrt{a^2+b^2}$

편각 $\theta = \arg z = \tan^{-1}\dfrac{b}{a}$

④ $a+jb = \sqrt{a^2+b^2}\,(\cos\theta + j\sin\theta) = \sqrt{a^2+b^2}\,exp(j\theta)$

⑤ $a-jb = \sqrt{a^2+b^2}\,(\cos\theta - j\sin\theta) = \sqrt{a^2+b^2}\,exp(-j\theta)$

⑥ $(a+jb)^n = \sqrt[n]{a^2+b^2}\,(\cos n\theta + j\sin n\theta)$

⑦ $\gamma \angle \theta = \gamma(\cos\theta + jsin\theta)$

$e^{j\theta} = \cos\theta + j\sin\theta$ (Euler의 정리)

$\cos\theta = \dfrac{1}{2}(e^{j\theta} - e^{-j\theta})$

$\sin\theta = \dfrac{1}{2j}(e^{j\theta} - e^{-j\theta})$

$(\cos\theta + jsin\theta)^n = \cos n\theta + j\sin n\theta$

7 산술평균, 기하평균, 조화평균

① 산술평균 $x = \dfrac{1}{n}\sum\limits_{i=1}^{n} x_i$ 예-1 $\dfrac{a+b}{2}$

② 기하평균 $gm(x) = (x_1 \cdot x_2 \cdots x_n)^{1/n}$ 예-2 $\sqrt{ab}$

③ 조화평균 $hm(x), \dfrac{1}{hm(x)} = \dfrac{1}{n}\sum\limits_{i=1}^{n} \dfrac{1}{x_i}$ 예-3 $\dfrac{2ab}{a+b}$

Cauchy의 정리 $x \geq gm(x) \geq hm(x)$ 예-4 $\dfrac{a+b}{2} \geq \sqrt{ab} \geq \dfrac{2ab}{a+b}$

8 2차 방정식의 근

$ax^2 + bx + c = 0 \,(a, b, c : 실수, a \neq 0)$이면
$x = \dfrac{-b \pm \sqrt{b^2 - 4ac}}{2a}$

9 3각함수

1) 보각의 3각함수

$\sin(180° \pm \theta) = \mp \sin\theta$
$\cos(180° \pm \theta) = -\cos\theta$
$\tan(180° = \pm \theta) = \pm \sin\theta$

2) 여각의 3각함수

$\sin(90° \pm \theta) = +\cos\theta$
$\cos(90° \pm \theta) = \mp \sin\theta$
$\tan(90° = \pm \theta) = \cot\theta$
$\cot(90° \pm \theta) = \mp \tan\theta$

3) 3각형의 2변 a, b와 그 사이각 θ를 알고 맞변 P를 구하는 공식

$P = \sqrt{a^2 + b^2 - 2ab\cos\theta}$

4) sine 법칙

$$\frac{a}{\sin A} = \frac{b}{\sin B} = \frac{c}{\sin C} = 2R$$

여기서, R : 외접원의 반지름

① 제 1 cos 법칙

$$a = b\cos C + c\cos B$$

$$b = c\cos A + a\cos C$$

$$c = a\cos B + b\cos A$$

② 제 2 cos 법칙

$$a2 = b^2 + c^2 - 2bc\cos A$$

$$b^2 = c^2 + a^2 - 2ca\cos B$$

$$c^2 = a^2 + b^2 - 2ab\cos C$$

5) 삼각형의 면적

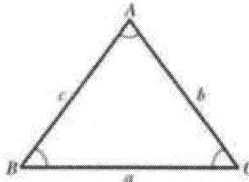

$$S = \frac{1}{2}bc\sin A = \frac{1}{2}ca\sin B = \frac{1}{2}ab\sin C$$

[헤론(Heron)의 공식] $S = \sqrt{s(s-a)(s-b)(s-c)}, \ 2s = a+b+c$

⑩ 호도법

$$1[rad] = \frac{360°}{2\pi}$$

⑪ 행렬식(Determinant)

$$D = \begin{vmatrix} a_{11} & a_{12} \\ a_{21} & a_{22} \end{vmatrix} = a_{11}a_{22} - a_{21}a_{12}$$

$$\begin{vmatrix} a_{11} & a_{12} & a_{13} \\ a_{21} & a_{22} & a_{23} \\ a_{31} & a_{32} & a_{33} \end{vmatrix} = \begin{array}{l} (a_{11}a_{22}a_{33} + a_{12}a_{23}a_{31} + a_{13}a_{21}a_{32} \\ - (a_{11}a_{23}a_{32} + a_{12}a_{21}a_{33} + a_{13}a_{22}a_{31}) \end{array}$$

12 기하공식

다음 공식에서 r : 반경, h : 높이, b : 밑변, B : 밑변의 면적, θ : 중심각(라디안)을 나타낸다.

① 3각형   면적 = $\frac{1}{2}bh$

② 직4각형   면적 = bh 대각선의 길이 = $\sqrt{b^2+h^2}$

③ 사다리꼴 면적 = $\frac{1}{2}h(b_1+b_2)$

④ 원   면적 = πr^2 둘레 = $2\pi r$ 원호 = $r\theta$

⑤ 부채꼴   면적 = $\frac{1}{2}r^2\theta$

⑥ 직6면체 세 변의 길이를 a, b, c라 하면

   체적 = abc 대각선 = $\sqrt{a^2+b^2+c^2}$

⑦ 각주   체적 = Bh

⑧ 각추   체적 = $\frac{1}{3}Bh$

⑨ 직원주   측면적 = $2\pi rh$ 체적 = $\pi r^2 h$

⑩ 구   표면적 = $4\pi r^2$ 체적 = $\frac{4}{3}\pi r^3$

13 힘의 합성

(1) 힘의 표시

힘이란 물체를 끌거나 밀거나 회전시키거나 또는 변형시키는 작용을 하며, 운동량의 시간적 변화율 또는 에너지의 공간적 변화량으로 나타내지는 물리량이다.
국제단위계(SI단위계 : International System of Units)에서 유도단위로 힘의 단위는 N(newton)이고, 1N은 1kg의 질량에 $1m/s^2$의 가속도를 주는 힘(질량×가속도)의 크기로 정의된다.
$1N = (1kg)(1m/s^2) = 1kg \cdot m/s^2$
물체에는 중력이 작용하므로 질량 1kg인 물체의 무게(질량×가속도)는
$W = (1kg)(9.8m/s^2) = 9.8N$

(2) 평면상의 한 힘의 분해

그림 1-1과 같이 직교좌표에서 한 힘 F가 ×의 x축으로부터 반시계방향으로 측정한 각 θ로 작용하고 있을 때 이 힘 F는 x방향으로 작용하려는 힘 F_x와 y방향으로 작용하려는 힘 F_y의 두 분력(성분)으로 구성되었다고 볼 수 있다.

이때 F_x 및 F_y를 힘의 F의 x,y축 선상의 수평분력, 수직분력 또는 성분이라 하고, 직교좌표 상에서는 이들을 직각성분(Rectangular Components)이라 한다.

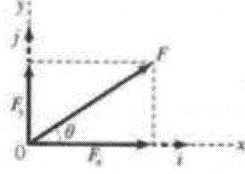

[그림 1-1] 힘의 분해

한 힘을 성분별로 나타내는 것을 힘의 분해(Resolution of Force)라 하고, 피타고라스의 정리 (Pythagorean Theorem)를 적용하면, 그림 1-1로부터 다음 식을 얻을 수 있다.

$F_x = F\cos\theta, F = \sqrt{F_x^2 + F_y^2}$

$F_y = F\sin\theta, \theta = \tan^{-1}F_y/F_x$

예 - 1 100N의 힘이 다음 그림에 표시한 바와 같이 고정 브래킷(Bracket)에 작용하고 있다. 다음 사항을 구하시오.
(1) x,y축 방향의 힘 F의 분력
(2) ξ,η축 방향의 힘 F의 분력

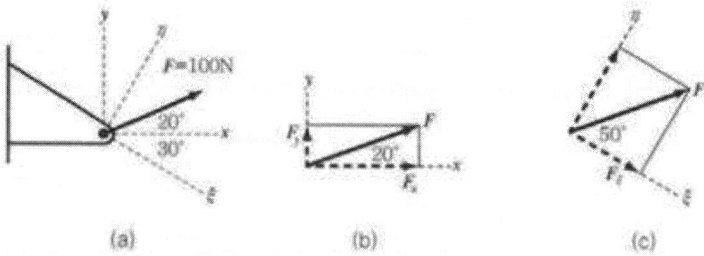

풀이
(1) 그림 (b)에서 힘 F의 x 및 y축 방향의 분력
$F_x = F\cos\theta_x = 100\cos20° = 94.0N$
$F_y = F\sin\theta_x = 100\sin20° = 34.2N$
(2) 그림 (c)에서 힘 F의 ξ,η축 방향의 분력
$F_\xi = F\cos\theta_\xi = 100\cos50° = 64.3N$
$F_\eta = F\sin\theta_\eta = 100\sin50° = 76.6N$

(3) 한 점에 작용하는 평면력의 합력

많은 힘들이 모두 동일 평면상에 있을 때 이 힘들을 평면역계 (Coplanar Forces)라 하고, 한 점에 작용하는 여러 힘은 이들과 같은 효과를 갖는 하나의 힘으로 대치될 수 있으며, 대치된 힘을 합력 (Resultant Force)이라 부른다. 합력을 구하는 방법에는 도식해법(Graphical Method)과 해석법 (Analytical Method)이 있다.

평면상에서 한 점에 작용하는 힘들의 합력을 도식해법으로 구하려면 그림 1-2의 예와 같은 방법으로 구하면 된다.

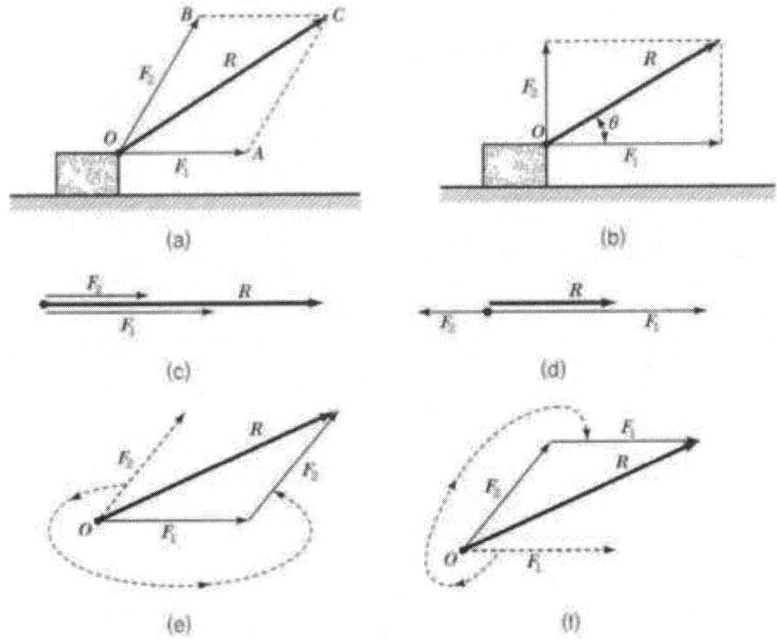

[그림 1-2] 힘의 분해

그림 1-2(a)에서 보는 바와 같이 두 힘 F_1, F_2가 같은 작용점 O에 작용한다. 이 두 합력을 구하기 위하여 F_1, F_2를 두 변으로 하는 평행사변 $OACB$를 만들었을 때 대각선 OC가 이루는 R의 값이 합력이 된다. 이와 같은 방법을 평행사변형법(Parallelogram Law)이라 한다.

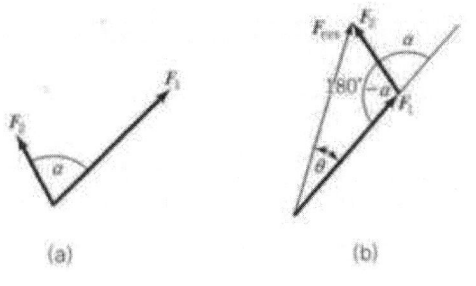

[그림 1-3] 힘의 합성

그림 1-3과 같이 두 힘 F_1, F_2가 한 점에 작용하고 그 사잇각이 α일 때 합력의 크기 R과의 관계는 코사인 법칙에 의하여

$$R^2 = F_1^2 + F_2^2 - 2F_1 \cdot F_2 \cos(180° - \alpha) \text{가 된다.}$$

따라서 두 힘의 합력의 크기와 합력이 F_1의 작용선과 이루는 방향각은 다음과 같다.

$$|R| = \sqrt{F_1^2 + F_2^2 + 2F_1 \cdot F_2 \cos\alpha} \qquad \theta = \tan^{-1}\frac{F_2 \sin\alpha}{F_1 + F_2 \cos\alpha}$$

여기서, θ는 F_1으로부터 합력 R이 이루는 각이고, 제 2식의 분자 분모의 값의 부호에 따라 작용점에서 방향이 다르게 된다. 사인법칙에 의하여

$\sin\theta/F_2 = \sin(180° - \alpha)/R = \sin\alpha/R$ 이므로 $\sin\theta = \sin\alpha \cdot F_2/R$ 의 관계가 성립한다.

예 - 2 그림에서 볼트 A에 작용하는 힘의 합력을 구하라.

풀이 합력 R의 x, y축 성분은

$$R_x = 150\cos30° - 80\sin20° + 100\frac{2}{\sqrt{5}} = 191.98N$$

$$R_y = 150\sin30° + 80\cos20° - 110 - 100\frac{1}{\sqrt{5}} = -4.55N$$

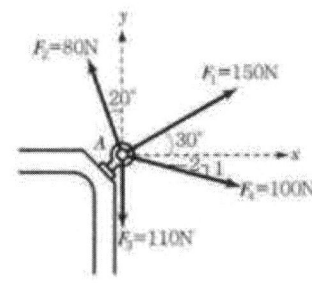

합력의 크기는
$$|R| = \sqrt{(191.98)^2 + (-4.55)^2} = 192.03N$$
합력 R이 x축과 이루는 각은
$$\theta_x = \tan^{-1}\frac{-4.55N}{191.98N} = -1.36° = 358.64°$$
벡터로 표시하면
$$R = (192.04)i + (04.6N)j$$

14 역계의 평형

(1) 자유 물체도

두 물체 A, B가 접촉하여 A가 B를 누르면 작용·반작용의 법칙에 따라 B는 A를 같은 힘으로 밀어낸다. 이러한 힘을 접촉점에서의 반력(Reaction Force)이라 한다. 그림 1-4에 표시된 접촉 및 지지에 따른 역학적 힘의 작용에 관하여 알아보자.

한 물체 또는 여러 물체들의 결합체로 구성된 구조물에 외력이 작용할 때 물체 하나하나에 작용하는 힘을 구하는 것을 구조물해석(Structural Analysis)이라 한다. 이와 같이 구조물 해석에 있어서 해석하고자 하는 물체에 작용하는 힘을 구하기 위하여 그 구조물로부터 대상 물체를 격리시켜 간단히 작도하고, 한 약도 상에 모든 작용, 반작용력을 나타낸 도면을 자유물체도(FBD ; Free-Body Diagram)라 하며, 그림 1-4가 그 예이다.

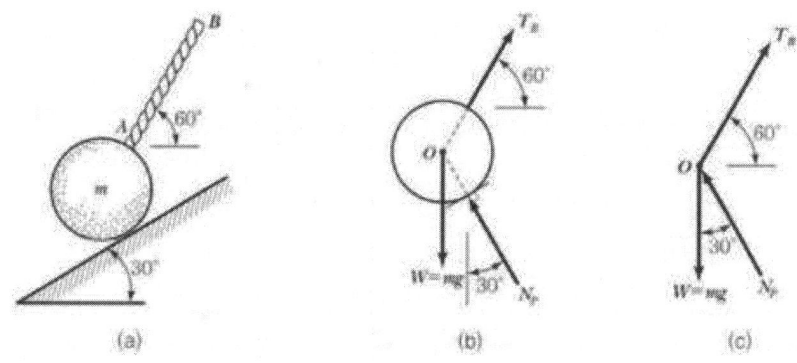

[그림 1-4] 자유물체도

한 물체의 자유물체도를 그리려면

① 대상 물체를 구조물로부터 격리시켜 물체의 외각을 표시하는 외형 선을 긋는다.
② 완전히 고립화된 자유물체(Free-Body)에 외력이 작용하는 모든 기지 또는 미지의 힘을 정확한 위치 벡터(Position Vector)로 표시한다.
③ 외력을 표시하되 이미 알고 있는 힘은 힘의 방향과 크기를 정확히 표시하고, 미지의 힘은 문자로 표시하되 임의로 가정한다. 해석 결과 수치의 (±)에 따라 (+)값이 나오면 가정한 미지의 방향이 옳고 (-)이면 가정한 방향이 반대로 되었으므로 수정하여야 한다. 이렇게 그린 자유 물체도에 좌표축을 정하여 해석을 하게 된다.

자유 물체도를 그릴 때 작용 및 반작용이라 함은 물체에 직접 작용하는 힘, 중력, 자장에 의한 힘, 접촉반력, 지지 및 지점 반력, 마찰력 등을 말한다. 물체에는 중력(Gravity) 이외에 접촉하고 있는 다른 물체로부터 항력(Resistance)이나 장력(Tension)이 작용한다.

[그림 1-5] 역학적 힘의 작용

그림	설명	그림	설명
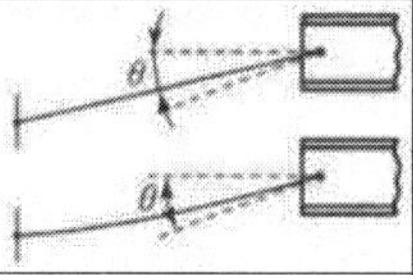	가요성 벨트, 로프, 케이블(무게는 무시)	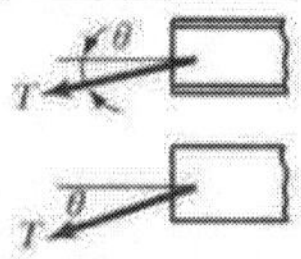	인장력
	매끄러운 표면		인접촉면에 수직인 반력
	거친 표면	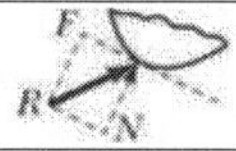	접촉면에 평행한 마찰력과 수직인 반력
	롤러지지		롤러가 위치한 표면에 수직인 반력
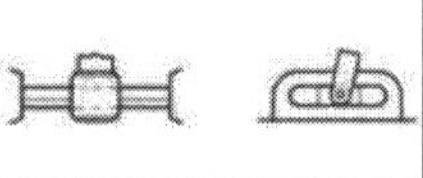	슬라이딩지지	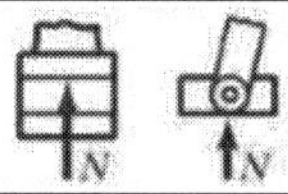	접촉한 표면에 수직인 반력
	힌지 또는 핀 연결	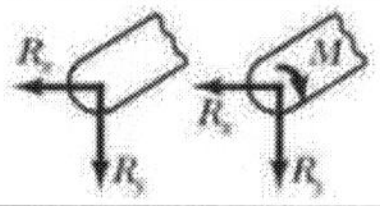	회전이 자유롭지 않을 때는 우력 모멘트 M이 작용한다.
	고정지지	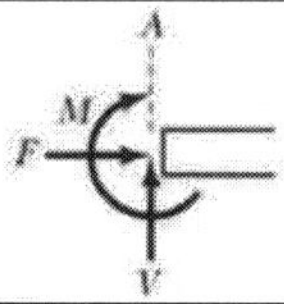	고정지지는 축방향 힘 F와 전단력 V, 회전을 방해하는 우력 모멘트 M이다.

⑮ 용어 정리

- 좌표 : 직선·평면·공간에서 점의 위치를 나타내는 수의 짝
- 좌표계 : 직선·평면·공간에서 임의의 점에 하나의 좌표를 대응시키기 위해 구성된 기준계
- 스칼라량 : 크기만을 갖는 양으로 이동거리, 시간, 질량, 온도, 부피, 에너지가 이에 해당한다.
- 벡터량 : 크기와 방향을 동시에 갖는 양으로 변위, 속도, 가속도, 힘이 이에 해당한다.
- 이동거리 : 방향과 관계없이 물체가 움직인 총 길이를 의미한다.
- 변위 $\triangle x$: $\triangle x = x - x_0 =$ 나중위치 − 처음위치 :
- 속력(Speed) $= \dfrac{\text{이동거리}}{\text{경과한 시간}}$
- 속도(Velocity) $= \dfrac{\text{변위}}{\text{경과한 시간}}$

  평균 속도 $\bar{v} = \dfrac{\text{나중위치} - \text{처음위치}}{\text{경과한 시간}} = \dfrac{\triangle x}{\triangle t}$

  속도(또는 순간 속도) $v = \lim\limits_{\triangle t \to 0} \dfrac{\triangle x}{\triangle t} = \dfrac{dx}{dt}$

- 가속도 $= \dfrac{\text{속도 변화량}}{\text{경과한 시간}}$
- 힘 : 물체의 속도를 변화시키거나 물체의 형태를 변형시키는 물리적 원인
- 합력(알짜힘) : 여러 힘이 물체에 작용할 때 그 힘들의 벡터 합을 말한다. 물체의 가속도는 합력에 의해 결정된다.
- 관성 : : 속도 변화에 저항하는 물체의 성질
- 질량 관성의 크기를 나타내는 물리량, 관성질량과 중력질량이 있다.
- 뉴턴의 운동법칙

  제1법칙 : 관성의 법칙

  제2법칙 : 가속도의 법칙 ($\sum F = ma$)

  제3법칙 : 작용-반작용 법칙

- 병진 평형 조건 : $\sum F = 0$
- 장력 : 줄을 양쪽에서 잡아당길 때 줄에서 발생하는 응력
- 수직항력 : 물체와 접촉하고 있는 면이 수직 위쪽 방향으로 물체에 작용하는 항력

- 마찰력 : 두 물체가 접촉한 상태에서 운동할 때 접촉면 방향으로 물체 운동을 방해하는 힘이며, 정지마찰력과 운동 마찰력으로 구분한다.
- 마찰계수 : 마찰력과 수직항력 사이의 비례상수이며, 정지마찰계수와 운동마찰계수가 있다.
- 훅(Hooke)의 법칙 : $F_k = -kx$ (F_k : 탄성력, k : 용수철상수, x : 변위)
- 관성력 : 계가 가속도 운동을 할 때 계에 있는 물체가 받는 가상의 힘이며 관성 때문에 발생한다. 계의 가속도와 반대 방향으로 작용한다.
- 겉보기 무게 : 실제 무게에 관성력이 더해져서 관측되는 가상의 무게
- 일

$$W = FS\cos\theta$$

여기서, F : 외력
S : 변위
θ : F와 S 사이의 각

- 보존력 : 힘에 의해 주어지는 위치에너지의 변화가 물체의 이동경로와 무관한 힘
- 운동에너지 : $KE = \frac{1}{2}mv^2$
- 일-운동에너지 정리 : $W = \triangle KE$
- 중력 위치에너지 : $PE = mgh$
- 탄성 위치에너지 : $PE = \frac{1}{2}kx^2$
- 역학적 에너지 : $E = \frac{1}{2}mv^2 + mgh + \frac{1}{2}kx^2$
- 역학적 에너지 보존 법칙 : 외력이 작용하지 않으면 보존력 장에서 물체의 역학적 에너지는 보존 된다.

SECTION 01 실전 예상문제

01 지름이 d, 높이 h인 원기둥의 부피는?

① $\dfrac{\pi^2 h}{4}$ ② $\dfrac{\pi d^2}{4h}$

③ $\dfrac{\pi d h}{4}$ ④ $\dfrac{4h}{\pi d^2}$

02 지름이 $20mm$이고, 길이가 $100mm$인 환봉이 있다. 부피(mm^3)를 구하는 식은?

① $V = \pi \times 20^2 \times 100$ ② $V = 2\pi \times 20 \times 100$

③ $V = \dfrac{\pi \times 10^2}{4} \times 100$ ④ $V = \dfrac{\pi \times 20^2}{4} \times 100$

03 아래 그림과 같은 이등변 삼각형의 넓이를 구하면 얼마인가?

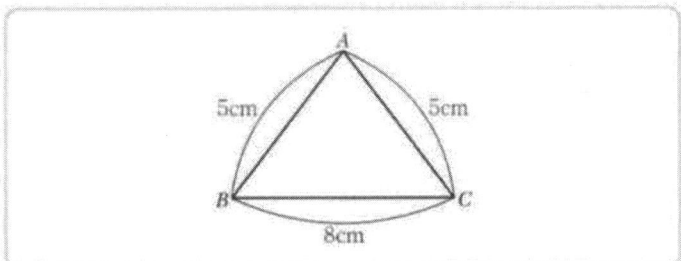

① $10 cm^2$ ② $12 cm^2$
③ $18 cm^2$ ④ $24 cm^2$

04 정사각형 대각선의 길이가 $8mm$일 때 한 변의 길이(mm)는?

① $2 mm$ ② $2\sqrt{2}$
③ $4 mm$ ④ $4\sqrt{2}$

3.
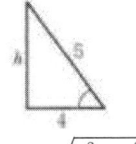
$h = \sqrt{5^2 - 4^2} = 3$
$A = \dfrac{8 \times 3}{2} = 12$

4.
$8^2 = 2a^2 \rightarrow a^2 = \dfrac{64}{2} = 32 = 4\sqrt{2}$

정답 01. ① 02. ④ 03. ② 04. ④

05 다음과 같은 직경 30mm, 높이 20mm의 원기둥에 한 변의 길이가 10mm인 정사각형 구멍이 관통되어 있을 때 체적은 몇 mm^3인가? (단, π는 3.14로 한다.)

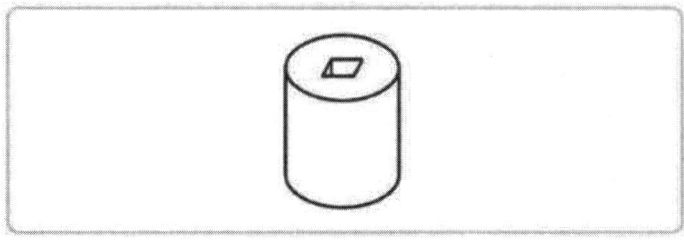

① 2000
② 12130
③ 14130
④ 16130

06 다음 그림과 같은 부채꼴의 넓이를 구하면 몇 cm^2인가?

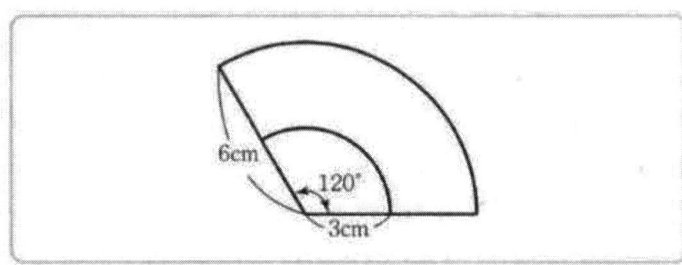

① 9.4
② 18.8
③ 28.3
④ 37.7

6.
$$S = (\pi r_2^2 - \pi r_1^2) \times \frac{120°}{360°}$$
$$= (3.14 \times (6^2 - 3^2)) \times \frac{120°}{360°}$$
$$= 28.26 cm^2 ≒ 28.3 cm^2$$

07 한 물체가 다른 물체에 힘을 작용하면 힘을 받은 물체는 힘을 작용하는 물체에 대하여 크기가 같고 방향이 반대인 힘을 작용시킨다는 운동의 법칙은?

① 관성의 법칙
② 힘과 가속도의 법칙
③ 작용 반작용의 법칙
④ 중력 가속도의 법칙

정답 05. ② 06. ③ 07. ③

08 다음 그림과 같은 수평방향의 성분력 F_1과 수직방향의 성분력 F_2의 합력의 크기 F를 피타고라스 정리를 이용해 구한 식은?
($F_1 = F\cos\theta$, $F_2 = F\sin\theta$이다.)

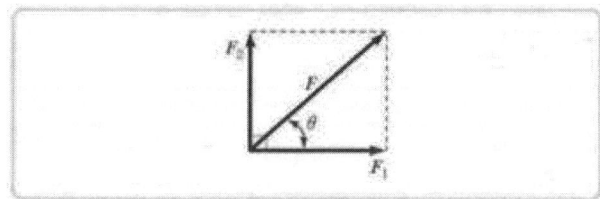

① $F = \sqrt{F_1^2 + F_2^2}$ ② $F = F_1^2 + F_2^2$
③ $F = \sqrt{F_1 + F_2}$ ④ $F = F_1 - F_2$

09 다음 그림에서 합력 F를 구하는 식은?

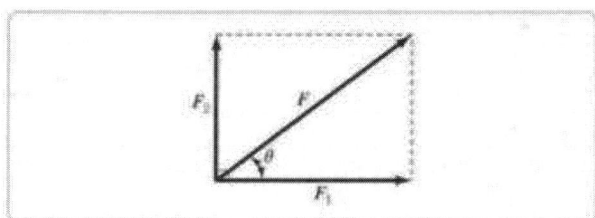

① $F = \sqrt{F_1^2 + F_2^2}$
② $F = \sqrt{F_1^2 - F_2^2}$
③ $F = F_1^2 + F_2^2$
④ $F = F_1^2 - F_2^2$

9.
직각삼각형이므로 피타고라스 정리를 이용하여
$F = F_1^2 + F_2^2$ 이므로
$F = \sqrt{F_1^2 + F_2^2}$

10 다음 중 속력의 정의로 맞는 것은?
① 속력 = 이동거리×시간
② 속력 = 이동거리÷시간
③ 속력 = 시간÷이동거리
④ 속력 = 이동거리×(시간)^2

정답   08. ① 09. ① 10. ②

11 다음 ( ) 안에 들어갈 알맞은 단위를 순서대로 쓴 것은?

$$1(N) = 1(\ ) \times 1(\ )$$

① kg, m ② $kg, m/s^2$
③ m, s ④ $m, 1/s$

12 물체의 운동속도가 시간이 흘러도 변함이 없는 운동은?
① 난류 운동   ② 변속 운동
③ 등속 운동   ④ 각 가속도 운동

13 질량 $5kg$인 어떤 물체가 로프에 매달려 있다. 이때 로프의 장력은?
① $5N$ ② $49N$
③ $490N$ ④ $10N$

13.
$F = mg = 5 \times 9.8 = 49N$

14 질량이 $5kg$인 정지하고 있는 물체에 힘을 가하여 5초 동안 속도가 $15m/s$가 되었다면 이때 가한 힘의 크기는?
① $9N$ ② $12N$
③ $15N$ ④ $20N$

14.
$Ft = mw$
$F = \dfrac{mw}{t} = \dfrac{5 \times 15}{5} = 15N$

15 속도-변위-시간에 대한 설명 중 잘못된 것은?
① 관측자가 본 물체의 속도를 상대속도라 한다.
② 변위 - 시간 그래프에서 넓이는 속력을 의미한다.
③ 속도 - 시간 그래프에서 그래프의 면적은 이동거리를 의미한다.
④ 속도 - 시간 그래프에서 그래프의 기울기는 가속도를 의미한다.

16 다음 중 3600rpm은 2초 동안에 몇 회전하는가?
① 60회전   ② 120회전
③ 1800회전   ④ 3600회전

16.
$\dfrac{3600}{60} \times 2 = 120$

정답   11. ②   12. ③   13. ②   14. ③   15. ②   16. ②

17 자동차가 12분 동안 $6km$를 달렸다면 이 자동차의 속도로 옳은 것은?

① $3km/h$
② $30km/h$
③ $120km/h$
④ $2km/h$

17.
$$\frac{6}{12}km/\min \times 60 = 30km/h$$

18 다음 그래프는 어떤 물체의 이동거리를 시간에 따라 나타낸 것이다. 그래프의 직선의 기울기가 의미하는 것은?

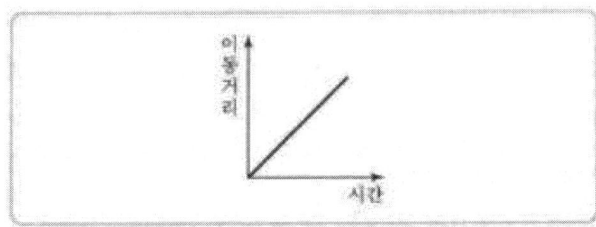

① 물체의 속도
② 물체의 가속도
③ 물체에 가한 힘
④ 물체가 이동한 거리

18.
$$V = \frac{s}{t}$$
∴ 이동거리와 시간의 비례관계는 물체의 속도와 관련이 있다.

정답 17. ② 18. ①

SECTION 02 재료역학

PART 02 기계제도 및 기초공학

1 응력과 변형률

(1) 응력

단위면적당 하중의 세기(N/m^2)

$\sigma = \dfrac{P}{A}$ (P와 A는 90°)

$\tau = \dfrac{P}{A}$ (P와 A는 같은 방향)

(2) 변형률

변형량을 원래의 양으로 나눈 값, 즉 단위량에 대한 변형량

· 세로(종) 변형률 : $\varepsilon = \dfrac{l' - l}{l} = \dfrac{\delta}{l}[cm]$

· 가로(횡) 변형률 : $\varepsilon' = \dfrac{d - d'}{d} = \dfrac{\delta'}{l}[cm]$

· 전단 변형률 : $\gamma = \dfrac{\delta}{l}[rad]$

· 종변형량 : $\delta = \dfrac{Pl}{AE}$

(3) Hook의 법칙

$\sigma = E\varepsilon$

　　　여기서, E : 종탄성계수(N/m^2)

$\tau = G\gamma$

　　　여기서, G : 횡탄성계수(N/m^2)

(4) 푸아송 비

$\mu = \dfrac{1}{m} = \dfrac{\varepsilon'}{\varepsilon}$

　　　여기서, m : 푸아송 수

· 안전율 $S = \dfrac{\text{최고응력(극한강도)}}{\text{허용응력}}$

예-1 다음 그림에서 인장응력과 전단응력을 나타내어라.

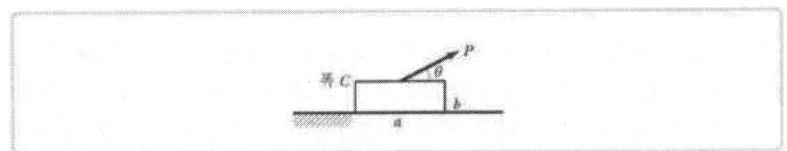

풀이 잘리는 면을 기준으로 좌표를 선정하여 가상단면을 잡으면
$P_x = P\cos\theta$
$P_y = P\sin\theta$
$\sigma = \dfrac{P_y}{A} = \dfrac{P\sin\theta}{ac}$ (면과 힘의 각도는 90°)
$\tau = \dfrac{P_x}{A} = \dfrac{P\cos\theta}{ac}$ (면과 힘은 같은 방향)

예-2 전단 강도가 4000MPa인 연강판에 직경 2cm의 구멍을 펀치로 뚫고자 한다. 펀치의 압축강도를 12000MPa라 하면 구멍을 뚫을 수 있는 판의 두께는 얼마인가?

풀이
$\sigma = \dfrac{4W}{\pi d^2}$
$\tau = \dfrac{W}{\pi d t}$
$\sigma = 3\tau$이므로 $\dfrac{4W}{\pi d^2} = 3\dfrac{W}{\pi d t}$
$t = \dfrac{3}{4}d = \dfrac{3}{4} \times 2 = 1.5 cm$

2 응력집중

단면이 균일한 봉이나 판에 인장하중이 작용하면 응력은 단면에 균일하게 분포한다.
그러나 턱, 구멍, 홈 등과 같이 단면의 모양이 급변하는 노치(Notch)가 단면에 있게 되면
이 부분에서는 마치 유체가 넓은 곳에서 좁은 곳으로 흐를 때 생기는 현상과 같이, 외력으로 인하여
발생될 응력분포상태가 대단히 불균일하게 되고 부분적으로 큰 응력이 매우 커진다. 이와 같이
노치가 있는 단면에서 부분적으로 큰 응력이 집중되어 일어나는 현상을
응력집중(Stress Concentration)이라고 한다.

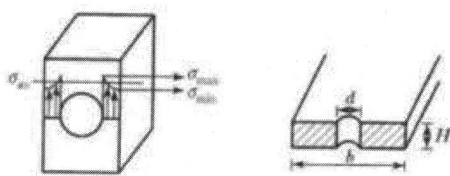

[그림 2-1] 응력집중계수

$$\sigma_{av} = \frac{P}{A} = \frac{P}{(b-d)H}$$

$$\sigma_{\max} = \alpha \sigma_{av}$$

여기서, α : 응력집중계수

응력집중의 완화방안

응력집중을 감소시키는 방법에는 형상의 개선, 응력집중부의 강화, 표면 거칠기 개선 등의 방법이 있다.

❸ 사인 정리

한 부재에 힘이 작용할 때 평형방정식($\sum F = 0, \sum M = 0$)을 이용하여 반력을 구할 수 있다.
그러나 부재 2개에 다음과 같은 힘이 작용할 때는 사인정리를 이용하여 손쉽게 구할 수도 있다.

$$\frac{F_2}{\sin\alpha} = \frac{P}{\sin\beta} = \frac{F_1}{\sin\gamma}$$

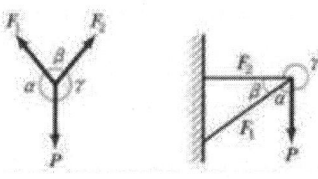

[그림 2-2] 사인정리

예-3 그림에서 보여 주는 구조물의 부재 AB에 작용하는 힘은?

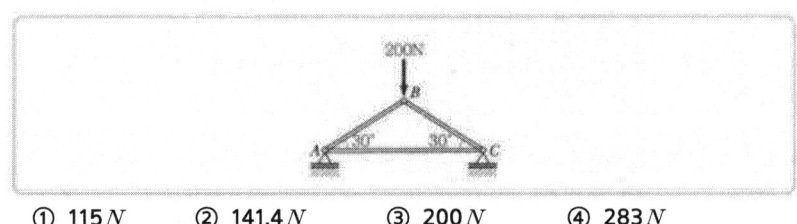

① 115N ② 141.4N ③ 200N ④ 283N

풀이
중앙에서 하중이 작용하므로
$R_A = R_C = 100$
sin법칙에 의하면
$F_{AB} = \dfrac{R_A}{\sin 30} \cdot \sin 90 = 200N$

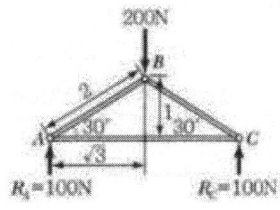

④ 비틀림 개요

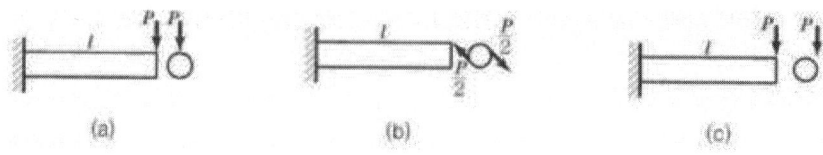

[그림 2-3] 굽힘과 비틀림

그림 2-3(a)는 $P \times l$의 굽힘 모멘트만 받는 축으로서 $M = P \times l$이고 그림 2-3(c)는 $\frac{P}{2} \times R \times 2$의 비틀림 모멘트만 받는 축으로서 $T = PR$이고 그림 2-3(c)는 굽힘과 비틀림이 동시에 작용하는 축이다. 그러므로 동일한 하중을 받는다면 안전하기 위해서는 그림 2-3(c)의 축의 직경이 가장 커야할 것이다.

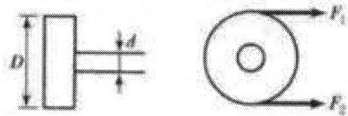

[그림 2-4] 벨트에서의 하중

$$T = PR = \tau Z_P = 71620 \frac{HP}{N} = 97400 \frac{H_{kw}}{N} kg \cdot cm$$

$1PS = 75 kg \cdot m/s$

$1kW = 102 kg \cdot m/s$

$$T = \frac{102 H_{kw}}{w} = \frac{102 H_{kw}}{\frac{2\pi N}{60}} = \frac{102 \times 60 H_{kw}}{2\pi N} = 974 \frac{H_{kw}}{N} kg \cdot m$$

$$= 974 \frac{H_{kw}}{N} \times 9.8 N \cdot m = \frac{1000 kW}{w} = \frac{60 \times 1000 kW}{2\pi N}$$

예-4 같은 재료의 원형 중실축의 지름이 두 배로 되면 비틀림 강도는 몇 배로 커지는가?

① 2배　　　　　　　② 4배
③ 6배　　　　　　　④ 8배
⑤ 16배

풀이
$T = \tau Z_P$ 에서

$T_1 = \tau \dfrac{\pi d^3}{16},\ T_2 = \tau_2 \dfrac{\pi (2d^3)}{16}$　　$\therefore \dfrac{\tau_1}{\tau_2} = \dfrac{\dfrac{16T}{\pi d^3}}{\dfrac{16T}{8\pi d^3}} = 8$

예-5 지름 d_1인 전동축의 동력을 지름 d_2의 축에 $\dfrac{1}{8}$로 감속시켜서 전달하려면 d_2는 d_1의 몇 배 이어야 하는가?
(단, 양축의 허용전단응력은 같다.)

① 1.2　　　　　　　② 1.5
③ 2　　　　　　　　④ 2.5
⑤ 3.5

풀이
$T_1 = 716.2 \dfrac{HP}{N} = \tau \dfrac{\pi d_1^3}{16}$

$T_2 = 716.2 \dfrac{8HP}{N} = \tau \dfrac{\pi d_2^3}{16}$

$\therefore \dfrac{d_2}{d_1} = \sqrt[3]{8} = 2$

회전수가 많아지면 d는 적어진다.

예 $d_1 \to d_2$가 3배 증가, N은 27배 감속

SECTION 02 실전 예상문제

01 한 변의 길이가 40mm인 정사각형 단면의 강재에 5000N의 압축 하중이 작용할 때 강재의 내부에 발생하는 압축응력은 얼마인가?

① $3.125 N/mm^2$ ② $6.254 N/mm^2$
③ $12.504 N/mm^2$ ④ $25.223 N/mm^2$

1.
$\sigma = \dfrac{5000}{40 \times 40} = 3.125 N/mm^2$

02 가위로 물체를 자르거나 절단기로 철판을 절단 할 경우에 주로 생기는 응력은?

① 인장응력
② 압축응력
③ 전단응력
④ 비틀림 응력

03 연강을 인장하여 1/2000의 변형률이 생겼다면 이 재료의 응력은 몇 kgf/cm^2 인가?
(단, 탄성계수는 $2.1 \times 10^6 kgf/cm^2$ 이다.)

① 420 ② 1050
③ 1500 ④ 1800

3.
$\sigma = E\varepsilon = 2.1 \times 10^6 \times \dfrac{1}{2000}$
$= 1050 kg/cm^2$

04 축 단부의 응력집중 현상을 경감시키는 대책으로 잘못된 것은?

① 필릿(Fillet) 부분의 반지름을 되도록 작게 한다.
② 축 단부 가까이에 2~3단의 단부를 설치하여 응력의 변화를 완만히 한다.
③ 단면 변화 부분에 보강재를 결합한다.
④ 단면 변화 부분에 열처리를 시행하여 강화시킨다.

4.
필릿 부분의 반지름을 작게하면 응력집중 현상이 발생한다.

05 기계 구성 부품에 노치나 구멍처럼 단면의 형상이 변화하는 곳에서 응력분포 상태가 불규칙해지며 국부적으로 증가되는 현상은?

① 응력집중현상 ② 크리프현상
③ 좌굴현상 ④ 피로현상

정답 01. ① 02. ③ 03. ② 04. ① 05. ①

06 두 개의 힘이 크기가 같고 방향이 반대이면 합력이 0이 되는데 수직거리로 x만큼 떨어져 있으면 모멘트가 발생한다. 이 두 힘을 무엇이라 하는가?

① 동력(Power)   ② 일(Work)
③ 하중(Load)   ④ 우력(Couple Force)

07 다음 응력의 크기에 대한 관계가 올바른 것은?

① 탄성한도 > 허용응력 ≥ 사용응력
② 허용응력 > 탄성한도 ≥ 사용응력
③ 탄성한도 > 사용응력 ≥ 허용응력
④ 사용응력 > 탄성한도 ≥ 허용응력

7.
재료시험에서 나타나는 한계 응력 사이에는
항복점＞탄성한도＞허용응력≥사용응력인 관계가 있다.

08 그림과 같이 회전 중심에서부터 $100mm$의 길이를 가진 막대 끝단 중심에서 회전중심 방향으로 $100kgf$의 힘이 작용하고 있을 때 발행되는 모멘트($kgf \cdot mm$)는?

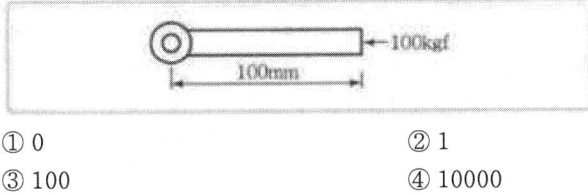

① 0   ② 1
③ 100   ④ 10000

8.
모멘트=힘×지점까지 수직길이
즉, 지점까지의 수직길이는 0이다.

09 끈에 달려서 등속 원 운동을 하던 물체는 끈이 끊어지면서 접선방향으로 날아가게 되는데, 이때의 운동과 가장 관계있는 법칙은?

① 가속도의 법칙   ② 관성의 법칙
③ 작용·반작용의 법칙   ④ 케플러의 법칙

10 지구에서 중력에 대한 설명으로 틀린 것은?

① 중력은 물체의 운동 상태에 따라 각각 다른 방향으로 작용한다.
② 질량 1kg인 물체에 작용하는 중력의 크기를 $1kgf$라고 한다.
③ 중력의 크기는 동일 장소에서는 물체의 질량에 비례한다.
④ 동일 장소에서는 질량이 같으면 같은 중력을 받는다.

정답   06. ④   07. ①   08. ①   09. ②   10. ①

11 회전중심으로부터 길이가 300mm의 스패너 끝에서 손잡이와 90°의 각도로 200N의 힘을 가하여 볼트를 조였다면, 볼트에 발생한 모멘트는 약 $N \cdot m$인가?

① 0.6 ② 6
③ 60 ④ 600

11.
$T = P \cdot R = 200 \times 0.3 = 60 N \cdot m$

12 동력이 일정할 때 회전수가 2배로 증가하면 전동토크의 변화량은?

① 2배로 증가 ② 4배로 증가
③ $\frac{1}{2}$배로 감소 ④ $\frac{1}{4}$배로 감소

12.
$T = \dfrac{W}{w} = \dfrac{60W}{2\pi N}$

13 하중에 대한 설명 중 틀린 것은?

① 축방향 하중에는 인장하중과 전단하중이 있다.
② 굽힘 하중은 주로 보에 작용하는 하중이다.
③ 비틀림 하중은 주로 회전축에 작용하는 하중이다.
④ 전단하중은 재료의 단면에 평행하게 작용하는 하중이다.

13.
축방향 하중
물체의 축선방향에 외력이 작용하여 그 합력의 작용에 수직응력이 생기는 것.

14 물체를 그림과 같이 10N의 힘을 가하여 5m를 이동시켰을 때 행한 일의 값은?

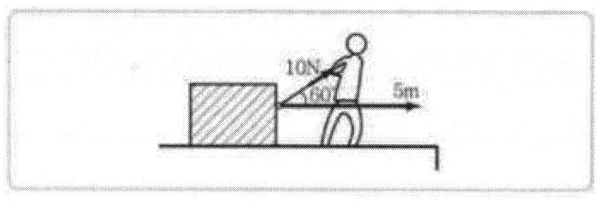

① 6J ② 10J
③ 25J ④ 50J

14.
$W = 10 \cos 60 \times 5$
$= 25 N \cdot m = 25 J$

15 속도가 빠를수록 더 많은 일을 할 수 있는 능력의 에너지는?

① 위치에너지 ② 열에너지
③ 운동에너지 ④ 빛에너지

15.
운동에너지 $= \dfrac{mV^2}{2}$

정답 11. ③ 12. ③ 13. ① 14. ③ 15. ③

16 그림과 같이 길이 L인 외팔보의 자유단에 W의 집중하중이 작용할 때, 외팔보의 고정 단에 작용하는 굽힘 모멘트(M)는?

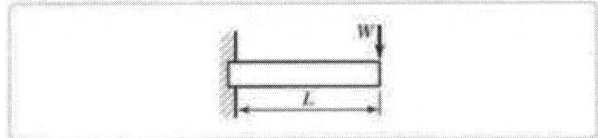

① $M = 2W \times L$
② $M = W \times L$
③ $M = \dfrac{1}{2} \times W \times L$
④ $M = \dfrac{1}{4} \times W \times L$

17 그림과 같은 지렛대의 양단 끝에 힘이 작용하고 중앙에 받침점이 있을 때 평행을 이루었다. 옳게 표현된 식은?

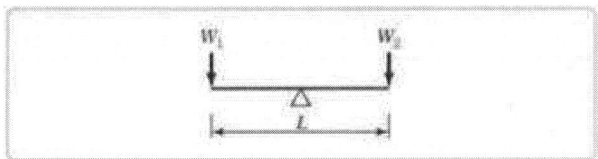

① $\dfrac{L}{W_1 \times W_2} = 1$
② $\dfrac{W_1 \times W_2}{L} = 1$
③ $W_1 = W_2$
④ $(W_1 \times W_2)L = 1$

18 다음 중 모멘트 또는 토크의 원리를 이용한 방법으로 거리가 먼 것은?
① 지렛대로 물건을 옮기는 것
② 드라이버로 나사를 푸는 것
③ 스패너로 볼트를 조이는 것
④ 손으로 직접 물건을 잡는 것

18.
· 모멘트 : 물체를 회전시키는 힘의 크기를 나타내는 양
· 토크 : 어떤 힘이 가해지는 물체를 회전시키는 정도
· 지렛대 : 막대를 어떤 점에서 받쳐서 그 받침점을 중심으로 회전할 수 있게 한 것

정답   16. ② 17. ③ 18. ④

19 그림과 같이 100N의 물체를 단면적 $5mm^2$의 강선으로 매달았을 때 AB쪽에 발생하는 장력(F_1)과 응력의 크기는?

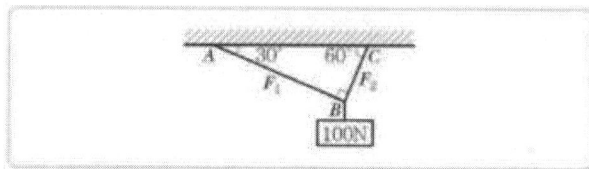

① $50\sqrt{3}\,N, 10\sqrt{3}\,N/mm^2$
② $50\sqrt{3}\,N, 10N/mm^2$
③ $50N, 10\sqrt{3}\,N/mm^2$
④ $50N, 10N/mm^2$

19.
$F_1 = 100\sin 15 = 50N$
$\sigma = \dfrac{F_1}{A} = \dfrac{50}{5} = 10N/mm^2$

20 그림과 같이 직경이 d인 원형 축에 접선력 P가 작용할 때 토크(T)를 나타내는 식으로 옳은 것은?

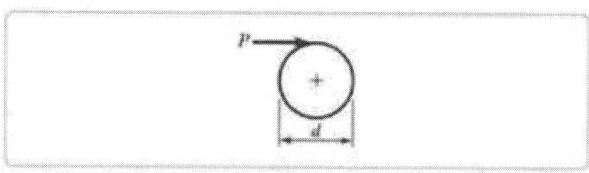

① $T = P \cdot d$
② $T = P \cdot \dfrac{d}{2}$
③ $T = \dfrac{P}{d}$
④ $T = P \cdot \dfrac{\pi d^2}{4}$

21 다음 중 토크가 발생되는 경우가 아닌 것은?
① 실린더로 물체를 수직 상승시키는 경우
② 소켓 렌치로 볼트를 조이는 경우
③ 모터로 부하를 회전시키는 경우
④ 기어 전동 장치가 운전되는 경우

21.
회전체(회전하는 물체의 통칭)가 접선방향으로 힘을 받아 회전하는 모멘트를 토크(Torque)라 한다.

정답 19. ④ 20. ② 21. ①

22 그림과 같이 물체에 작용한 힘의 크기가 F, 힘의 방향으로 물체가 이동한 거리가 S이면 한 일 W는?

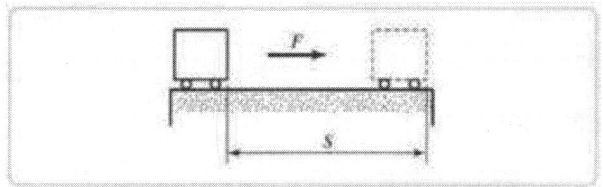

① $W = F + S$
② $W = F - S$
③ $W = F \times S$
④ $W = F \div S$

22.
일량=힘×변위=$F \times S$

정답 22. ③

SECTION 03 기초역학

PART 02 기계제도 및 기초공학

❶ 단위와 차원(Units and Dimensions)

(1) 단위

모든 물리량의 크기는 일정한 기본적인 크기(기준량)를 정해 놓고 기준량과의 비로서 표시하는데 이 기준 양을 단위라고 한다.

1) 기본 단위

물리적 현상을 다루는 데 필요한 기본량 즉 질량 또는 힘, 길이, 시간 등의 단위를 기본단위라고 하며 질량을 기본 단위로 택하는 경우를 절대 단위계, 힘을 기본단위로 택하는 경우를 중력단위계 또는 공학 단위계라고 한다.
즉, 중력단위계의 기본 단위는 힘, 길이, 시간이며 절대 단위계의 기본 단위는 질량, 길이, 시간이다.

2) 유도 단위

기본 단위를 조합하여 만들어지는 모든 단위, 예를 들면 면적, 속도, 밀도, 에너지 등의 단위를 유도 단위라고 한다. 절대 단위계에서는 힘의 단위가 유도단위이고 중력 단위계에서는 질량이 유도 단위로 된다.

〈표3-1〉 기본 단위와 유도 단위

단위계 \ 단위구분	기본단위	유도단위
중력	$kg_f \cdot m/s$	$kg_f m, kg_f/m^2$ 등
절대	$kg_m \cdot m/s$	$N, Nm, N/m^2$ 등

힘은 중력단위계에서는 단위가 kg_f로서 기본단위나 절대단위계에서는 $N = kg_m \cdot m/s$

3) 조립 단위

단위 사용을 편리하게 하기 위한 접두어

〈표 3-2〉 조립 단위의 접두어

단위	읽는 방법	단위	읽는 방법
10^{12}	T(tera)	10^{-2}	c(centi)
10^{9}	G(giga)	10^{-3}	m(milli)
10^{6}	M(mega)	10^{-6}	μ(micro)
10^{3}	k(kilo)	10^{-9}	n(nano)
10^{2}	h(hecto)	10^{-12}	p(pico)
10^{1}	da(deka)	10^{-15}	f(femto)
10^{-1}	d(deci)	10^{-18}	a(atto)

(2) 단위계

1) CGS 단위계

길이, 질량, 시간의 기본 단위를 cm, g, sec로 하여 물리량의 단위를 유도하는 단위계

2) MKS 단위계

길이, 질량, 시간의 기본 단위를 m, kg, sec로 하여 물리량의 단위를 유도하는 단위계

(3) 차원

단위계에는 중력 단위계와 절대 단위계가 있는데 각각 기본 단위의 조합을 차원이라고 하며 절대 단위계의 차원을 MLT계 차원, 중력단위계의 차원을 FLT 차원이라고 한다.

1) MLT계 차원

질량(M), 길이(L), 시간(T)을 기본차원으로 한다.

2) FLT계 차원

힘(F), 길이(L), 시간(T)을 기본차원으로 한다.

(4) 단위와 차원 연습

$kg_f \rightarrow kg_m \, m/s^2$
$[F] = [MLT^{-2}]$

$kg_m \rightarrow kg_f \, s^2/m$
$[M] = [FL^{-1}T^2]$

$kg_f/m^2 = kg_m \dfrac{m}{s^2} m^2$

$[FL^{-2}] = [ML^{-1}T^{-2}]$

$m^3/kg_m = \dfrac{m^3}{kg_f} \dfrac{m}{s^2}$
$[M^{-1}L^3] = [F^{-1}L^4T^{-2}]$

예 - 1 질량의 차원을 MLT와 FLT계로 표시하여라.

풀이
$kg_m \rightarrow [M]$

$kg_m \rightarrow \dfrac{kg_f S^2}{m} \rightarrow [FL^{-1}T^2]$

예 - 2 30[N]의 힘으로 2[m]만큼 수평거리를 이동시켰을 때의 일을 [J], [kg·m], [erg]로 나타내어라.

풀이
$30 \times 2 = 60[N \cdot m] = 60[J]$

$30 \dfrac{1}{9.8} \times 2 = 6.12[kg \cdot m]$

$1[erg] = 1[dyne \cdot cm]$

$1[N] = 10^5[dyne]$

$60[N \cdot m] \dfrac{10^5[dyne]}{1[N]} \times 100 = 6 \times 10^8 [dyne \cdot cm] = 6 \times 10^8 [erg]$

예 - 3 밀도의 MLT와 FLT 차원은?

풀이
$kg_m/m^3 \rightarrow [ML^{-3}]$

$kg_m \rightarrow \dfrac{kg_f S^2}{m \, m^3} kg_f \cdot S^2/m^4 \rightarrow [FL^{-4}T^2]$

❷ 밀도, 비중량, 비체적, 비중

(1) 비중량(Specific Weight). [γ]

단위 체적이 갖는 유체의 중량을 비중량이라고 한다.

$$\gamma = \frac{W}{V} = pg$$

여기서, W : 유체의 중량
g : 중력가속도

$$\frac{kg_f}{m^3} = \frac{kg_m m}{s^2 m^3} = \frac{kg_m}{s^2 m^2}$$

$$[FL^{-3}] = [ML^{-2}T^{-2}]$$

표준기압, 4°C의 순수한 물의 비중량은 $1000[kg_f/m^3](9800[N/m^3])$이다.

(2) 밀도(Density), [ρ]

단위 체적의 유체가 갖는 질량을 밀도라고 한다.

$$\rho = \frac{m}{V}$$

여기서, m : 질량
V : 체적

$$\frac{kg_m}{m^3} = \frac{kg_f s^2}{m m^3} = \frac{kg_f s^2}{m^4}$$

$$[ML^{-3}] = [FL^{-4}T^2]$$

물의 밀도를 기준으로 $102[kg_f s^2/m^4] = 1000[kg/m^3]$

(3) 비체적(Specific Volume), [v_s]

· 절대 단위계

단위 질량의 유체가 갖는 체적

$$v_s = \frac{V}{m} = \frac{1}{\rho}$$

· 중력 단위계

단위 중량의 유체가 갖는 체적

$$v_2 = \frac{V}{W} = \frac{1}{\gamma}$$

단, 차원은 절대 단위계로 한다. $[M^{-1}L^3]$

(4) 비중 (Specific Gravity), [S]

같은 체적을 갖는 물의 질량 (m_w)또는 중량 (W_w)에 대한 어떤 물질의 질량이 (m) 또는 중량(W)의 비를 말하며 무차원(Dimensionless Number)이다.

$$S = \frac{m}{m_w} \frac{W}{W_w} = \frac{\rho}{\rho_w} = \frac{\gamma}{\gamma_w}$$

여기서, ρ_w : 물의 밀도
γ_w : 물의 비중량

$$\gamma = 1000S[kg_f/m^3] = 9800S[N/m^3]$$
$$\rho = 102S[kg_f S^2/m^4]$$

③ 점성(Viscosity)

유체입자와 입자 사이 혹은 유체와 고체면 사이에 상대운동이 생길 때 이 상대 운동을 방해하려는 마찰력, 즉 상대운동을 유발하는 외력에 저항하는 전단력이 생기게 하는 성질을 점성이라고 한다.

점성은 인접한 유체층 사이에 상대운동이 존재할 때 분자 간의 응집력과 분자의 운동에 기인하는데 액체의 경우는 분자 간의 응집력 기체의 경우는 분자의 운동, 즉 운동 에너지가 주된 원인이 된다.

따라서 액체는 온도가 상승하면 점성이 감소하는 경향이 있으나 기체는 온도와 더불어 점성이 증가한다.

④ 압력

유체가 정지하고 있을 때 유체 속의 한 부분에 가상적인 입체를 가정하면 각각의 면에는 수직력이 작용한다. 이때 면의 미소면적을 $\triangle A$, 수직력, 즉 전압력을 $\triangle F$라고 하면 압력은 다음 식으로 표시할 수 있다.

$$P = \lim_{\triangle A \to 0} \frac{\triangle F}{\triangle A} = \frac{dF}{dA}$$

전압력 F가 면에 균일하게 작용할 때 위 식은 다음과 같이 된다.

$$P = \frac{F}{A}$$

(1) 정지유체 속에서 압력의 성질

1) 임의의 한 점에 작용하는 압력의 크기는 모든 방향에서 같다

그림 3-1과 같이 정지유체 속에서 미소직각삼각기둥을 취하면 그 각각의 면에 작용하는 힘은 서로 평형을 유지할 것이다. 따라서 각 면에 작용하는 압력을 각각 P_1, P_2, P_3라고 하면 다음과 같은 평형방정식이 성립된다.

x방향 : $P_2 dy dz - P_s dz ds \sin\theta = 0$

y방향 : $P_1 dx dz - P_s dz ds \cos\theta = 0$

$dy = ds \sin\theta, dx = ds \cos\theta$ 이므로

$P_1 = P_2 = P_3$

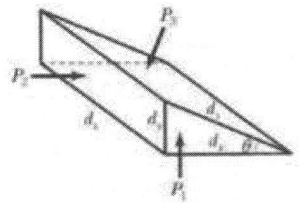

[그림 3-1] 유체 속 물체의 자유물체도

2) 동일 수평면상의 임의의 두 점에 작용하는 압력의 크기는 같다

그림 3-1과 같이 정지유체 속에서 미소면적 dA인 수평 자유물체도를 생각하면 수평력의 평형조건에서

$P_1 dA = P_2 dA$

$\therefore P_1 = P_2$

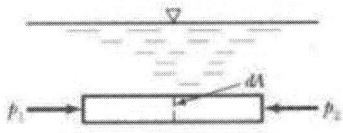

[그림 3-2] 수평물체의 자유물체도

3) 수직방향의 압력의 변화율은 유체비중량의 크기에 비례한다

중력만이 작용하는 정지유체 속의 한 점에 대한 압력과 길이의 관계를 생각하자.

그림 3-3과 같은 유체의 미소 원기둥을 생각하고 z축을 수직 방향으로 놓으면 다음과 같은 힘의 평형방정식이 성립된다.

$$PdA - \left(P + \frac{\partial P}{\partial Z}dZ\right)dA - \gamma dA \cdot dz = 0$$

$$\therefore \frac{dP}{dZ} = -\gamma$$

위 식은 유체의 압력과 높이 z와의 관계를 나타내는 식이다.

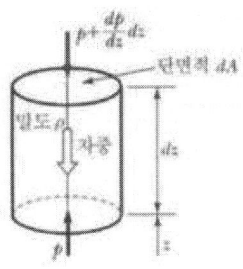

[그림 3-3] 수직물체의 자유물체도

4) 밀폐된 용기 속에 있는 유체에 가한 압력은 모든 방향에 같은 크기로 전달된다 -(Pascal 원리)

$$p_1 = p_2$$

$$\frac{F_1}{A_1} = \frac{F_2}{A_2}$$

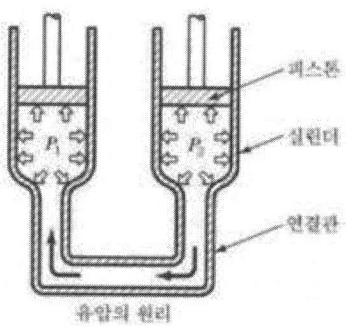

[그림 3-4] Pascal 원리

(2) 절대압력과 계기 압력

압력의 크기는 완전진공을 기준으로 하는 절대압력(Absolute Pressure)과 대기압을 기준으로 하는 계기 압력(Gage Pressure)이 있다.

절대압력=대기압+계기압=대기압-진공압

(3) 압력의 단위

· SI 단위 : [Pa], [N/m], [bar]

· 미터중력단위 : $[kg_f/m^2]$

· 영국단위 : [PSI], [lb/in^2]

  1[bar]=10^5[pa]=10^6[dyne/cm^2]

  표준대기압 1[atm]=760[$mmHg$]=10.33[mAq]

  =101.325[kPa]

  =1.03323[kg/cm^2]

  공학기압 1[at]=735.52[$mmHg$]=98066.5[N/m^2]

  =98.0665[kPa]

  =1[kg/cm^2]

예-1 어떤 용기 속의 계기압력이 $5[kg_f/cm^2]$일 때 절대압력을 다음의 단위로 각각 구하여라.($[kg_f/cm^2]$, $[mmHg]$, $[Pa]$, $[MPa]$)
(단, 대기압은 970[hPa]이다.)

풀이
절대압력=대기압+계기압
$$970 \times 10^2 \frac{1.0332}{101.3 \times 10^3} + 5 = 5.989[kg/cm^2]$$
$$970 \times 10^2 \frac{760}{101.3 \times 10^3} + 5 \times \frac{760}{1.0332} = 4405.63[mmHg]$$
$$970 \times 10^2 + 5\frac{11.3 \times 10^3}{1.0332} = 587319.46[Pa]$$
587319.46[Pa]=0.587[MPa]

예-2 2[kW]는 몇 [PS]인가?

풀이
$$1[kW] = 1000[J/S] = 1000[N \cdot m/s]$$
$$= \frac{1000}{9.8}[kg_m/s] = \frac{1000}{9.8 \times 15}[PS]$$
$$\fallingdotseq 1.36[PS]$$
$$2[kW] = 1.36 \times 2 = 2.72[PS]$$

예-3 $10^5[Pa]$(pascal)을 $[kg/cm^2]$, $[mmHg]$, $[bar]$로 각각 환산하여라.

풀이
$$10^5[Pa]\frac{1.0332}{101.3 \times 10^3[Pa]} = 1.02[kg/cm^2]$$
$$10^5[Pa]\frac{760}{101.3 \times 10^3[Pa]} = 750.25[kg/cm^2]$$
$$10^5[Pa] = 1[bar]$$

SECTION 03 실전 예상문제

01 다음 SI 단위계의 유도단위 중 동력의 단위는?
① N ② Pa
③ J ④ W

02 $50cm^3/s$를 $L/\min$로 환산하면 얼마인가?
① 2 ② 3
③ 6 ④ 12

03 1bar는 약 몇 Pa(파스칼)인가?
① 1 ② 10
③ 10^3 ④ 10^5

04 실린더 내경이 $20mm$인 실린더를 사용하여 65kgf의 힘을 발생시키려면 약 얼마의 압력(kg_f/cm^2)이 필요한가?
① $3.3kg_f/cm^2$ ② $16.3kg_f/cm^2$
③ $20.7kg_f/cm^2$ ④ $32.5kg_f/cm^2$

05 다음 중 압력의 단위가 아닌 것은?
① N/cm^2 ② Pa
③ rps ④ bar

06 다음 중 SI 기본단위와 거리가 먼 것은?
① 길이 ② 질량
③ 시간 ④ 가속도

2.
$50\dfrac{cm^3}{S}\dfrac{1L}{1000cm}\dfrac{60S}{1\min}$
$= 3L/\min$

4.
$P = \dfrac{4 \times 65}{\pi \times 2^2} = 20.69 kg/cm^2$

5.
rps는 Revolution Persecond로 초당 회전수이다.

정답 1. ④ 2. ② 3. ④ 4. ③ 5. ③ 6. ④

07 1kWh의 일량을 바르게 표현한 것은?

① 1kWh의 동력을 30분 사용했을 때의 일량
② 1kWh의 동력을 60분 사용했을 때의 일량
③ 1kWh의 동력을 90분 사용했을 때의 일량
④ 1kWh의 동력을 120분 사용했을 때의 일량

08 MKS 단위계와 CGS 단위계에서 모두 동일하게 사용되는 단위는?

① s
② kg
③ m
④ ft

8.
· [MKS]=m, kg, sec
· [CGS]=cm, g, sec

09 게이지 압력을 옳게 표시한 것은?

① 게이지 압력 = 절대압력÷대기압
② 게이지 압력 = 절대압력×대기압
③ 게이지 압력 = 절대압력−대기압
④ 게이지 압력 = 절대압력

9.
절대압력=대기압+게이지압이므로 게이지압=절대압력−대기압이다.

10 다음 괄호 안에 들어갈 알맞은 값은?

$$1 kg_f/cm^2 = (\ )N/cm^2 = 0.098 MPa$$

① 9.8
② 98
③ 980
④ 9800

11 다음 중 힘의 단위로 옳은 것은?

① $kg \cdot m/s^2$
② N/m^2
③ $kg \cdot m$
④ m/s^2

11.
$kg_m \cdot m/s^2 = N$

12 다음 중 유압장치의 특징이 아닌 것은?

① 자동 제어가 가능하다.
② 입력에 대한 출력의 응답이 빠르다.
③ 무단변속이 불가능하다.
④ 원격 제어가 가능하다.

12.
유압 및 공압장치는 무단변속이 가능하다.

정답   07. ② 08. ① 09. ③ 10. ① 11. ① 12. ③

13 다음 중 SI 기본 단위로 되는 물리량은?

① 속도　　② 가속도
③ 힘　　　④ 질량

13.
SI 기본단위
길이, 질량, 시간, 전류, 온도, 광도

14 직경 $52cm$인 관 속에 흐르는 물의 평균속도가 $5m/s$ 일 때 유량은 약 몇 m^3/s인가?

① 0.16　　② 1.06
③ 10.6　　④ 15.6

14.
$Q = AV$
$= \dfrac{\pi d^2}{4} \times V$
$= \dfrac{\pi \times 0.52^2}{4} \times 5$
$= 1.061 m/\sec$

15 유압실린더는 무슨 원리를 이용한 것인가?

① 샤를의 법칙　　② 베르누이의 법칙
③ 파스칼의 원리　④ 아베의 원리

16.
실린더는 유체의 압력에너지를 기계적 직선운동으로 변환하는 기기이다.

16 유체 압력 에너지를 기계적 에너지로 변환하는 장치는?

① 송풍기　　② 팬(Fan)
③ 압축기　　④ 실린더

17 속도가 $2m/s$인 물이 입구의 지름이 $30mm$인 구멍으로 흘러들어가, 지름 $10mm$인 구멍으로 흘러나올 때 속도는 몇 m/s인가?

① 6　　② 10
③ 18　④ 30

17.
연속법칙에 의해서
$Q = A_1 V_1 = A_2 V_2$
$V_2 = V_1 \times A_1/A_2$
$\quad = V_1 \times (d_1^2/d_2^2)$
$\quad = 2 \times (30^2/10^2)$
$\quad = 2 \times (9) = 18 m/s$

정답　13. ④　14. ②　15. ③　16. ④　17. ③

SECTION 04 기초전기

PART 02 기계제도 및 기초공학

❶ 전기 회로의 기본법칙

도체의 전위가 등전위일 경우 전하는 움직이지 않으나 도체 중에 기전력이 가해져 전위차가 생기면 전하가 이동하게 되며 이러한 전하의 이동이 전류를 형성하게 된다.

(1) 전류와 전압 및 저항

① 전류 전하의 이동은 전류를 형성하며 전류는 주어진 점을 통과하는 전하의 시간적 변화율이다.

$$I = \frac{dQ}{dt}$$

여기서, I : 전류[A] ampere
Q : 전하[전기량]
t : 시간

전류의 단위는 A(암페어)를 사용하며, 1A는 도선의 단면을 1초 동안 1C의 전하가 이동하는 전류의 세기이다.

전자의 전하량 e는 1.6×10^{-19}C이므로 1초 동안 6.25×10^{18}개의 전자들이 같은 방향으로 이동할 때 전류의 세기는 1A이다.

$$1A = \frac{1C}{1s} = \frac{1.6 \times 10^{-19}C \times 6.25 \times 10^{18}}{1s}$$

예-1 100Ω의 저항에 20V의 전압을 가하였을 경우 흐르는 전류 I의 값은 몇 [A]인가?

풀이
$$I = \frac{V}{R} = \frac{20}{100} = 0.2 \text{A}$$

② 임의의 두 점 간의 전위차를 전압이라 하며, 단위전하를 이동시킬 때 해야 할 일로 표시된다.
즉, 양극은 음극보다 전위가 높게 되어 있어서 전위가 높은 곳에서 낮은 곳으로 흐르는 것이다.

$$V = \frac{W}{Q}$$

여기서, V : 전압[V] volt
W : 일[J]
Q : 전기량[C]

1V의 전압(전위차)으로 1C의 전기량을 이동시켜 1J의 일을 할 수 있다.

◉ 전류를 연속적으로 흐르게 하는 원동력을 기전력이라고 한다.

(2) 저항

금속들은 많은 자유전자를 갖고 있으며 이들 각 자유전자가 도체 내를 이동할 때 저항이 생기며
이 저항을 비저항(Resistivity)이라 하고, ρ라고 한다.

$$R = \rho \frac{L}{A}$$

저항의 단위로는 ohm을 쓰며, Ω의 기호로 사용한다. 도체에 큰 전류를 흘려주기 위해서는 큰 전위차를
필요로 하게 된다.

$$V = RI$$

여기서, V : 전압
R : 저항[Ω]
I : 전류

ρ는 비례 상수로 물질의 종류에 따라 달라지며 비저항이라고 한다.

비저항 값인 ρ는 길이가 1m, 단면적이 1m²인 물질이 가지는 전기저항으로 단위는 Ω·m를 사용한다.
이것은 물질이 가지는 고유 저항으로 비저항이 클수록 부도체에 가까운 물질이고,
대부분의 금속은 온도 증가 시 저항값도 증가한다.

예-2 다음 그림과 같은 회로에서 a, b 사이의 전위차는 얼마인가?

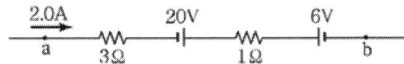

풀이
$V_a - V_b = -2 \times 3 + 20 - 2 \times 1 - 6 = 6\text{V}$

(3) 전기저항의 연결

우리가 사용하는 전기 기구의 내부에는 여러 개의 저항들이 복잡하게 연결되어 있다.
그러나 이들은 기본적으로 직렬연결과 병렬연결로 되어 있으며, 이러한 저항들이 내는 효과와 같은 하나의 저항을 합성저항, 또는 등가저항이라고 한다.

① 직렬연결: 여러 개의 저항이 전지와 다음 그림과 같이 일렬로 연결되어 회로에 흐르는 전류의 통로가 하나일 때 직렬연결되었다고 말한다.

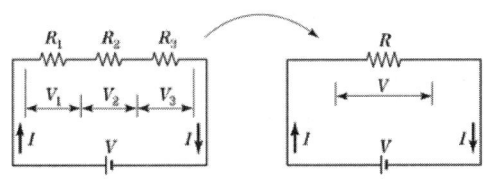

[그림 4-1] 직렬연결

저항의 직렬연결 시 전류값은 같다.
$R = R_1 + R_2 + R_3 + \cdots\cdots$

② 병렬연결: 여러 개의 저항들이 다음 그림과 같이 연결되어 있어 각 저항마다 서로 다른 통로를 만들어 줄 때 병렬연결되었다고 말한다.

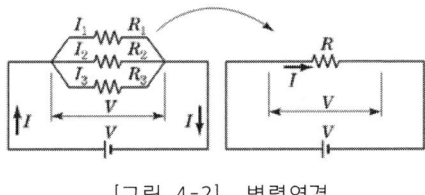

[그림 4-2] 병렬연결

병렬연결된 경우에 각 저항에 걸린 전압은 같다.
$\dfrac{1}{R} = \dfrac{1}{R_1} + \dfrac{1}{R_2} + \dfrac{1}{R_3} + \cdots\cdots$

예-3 15Ω과 5Ω의 저항을 병렬접속하였을 때 합성저항은 몇 [Ω]인가?

풀이
$$\frac{1}{R} = \frac{1}{15} + \frac{1}{5} = \frac{4}{15}$$
$$\therefore R = \frac{15}{4} = 3.75\,\Omega$$

예-4 다음 그림의 회로에서 A점에 흐르는 전류의 세기가 1.2A일 때 A, B 사이에서의 전위차는 얼마인가?

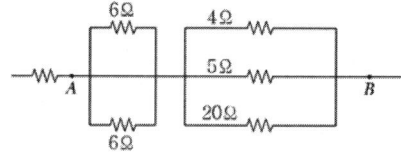

풀이
$$\frac{1}{R_1} = \frac{1}{6} + \frac{1}{6} \quad R_1 = 3,$$
$$\frac{1}{R_2} = \frac{1}{4} + \frac{1}{5} + \frac{1}{20} \quad R_2 = 2$$
$$\therefore R = R_1 + R_2 = 5\,\Omega$$
$$V = IR = 1.2 \times 5 = 6\,V$$

(4) 키르히호프 법칙

① 키르히호프의 제1법칙(전류 법칙)

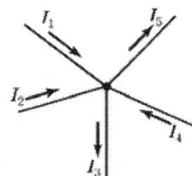

[그림 4-3] 키르히호프 제1법칙

회로의 임의의 접합점으로 유출입하는 전류의 대수적 총합은 0이다.

즉, 접속점으로 유입하는 전류의 대수합은 0이다.

유입하는 전류의 합=유출하는 전류의 합

$I_1 + I_2 + I_4 = I_3 + I_5$

② 키르히호프의 제2법칙(전압 법칙)

임의의 폐회로를 따라서 1회전하며 취한 전압대수의 합은 그 폐회로의 저항에 생기는 전압강하의 대수합과 같다.

기전력 대수합=전압강하의 대수합

> 키르히호프의 제1법칙은 어느 순간에서도 각 접합점에서 성립하며,
> 키르히호프의 제2법칙 역시 어느 순간에서도 폐회로에서 성립한다.

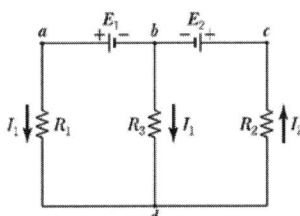

[그림 4-4] 키르히호프의 법칙

- 제1법칙 : 접합점 b에서 $I_1 + I_3 = I_2$
- 제2법칙 : 폐회로 badb에서 $E_1 - I_1R_1 + I_3R_3 = 0$
  폐회로 bdcb에서 $-I_3R_3 - I_2R_2 - E_2 = 0$

$$I_1 = \frac{E_1(R_2 + R_3) - E_2R_3}{R_1R_2 + R_2R_3 + R_1R_3}$$

$$I_2 = \frac{E_1R_3 - E_2(R_1 + R_3)}{R_1R_2 + R_2R_3 + R_1R_3}$$

$$I_3 = \frac{R_1R_2 + E_2R_1}{R_1R_2 + R_2R_3 + R_1R_3}$$

(5) 내부저항과 단자전압

$V = E - I_r$

$E = IR + I_r$

여기서, E : 기전력
r : 내부저항
R : 저항
V : 단자전압

$I = \dfrac{E}{R+r}$

직렬연결 ∴ $I = \dfrac{nE}{R+nr}$

병렬연결 ∴ $I = \dfrac{E}{R+\dfrac{r}{n}}$

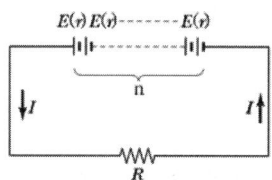
[그림 4-5] 전지의 직렬연결

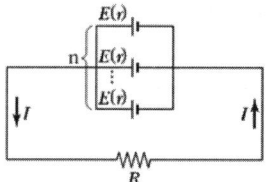
[그림 4-6] 전지의 병렬연결

② 전력과 열량

(1) 전력과 전력량

① 전력 : 단위시간 동안에 전기 에너지를 말하며, 단위는 W[Watt]이다.

$$P = \dfrac{W}{t} = \dfrac{VQ}{t} = VI = I^2R = \dfrac{V^2}{R}$$

여기서, P : 전력[W]
W : 일[J]
t : 시간[sec]
Q : 전기량[C]
I : 전류[A]
V : 전압[V]
R : 저항[Ω]
*1HP = 0.746kW

② 전력량(Wh, kWh):전력×시간

$W = Pt = VIt [J]$

$1kWh = 1000 Wh = 3600000 Ws = 3.6 \times 10^6 J$

$1kWh = \dfrac{3.6 \times 10^6 J}{4.186 \times 10^3} = 860 kcal (1 cal = 4.186J)$

③ 전력측정

전력계는 전압계와 전류계를 조합한 것과 같은 계기이다. 단자는 공통단자, 전류단자, 전압단자 등 3단자가 있다.

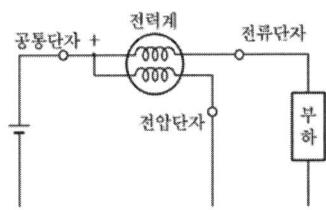

[그림 4-7] 전력계의 접속도

(2) 줄(Joule)의 열

1A의 전류가 R[Ω] 안을 t초 동안 흐르게 되면 I^2Rt[J]의 전기 에너지 즉, 전력량이 소비되어 그 저항에 I^2Rt[J]의 열이 발생한다. 이 열을 줄의 열이라고 한다.

$H = 0.24 W = 0.4 Pt = 0.24 I^2 Rt$ [cal]

여기서, H : 열량[cal]
 t : 시간[sec]
 W : 일량[J]
 $1 cal = 4.186J$
 P : 전력[W]
 $1J = \dfrac{1}{4,186} ≒ 0.24 cal$

예-5 수온 20℃의 물이 1.2l가 있다. 500W의 전열기를 써서 60℃까지 올리는데 몇 시간이 소요되는가? (단, 전열기 효율은 80%이다.)

풀이
① 필요한 열량 $= 1.2 \times 1 \times 40 = 4.8 kcal = 4800 cal$
② 전열기 발생능력 $H = 0.24 \times 500 \times 1 = 120 cal/s$
③ 시간 $= \dfrac{48000}{120 \times 0.8} = 500$초

∴ 8분 20초

※ 효율$[\eta] = \dfrac{출력}{입력} = \dfrac{입력 - 손실}{입력} = \dfrac{출력}{출력 + 손실}$

∴ $V_a = \dfrac{2V_m}{\pi}$ [V] $I_a = \dfrac{2}{\pi} I_{\max}$

(4) 실효값(V_{rms})

교류의 크기를 이것과 동일한 일을 행하는 직류의 크기로 환산한 값

① 정현파: $V = \sqrt{\dfrac{1}{T}\int_{\pi}^{0} V^2 dt} = \sqrt{\dfrac{1}{\frac{\pi}{2}}\int_{0}^{\frac{\pi}{2}} V_m^2 \sin^2\omega t\, d\omega t}$

$\qquad\qquad = \sqrt{\dfrac{2V_m^2}{\pi}\left(\dfrac{1-\cos\omega t}{2}\right)_o^{\frac{\pi}{2}}}$

$\qquad I = \dfrac{I_{\max}}{\sqrt{2}} \qquad V = \dfrac{V_{\max}}{\sqrt{2}}$

② 실효값 = $\sqrt{\text{순시값 제곱의 평균값}}$

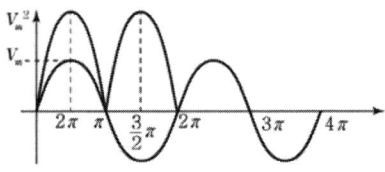

[그림 4-8] 교류의 실효값

● 파고율 = $\dfrac{\text{최대값}}{\text{실효값}}$, 파형률 = $\dfrac{\text{실효값}}{\text{평균값}}$

❸ 직렬회로

(1) R=L 직렬회로

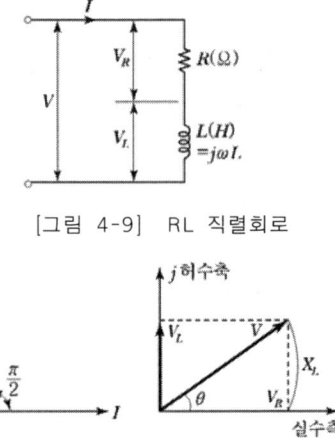

[그림 4-9] RL 직렬회로

[그림 4-10] RL 직렬회로 벡터도

① $V_R = RI$ (V_R과 I는 동상)

② $V_L = X_L I = \omega L I = 2\pi f L I$ (V_L은 I보다 $\dfrac{\pi}{2}$ rad만큼 앞선다)

③ $\dot{V} = \dot{V}_R + \dot{V}_L$

$V = \sqrt{V_R^2 + V_L^2} = \sqrt{R^2 \times X_L^2} \cdot I = Z \cdot I$ [V]

④ $I = \dfrac{V}{Z} = \dfrac{V}{\sqrt{R^2 + X_L^2}} = \dfrac{V}{\sqrt{R^2 + (\omega L)^2}}$

⑤ Z(임피던스) $= \sqrt{R^2 + X_L^2} = \sqrt{R^2 + (\omega L)^2}$
$= \sqrt{R^2 + (2\pi f L)^2}$

⑥ V와 I의 위상차(I가 V_L보다 θ만큼 뒤진다)

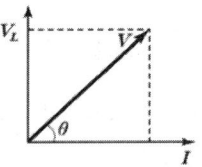

[그림 4-11] I와 V의 위상차

$\theta = \tan^{-1} \dfrac{\omega L}{R}$ [rad]

(2) R-C 직렬회로

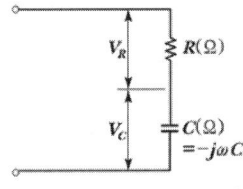

[그림 4-12] RC 직렬회로

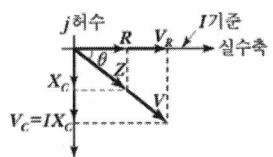

[그림 4-13] 벡터도

① $V_R = RI$ [V]

② $V_C = \dfrac{1}{\omega C} \cdot I = \dfrac{1}{2\pi f C} \cdot I$ (V_C는 I보다 $\dfrac{\pi}{2}$ 만큼 위상이 뒤진다)

③ $V = \sqrt{V_R^2 + V_C^2} = \sqrt{R^2 + \left(\dfrac{1}{\omega C}\right)^2} \cdot I = Z \cdot I$ [V]

④ $I = \dfrac{V}{Z} = \dfrac{V}{\sqrt{R^2 + \left(\dfrac{1}{\omega C}\right)^2}}$

⑤ Z(임피던스) $= \sqrt{R^2 + \left(\dfrac{1}{\omega C}\right)^2} = \sqrt{R^2 + \left(\dfrac{1}{2\pi f C}\right)^2}$

⑥ V와 I의 위상차(I가 V보다 θ만큼 앞선다)

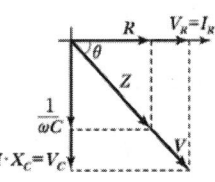

[그림 4-14] I와 V의 위상차

$\theta = \tan^{-1} \dfrac{\dfrac{1}{\omega C}}{R} = \dfrac{1}{\omega C R}$

예-6 정전용량이 $2\mu F$의 콘덴서에서 1000Hz, 10V의 전압이 가해질 때, 흐르는 전류 I는 몇 [A]인가?

풀이
$I = \omega CE = 2\pi f CE = 2\pi \times 1000 \times 2 \times 10^{-6} \times 10 = 4\pi \times 10^2 = 126 \times 10^{-3} A$

(3) R-L-C 직렬회로

① $X_L > X_C$: 유도성(i가 V보다 위상이 뒤짐)

㉠ $V = \sqrt{V_R^2 + (V_L - V_C)^2}$
$= I \cdot \sqrt{R^2 + \left(\omega L - \dfrac{1}{\omega C}\right)^2}$

㉡ 합성 임피던스(Z)

$Z = \sqrt{R^2 \left(\omega L - \dfrac{1}{\omega C}\right)^2}$

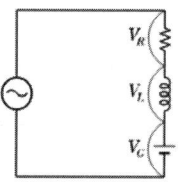

[4-15] R-L-C 직렬회로

㉢ 역률(지상역률)

$\theta = \tan^{-1} \dfrac{X_L - X_C}{R} \left(\dfrac{\omega L - \dfrac{1}{\omega C}}{R}\right)$

$\theta = \tan^{-1} \dfrac{V_L - V_C}{V_R}$

② $X_L < X_C$: 용량성(i가 V보다 위상이 앞섬)

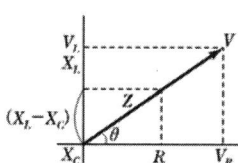

[4-16] 유도성 직렬회로

㉠ $V = \sqrt{V_R^2 + (V_C - L_L)^2} = I\sqrt{R^2 + \left(\dfrac{1}{\omega C} - \omega L\right)^2}$

㉡ 합성 임피던스(Z)

$Z = \sqrt{R^2 + (X_C - X_L)^2} = \sqrt{R^2 + \left(\dfrac{1}{\omega C} - \omega L\right)^2}$

㉢ 역률(진상역률)

$\theta = \tan^{-1} \dfrac{\left(\dfrac{1}{\omega C} - \omega L\right)}{R}$

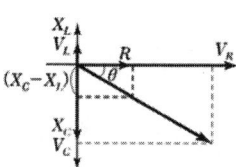

[4-17] 용량성 직렬회로

③ $X_L = X_C$: 허수부가 0(Zero)

위 조건이 공진조건이다. 공진에서는 Z가 최소이므로 I_R이 최대가 된다. 이를 직렬 공진이라고 한다.

$$2\pi f_R = \omega_R = \frac{1}{\sqrt{LC}}$$

공진주파수 $f_R = \dfrac{1}{2\pi\sqrt{LC}}$

[4-18] 벡터도

④ 병렬회로

(1) R-L 병렬회로

① $I_R = \dfrac{V}{R}$ (I_R은 V와 동상)

$I_L = \dfrac{V}{\omega L}$ (I_L은 V보다 $\dfrac{\pi}{2}$ 만큼 뒤진다)

② $I = \sqrt{I_R^2 + I_L^2} = V\sqrt{\left(\dfrac{1}{R}\right)^2 + \left(\dfrac{1}{\omega L}\right)^2}$ [A] $= V \cdot Y$

③ 임피던스(Z)

$$Z = \frac{1}{\sqrt{\left(\dfrac{1}{R}\right)^2 + \left(\dfrac{1}{\omega L}\right)^2}} = \frac{1}{\sqrt{R^2 + \omega^2 L^2}} \; [\Omega]$$

④ 어드미턴스(Y)

$$Y = \sqrt{\left(\dfrac{1}{R}\right)^2 + \left(\dfrac{1}{X_L}\right)^2} = \sqrt{\left(\dfrac{1}{R}\right)^2 + \left(\dfrac{1}{\omega L}\right)^2}$$

⑤ 위상차

$$\theta = \tan^{-1}\dfrac{R}{X_L}$$

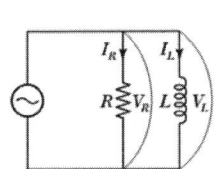 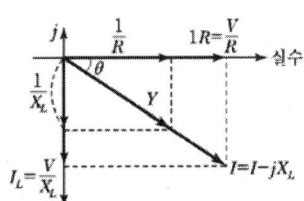

[4-19] R-L 병렬회로

예 - 7 RL 직렬회로에서 저항 R=40[Ω], 유도 리액턴스 ωL=30[Ω], 전원전압 E=100[V]일 때, 회로에서 흐르는 전류 I는 몇 [A]이고 전압과의 위상차 φ는 몇 도인가?

풀이

$$I = \frac{E}{\sqrt{R^2 + \omega^2 L^2}} = \frac{100}{\sqrt{40^2 + 30^2}} = \frac{100}{50} = 2\text{A}$$

$$\phi = \tan^{-1}\frac{\omega L}{R} = \tan^{-1}\frac{30}{40} = \tan^{-1}0.75 ≒ 36°52'$$

5 교류의 계산

(1) 전력과 역률

1) 유효전력 P [W]

$$P = VI\cos\theta = I^2 R = \frac{V^2}{R}$$

2) 피상전력 Q [VA]

$$Q = VI$$

3) 무효전력 S [Var]

$$S = VI\sin\theta$$

4) 역률($\cos\theta$)

$$\cos\theta = \frac{유효전력}{피상전력}$$

5) 무효율($\sin\theta$)

$$\sin\theta = \frac{무효전력}{피상전력}$$

6) 전부하 전류

① 단상 $= \dfrac{용량 P[\text{W}]}{전압\ V[\text{V}] \times 효율\ \eta[\%] \times 역률\ [\%]}$

② 3상 $= \dfrac{용량 P[\text{W}]}{\sqrt{3} \times 전압\ V[\text{V}] \times 효율\ \eta[\%] \times 역률\ [\%]}$

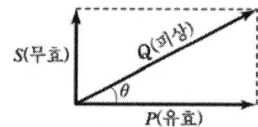

※ $Q^2 = P^2 + S^2$
(피상전력)² = (유효전력)² + (무효전력)²

[4-20] 피상전력

예-8 전압이 $e=\sqrt{2}\,100\sin\omega t$[V], 전류 $i=\sqrt{2}\,20\sin(\omega t-30)$[A]의 교류회로의 전력 P는 몇 [W]인가?

풀이
$$P=100\times20\times\cos30°=2000\times\frac{\sqrt{3}}{2}=1732\text{W}$$

3상 기전력

※ Y결선
$I_\ell = I_P$
$V = \sqrt{3}\,V_P \angle 30°$

※ △결선
$V_\ell = V_P$
$I_\ell = \sqrt{3}\,I_P \angle 30°$

6 전동기의 원리

(1) 플레밍의 왼손 법칙(전동기)

자계 안에 둔 도체에 전류가 흐를 때 도체에 작용하는 전자력의 방향에 관한 법칙으로 왼손의 검지를 자계방향으로 하고 중지를 전류방향으로 하면 엄지의 방향이 전자력의 방향이 된다.

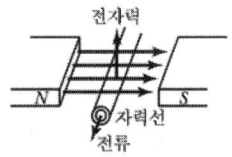 

[4-21] 플레밍의 왼손 법칙

(2) 플레밍의 오른손 법칙(발전기)

도체가 자계 안을 움직일 때 기전력의 방향은 플레밍의 오른손 법칙으로 쉽게 알 수 있다.
오른손의 엄지, 검지, 중지를 서로 직각이 되도록 벌리면 엄지는 도체의 운동방향, 검지는 자속의 방향, 중지는 기전력의 방향과 일치한다.

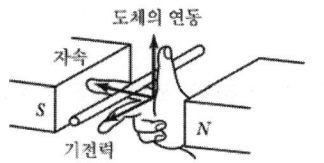 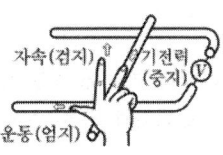

[그림 4-22] 교류발전기의 원리

(3) 아라고의 원판

구리 원판을 가운데 끼워서 자석을 놓고 이 자석을 좌우로 움직이면 원판도 그에 따라 같은 방향으로 회전한다. 구리가 비자성체임에도 이 현상이 일어나는 것은 전자유도 작용에 의한 것이다. 아라고의 원판은 유도 전동기의 원리가 된다.

유도 전동기에서는 자석을 움직이는 대신에 교류전류에 의한 회전자계를 만들어서 회전자를 돌리고 있는 것이다.

(4) 회전방향

유도기의 회전방향은 120°의 위상차가 있으므로 고정자의 세 단자 중에서 두 단자만을 바꾸면 회전방향이 반대로 된다.

(5) 동기속도(N_s : rpm)

회전자계가 돌아가는 속도는 전류의 변화 정도, 즉 주파수와 전자석의 N, S극에 따라 결정된다.

$$N_s = \frac{주파수}{\frac{극수}{2}} \times 60 = \frac{120 \times 주파수}{극수}$$

$$\therefore N_s = \frac{120f}{P}$$

여기서, f : 주파수
p : 극수

● 슬립(Slip)

전동기의 회전속도는 동기의 속도보다 약간 늦다. 그 늦는 비율을 슬립이라고 한다.

$$N = N_s(1-S)$$

$$S = \frac{N_s - N}{N_s}$$

여기서, N_s : 동기속도
N : 전동기의 실제 속도
S : 슬립

예 - 9 60Hz의 전원에 4극 3상 유도 전동기가 연결되어 있다. 슬립이 0.03일 때 이 전동기의 회전수는?

풀이

$$N_s = \frac{120f}{P} = \frac{120 \times 60}{4} = 1800 \text{rpm}$$

$$N = N_s(1-S) = 1800 \times (1-0.03) = 1746 \text{rpm}$$

SECTION 04 실전 예상문제

01 다음 중 교류에 대한 설명으로 잘못된 것은?
① 순시값은 정해진 값이 아니고 어떤 시각이 주어지면 비로소 그 시각에서 순시값이 결정된다.
② 순시 값 중에서 가장 큰 값을 최댓값이라 한다.
③ 사인파 교류의 실효값 I와 최댓값 I_m과의 관계는 $I = I_m\sqrt{2}$ [A]이다.
④ 순시값이 0으로 되는 순간부터 다음 0으로 되는 순간까지의 정(+)의 반주기에 대한 순시값의 평균을 평균값이라 한다.

1.
$I = \dfrac{I_{\max}}{\sqrt{2}}$

02 전류가 흐르는 도선이 자기장과 수직할 때 도선이 받는 전자력의 크기는?
(단, F= 전자력, B= 자기장의 세기, I= 전류의 세기, L= 자기장 속에 들어 있는 도선의 길이이다.)
① $F = BL/I$ ② $F = BI/L$
③ $F = LI/B$ ④ $F = BIL$

03 1펄스당 스텝각이 0.72°인 5상 스테핑 모터에서 스테핑 모터가 90°까지 회전하기 위해서는 몇 펄스를 인가해야 하는가?
① 45 ② 90
③ 125 ④ 180

3.
각도÷스텝각
$\dfrac{90}{0.72} = 125$

04 사인파의 주파수가 60[Hz]라면 주기는 약 몇 [ms]인가?
① 16.7 ② 57.7
③ 70.7 ④ 86.6

4.
$T = \dfrac{1}{f} = \dfrac{1}{60} \times 10^3 = 16.67\,\text{ms}$

정답 1. ③ 2. ④ 3. ③ 4. ①

05 다음 중 발전기의 유도 기전력의 방향을 알기 위한 법칙으로 맞는 것은?
 ① 렌츠의 법칙
 ② 패러데이의 법칙
 ③ 플레밍의 왼손 법칙
 ④ 플레밍의 오른손 법칙

5.
 ① 유도 기전력과 유도 전류는 자기장의 변화를 상쇄하려는 방향으로 발생한다는 법칙
 ② 전기분해법칙과 전자기유도법칙
 ③ 자기장 속에 있는 도선에 전류가 흐를 때 자기장의 방향과 도선에 흐르는 전류의 방향도선이 받는 힘의 방향을 결정하는 법칙

06 25[Ω]의 저항에 주파수60Hz인 전압 $v = 100\sqrt{2}\sin\omega t$ [V]를 가했을 때 전류의 실효값[A]은?
 ① 3 ② $4\sqrt{2}$
 ③ 4 ④ 5

6. $V = IR$
$I = \dfrac{V}{R} = \dfrac{100\sqrt{2}}{25\sqrt{2}} = 4A$

07 자체인덕턴스 10[mH]의 코일에 10[A]를 흘렸을 때 코일에 축적되는 에너지[J]는 얼마인가?
 ① 0.1 ② 0.5
 ③ 10 ④ 50

7. $E = \dfrac{LI^2}{2} = \dfrac{10 \times 10^{-3} 10^2}{2} = 0.5$

08 스테핑 모터는 다음 중 무엇에 의해 회전각이 제어되는가?
 ① 전압 ② 전류
 ③ 펄스수 ④ 계차

09 다음 설명으로 맞는 것은?

> 힘은 두 전하 사이의 크기의 곱에 비례하고, 두 전하 사이의 거리의 제곱에 반비례한다.

 ① 임피던스 ② 자기작용
 ③ 쿨롱의 법칙 ④ 옴의 법칙

9.
 ① 교류회로에서 전류가 흐르기 어려운 정도
 ② 자석이 같은 극끼리 서로 밀어내고 다른 극끼리 서로 당기는 작용
 ③ $F = \dfrac{q_1 q_2}{r^2}$
 ④ $V = IR$

정답 5. ④ 6. ③ 7. ② 8. ③ 9. ③

10 변압기의 원리로 맞는 것은?
   ① 공진현상
   ② 옴의 법칙
   ③ 전자유도 원리
   ④ 키르히호프의 법칙

11 콘덴서에 V[V]의 전압을 가해서 전하 Q[C]을 충전할 때, 축적되는 에너지 W[J]로 맞는 것은?
   ① $\frac{1}{2}QV^2$ ② $2QV$
   ③ $\frac{1}{2}QV$ ④ $2QV^2$

12 센서가 갖추어야 할 구비조건이 아닌 것은?
   ① 재현성, 안정성이 우수할 것
   ② 검출하고자 하는 물리량에 따라 출력이 가급적 직선적일 것
   ③ 호환성이 좋을 것
   ④ 소비전력이 클 것

13 기계의 전자화 또는 전자기기의 기계화를 통칭하는 것으로 적용범위는 자동차, 항공우주, 반도체, 제조분야에 적용되고 있으며 대규모 조립·가공 산업분야에서 생산성과 품질원가의 경쟁력을 높이는 기반기술을 무엇이라 하는가?
   ① PLC   ② CAD/CAM
   ③ 메카트로닉스   ④ 마이크로프로세서

14 스텝 각이 1.8°인 2상 HB형 스테핑모터를 반스텝 시퀀스로 구동하면 1펄스당 회전각은?
   ① 0.9°   ② 1.8°
   ③ 3.6°   ④ 9.9°

10.
① 물체가 가지고 있는 고유주파수와 이 물체에 가해진 하중의 주파수가 유사하거나 같은 경우 물체가 무한대로 진동하는 현상
② 전압=전류×저항
④ 전류에 관한 법칙, 열복사에 관한 법칙

11. $\frac{CV^2}{2} = \frac{QV}{2}$

14. $\frac{1.8}{2} = 0.9°$

정답 10. ③ 11. ③ 12. ④ 13. ③ 14. ①

15 온도의 변화를 저항의 변화로 변경하여 검출기로 사용되는 것은?
① 스프링　　② 가변 저항기
③ 전자코일　　④ 서미스터

16 200[W]의 전력을 소비하는 전열기를 하루 5시간씩 30일간 사용할 때의 전력량[kWh]으로 옳은 것은?
① 0.3　　② 1.5
③ 15　　④ 30

16. $0.2 \times 5 \times 30 = 30$ kWh

17 감은 횟수 30회의 코일에 0.4[A]의 전류가 흐를 때 2×10^{-3}[Wb]의 자속이 발생하였다. 이때 자체 인덕턴스값은?
① 0.15[H]　　② 0.8[H]
③ 1[H]　　④ 12[H]

17. $L = \dfrac{N\phi}{I} = \dfrac{30 \times 2 \times 10^{-3}}{0.4} = 0.15$

18 100[W]의 백열전등에 120[V]의 전압이 가해질 때 백열전등에 흐르는 전류는 몇 [A]인가?
① 0.83　　② 1.2
③ 8.33　　④ 12

18. $P = IV$
$I = \dfrac{P}{V} = \dfrac{100}{120} = 0.83$

19 20[Ω]의 유도 리액턴스에 100[V]의 교류 전압을 가할 때 흐르는 전류[A]는?
① 0.2　　② 0.5
③ 2　　④ 5

19. $V = IR$
$I = \dfrac{V}{R} = \dfrac{100}{20} = 5$

20 자기 인덕턴스 2[H]의 코일에 3[A]의 전류가 흐를 때의 자기 에너지는 약 몇 [J]인가?
① 18　　② 9
③ 6　　④ 3

20. $W = \dfrac{1}{2}LI^2 = \dfrac{1}{2} \times 2 \times 3^2 = 9$

정답　15. ④　16. ④　17. ①　18. ①　19. ④　20. ②

21 다음 그림과 같은 회로의 $a-b$ 사이의 합성 정전 용량은?

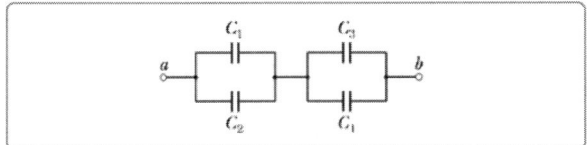

① $\dfrac{(C_1+C_2)(C_3+C_4)}{C_1+C_2+C_3+C_4}$ ② $\dfrac{C_1+C_2+C_3+C_4}{(C_1+C_2)(C_3+C_4)}$

③ $\dfrac{(C_1+C_3)(C_2+C_4)}{C_1+C_2+C_3+C_4}$ ④ $\dfrac{C_1+C_2+C_3+C_4}{(C_1+C_3)(C_3+C_4)}$

22 서보모터가 보통의 전동기와 다른 점을 나열한 것 중 틀린 것은?
① 시동, 정지 및 역전의 동작을 자주 반복한다.
② 정확한 제동 특성을 가져야 한다.
③ 회전방향에 따라 특성의 차이가 많아야 한다.
④ 높은 신뢰도가 필요하다.

23 전류에 관한 설명 중 옳은 것은?
① 전자의 이동방향과 전류의 흐름은 반대이다.
② 전류의 이동방향은 전자의 이동방향과 같다.
③ 전류는 저항에 비례한다.
④ 전류는 전기적인 압력에 반비례한다.

24 다음 식과 같이 표현되는 순시전류에 대한 설명으로 틀린 것은?

$$i=50\sqrt{2}\sin\left(377t+\dfrac{\pi}{6}\right)[A]$$

① 최댓값은 $50\sqrt{2}$ [A]이다.
② 주파수는 약 60[Hz]이다.
③ 이 파형의 주기는 $\dfrac{1}{377}$ [sec]이다.
④ 실효값은 50[A]이다.

21.
$$\dfrac{1}{C}=\dfrac{1}{C_1+C_2}+\dfrac{1}{C_3+C_4}$$
$$=\dfrac{C_3+C_4+C_1+C_2}{(C_1+C_2)(C_3+C_4)}$$
$$C=\dfrac{(C_1+C_2)(C_3+C_4)}{C_1+C_2+C_3+C_4}$$

23.
$V=IR$

24.
$\omega=377=2\pi f$
$f=\dfrac{377}{2\pi}=60$
$\omega T=2\pi$
$T=\dfrac{2\pi}{\omega}=\dfrac{2\pi}{377}$

정답 21. ① 22. ③ 23. ① 24. ③

25 서미스터는 온도의 변화를 어떤 물리량으로 변환하여 계측에 이용하는가?

① 열기전력　　② 탄성
③ 자성　　　　④ 전기저항

26 FA 시스템에서 리드타임(Lead Time)이란 무엇인가?

① FA 컴퓨터에 의해 데이터를 파일링하는 기술
② 생산라인의 생산 착수에서 조립, 검사를 거쳐 생산완료까지의 시간
③ FA 시스템의 증설, 개설이 용이한 형태
④ 자동생산 공정에서 생산기종, 부품 등을 재선정하여 제품을 생산하는 것

27 $100[\mu F]$ 커패시턴스 양단의 전압이 $V = 50\sin(100t)[V]$인 커패시턴스만의 회로에 흐르는 전류(A)는?

① $0.5\sin(100t - 90°)$
② $0.5\sin(100t)$
③ $2\cos(100t - 90°)$
④ $2\cos(100t)$

27.
$$Z = \sqrt{R^2 + \left(\frac{1}{\omega C}\right)^2}$$
$$= \sqrt{\left(\frac{1}{100 \times 100 \times 10^{-6}}\right)^2}$$
$$= 100$$
$$V = IR$$
$$I = \frac{V}{Z} = 0.5\sin(\omega t - 90)$$

28 실효값 100[V], 주파수 60[Hz]인 정현파 교류 전압의 최댓값은?

① $100\sqrt{2}$
② $100/\sqrt{2}$
③ $60\sqrt{2}$
④ $60/\sqrt{2}$

정답　25. ④　26. ②　27. ①　28. ①

29 서보모터가 갖추어야 할 조건으로 거리가 먼 것은?

① 고속 운전에 견딜 것
② 고 빈도의 가감속 운전에 견딜 것
③ 출력이 우수하고 과부하에 견딜 것
④ 제어장치 없이 단독 운전이 가능할 것

30 저항 40[Ω]과 인덕턴스 30[Ω]이 직렬로 연결된 정현파 교류 회로에서 합성 임피던스 Z [Ω]로 맞는 것은?

① 30   ② 40
③ 50   ④ 70

30. $Z = \sqrt{40^2 + 30^2} = 50$

31 스테핑모터에서 펄스 한 개당 1.8°를 회전할 때 한 바퀴를 회전하려면 몇 개의 펄스를 인가해야 하는가?

① 180개   ② 200개
③ 270개   ④ 360개

31. $\dfrac{360}{1.8} = 200$

32 어떤 코일에 흐르는 전류가 0.01초 사이에 일정하게 30[A]에서 10[A]로 변할 때 20[V]의 유도 기전력이 발생한다면 이때 코일의 자기 인덕턴스는 몇 [mH]인가?

① 1   ② 10
③ 100   ④ 50

32.
$e = L\dfrac{\Delta I}{\Delta t}$
$L = \dfrac{e\Delta T}{\Delta I} = \dfrac{20 \times 0.01}{30 - 10} = 0.01\,\text{H}$
$= 10\,\text{mH}$

33 다음 회로에서 합성정전용량은 몇 [pF]인가?

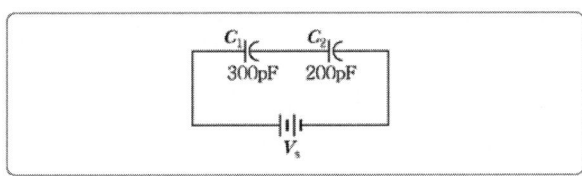

① 500   ② 250
③ 120   ④ 100

33.
$\dfrac{1}{C} = \dfrac{1}{300} + \dfrac{1}{200} = \dfrac{2+3}{600}$
$C = \dfrac{600}{5} = 120$

정답 29. ④ 30. ③ 31. ② 32. ② 33. ③

34 도체에 3[A]의 전류가 1분 동안 흘렀을 때, 도체를 통과한 전기량은?

① 180[C]   ② 300[C]
③ 500[C]   ④ 900[C]

34.
$I = \dfrac{Q}{t}$ [A=C/S]
$Q = It = 3 \times 60 = 180$[C]

35 정현파 교류의 주파수가 60[Hz]라면 주기는 약 몇 [ms]인가?

① 16.7   ② 57.7
③ 70.7   ④ 86.6

35.
$\omega = 2\pi f = 2\pi \times 60$
$\omega T = 2\pi$
$T = \dfrac{2\pi}{\omega} = \dfrac{1}{60} = 0.0167$
$= 16.7$ms

36 플레밍의 왼손법칙에 대한 설명 중 틀린 것은?

① 자계 중에 놓인 도체에 전류가 흐를 때 발생되는 힘을 구하고자 하는 경우에 적용된다.
② 직류 전동기의 회전력 발생 원리가 된다.
③ 엄지손가락의 방향은 자기장의 방향이다.
④ 자속과 도체의 놓인 방향이 서로 직각일 때 힘이 가장 크게 발생한다는 것을 알 수 있다.

37 그림과 같은 저항 회로에서 $R_1 = 1[\Omega]$, $R_2 = 4[\Omega]$, $R_3 = 1[\Omega]$, $R_4 = 4[\Omega]$의 저항이 존재할 때, $a-b$ 사이의 합성저항 $R[\Omega]$은?

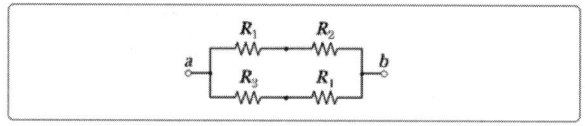

① 2.5   ② 5
③ $\dfrac{1}{5}$ ④ $\dfrac{2}{5}$

37.
$\dfrac{1}{R} = \dfrac{1}{1+4} + \dfrac{1}{1+4} = \dfrac{2}{5}$
$R = \dfrac{5}{2} = 2.5$

정답 34. ① 35. ① 36. ③ 37. ①

38 금속의 길이와 단면적은 저항값에 어떠한 관계를 가지고 있는가?
① 길이와 단면적에 반비례
② 길이와 단면적에 비례
③ 길이에 비례하고 단면적에 반비례
④ 길이에 반비례하고 단면적에 비례

38.
$$R = \rho \frac{l}{A}$$
여기서, $R[\Omega]$: 전기저항
$l[m]$: 도체의 길이
$A[m^2]$: 도체의 단면적
$\rho[\Omega \cdot m]$: 저항률

39 어떤 전구가 120[V] 전압에 연결되어 있다. 전구의 저항이 60[Ω]일 때 흐르는 전류는?
① 1A   ② 2A
③ 4A   ④ 8A

39. $I = \dfrac{V}{R} = \dfrac{120}{60} = 2A$

40 저항값이 30[Ω]인 어떤 금속선에 흐르는 전류가 2[A]이면 가해지는 전압[V]은?
① 0.1   ② 10
③ 60   ④ 110

40. $V = IR = 2 \times 30 = 60V$

41 다음 중 옴의 법칙을 나타낸 식으로 옳은 것은?
(단, V : 전압, I : 전류, R : 저항이다.)
① $V = R + V$ ② $V = \dfrac{R}{I}$
③ $V = I \times R$ ④ $V = \dfrac{I}{R}$

42 금속의 길이와 단면적은 저항값에 어떠한 관계를 가지고 있는가?
① 길이와 단면적에 반비례
② 길이와 단면적에 비례
③ 길이에 비례하고 단면적에 반비례
④ 길이에 반비례하고 단면적에 비례

42. $R = \rho \dfrac{l}{A}$
여기서, $R[\Omega]$: 전기저항
$l[m]$: 도체의 길이
$A[m^2]$: 도체의 단면적
$\rho[\Omega \cdot m]$: 저항률

정답 38. ③ 39. ② 40. ③ 41. ③ 42. ③

43 전자유도 현상에 의하여 생기는 유도 기전력의 크기를 정의하는 법칙은?

① 패러데이의 법칙　② 옴의 법칙
③ 쿨롱의 법칙　　　④ 오른나사의 법칙

44 다음 중 저항의 역수를 나타내는 것은?

① 컨덕턴스　② 도전율
③ 저항률　　④ 인덕턴스

45 저항값이 R인 전구에 전압이 V인 전지를 연결하였을 때 이 직류회로에 흐르는 전류는?

① VR　　　② RV^2
③ $\dfrac{V}{R}$　　④ $\dfrac{R}{V}$

46 5[Ω]의 저항 5개를 병렬로 연결했을 때 합성저항값은 몇 [Ω]인가?

① 1　　② 5
③ 10　④ 1/5

46. $\dfrac{1}{R} = \dfrac{1}{5} \times 5 = 1$

47 200[V], 10[W] 정격인 전열기를 100[V]에 연결할 때 소비되는 전력[W]은?

① 2.5　② 5
③ 10　④ 20

47.
$P = IV = \dfrac{V^2}{R}$

$R = \dfrac{V^2}{P_1} = \dfrac{200^2}{10} = 4000$

$P_2 = \dfrac{V^2}{R} = \dfrac{100^2}{4000} = 2.5$

48 어떤 교류발전기가 150π[rad/s]로 회전한다면, 이 전류의 주파수는 얼마인가?

① 50Hz　② 75Hz
③ 100Hz　④ 150Hz

48. $f = \dfrac{\omega}{2\pi} = \dfrac{150\pi}{2\pi} = 75$

정답　43. ①　44. ①　45. ③　46. ①　47. ①　48. ②

49 220[V]의 전압에서 330[W]의 전력으로 작동되는 컴퓨터가 있다. 이 컴퓨터에 흐르는 전류의 세기는 몇 [A]인가?

① 2.0 ② 2.5
③ 1.5 ④ 0.7

49. $I = \dfrac{P}{V} = \dfrac{330}{220} = 1.5$

50 다음 그림과 같은 회로에서 I_1, I_2, I_3, I_4의 관계로 옳은 것은?

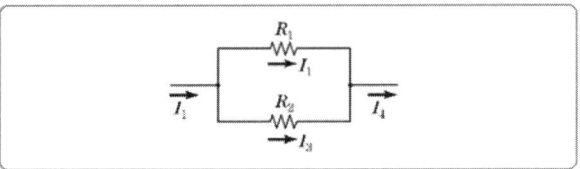

① $I_1 = I_2 = I_3 = I_4$ ② $I_1 = I_2 + I_3 = I_4$
③ $I_2 = I_1 \times (R_1/R_2)$ ④ $I_3 = I_1 \times (R_2 - R_1)$

51 어떤 전등에 100[V]의 전압을 가하였더니 50[W]의 전력을 소비하였다. 전류와 저항은?

① $I = 0.5[A]$, $R = 200[\Omega]$
② $I = 1[A]$, $R = 100[\Omega]$
③ $I = 1.5[A]$, $R = 200[\Omega]$
④ $I = 2[A]$, $R = 100[\Omega]$

51.
$P = IV = \dfrac{V^2}{R}$
$I = \dfrac{P}{V} = \dfrac{50}{100} = 0.5\,A$
$R = \dfrac{V^2}{P} = \dfrac{100^2}{50} = 200\,\Omega$

52 그림과 같은 회로에서 3[Ω]의 저항에 6[A]의 전류가 흐를 때 단자 a, b 사이의 전위차는 몇 [V]인가?
(단, 그림에서의 저항단위는 모두 [Ω]이다.)

① 54 ② 108
③ 126 ④ 174

52.
병렬의 전압은 일정
$6 \times 3 = 6 \times I_1$
$I_1 = 3A$
전체 $I = 6 + 3 = 9A$
전체저항
$R = 10 + \left(\dfrac{1}{\dfrac{1}{3} + \dfrac{1}{6}}\right) = 12$
$V = IR = 9 \times 12 = 108V$

정답 49. ③ 50. ② 51. ① 52. ②

53 저항이 R인 백열전구를 직렬로 3개를 연결하였을 때의 전체 저항은?

① R 　　　　　② $\dfrac{R}{3}$

③ $3R$ 　　　　　④ $\dfrac{1}{3R}$

53. $R_T = R + R + R = 3R$

54 "전자 유도에 의하여 생긴 기전력의 방향은 그 유도 전류가 만든 자속이 항상 원래 자속의 증가 또는 감소를 방해하는 방향이다."와 밀접한 관련이 있는 법칙은?

① 패러데이의 법칙 　② 렌쯔의 법칙
③ 앙페르의 법칙 　　④ 쿨롱의 법칙

55 각각의 저항값이 R_1, R_2인 저항들을 직렬로 접속하였을 때 합성저항 R_0를 구하는 식은?

① $\dfrac{1}{R_0} = \dfrac{1}{R_1} - \dfrac{1}{R_2}$ 　② $R_0 = \dfrac{1}{R_1 + R_2}$

③ $R_0 = \dfrac{R_1}{R_2}(R_1 - R_2)$ 　④ $R_0 = R_1 + R_2$

56 10[Ω]과 15[Ω]의 저항을 병렬로 연결하고 50[A]의 전류를 흐르게 할 때 15[Ω]에 흐르는 전류는?

① 10A　　　　　　② 20A
③ 30A　　　　　　④ 40A

56.
$R = \dfrac{1}{\dfrac{1}{R_1} + \dfrac{1}{R_2}} = \dfrac{1}{\dfrac{1}{10} + \dfrac{1}{15}}$
$= \dfrac{1}{\dfrac{3+2}{30}} = \dfrac{30}{5} = 6[\Omega]$
$V = IR = 50 \times 6$
$\quad = 300[V]$
$I_2 = \dfrac{V}{R_1} = \dfrac{300}{15} = 20[A]$

57 도체에 2[A]의 전류가 1분 동안 흘렀다고 할 때, 이동한 전하량은 몇 [C]인가?

① 1　　　　　　　② 2
③ 20　　　　　　 ④ 120

57. $2 \times 60 = 120$

정답　53. ③　54. ②　55. ④　56. ②　57. ④

03 PART 자동제어 및 응용기기

CHAPTER 01	SECTION 01	자동제어의 개념
	SECTION 02	자동제어계의 분류
	SECTION 03	자동제어공학에 필요한 기호
	SECTION 04	자료의 표현
	SECTION 05	자동제어공학의 수학적 기법
	SECTION 06	블록선도
	SECTION 07	물리계의 수학적 모델 및 제어계의 특성
	SECTION 08	자동제어계의 과도응답
CHAPTER 02	SECTION 01	PLC(Programmable Logic Controller)
	SECTION 02	유압기기
	SECTION 03	측정용 센서

SECTION 01 자동제어의 개념

PART 03 자동제어 및 응용기기

1 자동제어

자동제어란 어떤 대상물이 요구하는 바와 같이 동작되도록 필요한 조작을 가해주는 것을 말한다. 기본적인 제어계는 그림과 같이 간단한 BLOCK 선도(BLOCK Diagram)로 나타낼 수 있다.
이계의 목적은 입력 e에 의해서 출력 C를 제어하는 것이다.

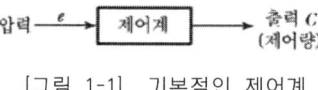

[그림 1-1] 기본적인 제어계

출력을 입력 축에 되돌리는 것을 귀환(Feed Back)이라고 하는데 귀환이 없을 때 즉, 출력이 입력에 전혀 영향을 주지 않는 계통 개회로 제어계라고 하며, 귀환이 있는 제어계를 폐회로 제어계라고 한다.

개회로 제어계의 예를 들면 가정용 난로의 경우 만약 난로가 스위치의 개폐시간을 조절할 수 있는 시간 조절 기능만을 갖는다면 주어진 시간 후에는 실내온도가 기준치보다 높거나 낮거나 상관없이 난로는 꺼지게 된다.

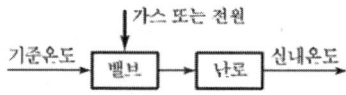

[그림 1-2] 시간조절기만 있는 가정용 난로 제어계

따라서 실내온도는 외부온도의 영향을 크게 받는다. 이런 종류의 제어는 부정확하고 신빙성이 없게 된다. 폐회로 제어계의 예를 들면 가정용 난로의 경우 주위 온도와 비교하여 온도를 제어할 수 있다. 다음 그림은 가정용 난로의 폐회로 제어계를 나타낸다. 이 경우는 실내온도를 우리가 원하는 방향으로 제어가 가능하다. 실내온도와 기준온도를 비교하여 온도차가 있을 때마다 밸브를 개폐하므로 외부온도의 영향을 적게 받아 정확성과 신뢰성이 있다.

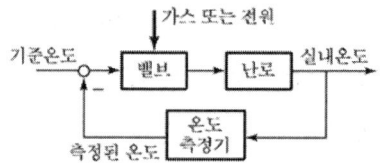

[그림 1-3] 가정용 난로의 폐회로 제어계

자동제어계의 이점
- 인간의 단점:힘과 연속성, 단조로운 작업
- 자동제어계를 생산 공정 및 기계장치 등에 적용 시 이점
  ① 생산속도 향상
  ② 제품품질의 균일화
  ③ 노동력 감소
  ④ 생산설비 수명 증가
  ⑤ 노동조건 향상

2 자동제어계의 용어

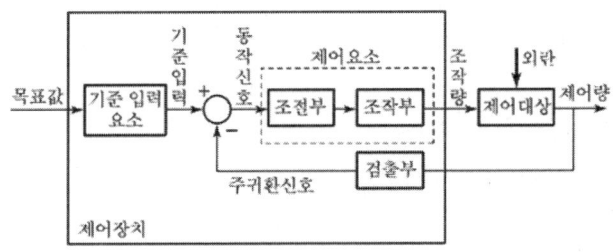

[그림 1-4] 폐루프 제어계의 기본 블록선도

- 목표치(COMMAND):외부에서 주어지며 피드백 제어계에 속하지 않는 신호이다. 정치제어의 경우에는 설정치(Set Point)라고도 한다.

- 기준입력요소(Reference Input Element):목표치에 비례하는 기준입력신호를 발생하는 요소로서 설정부라고도 한다.

- 기준입력(Reference Input):제어계를 동작시키는 기준으로서 직접 폐루프에 가해지는 입력이며, 목표치와 비례관계를 갖는다.

- 주귀환신호(Primary Feedback Signal):제어량을 목표치와 비교하여 동작신호를 얻기 위해 귀환되는 신호로서 제어 량과 함수관계가 있다.

- 동작신호(Actuating Signal):기준입력과 주귀환신호의 차로서 제어동작을 일으키는 신호이며, 편차라고도 한다(목표치와 제어량의 차).

- 제어요소(Control Element):동작신호를 조작 량으로 변환시키는 요소이다. 조절부와 조작부로 이루어진다.

- 조작량(Manipulated Bariable):제어장치가 제어대상에 가하는 제어신호로서 제어장치의 출력인 동시에 제어대상에의 입력이다.

- 제어대상(Controlled System, Controlled Process):스스로 제어활동을 하지 않는 출력발생장치로서 제어계에서 직접 제어를 받는 장치이다.

- 외란(Disturbance) : 제어량의 값을 변화시키려 하는 외부로부터의 바람직하지 않은 신호이다. (유출량, 목표치 변경)
- 제어량(Controlled Variable) : 제어를 받는 제어계의 출력량으로서 제어대상에 속하는 양이다.
- 귀환요소(Feedback Element) : 제어 량을 검출하여 주귀환신호를 만드는 요소로서 검출부(Detecting Means)라고도 한다.
- 제어편차(Controlled Deviation) : 「목표치-제어량」으로 정의되는 것으로 이 신호가 그대로 동작신호로 되기도 한다.
- 비교부(Comparator) : 목표치와 제어 량에서 인출한 신호를 서로 비교해서 제어동작을 일으키는데 필요한 정보를 가진 신호를 만들어 내는 부분이다.
- 제어장치(Controller) : 제어대상의 작동을 조절하는 장치로 기준입력요소, 제어요소, 귀환요소가 이에 속한다(제어대상 이외의 부분).

> Boiler 온도를 300℃로 일정하게 유지할 경우
> ① 300℃-목표치 중유공급량:조작량
> ② 온도:제어량
> ③ 보일러:제어대상

- 조절부 : 기준입력(Input)과 검출부출력(Output)을 합하여 제어계가 소요의 작용을 하는 데 필요한 신호를 조작부로 보냄(동작신호를 만드는 부분)
- 조작부 : 조절부로부터의 신호를 조작 량으로 변화하여 제어대상에 작용
- 검출부 : 압력, 온도, 유량 등의 제어량을 측정 신호로 나타냄

SECTION 01 실전 예상문제

01 자동제어계를 생산 공정이나 기계장치 등에 이용하였을 때의 장점이 아닌 것은?

① 생산속도를 증가시킨다.
② 제품의 품질이 균일화되고 향상되어 불량품이 감소한다.
③ 생산설비의 수명이 단축된다.
④ 노동조건이 향상된다.

02 제어 시스템의 기본 구성요소를 바르게 표현한 것은?

① 입력부, 제어부, 출력부
② 기구부, 검출부, 조절부
③ 비교부, 제어부, 증폭부
④ 입력부, 변환부, 조작부

03 생산 공정을 사람 대신 자동제어로 대행시키면 많은 장점이 있다. 장점이 아닌 것은?

① 생산속도를 증가시킨다.
② 제품의 품질이 균일화되고 향상되어 불량품이 감소된다.
③ 생산설비의 수명이 짧아진다.
④ 노동조건이 향상된다.

3. 자동제어는 생산설비의 수명을 연장시킬 수 있고 생산량을 증대시킬 수 있다.

04 자동제어의 장점에 대한 설명이 아닌 것은?

① 생산 속도를 감소시킨다.
② 품질 향상과 균일화에 기여한다.
③ 인간이 직접 하기 어려운 작업까지도 가능하다.
④ 양질의 제품을 신속, 대량으로 생산 가능하다.

4. 자동제어는 생산속도를 증가시키고, 생산량을 증대시킬 수 있다.

정답 1. ③ 2. ① 3. ③ 4. ①

05 일상생활에서 이용하는 자동판매기는 어떤 제어를 이용한 것인가?
① 시퀀스 제어
② 되먹임 제어
③ 비례제어
④ 미분제어

06 다음 중 제어계의 성능으로 3가지 중요한 특성값이 아닌 것은?
① 정상편차　　② 속응성
③ 결합계수　　④ 안정도

6. 제어성능에는 안정도, 속응성, 정상특성(정상편차) 3가지를 판정기준으로 한다.

07 생산 공정이나 기계장치 등에 자동제어계를 사용할 때의 특징으로 잘못된 것은?
① 생산속도 증가
② 제품 품질의 균일화
③ 인건비 감소
④ 생산 설비의 수명 감소

7. 자동제어계를 사용하면 생산설비의 수명이 증가된다.

08 기계나 설비 또는 화학반응 등이 목적에 적합하도록 대상물에 필요한 조작을 가하여 현재 상태를 원하는 상태로 조절하는 것은?
① 제어　　② 전환
③ 동작　　④ 오차

09 입력과 출력을 비교하는 장치가 필요한 제어로 맞는 것은?
① 프로그램 제어　　② 되먹임 제어
③ ON-OFF 제어　　④ 프로세스 제어

9. 입출력을 비교하기 위해서는 피드백 또는 되먹임 제어장치를 필요로 한다.

정답　5. ①　6. ③　7. ④　8. ①　9. ②

SECTION 02 자동제어계의 분류

PART 03 자동제어 및 응용기기

자동제어공학은 응용되는 분야가 전기공학뿐만 아니라 기계공학, 화학공학, 우주항공공학, 선박공학, 경영학 등 다양하다.

1 제어량의 성질에 따른 분류

① 프로세스 제어(Process Control):이것은 온도, 유량, 압력, 농도, pH 효율 등의 공업 프로세스의 상태량을 제어량으로 하는 제어이다.
② 서보 기구(Servo Mechanism):물체의 위치, 방위, 자세 등의 기계적 변위를 제어량으로 해서 목표치의 임의의 변화에 추종하도록 구성된 제어계를 말한다.
③ 자동조정(Automatic Regulation):위의 두 개의 어떤 것에도 속하지 않는 것으로서 전동기의 자동속도 제어와 같은 소위 전기기기의 제어, 전압제어(AVC, AVR), 주파수 제어(AFC), 속도제어(ASR), 장력제어 등이 있다.

이들을 합해서 자동조정이라 부르는데, 일반적으로 에너지의 변환부/전송부, 신호의 변환부/변송부의 자동 제어조정 등을 말한다.

2 목표치의 성질에 따른 분류

① 정치 제어:목표치가 일정한 제어를 말한다. 예를 들면 온도를 일정하게 한다든가, 속도를 일정하게 한다든가 하는 경우이다. 프로세스 제어나 자동조정에서는 이 정치제어방식이 특히 많다.
② 추치 제어:목표치가 임의의 변화를 하는 제어를 말한다. 서보 기구가 이것에 해당된다. 이와 같이 구성된 제어계를 서보계라 부르기도 한다.
③ 프로그램 제어:목표치가 처음에 정해진 변화를 하는 경우를 말한다. 열처리로의 온도제어, 공작기계에 있어서 자동공작 등이 이것에 해당한다.

③ 제어동작의 연속성에 의한 분류

① 연속 데이터 제어(Continuous-data Control):계통의 모든 부분의 신호가 연속적인 시간 변수의 함수로 표시되는 제어이다.
② 불연속 데이터 제어(Discrete-data Control):계통의 제어신호가 펄스열(Pulse-Train)이나 디지털 코드(Digital Code)인 제어이다. 특히 디지털 코드인 경우는 디지털 컴퓨터의 많은 이점을 이용할 수 있다.
③ 개폐형(On-off Type):조작량이 두 개의 정한 값의 어느 것인가를 가지는 것이다. 이것은 2위치 동작이라고 하며, 구조가 간단하고 값이 싸기 때문에 많이 쓰인다.

④ 조절의 동작에 의한 분류

(1) 불연속 동작:2위치 동작, 다위치 동작

(2) 연속동작

① 비례동작(P):잔류편차가 있다.
$$G(s) = \frac{Y(s)}{X(s)} = K(\text{이득상수})$$

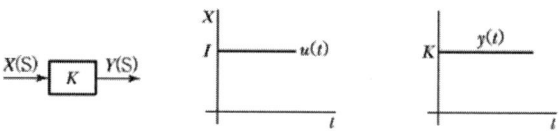

예 전위 차례, 전자증폭관 지렛대

② 미분요소(D)
$$G(s) = Ks$$

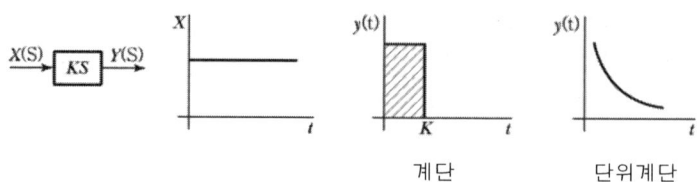

계단　　　단위계단

③ 적분요소(I):편차 제거 시 적용

$$G(s) = \frac{K}{s}$$

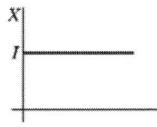 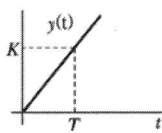

④ 1차 지연요소

$$G(s) = \frac{K}{Ts+1} \ (T\text{:시정수})$$

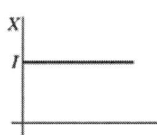 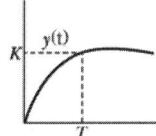

⑤ 2차 지연요소

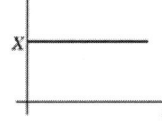 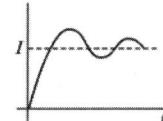

⑥ 비례 적분(PI):계단변화에 대하여 잔류편차가 없으면 간헐 현상이 있다.
⑦ 비례 미분적분(PID):뒤진 앞선 회로와 특성이 같으며 정상편차, 응답, 속응성이 최적이다.

SECTION 02 실전 예상문제

01 순차 제어시스템과 되먹임 제어시스템의 차이점은?
① 조절부
② 조작부
③ 출력부
④ 비교부

02 다음 중 피드백 제어계의 특징이 아닌 것은?
① 구조가 간단하다.
② 대역폭이 증가한다.
③ 비선형성과 왜형에 대한 효과가 감소한다.
④ 정확성이 증가한다.

2. ① 간단 → 복잡
피드백 제어계는 시퀀스제어보다 복잡하다.

03 다음 중 시퀀스 제어에 속하지 않는 것은?
① 전기로의 온도제어
② 자동판매기 제어
③ 교통신호등 제어
④ 컨베이어 제어

04 다음 중 서보 기구의 제어량으로 가장 적합한 것은?
① 위치, 방향, 자세
② 온도, 유량, 압력
③ 조성, 품절, 효율
④ 각도, 유량, 품질

05 제어계를 동작시키는 기준으로서 제어계에 입력되는 신호는?
① 동작 신호
② 기준입력 신호
③ 조작량
④ 궤환 신호

정답 1. ④ 2. ① 3. ① 4. ① 5. ②

06 개회로 제어 시스템(Open Control System)을 적용하기에 적합하지 않은 제어계는?
① 외란 변수의 변화가 매우 작은 경우
② 여러 개의 외란 변수가 존재하는 경우
③ 외란 변수에 의한 영향이 무시할 정도로 작은 경우
④ 외란 변수의 특징과 영향을 확실히 알고 있는 경우

07 제어계의 제어량에 따른 분류 중 위치 또는 각도와 같은 제어량을 제어하는 장치는 어떤 제어에 해당하는가?
① 서보기구제어
② 프로세스제어
③ 자동조정
④ 공정제어

08 온도, 유량, 압력 등을 제어량으로 하는 제어계로서 프로세스에 가해지는 외란의 억제를 주목적으로 하는 것은?
① 프로세스제어
② 자동제어
③ 서보 기구
④ 정치제어

8. 프로세스제어는 온도, 압력, 레벨, 농도, 습도, 비중 PH 등의 프로세서 상태량을 제어 량으로 하는 제어이다.

09 다음 중 컴퓨터 출력장치에 해당되지 않는 것은?
① 프린터
② 디스플레이 장치
③ 플로터
④ 카드판독 장치

10 제어량을 기준으로 하여 온도, 압력, 유량, 액면 등을 제어 량으로 하는 제어로 맞는 것은?
① 프로세서 제어
② 서보 기구
③ 시퀀스 제어
④ 자동 조정

11 다음 중 서보 모터에 사용되고 있는 회전 속도 검출기로 적합하지 않는 것은?
① 인코더
② 태코 제너레이터
③ 리미트스위치
④ 리졸버

정답 6. ② 7. ① 8. ① 9. ④ 10. ① 11. ③

12 다음 중 시퀀스 제어와 비교하여 피드백 제어에서만 필요한 장치는?
① 구동장치   ② 제어장치
③ 입출력 비교장치   ④ 입력장치

13 일반적으로 서보기구로 제어할 수 있는 것은?
① 유량   ② 전압
③ 주파수   ④ 방위

13. 서보기구
기계적 위치, 방향, 자세 등을 제어 량으로 하는 제어로 추치제어를 한다.

14 자동제어계를 해설할 때 기준입력신호로 사용되지 않는 함수는?
① 단위계단 함수   ② 단위램프 함수
③ 임펄스 함수   ④ 전달 함수

15 제어용 각종 기기 중에서 주 회로의 단락사고 등에 의한 과전류로부터 회로를 보호하는 장치로 사용되는 것은?
① 카운터   ② 타이머
③ 배선용 차단기   ④ 릴레이

16 다음 중 서보모터의 특징이 아닌 것은?
① 제어회로가 간단하다.
② 정·역회전이 자유롭다.
③ 기동 토크가 크다.
④ 신속한 정지가 가능하다.

16. 서보기구는 피드백제어를 사용함으로 제어회로가 복잡하다.

17 어떤 제어계의 입력신호를 가한 다음 출력신호가 정상 상태에 도달할 때까지를 무엇이라고 하는가?
① 선형 상태   ② 과도 상태
③ 무동작 상태   ④ 안정 상태

17. 안정 상태
제어계에서 출력의 과도현상이 시간의 경과와 더불어 감소되어 정상출력을 얻는 경우

정답 12. ③ 13. ④ 14. ④ 15. ③ 16. ① 17. ②

18 다음 중 발전기 출력단자 전압을 부하에 관계없이 일정하게 유지하는 장치가 있을 경우 이는 어디에 속하는가?
① 서보 기구　　② 공정 제어
③ 추치 제어　　④ 자동 조정

18. 서보 기구는 목표값(입력)의 임의의 변화에 추종하도록 구성된 제어계로 편차검출 시 편차가 0(Zero)이 되도록 출력을 되먹여 일정하게 유지되도록 한다.

19 다음 중 개회로(Open Loop) 제어계의 응용으로 볼 수 없는 것은?
① 교통 신호 장치
② 물류공장의 컨베이어
③ 커피 자동 판매기
④ NC 선반의 위치제어

20 정확하고 신뢰성 있는 제어계를 실현하기 위해 제어량의 값을 목표값과 비교하여 그 값들이 일치되도록 자동적으로 오차보정 동작을 행하는 제어방식은?
① 시퀀스 제어　　② 개루프 제어
③ 피드백 제어　　④ 프로그램 제어

21 시퀀스 제어와 비교한 되먹임 제어의 가장 큰 특징은?
① 출력을 검출하는 장치가 있다.
② 입력과 출력을 비교하는 장치가 있다.
③ 응답속도를 빠르게 하는 장치가 있다.
④ 비상정지를 할 수 있는 장치가 있다.

22 발전기 출력 단자전압을 부하에 관계없이 일정하게 유지하는 장치가 있을 경우 이는 어디에 속하는가?
① 서보 기구　　② 공정 제어
③ 추치 제어　　④ 자동 조정

정답　18. ④　19. ④　20. ③　21. ②　22. ④

23 다음 중 되먹임 제어의 장점이 아닌 것은?
① 외부 조건의 변화에 대한 영향을 줄일 수 있다.
② 제어계의 특성을 향상시킬 수 있다.
③ 제어계가 간단해지고, 제어기의 값이 경제적이다.
④ 목표값에 정확히 도달할 수 있다.

24 제어계의 제어량에 따른 분류 중 위치 또는 각도와 같은 제어 량을 제어하는 장치는 어떤 제어에 해당하는가?
① 서보기구제어   ② 프로세스제어
③ 자동조정   ④ PID제어

24. 목표치 성질에 따른 분류
• 정치제어 : 자동조정기
• 추치제어 : 서보모터
• 프로그램제어 : 공작기계

25 되먹임 제어방법 중 기계적 변위를 제어량으로 하는 서보 기구와 관계없는 것은?
① 자동 조타 장치   ② 자동 위치 제어기
③ 자동 전원 조정장치   ④ 자동 평형 기록계

26 서보모터를 사용하여 구동시키는 공작기계의 수치제어 방법은?
① 시퀀스제어   ② 개루프방법
③ 폐루프방법   ④ 프로그램제어

26.
① 미리 정해진 순서에 따라 일련의 제어단계가 차례로 진행되어 나가는 자동제어
② 제어동작의 출력과 관계없이 신호의 통로가 열려 있는 제어계통으로 시퀀스제어와 같다.
③ 출력의 일부를 입력방향으로 피드백시켜 목표값과 비교되도록 폐루프를 형성하는 제어계
④ 제어목표값을 미리 정해진 규칙에 따라 변화시키는 자동제어

27 다음 중에서 서보모터의 특성을 잘못 설명한 것은?
① 속도 응답성이 좋아야 한다.
② 제어성이 좋아야 한다.
③ 빈번한 시동 및 정지 운전이 연속적으로 이루어지더라도 기계적 강도가 커야 한다.
④ 관성이 크고, 전기적 또는 기계적 시상수가 커야 한다.

28 다음 자동제어계의 분류에서 제어 량의 종류에 의한 분류 중 서보제어로 가장 적합한 것은?
① 비행기의 방향제어   ② 수조의 온도제어
③ 커피자판기의 온도제어 ④ 자동전원 조정장치 제어

28.
서보제어란 출력(위치, 회전수, 각도)을 피드백시켜 원하는 동작을 하도록 하는 장치를 말한다. 따라서 비행기의 방향제어가 이에 해당한다고 볼 수 있다.

정답 23. ③ 24. ① 25. ③ 26. ③ 27. ④ 28. ①

SECTION 03 자동제어공학에 필요한 기호

PART 03 자동제어 및 응용기기

1 시퀀스 제어

(1) 접점의 도시기호

① a접점:열려 있는 접점(Arbeit Contact, Make Contact)
② b접점:닫혀 있는 접점(Break Contact)
③ c접점:전환 접점(Change-Over Contact)

명칭	그림기호		적요
	a접점	b접점	
접점(일반) 또는 수동 조작	(a) (b)	(a) (b)	a접점 : 평시에 열려 있는 접점(NO) b접점 : 평시에 닫혀 있는 접점(NC) c접점 : 전환 접점
수동 조작 자동 복귀 접점	(a) (b)	(a) (b)	손을 떼면 복귀하는 접점이며, 누름형, 당김형, 비틂형으로 공통이고, 버튼 스위치, 조작 스위치 등의 접점에 사용된다.
기계적 접점	(a) (b)	(a) (b)	리미트 스위치같이 접점의 개폐가 전기적 이외의 원인에 의하여 이루어지는 것에 사용된다.
조작 스위치 잔류 접점	(a) (b)	(a) (b)	
전기 접점 또는 보조 스위치 접점	(a) (b)	(a) (b)	
한시 동작 순시복귀 접점	(a) (b)	(a) (b)	특히 한시 접점이라는 것을 표시할 필요가 있는 경우에 사용한다.
한시 복귀 접점	(a) (b)	(a) (b)	
수동 복귀 접점	(a) (b)	(a) (b)	인위적으로 복귀시키는 것인데, 전자식으로 복귀시키는 것도 포함한다. 예를 들면, 수동 복귀의 열전계전기 접점, 전자복귀식 벨계 전기 접점 등

명칭	그림기호		적요
	a접점	b접점	
전자 접촉기 접점	(a) (b)	(a) (b)	잘못이 생길 염려가 없을 때는 계전 접점 또는 보조 스위치 접점과 똑같은 그림 기호를 사용해도 된다.
제어기 접점 드럼형 또는 캡형			그림은 하나의 접점을 가리킨다.

※ 한시동작 순시복귀: a접점은 전원 투입 시 설정시간 경과 후에 동작하여 닫히며 전원 제거 시 순간적으로 복귀

(2) 유접점회로와 무접점회로의 비교

항목	유접점방식	무접점방식
동작의 빈번도	적은 경우에 사용한다.	많은 경우에 사용한다.
수명	수명이 짧다.	반영구적이다.
동작속도	늦으며 한계가 있다.(ms)	빠르다.(μs)
주위온도	온도 특성이 양호하다.	열에 약하며 보호대책이 필요하다.
환경조건	진동이나 충격에 약하다.	나쁜 환경에 잘 견딘다.
서지	전기적 노이즈에 안정하다.	약하며, 보호대책이 필요하다.
소비전력	많다.	적다.
작동 확인 상태	용이하다.	테스터에 의한 점검을 할 수 있다.
제어장치의 외형	일반적으로 크다.	작아진다.
입출력	독립된 다수의 출력을 동시에 얻을 수 있다.	다수 입력, 소수 출력에 용이하다.
가격	소규모에서 염가이다.	대규모에서 염가이다.
전원	별도 전원이 필요 없다.	별도 전원이 필요하다.

(3) 시퀀스 제어 소자

① 전자 릴레이(Electro Magnetic Relay)

전자 릴레이는 철심 위에 코일을 감아 자속이 통과하는 계철 자기력에 흡인되는 접촉자에 의해 개폐되는 접점을 응용한 것이다.

❷ 논리시퀀스 회로

(1) 논리적 회로(AND gate)

2개의 입력 A와 B 모두가 '1'일 때만 출력이 '1'이 되는 회로로서 논리식은 $X = A \cdot B$이다.

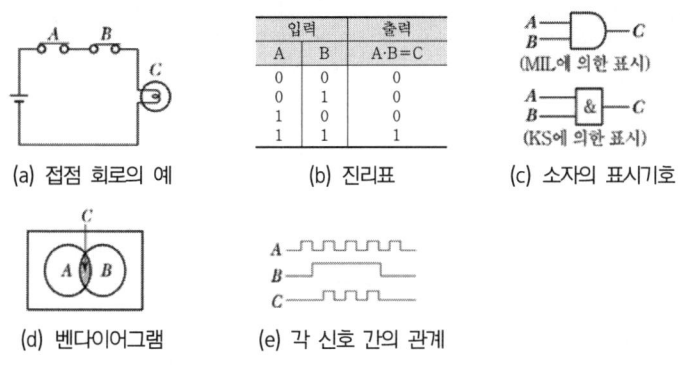

[그림 3-1] AND 회로

(2) 논리합 회로(OR gate)

입력 A 또는 B의 어느 한쪽이든가, 양자 모두가 '1'일 때 출력이 '1'이 되는 회로로서 논리식은 $X = A + B$이다.

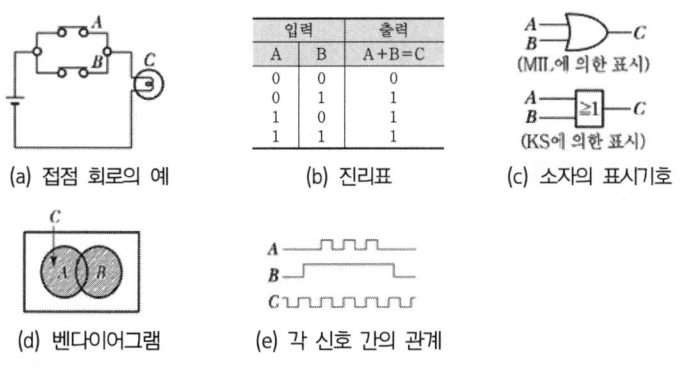

[그림 3-2] OR 회로

(3) 논리부정 회로(NOT gate)

입력이 '0'일 때 출력은 '1', 입력이 '1'일 때 출력은 '0'이 되는 회로로서 입력신호에 대하여 부정(NOT)의 출력이 나오는 것이다. 논리식은 $X = \overline{A}$ 이다.

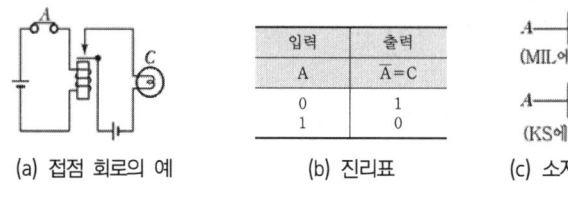

(a) 접점 회로의 예   (b) 진리표   (c) 소자의 표시기호

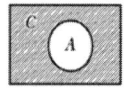

(d) 벤다이어그램   (e) 각 신호 간의 관계

[그림 3-3] NOT 회로

(4) NAND 회로(NAND gate)

AND 회로에 NOT 회로를 접속한 AND-NOT 회로로서 논리식은 $X = \overline{A \cdot B}$ 이다.

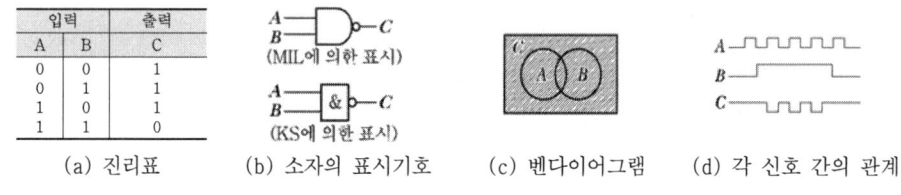

(a) 진리표   (b) 소자의 표시기호   (c) 벤다이어그램   (d) 각 신호 간의 관계

[그림 3-4] NAND 회로

(5) NOR 회로(NOR gate)

OR 회로에 NOT 회로를 접속한 OR-NOT 회로로서 논리식은 $X = \overline{A + B}$ 이다.

(a) 진리표   (b) 소자의 표시기호   (c) 벤다이어그램   (d) 각 신호 간의 관계

[그림 3-5] NOR 회로

(6) 배타적 논리합 회로(Exclusive-OR 회로)

입력 A, B가 서로 같지 않을 때만 출력이 '1'이 되는 회로로서 A, B가 모두 '1'이어서는 안 된다는 의미가 있다. 논리식은 $X = \overline{A} \cdot B + A \cdot \overline{B} = A \oplus B$이다.

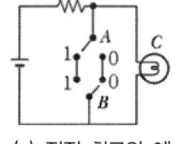   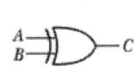   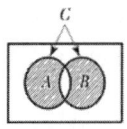

입력		출력
A	B	C
0	0	0
0	1	1
1	0	1
1	1	0

(a) 접점 회로의 예   (b) 진리표   (c) 소자의 표시기호   (d) 벤다이어그램

[그림 3-6] EX-OR 회로

(7) X-NOR 회로 $C = \overline{A \oplus B}$

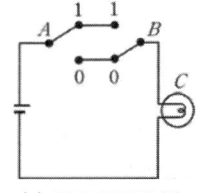   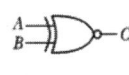   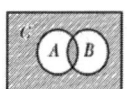

입력		출력
A	B	C
0	0	1
0	1	0
1	0	0
1	1	1

(a) 접점 회로의 예   (b) 진리표   (c) 소자의 표시기호   (d) 벤다이어그램

[그림 3-7] X-NOR 회로

예-1 다음 접점 회로를 도시하시오.

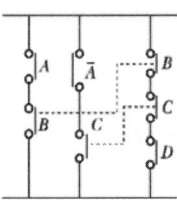

풀이

$$AB + \overline{A}C + BCD = AB + \overline{A}C + BCD(A + \overline{A})$$
$$= AB + \overline{A}C + ABCD + \overline{A}BCD$$
$$= AB(1 + CD) + \overline{A}C(1 + BD)$$
$$= AB + \overline{A}C$$

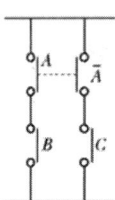

(8) 한시 회로

① 한시동작 회로: 입력신호가 '0'에서 '1'로 변화할 때에만 출력신호의 변화가 뒤지는 회로
② 한시복귀 회로: 입력신호가 '1'에서 '0'으로 변화할 때만 출력신호의 변화가 뒤지는 회로
③ 뒤진 회로: 어느 때나 출력신호의 변화가 뒤지는 회로

③ 응용 회로

(1) 자기유지 회로(Memory Holding Circuit)

회로상태에서 전기를 연결하면 릴레이에 전자석이 발생되어 접점을 연결시키므로 계속적인 전류가 흐르는 회로

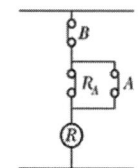

[그림 3-8] 자기유지 회로

(2) 인터록(Inter Lock)

2대 이상의 기기를 운전하는 경우에 그 운전 순서를 결정하거나 동시기동을 피하거나 일정한 조건이 충전되지 않았을 때는 다음 기기가 운전되지 않도록 할 필요가 있는 경우에 사용하는 전기적 회로

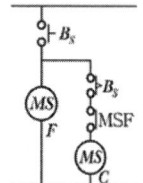 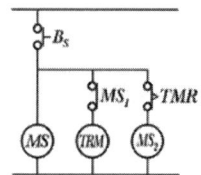

[그림 3-9] 팬모터가 운전되지 않으면   [그림 3-10] 모터 두 대를 운전하는 경우
압축기가 운전되지 않는 회로   동시에 가동되지 않도록 한 회로

🌀 시퀀스 제어기호

① STP:정지용 스위치(Stop)
② F-ST:정회전용 기동스위치(Forward-Start)
③ R-ST:역회전용 기동스위치(Reverse-Start)
④ F-MC:정회전용 전자 접촉기(Forward-Electro Magnetic Contactor)
⑤ R-MC:역회전용 전자 접촉기
⑥ THR(*):열동형 과전류 계전기(Thermal Relay)
⑦ MCB(Molded case Circuit-Breaker):배선용 차단기
⑧ Ⓜ:전동기(Motor)

① 논리공식

  ㉠ 교환의 법칙 $A + B = B + A$
               $A \cdot B = B \cdot A$
  ㉡ 결합의 법칙 $(A + B) + C = A + (B + C)$
               $(A \cdot B) \cdot C = A \cdot (B \cdot C)$
  ㉢ 분배의 법칙 $A \cdot (B + C) = A \cdot B + A \cdot C$
               $A + (B \cdot C) = (A + B) \cdot A + C$
  ㉣ 동일의 법칙 $A + A = A$
               $A \cdot A = A$
  ㉤ 부정의 법칙 $(A) = \overline{A}$
               $(A) = A$
  ㉥ 흡수의 법칙 $A + A \cdot B = A$
               $A \cdot (A + B) = A$
  ㉦ 공리 $0 + A = A$
               $1 \cdot A = A$
               $1 + A = 1$
               $0 \cdot A = 0$

❹ 논리공식

접점회로	논리도	논리공식
—o^A—o^A—	—o^A—	$A \cdot A = A$
(A parallel A)	—o^A—	$A + A = A$
—o^A—o^{$\overline{A}$}—	—o⁰o—	$A \cdot \overline{A} = 0$
(A parallel $\overline{A}$)	—o¹—	$A + \overline{A} = 1$
A—(A∥B)	$\overline{oAo}$	$A(A + B) = A$
(A∥(A·B))	—o^A—	$A \cdot B + A = A$

SECTION 03 실전 예상문제

01 접촉 형과 비교한 비접촉형 퍼텐쇼미터(Potentiometer)의 특징을 설명한 것으로 틀린 것은?

① 회전 토크가 작다.
② 고속응답이 가능하다.
③ 접촉 잡음이 없다.
④ 아크(Arc)가 발생한다.

02 다음 기호 중에서 리미트 스위치의 기호는?

① ─o─o─   ② ─o▭o─
③ ─o─o─   ④ ─o╱o─

2.
① 수동조작 자동복귀접점
② 기계적 접점 : 리미트 스위치
③ 전기접점 또는 보조스위치접점
④ 수동조작

03 제어용 기기에 대한 설명으로 틀린 것은?

① 전기접점에서 상시 열려 있다가 작동되면 닫히는 접점을 b접점이라 한다.
② 도체에 흐르는 전류의 크기는 도체의 저항에 반비례한다.
③ 전기 릴레이는 다수 독립회로를 개폐할 수 있다.
④ 전자 접촉기란 전자석의 동작에 의하여 부하 전로를 빈번하게 개폐하는 접촉기를 말하며 주로 전력회로의 개폐에 사용한다.

04 되먹임 제어방법 중 기계적 변위를 제어량으로 하는 서보 기구와 관계없는 것은?

① 자동 조타 장치
② 자동 위치 제어기
③ 자동 전원 조정장치
④ 자동 평형 기록계

정답 1. ④ 2. ② 3. ① 4. ③

05 논리식 $Y = AB + A\overline{B} + \overline{A}B$를 간단하게 정리한 결과를 옳게 표현한 것은?

① $Y = AB$
② $Y = A + B$
③ $Y = A + \overline{B}$
④ $Y = \overline{AB}$

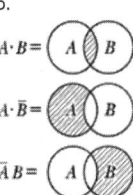

06 자동제어계를 해석하고 설계하기 위해 주로 사용되는 기준입력에 속하지 않는 것은?

① 계단함수
② 삼각함수
③ 램프(등속)함수
④ 포물선(등가속)함수

07 불 대수의 연산을 표시한 것 중 틀린 것은?

① $A + 0 = A$
② $A(A + B) = AB$
③ $(A + B)(A + C) = A + BC$
④ $A \cdot A = A$

08 다음 기호에 알맞은 회로는?

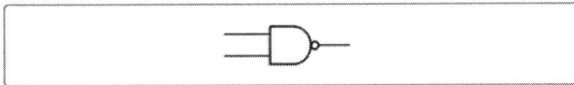

① AND　　　　② OR
③ NAND　　　④ NOR

정답　5. ②　6. ②　7. ②　8. ③

09 다음 회로는 어떤 소자와 같은가?

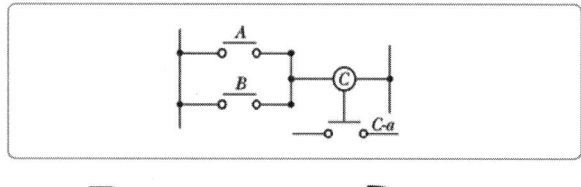

① A B ⇒ C (AND)
② A B ⇒ C (OR)
③ A B ⇒ C (NAND)
④ A B ⇒ C (NOR)

10 다음 유접점 시퀀스도를 무접점 시퀀스도로 맞게 변환한 것은?

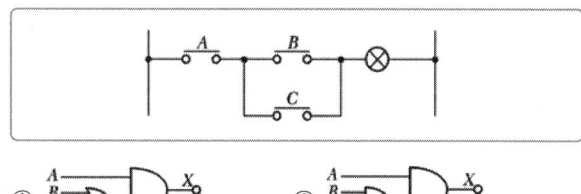

① ② ③ ④

10.
$A \cdot (B + C)$
B와 C는 OR회로

SECTION 04 자료의 표현

PART 03 자동제어 및 응용기기

❶ 수의 체계(Number System)

가장 널리 사용되는 수의 체계는 10진법이며 0에서 9까지 10개의 숫자를 사용하여 모든 수를 표시한다. 컴퓨터에서는 10진법 이외에 2진법(Binary Number System)과 8진법(Octal Number System), 그리고 16진법(Hexadecimal Number System) 등도 사용한다.

(1) 수의 구성과 진법

① 2진법:0, 1의 2개의 숫자를 사용
② 8진법:0.1~7까지의 8개의 숫자를 사용
③ 16진법:0.1~9까지와 A, B, C, D, E, F까지의 16개의 숫자와 문자 사용

각 진법을 10진법으로 표현방법

① 2진법을 10진법으로 표현:$(1101.11)_2$를 10진법으로 변환

$$1 \times 2^3 + 0 \times 2^2 + 0 \times 2^1 + 1 \times 2^0 + 1 \times 2^{-1} + 1 \times 2^{-2}$$
$$= 8 + 0 + 0 + 1 + 0.5 + 0.25 = 9.75)_{10}$$

② 8진법을 10진법으로 변환

$23.4)_8$
$2 \times 8^1 + 3 \times 8^0 + 4 \times 8^{-1} = 16 + 3 + 0.5 = 19.5)_{10}$

③ 16진법을 10진법으로 변환:16진수는 0에서 9까지의 숫자와 영문자 A(10), B(11), C(12), D(13), E(14), F(15)를 사용한다. 영문자의 ( )안의 숫자는 각각 해당하는 수이다.

$2 A E 5)_{16}$
$2 \times 16^3 + 10 \times 16^2 + 14 \times 16^1 + 5 \times 10^0$
$= 8192 + 2560 + 224 + 5 = (10981)_{10}$

🌀 **10진법을 각 진법으로 표현**

43.725)₁₀을 2진법으로 표현

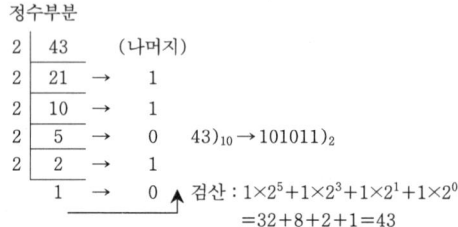

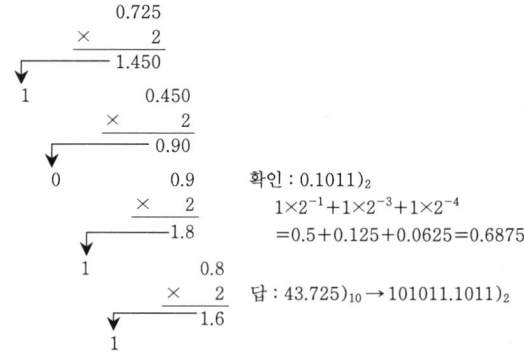

다른 진법도 같은 방법으로 구하고 소수부분이 '0'이 안 되면 근삿값이 나온다.

(2) 각 진법의 변환

8진수는 3비트의 2진수(2^3)로, 16진수는 4비트의 2진수(2^4)로 각각 소수점을 중심으로 변환한다.

① 2진수를 8진수로 변환

> **예 - 1**   2진수 1010111001110101을 8진수로 변환하여라.
>
> 풀이
>
> 8진수 →   1   2   7   1   6   5
> 2진수 → 1   010 111 001 110 101
> 127165)₈

② 2진수를 16진수로 변환

예-2 2진수 11010111100110101110을 16진수로 변환하여라.

풀이

```
2진수  →  1101  0111  1001  1010  0110
16진수 →   6     B     C     D     6
```

$6BCD6)_{16}$

③ 8진수를 2진수로 변환

예-3 8진수 26.7364를 2진수로 변환하여라.

풀이

```
8진수 →   2    6  .  7    3    6    4
2진수 →   10  110 . 111  010  110  1
```

$10110.1110101101)_2$

④ 8진수를 16진수로 변환

예-4 8진수를 16진수로 변환하여라.

풀이

```
8진수 →        7    4  .  7    5         → 74.75
2진수 →       111  100 . 111  101
16진수 →   3   C(12)    F(15)  4          → 3C.E4
```

SECTION 04 실전 예상문제

01 2진수 1011의 1의 보수는?

① 0101　　　　② 0100
③ 1110　　　　④ 0110

1.
$$\begin{array}{r} 1111 \\ -1011 \\ \hline 0100 \end{array}$$

02 10진수 0.6875를 2진수로 변환하면 얼마인가?

① $(0.1011)_2$　　　　② $(0.0111)_2$
③ $(0.0110)_2$　　　　④ $(0.1110)_2$

2.
$$\begin{array}{r} 0.6875 \\ \times\ \ \ \ 2 \\ \hline ①.375 \\ \times\ \ \ \ 2 \\ \hline ⓪.75 \\ \times\ \ \ \ 2 \\ \hline ①.5 \\ \times\ \ \ \ 2 \\ \hline ①.0 \end{array}$$
∴ 0.1011

03 2진수 101010을 10진법으로 표시하면?

① 32　　　　② 42
③ 52　　　　④ 62

3.
$1^5 0^4 1^3 0^2 1^1 0^0$
$1\times 2^5 + 1\times 2^3 + 1\times 2^1 = 42$

정 답　1. ②　2. ①　3. ②

SECTION 05 자동제어공학의 수학적 기법

PART 03 자동제어 및 응용기기

1 라플라스(Laplace) 변환

(1) 개요

자동제어계의 각 요소는 그 자체가 서로 연관된 공학요소의 한조를 구성하는 공학시스템으로 이러한 요소의 수학적 모형은 제어계의 수학적 모형을 만들도록 결합되어야 한다.

즉, 요소나 계가 하나의 평형조건에서 다른 평형조건으로 갈 때 움직이는 방법을 수학적 모형으로 표시해야 하며 시간에 대한 역학함수이어야 하고 일반적으로 독립 변수를 가진 시간에 대한 미분방정식이다.

$$\frac{계출력}{계입력} = \frac{\theta_0(t)}{\theta_I(t)} = f(D)$$

여기서 $f(D)$를 계의 전달함수라 한다.

$$\sum F = Ma = \left(\frac{W}{g}\right)D^2 X$$

$$F_I - F_S = \frac{W}{g}D^2 X$$

여기서, $F_S = kx$

$$\frac{W}{g}D^2 X + kx = F_I$$

$$\left(\frac{W}{g}D^2 + k\right)x = F_i$$

$$\frac{x}{F_I} = \frac{1}{\frac{W}{g}D^2 + k} = \frac{\frac{1}{k}}{\frac{W}{gk}D^2 + 1} : 전달함수$$

복잡한 시간 함수이거나 주파수 함수는 라플라스 변환을 하여 선형상미분방정식의 해를 구하는 것이 다음과 같은 이점이 있다.

① 재차방정식의 해와 특수적분해를 한 번의 연산으로 구할 수 있다.
② 미분방정식이 S에 관한 대수방정식으로 바뀌고 간단한 대수연산법칙을 적용하여 S평면에서의 해를 구하고 최종 해는 역라플라스 변환으로 구할 수 있다.

(2) 고전 제어 이론

복소변수와 복소변수함수에 기초함

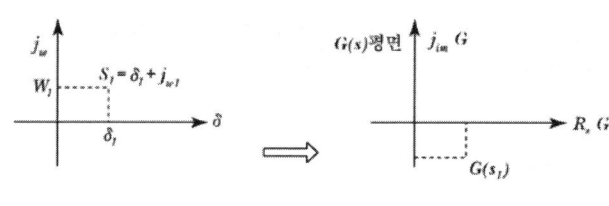

$$G(S) = \frac{1}{S(S+1)}$$

여기서, S:복소변수
σ:실수부
ω:허수부

if, $G(S) = \infty$, $S = 0$, -1의 두 점에 사상된다.

(3) 제어계의 해석기법

① 시간 영역 해석법:시간 영역 해석법은 시간의 변화에 따른 시스템의 입출력 및 제어계의 상태 변수의 변화를 해석하는 것으로 컴퓨터를 이용한 실시간 제어로서 매우 유용한 기법이다.
② 주파수 영역 해석법:주파수 영역 해석법은 입력 신호와 주파수 변환에 따른 시스템의 출력 특성의 변화를 해석하는 것으로 전달 함수를 이용하여 해석이 간편하고 안정도 해석 등에 유용한 기법이다.

(4) 라플라스 변환의 장점

주파수 영역 해석법을 위해 필수적인 라플라스 변환법은 다음과 같은 두 가지의 장점을 갖고 있다.
① 재차 방정식의 해와 특수적 분해가 한 번의 연산으로 얻어진다.
② 라플라스 변환에 의하여 미분 방정식이 S의 대수방정식으로 바뀐다. 이 대수방정식에 간단한 대수 연산법을 적용함으로써 S영역에서의 해를 구하고 역라플라스 변환을 통해 최종해를 얻을 수 있다.

(5) 라플라스 변환의 정의

① 라플라스 변환 : 라플라스 변환은 어떤 시간 함수 $f(t)$가 있을 때, 이 함수에 e^{-st}을 곱하고 시간 t에 대하여 0에서 ∞까지 적분한 것을 시간 함수 $f(t)$의 라플라스 변환식이라 하며, $L\{f(t)\}$ 또는 $F(s)$로 표시하고 다음과 같이 나타낸다.

$$F(s) = \mathcal{L}f(t) = \int_0^\infty f(t)e^{-st}dt$$

여기서, S는 복소 변수 $S = \sigma + j\omega$이고 라플라스 연산자(Laplace Operator)라고 하며 적분 구간이 0에서 ∞까지이므로 일방적 라플라스 변환(One-Sided Laplace Transform)이라고 한다.

복소 변수의 ω는 각주파수로 $\omega = 2\pi f$(rad/s)로 정의된다.

② 역라플라스 변환 : 또한 라플라스 변환 $F(s)$로부터 $f(t)$를 얻는 연산을 역라플라스 변환이라 하며 다음과 같이 나타낸다.

$$f(t) = \mathcal{L}^{-1}[F(s)] = \frac{1}{2\pi j}\int_{C-j\infty}^{C-j\infty} F(s)e^{st}ds$$

여기서, C는 $F(s)$의 모든 특이점들의 실수부보다 큰 실상수이다.

역라플라스 변환 적분은 S평면에서 구해야 되는 선적분을 나타내며 대개의 경우 라플라스 변환표를 이용하여 역라플라스 변환을 구한다.

(6) 전달함수 구하는 방법

① 입출력 방정식을 세운다.
② 양변을 라플라스 변환한다.
   초기치 값이 항상 0이다.
③ 전달함수 $G(s) = \dfrac{출력}{입력}$을 구한다.

   전달함수 분모치수(S)가 1차 식일 때 → 1차 지연요소

   2차 식일 때 → 2차 지연요소

④ 전달함수를 시간함수로 전개하면 미분방정식 해가 된다.

(7) 기본 함수들의 라플라스 변환 및 파형

$f(t)$	$F(s)$	파형	$f(t)$	$F(s)$	파형
$\delta(t)$ (임펄스 함수)	1		$\sin h\, at$	$\dfrac{a}{s^2-a^2}$	
$u(t)$ (계단함수)	$\dfrac{1}{s}$		$\cos h\, at$	$\dfrac{s}{s^2-a^2}$	
$r(t)$ (램프함수)	$\dfrac{1}{s^2}$		$t^n e^{-at}$	$\dfrac{n!}{(s+a)^{n+1}}$	
e^{-at} (지수함수)	$\dfrac{1}{s+a}$		$e^{-at}\sin\omega t$	$\dfrac{\omega}{(s+a)^2+\omega^2}$	
$\sin\omega t$ (정현함수)	$\dfrac{\omega}{s^2+\omega^2}$		$e^{-at}\cos\omega t$	$\dfrac{(s+a)}{(s+a)^2+\omega^2}$	
$\cos\omega t$ (여현함수)	$\dfrac{s}{s^2+\omega^2}$		-	-	-

$$\sin t = \frac{1}{s^2+1}$$

$$\cos t = \frac{s}{s^2+1}$$

❷ 라플라스 변환에 관한 여러 가지 정리

1. 선형정리	$\mathcal{L}[af_1(t) \pm bf_2(t)] = aF_1(s) \pm bF_2(s)$
2. 상사 정리	$\mathcal{L}\left[f\left(\dfrac{t}{a}\right)\right] = af(as)$
3. 시간 추이 정리	$\mathcal{L}[f(t-a)] = e^{-as}F(s)$
4. 복소 추이 정리	$\mathcal{L}[e^{\pm at}f(t)] = F(s \mp a)$
5. 미분 정리	$\mathcal{L}[f(t)] = sF(s) - f(0_+)$ $\mathcal{L}[f'(t)] = s^2F(s) - sf(0_+) - f'(0_+)$ $\mathcal{L}[f^n(t)] = s^nF(s) - \sum_{k=1}^{n} s^{n-k}f^{(k-1)}(0_-)$
6. 적분 정리	$\mathcal{L}\left[\int f(t)dt\right] = \dfrac{1}{s}F(s) + \dfrac{1}{s}f^{(-1)}(0_-)$ $\mathcal{L}\left[\int f^{(-2)}(t)dt\right] = \dfrac{1}{s^2}F(s) + \dfrac{1}{s^2}f^{(-1)}(0_+) + \dfrac{1}{s}f^{(-2)}(0_+)$ $\mathcal{L}\left[\int f^{(-n)}(t)\right] = \dfrac{1}{s^n}F(s) + \sum_{k=1}^{n}\dfrac{f^{(-k)(0_-)}}{s^{n-k+1}}$
7. 복소 미분 정리	$\mathcal{L}[t^n f(t)] = (-1)^n \dfrac{d^n}{ds^n}F(s)$
8. 복소 적분 정리	$\mathcal{L}\left[\dfrac{f(t)}{t}\right] = \int_s^\infty F(s)ds$
9. 초기값 정리	$\lim_{t \to 0} f(t) = \lim_{s \to \infty} s \cdot F(s)$
10. 최종값 정리	$\lim_{t \to \infty} f(t) = \lim_{s \to 0} s \cdot F(s)$
11. 주기 함수	$\mathcal{L}f_1(t) = F_1(s)\dfrac{1}{1-e^{-Ts}}$
12. 상승 정리	$\mathcal{L}\left[\int_0^t f_1(t-\tau)f_2(\tau)d\tau\right] = F_1(s)F_2(s)$
13. 복소 상승 정리	$\mathcal{L}[f_1(t)f_2(t)] = \dfrac{1}{2\pi j}\int_{r-j\infty}^{r+j\infty} F_1(s-\lambda)F_2(\lambda)d\lambda$

예 - 1 다음 식의 라플라스 변환식을 구하시오.

풀이
(1) 3을 라플라스 변환하시오.

$$F(s) = \int_0^\infty 3e^{-st}dt = \left.\frac{-3}{s}e^{-st}\right]_0^\infty = \frac{3}{s}$$

(2) e^{-3t}을 라플라스 변환하시오.

$$F(s) = \int_0^\infty e^{-3t}e^{-st}dt = \int_0^\infty e^{-(3+s)t}dt = \left.-\frac{1}{s+3}e^{-(s+3)t}\right]_0^\infty = \frac{1}{s+3}$$

(3) t^2을 라플라스 변환하시오.

$$F(s) = \int_0^\infty t^2 e^{-st}dt = \frac{2}{s^3}$$

(4) At^2을 라플라스 변환하시오.

$$F(s) = A \cdot \frac{2}{s^3} = \frac{2A}{s^3}$$

(5) $\sin t + 2\cos t$을 라플라스 변환하시오.

$$F(s) = \frac{1}{s^2+1} + \frac{2s}{s^2+1} = \frac{2s+1}{s^2+1}$$

(6) $\sin(\omega t + \theta)$을 라플라스 변환하시오.

$$\mathcal{L}\sin(\omega t+\theta) = \mathcal{L}\left(\sin\omega t\cos\theta + \cos\omega t\sin\theta\right)$$
$$= \frac{\omega\cos\theta}{s^2+\omega^2} + \frac{s\sin\theta}{s^2+\omega^2} = \frac{\omega\cos\theta + s\sin\theta}{s^2+\omega^2}$$

(7) $e^{-at}\cos\omega t$을 라플라스 변환하시오.

$$\mathcal{L}(e^{-at}\cos\omega t) = \frac{s+a}{(s+a)^2+\omega^2}$$

풀이

(8) $e^{-2t}\cos 3t$을 라플라스 변환하시오.

$$\mathcal{L}(e^{-2t}\cos 3t)\frac{s+2}{(s+2)^2+3^2}$$

(9) $1-e^{-at}$을 라플라스 변환하시오.

$$\mathcal{L}(1-e^{-at})=\frac{1}{s}-\frac{1}{s+a}=\frac{a}{s(s+a)}$$

(10) $3t^2$을 라플라스 변환하시오.

$$\mathcal{L}(3t^2)=\frac{An!}{S^{n+1}}=\frac{3\cdot 2!}{s^3}=\frac{6}{s^3}$$

(11) $e^{-4t}os(10t-30°)$을 라플라스 변환하시오.

$$\mathcal{L}e^{-4t}(\cos 10t\cos 30+\sin 10t\sin 30)$$
$$=\mathcal{L}e^{-4t}(0.866\cos 10t+0.5\sin 10t)=\frac{0.866(S+4)}{(S+4)^2+10^2}+\frac{0.5\times 10}{(S+4)^2+10^2}$$
$$=\frac{0.866(S+4)+5}{(S+4)^2+10^2}$$

(12) $e^{j\omega t}$을 라플라스 변환하시오.

$$\mathcal{L}(e^{j\omega t})=\frac{1}{s-j\omega}$$

SECTION 05 실전 예상문제

01 단위계단(Unit Step)함수 $u(t)$의 라플라스 변환은?

① $\dfrac{1}{s}$ ② s

③ $\dfrac{1}{s^2}$ ④ s^2

02 $10t^5$의 라플라스 변환은?

① $\dfrac{1200}{s^6}$ ② $\dfrac{120}{s^6}$

③ $\dfrac{24}{s^6}$ ④ $\dfrac{6}{s^6}$

2.
$$\mathcal{L}(At^2) \to A\dfrac{2}{s^3} = \dfrac{2A}{s^3}$$
$$10\dfrac{5!}{s^6} = \dfrac{10 \times 5 \times 4 \times 3 \times 2}{s^6}$$
$$= \dfrac{1200}{s^6}$$

03 다음 함수 $F(s) = \dfrac{4}{S^3 + 3S^2 + 2S}$를 라플라스 역변환한 결과값 $f(t)$은?

① $\dfrac{1}{2} - \dfrac{1}{4}e^1 + \dfrac{1}{2}e^{-1}$

② $2 + 2e^{-2t} - 4e^{-t}$

③ $\dfrac{1}{2} - \dfrac{1}{4}e^{-1} - \dfrac{1}{2}e^1$

④ $2 - 4e - 2e - 2t$

3.
$$\dfrac{4}{S^3 + 3S^2 + 2S}$$
$$\dfrac{A}{S} + \dfrac{B}{S+2} + \dfrac{C}{S+1}$$
$$\dfrac{2}{S} + \dfrac{2}{S+2} + \dfrac{-4}{S+1}$$
$A = 2$, $C = -4$, $B = 2$

04 $f(t) = e^{-at}$의 라플라스 변환은?

① $\dfrac{1}{s-a}$ ② $\dfrac{1}{s+a}$

③ $\dfrac{1}{(s-a)^2}$ ④ $\dfrac{1}{(s+a)^2}$

정답   1. ①   2. ①   3. ②   4. ②

05 $f(t) = te^{-t}$의 라플라스(Laplace) 변환을 구한 것은?

① $\dfrac{1}{(s+1)^2}$ ② $\dfrac{1}{(s+1)}$

③ $\dfrac{1}{(s-1)}$ ④ $\dfrac{1}{(s-1)^2}$

5.
$\mathcal{L}[t^n e^{-at}] = \dfrac{n!}{(s+a)^{n+1}}$
$\dfrac{1!}{(s+1)^2}$

06 다음에서 단위 계단함수 $u(t) = 1$의 라플라스 변환 값은?

① $\dfrac{1}{s}$ ② 1

③ $\dfrac{1}{s^2}$ ④ s

07 $f(t) = 3 \cdot \cos 2t$를 라플라스 변환하면 옳은 것은?

① $\dfrac{3s}{s-2}$ ② $\dfrac{3s}{s+2}$

③ $\dfrac{3s}{s^2+4}$ ④ $\dfrac{3s}{s^2-4}$

08 $f(t) = t^2$의 라플라스 변환은?

① $\dfrac{1}{s}$ ② $\dfrac{2}{s^2}$

③ $\dfrac{2}{s^3}$ ④ $\dfrac{2}{s^4}$

09 $3e^{-5t}$를 라플라스 변환하면 어떻게 되는가?

① $15S$ ② $\dfrac{3}{S}$

③ $\dfrac{3}{S+5}$ ④ $\dfrac{3}{S-5}$

정 답 5. ① 6. ① 7. ③ 8. ③ 9. ③

SECTION 06 블록선도

PART 03 자동제어 및 응용기기

입력신호 $\gamma(t)$에 대하여 출력신호 $c(t)$를 발생하는 요소의 전달함수 $G(s)$는 $\gamma(t)$와 $c(t)$의 라플라스 변환을 각각 $R(s)$, $C(s)$라 하면

$$G_o = \frac{C(s)}{R(s)}$$

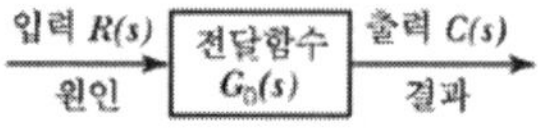

[그림 6-1] Block 선도 표현

와 같이 표시되고 보통 그림과 같이 블록(Block) 선도로 표시한다.
위의 식에서 출력은 $C(s) = G_0(s)R(s)$로 표시된다.

1 직렬 결합(Cascade)

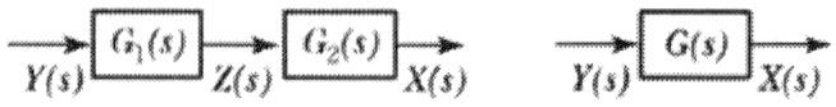

[그림 6-2] 직렬 접속

전달함수에 대한 정의로부터

$Z(s) = G_1(s)Y(s)$

$X(s) = G_2(s)Z(s) = G_1(s)G_2(s)Y(s)$

$Z(s)$를 소거한 것이 되어 $G(s) = G_1(s)G_2(s)$로 된다.

2 병렬 통합

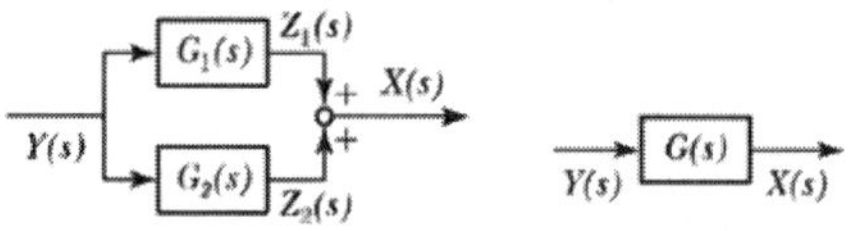

[그림 6-3] 병렬 접속

그림과 같이 병렬로 접속된 계를 생각하며,

$Z_1(s) = G_1(s)Y(s)$, $Z_2(s) = G_2(s)Y(s)$

$X(s) = Z_1(s) + Z_2(s)$

여기서, $X(s) = G_1(s)Y(s) + G_2(s)Y(s) = [G_1(s) + G_2(s)]Y(s)$

$Z_1(s)$, $Z_2(s)$는 소거되어 새롭게 $G(s) = G_1(s) + G_2(s)$로 된다.

3 피드백 접속

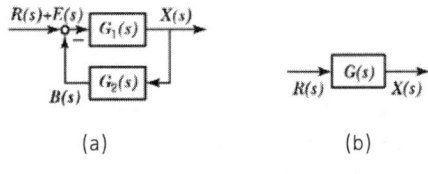

[그림 6-4] 피드백 접속

그림과 같은 피드백 접속에서는

$X(s) = G_1(s)E(s), \ B(s) = G_2(s)X(s), \ E(s) = R(s) - B(s)$

따라서, $X(s) = G_1(s)[R(s) - B(s)] = G_1(s)[R(s) - G_2(s)X(s)]$

$X(s) = \dfrac{G_1(s)}{1 + G_1(s)G_2(s)} \cdot R(s)$

여기서, $G(s) = \dfrac{G_1(s)}{1 + G_1(s)G_2(s)}$ 로 된다.

예 - 1   그림의 블록선도를 한 개의 블록으로 된 블록선도로 등가 변환하라.

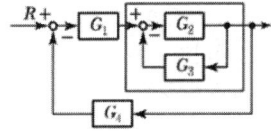

풀이
여러 개의 루프가 있을 때는 안쪽의 점선 루프부터 등가 변환한다.
이들 등가 변환을 단계별로 도시하면 (a), (b), (c) 순으로 등가 변환한다.

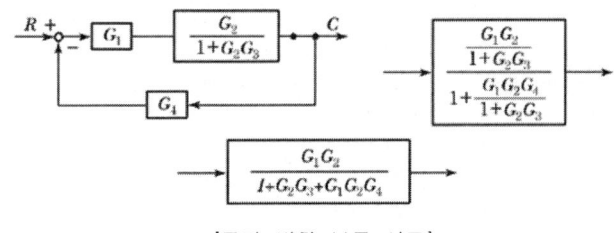

[등가 변환 블록 선도]

SECTION 06 실전 예상문제

01 제어계의 가장 기본이 되는 요소는 제어대상(Controlled System)이라고 할 수 있다. 이 제어 대상에 가하는 입력을 제어공학에서는 조작량이라고 한다. 출력은 무엇이라고 부르는가?

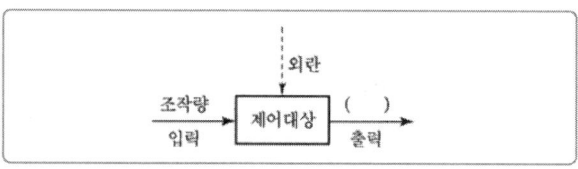

① 요소량　　　② 되먹임 요소
③ 목표값　　　④ 제어량

1.
목표값은 입력이고 제어량은 출력이다.

02 제어계에서 전달함수의 값이 1인 경우의 의미는?

① 일정량의 입력이 출력에서 0이다.
② 입력량이 0일 때, 출력은 1이다.
③ 입력량이 무한대일 때 출력은 1이다.
④ 입력과 출력의 값이 같다.

2.
입력과 출력이 항상 1인 경우이다. 즉, 입력과 출력이 1로 같아야 한다.

03 다음 그림과 같은 기호는 무엇을 뜻하는가?

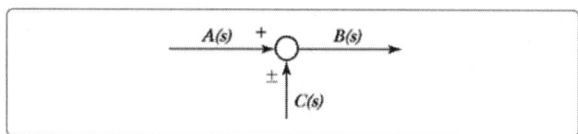

① 전달요소　　　② 가합점
③ 인출점　　　　④ 출력점

3. 가합점
신호가 합치는 부위
합　$A(s) + B(s) = C(s)$
차　$A(s) - B(s) = C(s)$

정답　1. ④　2. ④　3. ②

04 그림에서 전달함수 G는?

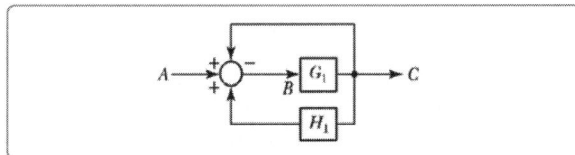

① $\dfrac{G_1}{1+H_1G_1-G_1}$ ② $\dfrac{G_1}{1+G_1-G_1H_1}$

③ $\dfrac{G_1A}{1+H_1G_1-G_1}$ ④ $\dfrac{G_1A}{1+AG_1-G_1H_1}$

4.
$AG_1 - CG_1 + CH_1G_1 = C$
$AG_1 = C(1 - G_1H_1 + G_1)$
$\dfrac{C}{A} = \dfrac{G_1}{1 - G_1H_1 + G_1}$

05 다음 그림의 블록선도에 대한 설명으로 옳은 것은?

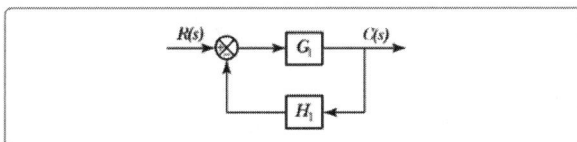

① 직렬결합 ② 병렬결합
③ 피드백결합 ④ 캐스케이드 결합

5. 피드백 또는 되먹임 요소로 전달함수는 $\dfrac{G(s)}{[1+G(s)H(s)]}$ 이다.

06 다음 블록선도에서 전달함수 $G(s)[C/R]$의 값은?

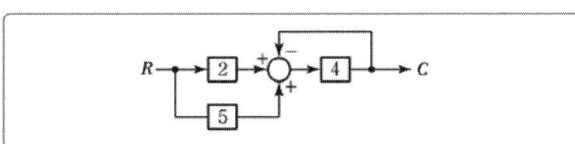

① $\dfrac{8}{5}$ ② $\dfrac{12}{5}$

③ $\dfrac{18}{5}$ ④ $\dfrac{28}{5}$

6.
$R \times 2 \times 4 + R \times 5 \times 4 - C \times 4 = C$
$R(8+20) = C(1+4)$
$\dfrac{C}{R} = \dfrac{28}{5}$

정답 4. ② 5. ③ 6. ④

07 다음 블록선도의 전달함수는?

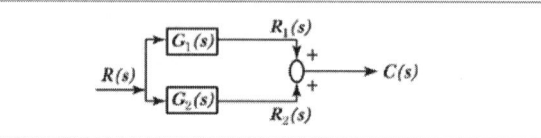

① $C(s) = [G_1(s) \cdot G_2(s)]R(s)$
② $C(s) = G_1(s) + G_2(s)$
③ $C(s) = G_1(s) \cdot G_2(s)$
④ $C(s) = [G_1(s) + G_2(s)]R(s)$

7.
$RG_1 + RG_2 = C$
$C = R(G_1 + G_2)$

08 다음 그림과 같은 블록선도의 전달함수로 올바른 것은?

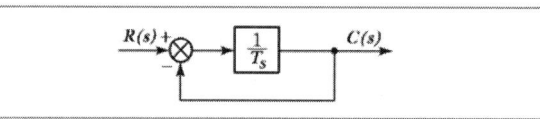

① $\dfrac{1}{Ts}$ ② $\dfrac{1}{Ts+1}$
③ $Ts+1$ ④ Ts

8.
$R\dfrac{1}{Ts} - C\dfrac{1}{Ts} = C$
$R\dfrac{1}{Ts} = C(1+\dfrac{1}{Ts})$
$\dfrac{1}{R} = \dfrac{\dfrac{1}{Ts}}{1+\dfrac{1}{Ts}} = \dfrac{1}{Ts+1}$

09 그림에서 $R(s)=33$일 때, $C(s)$의 값으로 옳은 것은?

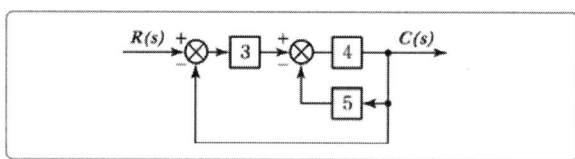

① 10   ② 12
③ 14   ④ 16

9.
$R\times 3\times 4 - C\times 3\times 4 - C\times 5\times 4 = C$
$R\times 12 = C(1+20+12)$
$\dfrac{C}{R} = \dfrac{12}{33}$

정답 7. ④ 8. ② 9. ②

10 다음 그림의 블록선도에서 전달함수 $\left[\dfrac{C(s)}{R(s)}\right]$ 는?

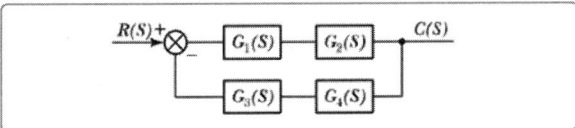

① $\dfrac{G_1+G_2+G_3}{1+G_1G_2+G_3G_4}$ ② $\dfrac{1+G_1G_2}{1+G_1+G_2+G_3+G_4}$

③ $\dfrac{G_3G_4}{G_1G_2G_3G_4}$ ④ $\dfrac{G_1G_2}{1+G_1G_2G_3G_4}$

10.
$RG_1G_2 - CG_1G_2G_3G_4 = C$
$\dfrac{C}{R} = \dfrac{G_1G_2}{1+G_1G_2G_3G_4}$

11 다음 그림에서 전체전달함수 $\dfrac{C(s)}{R(s)}$ 는?

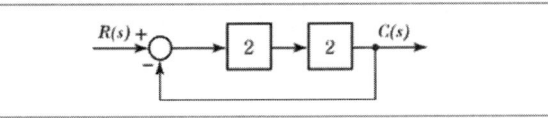

① 0.2   ② 0.4
③ 0.6   ④ 0.8

11.
$R2 \times 2 - C2 \times 2 = C$
$\dfrac{C}{R} = \dfrac{4}{5} = 0.8$

12 어떤 되먹임 제어계의 입력신호를 $A(s)$, 출력신호를 $B(s)$ 전달함수를 $G(s)$라 할 때 이들 관계식의 표현을 알맞게 한 것은?

$\underrightarrow{A(s)}\ \boxed{G(s)}\ \underrightarrow{B(s)}$

① $B(s) = A(s) + G(s)$
② $B(s) = A(s) - G(s)$
③ $B(s) = A(s) \cdot G(s)$
④ $B(s) = \dfrac{A(s)}{G(s)}$

정답 10. ④ 11. ④ 12. ③

13 다음 그림은 계의 입출력 관계를 나타내는 블록선도이다. 여기서 전달함수 $G_1=2$, $G_2=3$일 때 계 전체의 전달함수는?

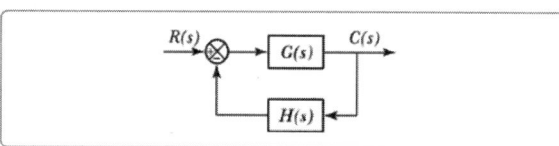

① 1
② 2
③ 5
④ 6

14 다음 그림의 블록선도에 대한 설명으로 옳은 것은?

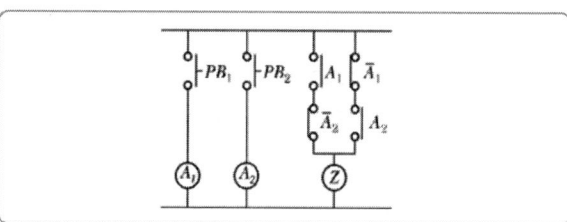

① 직렬결합
② 병렬결합
③ 피드백결합
④ 캐스케이드결합

15 다음 그림의 회로에서 출력 Z의 논리식은?

① $Z = \overline{A_1}A_2 + (A_1 + A_2)$
② $Z = (\overline{A_1} + A_2)A_1A_2$
③ $Z = A_1A_2 + \overline{A_1A_2}$
④ $Z = (A_1 \cdot \overline{A_2}) + \overline{A_1}A_2$

SECTION 07
PART 03 자동제어 및 응용기기
물리계의 수학적 모델 및 제어계의 특성

1 물리계의 수학적 모델

제어계의 해석과 설계에 있어서 가장 중요한 일 중 하나가 계의 수학적인 모델을 만드는 것이다. 지금까지 우리는 선형계의 수학적인 모델을 생각해 왔으나 실제로 대부분의 물리계는 어느 정도 비선형적인 특성을 가지고 있다. 따라서 계의 동작특성과 범위가 선형적인 가정을 할 수 있는 경우 선형적 수학적 모델을 이용할 수 있다.

이 장에서는 물리계를 수식화하여 해석하는 방법을 전달함수를 중심으로 다루겠다.

2 각종 요소의 전달함수

초기값을 0으로 하였을 때 출력신호의 라플라스 변환과 입력신호의 라플라스 변환의 비를 전달함수라 한다. 입력신호 $x(t)$, 출력신호 $y(t)$일 때 전달함수 $G(s)$는

$$G(s) = \frac{\mathcal{L}\,[y(t)]}{\mathcal{L}\,[x(t)]} = \frac{Y(s)}{X(s)} \text{가 된다.}$$

(1) 비례요소

입력신호 $x(t)$, 출력신호 $y(t)$의 관계가 $y(t) = K_X(t)$로 표시되는 요소로 전달함수는

$$G(s) = \frac{Y(s)}{X(s)} = K$$

여기서, K를 비례감도 이득정수라 한다.

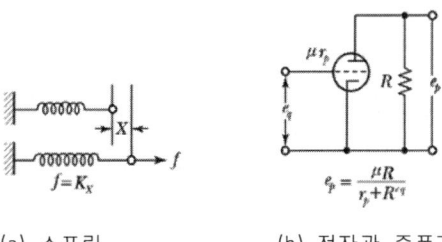

(a) 스프링 (b) 전자관 증폭기

[그림 7-1] 비례요소의 보기

(2) 적분요소

입출력 간의 관계식이 $y(t) = K\int x(t)dt$로 표시되는 요소를 적분요소라 하며, 전달함수는

$$G(s) = \frac{Y(s)}{X(s)} = \frac{K}{s}$$

$$V = \frac{1}{c}\int i\,dt$$

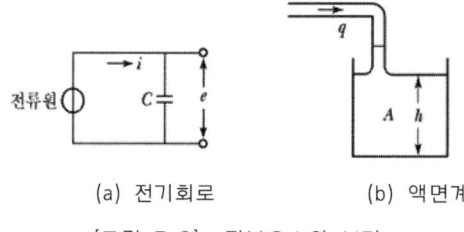

(a) 전기회로 (b) 액면계

[그림 7-2] 적분요소의 보기

(3) 미분요소

입출력 간의 관계식이 $y(t) = K\dfrac{d}{dt}x(t)$로 표시되는 요소를 미분요소라 하며,

전달함수는 $G(s) = \dfrac{Y(s)}{X(s)} = KS$가 된다.

미분요소의 보기로는 미분회로, 레이드 자이로스코프 등이 있다.

(4) 각 요소의 전달함수 정리

P동작 $G(s) = K_p$

PI동작 $G(s) = K_p\left(1 + \dfrac{1}{Ts}\right)$

PD동작 $G(s) = K_p(1 + Ts)$

PID동작 $G(s) = K_p\left(1 + \dfrac{1}{Ts} + Ts\right)$

1) 비례동작(P동작)

- 잔류편차(Off-set)가 생긴다.
- 부하변동이 적은 제어에 이용한다.
- 프로세스의 반응속도가 小 또는 中이다.

2) 적분동작(I동작)

- Off-set이 제거된다(잔류편차 제거).
- 진동하는 경향이 있다.
- 제어의 안정성이 낮다.

◉ 적분동작이 좋은 결과를 얻는 경우

- 전달지연과 불감시간이 작을 때
- 제어대상의 평형성을 가질 때
- 제어대상의 속응도가 클 때
- 측정지연이 작고 조절지연이 작을 때

3) 미분동작(D동작)

- 진동을 제거한다(안정이 빨라진다).
- 출력이 제어편차의 시간변화에 비례한다.
- 단독사용이 없고 P동작이나 PI동작과 결합하여 사용한다.
- 응답초과량(Over Shoot)이 감소한다.

4) 비례적분 PI동작

- P동작에서 발생하는 잔류편차를 제거하기 위한 제어이다.
- 반응속도가 빠른 프로세스나 느린 프로세스에 사용된다.
- 부하변화가 커도 잔류편차가 남지 않는다.
- 급변 시에는 큰 진동이 생긴다.
- 전달 느림이나 쓸모없는 시간이 크면 사이클링의 주기가 커진다.

5) 비례미분 PD동작

- 제어의 안정성을 높인다.
- 편차에 대한 직접적인 효과는 없다.
- 변화속도가 큰 곳에서 크게 작용한다.
- 속응성이 높아진다.

6) PID동작(가장 우수)

다음의 3가지 동작을 합한 동작이다.

- 제어량의 편차에 비례하는 동작 P동작
- 편차의 크기와 지속시간에 비례하는 I동작
- 제어량의 변화속도에 비례하는 D동작

SECTION 07 실전 예상문제

01 전달함수에 대한 설명으로 틀린 것은?

① 모든 초기값을 0으로 한다.
② 출력신호의 라플라스 변환과 입력신호의 라플라스 변환과의 비이다.
③ 입력신호와 출력신호의 곱으로 나타낸다.
④ 입력신호와 출력신호의 전달 특성을 수식적으로 표현한 것이다.

1.
전달함수는 입력에 대한 출력의 비로 나타낸다.

02 다음 그림과 같은 되먹임 제어계의 전달함수는?

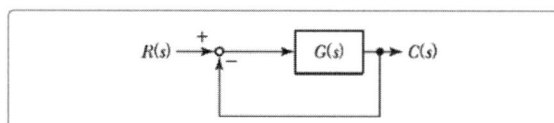

① $\dfrac{C(s)}{1+R(s)}$ ② $\dfrac{C(s)}{1-G(s)}$
③ $\dfrac{G(s)}{1+G(s)}$ ④ $\dfrac{G(s)}{1-R(s)}$

2.
$RG - CG = C$
$RG = C(1+G)$
$\therefore \dfrac{C}{R} = \dfrac{G}{1+G}$

03 다음 그림에서 전체전달함수 $\left[\dfrac{C(s)}{R(s)}\right]$는?

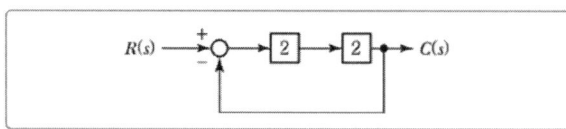

① 0.2   ② 0.4
③ 0.6   ④ 0.8

3.
$R \times 2 \times 2 - C \times 2 \times 2 = C$
$4R = C + 4C$
$\dfrac{C}{R} = \dfrac{4}{1+4} = \dfrac{4}{5} = 0.8$

04 자동제어계를 해석하고 설계하기 위해 주로 사용되는 기준입력에 속하지 않는 것은?

① 계단함수   ② 삼각함수
③ 램프(등속)함수   ④ 포물선(등가속)함수

정답 1. ③ 2. ③ 3. ④ 4. ②

05 다음 중 적분요소의 전달함수값은?
① TS
② $\dfrac{1}{TS}$
③ $1+TS$
④ $\dfrac{1}{1+TS}$

5.
• 비례요소의 전달함수 k
• 미분요소의 전달함수 TS
• 적분요소의 전달함수 $\dfrac{1}{TS}$
• 1차 지연요소의 전달함수 $\dfrac{k}{1+ST}$

06 다음 그림과 같은 제어요소의 블록선도로 맞는 것은?

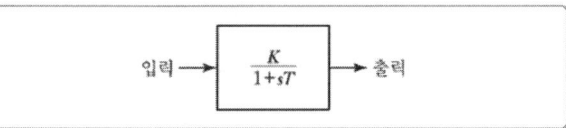

① 비례요소
② 미분요소
③ 적분요소
④ 1차 지연요소

07 오프셋(Off set)을 발생하는 제어방식은?
① I제어(적분제어)
② P제어(비례제어)
③ PI제어(비례적분제어)
④ PID제어(비례적분미분제어)

7. 검출부에서 발생하는 제어편차, 잔류편차를 오프셋이라 하며, 비례제어에서 발생하기 쉽다.

08 전달함수의 특성 방정식 $s^2+2\xi\omega_n s+\omega_n^2=0$에서 ξ를 제동비(Damping Ratio)라고 할 때, $\xi=1$인 경우 생기는 것은?
① 무제동(Non Damping)
② 임계제동(Critical Damping)
③ 과제동(Over Damping)
④ 아제동(Under Damping)

8.
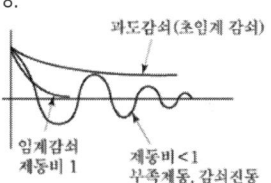

09 다음 제어기 중 제어 속도가 가장 느린 제어기는?
① 비례(P) 제어기
② 미분(D) 제어기
③ 적분(I) 제어기
④ 비례-미분(PD) 제어기

정답 5. ② 6. ④ 7. ② 8. ② 9. ③

10 제어 오차가 검출될 때 오차가 변화하는 속도에 비례하여 조작량을 가감하는 동작으로서 오차가 커지는 것을 미리 방지하는 동작은?

① 비례동작
② 미분동작
③ 적분동작
④ ON-OFF동작

10.
① 비례동작:설정값과 제어결과 즉 검출값 크기에 비례하여 제어

② 미분동작:제어오차가 검출될 때 오차가 변화하는 속도에 비례하여 조작량을 가감하는 동작으로서 편차가 커지는 것을 미연에 방지

③ 적분동작:적분 값의 크기에 비례하여 조작부를 제어하는 것으로 잔류편차가 없도록 제어

④ ON-OFF 동작:2위치제어, 즉 ON 아니면 OFF 제어로 동작간격이 작으면 진동 및 소음이 발생

11 다음 중 2차계에서 오버슈트(Over Shoot)가 가장 크게 일어나는 계통의 감쇠율(δ)은?

① 0.01   ② 0.5
③ 1   ④ 10

12 다음 제어기 중에서 제어 결과에 빨리 도달하도록 미분동작을 부가하여 응답속도만을 개선한 것은?

① P 제어기
② PI 제어기
③ PD 제어기
④ PID 제어기

13 1차 지연요소 $G(s) = \dfrac{1}{1+Ts}$ 인 제어계의 절점 주파수에서의 이득[dB]으로 맞는 것은?

① -3 ② -4
③ -5 ④ -6

13.
$\omega T = 1$
(실수부=허수부를 만족하는 주파수)
$G(j\omega) = \dfrac{1}{1+j\omega T}$
$\omega T = 1$
$g = 20\log|G(j\omega)|$
$= 20\log\dfrac{1}{\sqrt{1+(j\omega)^2}}$
$= 20\log\dfrac{1}{\sqrt{2}} = -3\text{dB}$

정답 10. ② 11. ④ 12. ③ 13. ①

14 전달함수 $G(s)=1+sT$인 제어계에서 $\omega T=1000$일 때, 이득은 약 몇 [dB]인가?

① -80
② -60
③ -40
④ -20

14.
$$g = 20\log \frac{1}{\sqrt{1+1000^2}} = -60$$

15 그림과 같은 전기회로의 입력과 출력 간의 전달함수 $\left[\dfrac{V_o(s)}{V_i(s)}\right]$를 구한 것은?

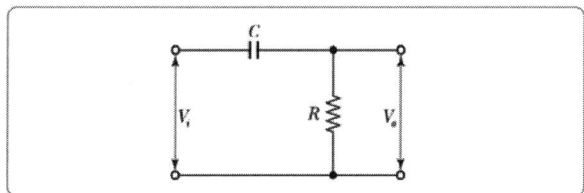

① $\dfrac{(RCs+1)}{RCs}$
② $RCs+1$
③ $\dfrac{1}{(RCs+1)}$
④ $\dfrac{RCs}{(RCs+1)}$

15.
$$V_o = \frac{\frac{1}{c}}{R+\frac{1}{c}}$$
$$V_i = \frac{1}{CR+1}V_i$$
$$\frac{V_o}{V_i} = \frac{1}{CR+1}$$

16 제어요소의 전달 함수 중 적분요소에 해당하는 것은?

① $G(s)=k$
② $G(s)=kS$
③ $G(s)=\dfrac{k}{S}$
④ $G(s)=\dfrac{k}{TS+1}$

16.
①:비례
②:미분
④:1차

정답 14. ② 15. ④ 16. ③

SECTION 08 자동제어계의 과도응답

PART 03 자동제어 및 응용기기

1 특성방정식

폐회로 전달함수는 $\dfrac{C(s)}{R(s)} = \dfrac{G(s)}{1+G(s)H(s)}$

폐회로 전달함수의 분모 $1+G(s)H(s)$는 자동제어계 해석에 극히 중요한 요소가 된다. 분모를 0으로 놓은 식 $1+G(s)H(s)=0$을 선형자동제어계의 특성방정식이라 한다. 특성방정식의 정의 실근, 즉 s평면의 우반평면에 있는 지수항의 응답은 시간과 함께 단조 증가한다. 이러한 계는 불안정하다. 그러나 음의 실부를 갖는 허근에 대한 과도항의 응답은 진동하면서 시간과 함께 감소가 가능하다. 그러므로 자동제어계가 안정하려면 특성방정식의 근이 s평면 좌반부에 존재해야 된다.

2 제어계의 응답

(1) 정상응답

제어계에 어떠한 압력이 가해졌을 때 출력이 과도기가 지난 후 일정한 값에 도달하는 응답

(2) 과도응답

제어계에 어떠한 압력이 가해졌을 때 출력이 일정한 값에 도달하기 전까지 과도적으로 나타나는 응답

(3) 시간응답특성

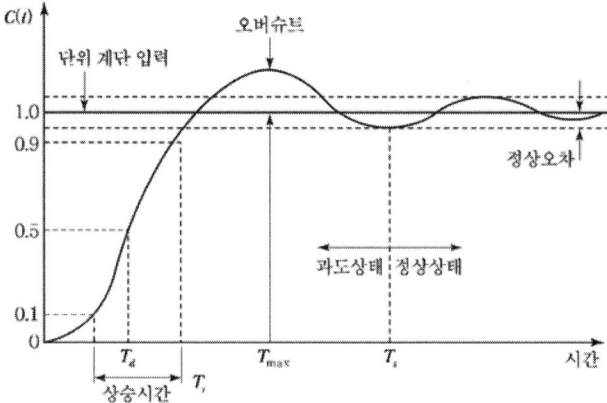

[그림 8-1] 단위 입력에 대한 시간 응답

1) 오버슈트(Over Shoot)

응답 중에 발생하는 입력과 출력 사이의 최대 편차량

백분율 오버슈트 $= \dfrac{A}{B} = \dfrac{최대 오버슈트}{최종 목표값} \times 100$

2) 지연시간(Time Deley, T_d)

지연시간 T_d는 응답이 최초로 목표값의 50% 진행되는 데 요하는 시간

3) 감쇠비(Decay Ratio)

감쇠비는 과도 응답의 소멸되는 정도를 나타내는 양으로서 최대 오버슈트와의 비로 정의한다.

감쇠비 $= \dfrac{제2오버슈트}{최대 오버슈트}$

4) 상승시간(Rise Time, T_r)

응답이 최종 희망값의 10%로부터 90%까지 도달하는 데 요하는 시간

5) 응답시간(정정시간:Respond Time or Setting Time, T_s)

응답이 요구하는 오차 이내로 정차되는 데 요하는 시간으로 보통 목표값의 ±2% 또는 ±5% 이내의 오차 내에 정착되는 시간이다.

6) 시정수(시상수:Time constant)

계단응답을 주었을 때 최종치의 63.2%까지 도달하는 시간, 시정수가 적을수록 계단응답이 계단함수 응답에 가까워진다.
1차 시스템에서 주로 표현되며 전달함수에서 분모의 상수항을 1로 만들었을 때 S앞의 계수 값으로 단위는 [sec]이다.
시정수가 크면 응답이 느려진다.

③ 편차와 감도 및 제어계의 평가지표

(1) 편차의 개념

일반적으로 제어계는 정상편차, 감도, 속응도, 안정도 등에 의해 그 특성이 평가된다. 정확도는 제어계에서 안정도 다음 가는 중요한 특성으로 제어계의 설계 시에는 예측되는 입력에 대하여 편차를 최소로 하여 정확도를 높이도록 하여야 한다.

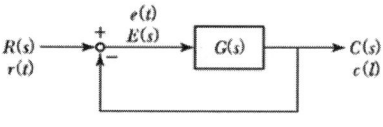

[그림 8-2] 단위 피드백 제어계

그림의 단위 피드백 제어계에 $E(s)$는

$$E(s) = R(s) - C(s) = R(s) - \frac{G(s)}{1+G(s)}R(s) = \frac{1}{1+G(s)}R(s)$$

따라서 편차 $e(t)$는 $e(t) = \mathcal{L}^{-1}\left[\frac{1}{1+G(s)}R(s)\right]$

$t=0$에서의 초기편차는 $e(0) = \lim\limits_{s \to \infty} s\left[\frac{R(s)}{1+G(s)}\right]$

$t=\infty$에서의 정상편차는 $e(\infty) = \lim\limits_{s \to \infty} s\left[\frac{R(s)}{1+G(s)}\right]$

(2) 정상 편차

1) 정상위치 편차

단위 피드백 제어계에서 단위계단입력이 가하여질 경우의 정상 편차를 정상위치 편차(Steady State Position Error)라고 하며, 다음 식과 같이 표시된다.

$$e_{ssp} = \lim_{s \to \infty} \frac{s \cdot \frac{1}{s}}{1+G(s)} = \frac{1}{1+\lim\limits_{s \to 0}G(s)} = \frac{1}{1+K_p}$$

여기서, $K_p = \lim\limits_{s \to 0} G(s)$이며, K_p를 위치 편차상수라고 한다.

2) 정상속도 편차

단위 피드백 제어계에 단위램프입력이 가해진 경우의 정상 편차를 정상속도 편차라고 하며, 다음 식과 같이 표현된다.

$$e_{ssp} = \lim_{s \to 0} \frac{s}{1+G(s)} \cdot \frac{1}{s^2} = \lim_{s \to 0} \frac{1}{s+sG(s)} = \lim_{s \to 0} \frac{1}{sG(s)} = \frac{1}{K_v}$$

여기서, $K_v = \lim_{s \to 0} sG(s)$ 이며, 이 K_v를 속도 편차상수라 한다.

3) 정상가속도 편차

단위 피드백 제어계에 포물선 입력이 가하여질 경우의 정상 편차를 정상가속도 편차라고 하며, 정상가속도 편차 e_{ssa}는 다음 식과 같다.

$$e_{ssa} = \lim_{s \to 0} \frac{s}{1+G(s)} \cdot \frac{1}{s^3} = \lim_{s \to 0} \frac{1}{s^2+s^2G(s)} = \lim_{s \to 0} \frac{1}{s^2G(s)} = \frac{1}{K_a}$$

여기서, $K_a = \lim_{s \to 0} s^2 G(s)$ 이며 이 K_a를 가속도 편차상수라 한다.

4 제어계의 안정도

제어계의 해석과 설계에 있어서 가장 중요한 것은 제어계의 안정도(System Stability)이다. 제어계의 안정도란 시스템의 입력, 초기값 또는 제어계 매개 변수의 변화에 따라 제어계 출력이 크게 변하지 않는 것을 의미한다. 제어계는 제어계의 안정과 불안정만을 판정하는 절대 안정도(Absolute Stability)와 제어계의 안정 상태의 정도, 즉 불안정한 상태에서 얼마나 가까이 있는가를 다루는 상대 안정도(Relative Stability)로 구분한다.

(1) 안정도 판별법

제어계의 안정도를 판별하는 방법은 다음과 같이 두 가지로 나눌 수 있다.

① 직접 근을 구하는 방식
  ㉠ 고전적 해법
  ㉡ 근궤적법
② 안정된 제어계 파라미터의 영역을 결정하는 방법
  ㉠ 루드-후르비츠(Routh-Hurwitz) 안정도 판별법
  ㉡ 나이퀴스트(Nyquist) 안정도 판별법
  ㉢ 보드(Bode) 선도 안정도 판별법
  ㉣ 니콜스(Nichols) 선도 안정도 판별법

(2) Routh-Hurwitz 안정도 판별법

Maxwell과 Vishnegradsky가 처음으로 동적 시스템의 안정도에 관한 문제를 고찰하기 시작하였으며, 1800년 말에 A. Hurwitz와 E. J. Routh는 각각 특성 방정식에서 계수의 크기와 부호로부터 제어계의 절대 안정도를 판별하는 대수적인 방법으로 특성 방정식의 근을 구하지 않고도 특성 방정식의 근 중에서 몇 개의 근이 불안정 영역인 s평면 우반부에 있는가를 살펴보고 제어계의 안정 또는 불안정을 판별하는 절대 안정도 방법이 Routh-Hurwitz 안정도 판별법이다.

(3) 근궤적법

제어 시스템을 해석하기 위해서는 시스템의 안정성을 판별함에 있어서 절대 안정도뿐만 아니라 상대 안정도가 필요할 경우가 있다.

Routh-Hurwitz 안정도 판별법은 절대 안정도를 판별하고, 근궤적법은 상대 안정도를 판별하는 방법이다. 폐루프 제어 시스템의 상대 안정도와 과도 응답은 s평면상에서의 특성 방정식의 매개 변수가 변화함에 따라 근위 위치가 변화하는 근의 궤적을 구하는 도해인 방법을 근궤적법이라 한다. 즉 폐루프 전달 함수의 절대치가 1인점의 집합

(4) Nyquist 안정도 판별법

Routh-Hurwitz법과 근궤적법은 특성 방정식의 근의 위치를 결정하는 방법인 반면, Nyquist 판별법은 준도식적 방법으로 루프 전달 함수 $G(s)H(s)$의 주파수 영역의 성질을 검토하여 폐루프 제어 시스템의 안정성을 판별하는 방법이다.

루프 전달 함수 $G(s)H(s)$를 갖는 되먹임 제어계에 있어서 두 종류의 안정성을 정의할 수 있다.

① 개루프 안정성 : 루프 전달 함수 $G(s)H(s)$의 극점들이 모두 s평면의 좌반부에 존재할 때 이런 시스템을 개루프 안정이라 한다.
② 폐루프 안정성 : 폐루프 전달 함수 $M(s)$의 극점 또는 특성 방정식 $\triangle(s)$의 근들이 모두 s평면면의 좌반부에 존재할 때 이런 시스템을 폐루프 안정 또는 안정하다고 말한다.

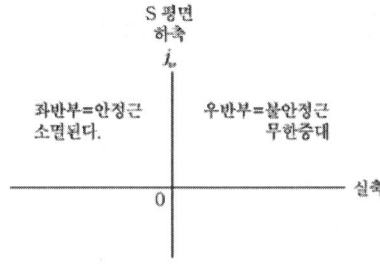

[그림 8-3] S평면에서 근의 성질

5 근의 위치와 응답

① 안정근
- ㉠ 허근은 시간과 함께 감소 소멸된다.
- ㉡ 허축에 가장 가까운 근이 대표근이다.
- ㉢ 대표근은 공액복소근으로 소멸시간이 길다.

② 불안정근
- ㉠ 허근은 시간과 함께 진동하면서 무한이 증대한다.
- ㉡ 실근은 단조증가한다.

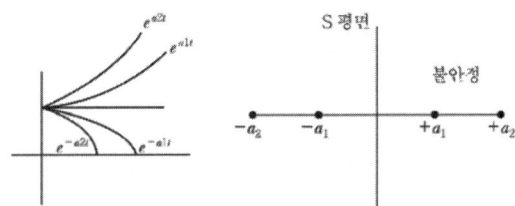

(a) 복소함수의 근의 성질

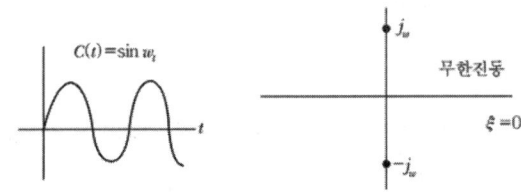

(b) 단순조화 함수의 근의 성질

(c) 증가함수에서 근의 성질

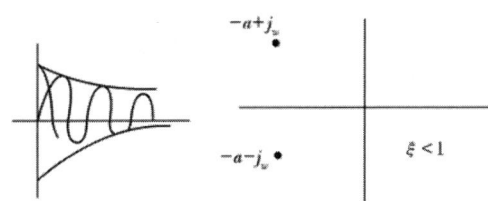

(d) 감소함수에서 근의 성질

[그림 8-4] 근의 성질과 안정도

6 벡터궤적에서의 안정도 판별

(1) 나이퀴스트 안정도 판별법

루프전달함수 $G(s)H(s)$의 주파수 영역의 성질을 검토하여 폐루프 제어시스템의 안정성을 판별하는 방법이다. 시스템이 안정하기 위해서는 (-1, $j0$) 점을 시계 방향[(-1, $j0$)점을 오른쪽으로 보고]으로 일주하여야 한다.

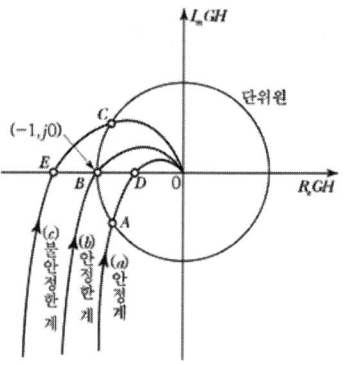

[그림 8-5] 나이퀴스트 선도와 단위원

(2) 보드선도의 안정도 판별법

이득과 위상을 각주파수를 변수로 하여 그린 것으로 피드백 제어의 안정도를 판별할 수 있다. 보드 선도상에서 아래의 조건이 만족되면 그 계는 안정하다.

① 위상여유 : $\phi_m > 0$
② 이득여유 : $g > 0$
③ 위상 교점 주파수<이득 교점 주파수

SECTION 08 실전 예상문제

01 정상 편차를 0으로 하면서 제어 동작을 빠르게 하는 동작은?
① 비례동작
② 비례 미분 동작
③ 비례 적분 동작
④ 비례 적분 미분 동작

02 응답이 최초로 희망값의 50[%]에 도달하는 데 필요한 시간을 무엇이라 하는가?
① 상승시간
② 응답시간
③ 지연시간
④ 정정시간

2.
- 상승시간 : 응답이 처음으로 희망값에 도달하는 데 요하는 시간으로 보통 10~90%까지 도달하는 데 요하는 시간을 말한다.
- 응답시간 : 목표값의 ±2, ±5

03 제어계가 안정하려면 특성 방정식의 근이 아래 그림과 같은 s-평면에서 어느 곳에 위치하여야 하는가?

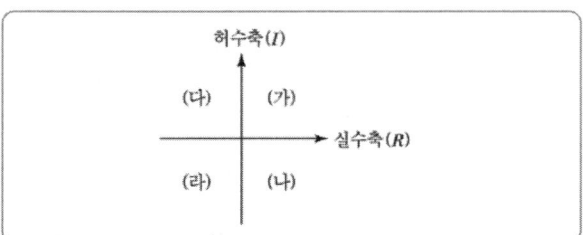

① (가), (나)
② (나), (라)
③ (다), (라)
④ (가), (다)

정답   1. ④ 2. ③ 3. ③

04 되먹임 제어계의 안정도와 가장 관계가 깊은 것은?

① 효율
② 이득여유
③ 역률
④ 시간특성

4.
① 이득여유: 벡터궤적이 실수축과 만나는 점의 크기
$$g_m = 20\log\frac{1}{|G(j\omega)H(j\omega)|} > 0$$
$$= 20\log\frac{1}{|a|} [dB]$$

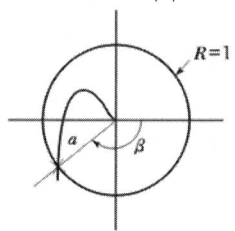

② 위상여유: 반지름 1로 하는 원주와 벡터궤적이 만나는 점의 위상에 의한 $180 - \beta > 0$

05 다음 중 제어 시스템의 안정도 판별 방법이 아닌 것은?

① 나이키스트 판별법   ② 보드선도
③ 블록선도   ④ Routh-Hurwitz 판별법

5.
안정도 판별 방법에는 나이키스트, 보드선도, 근궤적, 루스-허위츠 판별법 등이 있다.

06 다음 중 서보모터의 관성을 줄이고 기계적 시상수를 줄이기 위한 조치가 아닌 것은?

① 모터 코일의 권선수를 증가시킨다.
② 코어리스(Coreless) 구조로 모터를 만든다.
③ 모터 회전자의 중량을 줄인다.
④ 모터 회전자의 지름을 작게 하고 축 방향으로 길게 한 구조로 한다.

6.
서보모터는 구동토크가 모터의 회전위치에 의해 변화되고, 토크 변동에 의한 속도변동이 크다. 따라서 관성을 줄이기 위해 코어리스구조, 회전체의 중량감소 및 회전자의 지름을 작게 하여 중량을 감소시켜야 한다.

07 선형제어계의 안정도를 판별하는 방법이 아닌 것은?

① 루스-허위츠 판별법
② 나이키스트선도
③ 보드선도
④ 전개도법

7.
선형제어계의 안정도 판별에는 나이키스트, 보드 선도, 근궤적, 루스-허위츠 판별법 등이 있다.

정답 4. ② 5. ③ 6. ① 7. ④

08 제어계가 안정하려면 특성 방정식의 근이 아래 그림과 같은 s 평면에서 어느 곳에 위치하여야 하는가?

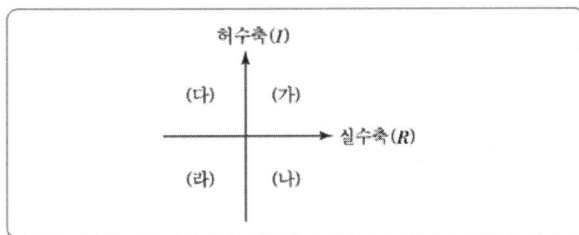

① 가, 나
② 나, 라
③ 다, 라
④ 가, 다

09 벡터 궤적이 그림과 같이 표시되는 요소는?

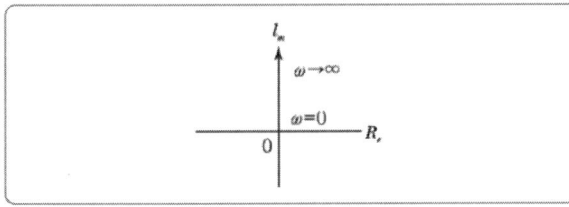

① 적분요소
② 미분요소
③ 비례요소
④ 1차 지연 요소

8.
시정수 : 곡선의 높이가 0.632되는 곳의 t값. 시정수값이 작을수록 일정치로 안정되는 데 걸리는 시간이 짧다.

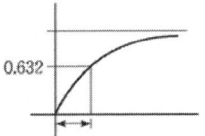

1차 지연 요소 $G(s) = \dfrac{1}{1+Ts}$

비례 요소
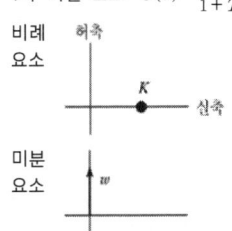

미분 요소

ω가 증가함에 따라 허축 위로 상승

적분 요소

ω가 증가함에 따라 $-\infty$에서 0으로 올라감

비례 미분

1차 지연 요소

2차 지연 요소
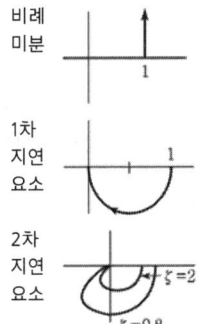

$G(s) = \dfrac{\omega_n^2}{s^2 + 2\xi\omega s + \omega_n^2}$

감쇠비가 클수록 작은 원

정답 8. ③ 9. ②

10 다음 중 주파수 영역에서 시스템의 응답성 및 안정성을 표시하기 위한 값이 아닌 것은?

① 위상 여유 ② 대역폭
③ 이득 여유 ④ 피크 시간

10. 대역폭이 넓을수록 속응성이 빨라진다.

11 다음 그림과 같은 나이퀴스트 선도에 해당되는 전달함수는?

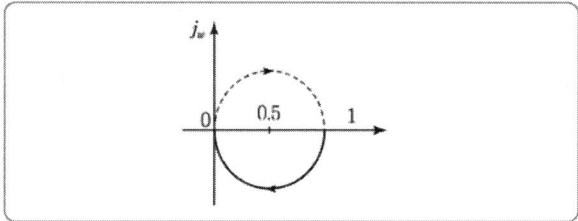

① $G(s)H(s) = \dfrac{1}{s+1}$

② $G(s)H(s) = \dfrac{1}{s(s+1)}$

③ $G(s)H(s) = \dfrac{1}{(T_1s+1)(T_ss+1)}$

④ $G(s)H(s) = \dfrac{1}{s(T_1s+1)(T_ss+1)}$

12 1차 지연요소 $G(s) = \dfrac{1}{1+Ts}$ 의 보드선도를 그릴 때 실제 이득 곡선과 점근선과의 최대오차[dB]는?

① 1 ② 3
③ 6 ④ 9

12.
$G(j\omega) = \dfrac{1}{1+j(\omega T)}$ 절점주파수

$\omega T = 1 \quad \omega = \dfrac{1}{T}$

$g = 20\log\left|\dfrac{1}{\sqrt{1+1}}\right| = 20\log\dfrac{1}{\sqrt{2}}$
$= -3.01\text{dB}$
오차는 3dB

13 $G(s)H(s) = \dfrac{K(s+1)(s+4)}{s(s+2)(s+3)}$ 에서 근궤적의 개수를 구하면 얼마인가?

① 2 ② 3
③ 4 ④ 5

13.
$1 + G(s)H(s) = 0$
$1 + \dfrac{K(s+1)(s+4)}{s(s+2)(s+3)} = 0$
$s(s+2)(s+3) + K(s+1)(s+4) = 0$
근궤적의 개수는 차수의 수와 같다.

정답 10. ④ 11. ① 12. ② 13. ②

14 1차 지연요소 $G(s) = \dfrac{1}{1+T_s}$ 의 보드선도를 그릴 때 실제 이득 곡선과 점근선과의 최대오차[dB]는?

① 1 ② 3
③ 6 ④ 9

15 보드선도에서 −3dB점이란 기준 크기의 몇 배인가?

① $\dfrac{1}{2}$ ② $\dfrac{1}{\sqrt{2}}$
③ $\dfrac{1}{3}$ ④ $\dfrac{1}{\sqrt{3}}$

16 과도응답에서 상승시간은 응답이 최종값의 몇 %까지의 시간으로 정의되는가?

① 1~20 ② 10~90
③ 30~70 ④ 40~60

16. 입상시간(상승시간)
응답이 처음으로 희망값에 도달하는 데 요하는 시간으로 보통 10~90%까지 도달하는데 요하는 시간을 말한다.

17 다음 중 2차계에서 오버슈트(Over Shoot)가 가장 크게 일어나는 계통의 감쇠율(δ)은?

① 0.01 ② 0.5
③ 1 ④ 10

18 백분율 최대 오버슈트(%)는?

① 최종희망값×최소오버슈트×100
② 최종희망값×최대오버슈트×100
③ $\dfrac{\text{최대오버슈트}}{\text{최종희망값}} \times 100$
④ $\dfrac{\text{최종희망값}}{\text{최대오버슈트}} \times 100$

정답 14. ① 15. ② 16. ② 17. ④ 18. ③

SECTION 01 PLC (Programmable Logic Controller)
SECTION 02 유압기기
SECTION 03 측정용 센서

SECTION 01 PLC (Programmable Logic Controller)

PART 03 자동제어 및 응용기기

IC 등 반도체 기술의 발전에 의하여 시퀀스 제어가 유접점 릴레이 방식에서 무접점의 로직(Logic) 방식으로 변하면서 더욱 간소화되어 PLC(Programmable Logic Controller) 및 컴퓨터에 의한 제어로 발전되었다. 이것은 각 산업 분야에서 제품이 다양화되고, 소량 다품종을 생산하지 않으면 안 될 실정에서 자동 기계의 가공 순서 변경이나 생산 라인의 변경이 있을 경우 유접점의 릴레이 반에서는 제어 회로의 변경이나 조립에서 배선의 수정 등을 하지 않으면 안 되지만 PLC에서는 프로그램의 변경만으로 수정이 가능한 커다란 장점이 있다.

1 PLC의 특징

PLC란 종래에 사용하던 제어반 내의 보조 릴레이, 컨트롤 릴레이, 타이머, 카운터 등의 기능을 대체하고자 만들어진 전자 응용 기기이며, 대상의 시퀀스를 합리적으로 기획하고 제어반의 소형화, 내부 제어 회로 변경의 신속성 및 제어 회로 상호 간 배선 작업의 프로그램화로 경제성 및 신뢰성에서 획기적인 제어 장치라고 할 수 있다.

이러한 PLC에 대한 장점을 들어 보면 다음과 같다.

① 동작 실행에 대한 내용 변경을 프로그램에 의하여 쉽게 바꿀 수 있으며 배선 작업이나 부품 교체 작업이 없게 된다.
② 프로그램된 내용을 필요할 때 간단히 확인할 수 있으므로 체계적인 고장 진단과 점검이 용이하다.
③ 릴레이 반에 비하여 신뢰성이 높고 고속 동작이 가능하다.
④ 제어 기능량에 비하여 설치 면적이 대폭 적어지며 전기 소모량도 대단히 적어진다.

2 프로그램 방식

PLC는 컴퓨터와는 달리 기계를 취급하는 사람이나 전기의 시퀀스에 익숙한 사람이 사용하므로 이 사람들이 알기 쉬운 말, 즉 프로그래밍 언어가 여러 가지 고안되어 있다.

따라서 제어 순서를 프로그램 하는 방식에도 여러 가지 종류가 있고 각 PLC 제작 회사마다 다르지만 기본적으로 다음과 같은 4가지 방식이 있다.

① 유접점 기호에 의한 방식
② 논리 연산에 의한 방식
③ 흐름도에 의한 방식
④ 공정 보진에 의한 방식

유접점에 의한 릴레이 시퀀스에 친숙했기 때문에 PLC 각 제작 회사들은 유접점 기호에 의한 레더도(Ladder Diagram) 방식에 역점을 두고 있다.

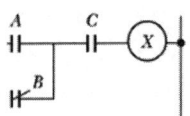

(a) 유접점 기호에 의한 방식

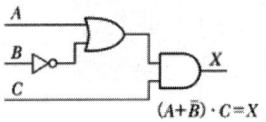

$(A+\bar{B}) \cdot C = X$

(b) 논리연산에 의한 방식

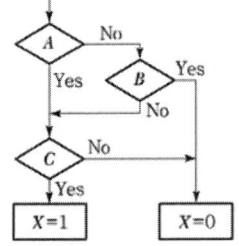

(c) 흐름도에 의한 방식

(d) 공정 보진에 의한 방식

[그림 1-1] 프로그램 방식

SECTION 01 실전 예상문제

01 PLC의 특징을 설명한 것으로 틀린 것은?

① 프로그램을 쉽게 바꿀 수 있으며 배선 작업이나 부품 교체 작업이 없다.
② 프로그램 내용 확인이 간단하고 체계적인 고장 진단과 점검이 용이하다.
③ 신뢰성이 높고 고속 동작이 가능하다.
④ 설치 면적이 적어지고 전기 소모량이 많아진다.

02 다음 중 PLC의 자기진단 기능이 아닌 것은?

① 배터리 전압 저하 확인 기능
② 코드 에러 확인 기능
③ CPU 이상 동작 확인 기능
④ 외부 노이즈 검출 기능

03 릴레이제어에 비해 PLC제어의 특징을 설명한 것으로 틀린 것은?

① 제어내용의 변경이 어렵다.
② 회로배선이 간소화된다.
③ 신뢰성이 향상된다.
④ 보수가 용이하다.

04 다음 중 PLC의 입력 스위치로 사용할 수 없는 것은?

① 푸시버튼스위치
② 근접스위치
③ 솔레노이드
④ 초음파스위치

정답 1. ④ 2. ④ 3. ① 4. ③

05 PLC의 주변기기를 사용하여 프로그램을 메모리에 기억시키는 것을 무엇이라고 하는가?
① 코딩(Coding) ② 디버그(Debug)
③ 로딩(Loading) ④ 메모리 할당

06 PLC의 입력부 선정 시 고려해야 할 사항이 아닌 것은?
① 정격전압 ② 정격전류
③ 입력 접점수 ④ 출력기기의 종류

07 PLC의 출력 형식이 아닌 것은?
① 릴레이 출력 ② SSR 출력
③ 변압기 출력 ④ 트랜지스터 출력

08 PLC프로그래밍 방식 중 입력신호에 대해 출력신호가 언제 출력되는가를 도식화한 것으로 입출력의 타이밍, 입출력신호의 파형 등을 용이하게 표현하는 방식은?
① 래더도 방식 ② 플로차트 방식
③ 타임차트 방식 ④ 스텝레더 방식

8. 타임차트
신호나 장치의 동작의 변화를 시간 축에 따라서 나타낸 선도

09 PLC 입출력 장치의 역할과 가장 거리가 먼 것은?
① 잡음 제어 ② 절연 결합
③ 기억 선택 ④ 신호 레벨 변환

10 PLC 구성 시 출력기기에 해당되지 않는 것은?
① 표시등 ② 버저
③ 히터 ④ 광센서

10. 입력기기
광센서, 각종 스위치 인코더, 과전류 계전기 등

정 답 5. ③ 6. ④ 7. ③ 8. ③ 9. ③ 10. ④

11 PLC 래더선도(Ladder Diagram) 작성 시 고려사항으로 틀린 것은?
① 접점을 몇 번 사용해도 무방하다.
② 신호의 흐름은 오른쪽에서 왼쪽으로, 아래에서 위로 흐르게 한다.
③ 코일의 뒤에 접점을 사용할 수 없다.
④ 모선에 입력조건 없이 출력을 직접 지정할 수 없다.

12 PLC의 중추적 역할을 담당하며, 연산부와 레지스터부로 구성된 장치는?
① 중앙처리장치
② 기억장치
③ 출력장치
④ 입력장치

13 다음 기기 중에서 PLC 장치로 대체가 가능한 것은?
① 솔레노이드
② 푸시버튼스위치
③ 리미트스위치
④ 타이머

14 PLC 입력부의 절연방법이 아닌 것은?
① 리드 릴레이
② 트랜스포머
③ 포토 커플러
④ 발광 다이오드

정답 11. ② 12. ① 13. ④ 14. ④

15 그림과 같은 유접점 계전기의 제어 회로는?

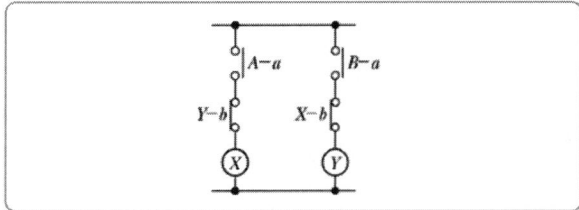

① 정지우선 차기유지회로
② 인터록 회로
③ 온 딜레이 회로
④ 반복 동작 회로

16 일반적으로 PLC 본체의 구성에 포함되지 않는 것은?

① 전원부
② CPU
③ 입출력부
④ 프로그램 로더

17 PLC의 입출력부에서 외부기기와 내부회로를 전기적으로 절연시킬 목적으로 사용되는 전자소자는?

① 다이오드
② 트랜지스터
③ 포토커플러
④ 트라이액

17. 포토커플러
절연되는 특징을 이용한 것으로 회로 간에 전기적으로 절연한 상태에서 전기신호를 전달한다.

18 PCL의 DIO(Digital Input Output) 장치에 인터페이스하기에 적절치 못한 소자는?

① 토글 스위치
② 광전 스위치
③ 포텐쇼 미터
④ 근접 센서

정답 15. ② 16. ④ 17. ③ 18. ③

19 출력부가 트렌지스터 출력 형태로 되어 있는 PLC에 대한 설명으로 틀린 것은?

① 릴레이 출력에 비해 수명이 길다.
② 교류 부하용 무접점 출력이다.
③ 릴레이 출력에 비해 출력 빈도수가 많은 제어에 적합하다.
④ 정격전류의 8~10배의 돌입 전류에서도 견딜 수 있도록 회로를 구성해야 한다.

20 릴레이 제어와 비교한 PLC 제어의 특징이 아닌 것은?

① 시스템 확장 및 유지보수가 용이하다.
② 산술, 논리연산이 가능하다.
③ 컴퓨터 등과 같은 외부 장치와 통신이 가능하다.
④ 수정, 변경은 릴레이 제어방식보다 어렵다.

21 PLC용 핸디로더 키 사용 시 리셋 신호가 들어오지 않은 상태에서 입력신호가 몇 번 들어왔는가를 계수하여 설정값이 되면 출력을 내보내는 명령으로 맞는 것은?

① TMR ② KR
③ CNT ④ LOAD

21. CNT(Counter)
입력신호를 계수하여 설정값이 되면 출력값을 내보내는 계수기이다.

22 다음 그림과 같은 회로의 명칭은?

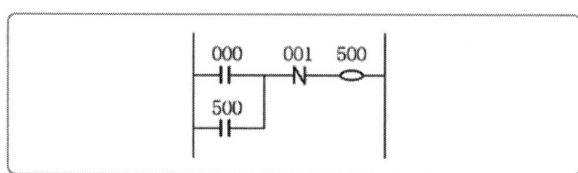

① 시간지연회로 ② 자기유지회로
③ 시프트 회로   ④ 인터록 회로

22.
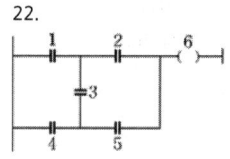

정답 19. ② 20. ④ 21. ③ 22. ②

23 다음 래더 다이어그램의 최소 스텝 수는?

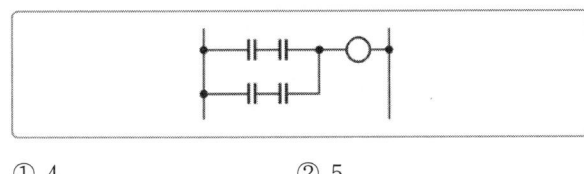

① 4   ② 5
③ 6   ④ 7

23.
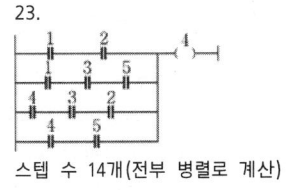
스텝 수 14개(전부 병렬로 계산)

24 PLC의 주변기기를 사용하여 프로그램을 메모리에 기억시키는 것을 무엇이라고 하는가?

① 코딩(Coding)   ② 디버그(Debug)
③ 로딩(Loading)   ④ 메모리 할당

24.
프로그램 입력장치를 이용하여 시퀀스프로그램 내용을 PLC메모리에 기억시키는 작업을 로딩(Loading)이라 한다.

25 CNC공작기계에서 조작하고 있을 때만 동작되는 회로로 정상운전에 앞서 CNC공작기계의 세부조정이나 모터의 회전방향을 조사하며 일명 촌동 혹은 조그(Jog) 운전에 응용되는 회로는?

① 인칭회로   ② 자기유지회로
③ 우선회로   ④ 인터록회로

25. 인칭회로
스위치를 누르고 있는 동안에만 동작하는 회로로, 조깅회로라고도 한다.

26 그림의 PLC 래더도를 논리식으로 올바르게 표현한 것은?

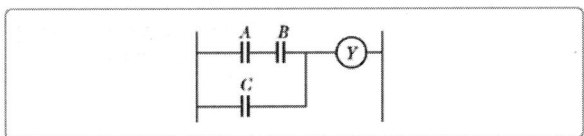

① $(A \cdot B) + C = Y$
② $(A + B) \cdot C = Y$
③ $(A + B) + C = Y$
④ $(A \cdot B) \cdot C = Y$

정답   23. ③   24. ③   25. ①   26. ①

27 대부분의 PLC에서 ADD 명령의 용도는?

① 10진수로 보정한 후 곱한다.
② 레지스터 내용을 더한다.
③ 파일을 더한다.
④ 직접 곱한다.

28 PLC의 입·출력 중 구동 출력에 해당하는 것은?

① 솔레노이드 밸브
② 온도센서
③ 근접센서
④ 스위치

28.
②, ③, ④-입력

29 입력 응답시간이 15[ms], 출력 응답시간이 10[ms], 1 명령어 실행 시간이 2[μs]인 PLC에서 2000스텝의 프로그램을 실행시키는 데 걸리는 총 시간은 몇 [ms]인가?

① 25
② 27
③ 29
④ 31

29.
15+10+2×10-3×2000=29

30 PLC 명령어 중 회로도 좌측 제어모선에서 직접 인출되는 논리 스타트를 나타내는 명령어는?

① NAND
② NOR
③ AND
④ LD

30.
LD(LOAD)는 논리 연산을 개시하는 명령어이다.

정답 27. ② 28. ① 29. ③ 30. ④

SECTION 02 유압기기

PART 03 자동제어 및 응용기기

1 유압제어밸브

유압제어밸브(Hydraulic Control Valve)란 유압계통에 사용하여 압력의 조정, 방향의 전환, 흐름의 정지, 유량의 조절 등의 기능을 하는 유압기기를 말한다. 이들 밸브를 기능 면에서 나누면 압력제어밸브, 방향제어밸브 및 유량제어밸브로 나누어진다.

릴리프밸브는 회로의 최고 압력을 한정하는 밸브로서 회로의 압력을 일정하게 유지시키는 밸브이다. 시퀀스밸브는 주 회로의 압력을 일정하게 유지하면서 조작의 순서를 제어할 때 사용하는 밸브이다. 카운터밸런스밸브는 회로의 일부에 배압을 발생시키고자 할 때 사용하는 밸브이다. 방향제어밸브 중 체크밸브는 한 방향의 유동을 허용하거나 역방향의 유동은 완전히 저지하는 역할을 하는 밸브이다. 또 감속밸브(Deceleration Valve)는 적당한 캠기구로 스풀을 이동시켜 유량의 증감 또는 개폐작용을 하는 밸브로서 상시 개방형과 상시 폐쇄형이 있다. 또 귀한유동을 자유로이 하기 위해 체크밸브를 내장시킨 역류측로형이 있다.

유량제어 밸브는 유압 장치의 제어부로서 작동유의 유량을 조절하는 밸브이다. 그중에 압력보상 유량조절밸브는 압력보상기구를 내장하고 있으므로 압력의 변동에 의하여 유량이 변동되지 않도록 회로에 흐르는 유량을 항상 일정하게 자동적으로 유지시켜 준다. 다이얼 눈금을 선정하여 유압 모터의 회전이나 유압실린더의 이동속도 등을 제어한다.

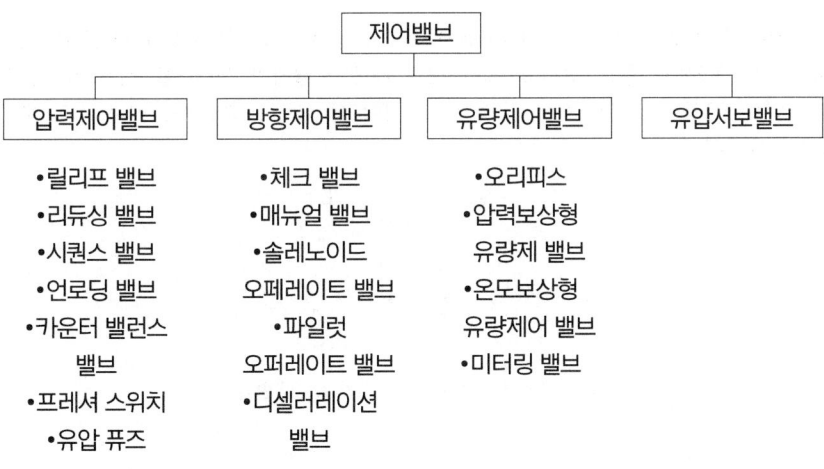

[그림 2-1] 기능에 따른 유압제어 밸브의 종류

1 유압 액추에이터

유압 액추에이터(Hydraulic Actuator)는 작동유의 압력에너지를 기계적 에너지로 바꾸는 기기를 총칭하며, 직선운동을 유도시키는 것을 유압실린더, 회전운동을 유도시키는 것을 유압모터라 말한다.

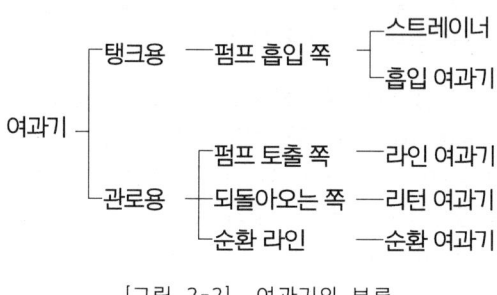

[그림 2-2] 여과기의 분류

(1) 복동 실린더의 회로

복동 실린더(Double-Acting Cylinder)는 전·후진 시 일을 할 수 있는 실린더로 가장 이용도가 높은 고압 액추에이터이다.

그림 2-3에서 솔레노이드 밸브 ①이 ON되면, 5/2-way 제어밸브의 위치가 전환되어 압축공기는 속도 제어밸브 ②의 체크부를 통과 실린더 Ⓐ의 헤드 측에 도달하여 실린더를 전진시키고, 동시에 실린더 로드 측에 있는 공기는 속도제어밸브 ③의 스로틀 통로를 거쳐 솔레노이드 밸브 ①의 배기구로부터 대기 중으로 배출된다.

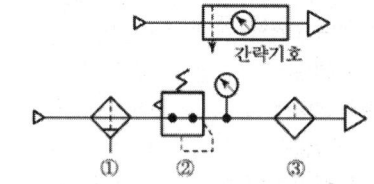

서비스 유닛:필터 ①+압력 스위치 ②+윤활기 ③

[그림 2-3] 공압원의 설정회로

(2) AND 회로

입력되는 복수의 조건을 동시에 충족하였을 때에만 출력(ON)이 나오는 회로를 AND회로라 한다.

그림 2-5의 (a)는 3/2-way 밸브 2개를 사용한 AND 회로이고, (b)는 공압 작동형 3/2-way 밸브 1개에 의한 AND 회로이다. 이 회로의 기능은 진리값표의 "0"을 OFF로, "1"을 ON으로 읽어서 2개의 입력 신호 A와 B에 대한 출력 C의 ON-OFF상태를 진리값표로부터 읽을 수 있다.

그림 2-5의 (a)의 조작방식은 인력 조작 방식이고 (b)는 공압 파일럿 방식을 취하고 있다.

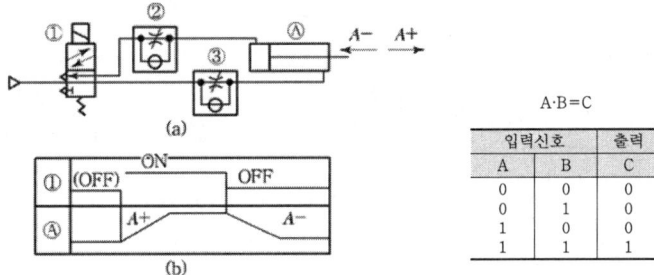

[그림 2-4] 솔레노이드 밸브에 의한 복동 실린더의 회로와 작동표

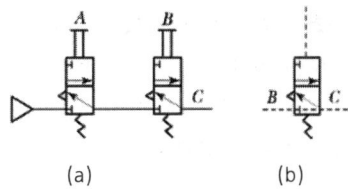

[그림 2-5] AND 회로와 진리값

(3) OR 회로

입력되는 복수의 조건 중 어느 한 개라도 입력 조건이 충족되면 출력(ON)이 나오는 회로를 OR 회로라 한다.

그림 2-6의 (a)는 2개의 3/2-way 밸브로 구성되어 있고, (b)는 1개의 셔틀 밸브를 사용하여 구성된 OR 회로이다. 그림 (a)의 회로에서는 A 신호가 "1"이고, B 신호가 "0"이 되면 출력 C는 "1"이 되지 않는다. 즉, OR의 기능을 하지 못하는 회로구성 상태가 되나 그림 2-6의 (b)에서는 A가 "1", B가 "0"인 경우 셔틀 밸브의 체크부 B구멍을 막아 출력 C가 "1"이 된다.

따라서 입력신호에 따른 출력의 진리값이 "1"이 되는 경우는 총 3가지가 된다.

이러한 OR 회로를 논리합 기능을 가진 회로라 하며 공압 회로에서 많이 사용되고 있다.

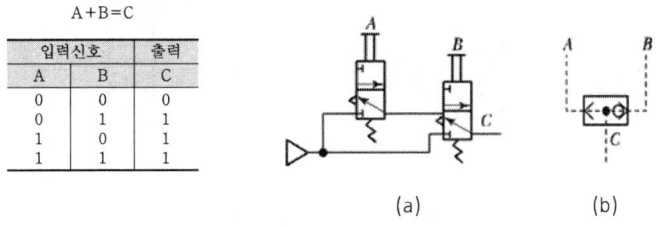

[그림 2-6] OR 회로와 진리값

(4) NOT 회로

그림 2-7은 NOT 회로와 그 입력신호 A에 대하는 출력 B의 상태를 나타내는 진리값표를 표시한다. NOT(부정)의 기능은 입력신호 A와 출력 B와의 뒤집기 상태이므로 인버터라 부르기도 한다.

그림 2-7의 (C)의 ②에서 2/2-way 공압 작동형 밸브 ③에 파일럿 압력이 작용하여 제어 위치가 전환된다. 따라서 출력 B가 OFF되는 NOT 회로의 한 예이다.

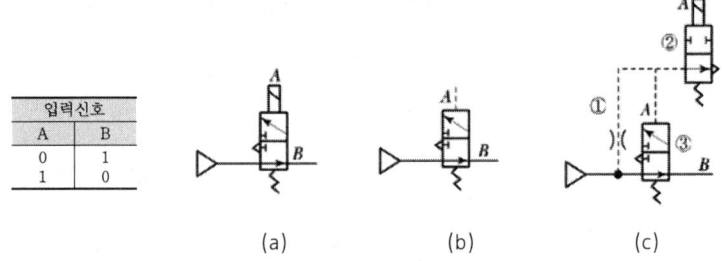

[그림 2-7] NOT 회로와 진리값

(5) NOR 회로

NOR 회로는 OR 회로와 NOT 회로를 합친 기능을 가지고 있다.

그림 2-8에서 출력의 상태에서 "0"인 것이 "1", "1"인 것이 "0"으로 대응하고 있어 그 기능이 뒤집어져 있음을 알 수 있다. 입력 신호 A와 B의 양쪽이 OFF(0)일 때만 출력 C가 ON(1)이 되고, 그 이외의 입력 신호의 조합에서는 출력 C는 OFF(0)의 상태로 된다.

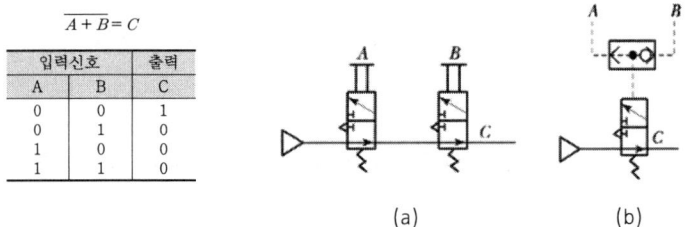

[그림 2-8] NOR 회로와 진리값

(6) 플립플롭(Flip-Flop) 회로

이 플립플롭(Flip-Flop) 회로의 기능적 목적은 주어진 입력신호에 따라 정해진 출력을 내는데, 플립플롭 회로에 한해서는 신호와 출력의 관계가 기억 기능을 겸비한 것으로 되어 있다.

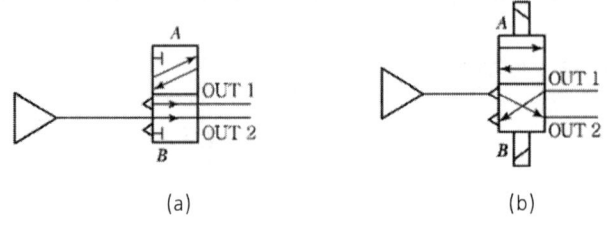

[그림 2-9] 플립플롭 회로

그림 2-9의 (a)는 5/2-way 공압 작동형이다. 파일럿 관로 A에 압축공기가 공급(ON)되면 출력 OUT-1이 ON되어 계속적인 ON의 상태를 유지한다.

이때 OUT-2는 OFF상태를 유지한다. 만약, 신호 B를 입력시키면, OUT-2가 ON, OUT-1은 OFF의 상태를 지속하게 된다. 즉, 출력이 최종적으로 주어진 입력신호를 기억하는 기능을 다하고 있다.

그림 2-9의 (b)는 4/1-way 복동 솔레노이드 밸브에 의한 플립플롭 회로를 나타낸 것이다.
A의 순간 통전에 의해 OUT-1 ON되고, OUT-2가 OFF의 상태를 계속 유지하게 된다.
B의 입력 신호에 의해서는 OUT-1이 OFF, OUT-2가 ON의 상태를 유지 기억한다.

SECTION 02 실전 예상문제

01 회로압이 설정압을 넘으면 막(膜)이 유체압에 의하여 파열되어 유압유를 탱크로 귀환시킴과 동시에 압력 상승을 막아 기기를 보호하는 역할을 하는 것은?

① 감압밸브   ② 압력스위치
③ 체크밸브   ④ 유체퓨즈

1.
- 감압밸브 : 주 회로의 압력보다 저압으로 감압시켜 사용하는 밸브
- 체크밸브 : 유체의 흐름에서 역류방지 밸브
- 압력스위치 : 유압신호를 전기신호로 전환시키는 스위치

02 다음 설명에 합당한 유체 현상의 명칭은?

> "긴 관로 속을 유압유가 흐르고 있을 때 관로 말단에 있는 밸브를 갑자기 닫으면 유체에 의해 한 충격과 동시에 급격한 압력 상승이 발생하는 현상"

① 교축현상   ② 공동현상
③ 채터링 현상   ④ 유격현상

03 유압실린더의 지지형식에서 실린더 요동형이 아닌 것은?

① 헤드측 트러니언형
② 로드측 플랜지형
③ 다블 크레비스형
④ 로드측 트러니언형

3.
헤드측 트러니언은 실린더 고정형 지지형식으로 풋형, 플랜지형이 있다.

04 어큐뮬레이터(Accumulator)의 용도로 틀린 것은?

① 에너지 축적용
② 펌프 맥동 흡수용
③ 충격 압력의 완충용
④ 오일 중 공기나 이물질 분리용

정답   1. ④   2. ④   3. ②   4. ④

05 역류를 방지하고자 하는 경우에 사용하는 밸브로서 유체를 한쪽 방향으로만 흐르게 하고 다른 한쪽 방향으로는 흐르지 않게 하는 기능을 가진 밸브는?

① 셔틀밸브
② 2압밸브(AND밸브)
③ 급속배기밸브
④ 체크밸브

06 다음 중 릴리프밸브의 크랭킹 압력이 60[kgf/cm^2]이면 이 밸브의 압력 오버라이드는 몇 kgf/cm^{2}인가?

① 40   ② 60
③ 100 ④ 160

6. 크랭킹 압력
체크밸브나 릴리프밸브 등에서 압력이 상승하고 밸브가 열리기 시작하여 어느 일정한 유량이 확인될 때의 압력

07 다음 중 유압동력을 기계적인 회전운동으로 변환하는 것은?

① 유압모터   ② 전동기
③ 유압펌프   ④ 유압실린더

7. 유압모터
유압에너지에 의해 연속회전 운동을 시켜 기계작업을 하는 기기를 말한다.

08 유압기기 중 유체에너지를 연속적인 회전운동을 하는 기계적 에너지로 바꾸어주는 기기의 명칭을 무엇이라 하는가?

① 유압펌프
② 요동형 액추에이터
③ 유압모터
④ 유압실린더

8. 기계적 에너지를 유압 에너지로 바꾸어주는 기기는 유압펌프이다. ②, ③, ④는 유체에너지를 기계적 에너지로 바꾸어주는 액추에이터이며 회전운동을 하는 액추에이터는 유압모터이다.

정답 5. ④ 6. ③ 7. ① 8. ③

09 다음 중에서 공압의 특징을 설명한 것으로 틀린 것은?
① 저속에서도 균일한 속도를 낼 수 있다.
② 힘과 속도를 무단으로 조절할 수 있다.
③ 폭발 위험성이 있는 장소에서도 사용이 가능하다.
④ 에너지 축적이 용이하다.

9. 공기는 압축성 유체이다.

10 공압의 특징에 대한 설명으로 잘못된 것은?
① 무단변속이 가능하다.
② 작업속도가 빠르다.
③ 에너지를 축적하는 데 용이하다.
④ 정확한 위치결정 및 중간정지에 우수하다.

11 유압제어와 비교한 공압제어에 대한 설명으로 틀린 것은?
① 공기압력은 6~7kg$_f$/cm^2 정도를 사용한다.
② 유압에 비하여 큰 출력을 발생한다.
③ 수분 탈착기와 빙결 방지기를 설치한다.
④ 작동속도는 빠르나 압축성으로 속도가 일정치 않다.

11.
공압은 속도는 빠르나 큰 힘을 얻을 수 없는 단점이 있으며, 유압은 크기에 비해 큰 힘을 발생한다.

12 다음 중 서비스 유닛(압축공기 조정 유닛)의 기능으로 적합하지 않은 것은?
① 압축공기 속에 포함된 이물질을 제거한다.
② 진공을 발생시킨다.
③ 공압 제어밸브와 실린더에 공급되는 압축 공기의 압력을 조절한다.
④ 압축공기 속에 윤활유를 섞어서 공급한다.

13 공기압 방향제어 밸브의 포트(Port)에 표시되는 기호가 잘못 짝지어진 것은?
① 작업라인 : A, B, C 또는 2, 4, 6
② 공급라인 : P 또는 1
③ 배기구 : R, S, T 또는 3, 5, 7
④ 제어라인 : a, b, c 또는 11, 13, 15

정답 9. ① 10. ④ 11. ② 12. ② 13. ④

14 다음 중 복동 실린더를 사용하는 서보공압 장치의 구성 요소 중의 하나인 공압서보밸브에 대한 설명으로 틀린 것은?

① 주로 3포트 3위치밸브를 사용한다.
② 밸브의 입력신호에 대하여 출력유량의 변화가 선형적이어야 한다.
③ 우수한 동력 특성을 가지고 있어야 한다.
④ 저주파 신호와 고주파신호에 대해서도 추종성이 좋아야 한다.

14.
서보밸브는 전기적 신호에 의해 안내밸브를 움직여 작동하는 것으로 고주파, 저주파 신호와는 관계가 없다.

정답 14. ④

SECTION 03 측정용 센서

PART 03 자동제어 및 응용기기

1 센서

- 측온저항 : 온도 → 임피던스
- 광전지 : 광 → 전압
- 광전다이오드 : 광 → 전압
- 전자석 : 전압 → 변위

2 변환요소

변환량	변환요소
압력 → 변위	벨로즈, 다이어프램, 스프링
변위 → 압력	노즐플래퍼, 유압 분사관, 스프링
변위 → 임피던스	가변저항기, 용량형 변환기
변위 → 전압	포텐셔미터, 차동변압기, 전위차계
전압 → 변위	전자석, 전자코일
광 → 임피던스	광전관, 광전도 셀, 광전 트랜지스터
광 → 전압	광전지, 광전 다이오드
방사선 → 임피던스	GM관, 전리함
온도 → 임피던스	측온 저항(열선, 서미스터, 백금, 니켈)
온도 → 전압	열전대(열전쌍)

SECTION 03 실전 예상문제

01 다음 중에서 압력의 변화를 위치의 변화로 변환하는 장치는?
① 회전증폭기
② 서미스터
③ 벨로즈
④ 전위차계

02 기계적 조작을 전기적 신호로 바꾸어주는 것으로 기계적 위치의 검출에 널리 사용되는 스위치는?
① 액면스위치
② 광전스위치
③ 리미트스위치
④ 온도스위치

2. 리미트스위치
기계장치에서 동작이 한계 위치에 이르면 접점이 절환되는 스위치로 기계적 조작을 전기적 신호로 바꾸어 주는 역할을 한다.

03 다음 중 외부 기기로부터 들려오는 잡음이 PLC의 CPU 쪽으로 전달되지 않도록 외부기기와 내부회로를 전기적으로 절연시키는 데 사용하는 부품으로 가장 적합한 것은?
① 포토커플러
② 발광다이오드
③ 트라이액
④ 근접센서

3. 포토커플러
발광부와 수광부가 있으며 전기적으로 절연되어 있다가 광에 의해서 신호전달

04 로봇 관절을 위치(각도)제어하려고 할 때 흔히 쓰이는 센서가 아닌 것은?
① 엔코더
② 포텐쇼미터
③ 스트레인게이지
④ 리졸버

정답 1. ③ 2. ③ 3. ① 4. ③

05 사람에 비유하면 손과 발에 해당하는 부분으로 정보처리회로의 명령에 따라 공작기계의 주축, 테이블 등을 움직이는 역할을 담당하는 것으로 맞는 것은?

① 서보기구
② 비교기
③ 검출기
④ 리졸버

06 NC 기계의 동력전달 방법으로 서보모터와 볼나사 축을 직접 연결하여 연결부위의 백래시 발생을 방지시키는 기계요소로 가장 적합한 것은?

① 기어
② 타이밍벨트
③ 인코더
④ 커플링

07 스테핑 모터의 동작과 관련된 설명으로 틀린 것은?

① 구동회로에 주어지는 입력펄스 1개에 대해 소정의 각도만큼 회전시키고, 그 이상 입력이 없는 경우는 정지위치를 유지한다.
② 회전각도는 입력 펄스의 수에 반비례한다.
③ 회전속도는 입력 펄스의 주파수에 비례한다.
④ 펄스를 부여하는 방식에 따라 급속하고 빈번하게 기동, 정지가 가능하다.

08 다음 중 공장 자동화의 약칭은?

① OA
② FA
③ LS
④ HA

09 수치제어 방식이 아닌 것은?

① 위치결정제어
② 직선절삭제어
③ 윤곽절삭제어
④ 모방절삭제어

5.
① 물체의 위치, 범위, 자세 등은 변위를 제어량으로 하고 목표 값의 임의의 변화에 추종하도록 한 제어기계

② 블록게이지 하위의 표준게이지와 측정물의 길이를 비교하여 그 차이를 정밀하게 재는 기계

③ 물체의 대전여부나 대전된 전하의 양, 음 등을 조사하는 기구

④ 벡터를 그 좌표 성분으로 분해 또는 합성하는 장치

정답 5. ① 6. ④ 7. ② 8. ② 9. ④

10 수치 제어(NC) 기계에서 수치지령의 신호 체계는?
① 펄스   ② 압력
③ 전압   ④ 저항

11 서보모터 시스템의 위치나 속도 검출 센서가 아닌 것은?
① 인코더   ② 타코미터
③ 리졸버   ④ 피에조미터

12 컴퓨터와 외부장치 간의 디지털 정보 입출력 시에 출력소자로 이용되는 것이 아닌 것은?
① 릴레이
② 발광다이오드
③ 스테핑모터
④ 근접스위치

13 제어계에서 검출부의 제어 기기들 중 접촉식 스위치는?
① 마이크로 스위치
② 투과형 광전 스위치
③ 고주파 발전형 근접 스위치
④ 미러 방사형 광전 스위치

13. 마이크로 스위치
접촉식 스위치로 3.2mm 이하의 미소한 접점간격으로 스냅동작기구를 갖추고 있다.
②, ③, ④는 비접촉식 스위치이다.

정답 10. ① 11. ④ 12. ④ 13. ①

메카트로닉스

CHAPTER 01   SECTION 01   반도체 및 센서의 기초
                        SECTION 02   마이크로프로세서
                        SECTION 03   DC 및 AC 서보 모터
                        SECTION 04   수의 진법 및 코드
                        SECTION 05   D/A 및 A/D 변환기

SECTION 01 반도체 및 센서의 기초

PART 04 메카트로닉스

❶ 반도체의 성질

(1) 저항률에 의한 물질의 구분

① 도체(Conductor) : $10^{-4}\Omega m$ 이하의 물질(은, 구리 등)
② 절연체(Insulator) : $10^{7}\Omega m$ 이상의 물질(베이클라이트, 고무 등)
③ 반도체(Semiconductor) : $10^{8} \sim 10^{-5}\Omega m$ 사이의 물질(Ge, Si 등)

❷ 반도체의 구조

(1) 진성반도체(Intrinsic Type Semiconductor) : I형 반도체

순수한 실리콘이나 게르마늄의 결정체로서 정공(Positive Hole)의 수와 자유전자의 수가 동일하다. 실리콘 원자는 단독적인 구조로 되어 있으나 이들이 모여서 결정으로 되어 있는 경우에는 아래 그림과 같이 최외각 전자를 공유함으로써 결합되어 있다.

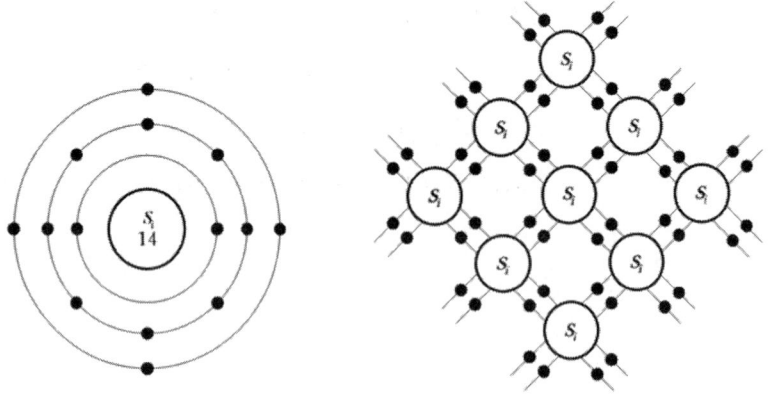

[그림 1-1] 실리콘(Si)의 원자 구조   [그림 1-2] 실리콘의 공유 결합

1) 정공(Hole)

순수한 실리콘 결정에 외부에서 열이나 빛 등과 같은 에너지를 가하면 공유결합이 파괴되어 자유전자가 생성되고 전자가 빠져나간 자리에 구멍이 생기는데 이것은 정공(Hole)이라 한다.

2) 캐리어(Carrier)

자유전자와 정공에 대해 전자를 운반하는 것

(2) 다이오드의 전기적 특징

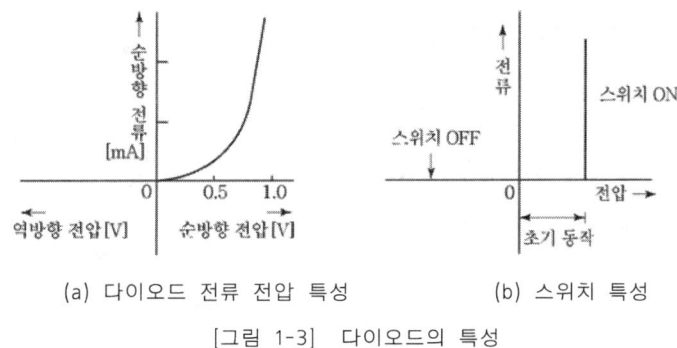

(a) 다이오드 전류 전압 특성 (b) 스위치 특성

[그림 1-3] 다이오드의 특성

1) 다이오드 전압, 전류특성

순방향 특성은 지수곡선이고, 전압을 조금 올리면 전류가 급격히 증가한다. 반면에 역방향은 순방향에 비하면 전류가 전혀 흐르지 않는다.

(3) 불순물 반도체

진성반도체에 과잉전자나 부족전자 상태의 불순물을 소량 첨가하여 만드는 반도체이다.

1) N형 반도체

비소(As), 안티몬(sb), 인(P) 등과 같이 5개의 가전자를 가지는 원소를 지성반도체에 미소량 첨가하는 반도체이다. 실리콘에 있는 4개의 가전자와 비소에 있는 5개의 가전자가 공유결합을 만드는데 전자가 한 개 남아서 빠져나온다. 이때 비소의 자유전자가 양이온으로 전류를 운반하는 캐리어가 된다.

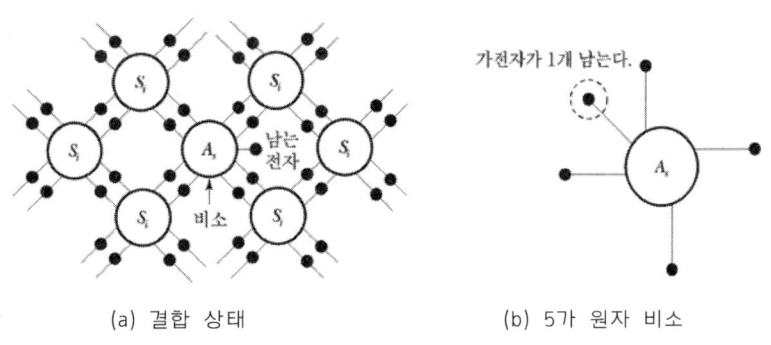

(a) 결합 상태 (b) 5가 원자 비소

[그림 1-4] n형 반도체

① 다수캐리어
N형 반도체에서 주로 자유전자에 의해서 전류가 흐르므로 다수캐리어가 된다.

② 소수캐리어
존재하는 약간이 정공이 소수캐리어이다.

2) P형 반도체

갈륨(Ga), 인듐(In), 붕소(B), 알루미늄(Al) 등과 같이 3개의 가전자를 진성반도체에 미소량 첨가한 반도체

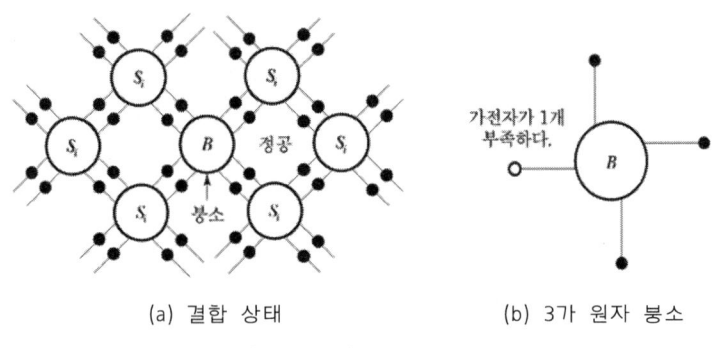

(a) 결합 상태　　　　　　　(b) 3가 원자 붕소

[그림 1-5] P형 반도체

실리콘에 3개의 가전자를 갖는 붕소(B)를 소량 혼입하므로 공유결합 후에 전자가 부족한 상태가 된다. Si의 가전자가 한 개 부족하기 때문에 그곳에 정공이 생긴다.

① 다수캐리어
주로 정공에 의하여 전류가 흐르기 때문에 정공이 다수캐리어가 된다.

② 소수캐리어
P형 반도체에 약간 존재하는 자유전자

(4) Pn접합에 전압을 가한 경우

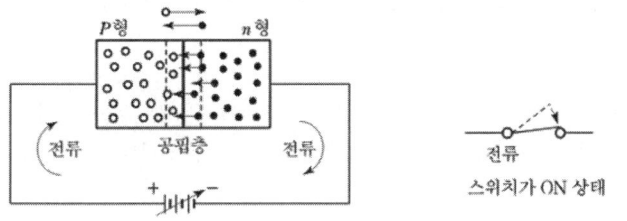

(a) 순방향 바이어스

공핍층 전위가 낮아져 인접층으로 확산하여 전류가 흐른다.

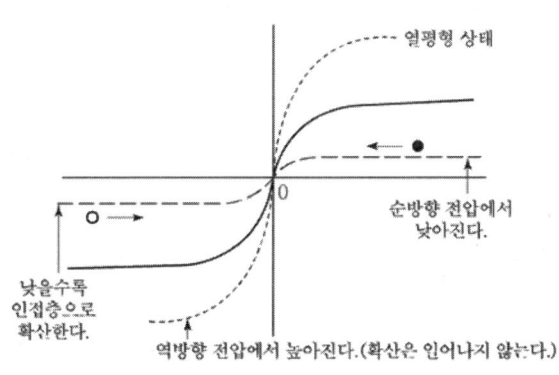

(b) 접합면 전위의 변화

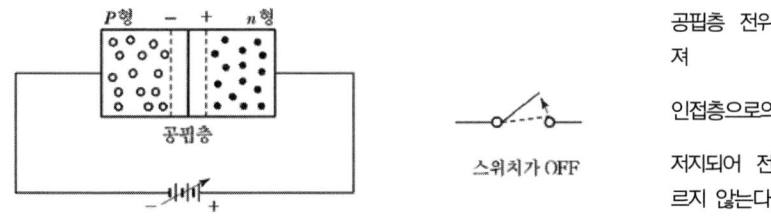

(c) 역방향 바이어스

공핍층 전위가 높아져 인접층으로의 확산이 저지되어 전류는 흐르지 않는다.

[그림 1-6] 다이오드 특성

1) 순방향 특성

접합면에 전압을 가해 증가시키면 p층에서는 정공이 n층으로 흐르고, n층에서는 전자가 p층으로 다시 확산에 의해 흘러들어간다. 이때를 pn접합의 순방향 특성이라 하고 스위치가 ON인 상태와 같다.

2) 역방향 특성

순방향과 반대로 직류 전압을 가하면 전압은 확산 전위차가 강화되도록 공핍 층에 가해져 순방향에서 일어난 소수 반송자의 확산은 완전히 멈추고, 스위치 동작은 OFF 상태이다.

● 정류작용
  pn접합에는 양단에 가해지는 전압의 방향에 따라 전류를 많이 흐르게 하거나 거의 흐르지 않게 하는 작용

(5) 도너(Doner) & 억셉터(Acceptor)

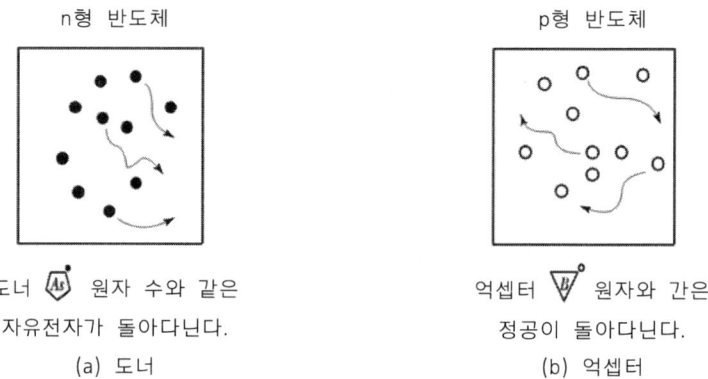

[그림 1-7] 도너와 억셉터

1) 도너

n형 반도체에 혼합하는 5가의 불순물 원소인 인(P), 비소(As) 그리고 안티몬(Sb) 등의 원자를 말한다.

2) 억셉터

p형 반도체에 혼합하는 3가지 불순물 원소인 붕소(B), 알루미늄(Al) 그리고 인듐(In) 등은 5가의 원소와는 반대로 전자가 필요한 정공을 인접한 실리콘 원자와 만들기 때문에 전자를 받는다는 뜻이다.

❷ 다이오드(Diode)

전류를 한쪽 방향으로 흐르게 하는 정류작용을 하는 전자소자이다.

(1) p형과 n형 반도체의 접합

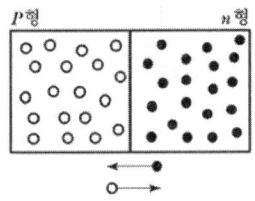

밀도가 높기 때문에 서로
상대방층으로 확산한다.
이 전자와 정공은 재결합하여
없어진다.

(a) pn접합

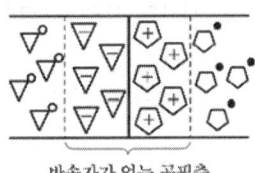

안정 상태에서 접합면의 근처는
정공과 자유 전자가 없어지고
±전하를 가진 억셉터와 도너가
남아서 확산 전위를 가진
공핍층이 생긴다.

(b) 전위와 밀도 관계

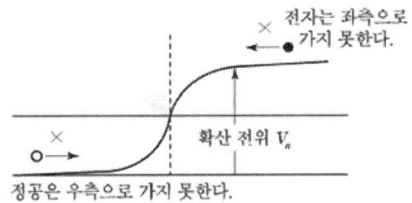

확산 전위의 의해 이 이상은 전자나
정공이 상대층으로 들어가지 못한다.

(c) pn접합 부분의 전위

[그림 1-8] p형 n형 반도체의 접합

(2) 제너다이오드(Zener Diode)

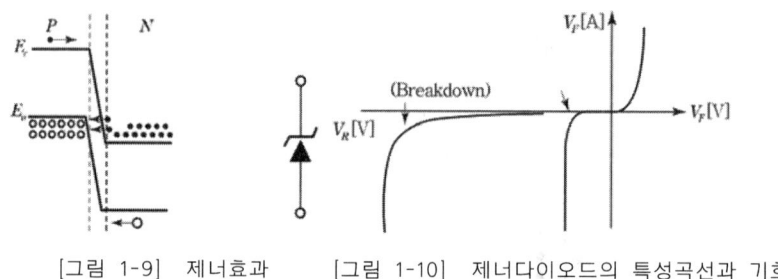

[그림 1-9] 제너효과   [그림 1-10] 제너다이오드의 특성곡선과 기호

제너다이오드(Zener Diode)는 전압 포화 특성을 이용하여 전압을 일정하게 유지하기 위한 전압 제어 소자로 널리 이용되고 있다.

① P형 및 N형 반도체의 불순물 농도가 높으면 공간 전하의 폭도 대단히 좁아지므로 작은 역방향 전압을 가해도 공간 전하 영역 안에서 매우 강한 전계가 발생한다.
② 이 전계의 힘에 의하여 결정격자가 직접 이온화되어 새로운 전자와 정공이 생기는 현상을 제너항복 또는 터널효과(Tunnel Effect)라 한다.
③ 제너항복을 이용한 다이오드가 제너다이오드이며, 항복 현상이 일어나도 다이오드는 파괴되지 않기 때문에 정전압 소자로서 널리 이용된다.

(3) 가변용량다이오드(Variable Capacitance Diode)

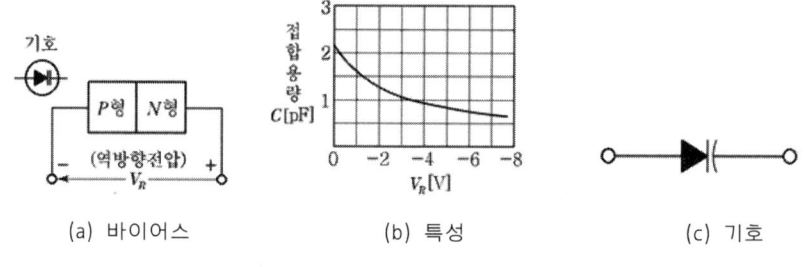

(a) 바이어스   (b) 특성   (c) 기호

[그림 1-11] 가변용량 다이오드

① 반도체 다이오드의 접합부 용량(공간전하 용량, C)이 양단에 가한 역바이어스 전압에 의하여 변하는 것을 이용한 것으로 바랙터(Varactor), 바리캡(Varicap), 바리오드(Variode)라고도 한다.
② $C = \dfrac{K}{\sqrt{V_R}}$ (V_R:역바이어스 전압)
③ 바랙터 다이오드는 주파수 체배기, FM 수신기나 TV 수신기의 AFC에 이용되고 있으며, FM 송신기의 변조회로나 소인 발진기의 소인용으로도 중요하게 이용된다.

(4) 여러 가지 다이오드들

종류	다이오드 응용 분야	기호
정류 다이오드	교류를 직류로 변환할 때 응용	
스위칭 다이오드	고속 on/off 특성을 스위칭에 응용	
정전압(제너) 다이오드	정전압 특성을 전압 안정화에 응용	
가변용량(Varactor) 다이오드	가변용량 특성을 FM 변조, AFC 동조에 응용	
터널(Tunnel=애사키) 다이오드	음 저항 특성을 마이크로파 발진에 응용	
MES(쇼트키) 다이오드	금속과 반도체의 접촉 특성을 응용 (MEtal Semi-Conductor)	
발광(LED) 다이오드	발광 특성을 응용하여 표시용 램프로 사용	
수광(Photo) 다이오드	광검출 특성을 응용하여 광센서로 사용	
배리스터(Varistor) 다이오드	트랜지스터 출력 단의 온도 보상에 주로 사용	

1) 마이크로파용 다이오드

터널 다이오드, 임펙트 다이오드, 건 다이오드

① 터널 다이오드(Tunnel Diode, Esaki Diode)

　　㉠ 축퇴된 반도체(축퇴:도핑이 갑자기 증가 시 페르미 준위가 전도대보다 높아져서 도체로 되는 현상)

　　㉡ 터널효과 발생

　　㉢ 터널효과에 의하여 금지대를 통과하는 시간이 극히 짧은 것을 이용하여 마이크로파의 발진·증폭·스위칭 작용에 이용됨

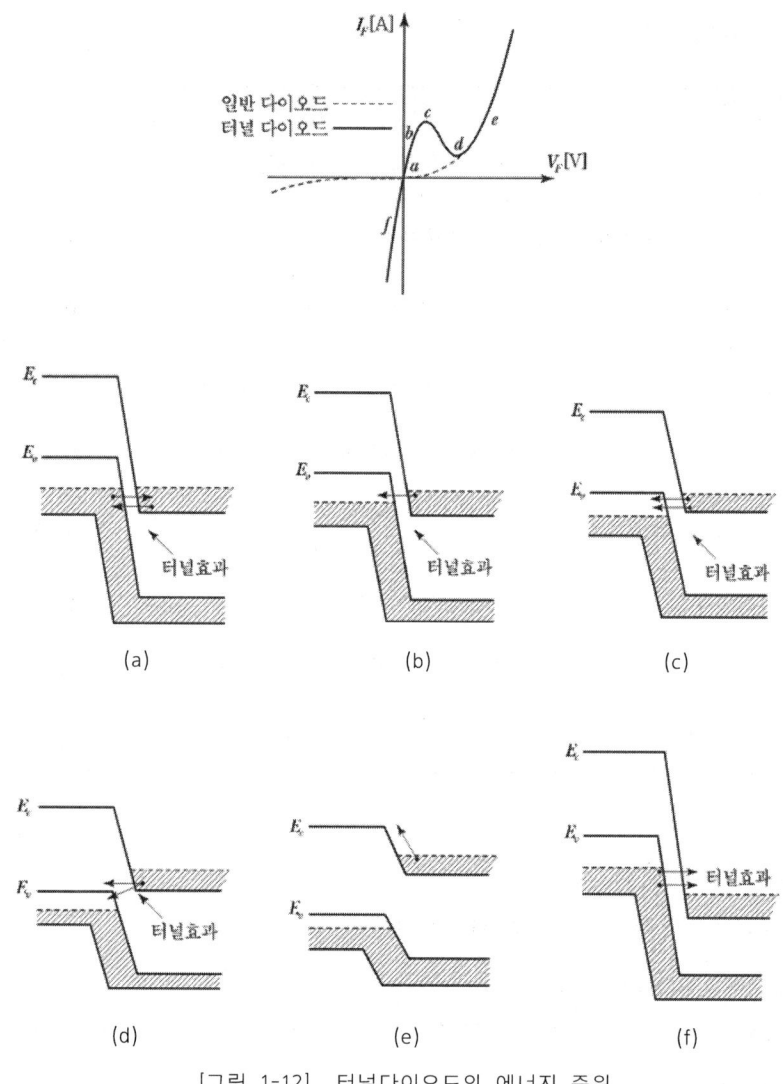

[그림 1-12] 터널다이오드의 에너지 준위

② 임팩트 다이오드(Impact Ionization Avalanche and Transient Time Diode ; IMPATT)
PN 접합의 역바이어스 상태에서 전자 사태인 애벌란치 현상과 캐리어의 주행 시간효과를 결합시켜서 마이크로파대에서 부성 저항 특성을 얻는 다이오드이다. → 마이크로파대에서 부성 저항 특성을 이용하여 마이크로파의 발진이나 증폭 등에 사용된다.

③ 건 다이오드(Gunn Diode)

결정의 양단에 옴(Ohm) 접촉을 하여 직류 전압을 가하면 갑자기 전류가 진동을 시작하는 성질을 이용한 다이오드로서, 마이크로파 발진기에 응용된다.

응용 예

갈륨비소(GaAs)의 건(Gunn) 효과를 이용 → 다이오드로 마이크로파 수신기 국부 발진기

2) 서미스터(Thermister)

① 온도가 증가하면 저항값이 감소[부의 온도계수:NTC(Negative Temperature Coefficient)] 하는 반도체 소자이다.

센시스터(Sensistor)

정의 온도계수를 가지는 반도체 소자 [정특성 서미스터(PIC)]

② 코발트, 니켈, 망간, 철, 구리, 티탄 등을 구워 만든다.
③ 온도 검출이나 계측, 트랜지스터 회로의 온도 보상용 바이어스 회로에 많이 쓰인다.
④ 어떤 온도에서 저항값이 급변하는 반도체소자를 CTR(Critical Temperature Resistor) 이라 한다.

3) 배러터(Barretter)

① 온도가 증가하면 저항값이 증가하는 반도체 소자이다(PTC).
② 백금선 등의 매우 가는 직선으로 된 철사에 고주파 전류를 흘려 발생하는 열을 이용한다.
③ 온도에 따른 저항값의 변화를 측정하여 전압 또는 전력을 측정한다.

4) 블로미터(Bolometer)

블로미터 전력계에서 온도에 의하여 저항값이 변하는 소자를 블로미터 소자라 한다. 그 종류에는 서미스터와 배러터가 있다.

5) 배리스터(Varistor;Variable Resistor)

① 가해진 전압의 크기에 따라 저항 값이 변화하는 반도체 소자이다.
② 전화기, 통신기기의 불꽃 잡음에 대한 회로의 보호 등에 사용된다.
③ 배리스터에 순방향 전압 V[V]를 가하면 흐르는 전류 I 는 다음과 같다.

$I = kV^n$ [A]

여기서, k 와 n 은 상수이고, n 은 2~4.5값을 갖는다.

6) 쇼트키(Schottky Barrier) 다이오드(=MES 다이오드)

반도체 표면에 금속을 도핑시키면 금속과 반도체 사이에는 에너지 장벽이 형성되는데 이것을 이용한 다이오드를 쇼트키 다이오드라 한다. 쇼트키 다이오드의 재료는 실리콘이나 갈륨비소와 몰리브덴, 티탄, 금 등을 접촉시켜서 만든다.

① 금, 은, 백금과 같은 금속에 실리콘을 도핑하여 만든다.

② 금속과 N형은 거의 같은 극성이 되며 공핍 층이 없고 축적 전하도 없게 되어 역방향 시간도 없게 한다.

③ 응용 예:공핍 층이 없고 접합부분에 축적 전하가 없기 때문에 보통 다이오드보다 더 빨리 차단되므로 디지털 컴퓨터의 스위칭 소자 및 고주파 검파, 스위칭 속도 개선, 음저항 디바이스의 제조 등에 응용된다.

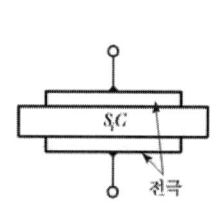

[그림 1-13] 카보런덤 배리스터   [그림 1-14] 배리스터의 전압-전류 특성

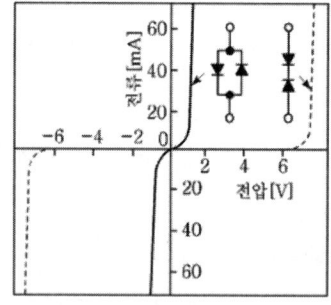

[그림 1-15] 비대칭 배리스터의 접속과 특성

7) 사이리스터(Thyristor)

① 사이리스터란 P-N-P-N접합의 4층 구조 반도체 소자의 총칭으로서, 역적지 사이리스터, 역도통 사이리스터, 트라이액이 있다. 그러나 일반적으로는 SCR(Silicon Controlled Rectifier;Thyristor)이라고 불리는 역적지 3단자 사이리스터를 가리키며, 실리콘 제어 정류소자를 말한다.

② 사이리스터는 3개 이상의 P-N접합을 1개의 반도체 기관 내에 형성함으로써 전류가 흐르지 않는 off 상태와 전류가 흐를 수 있는 on 상태의 2개의 안정된 상태가 있고, 또한 off 상태에서 on 상태로 또는 on 상태에서 off 상태로 이행이 가능한 반도체 소자이다. 사이리스터는 일반적으로 전력용 트랜지스터에 비해 고내압에서 우수한 특성을 나타낸다.

③ 사이리스터 중에는 다음과 같은 SCR이나 다이악, 트라이악이라고 부르는 것이 있다. 일반적으로 사용되는 SCR이나 다이악, 트라이악은 다음과 같은 특성이 있다.
   ㉠ SCR:3극 단방향 사이리스터
   ㉡ 다이악:2극 쌍방향 사이리스터
   ㉢ 트라이악:3극 쌍방향 사이리스터

8) 사이리스터의 장점

① 고전압 대전류의 제어가 용이하다.
② 제어이득이 높고, 게이트 신호가 소멸하여도 on 상태를 유지할 수 있다.
③ 수명은 반영구적으로 신뢰성이 높다. 또 서지 전압 전류에도 강하다.
④ 소형·경량으로 기기나 장치에의 설치가 용이하다. 이러한 장점을 갖고 있는 사이리스터는 가전제품, OA기기, 산업용 기기 등의 전력 제어 분야에서 널리 사용되고 있으며, 수십[A] 이하의 중·소 전력 사이리스터만도 여러 가지가 있다.

9) 사이리스터의 종류

① 실리콘 일면 스위치(SUS;Silicon Unilateral Switch)
② 제어정류소자(SCR;Silicon Controlled Rectifier)
③ 실리콘 대칭형 스위치(SSS;Silicon Symmetric Switch)
④ 다이악(DIAC):양방향 SUS
⑤ 트라이악(TRIAC):양방향 SCR
⑥ 단일 접합 트랜지스터(UJT;Unipolar Junction Transistor)
⑦ 프로그램 가능한 UJT(PUT;Programmable UJT)
⑧ GTO(Gate Turn-Off Switch)

10) 실리콘 일면 스위치(SUS;Silicon Unilateral Switch)

소자 양단의 순방향 전압이 특정한 순방향 브레이크 오버 전압에 도달할 때 전도되는 사이리스터이다.

트리거되면 이 소자는 낮은 임피던스의 전도체가 된다. 이 소자는 순방향 전류가 유지전류 이하로 떨어질 때까지 on 상태를 유지한다. 순방향 전류가 유지전류 이하로 떨어질 때, 소자는 off 상태의 동작영역으로 되돌아간다.

 SUS는
　① 쇼클리(Schockley) 다이오드
　② 전류 래치
　③ 역방향 저지 다이오드 사이리스터(Reverse Blocking Diode Thyristor)

① ON에서 OFF로 구동되는 때
　㉠ 애노드 전류 저지방법:다이오드 전류를 차단 또는 우회시킴으로써 I_F를 I_H 이하로 떨어뜨린다.
　㉡ 강제 전류 방법:I_F의 값을 I_H의 값 이하로 떨어뜨리기 위해 소자에 역전류를 흐르게 한다. →
　　두 경우 모두 소자는 off 상태로 구동되며 다시 트리거 될 때까지 유지된다.

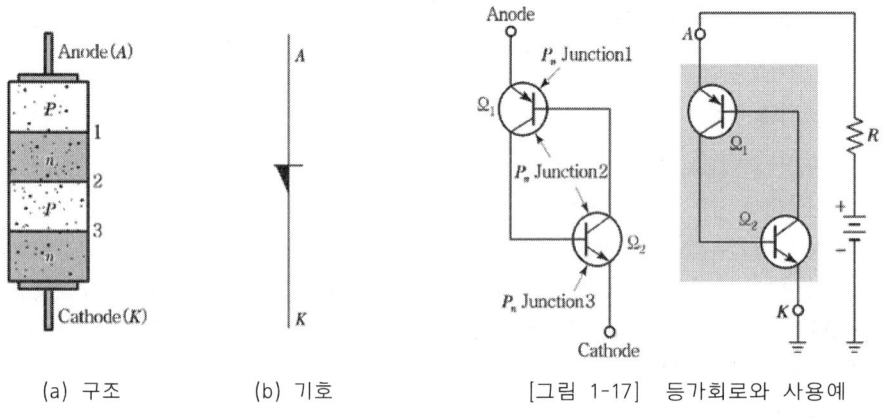

(a) 구조　　(b) 기호　　[그림 1-17] 등가회로와 사용예

[그림 1-16] 구조와 기호

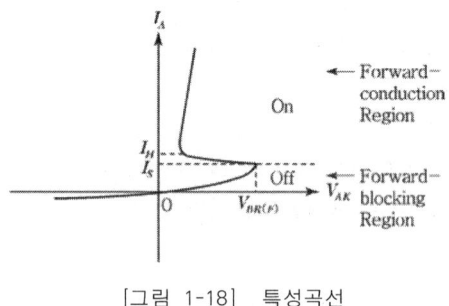

[그림 1-18] 특성곡선

11) 실리콘 제어정류소자(SCR;Silicon Controlled Rectifier)

Si를 재료로 한 P-N-P-N 다이오드의 P_2영역에 게이트(Gate)를 붙여 게이트 전류 I_G로 항복 전압을 제어할 수 있도록 한 것을 실리콘 제어 정류소자(SCR;Silicon Controlled Rectifier)라고 한다.

SCR는 가장 대표적인 3단자 P-N-P-N 스위치(Thyristor)이며, 단지 사이리스터라고 할 때는 SCR을 뜻하는 경우가 많다.

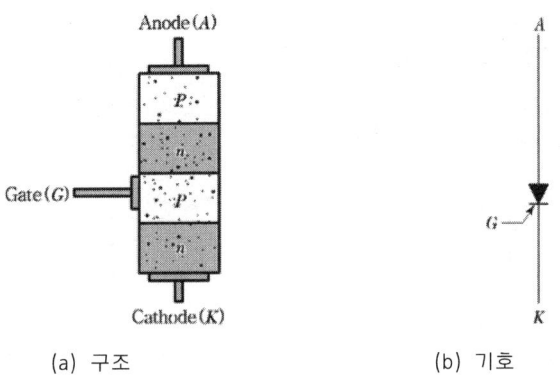

(a) 구조   (b) 기호

[그림 1-19] 구조와 기호

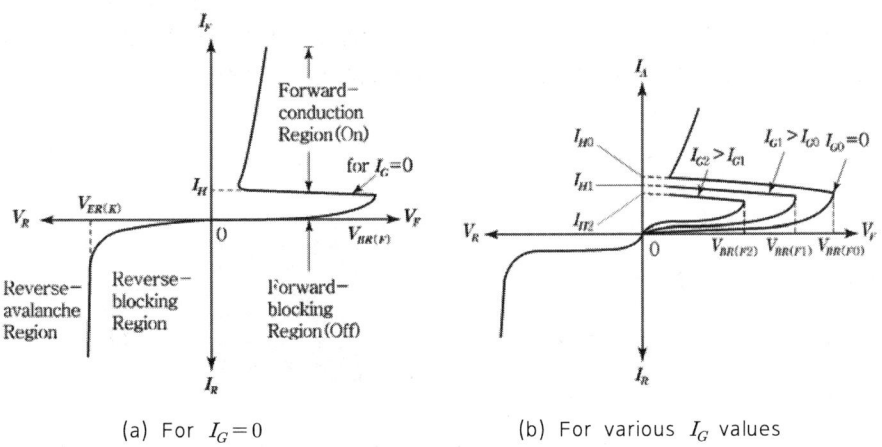

(a) For $I_G = 0$ (b) For various I_G values

[그림 1-20] SCR 특성 곡선과 등가회로(I_G의 변화)

12) 다이악(DIAC)=양방향 SUS

NPN 3층 구조의 쌍방향성 다이오드로 반복 주파수가 가변인 펄스를 만들 수 있어 사이리스터의 게이트 트리거 회로에 사용된다.

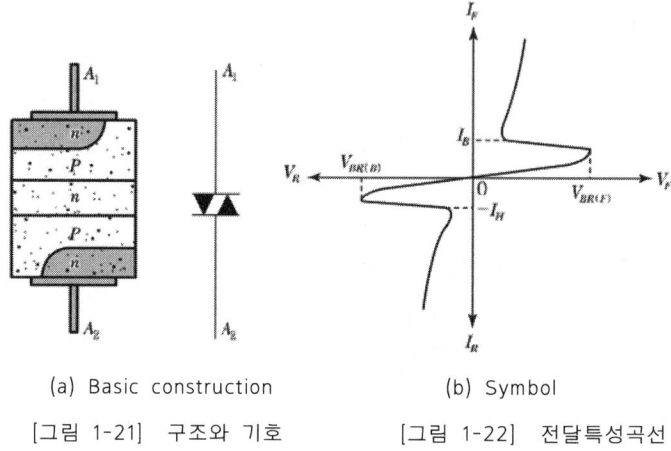

(a) Basic construction (b) Symbol

[그림 1-21] 구조와 기호   [그림 1-22] 전달특성곡선

13) 트라이악(TRIAC)=양방향 SCR

트라이악은 N-P-N-P-N의 5층 구조로 가지고 있으며, 2개의 SCR를 반대로 병렬 연결시킨 것으로 볼 수 있다. 하나의 게이트와 두 단자 $T_1 \cdot T_2$를 가지는데, SCR과 달라서 전류를 어느 쪽 방향으로도 흘릴 수 있다. 브레이크 오버 전압이 높기 때문에 트라이악은 순방향으로 바이어스된 트리거를 걸어 주어 Turn-on시킨다.

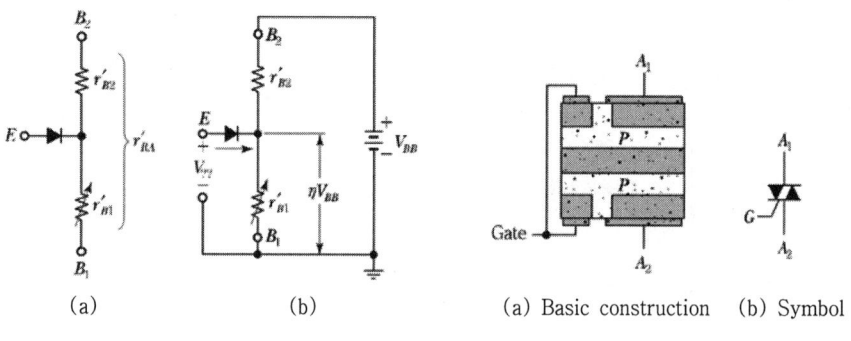

(a)   (b)   (a) Basic construction (b) Symbol

[그림 1-23] 구조와 기호   [그림 1-24] 전달특성곡선

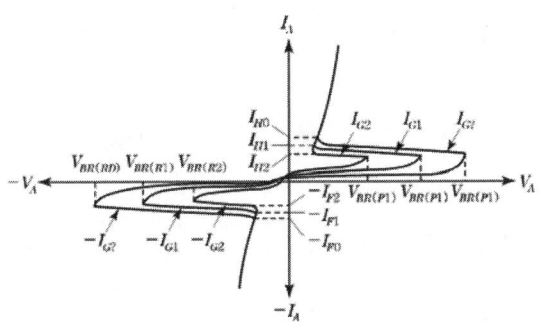

[그림 1-25] 트라이악 전달 특성 곡선

14) 단일 접합 트랜지스터(UJT;Unipolar Junction Transistor)

사이리스터 트리거 소자로서 기술적으로 분류된다. SCR과 트라이악처럼 사이리스터의 트리거는 UJT의 일반적인 응용이므로, 이 소자는 사이리스터와 함께 취급된다.

① UJT는 트리거 전압이 공급되는 바이어스 전압에 비례하는 3단자 스위칭 소자이다.
② 단자에는 이미터(E), 베이스 1(B1), 베이스 2(B2)로 구성된다.
③ 부저항 영역을 가진다.
④ 이완 발진기(Relaxation Oscillator)에 사용된다.

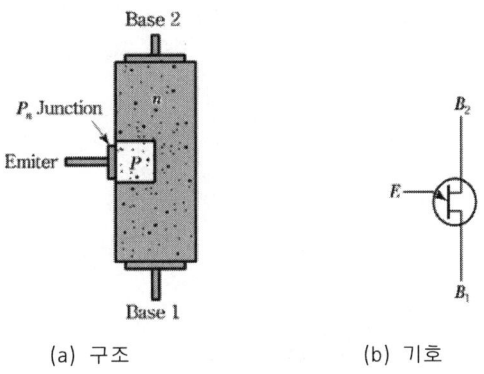

(a) 구조   (b) 기호

[그림 1-26] 구조와 기호

15) 여러 가지 사이리스터들(기호모음)

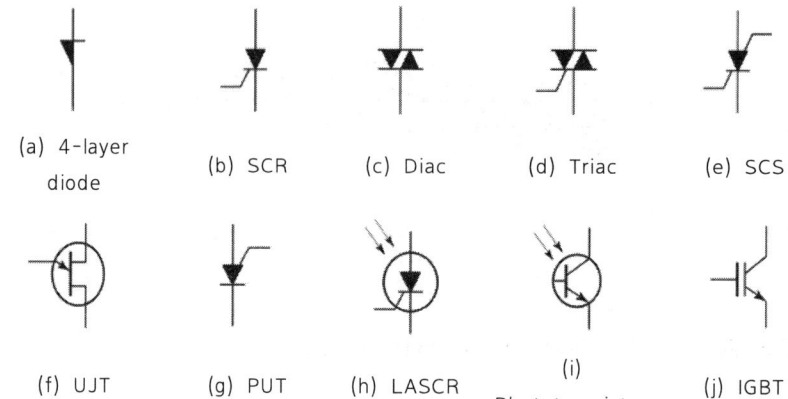

(a) 4-layer diode
(b) SCR
(c) Diac
(d) Triac
(e) SCS
(f) UJT
(g) PUT
(h) LASCR
(i) Phototransistor
(j) IGBT

SECTION 01 실전 예상문제

01 그림과 같은 타임 챠트 형태로 동작하는 타이머의 명칭은?

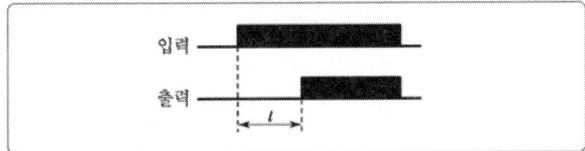

① 적산 타이머   ② 감산 타이머
③ 온 딜레이 타이머   ④ 오프 딜레이 타이머

1. 온 딜레이 타이머
   (On Delay Timer)
• 콘덴서 용량이 차면 타이머 코일이 작동
• 오프 딜레이 타이머
(Off Delay Timer)

02 PLC 입력부에서 신호에 포함된 노이즈가 PLC 내부 장치로 전달되지 않도록 하기 위해 채택되는 요소로 맞는 것은?

① 포토커플러   ② 트라이액
③ 퓨즈   ④ CPU

2.
② 스위치용 반도체의 일종
③ 전선에 규정값 이상의 과도한 전류가 계속 흐르지 못하게 자동적으로 차단하는 장치

03 다음 중 SCR에 대한 설명으로 틀린 것은?

① 4개의 단자를 갖고 있다.
② 2개의 N형 반도체와 2개의 P형 반도체 층으로 되어 있다.
③ 캐소우드(K)에서 애노우드(A)로 전류를 흐르게 하면 SCR은 오프(Off) 상태가 된다.
④ 정류작용으로 사용할 수 있다.

04 포토다이오드에 대한 설명으로 틀린 것은?

① 포토다이오드는 입사광에 대한 광전류의 직선성이 우수하다.
② 반도체 NPN 접합으로 되어 있다.
③ 광기전력형의 소자로 수광소자의 기본이 된다.
④ 광전재료로 Ge, Si 등이 많이 사용되고 있다.

정답   1. ③   2. ①   3. ①   4. ②

05 다음 중 초음파 센서의 특징으로 옳은 것은?
　① 검출 대상체의 형태, 색깔, 재질에 무관하게 검출이 가능하다.
　② 대부분의 매질에 대해 반사하기 어렵고 투과하는 특징을 가지고 있다.
　③ 음향에너지를 전송할 수 없다.
　④ 보통 10kHz 이하의 주파수를 사용하여 검출한다.

06 위치검출용 스위치로 널리 쓰이는 것은?
　① 버튼 스위치
　② 리미트 스위치
　③ 셀렉터 스위치
　④ 나이프 스위치

6. 리미트 스위치는 이동 중에도 감지할 수 있는 위치 검출용 스위치이다.

07 제너 다이오드를 사용하는 회로는?
　① 검파회로
　② 고압증폭회로
　③ 고주파 발진회로
　④ 정전압회로

7.
① 변조된 검파 속에서 신호파를 검출하는 회로

② 고압으로 증폭시켜 주는 회로

③ 출력하는 신호를 증폭하고 공진회로에서 손상된 에너지를 보상

08 다음의 기호가 나타내는 것은?

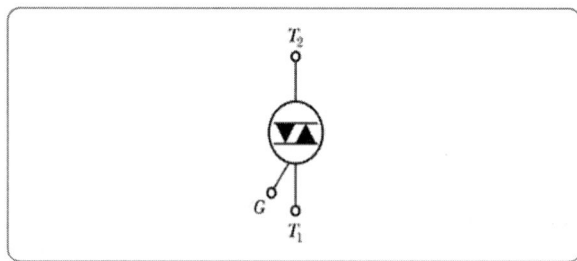

　① 트라이액
　② 다이오드
　③ 트랜지스터
　④ 사이리스터

정답　5. ①　6. ②　7. ④　8. ①

09 포토 인터럽터에 대한 설명으로 틀린 것은?

① 적외선 발광소자와 수광소자를 한 쌍으로 일체화한 것이다.
② 발광소자와 수광소자를 공간적으로 떼어 놓고 그 공간을 통과하는 물체를 검출한 것이다.
③ 발광소자의 빛이 포토트랜지스터에 차단 및 통과되는 것을 이용하여 펄스를 발생한다.
④ 포토 인터럽터는 VTR, 레코드플레이어의 가전기기에 한정적으로 사용되며, 산업용기기는 거의 사용되지 않는다.

10 서미스터에 대한 설명 중 틀린 것은?

① 온도변화에 의해서 소자의 전기저항이 크게 변하는 반도체소자이다.
② PTC 서미스터는 온도가 상승함에 따라 저항이 현저히 증가하는 반도체 소자이다.
③ NTC 서미스터는 부(-)온도계수를 갖는다.
④ CTR 서미스터는 온도가 상승함에 따라 저항값이 증가하는 반도체 소자이다.

11 PN 접합 반도체의 접합부에 빛을 쪼이면 전자와 정공의 작용으로 전류가 흐르는 효과를 무엇이라고 하는가?

① 광전 효과
② 루미네슨스 효과
③ 제어백 효과
④ 펠티어 효과

12 P형 반도체와 N형 반도체를 접합시켜 한쪽 방향으로만 전류가 흐르도록 한 것은?

① 트랜지스터
② 다이오드
③ 트라이액
④ FET

정답 9. ④ 10. ④ 11. ① 12. ②

13 보통 다이오드와는 다른 독특한 역방향 바이어스 전류-전압 특성을 가지고 있으며 다음 그림의 기호와 같이 표시되는 다이오드는?

① 반도체 접합 다이오드
② 제너 다이오드
③ 포토 다이오드
④ 바렉터 다이오드

14 반도체에 대한 설명 중 틀린 것은?
① 물질의 저항률에 따라 도체, 반도체, 부도체로 구분한다.
② 반도체는 공유결합을 한다.
③ 진성반도체는 불순물이 거의 포함되지 않는다.
④ 반도체는 정(+)의 온도계수를 갖는다.

반도체는 부(-)의 온도계수를 갖는다.

15 서미스터에 대한 설명 중 틀린 것은?
① 온도변화에 의해서 소자의 전기저항이 크게 변화는 반도체 소자이다.
② PTC 서미스터는 온도가 상승함에 따라 저항이 현저히 증가하는 반도체 소자이다.
③ NTC 서미스터는 부(-)온도계수를 갖는다.
④ CTR 서미스터는 온도가 상승함에 따라 저항값이 증가하는 반도체 소자이다.

16 다음 중 광기전력 효과를 이용한 것이 아닌 것은?
① 태양전지   ② 포토 트랜지스터
③ 포토 다이오드   ④ CdS계 광도전 셀

17 측온저항체용 재료의 요구 조건으로 잘못된 것은?

① 저항 온도계수가 작을 것
② 온도-저항 특성이 직선적일 것
③ 소선의 가공이 용이할 것
④ 화학적·기계적으로 안정될 것

17. 저항온도계수가 커야 온도측정범위가 증가한다.

18 SCR이라고도 하는 PNPN 접합의 실리콘 정류스위치 소자는 무엇인가?

① 다이오드   ② 사이리스터
③ 트랜지스터   ④ 트라이액

19 발광부와 수광부가 대향 배치되어 있어 이 사이에 물체가 들어가면 빛이 차단되고 수광부의 광전류가 차단되어 물체의 유·무를 검출할 수 있도록 만들어진 것은?

① 포토 인터럽터   ② 포토 사이리스터
③ 포토 다이오드   ④ 포토 트랜지스터

20 다음 중 온도센서가 아닌 것은?

① 서미스터   ② 열전대
③ 바이메탈   ④ 리미트스위치

20. 온도센서
접촉식과 비접촉식이 있으며, 종류로는 저항온도센서, 서미스터, 열전대, 바이메탈 등이 있다.

21 다음 센서 중에서 직접 디지털신호를 출력으로 하는 것은?

① 엔코더   ② 포텐쇼미터
③ 스트레인게이지 ④ 차동트랜스

21. 엔코더
회전각 위치와 직선 변위를 측정하는 디지털식 위치 센서로 디지털 신호로 변환하여 출력하는 장치이다.

22 서로 다른 2종류의 금속 양끝을 접합하고 양접점 간의 온도차에 의해 발생되는 열기전력을 이용하여 온도를 측정하는 것은?

① 압전센서   ② 열전쌍
③ 서미스터   ④ 측온저항체

22. 열전쌍(Themocouple)
서로 다른 금속선 양끝을 맞붙여서 전류를 발생하게 하여 온도를 측정하는 장치

정답 17. ① 18. ② 19. ① 20. ④ 21. ① 22. ②

23 어떤 종류의 물질은 자장 중에 놓으면 전기적인 성질이 변화하므로 자장의 유무나 강도의 변화를 전기적인 신호로 인출할 수 있는 센서는?
① 압력센서　　　② 포토센서
③ 자기센서　　　④ 압전센서

23. 자기센서
자장의 유무나 강도의 변화를 전기신호로 인출할 수 있는 센서

24 절대형 변위센서를 사용할 때 고려되어야 할 사항 중 틀린 것은?
① 기준점 등에 대한 정기적인 교정 필요
② 환경 중의 온도 변화에 따른 변화
③ 힘에 의한 변위량 고려
④ 측정 회로의 주기적인 교체

24.
절대형 센서는 전원이 끊어지거나 도중에 오동작을 해도 최초에 설정한 기준은 변하지 않으므로 정기적인 교정이 필요 없다.

25 서보시스템에서 기준 값과 실제 값의 차를 무엇이라 하는가?
① 제어편차
② 외란
③ 제어변수
④ 제어 기준 값

25. 제어편차
목표량-제어량

26 다음 중 고정 기준 좌표 방식의 서보 센서가 아닌 것은?
① 차동트랜스
② 리졸버
③ 절대 인코더
④ 압전형 가속도계

26. 차동트랜스
3개의 코일과 가동철심으로 구성되어 있으며, 변위, 치수 등의 계측기에 활용되는 센서

27 다음 중 머시닝 센터(Machining Center)에 대한 설명으로 틀린 것은?
① 자동공구교환 장치(ATC)가 있다.
② 방전을 이용한 가공 작업이다.
③ 테이블은 가공물을 절삭에 필요한 위치에 오게 한다.
④ 드릴링 작업을 할 수 있다.

27. 방전을 이용하는 기계는 방전가공기이다.

정답　23. ③　24. ①　25. ①　26. ①　27. ②

28 컨베이어 벨트 위를 지나가는 종이상자를 감지할 수 없는 센서는?

① 유도형 센서　　② 용량형 센서
③ 포토 센서　　　④ 적외선 센서

정답　28. ①

SECTION 02 마이크로프로세서

PART 04 메카트로닉스

① 마이크로프로세서의 구성

마이크로프로세서(Microprocessor)는 중앙처리장치의 기능을 직접 회로화한 것으로서, 연산회로, 각종의 레지스터, 제어회로 등으로 구성된다.

② 용어설명

(1) 포토 커플러(Photo Coupler)

발광부(發光部)와 수광부(受光部)를 가지고 있으며 전기적으로는 절연되어 있는데 광(光)에 의하여 신호가 전달되는 소자를 광결합소자(光結合素子)라고 한다.

동작원리는 극히 간단한데, 발광 다이오드에 신호가 입력되면 발광하고 이 광을 수광(受光)하는 포토 트랜지스터에 입사시키면 전도 상태로 된다.

포토 커플러는 1방향성으로 되어 있다. 구조는 Gs, As로 구성된 적외선 발광 다이오드와 실리콘 포토 트랜지스터로 이루어져 발광부와 수광부가 투명한 수지(樹脂)에 넣어져 광학적으로 결합되어 있으며 바깥쪽에는 빛을 차단시키기 위하여 흑색 수지로 두껍게 피복되어 있다.

예를 들면, 전기회로와 기계 부분을 가진 단밀기기(端末機器) 등에 포토 커플러를 사용하여 결합하면 전원 전압이 다르고, 기계부에서 발생하는 잡음 등이 완전히 절연 분리되어 회로설계가 극히 간단하게 된다.

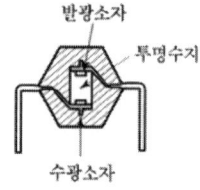

[그림 2-1] 포토 커플러의 구조

고속 스위칭(Switching)용은 수광부가 Pin형으로 포토 다이오드와 직접 회로(IC)의 조합으로 되어 있어서 높은 이득(Gain)을 목적으로 하는 데도 다링톤 접속형 포토 트랜지스터가 사용되며, 대전력용으로는 광구동(光驅動) 사이리스터(Thyristor)가 수광부에 사용된다.

(2) 포토다이오드(Photodiode)

광기전력 효과형 다이오드에 외부회로를 접속하면 빛을 비춤으로써 광전류를 꺼낼 수가 있다. 포토다이오드는 이와 같이 광신호를 전기신호로 변환할 수 있다.

또 pn접합 대신 금속-반도체 접촉의 쇼트키 다이오드의 광기전력 효과를 이용하는 포토다이오드도 사용된다.

(3) 포토인터럽터(Photointerrupter, Photointerruptor)

포토커플러의 하나로 광로(光路)를 차단함으로써 물체의 검출, 위치의 검출, 계수(Count) 등을 할 수 있도록 한 장치

(4) 광기전력(光起電力, Photoelectromotive Force Photopotential)

반도체의 p-n접합 부분, 반도체-금속 계면의 쇼트키 접합 부분, 혹은 반도체-용액 계면에 빛이 조사되었을 때에 발생하는 기전력으로, 광기전력을 이용하는 대표적인 것으로 광전지, 태양전지 등이 있다.

(5) CdS 셀(CdS cell)

빛이 입사하면 도전성이 되는 반도체를 사용한 빛의 검출용 부품. 일반적으로 재료로서 CdS(황화카드뮴)를 사용하므로 CdS 셀이라고 부른다.

(6) 차동 변압기(Differential Transformer, 差動變壓器)

변환 계측기라고도 하며 변압기 철심의 동작(변위)을 두 출력 권선의 유기전압의 차이로서 전압의 크기로 변환하는 트랜스듀서. 철심의 동작 방향이 반대가 되면 출력전압의 위상이 1차 입력 권선 전압의 위상에 대하여 반전한다. 동작 주파수는 상용 주파수인 경우도 있고 400Hz 정도의 높은 주파수일 경우도 있다.

(7) 리졸버(Resolver)

① 서보 기구에서 회전각을 검출하는 데 사용하는 일종의 회전전기(電機). 각각 공간적으로 직교하는 2개씩의 권선을 가진 고정자와 회전자가 있고, 고정자에 입력 전압 e1, e2를 가하면 회전자의 출력 단자에 각도 위치에 따른 전압이 나타난다.
② 아날로그 컴퓨터에서 극좌표와 직교 좌표간의 함수 변환을 하는 장치. 함수 저항과 추미용의 퍼텐쇼미터를 동축에 부착한 장치를 이용하는 것도 있다.

(8) 인코더(Encorder)

디지털식의 위치센서. 회전각 변위를 측정하는 것과 직선변위를 측정하는 것이 있지만 원리는 같다. 전자는 로터의 인코더나 샤프트 인코더, 후자는 리니어 인코더나 리니어 스케일이라 불린다.

(9) 멀티플렉서(Multiplexer)

여러 개의 입력선 중에서 하나를 선택하여 단일 출력선으로 연결하는 조합회로이다.
간단히 '먹스'라고 하기도 하며, 다중 입력 데이터를 단일 출력하므로 데이터 셀렉터(Data Selector)라고도 한다.

(10) 디코더(Decoder)

신호를 디지털 부호로 코드화해서 기억하거나 전송할 때 코드화된 신호를 원래 형태로 되돌리는 회로이며, 디지털 신호를 아날로그 신호로 되돌리는 경우의 D/A 컨버터에 해당한다.

또 비밀 대화 장치(스크램블러)를 사용한 전화 등에서 다른 형식으로 변형시켜 보내온 음성 신호를 원래의 형태로 되돌리는 것도 디코더이다.

또 디코더와는 반대로 신호를 코드화하는 기기를 인코더라고 한다.

(11) 데이터 전송(Data Transfer)

컴퓨터 시스템 내의 한 장치가 다른 장치에 데이터를 보내는 것. 디스크나 테이프 등의 보조 기억 장치에 들어 있는 데이터를 주기억 장치에 옮기는 것을 말하며, EDPS에서는 데이터 전송은 각처에서 행해지고 있고 전송에 관계하는 장치와 전송 거리에 따라 여러 가지 형태로 전송이 행해진다. 표준적인 예로서는 처리장치와 기억장치 사이에서는 단어 단위, 데이터 채널과 입출력장치 사이에서는 바이트 단위, 통신 회선으로 보낼 때는 비트 단위 등이 있다. 여기에는 직접 기억 장치 액세스(DMA) 방식, 인터럽트에 의한 방식, 프로그램에 의한 방식이 있다.

(12) 폴링(Polling)

① 데이터 통신에 있어서 특정의 국(단말)을 지정하고, 그 국이 송신을 행하도록 권유하는 과정을 가리킨다.

② 데이터 링크의 확립 방법의 하나로, 컴퓨터 측에서 하나의 통신 회선을 공유하고 있는(분기 회선) 복수의 단말 장치(Terminal Unit)에 대하여 「주기적으로」, 「순번으로」 송신 요구가 있는지 없는지를 문의하는 것. 그리고 송신해야 하는 데이터가 있으면 송신의 지령을 행한다.

그때, 송신 데이터가 없으면 부정 응답(NAK)이 반송되어 온다.

이러한 컴퓨터 측에 주도권이 있는 방식을 폴링 방식(Polling System)이라 하며, 단말 측에 주도권이 있는 회선 경쟁 방식(Contention Mode)과 대비된다.

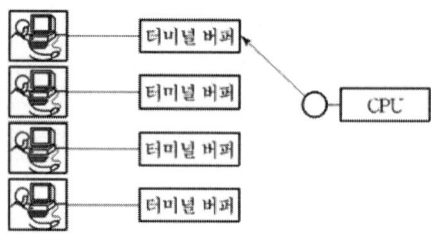

[그림 2-2] 폴링의 개념

(13) DMA(Direct Memory Access)

메모리와 메모리 또는 메모리와 주변 장치 간에 CPU를 개입시키지 않고 직접 데이터를 전송하는 방식. 마이크로컴퓨터에 있어서 플로피디스크와 같이 고속전송이 필요한 경우 사용된다.

(14) 인터럽트 I/O(Interrupt I/O)

인터럽트 입출력은 데이터 전송을 마이크로컴퓨터의 인터럽트 기능을 가진 하드웨어에 의해서 제어하는 방식이다. 즉, 입출력 기기의 준비나 동작의 완료를 인터럽트 신호로써 입출력 기기에서 중앙 처리 장치(CPU)로 보내면, CPU가 인터럽트 신호를 확인한 다음 그때까지 실행하고 있던 프로그램을 중단하고 입출력 기기와 데이터의 전송을 행하는 방식을 말한다.

(15) EDPS(Electronic Data Processing System)

전자계산기를 중심으로 한 정보처리시스템을 말한다.

전자계산기는 입출력장치, 기억장치, 계산장치, 제어장치로 구성되어 있고, 대량의 기억능력, 고속의 연산, 고속의 입출력, 자동적 처리 등을 특색으로 한다.

(16) 버스(Bus)

컴퓨터 내에서 데이터(Data) 신호, 어드레스(Address) 신호, 제어신호를 보내기 위한 신호선이 모여진 것으로 각각을 데이터 버스, 어드레스 버스, 제어 버스라고 한다.

버스는 복수(複數)의 신호를 병렬로 내보내기 위해서 그에 대응하는 줄 수의 신호선으로 이루어진다. 길을 달리는 버스가 많은 사람을 태우고 달리듯이, 복수의 신호를 일괄하여 내보내는 신호선의 모임이기 때문에 이것을 버스라 한다.

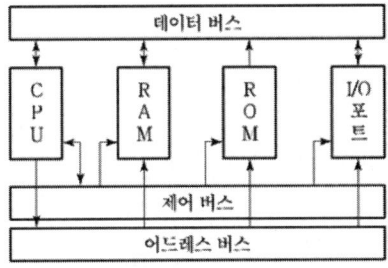

[그림 2-3] 버스

(17) 연산 증폭기(Operating Amplifier, 演算增幅器)

부궤환의 방법에 따라서 덧셈이나 적분 등의 연산 기능을 갖게 할 수 있는 고이득의 직류 증폭기로, OP 엠프라고도 한다. 그림은 연산 증폭기의 그림 기호이다. 입력 임피던스는 매우 크고, 출력 임피던스는 작다. 또한 증폭도는 매우 크다. (+), (-)두 직류 전원을 필요로 한다.

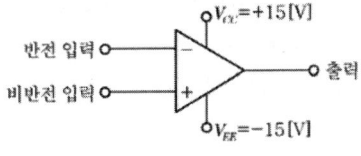

[그림 2-4] 연산 증폭기

SECTION 02 실전 예상문제

01 CNC 공작기계에 관한 설명이다. 옳지 않은 것은?
① 구동모터의 회전에 따라 기계 본체의 테이블이나 주축헤드가 동작하는 기구를 서보기구라고 한다.
② CNC 공작기계의 서보기구에서는 동작의 안정성과 응답성이 대단히 중요하다.
③ 서보기구의 제어방식에서 개방회로는 간단하고 되먹임 제어가 가능하므로, 정확한 위치제어가 가능하다.
④ CNC 공작기계에서는 정밀도 높은 위치제어를 위해서 반폐쇄회로 방식과 폐쇄회로 방식을 많이 사용한다.

1. 폐회로가 되먹임제어이며 개방회로는 시퀀스 제어이다.

02 다음 중 슬로터의 구성요소가 아닌 것은?
① 회전 테이블
② 램
③ 베드
④ 호브

2. 차동트랜스
슬로터는 직립 세이퍼이다. 호브는 치차를 깎는 공구로서 호빙머신에 부착한다.

03 다음 중 중앙처리장치의 주요한 기능이 아닌 것은?
① 프로그램 명령을 인출, 해독, 실행한다.
② 메모리로 데이터를 전송한다.
③ DMA를 처리한다.
④ 외부 인터럽트에 응답한다.

3. DMA
메모리와 메모리 또는 메모리와 주변 장치 간에 CPU를 개입시키지 않고 직접 데이터를 전송하는 방식. 마이크로컴퓨터에 있어서 플로피디스크와 같이 고속 전송이 필요한 경우 사용된다.

04 교류의 주파수가 증가함에 따라 코일과 콘덴서의 리액턴스 값은 어떻게 변화하는가?
① 코일 리액턴스, 콘덴서 리액턴스 값은 모두 증가한다.
② 코일 리액턴스 값은 증가하나 콘덴서 리액턴스 값은 감소한다.
③ 코일 리액턴스, 콘덴서 리액턴스 값은 모두 감소한다.
④ 코일 리액턴스 값은 감소하나 콘덴서 리액턴스 값은 증가한다.

4.
$\omega = 2\pi f$
$X_L = \omega L$
$X_C = \dfrac{1}{\omega C}$

정답 1. ③ 2. ④ 3. ③ 4. ②

05 다음 중 생산 시스템을 설계하는 데에 기초가 되는 제품설계에 관한 설명으로 틀린 것은?

① 공정설계가 이루어진 다음에 제품설계를 하여야 한다.
② 제작능력이나 가격 면에서 생산이 불가능하게 설계되어서는 안 된다.
③ 이윤의 극대화 및 소비자의 요구 등을 고려하여 설계하여야 한다.
④ 경제적 제품설계를 위해 "가치공학"과 같은 기법을 적용할 수 있다.

06 $-18\mu m$의 오차가 있는 게이지 블록에 다이얼 게이지를 세팅하였다. 공작물을 측정하였더니 측정값이 46.78mm이었다면 참값(mm)은?

① 46.960　② 46.798
③ 46.762　④ 46.603

6. 오차=측정값-참값
-0.018=46.78-참값
참값=46.78+0.018=46.798

07 재해의 건수에 관계없이 산업재해의 경중의 정도를 재는 척도로 쓰이는 것은?

① 강도율　② 도수율
③ 천인율　④ 재해율

08 서보시스템에서 어떤 신호의 출력값이 처음으로 희망값에 도달하는 데 걸리는 시간이 0.3초라면 지연시간은?

① 0.1초　② 0.15초
③ 0.2초　④ 0.25초

8.
50% → 지연값
지연시간:최초로 목표값이 50%에 도달하는 데 필요한 소요시간
$\frac{0.3}{2}=0.15$

09 다음 리액턴스에 대한 설명 중 바르지 않은 것은?

① 교유전압의 주파수가 커질수록 유도 리액턴스의 값은 작아진다.
② 자체 인덕턴스가 클수록 유도 리액턴스 값은 커진다.
③ 교류전압의 주파수가 커질수록 용량 리액턴스의 값은 작아진다.
④ 정전용량이 작아질수록 용량 리액턴스의 값은 커진다.

9.
주파수가 커질수록
유도리액턴스의 값은 증가한다.
$X_L=\omega L$

정답　5. ①　6. ②　7. ①　8. ②　9. ①

10 금속체를 잡아당기면 길이는 늘어나고 지름이 가늘어져서 전기저항이 증가하며, 압축하면 전기저항이 감소하는 원리를 이용하여 만든 센서는?

① 적외선 센서
② 스트레인 게이지
③ 라졸비
④ 차동 변압기

11 서보 시스템에서 기준값과 실제값의 차이를 무엇이라 하는가?

① 제어 기준 값   ② 제어편차
③ 외란   ④ 제어변수

11.
제어편차=기준값-실제값(측정값)

12 다음 그림은 무엇을 나타낸 것인가?

① 저항   ② 전압
③ 인덕턴스   ④ 커패시턴스

13 CNC 공작기계에 관한 설명이다. 옳지 않은 것은?

① 구동모터의 회전에 따라 기계 본체의 테이블이나 주축 헤드가 동작하는 기구를 서보기구라고 한다.
② CNC 공작기계의 서보기구에서는 동작의 안전성과 응답성이 대단히 중요하다.
③ 서보기구의 제어방식에서 개방회로는 간단하고 되먹임 제어가 가능하므로, 정확한 위치제어가 가능하다.
④ CNC 공작기계에서는 정밀도 높은 위치제어를 위해서 반 폐쇄회로 방식과 폐쇄회로 방식을 많이 사용한다.

13. 개방회로는 되먹임 제어(Feed Back)가 불가능하다.

정답 10. ② 11. ② 12. ③ 13. ③

14 다음 그림과 같이 자기 인덕턴스가 접속되어 있을 때 합성자기 인덕턴스는?
(단, 이때 상호유도 작용은 없다고 가정한다.)

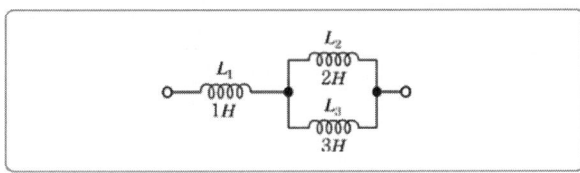

① 6[H] ② 2.2[H]
③ 1.8[H] ④ 0.7[H]

14. 저항과 같음
$\frac{1}{L} = \frac{1}{2} + \frac{1}{3} = \frac{5}{6}$
$L = \frac{6}{5} + 1 = \frac{11}{5} = 2.2\,H$

15 1차 코일에 100회, 2차 코일에 50회 감겨 있는 이상 변압기의 1차 측에 100V의 교류전압을 인가하면 2차 측 코일에는 몇 V의 전압이 유기되는가?

① 5 ② 10
③ 50 ④ 100

15.
$\frac{N_2}{N_1} = \frac{V_2}{V_1}$
$\frac{50}{100} = \frac{V_2}{100}$

16 정격전압에서 1kW의 전력을 소비하는 전열기에서 정격전압의 60% 전압을 가할 때의 소비전력[W]은?

① 1000
② 600
③ 540
④ 360

16.
$V = IR$
$I_1 = \frac{V}{R}$
$I_2 = \frac{0.6V}{R} = 0.6 I_1$
$P = I^2 R = (0.6 I_1)^2 R = 0.36 I_1^2 R$
$= 0.36 \times 1000 = 360[W]$

17 다음 중 접합공정 작업에 해당하는 것은?

① 호닝 작업 ② 용접 작업
③ 연삭 작업 ④ 선반 작업

17.
• 호닝 작업 : 정밀 가공
• 연삭 작업 : 숫돌 가공
• 선반 작업 : 절삭 가공

정답 14. ② 15. ③ 16. ④ 17. ②

18 전기 분해에 관한 패러데이의 법칙에 대한 설명으로 맞는 것은?
① 전력량은 전류와 시간에 비례한다.
② 전극에 석출된 물질의 양은 통과한 전기량에 비례한다.
③ 회로의 어떤 점에 유입된 전류는 유출된 전류와 같다.
④ 단위 시간당 흐르는 전하량을 전류라 한다.

18.
$E = -N\dfrac{d\phi}{dt}$
유도기전력의 크기는 도선의 감은 수와 자석의 시간 변화율에 비례한다.

19 R-L-C 직렬회로에서 공급전압과 전체 전류 사이의 위상각을 비교하여 보니 전류보다 전압이 앞서는 것을 알았다. 이 회로의 특성은?
① 유도성
② 용량성
③ 저항성
④ 저항-용량성

20 CPU와 외부 장치 간에 데이터를 전송하는데 사용되는 데이터의 입·출력창구는?
① I/O port
② RAM
③ Memory
④ ROM

21 N형 반도체를 만들기 위해 Si 또는 Ge에 첨가하는 불순물로 맞는 것은?
① Al
② Ga
③ As
④ In

21.
①, ②, ④-P형 반도체의 정공수를 늘릴 때 사용

정답 18. ① 19. ① 20. ① 21. ③

22 2048×8bit의 용량을 가진 ROM에서 어드레스 선은 몇 개가 필요한가?
① 8
② 10
③ 11
④ 12

22.
$2^n = 2048$
$n \ln 2 = \ln 2048$
$n = \dfrac{\ln 2048}{\ln 2} = 11$

23 마이크로프로세서 내에서 산술연산의 기본연산은?
① 덧셈
② 뺄셈
③ 곱셈
④ 나눗셈

24 발생시기를 예측할 수 없는 여러 가지 특정한 일의 발생을 항상 조사하고 있다가 어떤 특정한 일이 발생하였을 때 강제적으로 그 일의 처리 루틴을 수행하는 것은?
① 콜
② 리셋
③ 인터럽트
④ 서브루틴

25 다음 중 반도체에 대한 설명으로 틀린 것은?
① 진성반도체는 불순물로 오염되지 않은 고순도의 반도체이다.
② P형 반도체는 Ge, Si의 결정에 제3족의 불순물을 첨가하여 만든 반도체이다.
③ N형 반도체의 다수 반송자는 정공이다.
④ P형 반도체의 소수 반송자는 전자이다.

25.
• N형:다수전자
• P형:다수정공

26 정공을 만들기 위하여 사용된 불순물을 (　)라 한다. (　) 안에 들어갈 알맞은 말은?
① N형 반도체
② 도너
③ 억셉터
④ P형 반도체

정답 22. ③ 23. ① 24. ③ 25. ③ 26. ③

27 다음 중 P형 반도체를 만드는 불순물이 아닌 것은?
① 인듐 ② 갈륨
③ 비소 ④ 붕소

27.
• N → 비소, 안티몬, 인, 비스무트
• P → 인듐, 갈륨, 붕소, 알루미늄

28 8bit 어드레스 시스템인 경우 다음 그림에서 PA의 신호에 의해 사용되는 장치가 활성화되기 위한 어드레스로 맞는 것은?

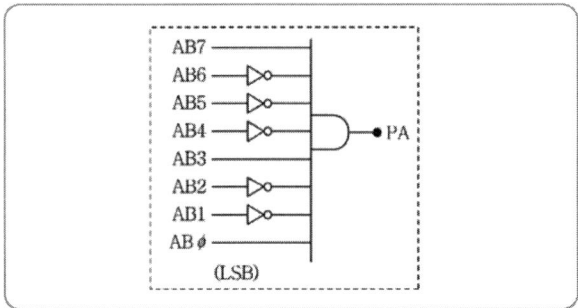

① 89H ② 98H
③ 76H ④ 67H

28.
• H는 16진수라는 기호이다.
• 활성화되기 위해서는 1이 되어야 한다.
$\frac{1000}{8} \frac{1001}{9}$H

29 마이크로 프로세서가 실행 도중 특수한 상태가 발생하면 제어장치의 조정에 의해 특수한 상태를 처리한 후 먼저 수행하던 프로그램으로 되돌아가는 조작은?
① Interrupt
② Controlling
③ Trapping
④ Subroutine

30 다음 중 입·출력 시스템의 구성 요소가 아닌 것은?
① 입·출력 제어 회로
② 데이터 전송로
③ 인터페이스 회로
④ 연산 제어 시스템

정답 27. ③ 28. ① 29. ① 30. ④

31 다음 중 2n개의 입력선과 입력 선택을 위한 n개의 선택선을 그리고 하나의 출력 선을 갖는 것은?

① 멀티플렉서　　② 디멀티플렉서
③ 디코더　　　　④ 인코더

32 입력 1과 입력 2의 조합에 의해서 장치 1, 장치 2, 장치 3, 장치 4 중 하나를 선택하고자 할 때 구성회로로 사용될 수 있는 것은?

① 멀티플렉서　　② 디멀티플렉서
③ 디코더　　　　④ 인코더

33 센서의 신호변환에서 8개의 2진 신호를 가지고 0~10[V]의 아날로그 신호를 디지털로 변환할 때 아날로그 신호의 최소범위는 약 얼마인가?

① 0.027[V]　　② 0.039[V]
③ 0.052[V]　　④ 0.069[V]

34 마이크로컴퓨터 입력 인터페이스에 관한 설명 중 틀린 것은?

① 마이크로컴퓨터에 접속하는 입력신호는 아날로그 신호와 디지털 신호로 크게 분류된다.
② 아날로그 신호는 각종 센서나 트랜스듀서 혹은 측정기로부터의 신호이다.
③ 마이크로컴퓨터에 아날로그 신호를 입력하기 위해서 D/A 변환기를 설치하여야 한다.
④ RS-232C와 같이 규격이 정해져 있는 것은 전용 레벨변환 IC를 사용한다.

34.
D/A변환기는 디지털 신호를 아날로그 신호로 변환시켜주는 장치이고, A/D변환기는 아날로그 신호를 디지털로 변환시켜주는 장치이다. 따라서 A/D변환기를 설치하여야 한다.

35 데이터를 송수신할 때 발생하는 에러를 쉽게 검출하기 위해 사용되는 비트는?

① 스타트　　② 스톱
③ 패리티　　④ 플래그

정답　31. ①　32. ③　33. ②　34. ③　35. ③

36 CPU가 순차적으로 명령어를 수행하기 위해 다음 순서에 인출되어 오는 명령이 어디에 있는가를 지시하는 어드레스(번지)를 기억하는 레지스터는?

① 프로그램 카운터
② 누산기
③ 명령 레지스터
④ 데이터 레지스터

37 마이크로프로세서에서 누산기의 용도로 적합한 것은?

① 명령의 저장
② 명령의 해독
③ 연산결과의 일시저장
④ 다음 명령의 주소 저장

37. 누산기는 연산결과를 저장하는 역할을 한다.

38 P형 반도체와 N형 반도체를 접합하여 만든 반도체로부터 각각 양단에 도선을 연결한 것은?

① 반도체   ② IC
③ 트랜지스터   ④ 다이오드

38. 도선이 3개면 트랜지스터, 2개면 다이오드

39 64×3bit의 기억장치를 만들려고 한다. 최소한 몇 개의 어드레스 선이 필요한가?

① 3   ② 4
③ 5   ④ 6

39.
$2^n = 64$
$n = \dfrac{\ln 64}{\ln 2} = 6$

40 다음 중 주변장치와 메모리 사이에 고속의 데이터 전송이 필요할 때 가장 좋은 방식은?

① DMA 전송
② 인터럽트 전송
③ 폴링
④ 핸드 셰이킹

40. DMA
메모리와 메모리 또는 메모리와 주변 장치 간에 CPU를 개입시키지 않고 직접 데이터를 전송하는 방식. 마이크로컴퓨터에 있어서 플로피디스크와 같이 고속전송이 필요한 경우 사용된다.

정 답 36. ① 37. ③ 38. ④ 39. ④ 40. ①

41 다음 중 어셈블러에서 사용되는 의사 명령이 아닌 것은?
① ORG
② EOU
③ DS
④ NOP

42 다음 중 CPU 내의 데이터 버스에 관한 설명으로 가장 적합한 것은?
① 데이터가 오고가는 길이다.
② 데이터를 임시로 기억하는 곳이다.
③ 어큐뮬레이터(Accumulator)라고 부른다.
④ 레지스터에게 일을 지시하는 레지스터의 대표라 할 수 있다.

42. 데이터 버스
CPU와 기억장치 또는 입출력 장치에서 복수의 신호를 주고받도록 하는 신호선의 모임

43 제너다이오드를 사용하는 회로는?
① 검파회로
② 고압증폭회로
③ 고주파 발진회로
④ 정전압 회로

43. 제너다이오드
전류가 변화해도 일정한 전압을 유지하는 제너 회복현상을 이용해서 일정 전압을 얻는 정전압 다이오드로 전압조정기에 사용한다.

44 전기 계산기의 중앙처리장치에 속하지 않는 것은?
① 제어장치
② 출력장치
③ 주기억장치
④ 연산장치

44. 중앙처리장치는 제어, 연산, 주기억장치로 구성되어 있다.

45 마이크로컴퓨터 내부의 버스(Bus)에 해당되지 않는 것은?
① 데이터 버스(Data Bus)
② 컨트롤 버스(Control Bus)
③ 어드레스 버스(Address Bus)
④ 시프트 버스(Shift Bus)

정답 41. ① 42. ① 43. ④ 44. ② 45. ③

46 데이터의 입·출력 전송이 직접 메모리장치와 주변장치 사이에서 이루어지는 인터페이스는?

① I/O 인터페이스
② 핸드셰이킹
③ FIFO
④ DMA

46.
• DMA : 입출력장치 제어기가 CPU에 의한 프로그램의 실행 없이 자료의 이동을 할 수 있도록 하는 것
• FIFO : 양방향 통신 채널로 Read/Write 함수를 파이프를 통해 읽거나 쓸 수 있다.
• 핸드셰이킹 : 전기적으로 연결된 두 장치 사이에서 자료를 교환할 때 약속된 신호들을 주고받는 절차

47 다음 중 연산증폭기(OP Amp)의 기본적인 연산기능이 아닌 것은?

① 증폭기능
② 감산기능
③ 적분기능
④ 행렬연산기능

48 다음 그림의 회로 명칭은?

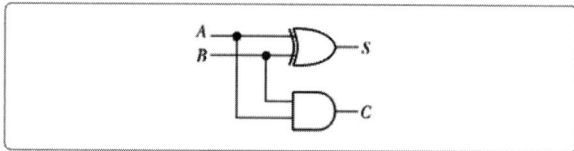

① 반가산기
② 반감산기
③ 전가산기
④ 전감산기

49 다음 회로의 명칭은?

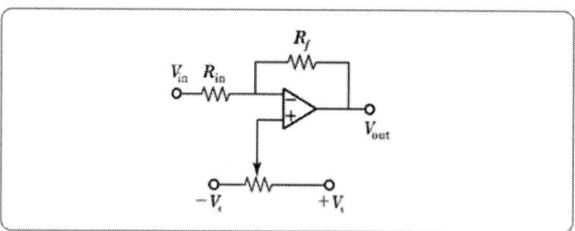

① 반전 증폭기
② 적분기
③ 미분기
④ 비반전 증폭기

정답   46. ①   47. ④   48. ①   49. ①

50 입력 가능한 전압의 범위가 0~10이고, 이 전압이 4000의 디지털값으로 변환되는 PLC의 A/D 변환장치가 있다. 여기에 6V의 전압이 입력되었을 때 디지털 변환 값은?

① 1600
② 2000
③ 2400
④ 2800

50.
$4000 \times \frac{6}{10} = 2400$

51 이상적인 연산증폭기에서 두 입력 전압이 같을 때 출력전압으로 맞는 것은?

① 1
② 0
③ ∞
④ 2

51.
두 입력전압이 같을 때 출력전압은 항상 0이다.

52 이상적인 연산증폭기의 특성을 나타낸 것 중 잘못된 것은?

① 입력저항=0
② 출력저항=0
③ 전압이득=무한대
④ 대역폭=무한대

52.
연산 증폭기의 입력저항은 ∞이다.

정답 50. ③ 51. ② 52. ①

SECTION 03 DC 및 AC 서보 모터

PART 04 메카트로닉스

❶ DC 서보 모터

(1) 성능 표시

서보 모터(Servo Motor)의 성능은 응답성, 신뢰성, 경량성, 과부하 내량 및 온도 상승 등에 의해 판단된다.

(2) DC 서보 모터의 장점과 단점

DC 모터는 제어용 모터로서 제일 이상에 가깝지만 최대의 단점은 기계적인 브러시(Brush)와 정류자를 가지고 있다는 것이다. 브러시의 단점을 크게 나누어 보면
① 브러시 마모에 대한 유지보수가 필요
② 정류에 의한 다량의 발열과 냉각문제, 정류 불꽃, 플래시 오버
③ 브러시의 안정조건 유지의 곤란, 불안정상 등이다.

❷ DC 및 AC 서보 모터의 종류와 특성

(1) DC 및 AC 서보 모터의 비교

DC 서보 모터는 전기자 전류에 대하여 발생 토크의 관계가 직선성으로 우수하고, OA 기기의 분야는 말할 것도 없이 FA 분야까지 광범위하게 사용되고 있다. AC 서보 모터에는 종래 2상 서보 모터가 있고 주로 계측기, 항공기 관계에 사용되었다. AC 서보 모터는 DC 서보 모터와 비교해서 보수, 점검, 모터부의 신뢰성, 수명에서는 유리하지만 시스템 전체에서 보면 복잡하고 가격이 비싸진다.

(2) DC 및 AC 서보 모터의 특성 비교

구분	AC 서보 모터		DC 서보 모터
	동기 모터형	유도 모터형	
장점	• 브러시리스로서 보수가 용이하다. • 내환경성이 용이하다. • 정류한계가 없다. • 신뢰성이 크다. • 고속, 고토크 이용이 가능하다. • 보통형의 구조는 고정산에 권선이 있으므로 방열성이 유리하다.	• 브러시리스로서 보수가 용이하다. • 보내환경성이 용이하다. • 정류한계가 없다. • 영구자석을 사용하지 않는다. • 고속, 고토크 이용이 가능하다. • 회전자 구조가 균형되어 취급이 용이하다. • 고속회전운전에 적합하다. • 속보통형의 구조는 고정자산에 권선이 있으므로 방열상 유리하다. • 회전을 위한 검출기가 불필요하다.	• 기동 토크가 크다. • 소형의 브러시와 대토크를 갖는다. • 효율이 높다. • 제어성이 양호하다. • 속도 제어 범위가 넓다. • 비교적 적정한 가격이다.
단점	• 시스템이 복잡하고 값이 비싸다. • 전기적 시정수가 크다. • 회전을 위한 검출기가 필요하다. • 2~3[kW]가 현재 최대 출력이다.	• 시스템이 복잡하고 값이 비싸다. • 전기적 시정수가 크다. • 출력은 2~3[kW] 이하이다. • 현재의 실용 예가 적다.	• 브러시 마모의 기계손실이 크다. • 브러시 수명에 의한 보수 시 필요하다. • 접촉부(브러시)의 신뢰성이 적다. • 라디오 잡음이 있다. • 브러시 소음이 있다. • 정류한계 속도가 있다. • 전류한계 전류가 있다. • 진동에 의해 브러시의 진동이 있다. • 사용환경에 제한이 있다.

(3) DC 서보 모터 제어의 기본형

DC 서보 모터의 제어를 기능적인 면으로 구분하면 다음과 같다.

① 전력변환장치제어 기능
② 전류제어 기능
③ 속도제어 기능
④ 위치제어 기능

1) 전력변환기

전력변환기는 전력장치로 구성되며, 그 특징에 따라서 용도가 나누어진다. 전력장치에는 전력용 트랜지스터, 전력용 MOS FET, 사이리스터 등이 있지만 정밀 소형 모터의 제어에는 전력용 트랜지스터, 전력용 MOS FET가 펄스폭(PWM:Device의 ON-OFF 비율)을 변화시켜서 모터의 단자전압을 제어하는 방법으로 많이 사용된다.

2) 전류제어

① 모터 전기적 시정수를 눈에 띄게 높이거나 낮게 할 수 있다.
② 모터의 유기전압과 전원의 변동 등에 대하여 전류의 변동을 최대한 억제할 수 있다.
③ 전력변환기의 불감대 등을 눈에 띄게 높이거나 낮게 할 수 있다.
④ 전류지령을 그래프화하면 모터에 흐르는 최대 전류를 억제할 수 있고, 모터로 전력변환기와 과전류 보호도 된다.

3) 속도제어

① 모터의 기계적 시정수를 눈에 띄게 높이거나 낮게 할 수 있다.
② 서보 유기전압과 전원전압의 변동 등에 의해 회전속도의 변동을 억제할 수 있다.
③ 부하 토크의 변동에 대하여 회전속도의 변동을 억제할 수 있다.

4) 위치제어

DC 서보 모터 제어의 경우, 속도 루프의 외측에 위치 루프를 만들고, 위치제어에 사용하는 경우도 많다.

❸ AC 서보 모터

(1) 용도

① 기계의 소형화로 인하여 서보 모터가 기계의 사이에 들어가서 작동할 경우 사용된다.
  (공작기계, 산업기계, 로봇 등)
② FA화에 의해 하나의 공장에서 많은 서보 모터를 작동할 경우 사용된다.
③ 고전력용률(Power Rate), 고전력용률 밀도가 요구되는 경우에 사용된다.(XY Table)
④ 브러시 분말이 의심되는 경우에 사용된다.(반도체 제조설비)
⑤ 나쁜 환경에서 사용되어 브러시 정류자가 손상되기 쉬운 경우에 사용된다.(사출성형기 등)

(2) 단점

소형이며 기계의 부품 사이에 들어가서 유지보수하기가 곤란하다.

SECTION 03 실전 예상문제

01 다음 중 동기형 AC 서보 전동기의 특징을 설명한 것으로 틀린 것은?
① 정류자 브러시가 없어 유지 보수가 용이하다.
② 회전 검출기가 필요 없다.
③ 회전자에 영구자석을 사용한다.
④ 교류 전원을 사용한다.

1.
동기형 AC 서보 모터는 브러시 마찰로 기계적 손실이 크고, 브러시의 보수가 필요하다. 크기에 비해 큰 토크를 발생하고 효율이 높다.

유도형 AC 서보 모터는 회전검출기가 필요없고 브러시가 없어 보수가 용이하다.

02 디지털 제어에 적용이 용이하고 오픈루프(Open Loop) 제어가 가능하며 입력펄스의 수에 비례한 회전각을 얻을 수 있는 것은?
① DC 모터
② 스테핑 모터
③ 브러시 리스
④ 다이렉트 드라이브

03 로터리 엔코더가 부착된 DC 서보 모터에서 로터리 엔코더가 1회전할 때마다 360개의 펄스신호가 출력된다고 한다. 이 모터가 회전할 때 로터리 엔코더에서 나오는 펄스 수를 카운터로 계수하였더니 720개의 펄스 수가 계수되었다고 하면 모터는 몇 회전하였는가?
① 0.5회전
② 1회전
③ 2회전
④ 4회전

3.
$\dfrac{720}{360} = 2$

정답 1. ② 2. ② 3. ③

04 선형제어시스템에서 $\gamma(t) = 100\sin 500t$를 시스템에 입력으로 하였더니 $y(t) = 50\sin(500t - 60°)$의 출력이 발생하였다. 이 시스템의 진폭비와 위상차는 얼마인가?

① 진폭비 : 0.5, 위상차 : 60°
② 진폭비 : 2.0, 위상차 : 60°
③ 진폭비 : 0.5, 위상차 : 30°
④ 진폭비 : 2.0, 위상차 : 30°

4.
진폭비 = $\frac{50}{100}$ = 0.5
위상차 = 0 + 60 = 60°

05 스테핑 모터의 속도제어에 이용되는 것은?

① 저항　　② 전압
③ 압력　　④ 펄스

5. 스테핑모터는 주파수와 펄스수로 속도제어를 한다.

06 스테핑 모터의 종류에서 구조상의 분류에 해당하지 않는 것은?

① 영구자석형　　② 가변릴렉턴스형
③ 혼합형　　④ 아날로그형

6. 스테핑 모터
영구자석형, 가변릴렉턴스형, 하이브리드(혼합)형

07 전기자 코일과 계자코일이 직렬로 연결되어 있으며, 기동토크가 가장 높으며, 무부하 시 속도가 높고 코일에 공급되는 전류의 극을 바꾸더라도 모터의 회전방향은 변하지 않는 모터는?

① 직권형　　② 분권형
③ 복권형　　④ 타려형

08 위치 검출기를 사용하지 않아도 모터 자체가 지령된 회전량만큼 회전할 수 있는 모터는?

① 스텝 모터
② 직류 서보모터
③ 교류 서보모터
④ 유압 서보모터

정답 4.① 5.④ 6.④ 7.① 8.①

09 다음 중 회전자 측에 영구자석을 배치하여 공극부에 직류 바이어스 자계를 발생시켜 제어하는 스테핑 모터는?
① 가변 릴럭턴스형 ② 반영구 자석형
③ 영구 자석형 ④ 하이브리드형

9.
스테핑 모터에는 가변리액턴스형, 하이브리드형이 있는데, 영구자석을 이용하는 것은 하이브리드형이다.

10 스텝각이 1.8°인 스테핑 모터에 반지름이 2.6[cm]인 바퀴를 장착하였다. 200개의 펄스를 모터에 인가하였을 때 바퀴가 움직인 거리는 약 얼마인가?
① 16.3cm ② 21.3cm
③ 52.0cm ④ 93.6cm

10.
$200 \times 1.8 = 360$
$l = 2\pi R = 16.33 cm$

11 스테핑 모터의 구조상의 분류로 맞지 않는 것은?
① VR형 ② AB형
③ HB형 ④ PM형

12 스테핑 모터는 다음 중 무엇에 의해 회전각이 제어되는가?
① 전압크기 ② 전류크기
③ 펄스 수 ④ 계자

12.
스테핑 모터에서 회전각은 입력펄스의 총수에 비례하며, 모터의 속도는 1초간의 입력펄스 수와 주파수에 비례한다.

13 디지털 제어에 적용이 용이하고 열린 루프(Open Loop) 제어가 가능하며 입력펄스의 수에 비례한 회전각을 얻을 수 있는 것은?
① DC모터 ② 스테핑 모터
③ 브러시리스 모터 ④ 다이렉트 드라이브 모터

13.
스테핑 모터
개루프제어(Open Loop)로 제어하고 입력펄스에 비례하여 회전각을 얻는다.

14 AC 서보 모터와 DC 서보 모터의 구조상 가장 큰 차이점은?
① 영구자석 ② 고정자 코일
③ 브러시 ④ 전기자 코일

14.
AC 서보 모터는 브러시리스로서 보수가 용이하나 DC 서보 모터는 브러시 소음과 마모로 인한 기계손실이 크다.

정답 9. ④ 10. ① 11. ② 12. ③ 13. ② 14. ③

15 직류전동기의 속도는 전동기의 공급전압에 대하여 어떤 특성을 갖는가?

① 반비례
② 비례
③ 무관
④ 자승에 비례

15.
직류전동기의 속도는 전압에 비례하고 자속(여자전류)에 반비례한다.

16 스테핑 모터의 특성에 해당되지 않는 것은?

① 고속, 저토크를 얻을 수 있다.
② 위치결정 제어에 용이하다.
③ 마이컴 등의 제어에 용이하다.
④ 구동제어 회로는 입력펄스 및 주파수에 의해 제어된다.

16.
스테핑 모터는 저속, 고토크 모터이다.

17 서보 모터에 대한 설명 중 틀린 것은?

① 서보기구용으로 설계된 모터이다.
② 동작의 급변에 정확히 추종하기 위해 설계된 모터이다.
③ 기구의 추종 운동을 전기 에너지, 전기 정보로 변환하는 모터이다.
④ 민첩성이 뛰어나야 한다.

17. 서보모터
• 속응성이 높다.
• 높은 신뢰도가 필요하다.
• 목표 값의 변화에 추종하도록 구성되어 있다.

정답 15. ② 16. ① 17. ①

SECTION 04 수의 진법 및 코드

PART 04 메카트로닉스

❶ 정보 표현의 최소단위

bit:메모리에 2진수로 저장

- bit string: 비트열
- 4bit: Nibble
- 8bit: Byte → 문자 표현 단위(주소지정의 최소단위)
- 16bit: word
- 32bit: Full Word → 한 번에 처리할 수 있는 정보의 양이며, 연산용 Register 비트 수의 크기와 같다.

❷ 정보를 표현하는 단위

- Field: 자료를 저장하는 장소
- Record
- File
- Data Base

🔘 정보 단위의 구성

bit → Nibble → Character → Byte → Half Word → Full Word → Double Word → Field → Record
(1bit) (4bit)   (6bit)   (8bit)   (16bit)   (32bit)   (64bit)   (item)
→ File → Data base → Data bank

❸ 전자 계산기의 코드 시스템

컴퓨터에서 처리되는 자료 형식은 숫자 데이터 형식(Numeric Data Format)과
영문 숫자코드(Alphanumeric Code)인 문자 데이터 형식(Character Data Format)으로 분류한다.

(1) 문자 코드 표현

컴퓨터의 많은 응용에서 문자 데이터는 문장의 편집, 정보 검색, 고급 프로그래밍 언어의 번역 등 문자 처리에서 주로 사용된다.

1) 6비트 BCD 코드

컴퓨터로 처리하는 데이터를 수치뿐만 아니라 영문자나 특수 문자까지 확대하려고 하면 4비트로는 부족하다. 따라서 BCD 코드에서 문자를 표현하기 위해 2개의 존 비트(Zone Bit)를 추가하여 6비트로 표현하고 있다.

그림 4-1에서 나타낸 것과 같이 상위 2비트는 존 비트(Zone Bit)라 부르고 하위 4비트는 숫자 비트(Digit Bit)라고 한다. 6비트의 코드에서는 64개의 문자를 표시할 수 있다.

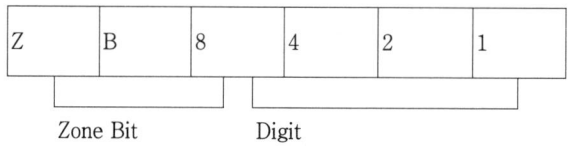

00 : 숫자
01 : 영문자 A~I
10 : 영문자 J~R
11 : 영문자 S~Z

[그림 4-1] BCD 코드의 표현

2) EBCDIC 코드

EBCDIC(Extended Binary Coded Decimal Interchange Code) 코드는 영문자, 숫자, 특수문자를 표현할 수 있는 ASCII 코드와 함께 널리 사용되어 온 코드로서 IBM에서 개발한 확장 2진화 10진 코드인 EBCDIC 코드 체계이다.

EBCDIC은 8비트 조합으로 하나의 문자를 표시할 수 있도록 만들었기 때문에 $2^8 = 256$가지의 서로 다른 문자를 나타낼 수 있다.

3) ASCII 코드

7비트의 조합으로 하나의 문자를 표시할 수 있도록 만들었기 때문에 $2^7=128$가지의 서로 다른 문자를 나타낼 수 있는 코드 체계이다.

① N가지 정보를 코드로 부호화하기 위해서는 $[\log_2 N]$bit가 필요하다.

　　예 $N=16$이면 $[\log_2 16]=[\log_2 2^4]=4$bit

② N비트는 2^N가지 서로 다른 정보를 표현할 수 있다.

　　예 $N=4$bit이면 $2^4=16$가지 정보를 표현

4) 보수의 개념

밑수가 R인 수의 체계에서 보수는 R의 보수와 $(R-1)$의 보수 두 가지 종류가 있다. 즉, 10진수 체계에서는 10의 보수와 9의 보수가 있고, 2진수 체계에서는 2의 보수와 1의 보수가 있다.

- $(R-1)$의 보수 : 보수를 만들고자 하는 수의 각 자리의 숫자를 $(R-1)$의 값에서 빼면 된다.
- R의 보수 : $(R-1)$의 보수에서 가장 오른쪽 끝 낮은 자리에 1을 더하여 구한다.

예-1 　10진수로 450의 9의 보수와 10의 보수를 구한다.

풀이

① 9의 보수
```
  999
- 450
-----
  549
```

② 10의 보수
```
  549
+   1
-----
  550
```

예-2 　2진수로 1101의 1의 보수와 2의 보수를 구한다.

풀이

① 1의 보수
```
  1111
- 1101
------
  0010
```

② 2의 보수
```
  0010
+    1
------
  0011
```

① 부호와 절댓값 표현
부호와 절댓값 표현은 양의 정수 표현방법과 같고 단지 부호 비트를 1로 바꾸면 된다.

예-3 컴퓨터가 정수 표현을 할 때 8비트를 사용할 경우, -25를 부호 절댓값 표현방법으로 나타내어라.
(1) -25의 절댓값 25를 7비트 2진수로 나타내고,
(2) 부호 비트는 1로 한다.

풀이

8비트열 → 0	1	2	3	4	5	6	7
1	1	1	0	0	1	1	0

↑
−   25

② 부호와 1의 보수
1의 보수 표현방법은 부호와 절댓값으로 표현한 것과 같은 방법으로 절댓값을 2진수로 표현한 후, 1의 보수를 취하여 나타내고 부호 비트를 1로 한다.

예-4 컴퓨터가 정수 표현을 할 때 8비트를 사용할 경우, -25를 부호와 1의 보수 표현방법으로 나타내어라.
(1) -25의 절댓값 25를 7비트 2진수로 나타내면 0011001로 된다.
(2) 이를 1의 보수로 나타내면 1100110이 된다.
(3) 부호 비트는 1로 한다.

풀이

```
  1111111
 -0011001
  ‾‾‾‾‾‾‾
  1100110
```

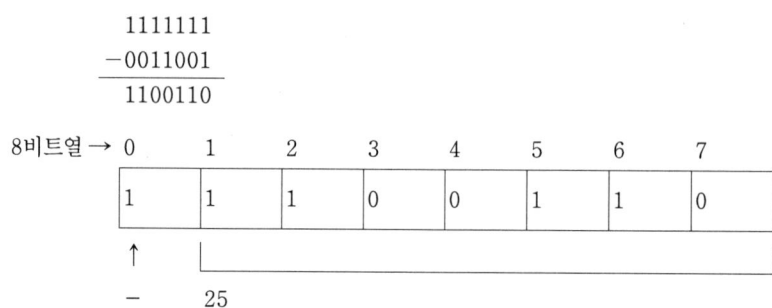

SECTION 04 실전 예상문제

01 패리티(Parity) 비트의 목적으로 맞는 것은?
① 데이터 변환 ② 속도 가변
③ 에러 검사 ④ 부호 변환

02 시리얼 통신에서 홀수 패리티를 사용할 경우 패리티 비트의 값이 1이 되는 데이터가 아닌 것은?
① 1000001 ② 1000101
③ 1000111 ④ 1000110

2.
④의 1이 홀수이므로 패리티 값은 0이다.

03 PPI8255의 각 포트에 대한 컨트롤 워드의 동작모드를 설정할 때 상위 4비트와 하위 4비트를 나누어서 입력과 출력을 설정할 수 있는 포트는?
① A포트 ② B포트
③ C포트 ④ D포트

04 PPI8255 인터페이스 칩의 컨트롤 워드 사용에 있어서 아래 보기를 설명한 것으로 옳은 것은?
(단, PW : 컨트롤 워드 번지)

[보기] Outputb(PW, 0x90);

① 포트 A=출력, 포트 B=출력, 포트 C=출력
② 포트 A=입력, 포트 B=출력, 포트 C=출력
③ 포트 A=출력, 포트 B=입력, 포트 C=출력
④ 포트 A=입력, 포트 B=출력, 포트 C=입력

정답 1. ③ 2. ④ 3. ① 4. ②

05 2진수 101.1을 10진법으로 표시하면?
① 5.5
② 4.5
③ 3.5
④ 2.5

06 437을 BCD 코드로 표시하면?
① 1010 1101 1000
② 0001 0101 1011
③ 1010 1101 0110
④ 0100 0011 0111

07 10진수 8을 그레이코드로 변환한 것은?
① 1000
② 1100
③ 0111
④ 0100

08 2진수 100110의 2의 보수는?
① 011001
② 100111
③ 011010
④ 111000

09 2진수 11011110101을 16진수로 변환하면 얼마인가?
① 6F5
② 6F2
③ B75
④ B72

10 16진수 9F2를 2진수로 변환하면?
① 100111100010
② 101011110010
③ 100111100110
④ 100111110010

5.
$1 \times 2^2 + 1 \times 2^0 + 1 \times 2^{-1}$
$= 4 + 1 + 0.5 = 5.5$

6. 4/3/7
각각을 2진수로 바꿔준다.

7.
8)2 → 1000
그레이코드 1000
        1100
그대로, 1+0=1, 0+0=0, 0+0=0

8.
• 2진수 → 100110
• 1의 보수 → 011001
           111111
          -100110
           011001
• 2의 보수 → 011010
           011001
         +   1
           011010

9.
16진수는 뒤부터 4자리씩 끊어 찾는다.
0101 → 5
1111 → F
1110 → 6

정답 5.① 6.④ 7.② 8.③ 9.① 10.④

11 컴퓨터에서 2의 보수를 사용하지 않는 경우는?
① 뺄셈 연산　　② 나눗셈 연산
③ 곱셈 연산　　④ 음수 표현

12 십진수 11의 BCD코드로 맞는 것은?
① 0001 0001　　② 0000 1011
③ 1011 0001　　④ 0010 0001

13 2진수 $(01011)_2$의 보수는?
① 11111　　② 11010
③ 10101　　④ 10100

14 2진수 0101101를 그레이 코드로 변환하면?
① 0111011　　② 1010010
③ 0110110　　④ 0101101

14.
0 1 0 1 1 0 1
0 1 1 1 0 1 1

15 10진수 4.5를 2진수로 나타내면?
① 10.001　　② 100.1
③ 10.011　　④ 110.1

15.
2) 4　　　　0.5
2) 2 -0　× 2
　　1 -0,　 1

100.1

16 16진수 4AF를 10진수로 변환한 값은?
① 315　　② 462
③ 943　　④ 1199

정답　11. ③　12. ①　13. ③　14. ①　15. ②　16. ④

17 마이크로프로세서의 4비트 출력포트 P는 아래 그림의 PA0~PA3의 단자와 연결되어 있다. DC모터가 주어진 동작 조건과 같이 작동할 때 시계방향(CW)으로 모터가 회전하기 위한 출력포트 P의 값은?

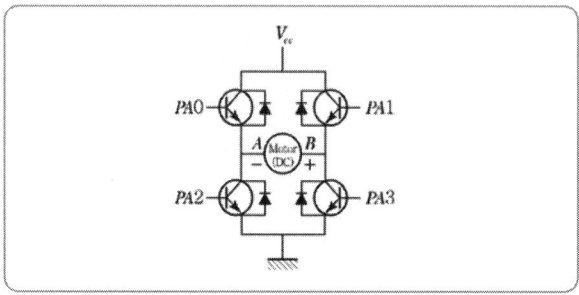

[동작 조건]
A : 전압(+), B : 전압(-)일 경우 CCW 회전
A : 전압(-), B : 전압(+)일 경우 CW 회전

① 6H ② 9H
③ 5H ④ AH

18 다음 그림에서 조건과 같이 동작할 때 시계방향(CW)으로 모터가 (DC Motor) 동작하기 위한 포트 A의 출력값은?

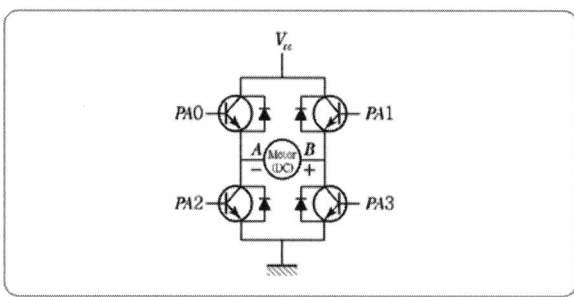

[조건]
A(+), B(-) : CCW, A(-), B(+) : CW
포트 A는 8비트 출력임

① 06H ② 09H
③ 05H ④ 0AH

정답 17. ① 18. ①

19 다음 설명 중 잘못된 것은?

① 입력신호가 모두 0일 때 RS-플립플롭은 그 전의 상태를 그대로 유지한다.
② JK-플립플롭은 클록부 RS-플립플롭의 부정 상태를 정의하여 쓰도록 개량된 클록부 RS-플립플롭이다.
③ T-플립플롭은 JK-플립플롭을 1개의 입력으로 만든 것이다.
④ D-플립플롭은 RS-플립플롭을 이용하여 반전 출력을 얻는다.

20 다음의 조합논리에 대한 논리식은?

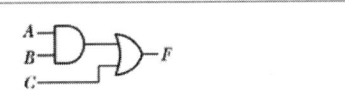

① $F = A \cdot B \cdot C$
② $F = A + B + C$
③ $F = (A \cdot B) + C$
④ $F = (A + B) \cdot C$

20.
A와 B는 AND(곱)한 것에 C는 OR(합)한 것

21 그림과 같은 무접점 논리회로로 맞는 것은?
(단, A와 B는 입력, D_1과 D_2는 다이오드, $+V_{cc}$는 전원전압, X는 출력을 나타냄)

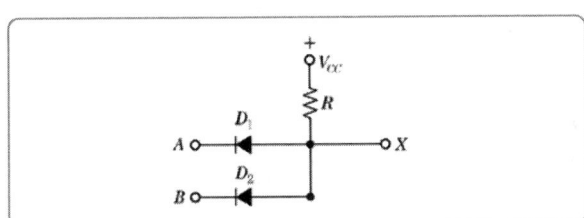

① AND 회로
② OR 회로
③ NOT 회로
④ NAND 회로

22 RS플립플롭에서 S와 R에 0 또는 1인 동일한 입력신호가 동시에 인가되지 않도록 입력 단자 간에 인버터를 삽입한 플립플롭은?

① JK플립플롭
② D-립플롭
③ T플립플롭
④ 멀티플렉서

23 NAND 회로의 출력에 NOT 회로를 접속하면 어떠한 회로가 되는가?

① OR 회로
② AND 회로
③ NOR 회로
④ Flip-Flop 회로

23.
NAND는 AND의 부정이고 NOT(부정)을 한 번 더 하면 AND 회로가 된다.

24 불 대수 A+B·C를 분배한 결과 값은?

① (A+B)·(A+C)
② A+(B+C)
③ (A+B)·C
④ A·(B+C)

25 다음 그림의 논리식을 나타낸 것은?

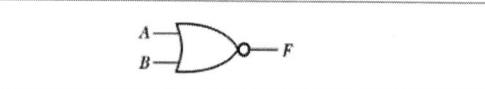

① $F=A+B$
② $F=A \cdot B$
③ $F=\overline{A}+\overline{B}$
④ $F=\overline{A+B}$

25.
기호는 OR 기호의 부정이므로 답은 $F=\overline{A+B}$

26 다음 논리식 $\overline{AB}\overline{C}+\overline{A}B\overline{C}+A\overline{B}\overline{C}+AB\overline{C}$ 를 간소화하면?

① $AB+C$
② $A+B+C$
③ C
④ $\overline{C}$

정답 22.④ 23.② 24.① 25.④ 26.④

27 논리식 $A \cdot (A+B)$를 간단히 하면?
① A
② B
③ $A \cdot B$
④ $A+B$

27.
$A \cdot (A+B)$
$= A \cdot A + (A \cdot B) = A$

28 동기형 디지털 회로에서 한 클록주기 또는 수클록주기만큼 지연시킬 필요가 있을 때 사용되는 플립플롭은?
① RS
② JK
③ D
④ T

28. D플립플롭
데이터 신호를 일시적으로 저장하거나 딜레이(Delay)시킬 때 사용한다.

29 다음 그림과 같은 논리회로의 동일한 특성을 갖는 논리게이트는?

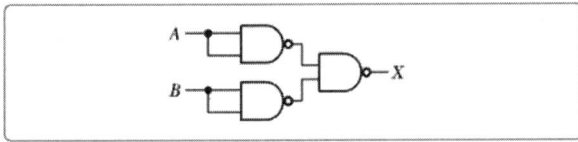

① AND
② OR
③ NOT
④ NAND

29. $\overline{\overline{A \cdot B}} = A+B$

30 그림과 같은 게이트(Gate) 회로에서의 출력(Y)은?

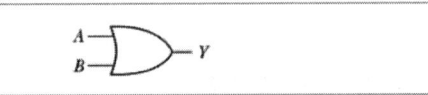

① $A \cdot B$
② $A+B$
③ $\overline{A \cdot B}$
④ $A \oplus B$

31 논리식 $(A+B)+(A \cdot B)$을 간단히 하면?
① A
② B
③ AB
④ A+B

32 다음의 진리표를 만족하는 논리는?
    (단, A, B : 입력, Y : 출력)

A	B	Y
0	0	0
0	1	1
1	0	1
1	1	0

    ① AND   ② OR
    ③ NOT   ④ XOR

33 반감산기에서 차를 얻기 위해 사용되는 게이트는?
    ① OR   ② NOR
    ③ AND   ④ X-OR

34 논리 연산자 중 배타적 논리합(XOR)의 용도로 적합한 것은?
    ① 비트 반전
    ② 비트 마스크
    ③ 비트 리셋
    ④ 워드세트

34. 비트 반전
배타적 논리합은 두 수가 다르면 (1), 같으면 (0)이 나오는 것으로 비트 반전에 사용된다.

35 5개의 T-FF(플립플롭)으로 구성된 카운터 회로에 입력클록 주파수가 8MHz일 경우 마지막 플립플롭의 출력 주파수는 몇 KHz인가?
    ① 150   ② 250
    ③ 300   ④ 350

정답 32. ④ 33. ④ 34. ① 35. ②

SECTION 05 D/A 및 A/D 변환기

PART 04 메카트로닉스

디지털-아날로그(D/A) 변환기는 디지털 신호를 전압, 전류, 변위, 압력, 온도 등의 아날로그 신호로 변환시키는 장치이고, 아날로그-디지털(A/D) 변환기는 그 반대로 온도, 전압, 압력 등의 물리적인 양을 디지털인 양으로 변환시키는 장치이다. 디지털 장치나 컴퓨터를 사용하여 기계 또는 시스템을 작동시키고 그것을 처리하고자 할 경우에 D/A 및 A/D 변환기의 도움 없이는 안 된다.

❶ D/A 및 A/D 변환회로의 Parameter

(1) 정밀도(Accuracy)

저항회로에 쓰인 정밀저항의 정밀도와 기준전압의 정확도와의 합수인데 이것은 실제 출력전압이 이론적 값과 얼마나 잘 일치하는지를 오차로써 나타내는 척도

(2) 분해도(Resolution)

변환기의 출력에서 식별할 수 있는 두 변환 값의 최소 차이

분해도(%) = $\dfrac{1}{2^N - 1} \times 100\%$

분해능은 step-size에 따라 다르다.

(3) 변환시간(Conversion Time)

A/D 회로에서 analog 신호를 등가적인 digital counter로 바꾸는 데 소요되는 시간

❷ D/A 변환기(Digital-to-Analog Converter)

D/A 변환기 구성 형태는 다음과 같은 것들이 있다.

(1) 저항 분할기형 D/A 변환기
(2) 가산증폭기형 D/A 변환기(OP-amp에서의 가산기 이용)
(3) R-2R 사다리형(ladder형) D/A 변환기

③ A/D 변환기(Analog-to-Digital Converter)

A/D 변환기는 D/A 변환기의 역과정으로 동작한다.

(1) 계수형 A/D 변환기

(2) 연속 근사 A/D 변환기

(3) 병렬형 A/D 변환기

④ 계수형 A/D 변환기의 특징

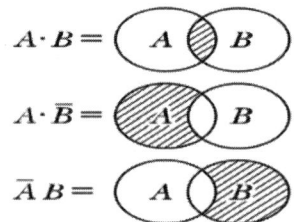

[그림 5-1] 계수 비교형 A/D 변환기

(1) 변환속도가 느리다.

(2) 입력전압에 따라 변환시간이 바뀌어 일정하지 않다.

(3) Counter 및 D/A 변환기의 변형으로 이용

(4) 디지털 출력은 Counter를 2진으로 하면 2진 코드, BCD로 하면 BCD 출력을 쉽게 얻을 수 있다.

(5) 회로 간단, 저렴, 정밀도가 높다.

(6) 높은 분해능을 갖는다.

5 연속 근사 A/D 변환기 특징

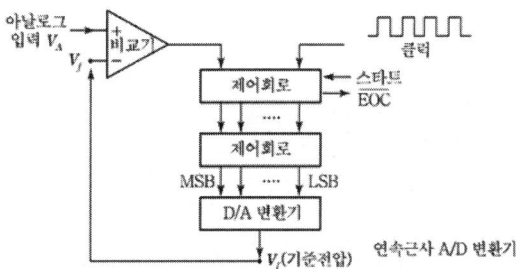

[그림 5-2] 연속근사 A/D 변환기

(1) 변환 속도가 빠르다.

(2) 입력전압의 크기에 따라 변환속도가 영향을 받지 않고, 항상 일정한 변환속도가 유지된다.

(3) 12bit 정도의 변환이 쉬우며 고정도이다.

(4) 변형으로 D/A 변환기로 사용된다.

(5) noise에 약하다.

(6) 전체 변환시간=n×하나의 변환주기에 요하는 시간

6 병렬형 A/D 변환기 특징

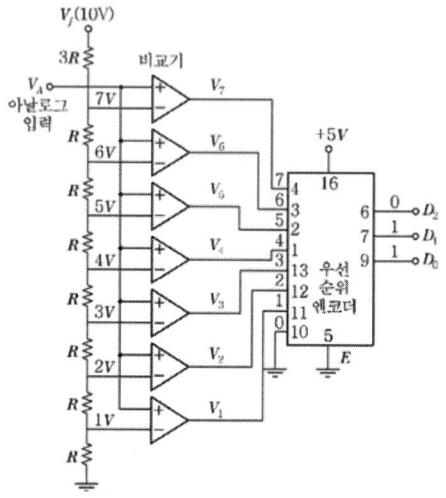

[그림 5-3] 병렬형 A/D 변환기

(1) A/D 변환기 중 가장 변환속도가 빠르다.

(2) 플래시 변환기라고도 한다.

(3) 많은 수의 비교기가 필요(n 비트 출력 시 $2^n - 1$개의 비교기가 필요)

(4) 회로구성이 복잡하다.

SECTION 05 실전 예상문제

01 아날로그 신호량을 마이크로컴퓨터에서 신호 처리할 수 있도록 디지털 신호로 변환하는 장치는 무엇인가?

① A/D 컨버터　　② D/A 컨버터
③ RMA　　　　　④ ROM

02 마이크로컴퓨터 입력 인터페이스에 관한 설명 중 틀린 것은?

① 마이크로컴퓨터에 접속하는 입력신호는 아날로그 신호와 디지털 신호로 크게 분류된다.
② 아날로그 신호는 각종 센서나 트랜스듀서 혹은 측정기기로부터의 신호이다.
③ 마이크로컴퓨터에 디지털 신호를 넣으려면 D-A 변환기를 통해서 아날로그 신호를 고쳐서 입력해야 한다.
④ RS-232C와 같이 규격이 정해져 있는 것은 전용 레벨변환 IC를 사용한다.

03 컴퓨터 제어시스템에서 아날로그 신호를 디지털 신호로 변환해 주는 장치는?

① A/D 컨버터　　② D/A 컨버터
③ ABS 시스템　　④ LSI 시스템

04 AD(Analog-Digital) 변환 과정 중에 입력 신호가 바뀌면 올바른 변환이 될 수 없으므로 샘플링(Sampling)된 데이터를 다음 샘플링까지 그대로 유지하는 회로는?

① 저주파 통과 필터(Low-Pass Filter)
② 고주파 통과 필터(High-Pass Filter)
③ 홀더(Holder)
④ 샘플러(Sampler)

> 4. 홀더(Holder)
> 샘플링 펄스를 다음 샘플링 시간까지 그대로 유지하는 회로를 홀더(Holder)라 하며, 이것은 변환과정 중 입력신호가 변해도 정확한 변환을 가리키게 한다.

정 답　1. ①　2. ③　3. ①　4. ③

05 자동차 운전 시 운전자는 자동차의 가속을 위해서 엑셀레이터(Accelerator) 페달(Pedal)을 사용하는데 이때 페달(Pedal)의 각도를 검출하기 위한 신호전달과정으로서 가장 적합한 것은?

① 페달-엔코더-D/A 컨버터-CPU
② 페달-엔코더-A/D 컨버터-CPU
③ 페달-A/D 컨버터-포텐쇼미터-CPU
④ 페달-포텐쇼미터-A/D 컨버터-CPU

06 디지털 신호를 아날로그 신호로 바꾸는 역할을 하는 것은?

① D/A 변환기   ② A/D 변환기
③ 인코더   ④ 멀티플렉싱

07 음원 데이터를 마이크로프로세서를 이용하여 재생하기 위한 추가적인 인터페이스 장치로 옳은 것은?

① D-A 변환기   ② A-D 변환기
③ AC-DC 변환기 ④ DC-AC 변환기

08 디지털 신호를 아날로그 신호로 바꾸는 것을 무엇이라 하는가?

① 초퍼
② 인버터
③ D/A 변환기
④ A/D 변환기

8.
• Digital → Analogue D/A 변환기

• Analogue → Digital A/D 변환기

정답 5. ④ 6. ① 7. ① 8. ③

PART 05
과년도 출제문제

SECTION 01 2013년 1회
SECTION 02 2013년 2회
SECTION 03 2013년 3회
SECTION 04 2014년 1회
SECTION 05 2014년 2회
SECTION 06 2014년 3회
SECTION 07 2015년 1회
SECTION 08 2015년 2회
SECTION 09 2015년 3회
SECTION 10 2016년 1회
SECTION 11 2016년 2회
SECTION 12 2016년 3회
SECTION 13 2017년 1회
SECTION 14 2017년 2회
SECTION 15 2017년 3회
SECTION 16 2018년 1회
SECTION 17 2018년 2회

2013년 1회

1 과목 기계가공법 및 안전관리

01 연삭숫돌의 자생작용이 잘되지 않아 입자가 납작해져서 날이 둔화되는 무딤 현상은?

① 글레이징(Glazing) ② 로딩(Loading)
③ 드레싱(Dressing) ④ 트루잉(Truing)

1.
로딩 : 눈메움현상

02 3침법이란 수나사의 무엇을 측정하는 방법인가?

① 골지름 ② 유효지름
③ 피치   ④ 바깥지름

2.
3침법은 나사의 유효지름 측정 방법 중 가장 정확하다.

03 초경합금 공구에 내마모성과 내열성을 향상시키기 위하여 피복하는 재질이 아닌 것은?

① Tic   ② TiAl
③ TiN   ④ TiCN

04 광물섬유를 화학적으로 처리하여 원액에 80% 정도의 물을 혼합하여 사용하며, 점성이 낮고 비열과 냉각효과가 큰 절삭유는?

① 지방질 유 ② 광유
③ 유화유   ④ 수용성 절삭유

정답 01. ① 02. ③ 03. ② 04. ④

05 작업장에서 무거운 짐을 들고 운반 작업을 할 때의 설명으로 부적합한 것은?

① 짐은 가급적 몸 가까이 가져온다.
② 가능한 상체를 곧게 세우고 등을 반듯이 하여 들어올린다.
③ 짐을 들어 올릴 때 충격이 없어야 한다.
④ 짐은 무릎을 굽힌 자세에서 들고 편 자세에서 내려놓는다.

5.
짐을 들을 때나 내려놓을 때는 굽힘 자세에서 한다.

06 니이컬럼형 밀링머신에서 테이블의 상하 이동거리가 400[mm]이고, 새들의 전후 이동거리는 200[mm]라면 호칭번호는 몇 번에 해당하는가?
(단, 테이블의 좌우 이동거리는 550[mm]이다.)

① 1번　　　　　　　② 2번
③ 3번　　　　　　　④ 4번

07 다음 수기가공 시 작업안전 수칙에 맞는 것은?

① 드라이버의 날 끝은 뾰족한 것이어야 하며, 이가 빠지거나 동그랗게 된 것은 사용하지 않는다.
② 정을 잡은 손은 힘을 주고 처음에는 가볍게 때리고 점차 힘을 가하도록 한다.
③ 스패너는 가급적 손잡이가 짧은 것을 사용하는 것이 좋으며, 스패너의 자루에 파이프 등을 연결하여 사용하는 것이 좋다.
④ 톱날은 틀에 끼워 두세 번 사용한 후 다시 조정을 하고 절단한다.

7.
· 드라이버의 날 끝은 평평한 것을 사용한다.
· 정을 잡은 손에는 힘을 많이 주지 않는다.
· 스패너는 가급적 손잡이가 긴 것을 사용하며 자루에 파이프 등을 연결하여 작업하는 것은 금한다.

08 전기도금과 반대 현상을 이용한 가공으로 알루미늄 소재 등 거울과 같이 광택 있는 가공 면을 비교적 쉽게 가공할 수 있는 것은?

① 방전가공　　　　② 전해연마
③ 액체호닝　　　　④ 레이저가공

09 다음 중 선반의 규격을 가장 잘 나타낸 것은?

① 선반의 총 중량과 원동기의 마력
② 깎을 수 있는 일감의 최대지름
③ 선반의 높이와 베드의 길이
④ 주축대의 구조와 베드의 길이

정답　05. ④　06. ①　07. ④　08. ②　09. ②

10 구성인선(Built Up Edge) 방지대책으로 잘못된 것은?

① 이송량을 감소시키고 절삭 깊이를 깊게 한다.
② 공구경사각을 크게 주고 고속절삭을 실시한다.
③ 세라믹 공구(Ceramic Tool)를 사용하는 것이 좋다.
④ 공구면의 마찰계수를 감소시켜 칩의 흐름을 원활하게 한다.

10.
구성인선 방지대책
· 절삭속도 빠르게
· 절삭 깊이 작게
· 윗면 경사각 크게
· 공구를 도금하여 마찰계수 적게
· 적당한 절삭유

11 밀링 작업에서 스핀들 앞면에 있는 24 구멍의 직접 분할판을 사용하여 이때 웜을 아래로 내려 스핀들의 웜 휠과 물림을 끊는 분할법은?

① 간접 분할법
② 직접 분할법
③ 차동 분할법
④ 단식 분할법

12 $+4[\mu m]$의 오차가 있는 호칭치수 $30[mm]$의 게이지 블록과 다이얼 게이지를 사용하여 비교 측정한 결과 $30.274[mm]$를 얻었다면 실제 치수는?

① $30.278mm$
② $30.270mm$
③ $30.266mm$
④ $30.282mm$

12.
오차=참값-측정값
참값=오차+측정값
$= 4 \times 10^{-3} + 30.274$
$= 30.278mm$

13 슈퍼 피니싱(Super Finishing)의 특징과 거리가 먼 것은?

① 진폭이 수 mm이고 진동수가 매분 수백에서 수천의 값을 가진다.
② 가공열의 발생이 적고 가공 변질층도 작으므로 가공면 특성이 양호하다.
③ 다듬질 표면은 마찰계수가 작고, 내마멸성, 내식성이 우수하다.
④ 입도가 비교적 크고, 경한 숫돌에 고압으로 가압하여 연마하는 방법이다.

13.
슈퍼 피니싱은 정밀가공으로서 입도가 매우 작아야한다.

14 다음 중 기어를 절삭하는 공작기계는?

① 호빙 머신
② CNC 선반
③ 지그 그라인딩 머신
④ 래핑 머신

정답 10. ① 11. ② 12. ① 13. ④ 14. ①

15 주축이 수평이며, 컬럼, 니이, 테이블 및 오버 암 등으로 되어 있고 새들 위에 선회대가 있어 테이블을 수평면 내에서 임의의 각도로 회전할 수 있는 밀링 머신은?

① 모방밀링머신 ② 만능밀링머신
③ 나사밀링머신 ④ 수직밀링머신

16 선반 작업에서 공구 절인의 선단에서 바이트 밑면에 평행한 수평면과 경사면이 형성하는 각도는?

① 여유각 ② 측면 절인각
③ 측면 여유각 ④ 경사각

17 투영기로 측정할 수 있는 것은?

① 진원도 측정 ② 진직도 측정
③ 각도 측정 ④ 원주 흔들림 측정

18 드릴 작업에서 너트나 볼트 머리에 접하는 면을 편평하게 하여, 그 자리를 만드는 작업은?

① 카운터 싱킹 ② 스폿 페이싱
③ 태핑 ④ 리밍

18.
· 카운터 싱킹 : 접시머리나사 내는 방법
· 태핑 : 암나사 내는 방법
· 리밍 : 보링된 면 다듬는 방법

19 나사의 피치나 나사산의 반각과 유효지름 등을 광학적으로 쉽게 측정할 수 있는 것은?

① 공구현미경 ② 오토콜리메이터
③ 촉침식 측정기 ④ 옵티컬 플랫

20 다음 센터리스 연삭기의 장단점에 대한 설명 중 틀린 것은?

① 센터가 필요하지 않아 센터 구멍을 가공할 필요가 없고, 속이 빈 가공물을 연삭할 때 편리하다.
② 긴 홈이 있는 가공물이나 대형 또는 중량물의 연삭이 가능하다.
③ 연삭숫돌 폭보다 넓은 가공물을 플랜지 컷 방식으로 연삭할 수 없다.
④ 연삭숫돌의 폭이 크므로, 연삭숫돌 지름의 마멸이 적고 수명이 길다.

20.
센터리스 연삭기는 자동이송이 되므로 긴 홈이 있는 가공물은 연삭이 불가능하며 조정숫돌로 지지해야 하므로 대형 중량물의 연삭에 적합하지 않다.

정답 15. ② 16. ④ 17. ③ 18. ② 19. ① 20. ②

❷ 과목 기계제도 및 기초공학

21 다음 중 MMC(최대실체조건) 원리가 적용될 수 있는 기하공차는?
① 진원도　　② 위치도
③ 원주 흔들림　④ 원통도

22 도면에서 다음에 열거한 선이 같은 장소에 중복되었다. 어느 선으로 표시하여야 하는가?

> 치수 보조선, 절단선, 무게 중심선, 중심선

① 무게 중심선　　② 중심선
③ 치수 보조선　　④ 절단선

22.
겹치는 선의 우선순위
외형선-숨은선-절단선-중심선-무게중심선-치수보조선-해칭선

23 나사의 종류를 표시하는 다음 기호 중에서 미터 사다리꼴나사를 표시하는 것은?
① R　　② M
③ Tr　④ UNC

23.
· S : 미니어처 나사
· M : 미터보통나사
· UNC : 유니파이 보통나사

24 어떤 치수가 $50^{+0.035}_{-0.012}$일 때 치수 공차는 얼마인가?
① 0.023　　② 0.035
③ 0.047　　④ 0.012

24.
0.035+0.012=0.047

정답　21. ②　22. ④　23. ③　24. ③

25 그림과 같은 입체도를 화살표 방향에서 본 투상도로 가장 적합한 것은?

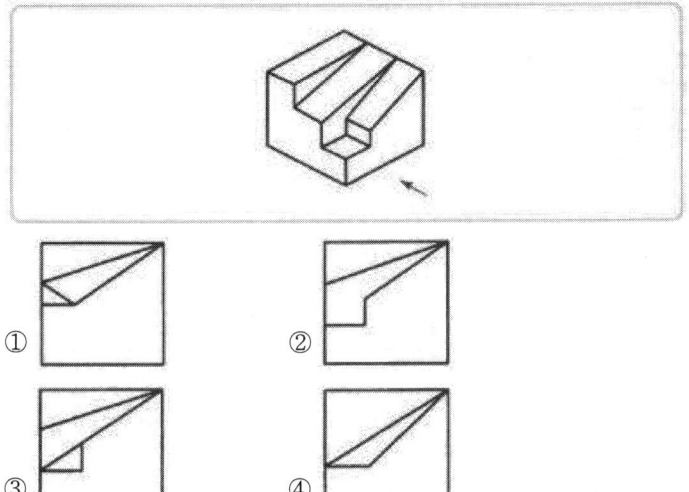

26 스플릿 테이퍼 핀의 호칭 방법으로 옳게 나타낸 것은?

① 규격 명칭, 호칭지름×호칭길이, 재료, 지정 사항
② 규격 명칭, 등급, 호칭지름×호칭길이, 재료
③ 규격 명칭, 재료, 호칭지름×호칭길이, 등급
④ 규격 명칭, 재료, 호칭지름×호칭길이, 지정 사항

27 기계구조용 합금강 강재 중 크롬 몰리브덴 강에 해당하는 것은?

① SMn   ② SMnC
③ SCr   ④ SCM

28 다음 중 가공방법의 기호를 옳게 나타낸 것은?

① 브로칭 가공 −BR
② 스크레이핑 다듬질−SB
③ 래핑 다듬질−BR
④ 평면· 연삭 가공−GBS

정 답 25. ② 26. ① 27. ④ 28. ①

29 그림과 같은 투상도는 제3각법 정투상도이다. 우측면도로 가장 적합한 것은?

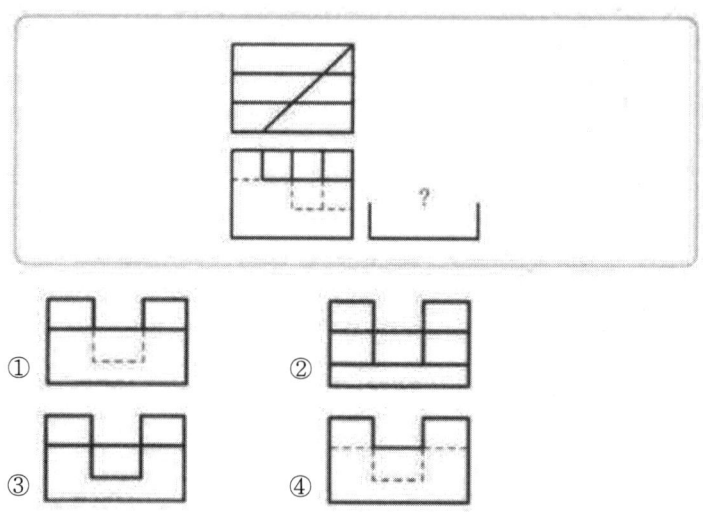

30 제 3각법으로 투상되는 그림과 같은 투상도의 좌측면도로 가장 적합한 것은?

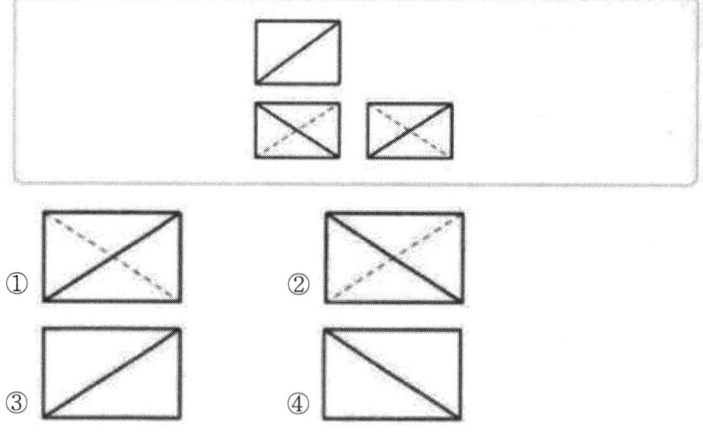

31 110[V]용 전기 모터에 5[A]의 전류가 흐르고 있다. 이 전기모터를 2시간 동안 작동시켰을 때의 소비 전력량은 얼마인가?

① 1.1kWh ② 2.1kWh
③ 3.1kWh ④ 4.1kWh

31.
$Q = I^2RT = IVT$
$= 5 \times 110 \times 2$
$= 1100\,Wh$
$= 1.1\,kWh$

정답 29. ③ 30. ① 31. ①

32. 그림과 같은 직경 30[mm], 높이 20[mm]의 원기둥에 한 변의 길이가 10[mm]인 정사각형 구멍이 관통되어 있을 때 체적은 몇 mm^3인가? (단, π는 3.14로 한다.)

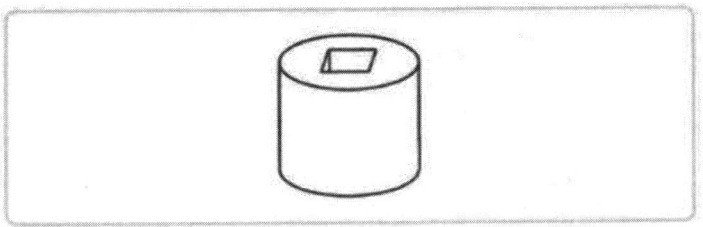

① 2200　　　　② 12130
③ 13310　　　④ 16130

32.
$$\left(\frac{\pi \times 30^2}{4} - 10 \times 10\right) \times 20 = 12130$$

33. 20[kg_f]의 힘을 가하여 원형 핸들을 돌릴 때 발생한 토크가 10[$kg_f \cdot m$]였다면 이 핸들의 직경은?

① 5cm　　　　② 10cm
③ 50cm　　　 ④ 100cm

33.
$T = PR$에서
$R = \dfrac{T}{P} = \dfrac{10}{20} = 0.5$
$D = 2R = 1m = 100m$

34. 길이를 일정하게 하고 도선의 반지름을 2배로 늘리면 저항은 어떻게 되는가?

① $\dfrac{1}{4}$로 감소　　② $\dfrac{1}{2}$로 감소
③ 2배로 증가　　　④ 4배로 증가

34.
$R = \rho \dfrac{l}{A} = \rho \dfrac{4l}{\pi d^2}$
저항(R)은 $\dfrac{1}{4}$로 감소

35. 같은 크기의 두 힘이 한 물체에 작용할 때 합력의 크기가 가장 큰 것은?

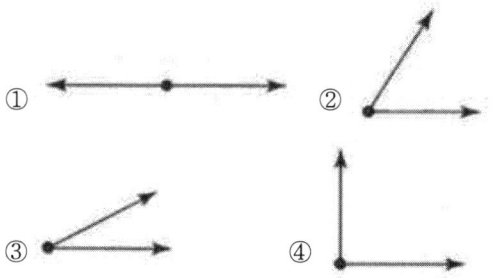

35.
$F = \sqrt{F_1^2 + F_2^2 + 2F_1 2F_1 \cos\theta}$
θ의 값이 작을수록 합력의 크기가 크다.

정답　32. ②　33. ④　34. ①　35. ③

36 가위로 물체를 자르거나 전단기로 철판을 절단한 경우에 주로 생기는 응력은?

① 인장응력 ② 압축응력
③ 전단응력 ④ 비틀림응력

37 1[kW]의 동력을 일의 단위로 나타내면 얼마인가?

① $98kg_f \cdot m/s$ ② $102kg_f \cdot m/s$
③ $112kg_f \cdot m/s$ ④ $130kg_f \cdot m/s$

38 질량 6[kg]인 어떤 물체가 힘을 받아 $3[m/s^2]$만큼 가속되었다. 이 물체에 가해진 힘을 구하면?

① 2N ② 18N
③ 36N ④ 54N

38.
$F = ma = 6 \times 3 = 18N$

39 밀폐된 액체의 경우 가해진 압력은 그 크기가 변함없이 액체 내의 모든 곳에 똑같은 크기로 전달되는 원리는?

① 베르누이의 원리 ② 파스칼의 원리
③ 보일-샤를의 원리 ④ 질량보존의 원리

40 다음 중 압력 $10[kg_f/cm^2]$를 SI 단위계로 나타낸 것은?

① 100kPa ② 980kPa
③ 980MPa ④ 100MPa

40.
$10 \dfrac{kg_f}{cm^2} \dfrac{9.8N}{1kg_f} = \dfrac{100^2 cm^2}{1m^2}$
$= 98000 N/m^2$
$= 980 kPa$

③ 과목 자동제어

41 제어계의 시간 역에서의 성능에 해당되지 않는 것은?

① 퍼센트 오버슈트 ② 정착시간
③ 상승시간 ④ 감도

정답   36. ③ 37. ② 38. ② 39. ② 40. ② 41. ④

42 DC서보 모터의 설계 시 응답을 개선하기 위하여 고려할 사항이 아닌 것은?

① 전기적 시정수(인덕턴스/저항)를 크게 한다.
② 기계적 시정수를 작게 한다.
③ 순시 최대 토크까지의 직선성을 높인다.
④ 토크의 맥동을 작게 한다.

43 전자계전기 자신의 a접점을 이용하여 회로를 구성하여 스스로 동작을 유지하는 회로는?

① 우선회로
② 순차회로
③ 자기유지회로
④ 유극회로

44 PC기반 제어에 대해 잘못 설명한 것은?

① 특별한 가동 조건에서의 시뮬레이션이 가능하다.
② 제어시스템의 일부분만 교체하는 것은 불가능하다.
③ 아날로그 신호를 샘플링하여 모니터링하는 것이 가능하다.
④ 제어신호와 데이터를 외부 컴퓨터와 연결하는 것이 용이하다.

44.
PC기반제어는 전체 또는 일부분의 교체가 가능하다.

45 제어계에 있어서 제어량을 지배하기 위해서 제어 대상에 가하는 양은?

① 기준입력
② 동작신호
③ 제어량
④ 조작량

46 제어계의 응답이 빠르지 않지만 잔류편차를 없앨 수 있는 장점을 가지는 제어동작은?

① 비례제어
② 적분제어
③ 미분제어
④ 비례적분미분제어

정 답 42. ① 43. ③ 44. ② 45. ④ 46. ②

47 다음 전달함수에 대한 설명 중 옳지 않은 것은 무엇인가?

$$G(s) = K_P(1 + \frac{1}{sT_i} + sT_D)$$

① K_P를 조절기의 비례이득이라고 한다.
② T_D는 리셋률(Reset Rate)이라 한다.
③ T_i는 적분시간이다.
④ 이 조절기는 비례적분미분 동작조절기이다.

48 상수 K를 라플라스 변환한 값은?

① $\frac{1}{K}$
② K^2
③ $\frac{K}{s}$
④ $\frac{K}{s^2}$

49 다음 중 가변 용량형이면서 양방향 유동인 유압펌프의 기호는?

①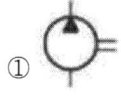
②
③
④

49.
① 일방향 정용량 유압 펌프
② 일방향 가변용량 유압 펌프
③ 일방향 정용량 유압 펌프

50 다음 중 PLC에서 사용하는 프로그래밍 방식이 아닌 것은?
① 래더 다이어그램
② 명령어
③ 순서도
④ 클램프

50.
클램프
물건을 조이는 기구

51 다음의 관계식 중 옳지 않은 것은?
① $\lim\limits_{t\to 0}f(t) = \lim\limits_{s\to 0}F(s)$
② $\lim\limits_{t\to \infty}f(t) = \lim\limits_{s\to 0}F(s)$
③ $\mathcal{L}[af_1(t) \pm bf_2(t)] = aF_1(s) \pm bF_2(s)$
④ $\mathcal{L}f(\frac{t}{a}) = aF(as)(a>0)$

정답 47. ② 48. ③ 49. ④ 50. ④ 51. ①

52 로봇 관절을 위치(각도)제어하려고 할 때 흔히 쓰이는 센서가 아닌 것은?

① 엔코더 ② 포텐쇼미터
③ 스트레인게이지 ④ 리졸버

52.
스트레인게이지는 인장시험에서 변형률 측정 게이지이다.

53 다음 그림에서 서보기구의 제어방식으로 맞는 것은?

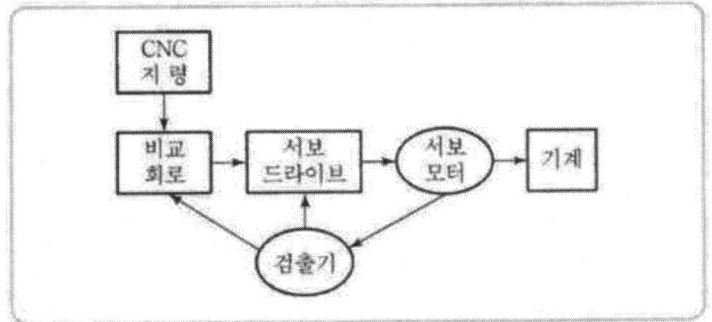

① 개방회로 방식 ② 반폐쇄회로 방식
③ 폐쇄회로 방식 ④ 하이브리드 방식

53.
비교회로가 있으면 반폐쇄회로이다.

54 그림에서 전달함수[G]는?

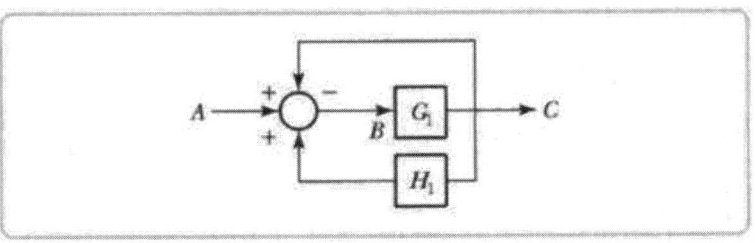

① $\dfrac{G_1}{1+H_1G_1-G_1}$　② $\dfrac{G_1}{1+G_1-G_1H_1}$

③ $\dfrac{G_1A}{1+H_1G_1-G_1}$　④ $\dfrac{G_1A}{1+AG_1-G_1H_1}$

54.
$AG_1 - CG_1 + CH_1G_1 = C$
$\dfrac{C}{A} = \dfrac{G_1}{1+G_1-G_1H_1}$

55 다음 중 전자력을 이용하여 유체의 방향으로 제어하는 조작방식으로 사용되는 것은?

① 솔레노이브 밸브 ② 공기압 작동 밸브
③ 기계 작동 방식 ④ 수동 방식

정답 52. ③ 53. ② 54. ② 55. ④

56 다음 중 서보 기구의 제어량으로 가장 적합한 것은?
① 위치, 방향, 자세
② 온도, 유량, 압력
③ 조성, 품질, 효율
④ 각도, 유량, 품질

56.
서보기구는 고속의 추종성이다.

57 다음 중 서보공압장치의 특징에 대한 설명으로 적합하지 않은 것은?
① 실린더 이동 속도가 빠르다.
② 표준품 실린더를 사용하기 때문에 행정거리의 조절이 어렵다.
③ 높은 위치 정밀도를 구현할 수 있다.
④ 구동장치가 견고하다.

57.
공압장치는 제작 시 행정 거리 조절이 가능하게 제작한다.

58 다음 중 서보 모터에 사용되고 있는 회전 속도 검출기로 적합하지 않은 것은?
① 인코더
② 타코 제너레이터
③ 리미트 스위치
④ 리졸버

58.
리미트 스위치는 위치검출장치이다.

59 전압, 주파수를 제어량으로 하고 목표값을 장시간 일정하게 유지하도록 하는 제어는?
① 추종제어
② 비율제어
③ 자동조정
④ 서보기구

60 제어계의 응답에서 처음 희망하는 값의 10%에서 90%까지 도달하는 데 필요한 시간을 의미하는 용어는?
① 오버슈트
② 지연시간
③ 응답시간
④ 상승시간

④ 과목 메카트로닉스

61 다음 논리식 $Z = \overline{(A+C)(B+\overline{D})}$를 간소화 한 것은?
① $(A \cdot \overline{C}) + (\overline{B} \cdot D)$
② $(A \cdot C) + (B \cdot \overline{D})$
③ $(A + \overline{C}) \cdot (\overline{B} + D)$
④ $(\overline{A} + C) \cdot (B + \overline{D})$

정답 56. ① 57. ② 58. ③ 59. ③ 60. ④ 61. ①

62 버스 구조를 하드웨어적으로 구현이 가능하게 해주는 핵심 디지털 논리 소자는?

① 쇼트키 TTL ② 엔코더
③ 멀티플렉서 ④ 3상태 버퍼

63 다음 설명 중 틀린 것은?

① 코일은 직렬로 연결할수록 인덕턴스가 커진다.
② 콘덴서는 직렬로 연결할수록 용량이 커진다.
③ 저항은 병렬로 연결할수록 저항이 작아진다.
④ 리액턴스는 주파수의 함수이다.

63.
· 콘덴서 병렬 연결시
$C = C_1 + C_2$
· 콘덴서 직렬 연결시
$\frac{1}{C} = \frac{1}{C_1} + \frac{1}{C_2}$

64 마이크로프로세서에서 어드레스 핀이 16개이면 몇 개의 번지를 직접 지정할 수 있는가?

① 16 ② 256
③ 1024 ④ 65536

64.
$2^{16} = 65536$

65 다음 중 자동차 부품의 일종으로 노면에서 전달되는 충격을 댐퍼 등과 병용하여 충격과 진동을 완화시키는 것은?

① 나사 ② 기어
③ 스프링 ④ 풀리

66 다음 그림과 같은 파형의 주파수는?

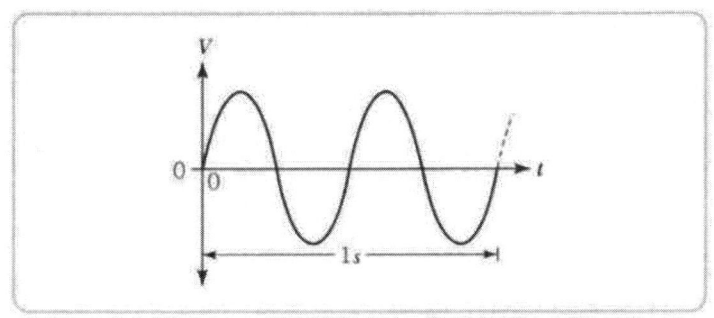

① 1Hz ② 2Hz
③ 4Hz ④ 8Hz

66.
$f = \frac{1}{T} = \frac{1}{0.5} = 2Hz$

정답 62. ④ 63. ② 64. ④ 65. ③ 66. ②

67 컴퓨터를 이용한 설계작업(CAD)의 효과라고 볼 수 없는 것은?
① 생산성이 향상된다.
② 설계해석이 어렵다.
③ 설계시간이 단축된다.
④ 설계의 신뢰성이 향상된다.

68 다음 논리도에 관한 논리식은?

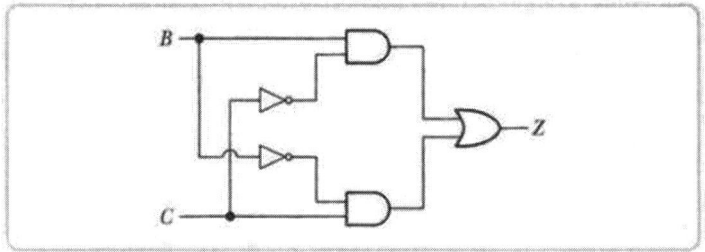

① $Z = (\overline{B} + \overline{C})BC$
② $Z = BC + \overline{BC}$
③ $Z = B \odot C$
④ $Z = B \oplus C$

69 서보시스템에서 어떤 신호의 출력값이 처음으로 목표값에 도달하는 데 걸리는 시간이 0.3초라면 지연시간은?
① 0.1초
② 0.15초
③ 0.2초
④ 0.25초

69.
목표값이 50%이므로
$\dfrac{0.3}{2} = 0.15$

70 아래 보기와 같은 기계제작공정이 필요할 경우 올바른 작업순서는?

[보기]
㉠ 제작도   ㉡ 설계
㉢ 기계가공 ㉣ 시험검사
㉤ 조립

① ㉠→㉡→㉢→㉤→㉣
② ㉡→㉠→㉣→㉤→㉢
③ ㉡→㉠→㉢→㉤→㉣
④ ㉣→㉡→㉠→㉢→㉤

정답 67. ② 68. ④ 69. ② 70. ③

71 다음 중 센터리스 연삭기에 대한 설명으로 옳은 것은?
① 중공 공작물 연삭은 불가능 하다.
② 고도의 숙련 작업을 요구한다.
③ 가늘고 긴 공작물 연삭은 불가능하다.
④ 긴 홈이 있는 공작물 연삭은 불가능하다.

71.
센터리스 연삭기는 조정숫돌이 있는 연삭기로서 자동이송이 가능하다.

72 직류 전류에 의해 발생되는 전기장은?
① 극성이 변하지 않는 교번자장
② 극성이 변하고 일정한 자장
③ 극성이 변하지 않는 일정한 자장
④ 연속적으로 극성이 변하는 교번자장

72.
직류전류는 극성과 전기장의 변화가 없다.

73 다음 표와 같이 스테핑 모터를 구동하는 방식을 무엇이라 하는가?

스텝	A	B	Ā	B̄
0	ON			
1		ON		
2			ON	
3				ON
0	ON			
1		ON		

① 1상 여자 방식
② 2상 여자 방식
③ 1-2상 여자 방식
④ 3상 여자 방식

74 18°의 스텝각을 갖는 스테핑 모터에서 분당 펄스수가 600인 경우 회전수(RPM)는 얼마인가?
① 10
② 12
③ 30
④ 120

74.
$\frac{600 \times 18}{360} = 30$

75 다음 중 A/D 변환기를 사용하지 않는 것은?
① 추종 비교형 변환기
② 래더형 변환기
③ 축차 비교형 변환기
④ 병렬 비교형 변환기

정답 71. ④ 72. ③ 73. ① 74. ③ 75. ②

76 다음의 명령어 중 서브루틴으로부터의 원래의 프로그램으로 돌아가는 데 사용하는 명령은?

① RET   ② RRA
③ RLD   ④ LOOP

77 자장 속에서 도선에 전류가 흐를 때 전류가 받는 힘의 크기와 거리가 먼 것은?

① 전류의 세기에 비례한다.
② 자장의 세기에 반비례한다.
③ 자장속에 있는 도선의 길이에 비례한다.
④ 직각일 때 힘의 크기는 최대가 된다.

78 기계적 변위량(길이, 각도)을 저항 변화로 검출하는 센서는?

① Potentiometer
② Photo Transistor
③ Thermocouple
④ Tacho Generator

79 대상물이 가지고 있는 온도의 정보를 감지하는 센서는?

① 습도센서   ② 자기센서
③ 온도센서   ④ 음파센서

80 다음 중 가속도 센서의 응용범위가 아닌 것은?

① 자동차 급브레이크 검출
② 노크음 검출
③ 기계 이상진동 검출
④ 타코미터

80.
타코미터는 회전속도계로서 원동기나 자동차의 회전속도를 측정하는 계기이다.

정답 76. ① 77. ② 78. ① 79. ③ 80. ④

PART 05 과년도 출제문제
2013년 2회

1 과목 기계가공법 및 안전관리

01 내연기관의 실린더 내면에 진원도, 진직도, 표면거칠기 등을 더욱 향상시키기 위한 가공방법은?
① 래핑　　　　　② 호닝
③ 수퍼피니싱　　④ 버핑

1. 호닝은 중공축의 내면 정밀가공방법이다.

02 연삭숫돌의 결합체와 기호를 짝지은 것으로 잘못된 것은?
① 레지노이드-G
② 비트리파이드-V
③ 셀락-E
④ 고무-R

2. 레지노이드 : B

03 선반에서 지름 125[mm], 길이 350[mm]인 연강봉을 초경합금 바이트로 절삭하려고 한다. 분당 회전수(r/min=rpm)는 약 얼마인가? (단, 절삭속도는 150m/min이다.)
① 720　　　　　② 382
③ 540　　　　　④ 1200

3. $N = \dfrac{1000V}{\pi d} = \dfrac{1000 \times 150}{\pi \times 125}$
　$= 382 rpm$

04 밀링머신에서 할 수 없는 가공은?
① 총형 가공　　② 기어 가공
③ 널링 가공　　④ 나선홈 가공

4. 널링은 선반가공에서 요철부분(손잡이)을 만드는 가공방법이다.

05 스핀들이 수직이며, 스핀들은 안내면을 따라 이송되며, 공구위치는 크로스 레일 공구대에 의해 조절되는 보링머신은?
① 수직 보링 머신　　② 정밀 보링 머신
③ 지그 보링 머신　　④ 코어 보링 머신

정답　01. ②　02. ①　03. ②　04. ③　05. ①

06 허용한계치수의 해석에서 "통과 측에는 모든 치수 또는 결정량이 동시에 검사되고 정지 측에는 각각의 치수가 개개로 검사되어야 한다."는 무슨 원리인가?

① 아베(Abbe)의 원리
② 테일러(Taylor)의 원리
③ 헤르츠(Hertz)의 원리
④ 후크(Hook)의 원리

07 직접측정의 장점에 해당되지 않는 것은?

① 측정기의 측정범위가 다른 측정법에 비하여 넓다.
② 측정물의 실제치수를 직접 읽을 수 있다.
③ 수량이 적고, 많은 종류의 제품 측정에 적합하다.
④ 측정자의 숙련과 경험이 필요 없다.

08 회전 중에 연삭숫돌이 파괴될 것을 대비하여 설치하는 안전요소는?

① 덮개
② 드레서
③ 소화 장치
④ 절삭유 공급 장치

09 일반적으로 요구되는 절삭공구의 조건으로 적합하지 않은 것은?

① 고마찰성
② 고온경도
③ 내마모성
④ 강인성

정답 06. ② 07. ④ 08. ① 09. ①

10 다음 중 일반적으로 표면정밀도가 낮은 것부터 높은 순서로 바른 것은?

① 래핑→연삭→호닝
② 연삭→호닝→래핑
③ 호닝→연삭→래핑
④ 래핑→호닝→연삭

11 가공물이 대형이거나, 무거운 중량제품을 드릴 가공할 때에, 가공물을 고정시키고 드릴 스핀들을 암 위에서 수평으로 이동시키면서 가공할 수 있는 것은?

① 직립 드릴링 머신
② 레디얼 드릴링 머신
③ 터릿 드릴링 머신
④ 만능 포터블 드릴링 머신

12 선반 작업에서 발생하는 재해가 아닌 것은?

① 칩에 의한 것
② 정밀 측정기에 의한 것
③ 가공물의 회전부에 휘감겨 들어가는 것
④ 가공물의 절삭 공구와의 사이에 휘감기는 것

13 사인바로 각도를 측정할 때 몇 도를 넘으면 오차가 가장 심하게 되는가?

① 10°
② 20°
③ 30°
④ 45°

정답 10. ② 11. ② 12. ② 13. ④

14 다이얼게이지의 사용상 주의사항이 아닌 것은?

① 스핀들이 원활히 움직이는가를 확인한다.
② 스탠드를 앞뒤로 움직여 지시값의 차를 확인한다.
③ 스핀들을 갑자기 작동시켜 반복 정밀도를 본다.
④ 다이얼게이지의 편차가 클 때는 교환 또는 수리가 불가능하므로 무조건 폐기시킨다.

14.
다이얼게이지는 분해하여 정도를 맞춰서 재사용하는 계측기이다.

15 밀링작업에서 상향절삭과 하향절삭의 특징을 비교했을 때 상향절삭에 해당하는 것은?

① 동력의 소비가 적다
② 마찰열의 작용으로 가공면이 거칠다.
③ 가공할 때 충격이 있어 높은 강성이 필요하다.
④ 뒤틈(Backlash) 제거장치가 없으면 가공이 곤란하다.

15.
상향절삭의 특징
· 커터와 공작물을 격리시키므로 언더컷을 일으키지 않는다.
· 공작물의 표면에 흑피와 모래가 녹아 붙는 경향이 없다.
· 절삭공구는 고속도강 커터가 유리하다.
· 다듬질 표면이 하향 절삭에 비하여 곱지 못하다.

하향절삭의 특징
· 절인의 수명이 길다.
· 밀링 커터의 초경질인 경우 중절삭에 유리하다.
· 공작물 설치는 이송 방향의 고정에 주의하면 좋으며, 공작물이 상하로 요동이 적다.
· 공작물 이송에 요하는 동력이 상향 절삭에 비하여 적다.
· 다듬질 면이 양호하다.
· 뒤틀림(Back Lash) 제거장치가 필요하다.

16 선반에서 원형 단면을 가진 일감의 지름 $100[mm]$인 탄소강을 매분 회전수 $314[r/min](=rpm)$으로 가공할 때, 절삭저항력이 736N이었다. 이때 선반의 절삭효율을 80%라 하면 필요한 절삭동력은 약 몇 PS인가?

① 1.1 ② 2.1
③ 4.4 ④ 6.2

16.
$$PS = \frac{FV}{75\eta} = \frac{736}{9.8 \times 75}$$
$$= \frac{\pi \times 100 \times 314}{60 \times 1000 \times 0.8}$$
$$= 2.06 PS$$

정답 14. ④ 15. ② 16. ②

17 윤활방법 중 무명이나 털 등을 섞어 만든 패드의 일부를 기름통에 담가 저널의 아랫면에 모세관 현상을 이용하여 급유하는 것은?

① 적하 급유(Drop Feed Oiling)
② 비말 급유(Splash Oiling)
③ 패드 급유(Pad Oiling)
④ 강제 급유(Oil Bath Oiling)

18 드릴링 머신의 안전 사항에서 틀린 것은?

① 장갑을 끼고 작업을 하지 않는다.
② 가공물을 손으로 잡고 드릴링하지 않는다.
③ 얇은 판의 구멍 뚫기에는 나무 보조판을 사용한다.
④ 구멍 뚫기가 끝날 무렵은 이속ㅇ을 빠르게 한다.

18.
구멍 뚫기가 끝날 무렵은 이송을 느리게 한다.

19 전해연삭 가공의 특징이 아닌 것은?

① 경도가 낮은 재료일수록 연삭능률이 기계연삭보다 높다.
② 박판이나 형상이 복잡한 공작물을 변형 없이 연삭할 수 있다.
③ 연삭저항이 적으므로 연삭열 발생이 적고, 숫돌 수명이 길다.
④ 정밀도는 기계연삭보다 낮다.

20 선반에서 이동용 방진구를 설치하는 곳은?

① 새들
② 주축대
③ 심압대
④ 베드

20.
고정용 방진구는 3점지지로 베드에 설치하며 이동용 방진구는 2점지지로 새들에 설치한다.

정답 17. ③ 18. ④ 19. ① 20. ①

❷ 과목 기계제도 및 기초 공학

21 그림과 같은 표시의 결 도시 기호에서 "B"의 의미로 옳은 것은?

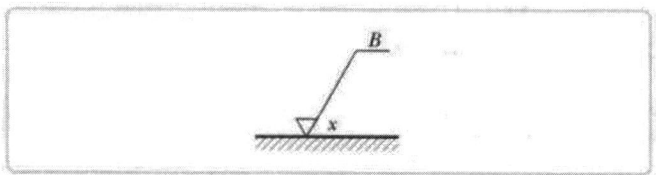

① 보링 가공
② 벨트 연삭
③ 블러싱 다듬질
④ 브로칭 가공

21.
· 벨트연마 : SPBL
· 브로칭가공 : BR

22 스퍼기어를 제도할 경우 스퍼기어 요목표에 일반적으로 기입하지 않는 것은?

① 피치원 지름
② 모듈
③ 압력각
④ 기어의 치폭

22.
스퍼기어 요목표 기입항목은 품번, 기어치형, 치형, 모듈, 압력각, 잇수, 피치원지름, 전체비높이, 다듬질방법, 정밀도이다.

23 치수가 $80^{+0.008}_{+0.002}$로 나타날 경우 위치수 허용차는?

① 0.008
② 0.002
③ 0.010
④ 0.006

23.
· 위치수허용차 : 0.008
· 아래치수허용차 : 0.002

정답 21. ① 22. ④ 23. ①

24 그림과 같은 입체도에서 화살표 방향이 정면일 때 정투상법으로 나타낸 투상도 중 잘못된 도면은?

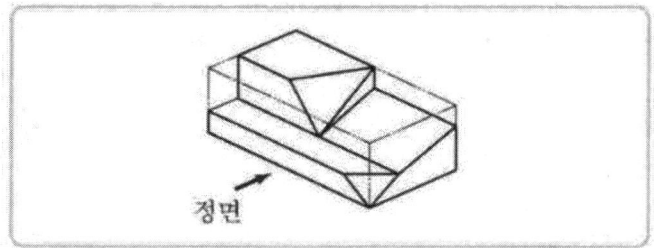

① 좌측면도 ② 평면도

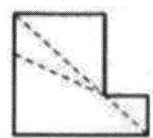 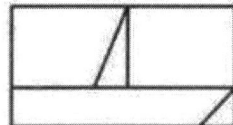

③ 우측면도 ④ 정면도

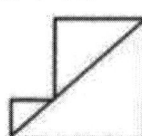 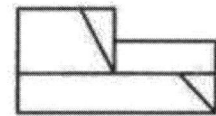

25 개스킷, 박판, 형강 등과 같이 절단면이 얇은 경우 이를 나타내는 방법으로 옳은 것은?

① 실제 치수와 관계없이 1개의 가는 1점 쇄선으로 나타낸다.
② 실제 치수와 관계없이 1개의 극히 굵은 실선으로 나타낸다.
③ 실제 치수와 관계없이 1개의 굵은 1점 쇄선으로 나타낸다.
④ 실제 치수와 관계없이 1개의 극히 굵은 2점 쇄선으로 나타낸다.

26 끼워 맞춤에서 H7/r6은 어떤 끼워 맞춤인가?

① 구멍기준식 중간 끼워 맞춤
② 구멍기준식 억지 끼워 맞춤
③ 구멍기준식 헐거운 끼워 맞춤
④ 구멍기준식 고정 끼워 맞춤

26.
대문자(H)는 구멍기준,
소문자(r)는 축을 나타내며 H의
뒤의 문자이므로 억지 끼워
맞춤이다.

정답 24. ③ 25. ② 26. ②

27 도면의 양식에서 다음 중 반드시 표시하지 않아도 되는 항목은?
① 표제란   ② 그림영역을 한정하는 윤곽선
③ 비교눈금   ④ 중심마크

27.
· SF : 탄소강 단강
· 340 : 최저인장강도(MPa)

28 KS 재료 기호가 "SF340A"인 것은?
① 기계구조용 주강   ② 일반구조용 압연 강재
③ 탄소강 단강품   ④ 기계구조용 탄소 강판

29 기계제도에서 치수선을 나타내는 방법에 해당하지 않는 것은?

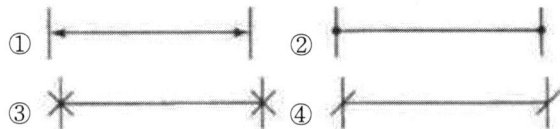

30 치수 보조기호 중 구(Sphere)의 지름 기호는?
① R   ② SR
③ ϕ ④ $S\phi$

31 다음 중 SI단위계의 물리량과 기본단위가 올바르게 된 것은?
① 전류-T   ② 길이-V
③ 시간-S   ④ 질량-m

31.
전류-A, 길이-m, 질량-kg_m

32 힘든 성질을 나타낸 것 중에서 잘못 설명한 것은?
① 힘은 방향, 크기, 작용점으로 결정되고 화살표로 표현한다.
② 탄성을 가지는 물체의 변형은 힘에 반비례한다.
③ 동일 크기 외력에 대해 물체의 질량이 크면 속도가 서서히 변화하고, 작으면 빨리 변화한다.
④ 힘은 물체의 가속도를 발생시키거나 물체를 변형 시킨다.

32.
$F = k\delta$
물체의 변형은 힘에 비례한다.

정답 27. ③ 28. ③ 29. ③ 30. ④ 31. ③ 32. ②

33 다음 가속도를 바르게 표현한 것은?

① 가속도 = $\dfrac{속도의\ 변화}{시간}$

② 가속도 = $\dfrac{거리}{시간}$

③ 가속도 = $\dfrac{속도}{거리}$

④ 가속도 = $\dfrac{각도의\ 변화}{시간}$

33.
가속도 $a = \dfrac{dw}{dt} m/s^2$

34 다음 그림과 같이 양손의 힘을 다르게 하면서 다이스지지쇠를 회전시킬 때 발생하는 토크는 얼마인가?

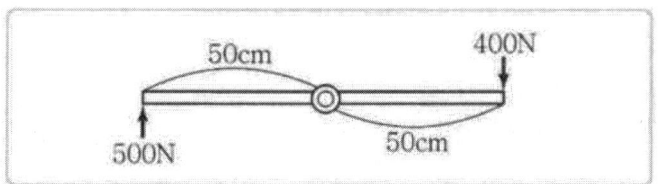

① $400N \cdot m$ 　② $450N \cdot m$
③ $500N \cdot m$ 　④ $550N \cdot m$

34.
T=500×0.5+400×0.5
=450N·m

35 지름 10[mm]의 강봉에 최대 500[kg_f]의 하중을 매달았을 때 안전율은?(단, 강의 극한 강도는 3000[kg_f/cm^2]이며, 자중은 무시한다.)

① 3.93 　② 4.71
③ 0.78 　④ 6.36

35.
$\sigma = \dfrac{P}{A} = \dfrac{4P}{\pi d^2} = \dfrac{4 \times 500}{\pi \times 1^2}$
$= 636.6 kg/cm^2$
$s = \dfrac{3000}{636.6} = 4.71$

36 도영의 면적 및 체적 계산식으로 틀린 것은?
(단, 반지름 r, 호의 길이 l, 높이 h이다.)

① 부채꼴의 면적 : $\dfrac{rl}{2}$

② 원기둥의 체적 : $\pi r^2 h$

③ 원뿔의 체적 : $\dfrac{1}{3}\pi r^2 h$

④ 구의 체적 : $\dfrac{1}{3}\pi r^3$

36.
구의 체적 = $\dfrac{4}{3}\pi r^3$

정 답　33. ①　34. ②　35. ②　36. ④

37 동일한 규격의 전지 2개를 병렬로 연결하면 전압과 사용 시간은?

① 전압과 사용시간이 2배가 된다.
② 전아보가 사용시간이 1/2로 된다.
③ 전압은 2배가 되고, 사용시간은 변하지 않는다.
④ 전압은 변하지 않고, 사용시간은 2배가 된다.

38 1[kWh]의 일량을 바르게 표현한 것은?

① 1kW의 동력을 30분 사용했을 때의 일량
② 1kW의 동력을 1시간 사용했을 때의 일량
③ 1kW의 동력을 2시간 사용했을 때의 일량
④ 1kW의 동력을 3시간 사용했을 때의 일량

39 그림과 같은 회로에서 $R_1 = 1\Omega, R_2 = 4\Omega, R_3 = 1\Omega, R_4 = 4\Omega$의 저항이 존재할 때, a와 b 사이의 합성 저항 $R[\Omega]$은 얼마인가?

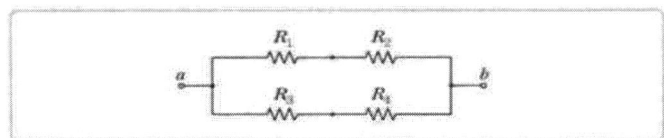

① $\dfrac{5}{2}$ ② 5
③ $\dfrac{1}{5}$ ④ $\dfrac{2}{5}$

39.
$\dfrac{1}{R} = \dfrac{1}{R_1 + R_2} + \dfrac{1}{R_3 + R_4}$
$= \dfrac{1}{1+4} + \dfrac{1}{1+4} = \dfrac{2}{5}$
$R = \dfrac{5}{2}$

40 그림과 같이 두 피스톤의 지름(P_1)이 32[cm], (P_2), 12[cm]일 때, 큰 피스톤 (P_1)을 1[cm] 움직이면 작은 피스톤 (P_2)이 움직인 거리(cm)는 얼마인가?

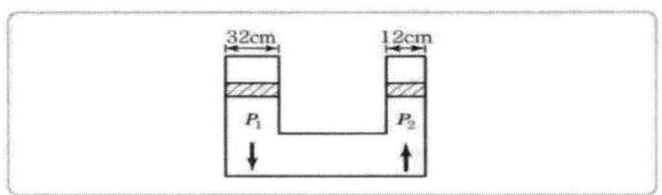

① 9.11   ② 8.11
③ 7.11   ④ 6.11

40.
$\dfrac{\pi \times 32^2}{4} \times 1 = \dfrac{\pi \times 12^2}{4} \times l$
$l = \dfrac{32^2}{12^2} = 7.11 cm$

정답 37. ④ 38. ② 39. ① 40. ③

3 과목 작동제어

41 선형 제어계의 안정도를 결정하는 방법이 아닌 것은?

① 나이퀴스트(Nyquist) 판별법
② 근 궤적도
③ 보드(Bode)선도
④ 과도응답 판별법

41.
안정도 판별법
· 직접 근을 구하는 방법
· 루드-후르비츠 안정도 판별법
· 나이퀴스트 안정도 판별법
· 보드선도 안정도 판별법
· 니콜스선도 안정도 판별법

42 시퀀스제어 회로에서 스위치를 ON 조작하는 것과 동시에 작동하고 타이머의 설정 시간 후에 정지하는 회로는?

① 일정시간 동작회로
② 지연동작회로
③ 반복동작회로
④ 지연복귀동작회로

43 순차제어시스템과 되먹임 제어시스템의 차이는?

① 조절부   ② 조작부
③ 출력부   ④ 비교부

43.
순차제어시스템은 시퀀스제어로서 비교부가 없다.

44 다음 설명에 합당한 제어기 명칭은?

"예상 기능이 있어 오차가 커지는 것을 미연에 방지할 수 있지만 잡음(Noise) 신호를 증폭하여 작동기를 포화시킬 수 있다. 과도기간 동안에만 효과적으로 작용하기 때문에 단독으로는 사용되지 않는다."

① 미분제어기   ② 비례-적분제어기
③ 적분제어기   ④ 비례제어기

44.
오차방지는 미분제어이다.

정 답   41. ④ 42. ① 43. ④ 44. ①

45 서보기구에 대한 설명으로 틀린 것은?
① 제어량이 위치, 자세 등의 기계적인 변위의 자동제어계를 서보기구라 한다.
② 출력부를 입력신호에 추종시키기 위해서 일반적으로 힘, 토크를 증폭하는 증폭부를 가지고 있다.
③ 출력 $5 \sim 10kW$ 정도 이하에서는 유압식이, 그 이상에서는 전기식이 유리하다.
④ 원격 조작 장치로서의 기능과, 중력기구로서의 기능이 있다.

46 한국산업표준(KS)의 유압·공기압 표시기호에서 보조기기 기호 중 일반 유량계의 표시로 맞는 것은?

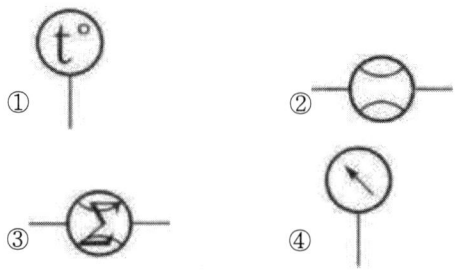

47 다음 중 피드백 제어계의 특징이 아닌 것은?
① 구조가 간단하다.
② 대역폭이 증가한다.
③ 비선형성과 왜형에 대한 효과가 감소한다.
④ 정확성이 증가한다.

47.
피드백 제어는 되먹임 제어로서 시퀀스 제어보다 구조가 복잡하다.

48 공압회로에 부착된 압력게이지가 $7[kg_f/cm^2]$을 나타냈다. 이 압력은 어떤 압력인가?
① 게이지 압력
② 절대 압력
③ 표준 대기압
④ 상대 압력

48.
압력계의 압력은 게이지 압력이다.
절대압력=국지대기압+게이지압

정답 45. ③ 46. ② 47. ① 48. ①

49 다음 중 감쇠비 $\delta=0.2$이고, 고유 각주파수 $\omega_n=1[\text{rad/s}]$인 2차 지연요소의 전달함수는 무엇인가?

① $\dfrac{1}{S^2+0.2S+1}$ ② $\dfrac{1}{S^2+0.2S+0.04}$

③ $\dfrac{0.04}{S^2+0.4S+1}$ ④ $\dfrac{1}{S^2+0.4S+1}$

49.
2차 제어계의 전달함수
$$\dfrac{C(s)}{R(s)}=\dfrac{w_n^2}{s^2+2\delta w_n s+w_n^2}$$
$$=\dfrac{1}{s^2+2\times0.2\times1s+1}$$
$$=\dfrac{1}{s^2+0.4s+1}$$

50 $G(s)=\dfrac{s^2+5s+1}{s^2+9s+20}$ 으로 표시되는 계통에 있어서의 특성근은 얼마인가?

① 4, 5   ② 2, 3
③ −4, −5   ④ 2, −3

50.
특성근은 분모가 0이 되는 근이다.
$s^2+9s+20=(s+5)(s+4)=0$
$s=-4, -5$

51 블록 선도에서 옳지 않은 식은?

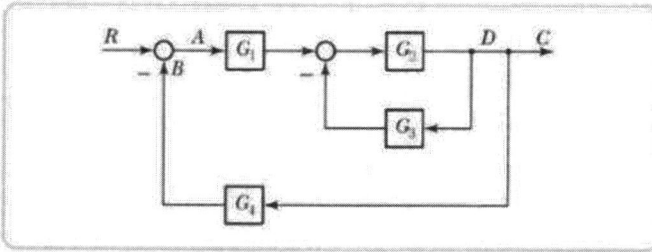

① $B=C\cdot G_4$

② $C=A\cdot G_1 \cdot \dfrac{G_2}{1+G_2\cdot G_3}$

③ $D=A\cdot G_1 \cdot \dfrac{G_2}{1+G_2\cdot G_3}$

④ $\dfrac{C}{R}=\dfrac{G_1\cdot G_2}{1+G_1\cdot G_2+G_3\cdot G_4}$

51.
$RG_1G_2-CG_2G_3-CG_1G_2G_4=C$
$\dfrac{C}{R}=\dfrac{G_1G_2}{1+G_2G_3+G_1G_2G_4}$

52 시정수의 값은 1차 시스템에서 입력 스텝 함수에 대한 출력변화가 전체 변화량의 약 몇[%]에 이를 때까지의 시간인가?

① 26   ② 30
③ 63   ④ 70

정답 49. ④ 50. ③ 51. ④ 52. ③

53 되먹임 제어계의 안정도와 가장 관련이 깊은 것은?
① 효율
② 이득여유
③ 역률
④ 시정수

54 다음 PLC 프로그램에 대한 회로로 가장 적합한 것은?

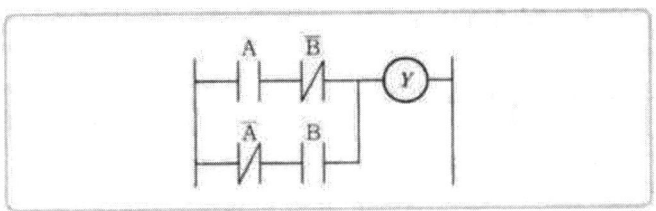

① 일치 회로
② Ex-OR 회로
③ OR 회로
④ AND 회로

55 다음 중 PLC의 특징이 아닌 것은?
① 비밀 유지가 쉽다.
② 안전성, 신뢰성을 높일 수 있다.
③ 제어반 설치면적이 크다.
④ 설비의 변경, 확장이 용이하다.

55.
PLC제어는 제어반이 간단하다.

56 공압장치의 구성기기와 관계없는 것은?
① 애프터 쿨러
② 어큐뮬레이터
③ 서비스 유닛
④ 공기탱크

56.
어큐뮬레이터는 축압기로서 유압기기와 관계있다

57 어떤 제어계에 대하여 단위 1인 크기의 계단입력에 대한 응답을 무엇이라 하는가?
① 과도응답
② 선형응답
③ 정상응답
④ 인디셜응답

58 다음 중 서보제어에 속하지 않는 제어량은?
① 속도
② 방위
③ 위치
④ 자세

정답 53. ② 54. ② 55. ③ 56. ② 57. ④ 58. ①

59 PLC에서 제어 내용을 기억해 주는 메모리로 필요에 따라 기억내용을 소멸 또는 기억시키는 것으로 맞는 것은?

① 제어용 메모리 ② 프로그램 메모리
③ 입출력 메모리 ④ 연산제어부

60 다음 공압 밸브 기호의 명칭은?

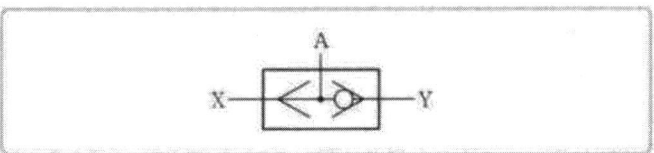

① 릴리프 밸브 ② OR 밸브
③ AND 밸브   ④ 감압 밸브

60.
셔틀밸브
한쪽으로만 공기를 흐르게 하는 밸브

4 과목 메카트로닉스

61 다음 중 측정량에 따른 분류에서 물리센서의 감지 대상에 속하지 않는 것은?

① 온도 ② 자기
③ 전류 ④ 길이

62 디지털 시스템에서 음수의 표현 방법이 아닌 것은?

① 3초과 코드에 의한 표현
② 1의 보수에 의한 표현
③ 2의 보수에 의한 표현
④ 부호와 절대값에 의한 표현

63 스테핑 모터에 부여하는 펄스 주파수에 비례하는 것은?

① 회전각도 ② 회전속도
③ 위치결정 ④ 토크

정답 59. ② 60. ② 61. ④ 62. ① 63. ②

64 서보모터에 대한 설명 중 틀린 것은?
① 서보 기구용으로 설계된 모터이다.
② 동작의 급변에 정확히 추종하기 위해 설계된 모터이다.
③ 기구의 추종 운동을 전자에너지, 센서 정보로 변환하는 모터이다.
④ 민첩성이 뛰어나야 한다.

64.
서보모터는 센서정보에 따라 기구의 추종운동을 완성하는 모터이다.

65 자장의 세기에 대한 단위 중 올바르게 나타낸 것은?
① A/m
② AT/m
③ AV/m
④ $A \cdot \Omega/m$

66 다음 중 가장 정밀한 가공 표면을 얻을 수 있는 가공방법은 어느 것인가?
① 선반가공
② 연삭가공
③ 드릴가공
④ 줄가공

66.
연삭가공은 숫돌입자를 이용한 가공으로 수기가공이나 절삭가공 후 다듬질 가공에 사용한다.

67 다음 회로에서 논리식은?

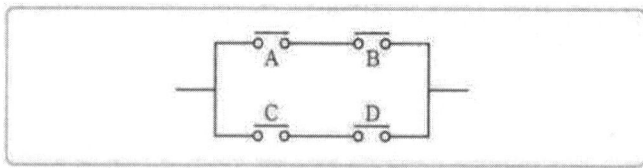

① A+B
② C+D
③ AB+CD
④ AC+BD

67.
· AB→AND 게이트
· CD→AND 게이트

68 위치를 검출할 때 사용하는 감지기의 종류는?
① CdS
② 농도센서
③ 압력센서
④ 엔코더

정답 64. ③ 65. ② 66. ② 67. ③ 68. ④

69 밀링작업에서 하향절삭 작업과 비교한 상향절삭 작업의 특징을 설명한 것 중 틀린 것은?

① 칩이 날을 방해하지 않는다.
② 커터의 수명이 짧다.
③ 백래시 제거장치가 필요하다.
④ 가공 면이 깨끗하지 못하다.

69.
백래시(뒤틀림) 제거장치가 필요한 작업은 하향절삭이다.

70 다음 센서 중 회전수(RPM)를 측정할 수 없는 것은?

① 차동트랜스　② 인코더
③ 타코미터　　④ 리졸버

70.
차동트랜스
기계적 변위를 그에 비례한 전압·전류로 변환하는 기계-전기 변환소자

71 다음 중 특수가공에 해당하는 것은?

① 밀링가공　② 방전가공
③ 연삭가공　④ 선반가공

72 밀링 공정에서 테이블의 이송거리가 $100[mm]$, 이송속도를 $100[mm/min]$로 하면 절삭시간은 몇 초(sec)인가?

① 1　　② 10
③ 30　④ 60

72.
$\frac{100}{100}$ = 1min = 60초

73 마이크로프로세서 내에서 산술연산의 기본연산은?

① 덧셈　② 뺄셈
③ 곱셈　④ 나눗셈

74 동일 조건에서 코일의 권수만을 10배 증가하였을 때 인덕턴스의 값은?

① 7배 증가　　② 10배 증가
③ 50배 증가　④ 100배 증가

74.
$L = \frac{\mu s N^2}{l} = \frac{\mu s (10N)^2}{l^2}$

여기서, μ : 투자율
　　　　s : 단면적
　　　　N : 권선수
　　　　l : 지속통로의 길이

정답　69. ③　70. ①　71. ②　72. ④　73. ①　74. ④

75 공기 중에서 자속 밀도 5[Wb/m^2]의 평등 자장속에, 길이 10[cm]의 직선 도선을 자장의 방향과 직각으로 놓고 여기에 4A의 전류를 흐르게 하면 도선이 받는 힘(N)은?

① 1 ② 2
③ 3 ④ 4

75.
F=BIl=5×4×0.1 = 2N

76 이상적인 연산증폭기의 입력 임피던스의 값으로 맞는 것은?

① 0 ② ∞
③ 100 ④ 1M

77 서미스터를 통해 들어오는 온도 측정값을 마이크로컴퓨터의 메모리에 저장하기 위해 필요한 인터페이스 장치로 맞는 것은?

① D-A 변환기 ② A-D 변환기
③ AC-DC 변환기 ④ DC-AC 변환기

77.
서미스터를 통해 들어오는 신호는 아날로그이며 메모리저장은 디지털이므로 AD 변환기가 필요하다.

78 컴퓨터 내부에서 연산의 중간 결과를 임시적으로 기억하거나, 데이터의 내용을 이송할 목적으로 사용되는 일시 기억장치는?

① ROM ② RAM
③ I/O ④ Register

79 다음 제어기 중 성격이 다른 하나는?

① 컴퓨터 기반 제어
② 서보모터 기반 제어
③ PLC 기반 제어
④ 마이크로프로세서 기반 제어

80 패리티(Parity) 비트의 목적으로 맞는 것은?

① 속도 검출 ② 속도 가변
③ 에러 검사 ④ 부호 변환

정답 75. ② 76. ② 77. ② 78. ④ 79. ② 80. ③

SECTION 01 2013년 3회

1 과목 기계가공법 및 안전관리

01 드릴의 각 부 명칭 중에서 드릴의 홈을 따라서 만들어진 좁은 날로, 드릴을 안내하는 역할을 하는 것은?

① 마진   ② 렌드
③ 시닝   ④ 탱

02 선반가공에서 다듬질 표면 거칠기에 직접 영향을 주는 요소가 아닌 것은?

① 릴리빙   ② 절삭속도
③ 경사각   ④ 노즈 반지름

2.
릴리빙은 공구의 마모된 면을 절삭하는 선반가공방법이다.

03 선반에서 각도가 크고 길이가 짧은 테이퍼를 가공하기에 가장 적합한 방법은?

① 심압대의 편위방법
② 백기어 사용방법
③ 모방 절삭방법
④ 복식 공구대 사용방법

04 선반에서 가로이송대에 나사피치가 $8mm$이고 100등분된 눈금이 달려 있을 때 $30mm$를 $26mm$로 가공하려면 핸들을 몇 눈금 돌리면 되는가?

① 20   ② 25
③ 32   ④ 50

4.
가로이송길이
$$\frac{30-26}{2} = 2mm$$
$$\frac{2 \times 100}{8} = 25$$

정답 01. ① 02. ① 03. ④ 04. ②

05 정밀입자가공에 대한 설명으로 옳지 않은 것은?
① 래핑은 매끈한 면을 얻는 가공법의 하나이며, 습식법과 건식법이 있다.
② 호닝은 몇 개의 혼(Hone)이라는 숫돌을 일감의 축 방향으로 작은 진동을 주어 가공하는 방법이다.
③ 수퍼피니싱은 축의 베어링 접촉부를 고정밀도 표면으로 다듬는 가공에 활용한다.
④ 호닝의 혼(Hone) 결합제는 일반적으로 비트리파이드를 사용한다.

5.
호닝은 회전운동과 왕복운동을 하여 가공하는 방법이다.

06 드릴링 머신으로 구멍 가공작업을 할 때 주의해야 할 사항이 아닌 것은?
① 드릴은 흔들리지 않게 정확하게 고정해야한다.
② 드릴을 고정하거나 풀 때는 주축이 완전히 정지된 후 작업한다.
③ 구멍 가공작업이 끝날 무렵은 이송을 천천히 한다.
④ 크기가 작은 공작물은 손으로 잡고 드릴링한다.

6.
공작물은 반드시 바이스로 고정하여야 한다.

07 선반의 새들 위에 고정시켜 일감의 처짐이나 휨을 방지하는 부속장치는?
① 곡형 돌리개
② 마그네틱 척
③ 이동 방진구
④ 센터 드릴

08 밀링 머신의 주요 구조 등 상면에 T홈이 파여 있는 것은?
① 새들(Saddle)
② 오버암(Over Arm)
③ 테이블(Table)
④ 컬럼(Clumn)

09 편심량이 $2.2mm$로 된 가공된 선반 가공물을 다이얼 게이지로 측정할 때 다이얼 게이지 눈금의 변위량은 몇 mm인가?
① 1.1
② 2.2
③ 4.4
④ 22

9.
$2.2 \times 2 = 4.4$

정답 05. ② 06. ④ 07. ③ 08. ③ 09. ③

10 절삭공구가 가공물을 절삭하는 칩의 두께(mm)로 이것의 증가는 온도 상승과 절삭저항의 증가, 공구수명의 감소를 가져오는 것은?

① 절삭동력　　② 절삭속도
③ 이송속도　　④ 절삭깊이

11 밀링 머신에서 가공이 어려운 것은?

① 더블테일 홈 가공　　② T홈 가공
③ 널링 가공　　④ 나선 홈 가공

11.
널링은 선반작업으로 한다.

12 선반 가공면의 표면 거칠기 이론값 최대 높이 공식은?
(단, r : 바이트 끝의 반지름, s : 이송)

① $H_{\max} = \dfrac{s^2}{8r} mm$

② $H_{\max} = \dfrac{sr}{8_s} mm$

③ $H_{\max} = \dfrac{s^2}{r} mm$

④ $H_{\max} = \dfrac{r^2}{s} mm$

13 기어, 회전축, 코일, 스프링, 판 스프링 등의 가공에 적합한 숏피닝(Shot peening)은 무슨 하중에 가장 효과적인가?

① 압축 하중　　② 인장 하중
③ 반복 하중　　④ 굽힘 하중

14 센터리스 연삭기에서 조정 숫돌의 지름을 $d(mm)$, 조정 숫돌의 경사각을 α(도), 조정 숫돌의 회전수를 n(rpm)이라 할 때 일감의 이송속도 $f(mm/\min)$는?

① $f = \dfrac{\pi dn}{\sin\alpha}$　　② $f = \pi dn \cos\alpha$

③ $f = \dfrac{\pi dn}{\cos\alpha}$　　④ $f = \pi dn \sin\alpha$

정답　10. ④　11. ③　12. ①　13. ③　14. ④

15 기계부품의 가공 시 최소의 경비로 가장 단순하게 사용할 수 있는 지그는?

① 스 지그
② 분할 지그
③ 샌드위치 지그
④ 템플릿 지그

16 밀링 커터의 날 수 10, 지름이 $100mm$, 절삭속도 $100m/min$, 1날 당 이송을 $0.1mm$로 하면 테이블 1분간 이송량은 얼마인가?

① $420mm/min$
② $318mm/min$
③ $218mm/min$
④ $120mm/min$

16.
$$N = \frac{1000V}{\pi d} = \frac{1000 \times 100}{\pi \times 100}$$
$$= \frac{1,000}{\pi}$$
$$f = f_z \cdot Z \cdot N$$
$$= 0.1 \times 10 \times \frac{1000}{\pi} = 318.8$$
$$= 3.18.8 mm/min$$

17 연삭작업 시 주의할 점에 대한 설명으로 틀린 것은?

① 숫돌 커버를 반드시 설치하여 사용한다.
② 숫돌을 나무해머로 가볍게 두드려 음향검사를 한다.
③ 연삭 작업 시에는 보안경을 꼭 착용하여야 한다.
④ 양 숫돌 차의 입도는 항상 같게 하여야 한다.

17.
양숫돌차의 입도를 다르게 하여야 연삭범위가 넓어진다.

18 삼침법은 나사의 무엇을 측정하는가?

① 골지름
② 유효지름
③ 바깥지름
④ 나사의 길이

19 연삭작업에서 연삭 숫돌의 입자가 무디어지거나 눈메움이 생기면 연삭능력이 저하되므로 숫돌의 예리한 날이 나타나도록 가공하는 작업은?

① 버니싱
② 드레싱
③ 글레이징
④ 로딩

정답 15. ④ 16. ② 17. ④ 18. ② 19. ②

20 절삭공구를 보관 및 사용 시 적합한 관리방법이 아닌 것은?
① 절삭공구의 날 마모 상태를 자주 점검한다.
② 중(重)절삭 시 가능한 절삭공구의 날 끝을 최대한 예리하고 뽀족하게 세워서 사용한다.
③ 작업 후 절삭공구는 보관용 공구함에 보관한다.
④ 절삭공구의 보관함은 청결을 유지하고, 종류별로 구분하여 항상 사용에 편리하도록 분류한다.

20.
너무 뽀족하면 강도가 약해져서 가공이 불가능해진다.

2 과목 기계제도 및 기초공학

21 도형에 대칭인 경우 그 대칭 부분을 생략하는 것을 옳게 나타낸 것은?

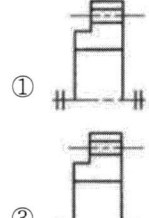
①

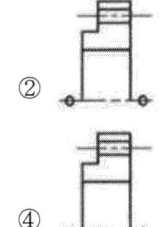
②

③

④

21.
중심선의 양 끝에 $2 \sim 5mm$의 두 선으로 표시한다.

22 가공 방법의 약호 FR이 뜻하는 것은?
① 브로칭 가공
② 호닝 가공
③ 줄 다듬질
④ 리밍 가공

23 베어링 기호 608 C2 P6에서 P6가 뜻하는 것은?
① 정밀도 등급 기호
② 계열 기호
③ 안지름 번호
④ 내부 틈새 기호

23.
6 : 베어링 종류(계열기호)
08 : 내경번호($40mm$)
C2 : 틈새
P6 : 정밀도 등급

24 도면에서 표제란에 기록하는 사항으로 거리가 먼 것은?
① 도면 번호
② 도면의 크기
③ 도명
④ 작성일자

정답 20. ② 21. ① 22. ④ 23. ① 24. ②

25 왼 2줄 M50×3-6H의 나사기호 해독으로 올바른 것은?

① 리드가 3mm
② 암나사 등급 6H
③ 왼쪽 감김 방향 1줄 나사
④ 나사산의 수가 3개

25.
왼 2줄 : 왼쪽 감기방향 2줄 나사
M50 : ×3 미터가는 나사
호칭지름 : 50mm
피치 : 3mm
6H : 암나사 등급 6급

26 조립 전의 구멍의 치수가 $100^{+0.02}_{-0.06}$일 때 최대 틈새는?

① 0.02   ② 0.06
③ 0.10   ④ 0.04

26.
0.04+0.06=0.10

27 기하공차의 분류에서 위치공차에 속하지 않는 것은?

① ◎   ② ═
③ ⌖   ④ ⊥

27.
⊥ : 직각도(자세공차)

28 KS 재료 기호 중에서 구상 흑연 주철품의 기호는?

① GC   ② SC
③ GCD   ④ GCMB

28.
GC : 회주철
SC : 탄소강주조강

29 기계제도에서 가는 2점 쇄선으로 표시되는 선은?

① 기준선   ② 중심선
③ 피치선   ④ 가상선

29.
기준선, 중심선, 피치선은 1점 쇄선으로 표시한다.

정답 25. ② 26. ③ 27. ④ 28. ③ 29. ④

30 제3각법으로 추상한 그림과 같은 정면도와 우측면도에 가장 적합한 평면도는?

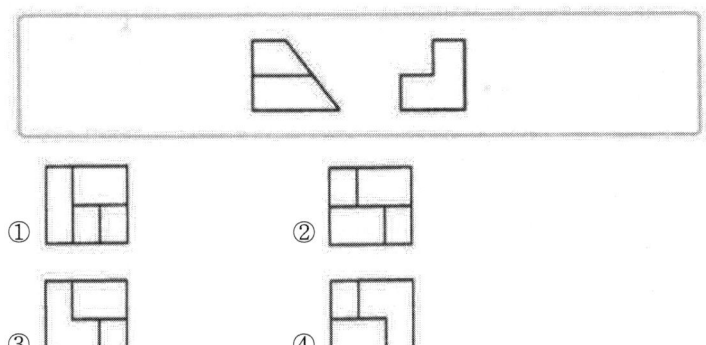

31 물체의 운동속도가 시간이 흘러도 변함이 없는 운동은?
① 난류 운동 ② 각 변속 운동
③ 등속 운동 ④ 각 가속도 운동

32 그림과 같이 길이 L인 외팔보의 자유단에 W의 집중하중이 작용할 때, 외팔보의 고정단에 작용하는 굽힘모멘트(M)는?

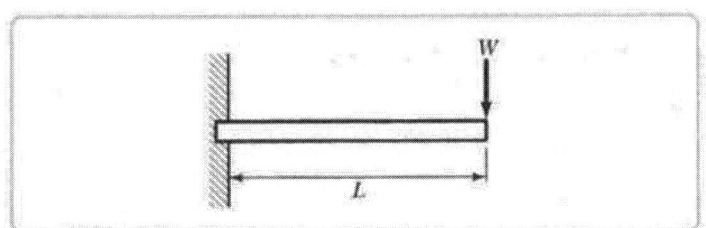

① $M = 2W \times L$
② $M = W \times L$
③ $M = \dfrac{1}{2} \times W \times L$
④ $M = \dfrac{1}{4} \times W \times L$

33 쇠막대를 끼워 렌치 손잡이를 2배로 늘여서 사용한다면 같은 힘을 사용할 때 토크는 몇 배로 증가되는가?
① 2배 ② 4배
③ 6배 ④ 8배

33.
$T = PR$에서 반지름(R)이 2배이므로 토크(T)도 2배이다.

정답 30. ④ 31. ③ 32. ② 33. ①

34 그림과 같은 직경 15mm의 연강 인장시험편을 인장시험기에 장착하여 측정된 최대하중이 7600kg이었다. 이때 발생한 응력은 약 얼마인가?

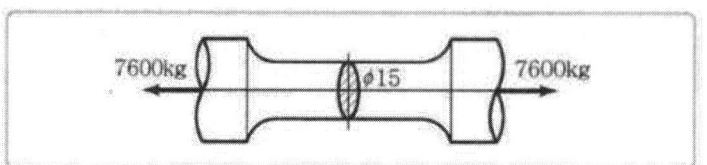

① $13 kg_f/mm^2$ ② $23 kg_f/mm^2$
③ $33 kg_f/mm^2$ ④ $43 kg_f/mm^2$

34.
$$\sigma = \frac{P}{A} = \frac{4 \times P}{\pi d^2}$$
$$= \frac{4 \times 7600}{\pi \times 15^2} = 43 kg_f/mm^2$$

35 다음 괄호 안에 들어갈 알맞은 값은?

| $1 kg_f/cm^2 = (\quad) N/cm^2 = 0.098 MPa$ |

① 9.8   ② 98
③ 980   ④ 9800

36 저항 R을 40Ω이라고 하면 이 저항에 2A의 전류를 흘리기 위해서는 몇 볼트의 전압을 가해야 하는가?

① 80V   ② 130V
③ 140V   ④ 150V

36.
$V = IR = 2 \times 40 = 80 V$

37 압력에 대한 설명 중 잘못된 것은?
① 압력은 물체에 작용하는 힘의 크기에 비례한다.
② 압력은 압력을 받는 면적에 반비례한다.
③ 압력은 물체에 수직한 방향으로 힘을 가할 때 물체의 단위면적이 받는 힘이다.
④ 압력의 단위는 N/m로 표시할 수 있다.

37.
압력의 단위는 N/m^2

38 각 부재가 실제로 안전하게 장시간 운전 또는 사용 상태에 있을 때 부재에 발생하는 응력을 무엇이라 하는가?
① 극한강도   ② 사용응력
③ 허용응력   ④ 항복응력

정답 34. ④ 35. ① 36. ① 37. ④ 38. ②

39 다음 중 힘의 3요소가 아닌 것은?
① 힘의 평형   ② 힘의 크기
③ 힘의 방향   ④ 힘의 작용점

40 단면적이 $30cm^2$인 배관에 2m/sec의 속도로 물이 흘러가고 있다면 유량은?
① $20cm^3/\sec$ ② $60cm^3/\sec$
③ $6000cm^3/\sec$ ④ $60000cm^3/\sec$

40.
$Q = AV = 30 \times 200$
$= 6000cm^3/\sec$

❸ 과목 자동제어

41 다음 제어기 중 제어 속도가 가장 느린 제어기는?
① 비례(P) 제어기   ② 미분(D) 제어기
③ 적분(I) 제어기   ④ 비례-미분(PD)제어기

42 다음 중 제어시스템의 안정도 판별방법이 아닌 것은?
① 나이키스트 판별법   ② 보드선도
③ 블록선도   ④ 루쓰-허위츠 판별법

42.
블록선도는 전달함수를 찾는 방법이다.

43 PC기반 제어에서 사용되는 BUS 중 거리가 먼 것은?
① ISA BUS   ② PCI BUS
③ VESA BUS   ④ CAD BUS

43.
CAD는 도면을 그리는 프로그램이다.

44 다음 블록선도에서 전달함수 $G(s)[C/R]$의 값은?

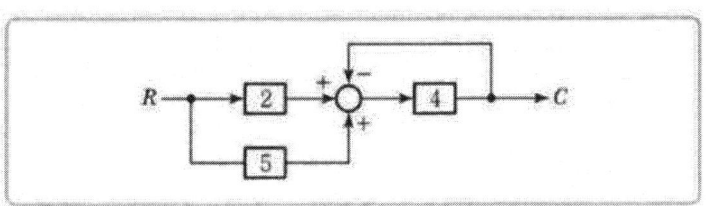

① 8/5   ② 18/5
③ 28/5   ④ 38/5

44.
$2 \times 4R + 4 \times 5R - 4C = C$
$\dfrac{C}{R} = \dfrac{28}{5}$

정답   39. ①   40. ④   41. ③   42. ③   43. ④   44. ③

45 피드백제어시스템의 제어동작에 대한 설명으로 옳은 것은?
① 미분동작은 잔류편차를 없애준다.
② 비례적분동작은 오버슈트량을 줄여주고 응답속도가 향상된다.
③ 비례·적분·미분동작은 과도응답 특성을 개선하고 잔류편차를 없애주므로 정상상태 특성을 개선한다.
④ 비례미분동작은 목표치의 변화나 외란에 대해 항상 잔류편차가 발생한다.

46 다음 그림과 같은 되먹임 제어계의 전달함수는?

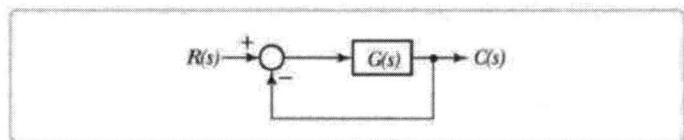

① $\dfrac{C(s)}{1+R(s)}$ ② $\dfrac{C(s)}{1-R(s)}$
③ $\dfrac{G(s)}{1+G(s)}$ ④ $\dfrac{G(s)}{1-R(s)}$

46.
$RG - CG = C$
$RG = C(1+G)$
$\dfrac{C}{R} = \dfrac{G}{1+G}$

47 전동기의 출력이 300kW이고 회전수가 1500rpm인 경우 전동기의 토크($kg_f \cdot m$)는 얼마인가?
① 195 ② 300
③ 390 ④ 500

47.
$T = \dfrac{1000kW}{W} = \dfrac{60 \times 1000kW}{2\pi N}$
$= \dfrac{60 \times 1000 \times 300}{2\pi \times 1500} = 1910 N \cdot m$
$= 195 kg_f \cdot m$

48 개회로 제어계와 폐회로 제어계의 가장 큰 차이점으로 적당한 것은?
① 목표값   ② 귀한요소
③ 제어대상 ④ 제어요소

48.
폐회로 제어계는 피드백 제어계이다.

49 NC 기계의 동력전달방법으로 서보모터와 볼 스크류 축을 직접 연결하여 연결부위의 백래시 발생을 방지시키는 기계요소로 가장 적합한 것은?
① 기어   ② 타이밍벨트
③ 인코더   ④ 커플링

49.
커플링은 축과 축을 직접 연결하는 기계요소이다.

정답 45. ③ 46. ③ 47. ① 48. ② 49. ④

50 "목표값 100°C의 전기로에서 열전온도계의 지시에 따라 전압조정기로 전압을 조정하여 온도를 일정하게 유지시킨다."면 제어량은 다음 중 어느 것인가?

① 전압조정기 ② 전압
③ 열전온도계 ④ 온도

51 다음 중 PLC에서 입·출력 데이터를 일시적으로 기억할 수 있는 것은?

① 릴레이 ② 리니어 스케일
③ 레지스터 ④ 볼 스크류

52 1차 시스템의 시정수에 관한 다음 설명 중 옳은 것은?

① 시정수가 클수록 오버슈트가 크다.
② 시정수가 클수록 정상상태오차가 작다.
③ 시정수가 작을수록 응답속도가 빠르다.
④ 시정수는 정상상태 오차에 영향을 주지 않는다.

53 다음 서보 모터를 사용하여 구동시키는 제어방식 중 CNC공작기계에 가장 많이 사용되는 방식은?

① 개방회로방식
② 폐쇄회로방식
③ 반폐쇄회로방식
④ 복합쇠로서보방식

54 어떤 제어계의 입력신호를 $A(s)$, 출력신호를 $B(s)$, 전달함수를 $G(s)$라 할 때 이들 관계식의 표현을 알맞게 한 것은?

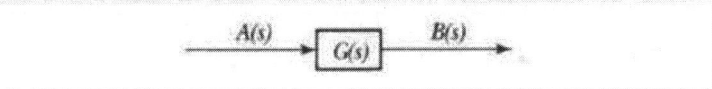

① $B(s) = A(s) + G(s)$
② $B(s) = A(s) - G(s)$
③ $B(s) = A(s) \cdot G(s)$
④ $B(s) = \dfrac{A(s)}{G(s)}$

정답 50. ④ 51. ③ 52. ③ 53. ③ 54. ③

55 다음 중에서 불연속형 조절기는 무엇인가?
① 비례동작 기구
② 비례적분동작 기구
③ 2위치 동작 조절기
④ 비례미분동작 기구

55.
2위치 동작 조절기는 on/off 스위치이다.

56 범용 PLC가 갖추고 있는 기능이 아닌 것은?
① 영상처리   ② A/D변환
③ 데이터 전송   ④ 논리연산

57 전달함수 $G(s) = 1 + sT$인 제어계에서 $wT=1000$일 때, 이득은 약 몇 [dB]인가?
① 70   ② 60
③ 50   ④ 40

58 릴레이 제어와 비교한 PLC 제어의 특징이 아닌 것은?
① 시스템 확장 및 유지보수가 용이하다.
② 산술, 논리연산이 가능하다.
③ 컴퓨터 등과 같은 외부 장치와 통신이 가능하다.
④ 수정, 변경은 릴레이 제어방식보다 어렵다.

58.
PLC는 컴퓨터를 이용하여 프로그램 하므로 수정 및 변경이 용이하다.

59 다음 중 유압회로에서 유압 실린더나 액추에이터로 공급하는 유체의 흐름의 양을 제어하는 밸브는?
① 유량제어 밸브
② 체크 밸브
③ 압력 변화기
④ 방향제어 밸브

정답 55. ③ 56. ① 57. ② 58. ④ 59. ①

60 그림과 같은 편 로드 실린더에서 $F=200N$의 힘을 발생시키자면 최소 얼마의 유압이 필요한가?
(단, 실린더의 내경의 단면적은 $0.2m^2$이다.)

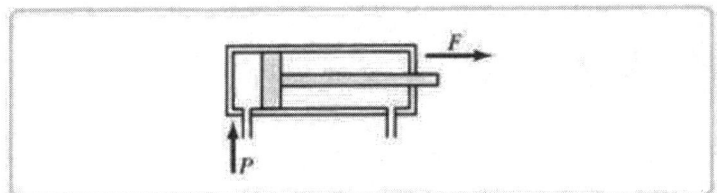

① 40Pa   ② 500Pa
③ 1000Pa   ④ 2000Pa

60.
$P = \dfrac{F}{A} = \dfrac{200}{0.2}$
$= 1000 N/m^2 = 1000 Pa$

④ 과목 메카트로닉스

61 스태핑 모터를 회전시키는 데 필요한 회로 요소가 아닌 것은?
① 스트레인 게이지   ② 제어장치
③ 펄스 발생기   ④ 구동장치

61.
스트레인 게이지는 인장시험에서 변형량 측정 시 사용하는 계측기이다.

62 래크 커터, 피니언 커터, 호브 등을 사용하여 기어를 절삭하는 방법은?
① 형판법   ② 창성법
③ 모형법   ④ 총형 커터법

62.
창성법은 인볼류트 치형을 절삭하는 가장 정밀한 방법이다.

63 인터럽트 발생 시 복귀주소를 기억시키는 데 사용되는 것은?
① 스택   ② 누산기
③ PC   ④ 인덱스레지스터

64 정격 전압에서 600[W]의 전력을 소비하는 저항의 정격의 90[%]의 전압을 가했을 때의 전력은?
① 486[W]   ② 540[W]
③ 550[W]   ④ 560[W]

64.
$P = IV = I^2 R$
$600 \times 0.9^2 = 486 W$

정답 60. ③ 61. ① 62. ② 63. ① 64. ①

65 N형 반도체는 Ge나 Si에 무슨 물질을 섞는가?
① 인듐 ② 알루미늄
③ 붕소 ④ 안티몬

66 기계의 전자화 또는 전자기기의 기계화를 통칭하는 것으로 적용범위는 자동차, 항공우주, 반도체, 제조분야 등에 적용되고 있으며 대규모 조립·가공 산업분야에서 생산성과 품질원가의 경쟁력을 높이는 기반 기술을 무엇이라 하는가?
① PLC ② CAD/CAM
③ 메카트로닉스 ④ 마이크로프로세서

67 비트 마스크(Bit Mask)와 비트 리셋(Bit Reset) 용도로 사용되는 연산자는?
① 논리합(OR) ② 논리곱(AND)
③ 부정(NOT) ④ 배타적 논리합(XOR)

68 방전가공에서 전극재료의 구비조건으로 틀린 것은?
① 가공 정밀도가 높을 것
② 가공전극의 소모가 클 것
③ 방전이 안전하고 가공속도가 클 것
④ 구하기 쉽고 값이 저렴할 것

68.
방전가공에서 전극은 가공물과 반대방향으로 가공하므로 전극의 소모가 작아야 수명이 길어진다.

69 스텝 각이 1.8° 스테핑 모터에 반지름이 2.6cm인 바퀴를 장착하였다. 200개의 펄스를 모터에 인가하였을 때 바퀴가 움직인 거리는 약 얼마인가?
① 16.3cm ② 21.3cm
③ 52.0cm ④ 93.6cm

69.
$1.8 \times 200 = 360$(1회전)
$2\pi \times 2.6 = 16.34$

70 홀(Hole) 전류에 대한 설명으로 가장 적합한 것은?
① 전자의 이동방향과 반대방향을 가진 (+)전하의 이동이다.
② 전자의 이동방향과 같은 방향을 가진 (+)전하의 이동이다.
③ 전자의 이동방향과 같은 방향을 가진 (−)전하의 이동이다.
④ 전자의 이동방향과 반대방향을 가진 중성전하의 이동이다.

정답 65. ④ 66. ③ 67. ② 68. ② 69. ① 70. ①

71 다음 그림은 밀링작업에서 상향절삭(Up Cutting) 방식이다. 하향절삭(Down Cutting)과 비교하여 올바르게 설명한 것은?

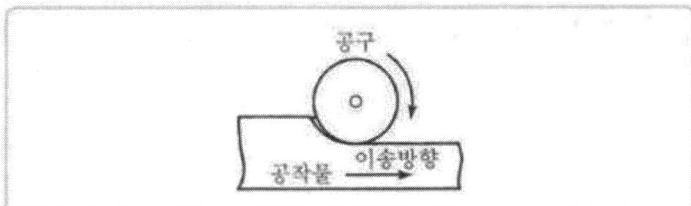

① 백래시를 제거해야 한다.
② 공구수명이 길다.
③ 표면 거칠기가 나쁘다.
④ 공작물 고정에 유리하다.

72 플래밍의 왼손법칙의 방향 요소에 해당되지 않는 것은?
① 전압   ② 전자력
③ 자속   ④ 전류

73 접시머리 나사를 사용하여 부품조립을 할 때 구멍작업에는 어떠한 공정이 필요한가?
① 스폿 페이싱(Spot Facing)
② 스텝 보링(Step Boring)
③ 카운터 보링(Counter Boring)
④ 카운터 싱킹(Counter Sinking)

73.
· 스폿 페이싱: 자리를 편평하게 하는 작업
· 카운터보링 : 둥근 머리나사를 묻기 위해 구멍을 넓히는 작업

74 마이크로컴퓨터시스템에서 상호 필요한 정보를 주고받는 데는 버스(Bus)를 이용하는데, 다음 중 해당되지 않는 버스는?
① 명령 버스
② 어드레스 버스
③ 데이터 버스
④ 제어 버스

정답 71. ③ 72. ① 73. ④ 74. ①

75 다음 중 유접점 시퀀스도를 무접점 시퀀스도로 맞게 변환한 것은?

75.
$A \cdot (B+C)$

$B+C$는 OR 게이트

A와 $(B+C)$는 AND 게이트

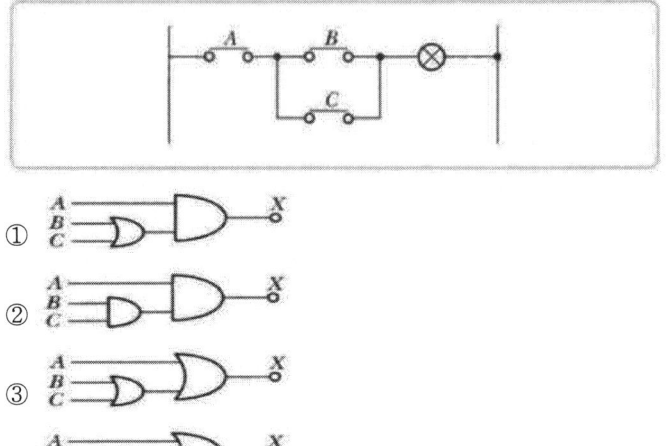

76 다음 중 초음파 센서의 특징으로 옳은 것은?

① 검출 대상체의 형태, 색깔, 재질에 무관하게 검출이 가능하다.
② 대부분의 매질에 대해 반사하기 어렵고 투과하는 특징을 가지고 있다.
③ 음향에너지를 전송할 수 없다.
④ 보통 10kHz 이하의 주파수를 사용하여 검출한다.

77 다음 그림은 회로에서 단자 C의 출력전압이 "1"이 되기 위한 입력 조건으로 맞는 것은?
(단, 입력신호는 High=1, Low=0으로 표기하였음)

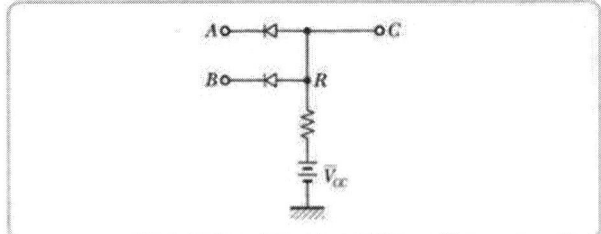

① $A=0, B=0$
② $A=0, B=1$
③ $A=1, B=0$
④ $A=1, B=1$

정답 75. ① 76. ① 77. ④

78 다음 중 비반전 증폭기의 설명 중 옳은 것은?
  ① 입력신호 위상과 출력신호 위상이 같은 증폭기이다.
  ② 출력신호위상이 입력신호 위상에 비하여 90도 앞서는 증폭기이다.
  ③ 수학적인 미분연산을 행하는 증폭기이다.
  ④ 전압이득이 1에 가까운 증폭기이다.

79 10진수 5.5를 BCD 코드로 옳게 표현한 것은?
  ① 0.01.1000
  ② 1100.0011
  ③ 0101.0101
  ④ 1010.1010

80 정전용량이 C인 콘덴서 3개를 직렬로 접속한 경우 전체 합성용량은?
  ① $6C$
  ② $3C$
  ③ $\dfrac{C}{3}$
  ④ $\dfrac{C}{6}$

80.
$$\frac{1}{Cr} = \frac{1}{C} + \frac{1}{C} + \frac{1}{C} = \frac{3}{C}$$
$$Cr = \frac{C}{3}$$

정답 78. ① 79. ③ 80. ③

SECTION 04 2014년 1회

1 과목 기계가공법 및 안전관리

01 일반적으로 각도 측정에 사용되는 것이 아닌 것은?
① 컴비네이션 세트 ② 광학식 클리노미터
③ 나이프 에지   ④ 오토 콜리메이터

1.
나이프 에지는 평면도와 진직도 측정기이다.

02 공기 마이크로메타를 그 원리에 따라 분류할 때 이에 속하지 않는 것은?
① 유량식 ② 배압식
③ 광학식 ④ 유속식

03 선반의 심압대가 갖추어야 할 조건으로 틀린 것은?
① 베드의 안내면을 따라 이동할 수 있어야 한다.
② 센터는 편위시킬 수 있어야 한다.
③ 베드의 임의의 위치에서 고정할 수 있어야 한다.
④ 심압축은 중공으로 되어 있으며 끝부분은 내셔널 테이퍼로 되어 있어야 한다.

3.
심압대의 심압축은 중실축으로 되어 있으며 주축대는 중공축이다

04 길이가 짧고 지름이 큰 공작물을 절삭하는 데 사용되는 선반으로 면판을 구비하고 있는 것은?
① 수직 선반 ② 정면 선반
③ 탁상 선반 ④ 터릿 선반

05 해머 작업의 안전수칙에 대한 설명으로 틀린 것은?
① 해머의 타격면이 넓어진 것을 골라서 사용한다.
② 장갑이나 기름이 묻은 손으로 자루를 잡지 않는다.
③ 담금질된 재료는 함부로 두드리지 않는다.
④ 쐐기를 박아서 해머의 머리가 빠지지 않는 것을 사용한다.

5.
해머의 타격면이 넓어진 것은 오래 사용하여 재해의 원인이 된다.

정답 01. ② 02. ③ 03. ④ 04. ② 05. ①

06 기어의 피치원 지름이 약 $150mm$, 모듈(Module)이 5인 표준형 기어의 잇수는? (단, 비틀림각은 30°이다.)

① 15개   ② 30개
③ 45개   ④ 50개

6.
$$Z = \frac{D}{m} = \frac{150}{5} = 30$$

07 마이크로미터 측정면의 평면도 검사에 가장 적합한 측정기는?

① 옵티컬 플랫   ② 공구 현미경
③ 광학식 클리노미터   ④ 투영기

08 주축대의 위치를 정밀하게 하기 위하여 나사식 측정장치, 다이얼게이지, 광학적 측정장치를 갖추고 있는 보링머신은?

① 수직 보링머신
② 보통 보링머신
③ 지그 보링머신
④ 코어 보링머신

09 고속가공의 특성에 대한 설명으로 옳지 않은 것은?

① 황삭부터 정삭까지 한 번의 셋업으로 가공이 가능하다.
② 열처리된 소재는 가공할 수 없다.
③ 칩(Chip)에 열이 집중되어, 가공물은 절삭열 영향이 적다.
④ 절삭저항이 감소하고, 공구수명이 길어진다.

9.
고속가공기는 회전속도가 빨라서 가공능률을 높이는 가공기이며, 황삭과 정삭가공을 한 번의 셋업으로 가공하는 것은 불가능하다.

10 측정기, 피측정물, 자연환경 등 측정자가 파악할 수 없는 변화에 의하여 발생하는 오차는?

① 시차   ② 우연오차
③ 계통오차   ④ 후퇴오차

11 기계작업 시 안전사항으로 가장 거리가 먼 것은?

① 기계 위에 공구나 재료를 올려놓는다.
② 선반작업 시 보호안경을 착용한다.
③ 사용 전 기계·기구를 점검한다.
④ 절삭공구는 기계를 정지시키고 교환한다.

11.
기계작업 시 공구나 재료는 공구대를 이용한다.

정답   06. ② 07. ① 08. ③ 09. ② 10. ② 11. ①

12 밀링머신에 관한 설명으로 옳지 않는 것은?
  ① 테이블의 이송속도는 밀링커터 날 1개당
     이송거리 ×커터의 날수×커터의 회전수로 산출한다.
  ② 플레노형 밀링머신은 대형의 공작물 또는 중량물의 평면이나 홈 가공에 사용한다.
  ③ 하향절삭은 커터의 날이 일감의 이송방향과 같으므로 일감의 고정이 간편하고 뒤틈 제거장치가 필요 없다.
  ④ 수직 밀링머신은 스핀들이 수직방향으로 장치되며 엔드밀로 홈 깎기, 옆면 깎기 등을 가공하는 기계이다.

12.
하향절삭은 뒤틈(백래시) 제거 장치가 필요하다.

13 절삭공구의 구비조건으로 틀린 것은?
  ① 고온 경도가 높아야 한다.
  ② 내마모성이 좋아야 한다.
  ③ 마찰계수가 적어야 한다.
  ④ 충격을 받으면 파괴되어야 한다.

14 선반에서 가공할 수 있는 작업이 아닌 것은?
  ① 기어절삭
  ② 테이퍼 절삭
  ③ 보링
  ④ 총형절삭

15 서멧(Cermet) 공구를 제작하는 가장 적합한 방법은?
  ① WC(텅스텐 탄화물)을 CO로 소결
  ② Fe에 CO를 가한 소결초경 합금
  ③ 주성분이 W, Cr, CO, Fe로 된 주조 합금
  ④ Al_2O_3 분말에 TiC 분말을 혼합 소결

16 밀링머신에서 단식 분할법을 사용하여 원주를 5등분하려면 분할크랭크를 몇 회전씩 돌려가면서 가공하면 되는가?
  ① 4   ② 8
  ③ 9   ④ 16

16.
$\dfrac{40}{N} = \dfrac{40}{5} = 8$회전

정답 12. ③ 13. ④ 14. ① 15. ④ 16. ②

17 센터리스 연삭작업의 특징이 아닌 것은?

① 센터 구멍이 필요 없는 원통 연삭에 편리하다.
② 연속작업을 할 수 있어 대량생산에 적합하다.
③ 대형 중량물도 연삭이 용이하다.
④ 가늘고 긴 가공물의 연삭에 적합하다.

17.
센터리스 연삭은 자동이동이 되므로 대형 중량물은 연삭이 불가능 하다.

18 연삭액의 구비조건으로 틀린 것은?

① 거품 발생이 많을 것
② 냉각성이 우수할 것
③ 인체에 해가 없을 것
④ 화학적으로 안정될 것

19 초음파 가공에 주로 사용하는 연삭입자의 재질이 아닌 것은?

① 산화알루미나계
② 다이아몬드 분말
③ 탄화규소계
④ 고무분말계

20 기어가 회전운동을 할 때 접촉하는 것과 같은 상대운동으로 기어를 절삭하는 방법은?

① 창성식 기어 절삭법
② 모형식 기어 절삭법
③ 원판식 기어 절삭법
④ 성형공구 기어 절삭법

정 답   17. ③ 18. ① 19. ④ 20. ①

❷ 과목 기계제도 및 기초공학

21 다음 투상도 중 KS 제도 통칙에 따라 올바르게 작도된 투상도는?

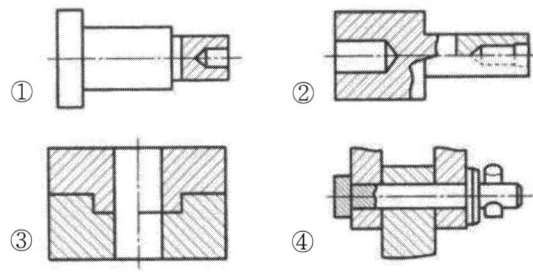

22 깊은 홈 볼 베어링의 지름이 $25mm$ 일 때 이 베어링의 안지름 번호는?

① 00   ② 05   ③ 25   ④ 50

22.
$$\frac{25}{5} = 05$$

23 도면의 재질란에 SM25C의 재료기호가 기입되어 있다. 여기서 "25"가 나타내는 뜻은?

① 탄소 함유량 22~28%
② 탄소 함유량 0.22~0.28%
③ 최저 인장강도 25kPa
④ 최저 인장강도 25MPa

23.
· SM : 기계구조용 탄소강
· 25C : 평균 탄소함유량 0.25% (0.20~0.3%)

24 그림과 같이 제3각법으로 나타낸 정투상도에서 평면도로 알맞은 것은?

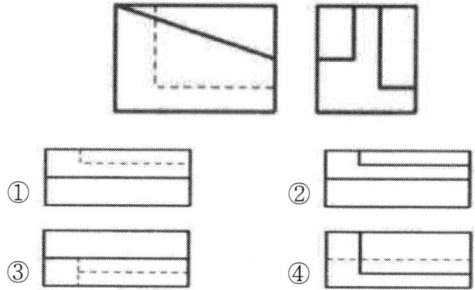

정답 21. ① 22. ② 23. ② 24. ②

25 다음 중 일반적으로 길이 방향이 단면하여 나타내도 무방한 것은?
① 볼트(Bolt)
② 키(Key)
③ 리벳(Rivet)
④ 미끄럼 베어링 (Sliding Bearing)

25.
볼베어링의 볼은 단면하여 나타내지 않는다.

26 KS 규격에 따른 회 주철품의 재료 기호는?
① WC   ② SB
③ GC   ④ FC

27 도면의 공차 치수는 어떤 끼워 맞춤인가?

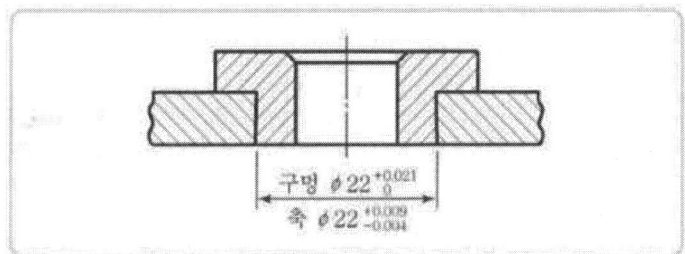

① 헐거움 끼워 맞춤   ② 가열 끼워 맞춤
③ 중간 끼워 맞춤   ④ 억지 끼워 맞춤

27.
· 최대틈새
  0.021+0.004=0.025
· 최대죔새
  0+0.009=0.009
틈새와 죔새가 둘 다 있으므로 중간 끼워 맞춤

28 그림과 같은 기하공차의 해석으로 가장 적합한 것은?

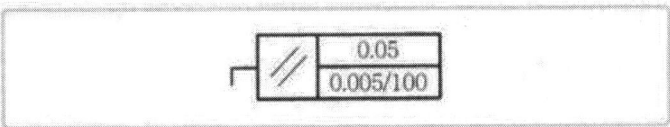

① 지정 길이 100mm에 대하여 0.05mm,
   전체길이에 대해 0.005mm의 대칭도
② 지정 길이 100mm에 대하여 0.05mm,
   전체길이에 대해 0.005mm의 평행도
③ 지정 길이 100mm에 대하여 0.005mm,
   전체길이에 대해 0.005mm의 대칭도
④ 지정 길이 100mm에 대하여 0.005mm,
   전체길이에 대해 0.005mm의 평행도

정 답   25. ④ 26. ③ 27. ③ 28. ④

29 도면에서 두 종류 이상의 선이 같은 장소에서 겹치게 될 경우 표시되는 선의 우선순위가 높은 것부터 낮은 순서대로 나열되어 있는 것은?

① 외형선, 숨은선, 절단선, 중심선
② 외형선, 절단선, 숨은선 중심선
③ 외형선, 중심선, 숨은선, 절단선
④ 절단선, 중심선, 숨은선, 외형선

30 다음 표면의 결 도시기호에서 지시하는 가공법은?

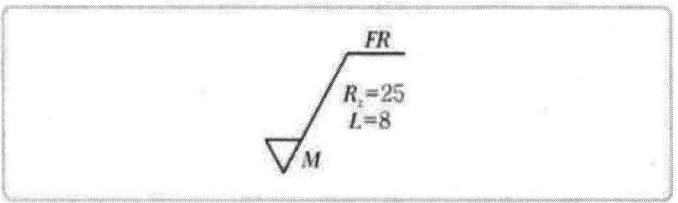

① 밀링 가공
② 브로칭 가공
③ 보링 가공
④ 리머 가공

31 밑면이 정사각형이고 높이가 10cm인 직유면체의 체적이 $250 cm^3$이다. 밑면 한 변의 길이는?

① 2cm
② 5cm
③ 10cm
④ 20cm

31.
$\sqrt{\dfrac{250}{10}} = 5$

32 길이가 r인 막대의 끝에 F를 가할 때 토크를 구하는 식은?

① $T = F \times r$
② $T = F/r$
③ $T = r/F$
④ $T = F \times r^2$

33 이송속도가 0.2cm/sec인 물체가 2분 동안 이동한 거리는 몇 m인가?

① 24m
② 60m
③ 0.24m
④ 0.6m

33.
$\dfrac{0.2 \times 2 \times 60}{100} = 0.24m$

정답 29. ① 30. ④ 31. ② 32. ① 33. ③

34 프레스 가공에서 원판을 전단하려고 할 때 가장 크게 작용되는 응력은?

① 굽힘응력
② 인장응력
③ 전단응력
④ 압축응력

35 도선의 전기저항에 대한 설명으로 틀린 것은?

① 도선의 고유저항 값에 비례한다.
② 도선의 단면적에 비례한다.
③ 도선의 길이에 비례한다.
④ 도선에 전류를 흐르기 어렵게 하는 물질의 작용이다.

35.
$$R = \rho \frac{1}{A}$$
전기저항은 길이에 비례하고 단면적에 반비례한다.

36 다음 중 전압에 대한 설명으로 틀린 것은?

① 전지를 직렬로 연결하면 각각의 전지전압을 합한 전압이 전체전압이다.
② 저항의 각 단자에 걸린 전위의 차이를 전압이라 한다.
③ 도선의 전압은 그 저항값과 흐르는 전류의 곱으로 구할 수 있다.
④ 도선에서 전류를 흐르기 어렵게 하는 물질의 작용을 전압이라 한다.

36.
전류를 흐르기 어렵게 하는 물질의 작용은 저항이다.

37 다음 중 압력의 단위가 아닌 것은?

① N/cm^2
② Pa
③ m/sec
④ bar

38 다음 중 부피의 크기가 다른 것은?

① $1m^3$
② $1000cm^3$
③ $1000cc$
④ $1l$

정 답 34. ③ 35. ② 36. ④ 37. ③ 38. ①

39 다음 그림과 같이 3개의 저항이 병렬로 접속된 회로에서 저항 R_3에 흐르는 전류 I_3는 얼마인가?

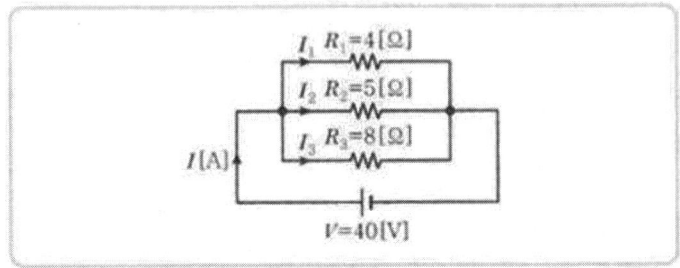

① 5A ② 8A
③ 10A ④ 23A

39.
병렬이므로 각 저항의 전압은 40[V]로 균일하다.
$I_3 = \dfrac{V}{R_3} = \dfrac{40}{8} = 5A$

40 다음 중 일을 정의하는 식으로 옳은 것은?(단, 이동거리는 힘의 방향과 같다.)
① 일 = 마력 × 이동거리
② 일 = $\dfrac{힘}{이동거리}$
③ 일 = 힘 × 이동거리
④ 일 = $\dfrac{마력}{이동거리}$

❸ 과목 자동제어

41 다음 중 제어계의 시간영역 동작에서 백분율(5) 최대 오버슈트를 의미하는 것은?
① (제2오버슈트÷최대오버슈트)×100
② (최대오버슈트÷제2오버슈트)×100
③ (최대오버슈트÷최종값)×100
④ (최종값÷최대오버슈트)×100

42 CNC 공작기계에서 서보모터의 회전운동을 테이블의 직선운동으로 바꾸는 기구는?
① 볼 스크루 ② 베벨기어
③ 스퍼기어 ④ 웜기어

42.
CNC 기계 주축의 이송은 볼나사를 사용한다.

정답 39. ① 40. ③ 41. ③ 42. ①

43 예열을 하여 발열 반응을 하는 프로세스 제어시스템의 온도를 제어하는 데 있어 단순한 피드백 제어의 경우에 예열단계에서 오버슈트(Over Shoot)의 주된 원인이 되는 제어동작은?

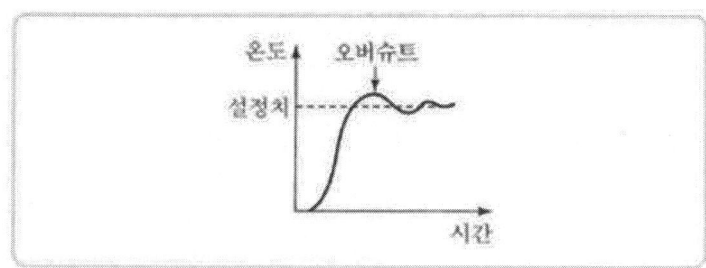

① 비례적분미분동작(PID 동작)
② 미분동작(D 동작)
③ 적분동작(I 동작)
④ 비례미분동작(PD 동작)

44 마이크로프로세서의 4비트 출력포트 P는 아래 그림의 PA0~PA3의 단자와 연결되어 있다. DC모터가 주어진 동작 조건과 같이 작동할 때 시계방향(CW)으로 모터가 회전하기 위한 출력포트 P의 값은?

[동작조건]
A : 전압(+), B : 전압(-)일 경우 CCW 회전
A : 전압(-), B : 전압(+)일 경우 CW 회전

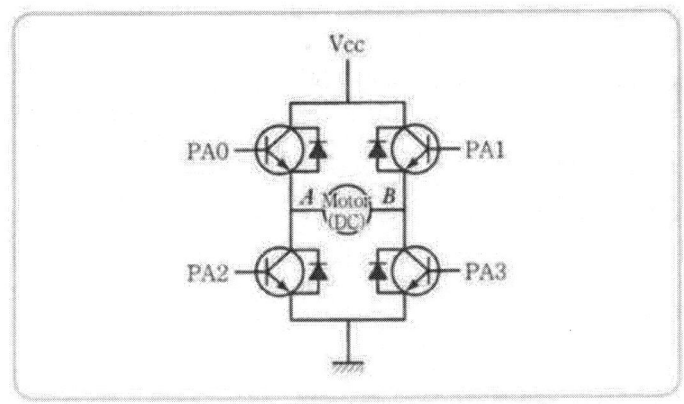

① 3H   ② 6H
③ 9H   ④ BH

정답 43. ③ 44. ②

45 시퀀스 제어회로에서 먼저 회로가 ON되어 있으면 다른 회로의 스위치를 ON하여도 동작할 수 없는 회로를 무엇이라고 하는가?

① 병렬 제어회로　　② 인터록 회로
③ 직렬 우선회로　　④ 한시 동작회로

45.
완전한 동작상태가 되기 전 작동을 금지하는 회로는 인터록 회로이다.

46 다음 $\dfrac{A(s)}{B(s)} = \dfrac{2}{s+1}$ 의 전달함수를 미분방정식으로 나타낸 것은?

① $\dfrac{da(t)}{dt} + 2a(t) = 2b(t)$

② $\dfrac{da(t)}{dt} + a(t) = 2b(t)$

③ $\dfrac{2da(t)}{dt} + a(t) = b(t)$

④ $\dfrac{da(t)}{dt} + 2a(t) = b(t)$

46.
$(S+A)A(s) = 2B(s)$
$\dfrac{da(t)}{d(t)} + a(t) = 2b(t)$

47 자동차 운전 시 운전자는 자동차의 가속을 위해서 엑셀레이터(Accelerator) 페달(Pedal)을 사용하는데 이때 페달의 각도를 검출하기 위한 신호전달 과정으로서 가장 적합한 것은?

① 페달→엔코더→D/A 컨버터→CPU
② 페달→포텐쇼미터→A/D 컨버터→CPU
③ A/D 컨버터→페달→포텐쇼미터→CPU
④ A/D 컨버터→페달→엔코더→CPU

48 자동 제어계를 제어량의 성질에 따라 분류할 때 서보기구에서의 제어량에 속하는 것은?

① 수위, PH　　② 온도, 압력
③ 위치, 각도　　④ 속도, 전기량

48.
서보기구는 목표치의 임의의 변화에 추종하는 제어계이다.

49 출력이 입력에 전혀 영향을 주지 못하는 제어는?

① 프로그램 제어
② 되먹임 제어
③ 열린 루프(Open Loop) 제어
④ 닫힌 루프(Closed Loop) 제어

정답 45. ② 46. ② 47. ② 48. ③ 49. ③

50 제어계에서 검출부의 제어기기들 중 접촉식 스위치는?
① 전기리밋 스위치
② 투과형 광전 스위치
③ 고주파 발진형 근접 스위치
④ 미러 반사형 광전 스위치

51 PLC의 중추적 역할을 담당하며, 연산부와 레지스터부로 구성된 장치는?
① 중앙처리장치   ② 기억장치
③ 출력장치   ④ 입력장치

52 시퀀스 제어의 구성에서 검출부에 해당되지 않은 것은?
① 온도스위치   ② 타이머
③ 압력스위치   ④ 리밋스위치

52.
타이머는 제어부이다.

53 라플라스 변화에서 t 함수와 s 함수 관계가 맞는 것은?(단, t 함수의 초기 조건은 모두 0으로 가정한다.)
① $v(t) = Ri(t) \rightarrow V(s) = \frac{1}{R}I(s)$
② $v(t) = L\frac{d}{dt}i(t) \rightarrow V(s) = sLI(s)$
③ $v(t) = \frac{1}{C}\int i(t)dt \rightarrow V(s) = sCI(s)$
④ $v(t) = Ri(t) + \frac{1}{C}\int i(t)dt \rightarrow V(s) = \frac{1}{R}I(s) + sCI(s)$

53.
$V(t) = Ri(t) \rightarrow V(s) = RI(s)$
$V(t) = \frac{1}{C}\int i(t)dt$
$\rightarrow C(s)\frac{1}{CS}I(s)$
$V(t) = Ri(t) + \frac{1}{C}\int i(t)dt$
$\rightarrow V(s) = (R + \frac{1}{CS})I(s)$

54 게이지 압력을 구하는 식으로 옳은 것은?
① 게이지 압력 = 절대압력÷대기압
② 게이지 압력 = 절대압력×대기압
③ 게이지 압력 = 절대압력−대기압
④ 게이지 압력 = 절대압력+대기압

정답 50. ① 51. ① 52. ② 53. ② 54. ③

55 다음 중 과도응답에 관한 설명으로 틀린 것은?
① 오버슈트는 응답 중에 생기는 입력과 출력 사이의 최대 편차량을 말한다.
② 지연시간(Delay Time)이란 응답이 최초로 희망값의 10% 진행되는 데 요하는 시간을 말한다.
③ 감쇠비=제2의 오버슈트÷최대오버슈트이다.
④ 상승시간(Rise Time)이란 응답이 희망값이 10%에서 90%까지 도달하는 시간을 말한다.

55.
지연시간은 응답이 최초로 목표값의 50% 진행되는데 요하는 시간이다.

56 PLC 명령어 중 회로도 좌측 제어모선에서 직접 인출되는 논리스타트를 나타내는 명령어는?
① NAND ② NOR
③ AND   ④ LD

57 PLC 입·출력부의 요구사항이 아닌 것은?
① 외부 기기와 전기적 규격이 일치해야 한다.
② 외부 기기로부터의 노이즈가 CPU로 전달되지 않도록 해야 한다.
③ 외부 기기와의 연결방법이 쉬워야 한다.
④ 입·출력부는 항상 DC 5V를 사용할 수 있도록 한다.

57.
PLC의 입·출력부는 기종에 따라 전압의 크기가 다르다.

58 공압의 특징에 대한 설명으로 잘못된 것은?
① 무단변속이 가능하다.
② 작업속도가 빠르다.
③ 에너지를 축적하는 데 용이하다.
④ 정확한 위치결정 및 중간 정지에 우수하다.

58.
유공압장치로 중간 정지가 불가능하다.

59 유접점 시퀀스의 단점이 아닌 것은?
① 소비전력이 비교적 작다.
② 동작속도가 느리다.
③ 기계적 진동, 충격에 약하다.
④ 접점 등의 마모로 수명이 짧다.

59.
유접점 회로는 전기회로 접점으로 무접점 회로보다 소비전력이 크다.

정답 55. ② 56. ④ 57. ④ 58. ④ 59. ①

60 유체의 압력 에너지를 기계적 에너지로 변환하는 장치는?

① 송풍기　　② 팬(Fan)
③ 압축기　　④ 실린더

❹ 과목 메카트로닉스

61 다음 중 메모리 내용을 보존하기 위하여 일정 시간마다 다시 기억시킬 필요가 있는 것은?

① EPROM　　② DRAM
③ SRAM　　④ 마스크 ROM

62 전압을 변위로 변환시키는 장치는?

① 전자석　　② CDS
③ 차동변압기　　④ 서미스터

63 어떤 도선에 5A의 전류를 1분간 흘렸다면 이 도선을 통하여 이동한 전하량은 몇 [C]인가?

① 3　　② 20
③ 180　　④ 300

63.
$Q = = 5 \times 60 = 300\,C$

64 평행한 두 개의 도체 사이에 전류를 흘렸을 때, 흡입력이 작용했다면 전류의 방향은?

① 두 도선의 전류방향은 같다.
② 한쪽 도선에만 흐른다.
③ 두 도선의 전류방향은 반대이다.
④ 두 도선의 전류방향은 서로 수직이다.

65 정전용량 10F에 직류를 가했을 때, 용량 리액턴스 $X_c[\Omega]$의 값은?

① 1　　② 0
③ ∞　　④ 45

65.
직류전기의 진동수
$X_c = \dfrac{1}{wc}$, 직류의 $w = 2\pi f$는 거의 0이므로, X_c는 ∞이다.

정 답　60. ④　61. ②　62. ①　63. ④　64. ①　65. ③

66 스텝 각이 3.6°인 2상 HB형 스테핑모터를 반스텝 시퀀스 (1-2상 여자)로 구동하면 1펄스당 회전각은?
① 1.8° ② 3.6°
③ 5.4° ④ 0.9°

66.
반스텝이므로 $\dfrac{3.6}{2} = 1.8$

67 다음 중 플립플롭에서 일정 시간만큼 지연시킬 필요가 있을 때 사용되는 것은?
① RS ② JK
③ D   ④ T

67.
D : 플립플롭(delay flip-flop)
T : 입력단자는 같고 차례차례 출력상태가 변화
JK : 2개의 입력, 세트, 리셋
RS : 플립플롭 1개로 2개의 NOR 게이트 출력을 상대편 입력에 피드백 함.

68 마이크로컴퓨터의 CPU와 입·출력장치 사이에 정보의 교환을 원활하게 해주는 역할을 하는 것은?
① 기억장치
② 연산장치
③ 센서
④ 인터페이스

69 측온저항체용 재료의 요구 조건으로 잘못된 것은?
① 저항 온도계수가 작을 것
② 온도 – 저항 특성이 직선적일 것
③ 소선의 가공이 용이할 것
④ 화학적·기계적으로 안정될 것

69.
저항온도계수가 커야만 측정온도 범위가 넓어진다.

70 센서를 선정하여 사용할 때 고려해야 할 사항으로 거리가 가장 먼 것은?
① 정확성
② 신뢰성
③ 상품성
④ 반응속도

정답 66. ① 67. ③ 68. ④ 69. ① 70. ③

71. 다음과 같은 진리표가 주어진 경우의 논리 심벌은?

입력신호		출력신호
0	0	0
0	1	1
1	0	1
1	1	1

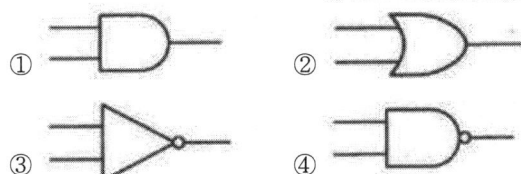

71.
OR 게이트이다.

72. 위치검출기를 사용하지 않아도 모터 자체가 지령된 회전량만큼 회전할 수 있는 모터는?

① 직류 서보모터   ② 스텝 모터
③ 교류 유도모터   ④ BLDC 모터

73. 기계장치의 시동, 정지, 운전상태의 변경 등을 미리 정해진 순서에 따라 행하는 것을 무엇이라고 하는가?

① 시퀀스제어   ② 위치기구
③ 자동조정   ④ 공정제어

74. 마이크로컴퓨터 내부의 버스(Bus)에 해당되지 않는 것은?

① 데이터 버스(Date Bus)
② 컨트롤 버스(Control Bus)
③ 어드레스 버스(Address Bus)
④ 시프트 버스(Shift Bus)

74.
마이크로 프로세서에서는 외부와의 어드레스, 데이터, 컨트롤 버스와의 의사소통을 하며 마이크로컴퓨터의 전체 동작을 동기화시키기 위해 수정발진자 등의 기준 클록을 넣어 시간기준을 잡는다.

75. 유리, 세라믹 등 취성이 강한 재료에 정밀한 구멍 가공을 하려고 한다. 이 작업공정에서 가장 적합한 특수가공법은?

① 초음파 가공   ② 밀링 가공
③ 연삭 가공   ④ 선삭 가공

75.
금속이나 비금속을 가공하는 가공법은 초음파 가공이다.

정답 71. ② 72. ② 73. ① 74. ④ 75. ①

76 자장 안에 있는 도체가 운동하면서 자장의 자속을 끊으면 기전력이 유도되는 법칙을 적용한 기기로 맞는 것은?

① 전동기
② 변압기
③ 발전기
④ 건전지

76.
발전기는 플레밍의 오른손 법칙으로 기전력을 유도한다.

77 다음 그림에서 논리회로의 출력을 나타낸 것 중 옳은 것은?

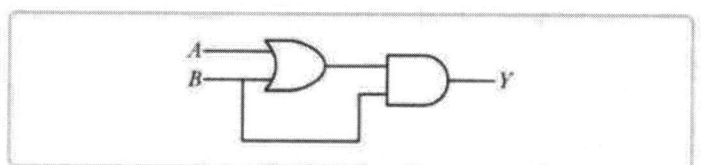

① $Y = (A \cdot B) \cdot B$
② $Y = (A + B) \cdot B$
③ $Y = \overline{(A \cdot B)} \cdot B$
④ $Y = \overline{(A + B)} \cdot B$

78 다음 그림과 같이 선반 척에 공작물을 물려 다이얼 게이지로 측정하였더니 $4mm$의 눈금 움직임이 있었다. 이때 편심량의 크기는 몇 mm인가?

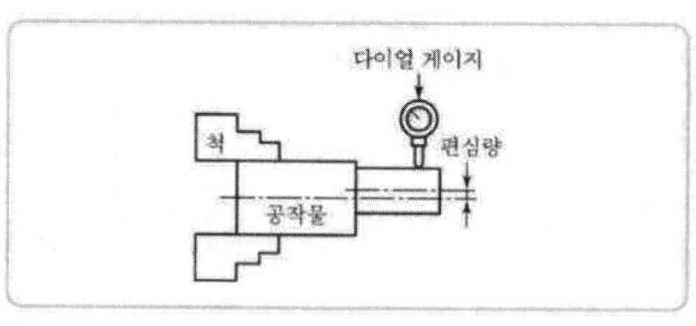

① 1   ② 2
③ 3   ④ 4

78.
편심량 $= \dfrac{4}{2} = 2$

정답 76. ③ 77. ② 78. ②

79 DC 서보모터에 요구되는 특징과 거리가 먼 것은?

① 전기자 관성이 클 것
② 최대 토크가 클 것
③ 회전 토크가 클 것
④ 토크의 직선성이 양호할 것

79.
서보모터는 관성이 작아야 위치 변동을 쉽게 할 수 있다.

80 N형 반도체를 만드는 데 필요한 5가의 불순물이 아닌 것은?

① 비소
② 인
③ 안티몬
④ 갈륨

80.
갈륨은 3가의 원소이다.

정답 79. ① 80. ④

PART 05 과년도 출제문제
2014년 2회

1 과목 기계가공법 및 안전관리

01 빌트업 에지(Built-up Edge)의 발생을 방지하는 대책으로 옳은 것은?

① 바이트의 윗면 경사각을 작게 한다.
② 절삭깊이, 이송속도를 크게 한다.
③ 피가공물과 친화력이 많은 공구 재료를 선택한다.
④ 절삭속도를 높이고, 절삭유를 사용한다.

1.
빌트업 에지 방지대책
㉠ 절삭 속도를 크게 한다.
㉡ 절삭 깊이를 작게 한다.
㉢ 윗면 경사각을 크게 한다.

02 숏 피닝(Shot Peening)과 관계없는 것은?

① 금속 표면 경도를 증가시킨다.
② 피로 한도를 높여 준다.
③ 표면 광택을 증가시킨다.
④ 기계적 성질을 증가시킨다.

2.
숏피닝은 숏이라는 강구를 고속으로 표면에 쏘아 금속의 표면강도와 피로강도를 증가시키는 방법이다.

03 범용 밀링에서 원주를 30°30′ 분할할 때 맞는 것은?

① 분할판 15구멍열에서 1회전과 3구멍씩 이동
② 분할판 18구멍열에서 1회전과 3구멍씩 이동
③ 분할판 21구멍열에서 1회전과 4구멍씩 이동
④ 분할판 33구멍열에서 1회전과 4구멍씩 이동

3.
$\dfrac{D°}{9} = \dfrac{10.5}{9} = \dfrac{21}{18} = 1\dfrac{3}{18}$
18구멍열에서 1회전과 3구멍씩 이동

04 연삭에 관한 안전사항 중 틀린 것은?

① 받침대와 숫돌은 $5mm$ 이하로 유지해야 한다.
② 숫돌바퀴는 제조 후 사용할 원주속도의 1.5~2배 정도의 안전검사를 한다.
③ 연삭숫돌 측면에 연삭하지 않는다.
④ 연삭숫돌을 고정 후 3분 이상 공회전시킨 후 작업을 한다.

4.
받침대와 숫돌은 $3mm$ 이하로 유지해야 한다.

정답 01. ④ 02. ③ 03. ② 04. ①

05 선반작업에서 절삭저항이 가장 적은 분력은?
① 내분력　　　　② 이송분력
③ 주분력　　　　④ 배분력

5.
주분력>배분력>이송분력

06 전해연마 가공의 특징이 아닌 것은?
① 연마량이 적어 깊은 홈은 제거되지 않으며 모서리가 라운드가 된다.
② 가공면에 방향성이 없다.
③ 면은 깨끗하나 도금이 잘되지 않는다.
④ 복잡한 형상의 공작물 연마도 가능하다.

6.
전해연마된 면은 도금이 잘 된다.

07 표면거칠기 표기방법 중 산술평균 거칠기를 표기하는 기호는?
① R_P　　　　② R_V
③ R_Z　　　　④ R_a

7.
R_z : 10점 평균 거칠기
R_a : 중심선 평균 거칠기
　　　(산술 평균 거칠기)

08 NC 공작기계의 특징 중 거리가 가장 먼 것은?
① 다품종 소량생산 가공에 적합하다.
② 가공조건을 일정하게 유지할 수 있다.
③ 공구가 표준화되어 공구 수를 증가시킬 수 있다.
④ 복잡한 형상의 부품가공 능률화가 가능하다.

8.
NC 공작기계는 공구가 표준화되어 공구 수를 감소시킬 수 있다.

09 측정기에서 읽을 수 있는 측정값의 범위를 무엇이라 하는가?
① 지시범위　　　　② 지시한계
③ 측정범위　　　　④ 측정한계

10 원형의 측정물을 V블록 위에 올려놓은 뒤 회전하였더니 다이얼 게이지의 눈금에 $0.5mm$의 차이가 있었다면 그 진원도는 얼마인가?
① $0.125mm$　　　　② $0.25mm$
③ $0.5mm$　　　　④ $1.0mm$

10.
$\frac{0.5}{2} = 0.25$

정답　05. ②　06. ③　07. ④　08. ③　09. ③　10. ②

11 대표적인 수평식 보링머신은 구조에 따라 몇 가지 형으로 분류되는데 다음 중 맞지 않는 것은?

① 플로어형(Floor Type)
② 플레이너형(Planer Type)
③ 베드형(Bad Type)
④ 테이블형(Table Type)

12 NC 밀링머신의 활용에 따른 장점을 열거하였다. 타당성이 없는 것은?

① 작업자의 신체상 또는 기능상 의존도가 적으므로 생산량의 안정을 기할 수 있다.
② 기계의 운전에는 고도의 숙련자를 요하지 않으며 한 사람이 몇 대를 조작할 수 있다.
③ 실제 가동률을 상승시켜 능률을 향상시킨다.
④ 적은 공구로 광범위한 절삭을 할 수 있고 공구 수명이 단축되어 공구비가 증가한다.

12.
NC 밀링머신은 표준화된 적은 공구 수로 광범위한 절삭이 가능하여 공구 수가 감소되어 공구비가 감소한다.

13 바이트 중 날과 자루(Shank)가 같은 재질로 만들어진 것은?

① 스로어웨이 바이트
② 클램프 바이트
③ 팁 바이트
④ 단체 바이트

14 기계의 안전장치에 속하지 않는 것은?

① 리밋 스위치(Limit Switch)
② 방책(防柵)
③ 초음파 센서
④ 헬멧(Helmet)

정답 11. ③ 12. ④ 13. ④ 14. ④

15 연삭에서 원주속도를 $V(m/\min)$, 숫돌바퀴의 지름이 $d(mm)$라면, 숫돌바퀴의 회전수(N)를 구하는 식은?

① $N = \dfrac{1000d}{\pi V}(rpm)$ ② $N = \dfrac{1000V}{\pi d}(rpm)$

③ $N = \dfrac{\pi V}{1000d}(rpm)$ ④ $N = \dfrac{\pi d}{1000V}(rpm)$

16 각도 측정을 할 수 있는 사인바(Sine Bar)에 대한 설명으로 틀린 것은?

① 정밀한 각도 측정을 하기 위해서는 평면도가 높은 평면에서 사용해야 한다.
② 롤러의 중심거리는 보통 $100mm$, $200mm$로 만든다.
③ 45° 이상의 큰 각도를 측정하는 데 유리하다.
④ 사인바는 길이를 측정하여 직각 삼각형의 삼각함수를 이용한 계산에 의하여 임의각의 측정 또는 임의각을 만드는 기구이다.

16.
사인바는 45° 이상의 각도는 오차가 심하므로 측정하지 않는다.

17 공구가 회전하고 공작물은 고정되어 절삭하는 공작기계는?

① 선반(Lathe)   ② 밀링(Milling) 머신
③ 브로칭(Broaching) 머신   ④ 형삭기(Shaping)

18 지름 $50mm$, 날 수 10개인 페이스커터로 밀링 가공할 때 주축의 회전수가 300rpm, 이송속도가 매분당 $1500mm$였다. 이때 커터날 하나당 이송량(mm)은?

① 0.5   ② 1
③ 1.5   ④ 2

18.
$f_Z = \dfrac{f}{ZN} = \dfrac{1500}{10 \times 300} = 0.5mm$

19 선반작업 시 절삭속도 결정의 조건 중 거리가 가장 먼 것은?

① 가공물의 재질
② 바이트의 재질
③ 절삭유제의 사용 유무
④ 컬럼의 강도

정답 15. ② 16. ③ 17. ② 18. ① 19. ④

20 연삭숫돌의 입자 중 천연입자가 아닌 것은?
① 석영 ② 코런덤
③ 다이아몬드 ④ 알루미나

20.
알루미나는 Al_2O_3계로 인조 입자이다.

❷ 과목 기계제도 및 기초공학

21 구름 베어링 기호중 "NF 307" 베어링의 안지름은 몇 mm인가?
① 7 ② 10
③ 30 ④ 35

21.
$0.7 \times 5 = 35$

22 그림은 어느 기어를 도시한 것인가?

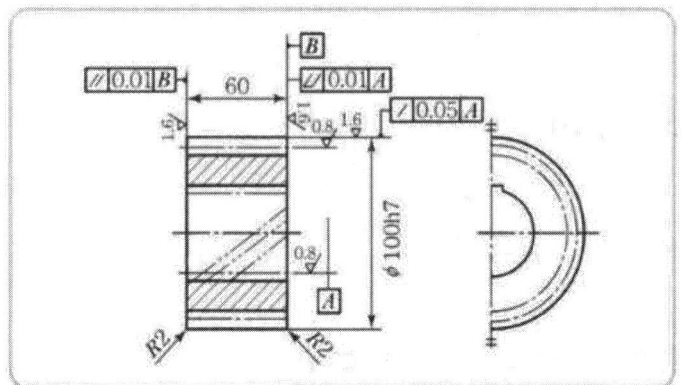

① 스퍼 기어 ② 헬리컬 기어
③ 직선 베벨 기어 ④ 웜 기어

22.
옆줄이 3개 있으면 헬리컬 기어이다.

23 KS 재료기호 중 드로잉용 냉간압연 강판 및 강대에 해당하는 것은?
① SCCD ② SPCC
③ SPHD ④ SPCD

24 어떤 치수가 $50^{+0.035}_{-0.012}$일 때 치수 공차는 얼마인가?
① 0.013 ② 0.023
③ 0.047 ④ 0.012

24.
0.035+0.012=0.047

정답 20. ④ 21. ④ 22. ② 23. ④ 24. ③

25 도면과 같은 물체의 비중이 8일 때 이 물체의 질량은 약 몇 kg인가?

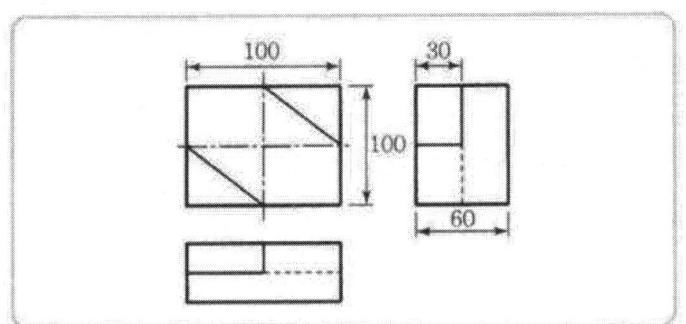

① 3.5
② 4.2
③ 4.8
④ 5.4

25.
$8 \times (100 \times 100 \times 60 - \dfrac{50 \times 50 \times 30}{2} \times 2) \times 10^{-6}$
$= 4.2 kg$

26 대칭인 물체의 중심선을 기준으로 내부모양과 외부모양을 동시에 표시하여 나타내는 단면도는?

① 부분 단면도
② 한쪽 단면도
③ 조합에 의한 단면도
④ 회전도시 단면도

27 구멍 기준식(H7) 끼워 맞춤에서 조립되는 축의 끼워 맞춤 공차가 다음과 같을 때 억지 끼워 맞춤에 해당되는 것은?

① p6   ② h6
③ g6   ④ f6

27.
h 다음의 부호는 억지 끼워 맞춤이다.

28 치수 보조기호의 설명으로 틀린 것은?

① R15 : 반지름 15
② t15 : 판의 두께 15
③ (15) : 비례척이 아닌 치수 15
④ SR15 : 구의 반지름 15

28.
· (15) : 참고치수
· 15 : 비례척이 아닌 치수

정답 25. ② 26. ② 27. ① 28. ③

29 다음 나사 기호 중 관용나사의 기호가 아닌 것은?
① TW
② PT
③ R
④ PS

29.
TW : 인치계 사다리꼴 나사
(산각 29°)

30 다음과 같이 표면의 결 도시기호가 나타났을 때 이에 대한 해석으로 틀린 것은?

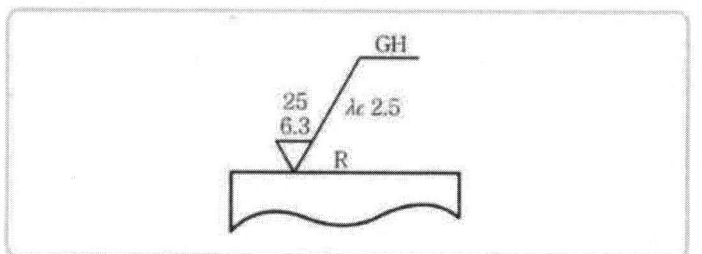

① 가공방법은 연삭가공
② 컷오프 값은 2.5mm
③ 거칠기 하한은 6.3μm
④ 가공에서 의한 컷의 줄무늬가 기호를 기입한 면의 중심에 대하여 거의 방사 모양

30.
GH : 호닝가공

31 저항 값 12[Ω]±5%에 해당하는 탄소저항기의 색띠로 옳은 것은?
① 갈색 적색 흑색 은색
② 흑색 갈색 흑색 금색
③ 갈색 적색 흑색 금색
④ 흑색 갈색 흑색 은색

31.
1 : 갈색
2 : 적색
0 : 흑색(승수)
±5 : 금색

32 휨과 비틀림이 동시에 작용하는 축에서 휨 모멘트를 M, 비틀림 모멘트를 T라 할 때, 상당 휨 모멘트(M_e)와 상당 비틀림 모멘트(T_e)를 구하는 식은?

① $M_e = (M + \sqrt{M^2 + T^2})$, $T_e = \sqrt{M^2 + T^2}$

② $M_e = \frac{1}{2}(M + \sqrt{M^2 + T^2})$, $T_e = \frac{1}{2}\sqrt{M^2 + T^2}$

③ $M_e = \frac{1}{2}(M + \sqrt{M^2 + T^2})$, $T_e = \sqrt{M^2 + T^2}$

④ $M_e = M + \sqrt{M^2 + T^2}$, $T_e = \frac{1}{2}\sqrt{M^2 + T^2}$

정답   29. ①   30. ①   31. ③   32. ③

33 전극이 수시로 바뀌는 교류의 주파수를 나타내는 식은?
(단, 회전하는 코일의 각속도는 ω이다.)

① $\dfrac{\pi}{2\omega}$ ② $\dfrac{2\omega}{\pi}$

③ $\dfrac{2\pi}{\omega}$ ④ $\dfrac{\omega}{2\pi}$

34.
$8 \times 3.2 = 25.6N$

34 질량 8kg의 물체가 힘을 받아 $3.2m/s^2$의 가속도가 발생했다면 물체가 받은 힘은?

① 25.6N   ② 25.6kg
③ 2.5N   ④ $2.5kg/m \cdot s^2$

35.
SI 기본단위 : M(질량), L(길이), T(시간)

35 다음 중 SI 기본단위인 물리량은?

① 속도   ② 가속도
③ 중량   ④ 질량

36.
$1.5 \times 2 \times 60 = 180cm$

36 철판에 1.5cm/s로 자동 용접할 수 있는 잠호용접기가 있다. 같은 철판을 2분 동안 용접한 거리는?

① 3cm   ② 45cm
③ 80cm   ④ 180cm

37.
$R = \dfrac{V}{I}$에서 전류(I)가 작으면 저항이 증가한다.

37 다음 그래프는 굵기와 길이가 같은 두 종류의 금속선 A와 B의 전류와 전압 사이의 관계를 나타낸 것이다. 이 두 금속선의 비저항의 비 $\rho_A : \rho_B$는 얼마인가?

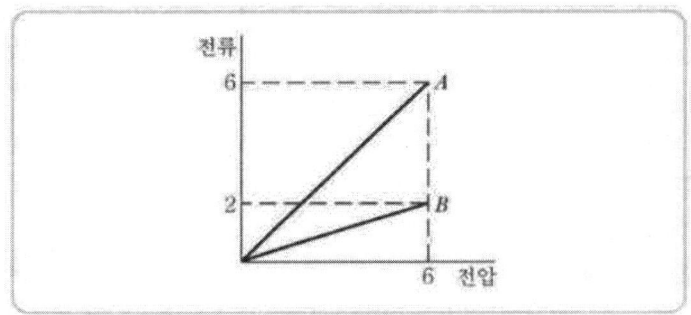

① 1 : 1   ② 1 : 3
③ 1 : 5   ④ 1 : 7

정답 33. ④ 34. ① 35. ④ 36. ④ 37. ②

38 지름이 D이고, 반지름이 R인 구(球)의 체적을 구하는 식으로 옳은 것은?

① $\frac{4}{3}\pi D^3$ ② $\frac{3}{4}\pi R^3$

③ $\frac{1}{3}\pi R^3$ ④ $\frac{1}{6}\pi D^3$

38.
$V = \frac{4}{3}\pi R^3 = \frac{1}{6}\pi D^3$

39 하중의 크기와 방향이 주기적으로 변화하는 하중은?

① 반복하중   ② 교번하중
③ 충격하중   ④ 이동하중

40 힘의 모멘트 단위는 $1N \cdot m$인데 이것을 일의 단위인 J로 표시하면 얼마인가?

① 0.1J   ② 0.7J
③ 1J   ④ 1.5J

3 과목 자동제어

41 PLC 구성 시 출력신호와 관계가 없는 것은?

① 표시등   ② 버저
③ 구동부   ④ 광센서

41.
광센서는 입력신호이다.

42 다음 회로에서 시정수(Time Constant)는?

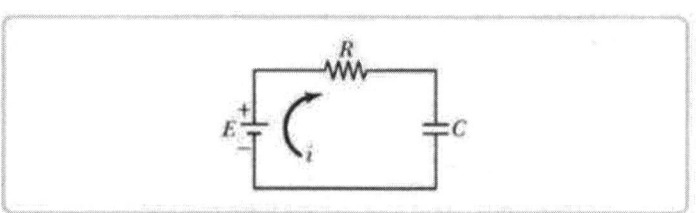

① RC ② C/R
③ R/C ④ $1/(RC)$

정답 38. ④ 39. ② 40. ③ 41. ④ 42. ①

43 다음 중 서보전동기가 갖추어야 할 특성이 아닌 것은?
① 회전자의 관성이 클 것
② 기동토크가 클 것
③ 정지 및 역전의 운전이 가능할 것
④ 속응성이 충분히 높을 것

43.
서보전동기는 회전자의 관성이 작아야 한다.

44 PLC의 래더 다이어그램 명령어로서 적당하지 않은 것은?
① 릴레이 래더 명령
② 연산 명령
③ 데이터처리 명령
④ 어셈블리 명령

45 PP18255 인터페이스 칩의 기본 입·출력 동작에서 표에서와 같이 핀번호 8번인 A0와 핀번호 9번인 A1의 신호에 대한 설명으로서 옳은 것은?

핀 번호	9	8	기능
어드레스	A1	A0	
신호	0	0	㉠
	0	1	㉡
	1	0	㉢
	1	1	㉣

① ㉠은 각포트의 기능을 결정하는 컨트롤 신호이다.
② ㉡은 포트 A에 입력 또는 출력이 가능하게 한다.
③ ㉢은 포트 C에 입력 또는 출력이 가능하게 한다.
④ ㉣은 포트 B에 입력 또는 출력이 가능하게 한다.

46 입력과 출력을 비교하는 장치가 필요한 제어로 맞는 것은?
① 시퀀스 제어
② 되먹임 제어
③ ON-OFF 제어
④ OPEN LOOP 제어

47 서보기구에서 신호 종류에 따른 분류가 아닌 것은?
① 유압식   ② 공기압식
③ 전기식   ④ 기계식

47.
기계식은 작동방법이다.

정답 43. ① 44. ④ 45. ③ 46. ② 47. ④

48 다음 유압장치의 특징을 설명한 것 중 틀린 것은?
① 자동제어가 가능하다.
② 입력에 대한 출력의 응답이 빠르다.
③ 무단변속이 불가능하다.
④ 원격제어가 가능하다.

48.
유공압장치는 무단 변속이 가능하다.

49 다음 중 개회로(Open Loop) 제어계의 응용으로 볼 수 없는 것은?
① 교통신호장치
② 물류공장의 컨베이어
③ 커피 자동 판매기
④ NC 선반의 위치제어

49.
NC 선반의 위치제어는 폐회로 제어계이다.

50 다음 중 제어계의 성능으로서 3가지 중요한 특성값이 아닌 것은?
① 정상편차
② 속응성
③ 결합계수
④ 안정도

51 단위 피드백 시스템의 전방 경로 함수가
$G(s) = \dfrac{10}{(s+1)(s+3)(s+5)}$ 일 때 스텝 입력 $u_s(t) = 5$를 인가하였다면, 정상상태 오차는?
① 0　　　　　　　② 3
③ 5　　　　　　　④ ∞

51.
$e_{ss} = \lim_{s \to 0} SE(s)$
$= \lim_{s \to 0} \dfrac{S}{1+G(s)} R(s)$
$= \lim_{s \to 0} \dfrac{S}{1+\dfrac{10}{(s+1)(s+3)(s+5)}} \times \dfrac{5}{s}$
$= \lim_{s \to 0} \dfrac{(s+1)(s+3)(s+5)5}{(s+1)(s+3)(s+5)+10}$
$= \dfrac{15 \times 5}{25} = 3$

정답 48. ③　49. ④　50. ③　51. ②

52 4013을 이용하여 엔코더의 신호로 회전방향을 알 수 있는 그림과 같은 D 플립플롭 회로에서 ⓐ, ⓑ, ⓒ를 옳게 짝지은 것은?

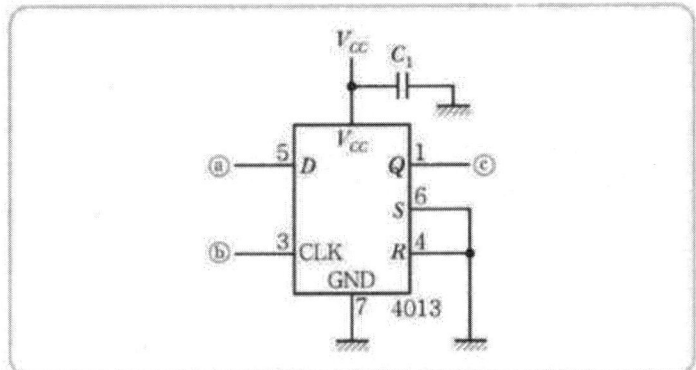

① ⓐ A상, ⓑ Z상, ⓒ 방향출력
② ⓐ B상, ⓑ Z상, ⓒ 방향출력
③ ⓐ Z상, ⓑ A상, ⓒ 방향출력
④ ⓐ A상, ⓑ B상, ⓒ 방향출력

53 다음 중 PLC의 자기진단 기능과 거리가 먼 것은?

① 메모리 엑세스 타임 체크 기능
② 배터리 전압저하 체크 기능
③ Code Error 및 Syntax 체크 기능
④ Watch Dog Timer 기능

54 계자 코일에 전류를 흘려줌으로써 전자석을 만들어 밸브를 여닫는 밸브는?

① 전동밸브   ② 체크밸브
③ 전자밸브   ④ 수동밸브

55 단위 임펄스 함수의 라플라스 변환은?

① 0   ② 1
③ $\dfrac{1}{s}$ ④ $\dfrac{1}{s^2}$

정답 52. ④ 53. ① 54. ③ 55. ②

56 용량이 같은 단단 펌프 2개를 1개의 본체 내에 직렬로 연결시킨 것으로 고압으로 대출력이 요구되는 곳에 사용되는 펌프는?

① 2단 베인 펌프　② 복합 펌프
③ 2단 복합 펌프　④ 단단 베인 펌프

57 다음 중 발전기 출력단자 전압을 부하에 관계없이 일정하게 유지하는 장치가 있을 경우 이는 어디에 속하는가?

① 서보 기구　② 공정 제어
③ 비율 제어　④ 자동 조정

58 생상공정이나 기계장치 등을 자동화하였을 때의 설명으로 옳지 않은 것은?

① 생산속도 증가
② 제품 품질의 균일화
③ 인건비 감소
④ 생산설비의 수명 감소

58.
생산공정이나 기계장치를 자동화하면 설비 보전의 계산이 가능하여 생산설비의 수명이 증가한다.

59 그림의 연산요소는 분압기 회로이다. 이에 대한 연산 방정식은?

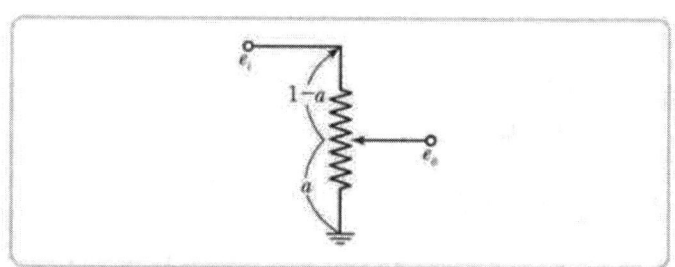

① $e_o = (1-a) \cdot e_i$
② $e_o = 1 - a \cdot e_i$
③ $e_o = e - a$
④ $e_o = a \cdot e_i$

59.
$e_0 = \left(\dfrac{a}{a+(1-a)}\right)e_i$
　$= ae_i$

정답　56. ②　57. ④　58. ④　59. ④

60 그림과 같은 기계시스템에서 $f(t)$를 입력하고 $x(t)$를 출력으로 하였을 때의 전달함수는?

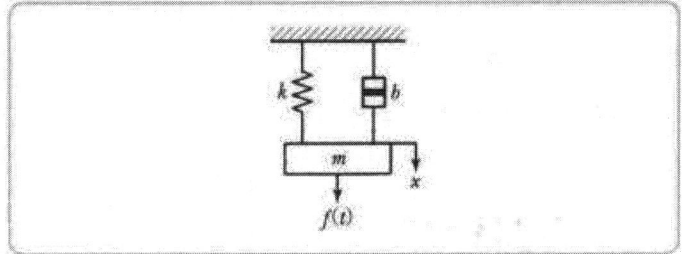

① $ms^2 + bs + k$
② $\dfrac{1}{ms^2 + bs + k}$
③ $\dfrac{s}{ms^2 + bs + k}$
④ $\dfrac{k}{ms^2 + bs + k}$

④ 과목 메카트로닉스

61 다음 논리함수를 최소화하면?

$$X = (\overline{A} + B)(A + B + D)\overline{D}$$

① $\overline{A}B\overline{D}$
② $B\overline{D}$
③ $AB\overline{D}$
④ $BA\overline{D}$

61.
$(\overline{A} + B)(A + B + D) = B$

62 전기에너지와 열에너지 사이의 변환관계를 결정하는 법칙은?
① 패러데이 법칙
② 옴의 법칙
③ 키르히호프의 법칙
④ 줄의 법칙

62.
줄의 법칙 $Q = I^2 Rt(J)$

63 RLC 직렬회로의 임피던스 Z는?
① $Z = \sqrt{R^2 + (X_L - X_C)^2}$
② $Z = R + X_L + X_C$
③ $Z = \sqrt{R^2 + (X_L + X_C)^2}$
④ $Z = R + X_L - X_C$

정답 60. ② 61. ② 62. ④ 63. ①

64 10진법의 수 0에서 9를 2진법으로 표현하기 위한 최소 자릿수는?

① 2　　② 4
③ 6　　④ 8

64.
$9 = 1011_2$

65 컴퓨터에서 2의 보수를 사용하지 않는 경우는?

① 뺄셈 연산
② 곱셈 연산
③ 나눗셈 연산
④ 음수 표현

66 볼트, 핀, 자동차 부품 등을 대량으로 생산할 때 가장 적합한 선반은?

① 공구선반
② 탁상선반
③ 자동선반
④ 정면선반

67 다음 그림의 논리식에서 출력 y값은?

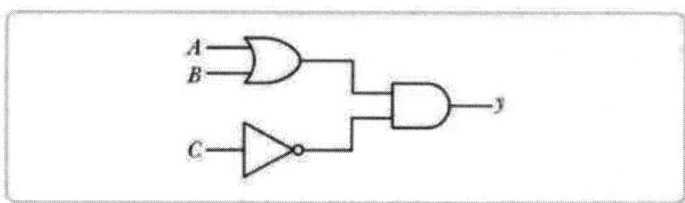

① $y = (A+B)\overline{C}$
② $y = (A+B)(A+C)$
③ $y = (A+B)(C+B)$
④ $y = AB + \overline{A}C$

67.
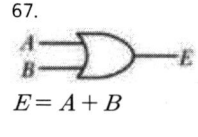
$E = A + B$

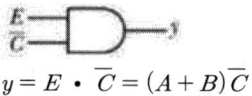
$y = E \cdot \overline{C} = (A+B)\overline{C}$

68. 저항 $R(\Omega)$을 다음 그림과 같이 접속했을 때, 합성저항은 몇 $[\Omega]$인가?

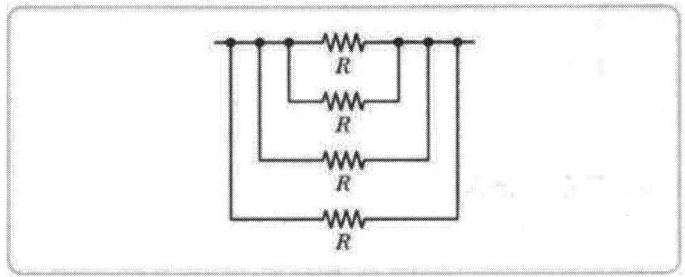

① $4R$
② $\dfrac{3}{4}R$
③ $\dfrac{4}{R}$
④ $\dfrac{R}{4}$

68.
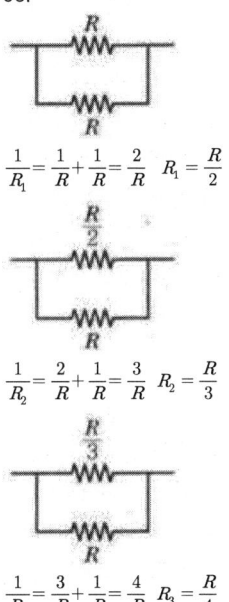

$\dfrac{1}{R_1} = \dfrac{1}{R} + \dfrac{1}{R} = \dfrac{2}{R}$ $R_1 = \dfrac{R}{2}$

$\dfrac{1}{R_2} = \dfrac{2}{R} + \dfrac{1}{R} = \dfrac{3}{R}$ $R_2 = \dfrac{R}{3}$

$\dfrac{1}{R_3} = \dfrac{3}{R} + \dfrac{1}{R} = \dfrac{4}{R}$ $R_3 = \dfrac{R}{4}$

69. 유도형 근접 스위치로 검출할 수 있는 재질은 어느 것인가?
① 유리
② 목재
③ 금속
④ PVC

69. 유도형 근접 스위치는 유도 기전력이 발생하는 재질이어야 하므로 금속이어야 한다.

70. 정현파 교류의 실효값이 100V이고 주파수가 60Hz인 경우 전압의 순시값은?
① $e = 141.4\sin 377t$
② $e = 100\sin 377t$
③ $e = 141.4\sin 120t$
④ $e = 100\sin 120t$

70.
$w = 2\pi f = 2\pi \times 60 = 377$
$e = 100\sqrt{2} = 141.4$

71. 현재 CPU로 읽어올 명령이 들어 있는 메모리의 주소가 들어 있는 곳은?
① 명령 레지스터
② 프로그램 카운터
③ 누산기
④ 범용 레지스터

정답 68. ④ 69. ③ 70. ① 71. ②

72 CNC 공작기계에 관한 설명으로 옳지 않은 것은?
① 구동모터의 회전에 따라 기계 본체의 테이블이나 주축 헤드가 동작하는 기구를 서보기구라고 한다.
② CNC 공작기계의 서보기구에서는 동작의 안정성과 응답성이 대단히 중요하다.
③ 서보기구의 제어방식 중 개방회로 방식은 간단하고 되먹임 제어가 가능하므로, 정확한 위치 제어가 가능하다.
④ CNC 공작기계에서는 정밀도 높은 위치제어를 위해서 반폐쇄회로 방식과 폐쇄회로 방식을 많이 사용한다.

72.
개방회로방식은 시퀀스 제어이므로 되먹임 제어가 불가능하다.

73 동일한 피측정물과 버니어 캘리퍼스를 가지고 숙련공과 비숙련공이 내경을 측정하였더니 두 사람의 측정값이 달랐다. 이런 오차를 무엇이라 하는가?
① 개인오차
② 기기오차
③ 외부조건에 의한 오차
④ 우연오차

74 검출방법에서 접촉식 스위치로 맞는 것은?
① 근접 스위치
② 리밋 스위치
③ 광전 스위치
④ 초음파 스위치

74.
근접 스위치, 광전 스위치, 초음파 스위치 등은 비접촉식 스위치이다.

75 빛에 의해 검출되는 스위치로서 투광기와 수광기가 있는 스위치는?
① 용량형 스위치
② 광전 스위치
③ 유도형 스위치
④ 리드 스위치

76 다음 중 일반적으로 브러시 교환이 필요한 서보모터는?
① 스테핑 모터
② DC 서보모터
③ 동기형 AC 서보모터
④ 유도기형 AC 서보모터

76.
브러시 마모에 의해 브러시 교환을 해야 하는 모터의 직류(DC) 모터이다.

정답 72. ③ 73. ① 74. ② 75. ② 76. ②

77 다음 그림과 같은 구조의 가공 시스템은 무엇인가?

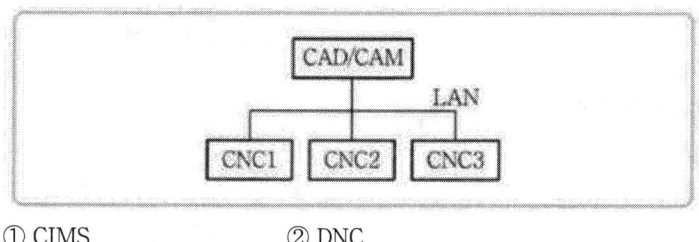

① CIMS   ② DNC
③ FMC   ④ FMS

77.
여러 개의 CNC 기계를 동시에 제어하는 시스템은 군관리시스템 (DNC)이다.

78 로봇 팔의 구동뿐만 아니라 기계의 위치, 속도, 가속도 등의 제어를 필요로 하는 기계 구동에 널리 사용되고 있는 제어는?

① 공정 제어
② 프로세스 제어
③ 서보 제어
④ 시퀀스 제어

79 마이크로프로세서가 외부의 RAM, ROM 또는 주변 장치와 연결되기 위해 사용하는 버스에 해당하지 않는 것은?

① 데이터 버스
② 주소 버스
③ 제어 버스
④ 내부 버스

80 스테핑 모터의 동작과 관련된 설명으로 틀린 것은?

① 구동회로에 주어지는 입력펄스 1개에 대해 소정의 각도만큼 회전시키고, 그 이상 입력이 없는 경우는 정지위치를 유지한다.
② 회전각도는 입력 펄스의 수에 반비례한다.
③ 회전속도는 입력 펄스의 주파수에 비례한다.
④ 펄스의 부여하는 방식에 따라 급속하고 빈번하게 기동, 정지가 가능하다.

80.
스테핑 모터에서 회전각도는 입력 펄스의 수에 비례한다.

정답 77. ② 78. ③ 79. ④ 80. ②

SECTION 06 — PART 05 과년도 출제문제
2014년 3회

❶ 과목 기계가공법 및 안전관리

01 밀링머신의 크기를 번호로 나타낼 때 옳은 설명은?

① 번호가 클수록 기계는 크다.
② 호칭번호 No.0(0번)은 없다.
③ 인벌류트 커터의 번호에 준하여 나타낸다.
④ 기계의 크기와는 관계가 없고 공작물의 종류에 따라 번호를 붙인다.

> 1.
> 밀링머신의 호칭 번호는 0번부터 시작하며 번호가 클수록 대형이다.

02 한계 게이지에 대한 설명 중 맞는 것은?

① 스냅 게이지는 최소치수 측을 통과 측, 최대치수 측을 정지측 이라 한다.
② 양쪽 모두 통과하면 그 부분은 공차 내에 있다.
③ 플러그 게이지는 최대치수 측을 정치 측, 최소치수 측을 통과 측 이라 한다.
④ 통과 측이 통과되지 않을 경우는 기준구멍보다 큰 구멍이다.

> 2.
> 스냅게이지와 링게이지는 축용으로 최소추치 측이 정지측이다.

03 연삭작업에서 글레이징(Glazing)의 원인이 아닌 것은?

① 결합도가 너무 높다.
② 숫돌바퀴의 원주속도가 너무 빠르다.
③ 숫돌 재질과 일감 재질이 적합하지 않다.
④ 연한 일감 연삭 시 발생한다.

> 3.
> 연한 일감 연삭 시 눈메움(로딩) 현상이 발생할 수 있다.

04 NC 선반의 절삭사이클 중 내·외경 복합 반복 사이클에 해당하는 것은?

① G40   ② G50
③ G71   ④ G96

> 4.
> · G40: 공구인선 반지름 보정취소
> · G50: 공작물좌표계 설정, 주축 최고회전수 설정
> · G96: 원주속도 일정 제어

정답 01. ① 02. ③ 03. ④ 04. ③

05 측정기에 대한 설명으로 옳은 것은?
① 일반적으로 버니어 캘리퍼스가 마이크로미터보다 측정정밀도가 높다.
② 사인 바(Sine Bar)는 공작물의 내경을 측정한다.
③ 다이얼 게이지는 각도 측정기이다.
④ 스트레이트 에지(Straight Edge)는 평면도의 측정에 사용된다.

5.
- 버니어 캘리퍼스 : $\dfrac{1}{100}$
- 마이크로미터 : $\dfrac{1}{1000}$
- 사인바 : 각도측정기
- 다이얼 게이지 : 비교측정기

06 선반의 양 센터 작업에서 주축의 회전을 공작물에 전달하기 위하여 사용되는 것은?
① 센터 드릴   ② 돌리개
③ 면판   ④ 방진구

07 브로치 절삭날 피치를 구하는 식은?(단, P=피치, L=절삭날의 길이, C=가공물의 재질에 따른 상수이다.)
① $P = C\sqrt{L}$
② $P = C \times L$
③ $P = C \times L^2$
④ $P = C^2 \times L$

08 드릴지그의 분류 중 상자형 지그에 포함되지 않은 것은?
① 개방형 지그   ② 조립형 지그
③ 평판형 지그   ④ 밀폐형 지그

8.
평판형 지그는 플레이트지그이다.

09 액체 호닝의 특징으로 잘못된 것은?
① 가공시간이 짧다.
② 가공물의 피로강도를 저하시킨다.
③ 형상이 복잡한 가공물도 쉽게 가공한다.
④ 가공물 표면의 산화막이나 거스러미를 제거하기 쉽다.

9.
액체 호닝은 압축공기와 연마제를 혼합하여 분사하는 방법으로 가공물의 피로한도를 증가시킨다.

정답 05. ④ 06. ② 07. ① 08. ③ 09. ②

10 선삭에서 바이트의 윗면 경사각을 크게 하고 연강 등 연한 재질의 공작물을 고속 절삭할 때 생기는 칩(Chip)의 형태는?

① 유동형　　② 전단형
③ 열단형　　④ 균열형

11 결합체의 주성분은 열경화성 합성수지 베크라이트로, 결합력이 강하고 탄성이 커서 고속도강이나 광학유리 등을 절단하기에 적합한 숫돌은?

① Vitrified계 숫돌
② Resinoid계 숫돌
③ Silicate계 숫돌
④ Rubber계 숫돌

12 밀링가공에서 커터의 날 수 6개, 1날당의 이송거리 0.2mm, 커터의 외경 40mm, 절삭속도 30m/min일 때 테이블의 이송속도는 약 몇 mm/min인가?

① 274　　② 286
③ 298　　④ 312

12.
$N = \dfrac{1000\,V}{\pi d}$
$= \dfrac{1000 \times 30}{\pi \times 40} = 238.73$
$f = f_2 \cdot Z \cdot N$
$= 0.2 \times 6 \times 238.73$
$= 286.47\,mm/min$

13 어떤 도면에서 편심량이 4mm로 주어졌을 때, 실제 다이얼 게이지의 눈금의 변위량은 얼마로 나타나야 하는가?

① 2mm　　② 4mm
③ 8mm　　④ 0.5mm

13.
다이얼 게이지는 눈금 변위량을 2배로 해주어야 한다.

14 바깥지름이 200mm인 밀링커터를 100rpm으로 회전시키면 절삭속도는 약 몇 m/min 정도이어야 하는가?

① 1.05　　② 2.08
③ 31.4　　④ 62.8

14.
$V = \dfrac{\pi d N}{1000}$
$= \dfrac{\pi \times 200 \times 100}{1000}$
$= 62.8\,m/min$

정답　10. ①　11. ②　12. ②　13. ③　14. ④

15 끼워 맞춤에서 H6/g6는 무엇을 뜻하는가?
① 축 기준 6급 헐거운 끼워 맞춤
② 축 기준 6급 억지 끼워 맞춤
③ 구멍 기준 6급 헐거운 끼워 맞춤
④ 구멍 기준 6급 중간 끼워 맞춤

15.
H가 앞에 있어서 구멍 기준이며 알파벳으로 g는 H앞이므로 헐거운 끼워 맞춤이다.

16 사고 발생이 많이 일어나는 것에서 점차로 적게 일어나는 것에 대한 순서로 옳은 것은?
① 불안전한 조건→불가항력→불안전한 행위
② 불안전한 행위→불가항력→불안전한 조건
③ 불안전한 행위→불안전한 조건→불가항력
④ 불안전한 조건→안전한 행위→불가항력

17 밀링 머신에서 분할 및 윤곽가공을 할 때 이용되는 부속장치는?
① 밀링 바이스
② 회전 테이블
③ 모방 밀링 장치
④ 슬로팅 장치

18 트위스트 드릴의 인선각(표준각 또는 날끝각)은 연강용에 대해서 몇도(°)를 표준으로 하는가?
① 110° ② 114°
③ 118° ④ 122°

19 환봉을 황삭 가공하는 데 이송을 $0.1mm$/rev로 하려고 한다. 바이트의 노즈 반경이 $1.5mm$라고 한다면 이론상의 최대 표면 거칠기는?
① $8.2 \times 10^{-4} mm$
② $8.3 \times 10^{3} mm$
③ $8.3 \times 10^{5} mm$
④ $8.3 \times 10^{2} mm$

19.
$H = \dfrac{S^2}{8R} = \dfrac{0.1^2}{8 \times 1.5}$
$= 8.3 \times 10^{-4} mm$

정답 15. ③ 16. ③ 17. ② 18. ③ 19. ①

20 표면 거칠기 측정법에 해당되지 않는 것은?
① 다이얼 게이지 이용 측정법
② 표준편과의 비교 측정법
③ 광 절단식 표면 거칠기 측정법
④ 현미 간섭식 표면 거칠기 측정법

20.
다이얼 게이지는 비교측정기이다.

❷ 과목 기계제도 및 기초 공학

21 KS 규격에 따른 나사의 표시에 관한 설명 중 올바른 것은?
① 나사산의 감김 방향은 오른나사의 경우만 RH로 명기하고, 왼나사인 경우 따로 명기하지 않는다.
② 미터 가는 나사의 피치를 생략하거나 산의 수로 표시한다.
③ 2줄 이상인 경우 그 줄 수를 표시하며 줄 대신에 L로 표시할 수 있다.
④ 피치를 산의 수로 표시하는 나사(유니파이 나사 제외)의 경우

나사 호칭은 | 나사의 종류를 표시하는 기호 |

| 나사의 지름을 표시하는 숫자 | × | 산의 수 |

21.
① 나사산의 감김 방향은 오른나사의 경우 따로 명시하지 않는다.
② 미터 가는 나사는 반드시 피치를 기입해야 하며 mm로 나타낸다.
③ L은 왼나사를 나타낸다.

22 다음 중 H7 구멍과 가장 억지로 끼워지는 축의 공차는?
① f6   ② h6
③ p6   ④ g6

22.
H 이후의 알파벳이 억지끼움이다.

23 다음 금속재료기호 중 탄소강 단강품의 KS 기호는?
① SF 440 A   ② FC 440 A
③ SC 440 A   ④ HBsC 440 A

24 일반적으로 치수선을 그릴 때 사용하는 선의 명칭은?
① 굵은 2점 쇄선
② 굵은 1점 쇄선
③ 가는 실선
④ 가는 1점 쇄선

정답 20. ① 21. ④ 22. ③ 23. ① 24. ③

25 구멍의 치수가 $\phi 50^{+0.025}_{0}$이고, 축의 치수가 $\phi 50^{+0.035}_{-0.010}$이라면 무슨 끼워 맞춤인가?

① 헐거운 끼워 맞춤
② 중간 끼워 맞춤
③ 억지 끼워 맞춤
④ 가열 끼워 맞춤

25.
최대틈새 0.025+0.01=0.035
최대죔새 0+0.035=0.035
틈새와 죔새가 둘 다 있으므로 중간 끼워 맞춤이다.

26 다음 그림은 맞물리는 어떤 기어를 나타낸 간략도인데, 이 기어는 무엇인가?

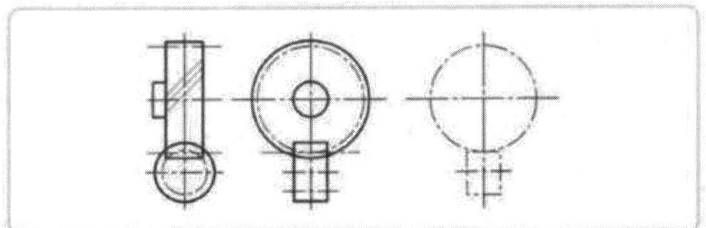

① 스퍼 기어
② 헬리컬 기어
③ 나사 기어
④ 스파이럴 베벨 기어

27 다음 중 기계제도의 기본원칙에 어긋나는 것을 보기에서 모두 고른 것은?

[보기]
a. 도면을 보관하기 위해 표제란이 보이게 A4 크기로 접었다.
b. 도면에 윤곽선, 표제란, 중심마크를 반드시 그려 넣어야 한다.
c. 실제 크기보다 2배 크기로 그림을 그려서 척도를 1:2로 기입했다.
d. 문장은 위에서 아래로 세로쓰기를 원칙으로 한다.

① a, b
② b, c
③ c, d
④ a, d

27.
c:실제크기보다 2배 크기는 2:1이다.
d:문장은 좌에서 우로 가로쓰기가 원칙이다.

정답 25. ② 26. ③ 27. ③

28 축의 도시방법에 관한 일반적인 설명으로 틀린 것은?

① 축의 구석부나 단이 형성되어 있는 부분에 형상에 대한 세부적인 지시가 필요할 경우 부분 확대도로 표시할 수 있다.
② 간축은 단축하여 그릴 수 있으나 길이는 실제 길이를 기입해야 한다.
③ 축은 통상 길이방향으로 단면 도시하여 나타낼 수 있다.
④ 축의 절단면은 90도 회전하여 회전도시 단면도로 나타낼 수 있다.

29 줄무늬 방향의 그림과 그 기호가 서로 틀린 것은?

29.
C는 동심형

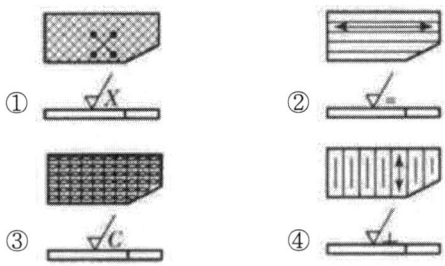

30 그림과 같은 정면도에 의하여 나타날 수 있는 평면도로 가장 적합한 것은?

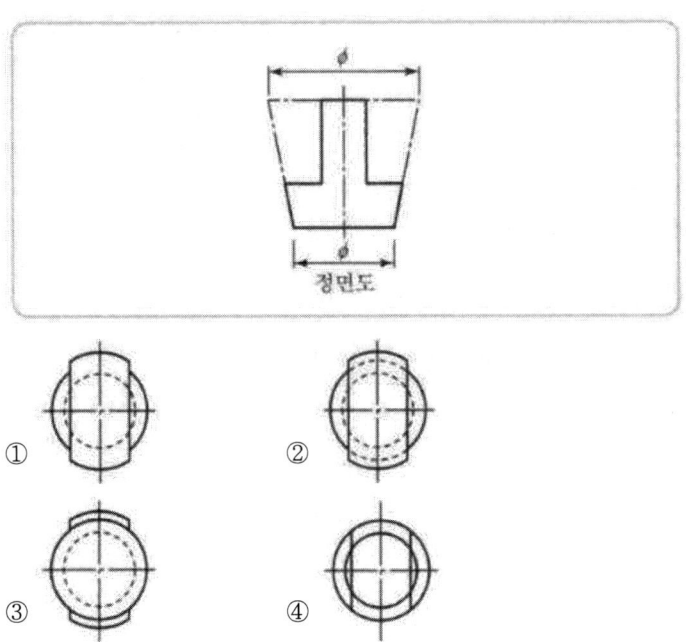

정답 28. ③ 29. ③ 30. ①

31 단면적이 $30cm^2$인 배관에 2m/s의 속도로 물이 흘러가고 있다면 유량은?

① $20cm^3/s$ ② $600cm^3/s$
③ $6000cm^3/s$ ④ $60000cm^3/s$

31.
$Q = AV$
$\quad = 30 \times 200 = 6000cm^3/s$

32 그림과 같이 길이 $l(m)$의 단순보에 $w(N/m)$의 균일분포하중이 작용할 때 발생하는 최대 굽힘 모멘트는?

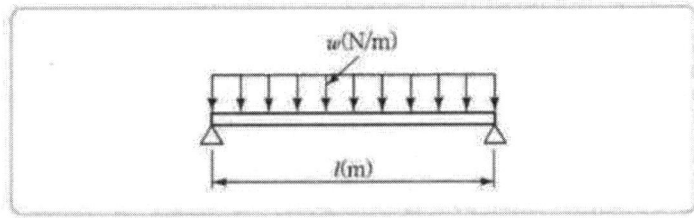

① $\dfrac{wl^2}{8}$ ② $\dfrac{wl^2}{4}$
③ $\dfrac{wl^2}{2}$ ④ wl^2

32.
$M_{\max} = \dfrac{wl}{2} \cdot \dfrac{l}{2} - \dfrac{wl}{2} \cdot \dfrac{l}{4}$
$\quad = \dfrac{wl^2}{8}$

33 철판을 1초에 $200mm$ 가공하는 레이저 가공기가 있다. 기계의 가공속도(m/min)는?

① 0.2   ② 12
③ 200   ④ 12000

33.
$\dfrac{200}{1000} \times 60 = 12m/min$

34 유압제어 시스템에 사용되는 유압 실린더의 동작 원리와 가장 관계가 깊은 것은?

① 파스칼의 원리   ② 질량 보존의 법칙
③ 베르누이의 정리   ④ 보일의 법칙

35 전기에 관한 설명으로 틀린 것은?

① 전류는 음(-)극에서 양(+)극으로 흐른다.
② 전자는 음(-)극에서 양(+)극으로 이동한다.
③ 전기적인 압력의 차이를 전압이라 한다.
④ 전기저항은 도체의 길이에 비례하고 도체의 단면적에 반비례 한다.

35.
전류(I)는 (+)에서 (-)로 흐른다.

정답 31. ③ 32. ① 33. ② 34. ① 35. ①

36 1N을 나타낸 것으로 틀린 것은?

① $1kg \cdot m/s^2$
② $10^5 dyne$
③ $10^5 g \cdot cm/s^2$
④ $1kg_f$

37 응력의 종류가 아닌 것은?

① 압축응력
② 인장응력
③ 전단응력
④ 피로응력

38 그림과 같은 지렛대의 양단 끝에 힘이 작용하고 중앙 받침점이 있고 평형을 이루었을 때 옳은 식은?

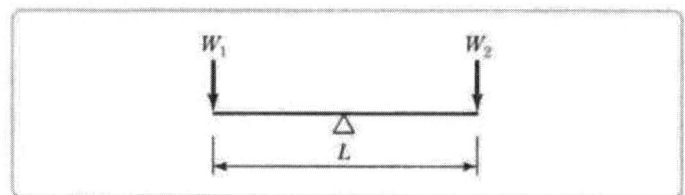

① $\dfrac{L}{W_1 \times W_2} = 1$
② $W_1 = W_2$
③ $\dfrac{W_1 \times W_2}{L} = 1$
④ $(W_1 \times W_2)L = 1$

39 1kW의 동력을 일의 단위로 나타내면 얼마인가?

① $95 kg_f \cdot m/s$
② $102 kg_f \cdot m/s$
③ $112 kg_f \cdot m/s$
④ $130 kg_f \cdot m/s$

40 지름이 4mm인 원의 1/4 크기에 해당하는 부채꼴의 면적은? (단, π는 3.14이다.)

① $1.57 mm^2$
② $3.14 mm^2$
③ $6.28 mm^2$
④ $12.56 mm^2$

36.
$1N = \dfrac{1}{9.8} kg_f = 0.102 kg_f$

40.
$\dfrac{\pi d^2}{4} \times \dfrac{1}{4} = \dfrac{\pi \times 2^2}{4} \times \dfrac{1}{4}$
$= 3.14 mm^2$

정답 36. ④ 37. ④ 38. ③ 39. ② 40. ②

❸ 과목 자동제어

41 과도응답에서 상승시간은 응답이 최종값의 몇 %까지의 시간으로 정의되는가?

① 0~10 ② 10~90
③ 30~70 ④ 0~100

42 개회로 제어 시스템(Open Loop Control System)을 적용하기에 적합하지 않은 제어계는?

① 외란 변수의 변화가 매우 작은 경우
② 여러 개의 외란 변수가 존재하는 경우
③ 외란 변수에 의한 영향이 무시할 정도로 작은 경우
④ 외란 변수의 특징과 영향을 확실히 알고 있는 경우

42.
여러 개의 외란 변수는 닫힘회로(되먹임)제어 시스템이 적합하다

43 완전한 진공을 "0"으로 하는 압력의 세기는?

① 최고압력 ② 평균압력
③ 절대압력 ④ 게이지 압력

43.
· 절대압력
  완전 진공을 0으로 하는 압력
· 계기 압력
  국지대기압을 0으로 하는 압력

44 제어량의 종류를 기준으로 온도, 압력, 유량, 액면 등의 상태량을 제어량으로 하는 제어는?

① 프로세스 제어 ② 서보 기구
③ 시퀀스 제어 ④ 자동 조정

45 다음 그림과 같은 블록선도의 전달함수로 올바른 것은?

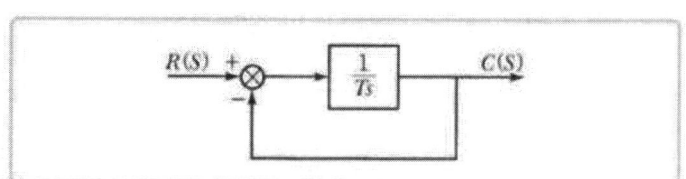

① $\dfrac{1}{TS}$ ② $\dfrac{1}{TS+1}$
③ $TS+1$ ④ TS

45.
$$R\frac{1}{TS} = C\left(1 - \frac{1}{TS}\right)$$
$$\frac{C}{R} = \frac{\frac{1}{TS}}{1 - \frac{1}{TS}} = \frac{1}{TS-1}$$

정답 41. ② 42. ② 43. ③ 44. ① 45. ②

46 다음 PLC 프로그램을 실행하는 데 걸리는 시간은 총 몇 [ms]인가?

"총 5000스텝의 PLC 프로그램으로 입력응답시간 5ms, 출력 응답시간 15ms, 1명령어 실행시간이 $2\mu s$이다.

① 25 ② 30
③ 35 ④ 85

46.
$5 + 15 + 5000 \times 2 \times 10^{-3} = 30ms$

47 유압 시스템에서 유압유의 선택 시 필요한 조건 중 틀린 것은?
① 확실한 동력을 전달하기 위하여 압축성일 것
② 녹이나 부식 발생이 없을 것
③ 화재의 위험이 없을 것
④ 수분을 쉽게 분리시킬 수 있을 것

47
유압유는 비압축성이어야 한다.

48 주파수 전달함수가 $G(jw) = 1+j$일 때 보드 선도의 위상은?
① 0° ② 45°
③ 90° ④ 135°

48.
$\theta = \tan^{-1}\frac{1}{1} = 45°$

49 다음 중 시퀀스 제어에 속하지 않는 것은?
① 전기로의 온도제어
② 자동판매기 제어
③ 교통신호등 제어
④ 컨베이어 제어

49.
전기로의 온도제어는 피드백제어로서 일정 온도를 유지하게 한다.

50 자동제어의 필요성으로 부적합한 것은?
① 생산속도의 상승
② 제품의 품질 균일화
③ 인건비 증가
④ 노동조건의 향상

정답   46. ②   47. ①   48. ②   49. ①   50. ③

51 다음 그림은 방향 제어 밸브의 기호이다. 명칭으로 옳은 것은?

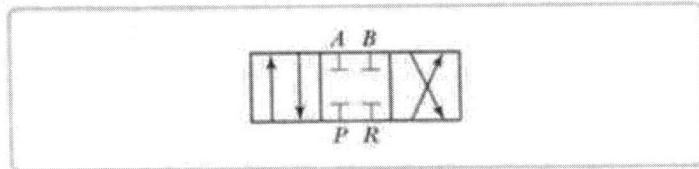

① 3포트 3위치 밸브 ② 4포트 3위치 밸브
③ 3포트 4위치 밸브 ④ 4포트 2위치 밸브

52 다음 그림과 같이 결합된 2개의 전달함수의 값 $G(s)$은?

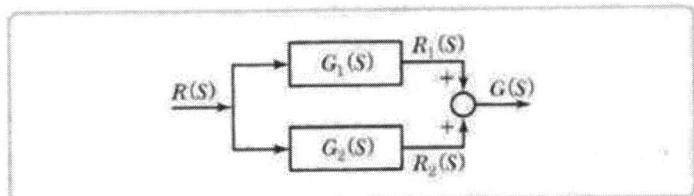

① $G(s) = G_1(s) \times G_2(s)$
② $G(s) = G_1(s) + G_2(s)$
③ $G(s) = G_2(s) \div G_1(s)$
④ $G(s) = G_1(s) \div G_2(s)$

53 서보기구에 대한 설명으로 틀린 것은?

① 제어량이 기계적 변위인 자동제어계를 의미한다.
② 일반적으로 신호변환부와 파워변환부로 구성된다.
③ 신호변환 시 전기식보다는 공압식이 많이 사용된다.
④ 서보기구의 파워변환부는 중력 및 조작을 행하는 부분이다.

53.
서보기구 신호 변환 시에는 속도가 빠른 전기식이나 전자식을 이용한다.

54 압축공기를 공급하는 파이프 직경을 결정할 때 고려해야 할 항목이 아닌 것은?

① 압축공기 공급 유량
② 파이프 길이
③ 파이프라인 내의 교축 효과를 주는 부속 요소의 양
④ 파이프 경사 각도

54.
밀폐되었기 때문에 경사 각도는 계산에 포함시키지 않는다.

정답 51. ② 52. ② 53. ③ 54. ④

55 릴레이제어에 비해 PLC 제어의 특징을 설명한 것으로 틀린 것은?

① 제어내용의 변경이 어렵다.
② 회로배선이 간소화 된다.
③ 신뢰성이 향상된다.
④ 보수가 용이하다.

55.
PLC 제어는 Ladder도를 이용하므로 프로그램 변경이 쉽다.

56 PLC에서 프로그램 한 사이클 실행하는 데 소요되는 시간을 무엇이라고 하는가?

① 로딩 타임(Loading Time)
② 딜레이 타임(Delay Time)
③ 스캔 타임(Scan Time)
④ 코딩 타임(Coding Time)

57 주파수 응답에 주로 사용되는 입력은?

① 계단 입력
② 임펄스 입력
③ 램프 입력
④ 정현파 입력

58 유압펌프의 기계효율이 90%이고, 용적효율이 90%일 경우 펌프의 전 효율(Overall Efficiency)은 얼마인가?

① 45%
② 81%
③ 85%
④ 90%

58.
$0.9 \times 0.9 = 0.81$

59 다음 그림과 같은 기호는 무엇을 뜻하는가?

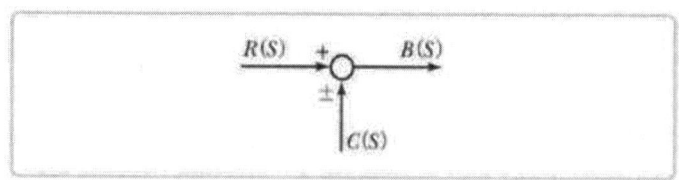

① 전달요소
② 가합점
③ 인출점
④ 출력점

정답 55. ① 56. ③ 57. ④ 58. ② 59. ②

60 어떤 제어계 압력신호를 가한 다음 출력신호가 정상상태에 도달할 때까지를 무엇이라고 하는가?

① 선형 상태
② 과도 상태
③ 무동작 상태
④ 안정 상태

④ 과목 메카트로닉스

61 아래 논리회로를 간략화한 식으로 옳은 것은?

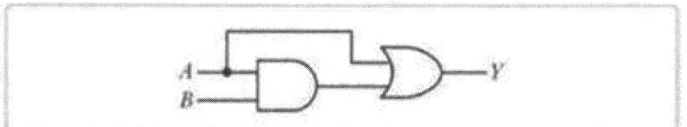

① $Y = A + B$
② $Y = A$
③ $Y = B$
④ $Y = AB$

61.
$Y = (A \cdot B) + A = A$

62 AC 서보모터의 특징이 아닌 것은?

① 자극의 위치검출이 필요 없다.
② 브러시가 없기 때문에 보수가 용이하다.
③ 코일이 스테이터에 있기 때문에 방열성이 좋다.
④ 정류한계가 없기 때문에 고속 회전 시 높은 토크가 가능하다.

63 다이캐스팅 주조의 특징이 아닌 것은?

① 정밀도가 우수하다.
② 대량생산이 가능하다.
③ 기공이 적고 치밀하다.
④ 용융점이 높은 금속의 주조에 이용된다.

63.
다이캐스팅 주조는 용융점이 낮은 금속(Al, Zn, Sn, Mg 등)의 주조에 적합하다.

정답 60. ② 61. ② 62. ① 63. ④

64 아래 회로의 출력 전압값으로 옳은 것은?

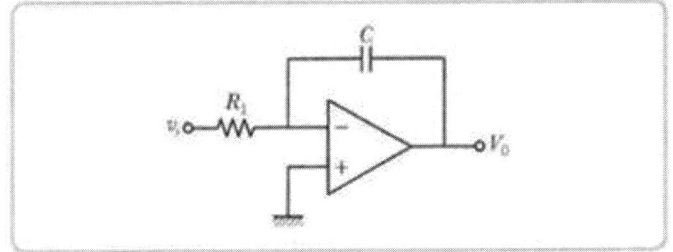

① $V_o = -\dfrac{1}{CR_i}\dfrac{dv_i}{dt}$ ② $V_o = -CB_i\dfrac{dv_i}{dt}$

③ $V_o = -\dfrac{1}{CR_i}\int v_i dt$ ④ $V_o = -CR_i\int v_i dt$

65 센서가 갖추어야 할 조건이 아닌 것은?

① 소비전력이 클 것
② 호환성이 좋을 것
③ 재현성 · 안정성이 우수할 것
④ 검출하고자 하는 물리량에 따라 출력이 가급적 직선적일 것

66 리액턴스에 대한 설명으로 틀린 것은?

① 자체 인덕턴스가 클수록 유도 리액턴스 값은 커진다.
② 정전용량이 작아질수록 용량 리액턴스의 값은 커진다.
③ 교류전압의 주파수가 커질수록 용량 리액턴스의 값은 작아진다.
④ 교류전압의 주파수가 커질수록 유도 리액턴스의 값은 작아진다.

66.
$X_L = wL = 2\pi fL$로
주파수가 커질수록 유도 리액턴스
값은 증가한다.

67 RL 직렬회로에 인가되는 전압의 주파수가 감소하면 위상각은?

① 증가한다.
② 감소한다.
③ 변함없다.
④ 일정 시간 증가 후 감소한다.

67.
$R-L$직렬회로의 임피던스(Z)
는 $\sqrt{R^2 + X_L^2}$ 이며 위상각
$\theta = \tan^{-1}\dfrac{X_L}{R} = \tan^{-1}\dfrac{wL}{R}$
$= \tan^{-1}\dfrac{2\pi fL}{R}$
주파수 감소 시 위상각은 감소한다.

정답 64. ③ 65. ① 66. ④ 67. ②

68 RL 병렬회로의 임피던스는?

① $R/(R^2+X_L^2)$
② $X_L/(R^2+X_L^2)$
③ $X_L\sqrt{R^2+X_L^2}$
④ $RX_L/\sqrt{R^2+X_L^2}$

68.
$R-L$ 병렬회로의 임피던스(Z)
$$Z = \frac{jRX_L}{R+jX_L} = \frac{RX_L^2}{\sqrt{R^2+X_L^2}}$$

69 고정자 측에 영구자석을 배치하여 공극부에 직류 바이어스 자계를 발생시켜 제어하는 스테핑 모터는?

① 가변 리액턴스형
② 반영구 자석형
③ 영구 자석형
④ 하이브리드형

70 수광부와 발광부가 대향 배치되어 있고, 그 사이에 물체가 들어가면 동작하게 되어 있는 포토 인터럽트의 특징으로 틀린 것은?

① 소형 경량이다.
② 고신뢰성이 있다.
③ 저속 응답성이 있다.
④ 높은 정밀도를 갖는다.

70.
포토 인터럽트는 고속 응답성이다

71. 10진수 0.6875를 2진수로 변환하면?

① $(0.1011)_2$
② $(0.1111)_2$
③ $(0.1101)_2$
④ $(0.1110)_2$

71.
⓪.6875
×2
①.375
×2
⓪.75
×2
①.5
×2
①
$(0.01011)_2$

72 여러 개의 입·출력 주변장치 중 어느 장치로부터 인터럽트가 발생되었는지 CPU가 주변장치를 하나씩 순차로 점검하여 인터럽트를 요구한 장치를 찾아내는 방식은?

① 데이지 체인
② 벡터
③ 풀링
④ 핸드세이킹

정답 68. ④ 69. ④ 70. ③ 71. ① 72. ③

73 PLC 사용 시 접지하는 목적에 해당되지 않는 것은?

① 누설 전류에 의한 감전을 방지한다.
② 센서부의 입력 신호를 증폭하여 명확히 한다.
③ PLC 제어반과 대지 간의 전위차를 "0"으로 한다.
④ 혼입한 잡음을 대지로 배제하여 잡음의 영향을 감소시킨다.

74 서로 다른 2종류의 금속 양끝을 접합하고 양접점 간의 온도차에 의해 발생되는 열기전력을 이용하여 온도를 측정하는 것은?

① 열전쌍   ② 서미스터
③ 압전센서   ④ 측온저항체

75 지름 $100mm$의 공작물을 절삭길이 $25mm$, 회전속도 300rpm, 이송속도 $0.25mm/rev$으로 1회 가공할 때 소요되는 시간은 약 몇 초(sec)인가?

① 10   ② 20
③ 30   ④ 40

75.
$$\frac{25}{0.25} = 100$$
$$\frac{100}{300} \times 60 = 20$$

76 역방향 항복에서 동작하도록 설계된 다이오드로서 전압안정화 회로로 사용되는 것은?

① 제너 다이오드   ② 쇼트키 다이오드
③ 가변용량 다이오드   ④ 터널 다이오드

77 논리 대수의 공식으로 틀린 것은?

① A+B=B+A   ② (A+B)+C=A+(B+C)
③ (A+B)·B=A·B   ④ A+(B·C)=(A+B)·(A+C)

77.
$(A+B) \cdot B = B$

78 마이크로 컴퓨터를 이용한 제어장치에서 프로그램이나 데이터를 일시 저장할 수 있는 기억장치를 무엇이라고 하는가?

① CPU   ② RAM
③ ROM   ④ I/O 인터페이스

정답   73. ② 74. ① 75. ② 76. ① 77. ③ 78. ②

79 서보 시스템에서 기준값과 실제값의 차이를 무엇이라 하는가?
① 외란
② 상태변수
③ 제어편차
④ 레퍼런스

80 마이크로프로세서 내에서 산술 연산의 기본 연산은?
① 덧셈
② 뺄셈
③ 곱셈
④ 나눗셈

정답 79. ③ 80. ①

SECTION 07   PART 05 과년도 출제문제
2015년 1회

1 과목 기계가공법 및 안전관리

01 드릴링 머신에서 회전수 160rpm, 절삭속도 15m/min일 때, 드릴의 지름(mm)은 약 얼마인가?

① 29.8   ② 35.1
③ 39.5   ④ 15.4

1.
$$d = \frac{1000V}{\pi N} = \frac{1000 \times 15}{\pi \times 160}$$
$$= 29.84$$

02 재해 원인별 분류에서 인적 원인(불안전한 행동)에 의한 것으로 옳은 것은?

① 불충분한지지 또는 방호
② 작업장소의 밀집
③ 가동 중인 장치의 정비
④ 결함이 있는 공구 및 장치

2.
인적 원인의 재해는 주로 작업자의 행동에 의한 재해이다.

03 중량물의 내면 연삭에 주로 사용되는 연삭방법은?

① 트래버스 연삭
② 플랜지 컷 연삭
③ 만능 연삭
④ 플래네터리 연삭

3.
트래버스 연삭과 플랜지 컷 연삭은 외경 연삭 방법이며, 플래네터리(유성형) 연삭기는 대형 공작물의 내면 연삭기이다.

04 블록 게이지의 부속 부품이 아닌 것은?

① 홀더
② 스크레이퍼
③ 스크라이버 포인트
④ 베이스 블록

4.
스크레이퍼
기계가공한 면을 다시 정밀하게 가공하는 수리·가공 공구이다.

정답   01. ①   02. ③   03. ④   04. ②

05 목재, 피혁, 직물 등 탄성이 있는 재료로 바퀴 표면에 부착시킨 미세한 연삭 입자로써 버핑하기 전 가공물 표면을 다듬질 하는 가공방법은?

① 폴리싱
② 롤러 가공
③ 버니싱
④ 숏 피닝

06 특정한 제품을 대량 생산할 때 적합하지만, 사용범위가 한정되며 구조가 간단한 공작기계는?

① 범용 공작기계
② 전용 공작기계
③ 단능 공작기계
④ 만능 공작기계

6.
만능 공작기계
한 가지 제품만을 가공할 수 있게 제작된 공작기계

07 중량 가공물을 가공하기 위한 대형 밀링머신으로 플레이너와 유사한 구조로 되어 있는 것은?

① 수직 밀링머신
② 수평 밀링머신
③ 플레노 밀러
④ 회전 밀러

7.
플레노 밀러는 플레이너형 밀링이다.

08 분할대에서 분할 크랭크 핸들을 1회전하면 스핀들은 몇 도(°) 회전하는가?

① 36°
② 27°
③ 18°
④ 9°

8.
각도분할법은 분할대의 주축이 1회전하면 크랭크 핸들과 분할대 주축과의 회전비는 40:1이므로 스핀들의 회전각도는 다음과 같다.
$\dfrac{360°}{40} = 9°$

09 가공물을 절삭할 때 발생되는 칩의 형태에 미치는 영향이 가장 적은 것은?

① 공작물의 재질
② 절삭속도
③ 윤활유
④ 공구의 모양

9.
칩의 형태에 영향을 주는 인자는 절삭공구의 모양, 공작물의 재질, 절삭속도, 절삭깊이, 이송 등이다.

정답 05. ① 06. ② 07. ③ 08. ④ 09. ③

10 지름이 $100mm$인 가공물에 리드 $600mm$의 오른나사 헬리컬 홈을 깎고자한다. 테이블 이송 나사의 피치가 $10mm$인 밀링머신에서, 테이블 선회각을 $\tan\alpha$로 나타낼 때 옳은 값은?

① 31.41　　② 1.90
③ 0.03　　　④ 0.52

10.
$$\tan\alpha = \frac{\pi D}{L} = \frac{\pi \times 100}{600} = 0.52$$

11 수준기에서 1눈금의 길이를 $2mm$로 하고, 1눈금이 각도 $5''$(초)를 나타내는 기포관의 곡률반경은?

① 7.26m　　② 72.6m
③ 8.23m　　④ 82.5m

11.
$$\theta = \frac{5}{3600} \times \frac{\pi}{180} rad$$
$$R = \frac{S}{\theta}$$
$$= 2 \times 10^{-3} \times \frac{3600 \times 180}{5\pi}$$
$$= 82.5m$$

12 연삭숫돌바퀴의 구성 3요소에 속하지 않는 것은?

① 숫돌입자　　② 결합제
③ 조직　　　　④ 기공

12.
연삭숫돌의 3요소는 입자, 결합제, 기공이며 조직은 숫돌의 5요소에 포함된다.

13 선반가공에서 양 센터작업에 사용되는 부속품이 아닌 것은?

① 돌림판　　② 돌리개
③ 맨드릴　　④ 브로치

13.
브로치는 키홈가공 공작기계이다.

14 $-18\mu m$의 오차가 있는 블록 게이지에 다이얼 게이지를 영점세팅 하여 공작물을 측정하였더니, 측정값이 $46.75mm$이었다면 참값(mm)은?

① 46.960　　② 46.798
③ 46.762　　④ 46.603

14.
참값=측정값+오차
=46.78+(-0.018)
=46.762

15 공작기계에서 절삭을 위한 세 가지 기본운동에 속하지 않는 것은?

① 절삭운동　　② 이송운동
③ 회전운동　　④ 위치조정운동

15.
공작기계의 기본운동은 절삭운동, 이송운동, 위치조정운동이다.

정답　10. ④　11. ④　12. ③　13. ④　14. ③　15. ③

16 지름이 $50mm$인 연삭숫돌을 7000rpm으로 회전시키는 연삭작업에서, 지름 $100mm$인 가공물을 연삭숫돌과 반대방향으로 100rpm으로 원통 연삭할 때 접촉점에서 연삭의 상대속도는 약 몇 m/min인가?

① 931
② 1099
③ 1131
④ 1161

16.
$$V = \frac{\pi DN}{1000} + 원주속도$$
$$= \frac{\pi \times 50 \times 7000}{1000} + \frac{\pi \times 100 \times 100}{1000}$$
$$= 1131$$

17 게이지 종류에 대한 설명 중 틀린 것은?

① Pitch 게이지 : 나사 피치 측정
② Thickness 게이지 : 미세한 간격(두께) 측정
③ Radius 게이지 : 기울기 측정
④ Center 게이지 : 선반의 나사 바이트 각도 측정

17.
크게 게이지는 반지름 게이지라고 하며 곡면의 둥글기를 측정한다.

18 선반에서 나사가공을 위한 분할너트(Half Nut)는 어느 부분에 부착되어 사용하는가?

① 주축대
② 심압대
③ 왕복대
④ 베드

18.
분할너트는 왕복대의 부속장치로 나사 절삭 시 사용한다.

19 절삭온도와 절삭조건에 관한 내용으로 틀린 것은?

① 절삭속도를 증대하면 절삭온도는 상승한다.
② 칩의 두께를 크게 하면 절삭온도가 상승한다.
③ 절삭온도는 열팽창 때문에 공작물 가공치수에 영향을 준다.
④ 열전도율 및 비열값이 작은 재료가 일반적으로 절삭이 용이하다.

19.
열전도율이 작은 공구는 절삭 시 절삭온도가 증가되어 날끝 온도가 상승하여 공구는 빨리 마멸되고 공구수명이 짧아진다.

20 표준 맨드릴(Mandrel)의 테이퍼 값으로 적합한 것은?

① $\frac{1}{10} \sim \frac{1}{20}$ 정도
② $\frac{1}{50} \sim \frac{1}{100}$ 정도
③ $\frac{1}{100} \sim \frac{1}{1000}$ 정도
④ $\frac{1}{200} \sim \frac{1}{400}$ 정도

정답 16. ③ 17. ③ 18. ③ 19. ④ 20. ③

❷ 과목 기계제도 및 기초공학

21 그림과 같이 나사 표시가 있을 때, 옳은 것은?

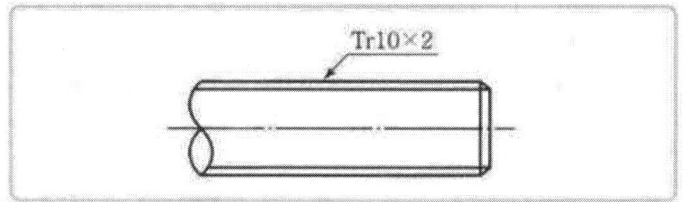

① 볼나사 호칭 지름 10인치
② 둥근 나사 호칭 지름 10mm
③ 미터 사다리꼴 나사 호칭 지름 10mm
④ 관용 테이퍼 수나사 호칭 지름 10mm

21
Tr : ISO 규격 미터사다리꼴나사
10 : 호칭 지름
2 : 피치

22 재료 기호 'STC'가 나타내는 것은?
① 일반 구조용 압연 강재 ② 기계 구조용 탄소 강재
③ 탄소 공구강 강재   ④ 합금 공구강 강재

22.
①일반 구조용 압연 강재 : SS
②기계 구조용 탄소 강재 : SM
③탄소 공구강 강재 : STC
④합금 공구강 강재 : STS

23 다음과 같은 간략도의 전체를 표현한 것으로 가장 적합한 것은?

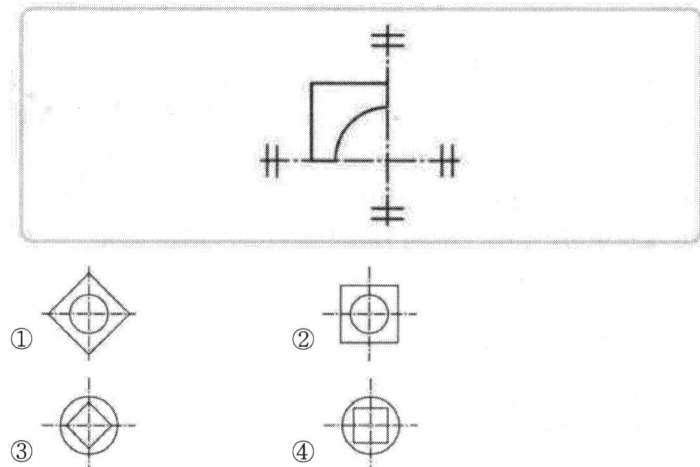

23.
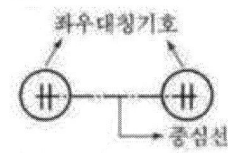
좌우대칭기호
중심선

정답   21. ③   22. ③   23. ②

24 스크레이핑 가공기호는?
① FS   ② FSU
③ CS   ④ FSD

24.
· FS : 스크레이퍼 가공
· FF : 줄 가공
· FL : 래핑 가공
· FR : 리머 가공

25 다음과 같이 3각법에 의한 투상도에서 누락된 정면도로 옳은 것은?

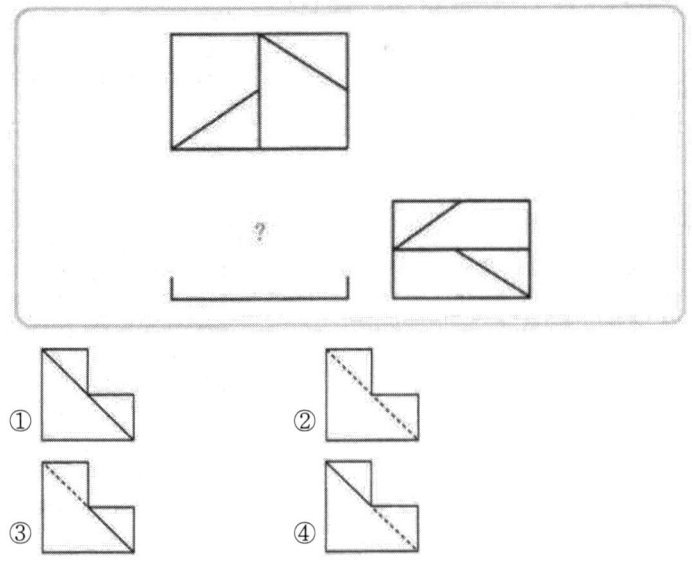

26 크롬 몰리브덴 강재의 KS 재료 기호는?
① SNCM   ② SMC
③ SCr   ④ SCM

26.
①SNCM : 니켈 크롬 몰리브덴강
③SCr : 크롬 강재
④SCM : 크롬 몰리브덴 강재

27 표면의 결 도시방법의 기호 설명이 옳은 것은?
① d : 가공 방법
② g : 기준 길이
③ b : 줄무늬 방향기호
④ f : Ra 이외의 표면 거칠기 값

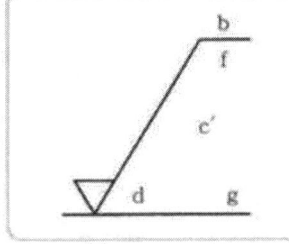

27.
· a : 산술 평균 거칠기 값
· b : 가공 방법
· c' : 기준 길이
· d : 줄무늬 방향 기호
· f : 산술 평균 거칠기 이외의 표면 거칠기 값
· g : 표면 파상도

정답 24. ① 25. ④ 26. ④ 27. ④

28 구멍의 치수는 $\phi 50^{+0.03}_{-0.01}$, 축의 치수는 $\phi 50^{+0.01}_{0}$ 일 때, 최대 틈새는 얼마인가?

① 0.04 ② 0.03
③ 0.02 ④ 0.01

28.
0.03-0=0.03

29 다음 중 도면의 내용에 따른 분류가 아닌 것은?

① 부품도 ② 전개도
③ 조립도 ④ 부분조립도

29.
도면의 내용에 따른 분류는 조립도, 부분조립도, 부품도이다.

30 구름 베어링 기호 중 안지름이 $10mm$인 것은?

① 7000 ② 7001
③ 7002 ④ 7010

30.
안지름 번호(세 번째, 네 번째 숫자)
안지름 번호 1~9까지는 안지름 번호가 안지름, 안지름 번호 안지름 $20mm$이상 $480mm$ 미만 에서는 안지름을 5로 나눈 수가 안지름 번호이다.
· 00 : 안지름 $10mm$
· 01 : 안지름 $12mm$
· 02 : 안지름 $15mm$
· 03 : 안지름 $17mm$

31 그림과 같이 100N의 물체를 단면적 $5mm^2$의 강선으로 매달았을 때 AB쪽에 발생하는 장력(F_1)과 응력의 크기는?

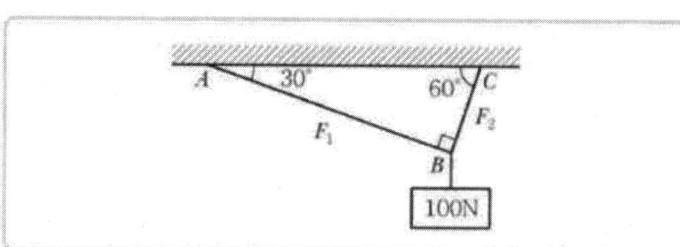

① $50\sqrt{3}[N], 10\sqrt{3}[N/mm^2]$
② $55\sqrt{3}[N], 15[N/mm^2]$
③ $55[N], 10[N/mm^2]$
④ $50[N], 10[N/mm^2]$

31
sin 정의
$$\frac{F_1}{\sin\theta} = \frac{F_2}{\sin\theta_2} = \frac{F_3}{\sin\theta_3}$$
장력
$$F_1 = \frac{F\cos 60°}{\sin(60°+30°)}$$
$$= \frac{100 \times \cos 60°}{\sin(60°+30°)}$$
$$= 50N$$
응력
$$\sigma = \frac{F}{A} = \frac{50}{5} = 10N/mm^2$$

32. 전기난로에 니크롬선이 병렬로 두 개 들어 있다. 한 개를 켤 때에 비해 두 개를 켤 때 이 전기난로의 전체 저항은 몇 배가 되는가?
　① 2배
　② 1배
　③ $\frac{1}{2}$배
　④ $\frac{1}{4}$배

32.
$$\frac{1}{R_T} = \frac{1}{R} + \frac{1}{R} = \frac{2}{R}$$
$$R_T = \frac{R}{2}$$

33. 1erg의 일이란?
　① 1N의 힘이 작용하여 물체를 힘의 방향으로 1m 변위시키는 일
　② 1N의 힘이 작용하여 물체를 힘의 방향으로 1cm 변위시키는 일
　③ 1dyn의 힘이 작용하여 물체를 힘의 방향으로 1m 변위시키는 일
　④ 1dyn의 힘이 작용하여 물체를 힘의 방향으로 1cm 변위시키는 일

33.
1erg의 일
1dyn의 힘으로 물체를 힘의 방향으로 1cm 변위시키는 일이다.
$1 erg = 1 dyn \cdot cm - 10^{-7} J$

34. 바하(Bach)의 축 공식에서 연강축의 길이 1m당 비틀림각은 몇 도 이내로 제한하는가?
　① $\frac{1}{4}$
　② $\frac{1}{6}$
　③ $\frac{1}{8}$
　④ $\frac{1}{10}$

34.
바하(Bach)의 축공식 연강축의 비틀림각은 축 길이 1m당 $\frac{1}{4}$° 이하가 되도록 제한하여 계산한 공식이다

35. 유압실린더의 원리는?
　① 뉴턴의 법칙
　② 아베의 원리
　③ 파스칼의 원리
　④ 베르누이의 법칙

35.
파스칼 유압법칙
밀폐된 정지유체 한 부분의 압력은 전 부분에서 동일하다.
$$P = \frac{F_1}{A_1} = \frac{F_2}{A_2}$$

36. 400W의 전기밥솥을 하루에 2시간씩 30일간 사용한 경우 소비되는 전력량[kWh]은?
　① 12
　② 24
　③ 36
　④ 48

36.
$W = Pt = 0.4 \times 2 \times 30 = 24 kWh$

37. 전류의 단위가 A와 같은 것은? (단, C는 쿨롱, J는 줄, Ω는 저항, s는 시간, m은 거리를 표시하는 단위이다.)
　① $\frac{J}{s}$
　② $\frac{J}{C}$
　③ $\frac{C}{s}$
　④ $\Omega \cdot m$

37.
전류 1A는 1초(s) 동안에 1C의 전기량이 이동한 것이다.

정답　32. ③　33. ④　34. ①　35. ③　36. ②　37. ③

38 축의 굽힘 모멘트[M]에 대한 설명으로 틀린 것은?
① 굽힘 모멘트는 축의 단면계수에 비례한다.
② 굽힘 모멘트는 축의 허용 굽힘응력에 비례한다.
③ 굽힘 모멘트는 축 지름의 세제곱에 비례한다.
④ 굽힘 모멘트는 무차원 단위를 갖는다.

38.
굽힘 모멘트의 단위는
$N \cdot m = J$ 이다.

39 한 변의 길이가 6인 정삼각형의 넓이는?
① $3\sqrt{3}$ ② $6\sqrt{3}$
③ $9\sqrt{3}$ ④ $12\sqrt{3}$

39.
단면적
$A = \dfrac{bh}{2} = \dfrac{6 \times 6}{2} = \sin 60$
$= 9\sqrt{3}$
밑변$(b) = 6\cos 60 \times 2 = 6$
높이$(h) = 6\sin 60 = 3\sqrt{3}$
면적$(A) = \dfrac{6 \times 3\sqrt{3}}{2} = 9\sqrt{3}$

40 두 자동차 A, B가 직선 도로상에서 각각 30km/h, 40km/h의 일정한 속력으로 같은 남쪽 방향으로 달리고 있다. 자동차 B에서 본 자동차 A의 상대 속도의 크기와 방향은?
① 10km/h, 남쪽   ② 10km/h, 북쪽
③ 30km/h, 남쪽   ④ 30km/h, 북쪽

40.
상대속도 $v = v_A - v_B$
$= 30km/h \downarrow$
$\quad - 40km/h \downarrow$
$= 10km/h \uparrow$

❸ 과목 자동제어시험

41 제어신호흐름선도 용어 중에서 밖으로 향하는 가지만 가진 것은?
① 경로   ② 출력마디
③ 입력마디   ④ 혼합마디

41.
①경로 : 동일한 진행 방향을 갖은 연결가지의 집합. 한 절을 두 번 거치면 안 됨.
②출력마디 : 들어오는 가지만 있고 나가는 가지는 없는 마디.
③입력마디 : 나가는 가지만 있고 돌아오는 가지가 없는 절

42 PLC 프로그램 로더의 주요 기능이 아닌 것은?
① 프로그램 입력
② 전원 안정화
③ 프로그램 모니터링
④ 프로그램 편집

42.
프로그램 로더에는 그래픽로더와 핸드로더가 있으며 기능은 다음과 같다.
㉠그래픽 로더 : 프로그램 작성 전용 소프트웨어이며, 프로그램을 입력, 수정, 편집한다.
㉡핸드 로더 : 니모닉 기호로 프로그램을 입력, 수정, 편집한다.

정 답   38. ④ 39. ③ 40. ② 41. ③ 42. ②

43 라플라스 변환의 특징이 아닌 것은?

① 시간 영역에서 해석을 쉽게 한다.
② 미분방정식을 선형 방정식화 한다.
③ 주파수 영역에 대한 해석을 쉽게 한다.
④ 선형 시불변미분방정식의 해를 구하는 데 사용할 수 있다.

43.
라플라스 변환은 선형 시불변미분방정식의 해를 구할 수 없다.

44 다음 중 연속회전용 유압모터가 아닌 것은?

① 제어모터
② 베인모터
③ 요동모터
④ 회전피스톤 모터

44.
요동 모터는 제한 운동을 하는 유압 액추에이터이다.

45 자동창고의 구성요소 중 다음 설명에 해당되는 것은?

"입고 스테이션(Station)에서 컴퓨터로부터 입고 명령을 받아 물건을 일정한 선반 위에 적재하고, 또한 출고 명령을 받아 출고 스테이션에 하역하는 기능을 가지고 있다.

① 랙(Rack)
② 컨베이어(Conveyor)
③ 컨트롤러(Controller)
④ 스태커 크레인(Stacker Crane)

45.
· 저장 랙(Storage Rack) : 하물을 저장하는 랙
· 스태커 크레인(Stacker Crane) : 저장 및 반출 기계

46 퍼지 제어의 특징이 아닌 것은?

① 추론에 의한 인간의 판단에 가까운 제어가 가능하다.
② 많은 관측치를 입력하여 조작량을 얻어 낼 수 있다.
③ PID와 같은 선형 제어가 연산의 근본이다.
④ 외란에 강하다.

46.
퍼지 제어(Fuzzy Control) 엄밀한 수치가 아닌 주관적인 생각에 제어규칙을 정하여 경험적으로 최적치를 구하는 제어를 모호 제어라고도 한다.

정답 43. ① 44. ③ 45. ④ 46. ③

47 UART를 이용한 데이터의 직렬(Serial) 전송을 구성하기 위한 세트에 포함되지 않는 것은?

① 스톱 ② 체크
③ 스타트 ④ 패리티

48 물체의 위치, 각도, 자세 등의 변위를 제어량으로 하는 제어방식은?

① 서보제어
② 자동조정
③ 추종제어
④ 프로그램 제어

49 유압밸브에서 온도가 변화하면 오일의 점도가 변화하여 유량이 변하게 된다. 이때 유량 변화를 막기 위하여 열팽창률이 높은 금속봉을 이용하여 오리피스 개구 넓이를 작게 함으로써 유량변화를 보정하는 밸브는?

① 감압밸브
② 셔틀밸브
③ 스로틀 체크밸브
④ 압력 온도보상형 유량조정밸브

50 제어량을 어떤 일정한 목푯값으로 유지하는 것을 목적으로 하며 정치제어에 속하지 않는 것은?

① 주파수 제어
② 발전기의 조속기
③ 자동전압 조정장치
④ 잉크젯 프린터 헤드 위치제어

47.
UART는 범용동기 송수신기로서 가장 일반적으로 각 데이터비트의 시간에 대해 16/64배 빠른 클록 신호를 이용하여 시작비트로부터 제어 각 비트의 경계를 찾아낸다. 이 클록 신호는 자체적인 내부 클록 디지털 회로에 의해 발생한다. 보드 설정에 따라 주 클록으로부터 타이머 등을 써서 설정한 속도의 클록신호를 만든다.
이것은 프로그래밍에 대한 레지스터 설정에 따라 클록 신호의 주파수가 바뀐다.
통신 양쪽에서 설정을 미리 약속하고 클록 신호 발생부의 레지스터를 같은 속도로 설정해야 통신이 원활하게 이루어진다.
· 시작(스타트)비트 : 통신의 시작을 의미하며 한 비트 시간길이만큼 유지한다. 지금부터 정해진 약속에 따라 통신을 시작한다.
· 데이터 비트 : 5~8비트의 데이터 전송을 한다. 몇 비트를 사용 할 것인지는 해당 레지스터 설정에 따라 결정된다.
· 패리티 비트 : 오류검증을 하기 위한 패리티 값을 생성하여 송신하고 수신 쪽에서 오류 판단한다. 사용안함, 짝수, 홀수 패리티 등의 세 가지 옵션으로 해당 레지스터 설정에 따라 선택을 할 수 있다. '사용안함'을 선택하면 이 비트가 제거된다.
· 종료(스톱)비트 : 통신 종료를 알린다. 세 가지의 정해진 비트만큼 유지해야 한다. 1, 1.5, 2비트로 해당 레지스터 설정에 따라 결정된다.

50.
위치제어는 추치제어이다.

정답 47. ② 48. ① 49. ④ 50. ④

51 1차 지연요소를 나타내는 전달함수는?

① $1+ST$
② K/S
③ KS
④ $K/(1+ST)$

52 드모르간 정리가 틀린 것은?

① $\overline{A+B} = \overline{A} \cdot \overline{B}$
② $\overline{A \cdot B} = \overline{A} + \overline{B}$
③ $\overline{\overline{A+B}} = A \cdot B$
④ $\overline{\overline{A+B}} = \overline{A} + \overline{B}$

52.
$\overline{A+B} = \overline{A} \cdot \overline{B} = A \cdot B$

53 피드백 제어계의 특징으로 적합하지 않은 것은?

① 외부조건 변화에 대한 영향력을 줄일 수 있다.
② Open loop 제어에 비해 정확성이 낮다.
③ 출력값을 제어에 활용한다.
④ 제어시스템의 구성이 복잡해진다.

53.
피드백 제어계는 시퀀스 제어계 (Open loop제어)보다 정확하다.

54 그림과 같이 전달함수가 직렬로 결합되어 있을 때 하나의 등가전달함수로 변환할 수 있다. 이를 옳게 표현한 것은?

$R(S) \rightarrow \boxed{G_2(S)} \xrightarrow{E} \boxed{G_1(S)} \xrightarrow{G(S)}$

① $G(S) = G_1(S) \cdot G_2(S)$
② $G(S) = G_1(S) + G_2(S)$
③ $G(S) = G_1(S) - G_2(S)$
④ $G(S) = [G_1(S) \cdot G_2(S)]/R(S)$

정답 51. ④ 52. ④ 53. ② 54. ①

55 전달함수 $G(s) = \dfrac{1}{(S+2)^2}$ 에서 $\omega=10\text{rad/sec}$에서의 Bode 선도의 기울기[dB/dec]는?

① −40 ② −20
③ 0   ④ 20

56 PLC 메모리부에 대한 설명으로 틀린 것은?
① 사용자 프로그램은 RAM에 보존된다.
② RAM 영역의 정보를 전지로 보존할 수 있다.
③ EP ROM에 쓰기(Write)된 프로그램은 소거할 수 없다.
④ PLC를 동작시키는 시스템 프로그램은 ROM에 존재한다.

57 서보모터의 특징이 아닌 것은?
① 제어회로가 간단하다.   ② 정·역회전이 자유롭다.
③ 신속한 정지가 가능하다. ④ 속도, 위치제어가 가능하다.

58 다음 블록선도에서 $C(S)$는?

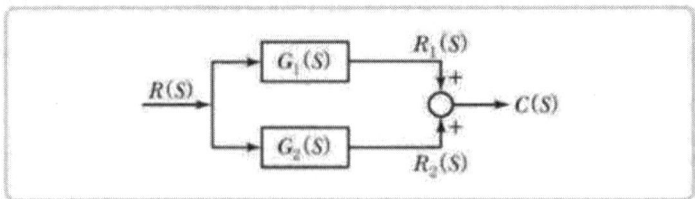

① $C(S) = G_1(S) + G_2(S)$
② $C(S) = G_1(S) \cdot G_2(S)$
③ $C(S) = [G_1(S) \cdot G_2(S)]R(S)$
④ $C(S) = [G_1(S) + G_2(S)]R(S)$

정답 55. ① 56. ③ 57. ① 58. ④

55.
$$G(s) = \frac{1}{(S+2)^2} = \frac{1}{s^2+4s+s}$$
$$= \frac{1}{(jw)^2+4jw+4}$$
$$= \frac{1}{-100+40j+4}$$
$$= \frac{1}{-96+40j}$$
$$|G(s)| = \left|\frac{1}{-96+40j}\right|$$
$$= \frac{1}{\sqrt{(-96)^2+(40j)^2}}$$
$$= \frac{1}{\sqrt{7616}}$$
이득 $20\log|G(s)|$
$$= 20\log\left(\frac{1}{\sqrt{7616}}\right) = -38.8dB$$

56.
㉠ EPROM(Erasable Programable ROM) : 기록과 소거가 가능한 ROM
㉡ ROM(Read Only Memory) : 읽기 전용으로 메모리 내용 소거 불가
㉢ RAM(Random Access Memory) : 메모리에 정보를 수시로 읽고 쓰기가 가능

57.
서보모터는 고속의 추종성을 필요로 하는 모터이므로 제어회로가 다른 모터보다 복잡하다.

58.
$RG_1 + RG_2 = C$
$C = R(G_1+G_2)$

59 시간함수 $V(t) = Ri(t) + L\frac{di}{dt}(t) + \frac{1}{C}\int i(t)dt$를 라플라스 함수로 변환한 식으로 옳은 것은?

① $V(s) = RI(s) + sLI(s) + \frac{1}{sC}I(s)$

② $V(s) = \frac{1}{R}I(s) + sLI(s) + \frac{1}{sC}I(s)$

③ $V(s) = RI(s) + \frac{1}{sL}I(s) + sCI(s)$

④ $V(s) = \frac{1}{R}I(s) + \frac{1}{sL}I(s) + sCI(s)$

60 공기압 실린더나 각종 제어밸브가 원활히 작동할 수 있도록 윤활유를 공급해 주는 장치는?

① 압력 조절기(Regulator)
② 윤활기(Lubricator)
③ 공기 건조기(Air Dryer)
④ 압력 제어기(Controller)

❹ 과목 메카트로닉스

61 게이지 블록으로 치수 조합하는 방법을 설명한 것으로 틀린 것은?

① 조합의 개수를 최소로 한다.
② 정해진 치수를 고를 때는 맨 끝자리부터 고른다.
③ 소수점 아래 첫째 자리 숫자가 5보다 큰 경우 5를 뺀 나머지 숫자부터 고른다.
④ 두꺼운 것과 얇은 것과의 밀착은 두꺼운 것을 얇은 것의 전체에 맞추면서 밀착한다.

61.
게이지 블록의 밀착은 두꺼운 것은 중앙부를 교차하여 밀착 후 회전시키며 이외의 것은 게이지의 한쪽 끝에서 밀어서 밀착시킨다.

62 감은 횟수 30회의 코일에 0.4A의 전류가 흐를 때 2×10^{-3}Wb의 자속이 발생하였다. 이때 자체 인덕턴스[H] 값은?

① 0.15　　② 0.8
③ 1　　　 ④ 12

62.
$L = \frac{N\phi}{I} = \frac{30 \times 2 \times 10^3}{0.4}$
$= 0.15H$

정답　59. ①　60. ②　61. ④　62. ①

63 산업용 로봇에서 서보 레디(Servo Ready)란?

① 정의된 위치 데이터를 키보드로 직접 입력하는 것
② 컨트롤러에서 이상 유무를 확인·점검 하는 신호
③ 아날로그 타입에서 모터 드라이버로 출력하는 속도 명령어 신호
④ 전원 공급 후 컨트롤러가 이상 유무를 확인하기 전에 모터 드라이버 측에서 컨트롤러로 보내는 준비 신호

63.
산업용 로봇의 서보모터 운전은 다음 순서에 의해서 구동한다.
㉠ 브레이크 해제 출력(BRK_OFF) : 모터의 전자 브레이크를 해제하는 경우에 사용한다.
(브레이크를 해제하는 경우에 출력 트랜지스터가 ON된다.)
㉡ 서보 알람 출력(ALM_OUT) : 알람 상태에서 출력 트랜지스터를 OFF한다.
㉢ 서보 레디 출력(RDY_OUT) : 제어/주전원이 함께 들어가고 동시에 알람이 발생하지 않는 경우에 출력 트랜지스터를 ON한다.
㉣ 위치 결정 완료(In_Position) : 위치결정 완료 출력. 위치 결정 완료 범위의 설정값 이하에서 출력포토커플러를 ON한다.

64 슬로터의 구성요소가 아닌 것은?

① 회전 테이블 ② 호브
③ 베드   ④ 램

64.
슬로터는 셰이퍼를 수직으로 놓은 것 같은 기계로 바이트를 설치한 램이 수직으로 왕복 운동한다.
슬로터의 구성요소는 회전 테이블, 베드, 램이다.

65 다음 진리표의 논리식으로 옳은 것은?

A	B	Y
0	0	0
0	1	1
1	0	1
1	1	0

① $Y = A + B$
② $Y = A \cdot B$
③ $Y = A \oplus B$
④ $Y = A - B$

65.
배타적 논리합(Ex-OR)
$Y = A\overline{B} + \overline{A}B = A \oplus B$

66 8진수 37.2를 10진수로 변환한 것으로 옳은 것은?

① 31.2   ② 31.25
③ 37.2   ④ 37.25

66.
$3 \times 8 + 7 \times 8° + 2 \times 8^{-1} = 31.25$

정답 63. ④ 64. ② 65. ③ 66. ②

67 컨베이어 벨트 위를 지나가는 종이상자를 감지할 수 없는 센서는?

① 유도형 센서   ② 용량형 센서
③ 포토 센서   ④ 적외선 센서

67.
근접 센서에는 유도형 센서와 용량형 센서가 있으며 유도형 센서는 고주파발진형으로 금속체 표면의 와류 발생으로 금속체만 검출하며, 용량형 센서는 정전용량형 센서로서 모든 물체를 전극 간 용량변화로 검출한다.

68 이상적인 연산 증폭기의 특징에 대한 설명 중 틀린 것은?

① 입력 저항은 수십kΩ 이내이다.
② 출력 저항은 0에 가깝다.
③ 전압 이득은 무한대이다.
④ 대역폭은 무한대이다.

68.
이상적인 연산증폭기의 요건
㉠무한대의 전압이득 : $A_v = \infty$
㉡무한대의 입력 저항 : $R_{in} = \infty$
㉢영 옴인 출력 저항 : $R_{out} = \infty$
㉣무한대의 대역폭 : $B = \infty$
㉤영인 오프셋 전압과 전류
㉥온도에 따른 소자 파라미터 변동이 없어야 한다.

69 연산 증폭기(OP 앰프)에 대한 설명 중 틀린 것은?

① 전압 증폭도는 대단히 크다.
② 대표적인 아날로그 IC이다.
③ 입력 및 출력 임피던스는 대단히 작은 편이다.
④ 가·감산 등의 계산이나 미·적분 등의 연산도 가능하다.

69.
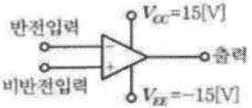

부궤환 방법에 따라서 덧셈이나 적분 등의 연산기능을 하는 고이득의 직류증폭기라고도 한다. 입력임피던스는 매우 크고 출력임피던스는 매우 작다. 또한 증폭도는 매우 크다.

70 공진 시 직렬 RLC 회로의 위상각은?

① $-90°$ ② $+90°$
③ 0   ④ 리액턴스에 의존

70.
RLC 공진회로의 위상각
· $\omega > \omega 0, \theta < 0$: 지상(遲相)

· $\omega = \omega 0, \theta = 0$: 공진 시 동상이 됨
전압과 전류가 동일 위상이 됨
위상각=0, 역률=1

· $\omega > \omega 0, \theta > 0$: 진상

71 아래 그림의 논리회로 기호는?

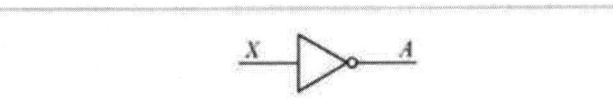

① OR 회로   ② NOR 회로
③ NOT 회로   ④ NAND 회로

정답 67. ① 68. ① 69. ③ 70. ③ 71. ③

72 아날로그 신호를 컴퓨터가 인식할 수 있는 정보량으로 변환하는 데 가장 필요한 것은?

① 메모리
② A/D 변환기
③ D/A 변환기
④ 저역 통과 여파기

73 직접 주소지정방식의 특징이 아닌 것은?

① 주소지정방식 중 가장 빠르다.
② 대용량 기억장치의 주소를 나타내는 데 적합하다.
③ 메모리 참조를 하지 않고 데이터를 처리하는 방식이다.
④ 데이터 길이에 제약을 받는다.

73.
직접주소지정(Direct Addressing) 방식의 장단점
·장점 : 데이터 인출에 기억장치 액세스가 한 번만 필요하며, 유효 주소를 결정하는 데 계산이 필요하지 않다.
·단점 : 주소 영역이 (주소 필드의 비트 수에 의해) 제한된다.

74 CPU에서 내부연산이나 메모리 액세스 등의 작업을 위한 신호를 발생하는 요소는?

① 제어장치
② 플래그 레지스터
③ 프로그램 카운터
④ 산술논리연산 유닛

74.
CPU는 중앙처리장치로서 제어장치, 기억장치, 연산논리장치로 구성되어 있다.

75 다음 기억장치들 중 재생 전원이 필요한 것은?

① EEPROM
② PROM
③ SRAM
④ DRAM

75.
DRAM은 DYNAMIC RAM의 약자이며 하나의 기억소자는 1개의 트랜지스터와 1개의 커패시터로 구성되어 있다. 이처럼 간단한 구성의 메모리이기 때문에 높은 직접도로 메모리를 하지만 기억소자로 사용되는 커패시터롤의 특성상 전원이 공급되고 있는 동안에도 일정한 주기로 다시 기록해주지 않으면 자연히 사라지는 특징을 가지고 있다. 그래서 DRAM은 재생 전원이 필요하므로 전력 소모가 많은 단점을 가지고 있다. 그러나 플래시 롬에 비해 속도가 매우 빠르고 SRAM에 비해 대용량에 유리하다. 따라서 PC의 메인 메모리에 주로 사용된다.

정답 72. ② 73. ② 74. ① 75. ④

76 직육면체 공작물을 이상적으로 위치결정하려고 할 때 총 몇 개의 위치결정 구가 필요한가?
① 3　　　　　② 5
③ 6　　　　　④ 7

76.
이상적인 위치결정은 3-2-1 원칙에 의해 결정한다.

77 반도체에 대한 설명으로 틀린 것은?
① N형 반도체의 다수 반송자는 정공이다.
② P형 반도체의 소수 반송자는 전자이다.
③ 진성반도체는 불순물로 오염되지 않은 고순도의 반도체이다.
④ P형 반도체는 Ge,Si의 결정에 제3족의 원소를 미량 첨가하여 만든 반도체이다.

77.
N형 반도체의 다수 반송자는 전자이다.

78 DC모터에서는 토크는 전류와 어떠한 관계가 있는가?
① 반비례　　　　② 비례
③ 제곱에 반비례　④ 제곱에 비례

79 유도 전기장이 생기는 경우는?
① 전기장이 일정할 때
② 자기장이 일정할 때
③ 자기장이 변할 때
④ 전기장이 변할 때

79.
오른 나사의 법칙 : $e = -N\dfrac{d\phi}{dt}$

80 다음 중 위치검출용 스위치로 쓰이는 것은?
① 버튼 스위치　　② 리밋 스위치
③ 셀렉터 스위치　④ 나이프 스위치

정답　76. ③　77. ①　78. ②　79. ③　80. ②

SECTION 08

PART 05 과년도 출제문제
2015년 2회

1 과목 기계가공법 및 안전관리

01 일반적으로 직경(외경)을 측정하는 공구로서 가장 거리가 먼 것은?
① 강철자
② 그루브 마이크로미터
③ 버니어 캘리퍼스
④ 지시 마이크로미터

1.
그루브 마이크로미터는 스핀들에 플랜지가 부착되어 있는 마이크로미터로서 구멍과 외경 내·외부에 있는 홈의 너비(두께), 깊이, 위치를 측정하는 계측기이다.

02 선반가공에서 $\phi 100 \times 400$인 SM45C 소재를 절삭 깊이 $3mm$, 이송 속도 $0.2mm$/rev, 주축 회전수 400rpm으로 1회 가공할 때, 가공 소요 시간은 약 몇인가?
① 2
② 3
③ 5
④ 7

2.
1회전 가공 회전수 = $\dfrac{400}{0.2} = 2000$

$\dfrac{2000}{400} = 5$분

03 마찰면이 넓은 부분 또는 시동횟수가 많을 때 사용하고 저속 및 중속 축의 급유에 사용되는 급유방법은?
① 담금 급유법
② 패드 급유법
③ 적하 급유법
④ 강제 급유법

3.
① 담금 급유법 : 마찰 부분 전체를 윤활유 속에 잠기게 하여 급유하는 방법
② 패드급유법 : 직물 등으로 만든 패드의 일부를 오일통에 담가 모세관 현상을 이용하여 급유하는 방법
③ 적하 급유법 : 윤활유를 윤활부위에 떨어뜨려 윤활하는 방법으로 저속 및 중속축의 급유에 사용
④ 강제 급유법 : 순환 펌프를 이용하여 급유하는 방법으로 고속회전 하는 축의 급유에 사용하는 방법

정답 01. ② 02. ③ 03. ③

04 수공구를 사용할 때의 안전수칙 중 거리가 먼 것은?

① 스패너를 너트에 완전히 끼워서 뒤쪽으로 민다.
② 멍키렌치는 아래턱(이동 Jaw) 방향으로 돌린다.
③ 스패너를 연결하거나 파이프를 끼워서 사용하면 안 된다.
④ 멍키렌치는 웜과 랙의 마모에 유의하고 물림 상태 확인 후 사용한다.

04.
스패너는 너트에 꼭 맞는 것을 사용하며, 너트에 스패너를 깊이 물려서 앞으로 당기는 식으로 작업을 한다.

05 다음 센터구멍의 종류로 옳은 것은?

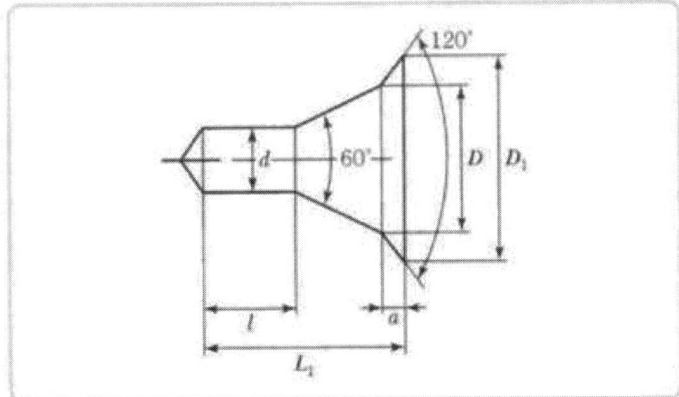

① A형
② B형
③ C형
④ D형

5.
· A형
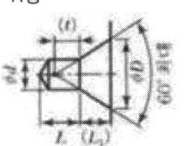
· B형
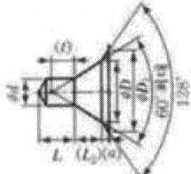
· C형
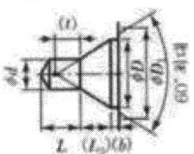
· R형
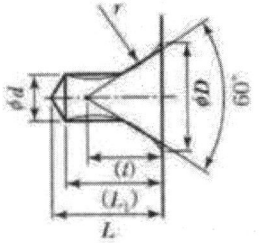

06 일반적으로 방전가공 작업 시 사용되는 가공액의 종류로 가장 거리가 먼 것은?

① 변압기유　　② 경유
③ 등유　　　　④ 휘발유

6.
방전가공에서 가공액은 절연유인 광물유를 사용하나 휘발유는 발화점이 낮아 사용하지 않는다.

정답　4. ①　5. ②　6. ④

07 밀링 머신에서 절삭속도 20m/min, 페이스커터의 날수 8개, 직경 $120mm$, 1날당 이송 $0.2mm$일 때 테이블 이송속도는?

① 약 $65mm/min$ ② 약 $75mm/min$
③ 약 $85mm/min$ ④ 약 $95mm/min$

7.
$n = \dfrac{1000V}{\pi d} = \dfrac{1000 \times 20}{\pi \times 120} = 53.05$
$f = f_z zn = 0.2 \times 8 \times 53.05$
$\quad = 84.88 mm/min$

08 비교 측정에 사용되는 측정기가 아닌 것은?

① 다이얼 게이지   ② 버니어 캘리퍼스
③ 공기 마이크로미터   ④ 전기 마이크로미터

8.
버니어 캘리퍼스는 외경, 내경, 깊이, 단차 및 길이를 직접 측정하는 계측기이다.

09 절삭제의 사용 목적과 거리가 먼 것은?

① 공구의 온도상승 저하
② 가공물의 정밀도 저하 방지
③ 공구수명 연장
④ 절삭 저항의 증가

9.
절삭유를 사용하면 절삭 저항이 감소한다.

10 절삭공구를 연삭하는 공구연삭기의 종류가 아닌 것은?

① 센터리스 연삭기   ② 초경공구 연삭기
③ 드릴 연삭기   ④ 만능공구 연삭기

10.
센터리스 연삭기는 조정숫돌이 있는 자동이송연삭기이다.

11 척에 고정할 수 없으며 불규칙하거나 대형 또는 복잡한 가공물을 고정할 때 사용하는 선반 부속품은?

① 면판(Face Plate)   ② 맨드릴(Mandrel)
③ 방진구(Work Rest)   ④ 돌리개(Dog)

12 절삭 날 부분을 특정한 형상으로 만들어 복잡한 면을 갖는 공작물의 표면을 한번에 가공하는 데 적합한 밀링 커터는?

① 총형 커터   ② 엔드 밀
③ 앵귤러 커터   ④ 플레인 커터

정답 07. ③ 08. ② 09. ④ 10. ① 11. ① 12. ①

13 선반의 주축을 중공축으로 하는 이유로 틀린 것은?

① 굽힘과 비틀림 응력의 강화를 위하여
② 긴 가공물 고정을 편리하게 하기 위하여
③ 지름이 큰 재료의 테이퍼를 깎기 위하여
④ 무게를 감소하여 베어링에 작용하는 하중을 줄이기 위하여

13.
선반의 주축을 중공축으로 제작하는 이유
㉠ 무게를 감소하여 주축 베어링에 작용하는 하중을 줄여준다.
㉡ 중공축은 실축보다 동일 체적에서 굽힘과 비틀림 응력에 강하다.
㉢ 긴 공작물을 고정할 수 있다.
㉣ 콜릿 척을 사용할 수 있다.

14 호브(Hob)를 사용하여 기어를 절삭하는 기계로서, 차동기구를 갖고 있는 공작기계는?

① 레이디얼 드릴링 머신
② 호닝 머신
③ 자동 선반
④ 호빙 머신

14.
호빙 머신은 창성법을 기어의 이를 절삭하는 기어 전용 절삭기이며 커터인 호브를 회전시키고, 동시에 공작물을 회전시키면서 축방향으로 이송을 주어 기어를 절삭하는 공작기계로 테이블, 칼럼, 호브, 아버, 지지대, 베드로 구성되어 있다.

15 연삭숫돌의 원통도 불량에 대한 주된 원인과 대책으로 옳게 짝지어진 것은?

① 연삭숫돌의 눈 메움 : 연삭숫돌의 교체
② 연삭숫돌의 흔들림 : 센터 구멍의 홈 조정
③ 연삭숫돌의 입도가 거침 : 굵은 입도의 연삭숫돌 사용
④ 테이블 운동의 정도 불량 : 정도검사, 수리, 미끄럼 면의 윤활을 양호하게 할 것

15.
①연삭숫돌의 눈 메움 : 드레싱 가공
②연삭숫돌의 흔들림 : 축의 흔들림 검사
③연삭숫돌의 입도가 거침 : 적당한 입도의 연삭숫돌 선정

16 기계가공법에서 리밍 작업 시 가장 옳은 방법은?

① 드릴 작업과 같은 속도와 이송으로 한다.
② 드릴 작업보다 고속에서 작업하고, 이송을 작게 한다.
③ 드릴 작업보다 저속에서 작업하고, 이송을 크게 한다.
④ 드릴 작업보다 이송만 작게 하고, 같은 속도로 작업한다.

16.
리밍 작업은 정도 증가가 목적이므로 드릴 작업보다 절삭속도를 작게 하고 이송을 크게 한다.

17 사인 바(Sine bar)의 호칭 치수는 무엇으로 표시하는가?

① 롤러 사이의 중심거리   ② 사인 바의 전장
③ 사인 바의 중량   ④ 롤러의 직경

17.
사인 바의 크기는 롤러 중심 간의 거리로 표시하며 $100mm, 200mm$가 있다.

정 답 13. ③ 14. ④ 15. ④ 16. ③ 17. ①

18. 다음과 같이 표시된 연삭숫돌에 대한 설명으로 옳은 것은?

　　　"WA　100　K　5　V"

① 녹색 탄화규소 입자이다.　② 고운 눈 입도에 해당된다.
③ 결합도가 극히 경하다.　　④ 메탈 결합제를 사용했다.

18.
· WA : 백색 산화알루미늄 입자
· 100 : 고운 눈 메시
· K : 연한 결합도
· 5 : 중간 조직
· V : 비트리파이드 결합제

19. 견고하고 금긋기에 적당하며, 비교적 대형으로 영점 조정이 불가능한 하이트 게이지로 옳은 것은?

① HT형　　② HB형
③ HM형　　④ HC형

20. 탁상 연삭기 덮개의 노출각도에서 숫돌 주축 수평면 위로 이루는 원주의 최대 각은?

① 45°　　② 65°
③ 90°　　④ 120°

20.
탁상용 연삭기의 노출각은 일반적으로 90°, 수평기준 이하 시에는 125°, 수평기준 이상 시에는 65°이다.

❷ 과목 기계제도 및 기초공학

21. 도면에 굵은 선의 굵기를 0.5mm로 하였다. 가는 선과 아주 굵은 선의 굵기로 가장 적합한 것은?

가는선	아주 굵은선
① 0.18mm	0.7mm
② 0.2mm	1mm
③ 0.35mm	0.7mm
④ 0.35mm	1mm

21.
1(가는 선) : 2(굵은 선) : 4 (아주 굵은 선)

22. 끼워맞춤 공차 φ50 H7/g6에 대한 설명으로 틀린 것은?

① φ50 H7의 구멍과 φ50 g6 축의 끼워맞춤이다.
② 축과 구명의 호칭 치수는 모두 φ50이다.
③ 구멍 기준식 끼워 맞춤이다.
④ 중간 끼워맞춤의 형태이다.

22.
H7/g6는 헐거움 끼워맞춤이다.

정답　18. ②　19. ③　20. ②　21. ②　22. ④

23 나사의 표시가 다음과 같이 명기되었을 때 이에 대한 설명으로 틀린 것은?

(L 2N M10 -6H/6g)

① 나사의 감김 방향은 오른쪽이다.
② 나사의 종류는 미터나사이다.
③ 암나사 등급은 6H, 수나사 등급은 6g이다.
④ 2줄 나사이며 나사의 바깥지름은 10mm이다.

23.
L : 나사의 감김 방향(왼쪽)

24 핸들이나 바퀴 등의 암 및 림, 리브 등 절단선의 연장선 위에 90° 회전하여 실선으로 그리는 단면도는?

① 온 단면도
② 한쪽 단면도
③ 조합 단면도
④ 회전도시 단면도

25 스케치도에 관한 설명으로 틀린 것은?

① 측정한 치수를 기입한다.
② 프리핸드로 그린다.
③ 재질 및 가공법은 기입할 필요가 없다.
④ 제작도로 대신 사용하기도 한다.

25.
스케치도에는 각 부품에 가공법, 재질, 개수, 표면 거칠기 등을 기입한다.

26 다음 도면에서 기하공차에 관한 설명으로 가장 적합한 것은?

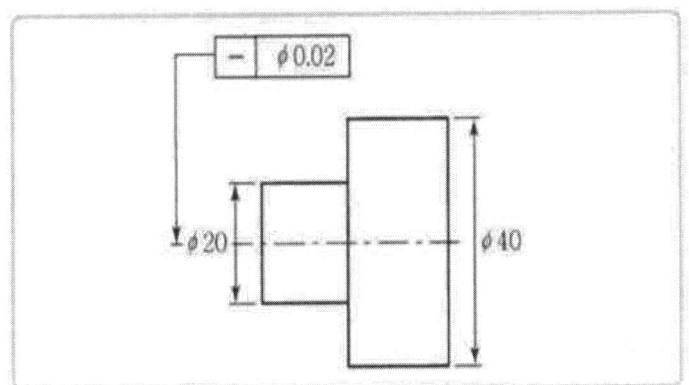

① φ20 부분만 원통도가 φ0.01 범위 내에 있어야 한다.
② φ20과 φ40 부분의 원통도가 φ0.02 범위 내에 있어야 한다.
③ φ20과 φ40 부분의 진직도가 φ0.02 범위 내에 있어야 한다.
④ φ20 부분만 진직도가 φ0.02 범위 내에 있어야 한다.

정답 23. ① 24. ④ 25. ③ 26. ③

27 다음 중 표면의 결을 도시할 때 제거가공을 허용하지 않는다는 것을 지시한 것은?

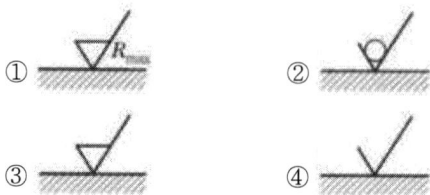

28 KS 가공 방법 기호가 바르게 연결된 것은?
① 방전 가공 : SPED
② 전해 가공 : SPU
③ 전해 연삭 : SPEC
④ 초음파 가공 : SPLB

28.
① 방전 가공 : SPED
② 전해 가공 : SPEC
③ 전해 연삭 : SPEG
④ 초음파 가공 : SPU

29 제3각 투상법으로 제도한 보기의 평면도와 좌측면도에 가장 적합한 정면도는?

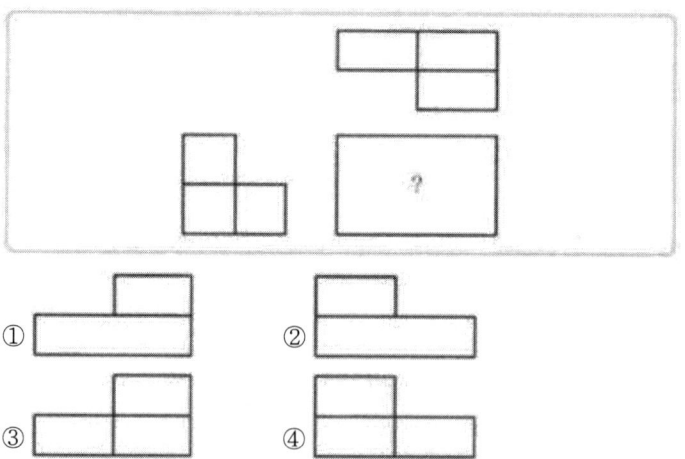

30 도면에서 다음 종류의선이 같은 장소에 겹치게 될 경우 가장 우선순위가 높은 것은?
① 중심선
② 무게 중심선
③ 절단선
④ 치수 보조선

30.
겹치는 선의 우선순위는
외형선＞숨은선＞절단선＞중심선＞무게중심선＞치수보조선이다.

정답   27. ②   28. ①   29. ③   30. ③

31 직류 전위차계의 용도가 아닌 것은?

① 직류전압, 전류 측정
② 절연 및 접지저항 측정
③ 전압계, 전류계 보정시험
④ 전압 측정 및 전력계 보정시험

31.
전위차계는 미지 전압과 가변 기지 전압의 차가 0이 되도록 기지전압을 가하며 미지 전압을 측정하는 장치로서 교류용과 직류용이 있다.

32 파스칼의 원리(Pascal`s Principle)에 대한 설명으로 옳지 않는 것은?

① 유체면에 작용하는 각 점의 압력의 크기는 모든 방향으로 균일하게 작용한다.
② 힘은 피스톤의 압력에 반비례해서 작용한다.
③ 유체면에 작용하는 압력은 면에 대해 수직방향으로 작용한다.
④ 파스칼의 원리를 이용하면 수압기를 만드는 것이 가능하다.

32.
힘은 압력에 비례해서 작용한다.

33 $250 kg_f$의 인장하중을 받는 봉에 $40 kg/mm^2$의 인장응력이 발생할 경우 안전하게 사용할 수 있는 봉의 지름[mm]은?
(단, 안전율은 4이다.)

① 3 ② 4
③ 5 ④ 6

33.
$d = \sqrt{\dfrac{4ws}{\pi\sigma}}$
$\sqrt{\dfrac{4 \times 250 \times 4}{\pi \times 40}} = 5.64$

34 아래 정육각형의 넓이는 약 얼마인가?(단, a의 길이는 $65mm$이다.)

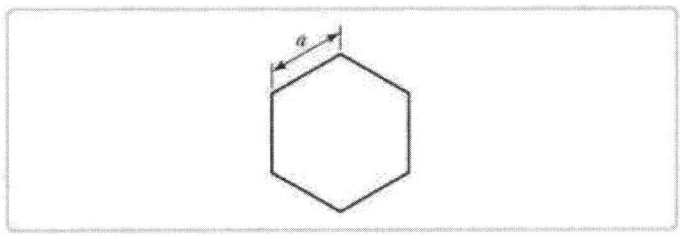

① $10967 mm^2$ ② $10977 mm^2$
③ $10987 mm^2$ ④ $10997 mm^2$

34.
$\dfrac{6 \times 65 \sin 60}{2} \times 6 = 10977$

정답 31. ② 32. ② 33. ④ 34. ②

35 아래 그림과 같이 물체를 중간에 고정시키고 점 P에 힘 F를 작용하면 이 물체의 모멘트의 크기 M은?
(단, 고정점에서 작용선까지의 거리는 d이다.)

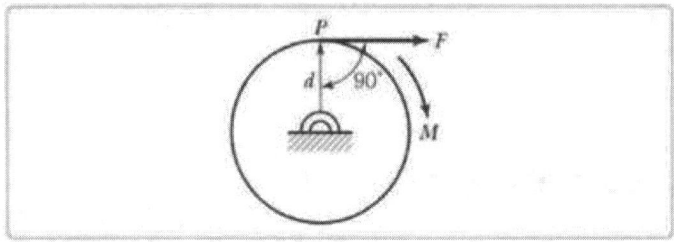

① $M = F/d$ ② $M = d/F$
③ $M = Fd$ ④ $M = 2Fd$

36 정지하고 있는 물체에 100N의 힘을 가해 4초만에 40m/s의 속도로 운동한다면, 이때 물체의 질량[kg_m]은?

① 0.1   ② 10   ③ 20   ④ 30

36.
$m = \dfrac{Ft}{V} = \dfrac{100 \times 4}{40} = 10 kg_m$

37 지름이 50m에서 40m로 축소되는 원형 관로에 물이 가득 채워져 흐르고 있다. 지름 50m 관에서 유속이 1.2m/s라고 하면 지름 40m 관에서의 유속[m/s]는 약 얼마인가?

① 1.88   ② 1.5   ③ 0.96   ④ 0.48

37.
$Q = A_1 V_1 = A_2 V_2$
$V_2 = \dfrac{A_1}{A_2} V_1 = \dfrac{d_1^2}{d_1^2} = V_1$
$= \dfrac{50^2}{40^2} \times 1.2 = 1.875$

38 t초 동안에 전하량 Q[C]의 전하가 전선의 단면을 통과하였을 때 흐르는 전류[A]는?

① $t \times Q$ ② $\dfrac{t}{Q}$
③ $\dfrac{Q}{t}$ ④ $t(1+Q)$

38.
$I[A] = \dfrac{Q}{t} [c/\sec]$

39 오른손에 $10kg_f$의 힘을 가하여 원형 핸들을 도릴 때 발생한 토크가 $5kg_f \cdot m$이었다면 이 핸들의 반경은?

① 0.5m   ② 1m
③ 2m   ④ 5m

39.
$R = \dfrac{T}{P} = \dfrac{5}{10} = 0.5m$

정답 35. ③ 36. ② 37. ① 38. ③ 39. ①

40 다음 중 상온에서의 저항온도계수가 가장 큰 것은?
① Cu   ② Fe
③ W   ④ Ni

40.
저항온도계수(α/deg)
· Cu : 0.00433
· Fe : 0.005
· Ni : 0.00675

③ 과목 자동제어시험

41 다음 중 물체의 위치, 방위, 자세 등의 기계적 변위를 제어량으로 하여 목표값의 임의의 변화에 추종하도록 구성된 제어계로 가장 적합한 것은?
① 서보기구   ② 자동 조정
③ 프로그램 제어   ④ 프로세스 제어

42 미리 정해 놓은 순서에 따라 제어의 각 단계를 차례차례 진행 시키는 제어는?
① 추종 제어   ② 최적 제어
③ 시퀀스 제어   ④ 피드 포워드 제어

43 아래 조건의 시스템에서 실린더를 300mm 전진한 위치에서 정지를 시키려면 피드백되는 리니어 포텐셔미터의 신호전압[V]은?

· 리니어 포텐셔미터를 실린더에 부착하여 사용한다.
· 실린더의 행정거리는 500mm이고, 리니어 포텐셔미터는 0~10V의 전압형태로 출력이 된다.
· 실린더가 완전히 후진한 위치에서는 0V가 출력된다.
· 실린더가 완전히 전진한 위치에서는 10V가 출력된다.

① 3   ② 4
③ 5   ④ 6

43.
리니어 실린더는 직선거리에 따른 전압이 비례한다.
$v = 10 \times \dfrac{300}{500} = 6V$

44 함수 $f(t) = te^{-t}$의 라플라스(Laplace) 변환을 구한 것은?
① $\dfrac{1}{(s+1)^2}$ ② $\dfrac{1}{(s+1)}$
③ $\dfrac{1}{(s-1)^2}$ ④ $\dfrac{1}{(s-1)}$

44.
$\dfrac{n!}{(s+a)^{n+1}} = \dfrac{1!}{(s+1)^2}$

정 답 40. ④ 41. ① 42. ③ 43. ④ 44. ①

45 그림과 같은 PLC 래더 다이어그램의 최소 실행 스텝 수는?

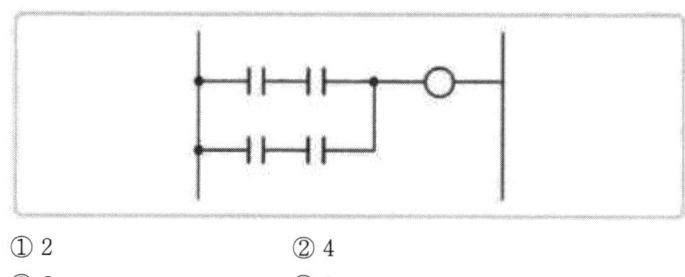

① 2
② 4
③ 6
④ 8

45.
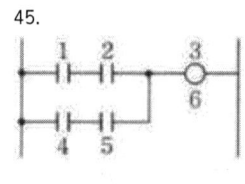

46 두 아날로그 신호의 차이를 구할 때 사용되는 증폭기는?

① 전력증폭기
② 차동증폭기
③ 완충증폭기
④ 직렬증폭기

47 아래 제어선블록선도의 입출력비(전달함수)는?

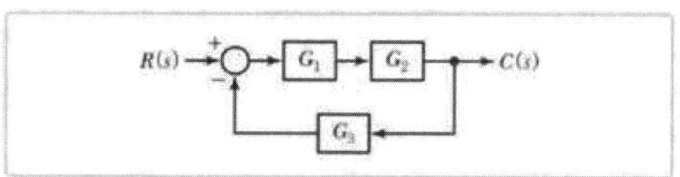

① $\dfrac{G_1}{(1-G_1G_2G_3)}$
② $\dfrac{G_1}{(1+G_1G_2G_3)}$
③ $\dfrac{G_1G_2}{(1-G_1G_2G_3)}$
④ $\dfrac{G_1G_2}{(1+G_1G_2G_3)}$

47.
$R(s)G_1G_2 - CG_1G_2C_3 = C$
$\dfrac{C}{R} = \dfrac{G_1G_2}{1+G_1G_2G_3}$

48 되먹임 제어(Feed Back Control)의 특징이 아닌 것은?

① 목표값에 정확히 도달하기 쉽다.
② 순차적으로 제어과정이 진행된다.
③ 제어계가 복잡하고 비용이 비싸다.
④ 외부 조건의 변화에 영향을 줄 수 있다.

48.
순차적으로 제어과정이 진행되는 제어는 시퀀스 제어이다

정답 45. ③ 46. ② 47. ④ 48. ②

49 Off-set을 소멸시키고 잔류편차가 적으나 출력의 발산 가능성이 있는 제어기는?

① 비례제어기
② 비례적분제어기
③ 비례미분제어기
④ 비례적분미분제어기

49.
㉠ P제어 : 잔류편차(Off-set)발생 - 속응성이 있다.
㉡ I제어 : 잔류편차 제거 - 응답속도는 느리지만, 정확성이 있다.
㉢ D제어 : 오차가 커지는 것을 방지 - 안정성이 있다.
㉣ PI제어 : 잔류편차 소멸, 진동이 발생한다.
㉤ PD제어 : 응답속도 개선에 이용한다.
㉥ PID제어 : 비례동작은 잔류편차를 발생시키고, 적분동작은 잔류편차를 없애며, 미분동작은 동특성을 개선하는 동작이므로 제어시스템은 안정적이다.

50 $10t^5$을 라플라스 변환한 것으로 옳은 것은?

① $\dfrac{1200}{s^6}$ ② $\dfrac{120}{s^6}$
③ $\dfrac{24}{s^6}$ ④ $\dfrac{6}{s^6}$

50.
$f(t) = t^n$의 라플라스 변환
$F(s) = \dfrac{n!}{s^{n+1}}$
$F(s) = \dfrac{10 \times 5!}{s^{5+1}}$
$= \dfrac{10 \times 5 \times 4 \times 3 \times 2 \times 1}{s^6}$
$= \dfrac{1200}{s^6}$

51 그림과 같은 블록선도의 전달함수는 어떤 요소를 표현한 것인가?

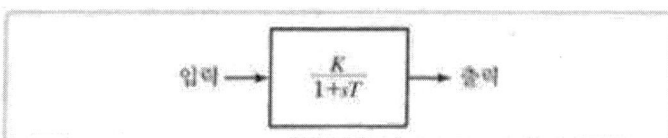

① 비례요소   ② 미분요소
③ 적분요소   ④ 1차 지연요소

52 기기의 보호나 작업자의 안전을 위해 기기의 동작 상태를 나타내는 접점을 사용하여 관련된 기기의 동작을 금지하는 회로는?

① 자기유지회로
② 오프 딜레이 회로
③ 인터록 회로
④ 타이머 회로

정답 49. ② 50. ① 51. ④ 52. ③

53 PLC 입력부에서 신호에 포함된 노이즈가 PLC 내부 장치로 전달되지 않도록 하기 위해 채택되는 회로요소로 맞는 것은?

① CPU
② 퓨즈
③ 트라이악
④ 포토커플러

> 53.
> 포토커플러는 빛을 이용하기 때문에 잡음에 강하고, 시스템을 구성하는 장치 간의 전류를 절연할 수 있으며, 각 장치마다 접지가 가능하다. 또한 장치 간의 결합용량이 작아서 출력 쪽의 신호가 입력 쪽으로 되돌아가는 일이 없는 등의 장점이 있다. 그러므로 전기회로와 단말기 또는 PLC 입력부에 포토커플러를 매개해서 결합하면, 전원전압의 차이나 기계부에서 발생하는 잡음이 내부 장치에 전달되지않도록 할 수 있다.

54 여러 종류의 품목을 소량 생산하는 공장에서 가공부품의 형태가 변동되거나 또는 가공수량이 변화하여도 그것에 가장 유연하게 대응할 수 있는 생산 시스템은?

① CNC   ② DNC
③ FMS   ④ SNC

> 54.
> FMS(Flexible Manufacturing-System)는 유연생산시스템으로 다품종 소량생산에 적합하다.

55 유공압 제어요소와 일의 성격과의 짝으로 맞지 않는 것은?

① 압력제어 밸브 : 일의 크기 제어
② 유량제어 밸브 : 일의 빠르기 제어
③ 방향제어 밸브 : 일의 방향 제어
④ 유압작동기 : 일의 세기 제어

56 자동제어에서 전기식 조절기의 특징이 아닌 것은?

① 크기가 작다.
② 동작 실현성이 쉽다.
③ 신호전송이 빠르고 쉽다.
④ 스파크에 대한 방폭에 유의할 필요가 없다.

57 입력 펄스에 비례하여 회전각을 낼 수 있어 디지털 제어가 용이한 특성을 가지는 모터는?

① DC 모터   ② 유도 모터
③ 스테핑 모터   ④ 브러시리스 모터

> 57.
> 스테핑 모터는 모터의 회전각이 입력펄스에 비례하는 모터로 디지털 제어가 가능하다.

정답 53. ④ 54. ③ 55. ④ 56. ④ 57. ③

58. 자동 조타장치의 키는 항해하려는 방위를 설정하는 것으로 소형 서보기구를 통해 배의 방위 캠퍼스를 피드백 받는데, 배의 방위 캠퍼스에 의해 측정된 값(θ_2)이 30°, 배의 킷값(θ_1)이 60°가 입력된다면 서보기구의 목푯값(θ)으로 옳은 것은?

① 30°
② 90°
③ -30°
④ -90°

58.
60-30=30

59. 다음 중에서 C언어의 비조건 흐름 제어문에 해당되지 않는 것은?

① break
② if-else
③ goto
④ return

59.
if-else는 조건문이다.

60. 전기동력장치에 비교한 유압동력장치의 특징이 아닌 것은?

① 과부하가 걸릴 경우 불안정이다.
② 고속회전운동을 얻기는 어렵다.
③ 안정적으로 큰 힘을 얻을 수 있다.
④ 힘의 증폭이 용이하다.

60.
유압동력장치는 과부하에 대한 안전장치가 있다.

④ 과목 메카트로닉스

61. 물체가 지정된 위치에 있는가, 힘이 가해져 있는가 등의 여부를 검출하는 데 사용되는 스위치는?

① 액면 스위치
② 근접 스위치
③ 리밋 스위치
④ 광 스위치

61.
리밋 스위치(LS: Limit Switch)는 위치검출장치이다.

정답 58. ① 59. ② 60. ① 61. ③

62 다음 Op Amp 회로는 어떤 회로인가?

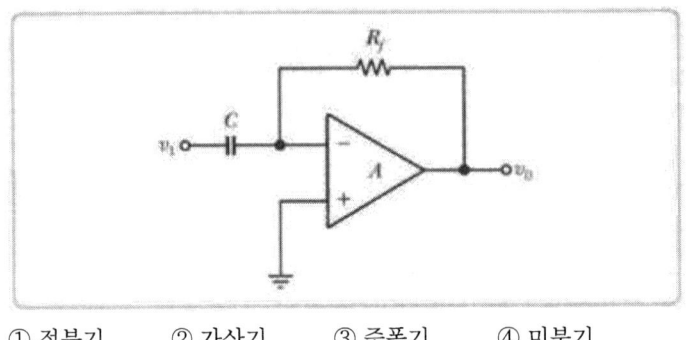

① 적분기   ② 가산기   ③ 증폭기   ④ 미분기

62.
적분기
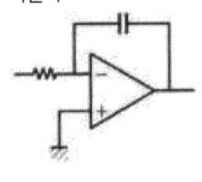

63 TTL IC의 출력으로 사용되지 않는 방식은?

① 토템폴(Totem Pole) 출력
② 사이리스터(Thyristor) 출력
③ 오픈 컬렉터(Open Collector) 출력
④ 3상(3-State) 출력

63.
TTL-IC 출력의 종류는 토템폴방식, 오픈 컬렉터 방식, 3상 출력방식이 있다. 구조는 토템폴 방식은 TR 구조이며 이미터-그라운드, 베이스-입력, 컬렉터-풀업저항(출력)으로 나뉜다. 오픈컬렉터 방식은 위와 같으나 컬렉터가 아무 연결 없이 바로 출력단이다. 3상 출력 방식은 HIGH, LOW, 하이 임피던스의 상태로 나타난다.
※ 사이리스터 : pnpn 접합의 4층 구조 반도체 소자의 총칭인데, 일반적으로는 SCR이라고 불리는 역저지 3단자 사이리스터를 가리키며, 실리콘 제어정류소자 이다.

64 입·출력 시스템의 구성 요소가 아닌 것은?

① 데이터 전송로   ② 인터페이스 회로
③ 연산제어 시스템   ④ 입·출력 제어 회로

64.
연산제어는 CPU 기능이다.

65 다음 중 가장 높은 온도에서 사용되는 열전쌍은?

① 철-콘스탄탄
② 구리-콘스탄탄
③ 크로멜-알루멜
④ 백금로듐-백금

65.
① 철-콘스탄탄 : -200~600°C
② 구리-콘스탄탄 : -200~300°C
③ 크로멜-알루멜 : -200~1000°C
④ 백금로듐-백금 : 300~1500°C

정답   62. ④   63. ②   64. ③   65. ④

66 자속밀도의 단위는
① m/s   ② Wb/m^2
③ At/m   ④ AT

66.
① m/s : 속도
② Wb/m^2 : 자밀속도(B)
③ AT/m : 자계의 세기(H)

67 10진수 77을 2진수로 표시한 것은?
① 1001101$_{(2)}$ ② 1101101$_{(2)}$
③ 1110001$_{(2)}$ ④ 1001111$_{(2)}$

68 아래 그림과 같은 형태의 PLC 프로그램 언어는?

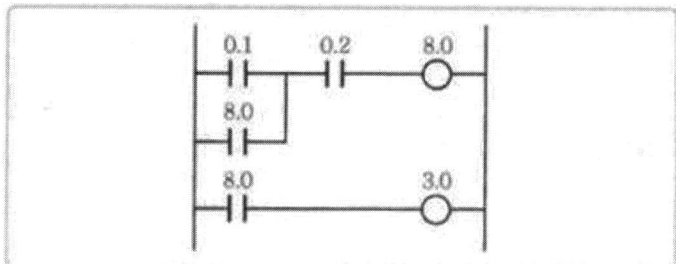

① Statement List
② Ladder Diagram
③ Function Block Diagram
④ Sequential Function Chart

69 위치 결정의 불확정성과 고속 동작에서 감속기의 강성이 약한 것을 개선하기 위해 감속기 등의 동력 전달 부품을 사용하지 않고, 로봇 암에 직접 부착되어 움직이는 모터는?
① AC 서보모터
② DC 서보모터
③ 리니어 서보모터
④ 다이렉트 드라이브 서보모터

70 스테핑 모터의 구동방법과 가장 거리가 먼 것은?
① 런핑 구동   ② 초퍼 구동
③ 과전압 구동   ④ 병렬저항 구동

정답 66. ② 67. ① 68. ② 69. ④ 70. ④

71 어셈블러에 대한 설명으로 옳은 것은?

① 어셈블러 언어로 된 프로그램을 기계어로 번역하는 프로그램이다.
② 기계어로 된 프로그램을 어셈블러 언어로 된 프로그램으로 바꾸는 프로그램이다.
③ 고급 수준의 언어를 어셈블러 언어로 된 프로그램으로 바꾸는 프로그램이다.
④ 어셈블러 언어로 된 프로그램을 기계어로 번역하는 하드웨어 장치이다.

72 선반 직경 $50mm$의 탄소강을 노즈 반경 $0.4mm$인 초경바이트로 절삭속도 $150mm/min$ 및 이송속도 $0.1mm/rev$로 가공할 때 이론적 표면 거칠기는 약 몇 μm인가?

① 0.78
② 1.25
③ 3.13
④ 4.45

72.
$H = \dfrac{S^2}{8R} = \dfrac{0.1^2}{8 \times 0.4} \times 10^3$
$= 3.125 \mu m$

73 PLC에서 전체 프로그램을 1회 실행하는 데 소요되는 시간은?

① 로딩
② 스텝 수
③ 스캔타임
④ 처리속도

74 코일에 전류가 흘러 그 양단에 역기전력을 일으킬 때의 전류의 방향과 기전력의 방향에 관계되는 법칙은?

① 렌쯔의 법칙
② 줄의 법칙
③ 쿨롱의 법칙
④ 암페어의 법칙

74.
㉠ 렌쯔의 법칙 : 유도 기전력의 방향은 그 기전력에 의해 흐르는 전류가 만드는 자속에 의해 원래의 자속 변화를 억제하려는 방향으로 일어난다.
㉡ 줄의 법칙 : 저항이 있는 도체에 전류를 흘리면 열이 발생한다.
㉢ 쿨롱의 법칙 : 두 전하에 의해 작용하는 힘은 $\dfrac{q_1 \cdot q_2}{R^2}$ 이다.

75 100V, 60Hz의 교류 회로에서 용량 리액턴스 $X_c = 5\Omega$일 때 이 회로에 흐르는 전류[A]는?

① 10
② 20
③ 30
④ 40

75.
$I = \dfrac{V}{X_c} = \dfrac{100[V]}{5[\Omega]} = 20[A]$

정답 71. ① 72. ③ 73. ③ 74. ① 75. ②

76 복합가공으로 공정을 줄인 가공의 효과가 아닌 것은?

① 절삭저항이 증가하고 공구수명이 짧아졌다.
② 공장의 설비비 및 바닥 면적을 줄였다.
③ 지그 제작비용이 절감되었다.
④ 준비시간, 공정 간의 대기시간을 줄였다.

77 아래 진리표에 해당하는 논리회로는?

A	B	Y+0
0	0	0
0	1	1
1	0	1
1	1	0

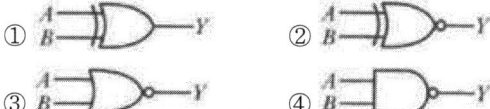

77.
㉠Ex-NOR 회로(일치회로)
$Y=AB+\overline{A}\,\overline{B}=A\odot B$
㉡배타적 논리합(Ex-OR)
$Y=A\overline{B}+\overline{A}B=A\oplus B$
㉢NOR 회로 : $Y=\overline{A+B}$
㉣NAND 회로 : $Y=\overline{A\cdot B}$

78 스테핑 모터의 특성에 해당되지 않는 것은?

① 위치결정제어에 용이하다.
② 고속, 고토크를 얻을 수 있다.
③ 마이컴 등의 디지털 기기와 조합이 용이하다.
④ 구동제어회로는 입력펄스 및 주파수에 의해 제어된다.

78.
스테핑 모터는 모터의 회전각이 입력펄스에 비례하는 모터로, 디지털 제어가 가능하다.

79 PC(프로그램카운터)에 대한 설명으로 틀린 것은?

① 프로그램이 어디까지 실행되었는지를 계수하는 일종의 카운터이다.
② PC는 그 내용이 어드레스 버퍼로 전송된 직후 자동적으로 1씩 증가한다.
③ 소프트웨어 명령에 의해서 PC의 내용이 불연속적으로 변할 수 있다.
④ 산술 및 논리 연산용 레지스터로 이용될 수 있다.

80 초음파 센서에 대한 설명으로 틀린 것은?

① 파장이 수 밀리~수십 밀리이다.
② 수중에서 공기보다 전파속도가 느리다.
③ 어군 탐지기에 사용된다.
④ 온도에 대한 보정이 필요하다.

80.
초음파는 귀로 들을 수 없는 주파수(20kHz) 이상의 음이며 파장이 짧다.

정답 76. ① 77. ① 78. ② 79. ④ 80. ①

SECTION 09 2015년 3회

1 과목 기계가공법 및 안전관리

01 절삭가공을 할 때, 절삭조건 중 가장 영향을 적게 미치는 것은?
① 가공물의 재질
② 절삭 순서
③ 절삭 깊이
④ 절삭 속도

1.
보기의 요소는 모두 절삭조건에 영향을 주나 가장 적게 영향을 주는 것은 절삭 순서이다.

02 다음 연삭숫돌의 표시방법 중에서 "5"는 무엇을 나타내는가?

"WA   60   K   5   A"

① 조직
② 입도
③ 결합도
④ 결합체

2.
WA(입자), 60(입도), K(결합도), 5(조직), A(결합제)

03 스패너 작업의 안전수칙으로 거리가 먼 것은?
① 몸의 균형을 잡은 다음 작업을 한다.
② 스패너는 너트에 알맞은 것을 사용한다.
③ 스패너의 자루에 파이프를 끼워 사용한다.
④ 스패너를 해머 대용으로 사용하지 않는다.

04 절삭공구의 수명 판정방법으로 거리가 먼 것은?
① 날의 마멸이 일정량에 달했을 때
② 완성된 공작물의 치수 변화가 일정량에 달했을 때
③ 가공면 또는 절삭한 직후의 면에 광택이 있는 무늬 또는 점들이 생길 때
④ 절삭저항의 주분력, 배분력이나 이송방향 분력이 급격히 저하되었을 때.

4.
공구의 수명 판정방법은 주분력에는 변화가 없더라도 이송분력, 배분력이 급격히 증가할 때이다.

정답 01. ② 02. ① 03. ③ 04. ④

05 볼트 머리나 너트가 닿는 자리면을 만들기 위하여 구멍 축에 직각 방향으로 주위를 평면으로 깎는 작업은?

① 카운터 싱킹
② 카운터 보링
③ 스폿 페이싱
④ 보링

5.
① 카운터 싱킹 : 접시머리 나사의 머리부가 묻히게 하기 위해 원뿔 자리를 만드는 작업
② 카운터 보링 : 둥근 머리 나사의 머리부가 묻히도록 머리부가 들어갈 자리 부분을 뚫는 작업
③ 스폿 페이싱 : 볼트 머리나 너트가 닿는 자리면을 만드는 작업
④ 보링(Boring) : 뚫린 구멍을 넓히고 다듬질하는 작업

06 그림에서 X는 $18mm$, 핀의 지름이 $\phi 6mm$이면 A값은 약 몇 mm인가?

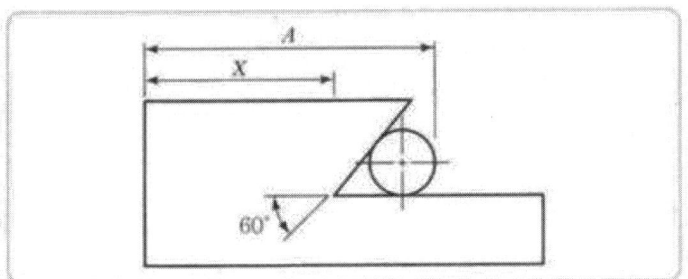

① 23.196
② 26.196
③ 31.392
④ 34.392

6.
$$A = X + \frac{R}{\tan\frac{\theta}{2}} + R$$
$$= 18 + \frac{3}{\tan 30} + 3 = 26.196$$

07 전해연마에 이용되는 전해액으로 틀린 것은?

① 인산
② 황산
③ 과염소산
④ 초산

08 연삭작업에서 주의해야 할 사항으로 틀린 것은?

① 회전속도는 규정 이상으로 해서는 안 된다.
② 작업 중 숫돌의 진동이 있으면 즉시 작업을 멈춰야 한다.
③ 숫돌 커버를 벗겨서 작업을 한다.
④ 작업 중에는 반드시 보안경을 착용하여야 한다.

8.
숫돌 작업 시 커버를 벗기지 않는다.

정답 05. ③ 06. ② 07. ④ 08. ③

09 압축공기를 이용하여, 가공액과 혼합된 연마재를 가공물 표면에 고압·고속으로 분사시켜 가공하는 방법은?
　① 버핑　　　　　　② 초음파 가공
　③ 액체 호닝　　　　④ 수퍼 피니싱

10 절삭저항의 3분력에 해당되지 않는 것은?
　① 주분력　　　　　② 배분력
　③ 이송분력　　　　④ 칩분력

11 선반가공에서 지름 $102mm$인 환봉을 300prm으로 가공할 때 절삭 저항력이 981N이었다. 이때 선반의 절삭효율을 75%라 하면 절삭동력은 약 몇 kW인가?
　① 1.4　　　　　　② 2.1
　③ 3.6　　　　　　④ 5.4

11.
$$V = \frac{\pi DN}{60 \times 1000}$$
$$= \frac{\pi \times 102 \times 300}{60 \times 1000} = 1.6 m/s$$
$$kW = \frac{F \cdot v}{\eta} = \frac{981 \times 1.6}{0.75} \times 10^{-3}$$
$$= 2309 kW$$

12 일반적으로 한계 게이지 방식의 특징에 대한 설명으로 틀린 것은?
　① 대량 측정에 적당하다.
　② 합격, 불합격의 판정이 용이하다.
　③ 조작이 복잡하므로 경험이 필요하다.
　④ 측정 치수에 따라 각각의 게이지가 필요하다.

12.
한계 게이지는 통과 측과 제지 측으로 되어 조작이 간단하다.

13 밀링 작업의 절삭속도 선정에 대한 설명 중 틀린 것은?
　① 공작물의 경도가 높으면 저속으로 절삭한다.
　② 커터날이 빠르게 마모되면 절삭속도를 낮추어 절삭한다.
　③ 거친 절삭은 절삭속도를 빠르게 하고, 이송속도를 느리게 한다.
　④ 다듬질 절삭에서는 절삭속도를 빠르게, 이송을 느리게, 절삭 깊이를 적게 한다.

13.
거친 절삭은 절삭소도를 저속으로 하고, 이송속도를 빠르게 한다.

14 공작물을 절삭할 때 절삭온도의 측정방법으로 틀린 것은?
　① 공구현미경에 의한 측정　② 칩의 색깔에 의한 측정
　③ 열량계에 의한 측정　　　④ 열전대에 의한 측정

14.
공구현미경은 길이나 각도측정기 이다.

정답　09. ③　10. ④　11. ②　12. ③　13. ③　14. ①

15 정밀측정에서 아베의 원래에 대한 설명으로 옳은 것은?
   ① 내측 측정 시는 최댓값을 택한다.
   ② 눈금선의 간격은 일치되어야 한다.
   ③ 단도기의 지지는 양끝 단면이 평행하도록 한다.
   ④ 표준자와 피측정물은 동일 축선 상에 있어야 한다.

16 선반가공에서 이동 방진구에 대한 설명 중 틀린 것은?
   ① 베드의 상면에 고정하여 사용한다.
   ② 왕복대의 새들에 고정시켜 사용한다.
   ③ 두 개의 조(Jaw)로 공작물을 지지한다.
   ④ 바이트와 함께 이동하면서 공작물을 지지한다.

16.
이동 방진구는 2점 지지이므로 왕복대 새들에 고정하여 사용한다.

17 측정 오차에 관한 설명으로 틀린 것은?
   ① 계통 오차는 측정값에 일정한 영향을 주는 원인에 의해 생기는 오차이다.
   ② 우연 오차는 측정자와 관계없이 발생하고, 반복적이고 정확한 측정으로 오차 보정이 가능하다.
   ③ 개인 오차는 측정자의 부주의로 생기는 오차이며, 주의해서 측정하고 결과를 보정하면 줄일 수 있다.
   ④ 계기 오차는 측정압력, 측정온도, 측정기 마모 등으로 생기는 오차이다.

17.
우연 오차는 측정하는 과정에서 우발적으로 발생하는 오차를 말하며, 오차 원인을 규명하기 어렵다.

18 트위스트 드릴의 각부에서 드릴 홈의 골 부위(웨브 두께)를 측정하기에 가장 적합한 것은?
   ① 나사 마이크로미터   ② 포인트 마이크로미터
   ③ 그루브 마이크로미터   ④ 다이얼 게이지 마이크로미터

19 액체호닝에서 완성 가공면의 상태를 결정하는 일반적인 요인이 아닌 것은?
   ① 공기 압력   ② 가공 온도
   ③ 분출 각도   ④ 연마제의 혼합비

19.
액체호닝에서 가공면의 상태를 결정하는 요인은 연마제의 혼합비, 공기 압력, 분사 시간, 노즐과 공작물과의 거리, 분사(분출) 각도 등이다.

정답 15. ④ 16. ① 17. ② 18. ② 19. ②

20 일반적인 선반작업의 안전수칙으로 틀린 것은?

① 회전하는 공작물을 공구로 정지시킨다.
② 장갑, 반지 등은 착용하지 않도록 한다.
③ 바이트는 가능한 짧고 단단하게 고정한다.
④ 선반에서 드릴 작업 시 구멍 가공이 거의 끝날 때에는 이송을 천천히 한다.

❷ 과목 기계제도 및 기초공학

21 구멍과 축이 끼워맞춤 상태에 있을 때, 치수공차 기입이 옳은 것은?

① ⌀12 h6/H7
② ⌀12 $\frac{H7}{h6}$
③ h6/H7 ⌀12
④ h6 ⌀12 H7

22 유니파이 보통나사의 표시가 "3/8-16UNC-2B"일 때, 설명으로 틀린 것은?

① "3/8"은 호칭 지름을 나타낸 것이다.
② "16"은 리드를 나타낸 것이다.
③ "UNC"는 나사의 종류이다.
④ "2B"는 나사 등급을 나타낸다.

22.
"16"은 1inch당 산 수이다.

23 개스킷, 박판, 형강 등과 같이 절단면이 얇은 경우 이를 나타내는 방법으로 옳은 것은?

① 실제 치수와 관계없이 1개의 가는 1점 쇄선으로 나타난다.
② 실제 치수와 관계없이 1개의 극히 굵은 실선으로 나타난다.
③ 실제 치수와 관계없이 1개의 굵은 1점 쇄선으로 나타난다.
④ 실제 치수와 관계없이 1개의 극히 굵은 2점 쇄선으로 나타난다.

정답   20. ①   21. ②   22. ②   23. ②

24 다음 중 용어의 설명이 틀린 것은?
① 최소 죔새 : 억지 끼워 맞춤에서 축의 최소 허용치수와 구멍의 최대 허용치수의 차
② 최대 틈새 : 헐거운 끼워 맞춤에서 구멍의 최대 허용치수와 축의 최소 허용치수의 차
③ 억지 끼워 맞춤 : 항상 죔새가 생기는 끼워 맞춤
④ 틈새 : 축의 치수가 구멍의 치수보다 클 때의 치수 차

24.
㉠ 죔새 : 축의 치수가 구멍의 치수보다 클 때의 치수 차
㉡ 틈새 : 구멍의 치수가 축의 치수보다 클 때의 치수 차

25 분할 핀의 호칭 지름은 어느 것으로 나타내는 가?
① 핀 구멍의 지름
② 분할 핀 한쪽의 지름
③ 분할 핀의 가장 긴 길이
④ 분할 핀 머리 부분의 지름

26 구름베어링에 "6008 C2 P6"이라 표시되어 있다. 숫자"60"이 의미하는 것은?
① 베어링 계열기호
② 등급 기호
③ 안지름 번호
④ 틈새 기호

26.
6008V2P6
· 60 : 베어링 계열 기호(단열 깊은 홈 볼 베어링)
· 08 : 안지름 번호(베어링 안지름-8×5=40)
· C2 : 틈새 기호
· P6 : 등급 기호

27 기하공차 도시방법에서 최대실체공차를 적용하는 기호로 공차 값 뒤에 기입하는 것은?
① Ⓜ　　　② Ⓧ
③ Ⓩ　　　④ Ⓞ

28 KS 재료 기호가 "SF 340 A"인 것은?
① 기계구조용 주강
② 일반구조용 압연 강재
③ 탄소강 단강품
④ 기계구조용 탄소 강판

28.
· 탄소주강품 : SC
· 일반구조용 압연 강재 : SS
· 탄소강 단강품 : SF
· 기계구조용 탄소 강판 : SM

정 답　24. ④　25. ①　26. ①　27. ①　28. ③

29 도면에서 경사면에 따라 그려진 투상도의 명칭으로 옳은 것은?

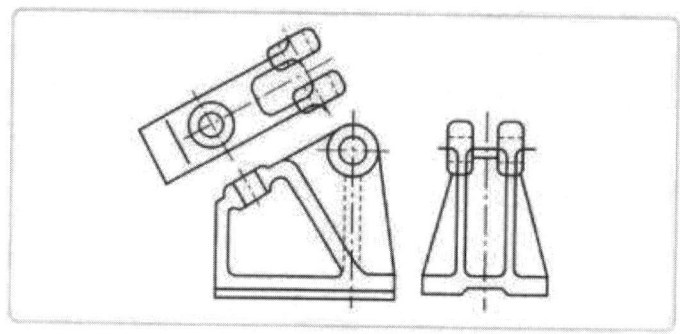

① 국부 투상도　　② 회전 도시 투상도
③ 보조 투상도　　④ 가상 투상도

30 그림과 같은 정투상도의 입체도로 옳은 것은?

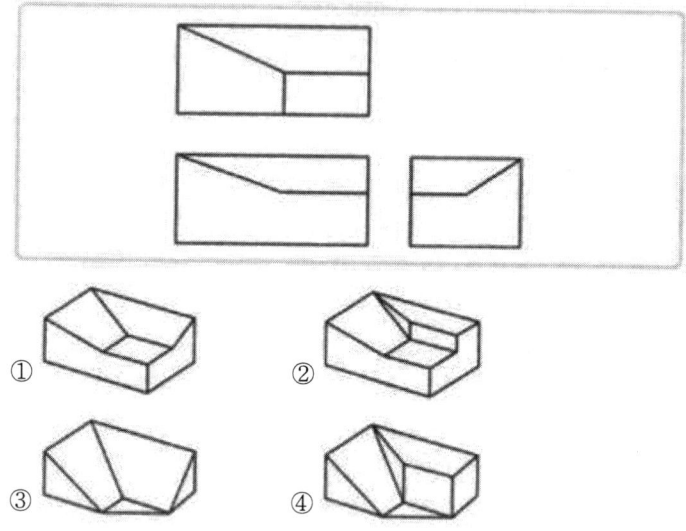

31 어느 회로의 연결점에서 흘러 들어오는 전류는 나가는 전류의 크기와 같다고 하는 법칙은?

① 옴의 법칙
② 플레밍의 법칙
③ 키르히호프의 제1법칙
④ 키르히호프의 제2법칙

정답　29. ③　30. ①　31. ③

32 아래 그림과 같은 정육각형의 겉넓이[cm^2]는?

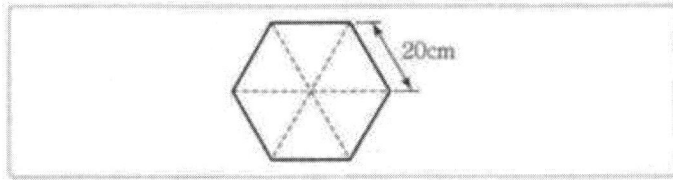

① $100\sqrt{3}$ ② $200\sqrt{3}$
③ $400\sqrt{3}$ ④ $600\sqrt{3}$

32.
$\dfrac{20 \times 20 \sin 60}{2} \times 6$
$= \dfrac{20 \times 20}{2} \times \dfrac{\sqrt{3}}{2} \times 6$
$= 600\sqrt{3}$

33 피스톤 A_2의 반지름이 A_1의 반지름의 2배일 때, 힘 F_1과 F_2의 관계는?

① $F_1 = F_2$ ② $F_2 = 2F_1$
③ $F_1 = 4F_2$ ④ $F_2 = 4F_1$

33.
$P = \dfrac{F_1}{A_1} = \dfrac{F_2}{A_2}$
$F_2 = F_1 \times \dfrac{A_2}{A_1}$
$= F_1 \times \dfrac{d_2^2}{d_2^2} = 4F_1$

34 힘의 모멘트 $45kg_f \cdot m$를 SI 단위로 나타내면 얼마인가?
(단, $1kg_f = 9.8N = 9.8N$)이다.

① $431N \cdot m$ ② $441N \cdot m$
③ $451N \cdot m$ ④ $461N \cdot m$

34.
$45kg_f \cdot m \times 9.8 = 441N \cdot m$

35 가정용 전원을 회로시험기로 측정한 전압이 220V라고 하면, 의미하는 값은?

① 순시값 ② 실효값
③ 최댓값 ④ 평균값

36 일반적인 직류 모터의 설명으로 틀린 것은?

① 유도형보다 효율이 좋다.
② 입력 전류에 비례하여 토크도 변한다.
③ 회전수가 빨라지면 토크도 비례하여 커진다.
④ 효율은 출력을 입력으로 나누어 100%를 곱한다.

36.
직류 모터는 회전수가 빨라지면 토크는 작아진다.

정답 32. ④ 33. ④ 34. ② 35. ② 36. ③

37 전자 1개의 전기량은 약 몇 쿨롱(C)인가?

① 1.6×10^{-19}
② 9.1×10^{-31}
③ -1.6×10^{-19}
④ -9.1×10^{31}

37.
㉠ 전자 1개가 가지는 음의 전기량 : $-1.602 \times 10^{-19}[C]$
㉡ 양성자 1개가 가지는 양의 전기량 : $1.602 \times 10^{-19}[C]$

38 다음 설명 중 틀린 것은?

① 하중이 변화하기 전의 초기 단면적으로 하중을 나눈 응력을 공칭응력이라 한다.
② 재료의 저항력을 최대로 받을 수 있는 극한점에서의 응력을 인장강도라 한다.
③ 물체가 하중을 받을 때 그에 대한 내부에 생기는 저항력을 변형률이라 한다.
④ 전단하중에 의해서 재료의 단면과 동일한 방향으로 발생되는 내력을 전단응력이라 한다.

38.
물체가 하중을 받을 때 물체의 내부에 생기는 저항력이 응력이다.

39 어떤 물체가 정지 상태에서 Am/s^2의 크기로 가속된다면 Bm를 가는데 소요되는 시간은?

① $\sqrt{\dfrac{2B}{A}}$
② $\sqrt{\dfrac{B}{2A}}$
③ $\sqrt{\dfrac{2A}{B}}$
④ $\sqrt{\dfrac{2}{AB}}$

39.
$B = V_o t + \dfrac{1}{2} A t^2$
$t = \sqrt{\dfrac{2B}{A}}$

40 길이를 일정하게 하고 도선의 반지름을 2배로 늘리면 저항은 어떻게 변하는가?

① 1/4로 감소
② 1/2로 감소
③ 2배로 증가
④ 4배로 증가

40.
$R = \rho \dfrac{l}{A}$
도선의 반지름을 2배로 늘리면 저항은 1/4로 감소한다.

과목 자동제어시험

41 PLC로 사회자1명에 출연자 4명이 참가한 퀴즈 게임회로를 작성하려고 할 때 출연자 1명에 걸어 주어야 할 b접점의 최소 개수는 몇 개인가? (단, 사회자의 초기화 조작 스위치는 포함하지 않는다.)

① 1개
② 2개
③ 3개
④ 4개

정답 37. ③ 38. ③ 39. ① 40. ① 41. ③

42 폐루프 시스템의 기본요소에 해당하지 않는 것은?
① 카운트부   ② 비교부
③ 제어부   ④ 계측부

43 유압동력을 기계적인 회전운동으로 변환하는 장치는?
① 유압모터
② 공압모터
③ 유압펌프
④ 유압실린더

43.
①유압모터 : 유압을 기계적인 회전 운동으로 변환하는 장치
③유압펌프 : 기계적 에너지를 유체 에너지로 변환하는 장치
④유압실린더 : 유압을 직선적인 운동으로 변환하는 장치

44 PLC 설치 시의 접지방법 중 가장 양호한 방법은?

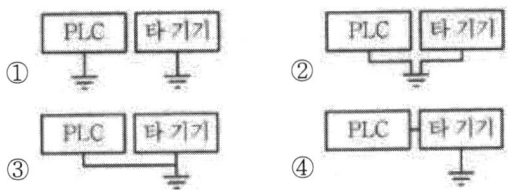

44.
PLC 접지방식은 공통 접지는 사용하지 않는다.

45 퍼지(Fuzzy) 제어를 이용함으로써 제어 특성을 개선할 수 있는 대상 공정으로 적합하지 않은 것은?
① 생물체 발효공정
② 냉각수 저장조 온도제어
③ 시멘트 회전 혼합기
④ 소각로 연소제어

45.
퍼지제어(Fuzzy Control, 모호이론)는 애매모호한 정보나 표현을 바탕으로 조작을 모델화하고 컴퓨터로 실행하는 것이므로 엄밀한 수치가 아니라 주관적인 생각에 바탕을 둔 제어규칙(룰)을 정하여 제어수순을 정하는 수법이다. 경험
적인 데이터베이스가 많이 있는 경우 룰의 설정은 비교적 용이하나 완전한 룰은 요구되지 않는다.
그러므로 퍼지이론에는 학습기능이 기본적으로 없으며, 구해지는 해가 최적인지는 보증되지 않는다.

46 PLC 설치 시 실드 트랜스를 사용하는 것은 어느 곳으로부터의 노이즈 대책인가?
① 입력기기   ② 출력기기
③ 전원계통   ④ PLC 자체

46.
실드 트랜스는 접지를 타고 들어오는 커먼모드 성분의 노이즈를 제거하는 장치이다. 그러나 다른 노이즈는 거의 제거를 못하므로 차폐 트랜스를 사용한다.

정답 42. ① 43. ① 44. ① 45. ② 46. ③

47 개루프 전달함수 $G(s) = \dfrac{s+2}{s^2}$ 시스템에 단위 계단 입력 $r=1$이 들어올 때, 폐루프 시스템의 정상상태 오차는?

① 0
② 1
③ 2
④ ∞

47.
자동 제어계의 정상상태 오차식 $r(t)=1$은 임펄스 신호이다.
라플라스로 변환하면
$$R(s) = \dfrac{1}{s}$$
최종치 정리에서
$$e_{ss} = \lim_{s \to \infty} e(t) = \lim_{s \to 0} sE(s)$$
$$= \lim_{s \to 0} \dfrac{sR(s)}{1+G(s)}$$
$$= \lim_{s \to 0} \dfrac{s \cdot \dfrac{1}{s}}{1 + \dfrac{s+2}{s^2}}$$
$$= \lim_{s \to 0} \dfrac{s^2}{s^2+s+2} = 0$$

48 다음 제어기 중에서 제어 목푯값에 빨리 도달하도록 미분동작을 부가하여 응답속도만을 개선한 것은?

① P 제어기
② PI 제어기
③ PD 제어기
④ PID 제어기

48.
목푯값에 빨리 도달하는 제어는 비례(P)제어이다.

49 다음 중 서보기구로 제어할 수 있는 가장 적합한 제어량은?

① 전류
② 전압
③ 주파수
④ 기계적 위치

49.
서보기구는 고속의 추종성을 추구하여 기계적 위치를 제어한다.

50 아래 내용에 해당하는 유압펌프의 명칭은?

구조가 간단하고 우전 및 보수가 용이하지만 가변 토출 형으로 제작이 불가능하고 내부 오일 누설이 다른 펌프에 비해서 많다. 그리고 운전 중에 밀폐작용(폐입현상)이 발생하기도 한다.

① 기어펌프
② 베인펌프
③ 피스톤펌프
④ 나사펌프

51 유압제어와 비교한 공압제에 대한 설명으로 틀린 것은?

① 공기압력은 $4 \sim 7 kg_f/cm^2$ 정도를 사용한다.
② 공압과 유압의 출력은 항상 동일하다.
③ 에어 드라이어를 설치한다.
④ 구성은 간단하나 압축성으로 속도가 일정치 않다.

51.
공압장치는 압축성 유체이므로 큰 힘을 얻는 데 유압보다 제약을 많이 받는다.

정답 47. ① 48. ③ 49. ④ 50. ① 51. ②

52 제어장치에 있어서 목표치에 의한 신호와 검출부로부터의 신호에 의거, 제어계가 소정의 작동을 하는 데 필요한 신호를 만들어서 조작부에 보내주는 부분은?
① 검출부 ② 입력부
③ 조절부 ④ 출력부

53 다음 중 PLC의 CPU가 수행하지 않는 작업은?
① 운용시스템(OS) 실행 ② 메모리 관리
③ 자기진단 ④ PID 연산

54 주파수전달함수 $G(jw) = \dfrac{1}{1+jwT}$ 의 복소수 평면에서의 벡터 궤적의 모양은? (단, w 값이 0에서 ∞까지이다.)
① 원 ② 반원
③ 직선 ④ 타원

54.
$G(jw) = \dfrac{1}{1+jwT}$ 는 1차 지연 전달함수로서 벡터 궤적은 하반부 반원이다.

55 마이크로컨트롤러 기반제어와 비교할 때 PC 기반제어의 특성이 아닌 것은?
① 어셈블러의 사용이 쉽다.
② 많은 양의 데이터 저장이 가능하다.
③ 크기가 큰 프로그램의 수행이 가능하다.
④ PC에서 사용 가능한 여러 가지 응용 소프트웨어의 사용이 가능하다.

55.
기계언어인 어셈블러는 사용하지 않고 다목적 언어인 C언어를 사용한다.

56 압력, 온도, 유량, 액위 및 농도 등의 상태량을 제어량으로 하는 제어방식은?
① 서보기구 ② 시퀀스 제어
③ 프로그램 제어 ④ 프로세스 제어

57 제어량의 종류에 의한 제어계의 분류로 적당하지 않은 것은?
① 서보기구 ② 자동조정
③ PLC 제어 ④ 프로세스 제어

정답 52. ③ 53. ④ 54. ② 55. ① 56. ④ 57. ③

58 비례제어기의 일반적인 특성으로 옳지 않은 것은?

① 상승시간을 줄인다.
② 오버슈트를 크게 한다.
③ 잔류편차를 제거해 준다.
④ 제어편차에 비례한 수정동작을 한다.

58.
비례제어는 잔류편차가 발생하며, 잔류편차를 제거하는 제어는 I(적분)제어이다.

59 함수 $f(t) = e^{-at}$의 라플라스 변환은?

① $\dfrac{1}{s-a}$ ② $\dfrac{1}{s+a}$
③ $(s-a)$ ④ $\dfrac{1}{(s+a)^2}$

60 제어요소의 전달함수에 대한 설명 중 틀린 것은?

① 비례요소 : K ② 1차 지연요소 : $\dfrac{K}{1+TS^2}$
③ 적분요소 : $\dfrac{1}{TS}$ ④ 미분요소 : TS

60.
1차 지연 : $G(s) = \dfrac{1}{1+TS}$

❹ 과목 메카트로닉스

61 피상전력이 80kVA이고 유효전력이 60kW일 때 역률 $\cos\theta$는?

① 0.25 ② 0.5
③ 0.75 ④ 1

61.
역률 = $\cos\theta = \dfrac{\text{유효전력}}{\text{피상전력}}$
$= \dfrac{60kW}{80kVA} = 0.75$

62 5개의 T-FF(플립플롭)으로 구성된 카운터 회로에 입력클록 주파수가 8MHz일 경우 마지막 플립플롭의 출력 주파수[kHz]는?

① 150 ② 250
③ 300 ④ 350

62.
$2^5 = 32$
$\dfrac{8000}{32} = 250kHz$

63 그림과 같이 자장 내에 있는 도체에 전류(i)가 지면 안으로 흘러 들어 갈 경우 도체가 받는 힘의 방향으로 맞는 것은?

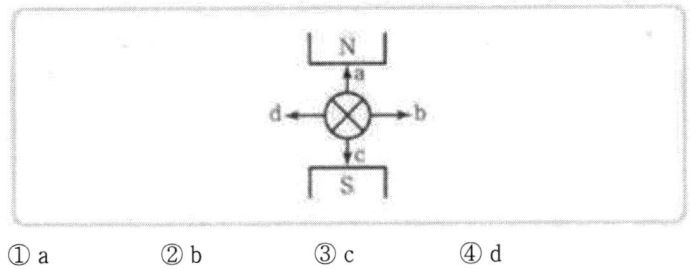

① a　　② b　　③ c　　④ d

63.
전류가 흐르므로 전동기이며, 플레밍의 왼손 법칙이 적용된다.

64 유도형 센서에서 감지가 어려운 것은?

① 철　　② 구리
③ 알루미늄　　④ 플라스틱

64.
근접센서의 종류에는 유도형인 고주파 발전형과 정전용량형이 있으며, 플라스틱은 부도체로서 정전용량형 센서로 검출한다.

65 다음 유접점 시퀀스 회로도와 PLC의 프로그램 표가 있을 때 ( )안에 들어갈 내용을 순서대로 올바르게 표현한 것은?
(단, PLC의 명령은 입력(R), 출력(W), AND(A), OR(O), NOT(N)이다.)

STEP	OP	add
0	R	0.1
1	(가)	(나)
2	(다)	(라)
3	W	8.0
4	(마)	(바)
5	W	3.0

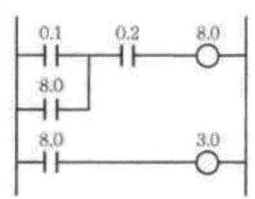

① O→8.0→A→0.2→R→8.0
② A→0.2→R→8.0→O→8.0
③ O→8.0→R→8.0→A→0.2
④ O→8.0→A→0.2→W→8.0

66 선반가공작업에서 작업자의 작업방법으로 틀린 것은?

① 척 핸들은 사용 후 척에서 제거한다.
② 바이트는 가능한 짧게 단단히 고정한다.
③ 바이트 교환 시에는 기계를 정지시키고 한다.
④ 표면 거칠기 상태 검사는 저속에서 손끝으로 만져 감촉을 느낀다.

66.
선반작업 가공물의 거칠기는 측정실에서 기기를 사용하여 측정한다.

정답　63. ④　64. ④　65. ①　66. ④

67 핸드 탭의 파손 원인으로 옳은 것은?

① 너무 빠르게 절삭작업을 했다.
② 구멍을 충분히 크게 가공했다.
③ 가공 중 태핑 오일을 주입했다.
④ 탭이 구멍 방향과 동일 선상에 있었다.

67.
핸드 탭 작업은 수작업이므로 무리한 힘을 가하지 않는다.

68 마이크로프로세서가 실행 도중 특수한 상태가 발생하면 제어장치의 조정에 의해 특수한 상태를 처리한 후 먼저 수행하던 프로그램으로 되돌아가는 조작은?

① Interrupt
② Controlling
③ Trapping
④ Subroutine

69 문자나 숫자 등의 입력 자료를 이에 상응하는 2진 부호로 만드는 회로는?

① 인코더
② 디코더
③ 가산기
④ 멀티플렉서

69.
· 인코더(Encoder) : PC에 저장되어 있던 신호를 변환해주는 장치. 아날로그신호를 디지털신호로 변조할 경우 양자화 부조화의 과정을 거칠 때 아날로그 신호를 디지털 신호화시키는 암호화 과정 회로와 장치
· 디코더(Decoder) : (부호)복호기라고 하며 인코더 부호기(Encoder)의 반대 용어로 사용된다. 데이터를 어떤 부호화된 형으로부터 다른 형으로 바꾸기 위한 회로와 장치이며, 디지털 신호를 아날로그신호로 복호화 하는 과정 회로와 장치
· 멀티 플렉서(Multiplexer) : 최선의 유효이용을 꾀하기 위하여 각 통신로(채널)의 필요 성분을 재배치 하는 장치이며, 다중화 장치라 총칭된다. 방식 적으로는 주파수 적으로 다중화 하여 회선을 분할이용 하는 것(주파수 분할 다중방식)과 시간으로 다중화 하여 회선을 분할이용 하는 것(시분할 다중방식)으로 분류됨
· 가산기(Adder) : 2개 이상의 수를 입력하여 이들의 합을 출력으로 하는 논리회로 또는 장치

정답 67. ① 68. ① 69. ①

70 CdS 소자의 설명으로 적합한 것은?

① 빛에 의해 전기저항이 변화한다.
② 온도에 의해 전기저항이 변화한다.
③ 전압에 의해 전기저항이 변화한다.
④ 전류에 의해 전기저항이 변화한다.

70.
CdS는 황화카드뮴 소자로서 빛에너지를 광에너지로 변환시키는 센서이며, 빛의 세기에 따른 저항변화는 반비례한다.

71 마이크로프로세서와 기억장치, 입출력 인터페이스, 타이머 등과 같은 주변 장치들을 통합하여 하나의 칩으로 구현한 것은?

① PLC
② 개인 컴퓨터
③ 마이크로미터
④ 마이크로컨트롤러

72 스테핑 모터에서 펄스 한 개당 3.6°를 회전할 때 한 바퀴를 회전하려면 몇 개의 펄스를 인가해야 하는가?

① 50개
② 90개
③ 100개
④ 180개

72.
$N = \dfrac{360}{3.6} = 100$

73 마이크로프로세서의 구조 중 RISC(Reduced Instruction Set Computer)에 대한 설명으로 틀린 것은?

① 디코딩이 간단하다.
② 가변길이 명령어 형식이다.
③ 상대적으로 적은 수의 명령어이다.
④ 상대적으로 적은 어드레싱 모드이다.

73.
범용 마이크로프로세서를 구성하는 요소에는 명령세트, 레지스터, 메모리 공간 등이 있다. 이 중 명령세트는 RISC와 CISC(complex instruction set computer)의 2가지로 크게 분류할 수 있다.
·RISC(reduced instruction set computer) : 컴퓨터의 실행속도를 높이기 위해 복잡한 처리는 소프트웨어에게 맡기는 방법을 채택하여, 명령세트를 축소 설계한 명령세트이며 명령의 대부분은 1머신 사이클에 실행되고, 명령길이는 고정이며, 명령세트는 단순한 것으로 구성되어 실행시간을 단축시킨다.

74 교류전류 i를 어떤 저항 R에 임의의 시간 동안 흐르게 했을 때 발열량이 같은 저항 R에 직류전류 I를 같은 시간동안 흐르게 했을 때 발열량과 같을 때 그 교류전류 i를 무엇이라 하는가?

① 순시값
② 최댓값
③ 평균값
④ 실효값

정답   70. ①   71. ④   72. ③   73. ②   74. ④

75 직선 전류에 의해서 그 주위에 생기는 자기장의 방향은?
① 전류의 방향
② 전류의 반대 방향
③ 왼나사의 회전 방향
④ 오른나사의 회전 방향

76 아래의 논리회로에서 출력 X는?

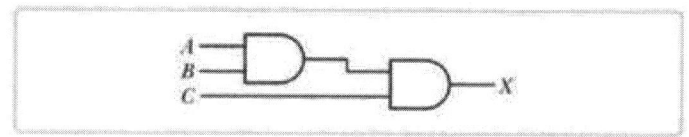

① $\overline{(A \cdot B)} + C$
② $A \cdot B \cdot C$
③ $\overline{A \cdot B \cdot C}$
④ $A \cdot B + \overline{C}$

77 십진수 11의 BCD 코드로 맞는 것은?
① 0001 0001
② 0000 1011
③ 1011 0001
④ 0010 0001

78 데이터를 반영구적으로 기억시켜 두는 기억소자는?
① PLA
② RAM
③ ROM
④ Static RAM

78.
㉠ RAM(Random Access Memory) 임의의 기억 장소를 지정하여 정보를 읽어 내거나 변경할 수 있는 주기억장치
㉡ ROM(Read only Memory) 명령어를 반복해서 읽을 수 있으나 변경할 수 없는 읽기 전용 기억장치.

79 아래 그림과 같이 자기 인덕턴스가 접속되어 있을 때 합성 자기 인덕턴스[H]는?(단, 이때 상호 유도 작용은 없다고 가정한다.)

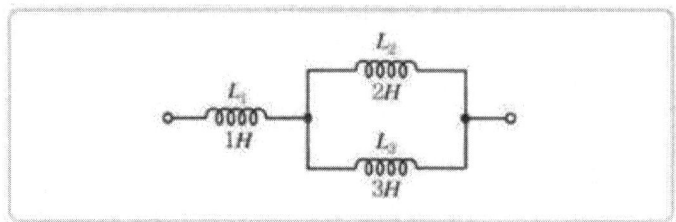

① 1.1
② 2.2
③ 3.2
④ 4.2

79.
$L_T = L_1 + \dfrac{L_2 \cdot L_3}{L_2 + L_3}$
$= 1 + \dfrac{2 \cdot 3}{2+3}$
$= 2.2H$

정답 75. ④ 76. ② 77. ① 78. ③ 79. ②

80 포토커플러의 조합이 아닌 것은?

① 발광 다이오드와 CdS 셀
② 포토 트랜지스터와 CdS 셀
③ 발광 다이오드와 포토 사이리스터
④ 발광 다이오드와 포토 트랜지스터

80.
포토커플러(Photo Coupler) 광 복합소자, 즉 발광소자와 수광소자의 합이다.
CdS 셀, 포토 트랜지스터, 포토 사이리스터는 수광소자이다.

정답 80. ②

SECTION 10 — PART 05 과년도 출제문제
2016년 1회

1 과목 기계가공법 및 안전관리

01 절삭공구 재료 중 소결 초경합금에 대한 설명으로 옳은 것은?

① 진동과 충격에 강하며 내마모성이 크다.
② Co, W, Cr 등을 주조하여 만든 합금이다.
③ 충분한 경도를 얻기 위해 질화법을 사용한다.
④ W, Ti, Ta 등의 탄화물 분말을 Co를 결합제로 소결한 것이다.

> 1.
> 초경합금에는 W Co계, W Ti Ta Co계, W Ti Co계의 3종이 있으며 경도와 압축강도가 높고 내마모성이 크며, 높은 영율과 열전도율을 가지고 있다. 강보다 2배 정도 무겁다.

02 편심량이 $2.2mm$로 가공된 선반 가공물을 다이얼 게이지로 측정할 때, 다이얼 게이지 눈금의 변위량은 몇 mm인가?

① 1.2 ② 2.2
③ 4.4 ④ 6.6

> 2.
> 다이얼 게이지 눈금의 $\frac{1}{2}$이 선반 가공물의 편심량이다.

03 직접 측정용 길이가 측정기가 아닌 것은?

① 강철자 ② 사인 바
③ 마이크로미터 ④ 버니어캘리퍼스

> 3.
> 간접 측정은 측정부의 치수를 수학적이나 기하학적인 관계에 의해 얻는 방법으로, 사인바를 이용하여 부품의 각도 측정, 3점을 이용하여 나사의 유효지름, 지름을 측정하여 원주 길이를 환산하는 등에 사용하는 방법이다.

04 밀링작업 시의 안전수칙으로 틀린 것은?

① 칩을 제거할 때 기계를 정지시킨 후 브러시로 털어낸다.
② 주축 회전속도를 변환할 때에는 회전을 정지시키고 변환한다.
③ 칩 가루가 날리기 쉬운 가공물의 공작 시에는 방진안경을 착용한다.
④ 절삭유를 공급할 때 커터에 감겨들지 않도록 주의하고, 공작 중 다듬질 면은 손을 대어 거칠기를 점검한다.

> 4.
> 밀링작업 안전수칙
> 1. 사용 전 반드시 기계 및 공구를 점검하고 시운전할 것
> 2. 가공할 재료를 바이스에 견고히 고정시킬 것
> 3. 커터의 제거 및 설치 시에는 반드시 스위치를 차단하고 할 것
> 4. 테이블 위에는 측정기구나 공구를 놓지 말 것
> 5. 칩을 제거할 때는 기계를 정지시키고 브러시로 할 것
> 6. 황동 등 철가루나 칩이 발생되는 작업에는 반드시 보안경을 착용할 것

정답 01. ④ 02. ③ 03. ② 04. ④

05 열경화성 합성수지인 베이크라이트(Bakelite)를 주성분으로 하며 각종 용제, 기름 등에 안정된 숫돌로서 절단용 숫돌 및 정밀 연삭용으로 적합한 결합제는?

① 고무 결합제　　② 비닐 결합제
③ 셀락 결합제　　④ 레지노이드 결합제

06 연삭숫돌 입자의 종류가 아닌 것은?

① 에머리　　② 코런덤
③ 산화규소　　④ 탄화규소

07 다듬질 면 상태의 평면검사에 사용되는 수공구는?

① 트러멜
② 나이프 에지
③ 실린더 게이지
④ 앵글 플레이트

7.
· 트러멜 : 큰 원을 그리는 수공구
· 실린더 게이지 : 내경을 측정하는 측정기
· 앵글 플레이트 : 밀링이나 드릴링 머신 등에서 공작물을 볼트 등으로 홈에 고정시켜 놓고 이용하는 주철제 공구이다.

08 CNC 선반 프로그래밍에 사용되는 보조기능 코드와 기능이 옳게 짝지어진 것은?

① M01 : 주축 역회전
② M02 : 프로그램 종료
③ M03 : 프로그램 정지
④ M04 : 절삭유 모터 가동

8.
· M00 : 프로그램 정지
· M01 : 선택적 프로그램 정지
· M02 : 프로그램 종료
· M03 : 주축 정회전
· M04 : 주축 역회전
· M05 : 주축 정지
· M08 : 절삭유 공급
· M09 : 절삭유 공급 종료

09 리머의 모양에 대한 설명 중 틀린 것은?

① 조정 리머 : 절삭날을 조정할 수 있는 것
② 솔리드 리머 : 자루와 절삭날이 다른 소재로 된 것
③ 셸 리머 : 자루와 절삭 날 부위가 별개로 되어 있는 것
④ 팽창 리머 : 가공물의 치수에 따라 조금 팽창할 수 있는 것

9.
솔리드리머 : 자루와 날 부위가 같은 소재로 된 일체형 리머이다.

정답　05. ④　06. ③　07. ②　08. ②　09. ②

10 밀링머신에서 원주를 단식 분할법을 ㄴ13등분하는 경우의 설명으로 옳은 것은?

① 13구멍 열에서 1회전에 3구멍씩 이동한다.
② 39구멍 열에서 3회전에 3구멍씩 이동한다.
③ 40구멍 열에서 1회전에 13구멍씩 이동한다.
④ 40구멍 열에서 3회전에 13구멍씩 이동한다.

10.
단식분할법 공식
n(핸들의 회전수)
$= \dfrac{40}{N} = \dfrac{40}{분할수} = \dfrac{40}{13} = 3\dfrac{1}{13}$
$= 3\dfrac{3}{39}$

11 지름이 $10mm$, 원추 높이 $3mm$인 고속도강 드릴로 두께가 $30mm$인 연강판을 가공할 때 소요시간은 약 몇 분인가?
(단, 이송은 $0.3mm/rev$, 드릴의 회전수는 667rpm이다.)

① 6   ② 2
③ 1.2   ④ 0.16

11.
$T = \dfrac{t+h}{ns} = \dfrac{30+3}{667 \times 0.3} = 0.16$
여기서, n : 드릴의 회전수
t : 공작물의 구멍깊이
h : 드릴원추 높이
s : 1회전당 이송량

12 밀링머신에서 기어의 치형에 맞춘 기어 커터를 사용하여, 기어 소재 원판을 같은 간격으로 분할 가공하는 방법은?

① 래크법   ② 창성법
③ 총형법   ④ 형판법

12.
· 창성법 : 랙커터에 의한 기어 셰이핑과 호브를 이용하는 기어 호빙 방법으로 커터의 왕복운동을 이용한 방법으로 치형을 깎는 방법으로 인볼류트 치형을 정확히 가공할 수 있다.
· 형판법 : 셰이퍼 테이블에 소재를 설치하고 형판을 치형과 같은 곡선으로 하여 테이블 이송하면서 치형을 만들며 가공하나 정밀한 치형을 가공하기는 어렵다.
· 총형법 : 플레이너나 셰이퍼를 이용 가공하여 치차치홈의 단면 모양을 가진 총형 커터로서 1피치씩 분할기로 가공하는 방법이다.

13 다음 중 밀링작업에서 판캠을 절삭하기에 가장 적합한 밀링커터는?

① 엔드밀
② 더브테일 커터
③ 메탈 슬리팅 소
④ 사이드 밀링 커터

13.
판캠 : 가장자리가 굽은 판 모양을 이용하여 캠(원동절)을 회전시키면 종동절의 주기적인 운동을 하는 캠으로 엔드밀로서 주로 가공한다. 자동차 밸브 기구, 점화 장치의 배전기 캠에 사용되고 있다.

정답   10. ②   11. ④   12. ③   13. ①

14 한계게이지의 종류에 해당되지 않는 것은?

① 봉 게이지
② 스냅 게이지
③ 다이얼 게이지
④ 플러그 게이지

14.
· 구멍용 한계게이지 : 플러그게이지, 평플러그 게이지, 봉 게이지, 터보 게이지
· 축용 한계게이지 : 링 게이지, 스냅 게이지, 다이얼 게이지는 비교 측정기이다.

15 크레이터 마모에 관한 설명 중 틀린 것은?

① 유동형 칩에서 가장 뚜렷이 나타난다.
② 절삭공구의 상면 경사각이 오목하게 파여지는 현상이다.
③ 크레이터 마모를 줄이려면 경사면 위의 마찰계수를 감소시킨다.
④ 처음에 빠른 속도로 성장하다가 어느 정도 크기에 도달하면 느려진다.

15.
공구면에 형성된 크레이터는 칩 아래 면과 같은 형상이 되며 칩·공구 접촉 면적에 제한되어 발생한다. 높은 온도에서 고속도강은 재료의 열연화(thermal softening) 때문에 공구마모가 매우 빠르게 일어난다. 보통 크레이터의 최대깊이가 크레이터 마모량의 척도가 되고 표면측정 장치에 의해서 결정된다.

16 총형 커터에 의한 방법으로 치형을 절삭할 때 사용하는 밀링커터는?

① 베벨 밀링커터
② 헬리컬 밀링커터
③ 인벌류트 밀링커터
④ 하이포이드 밀링커터

16.
인벌류트 밀링커터는 날의 측면이 인벌류트로 되어 있는 커터로서 밀링 머신의 분할대를 이용하는 인벌류트 기어를 절삭한다. 같은 모듈이라도 도 잇수에 의해서 절삭 홈의 형태가 바뀌기 때문에 잇수를 1~8번까지 구분하고, 잇수에 의해서 커터 번호를 선정한다.

17 공작물의 표면 거칠기와 치수 정밀도에 영향을 미치는 요소로 거리가 먼 것은?

① 절삭유
② 절삭 깊이
③ 절삭속도
④ 칩 브레이커

17.
절삭하는 공작물에 직접적으로 영향을 주는 요소에는 절삭유, 절삭 깊이, 절삭속도 등이 있으며, 칩브레이커는 유동형 칩을 끊기 위해 바이트에 있는 요소이다.

18 1차로 가공된 가공물의 안지름보다 다소 큰 강구(Steel Ball)를 압입 통과시켜서 가공물의 표면을 소성변형으로 가공하는 방법은?

① 래핑(Lapping)
② 호닝(Honing)
③ 버니싱(Burnishing)
④ 그라인딩(Grinding)

18.
· 래핑 : 랩을 공작물에 대고 랩제를 가해 적당한 압력으로 상대 운동을 하는 특수 가공
· 호닝 : 호닝헤드를 가공면에 접촉 후 회전운동과 왕복운동을 하는 특수가공
· 그라이딩 : 회전 숫돌로 가공물의 표면완성을 하는 연삭작업.

정답 14. ③ 15. ④ 16. ③ 17. ④ 18. ③

19 선반작업 시 공구에 발생하는 절삭저항 중 가장 큰 것은?
① 배분력 ② 주분력
③ 마찰분력 ④ 이송분력

19.
주분력>배분력>이송분력

20 선반의 부속품 중에서 돌리개(dog)의 종류로 틀린 것은?
① 곧은 돌리개
② 브로치 돌리개
③ 굽은(곡형) 돌리개
④ 평행(클램프) 돌리개

20.
돌리개의 종류
1. 나사 돌리개
2. 평행클램프 돌리개
3. 곧은 돌리개
4. 클램프 돌리개
5. 더블 돌리개
6. 곡형 돌리개

❷ 과목 기계제도 및 기초공학

21 도면의 결 도시기호가 그림과 같이 나타났을 때 설명으로 틀린 것은?

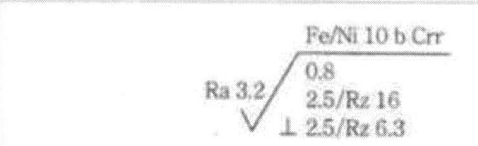

① 니켈-크롬 코팅이 적용되어 있다.
② 가공 여유는 $0.8mm$를 준다.
③ 샘플링 길이 $2.5mm$에서는 $Rz\ 6.3 \sim 16\mu m$를 만족해야 한다.
④ 투상면에 대해 대략 수직인 줄무늬 방향이다.

21.
0.8은 중심선 평균 거칠기 이외의 표면거칠기 값이다.

22 제1각법에 관한 설명으로 옳은 것은?
① 정면도 우측에 좌측면도가 배치된다.
② 정면도 아래에 저면도가 배치된다.
③ 평면도 아래에 저면도가 배치된다.
④ 정면도 위에 평면도가 배치된다.

22.
1각법은 정면도의 좌측에 우측면도가 있고, 우측에는 그의 반대인 좌측면도를 작성한다. ②,③,④는 3각법에 대한 설명이다.

23 다음 축의 치수 중 최대 허용치가 가장 큰 것은?
① $\phi 45n7$ ② $\phi 45g7$
③ $\phi 45h7$ ④ $\phi 45m7$

23.
축의 공차역 클래스에서 알파벳이 뒤로 갈수록 치수의 최대허용치수는 커진다. 그러므로 가장 뒤에 있는 n의 공차가 제일 큰 것이다.

정답 19. ② 20. ② 21. ② 22. ① 23. ①

24 기하공차 중 단독 형체에 관한 것들로만 짝지어진 것은?

① 직진도, 평면도, 경사도
② 평면도, 진원도, 원통도
③ 진직도, 동축도, 대칭도
④ 직진도, 동축도, 경사도

24.
단독형체란 데이텀이 불필요한 기하공차를 말하는 것으로 다른 곳과 관련이 없는 공차로서 그 종류에는 진직도, 평면도, 진원도, 원통도, 선의 윤곽도, 면의 윤곽도가 있다.

25 실물에서 한 변의 길이가 $25mm$ 일 때, 척도 1:5인 도면에서 그 변이 그려진 길이와 그 변에 기입해야 할 치수를 순서대로 옳게 나열한 것은?

① 길이 : 5[mm], 치수 : 5
② 길이 : 5[mm], 치수 : 25
③ 길이 : 25[mm], 치수 : 5
④ 길이 : 25[mm], 치수 : 25

25.
A : B
여기서, A : 도면에서의 물체 크기
 B : 실제 물체의 크기
위와 같이 척도에선 A는 1, B는 5를 하였는데 이것은 실제 물체의 크기를 5배 축소하여 표현했다는 것이므로 25/5를 하여 작도를 하고 치수는 실제 물체의 크기인 25로 표현해야 한다.

26 제3각법으로 투상한 그림과 같은 정면도와 우측면도에 가장 적합한 평면도는?

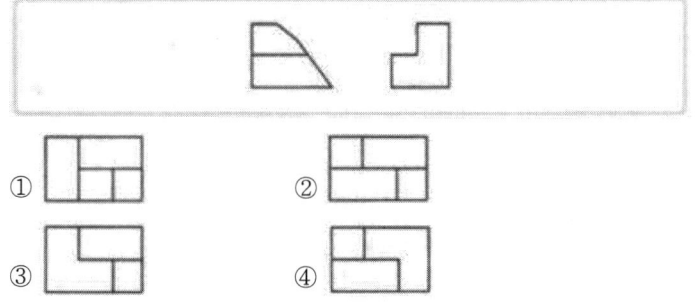

26.
문제에서 주어진 정면도와 우측면도 그리고 ④번의 평면도를 조합하면 다음과 같은 도형이 된다.

정답 24. ② 25. ② 26. ④

27 다음 도면에서 ℓ로 표시된 부분의 길이(mm)는?

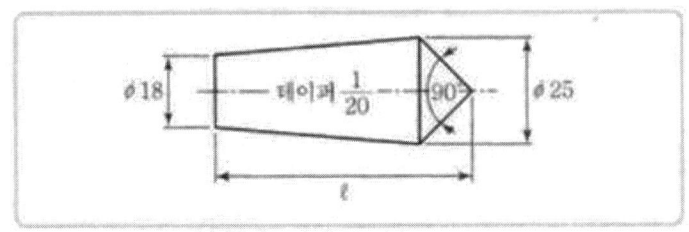

① 52.5
② 85
③ 140
④ 152.5

27.
$\frac{1}{20} = \frac{25-18}{a}$ 에서
$a = 20 \times 7 = 140$
$y = \frac{25}{2}\sqrt{2} = 17.675$
$l = a + y = 140 + 17.675 = 157.675$

28 가공방법의 기호 중 주조의 기호는?
① D
② B
③ GB
④ C

28.
D : 드릴링
B : 보링
GB(GBL) : 벨트연삭
C : 주조

29 나사의 종류를 표시하는 다음 기호 중에서 미터 사다리꼴 나사를 표시하는 것은?
① R
② M
③ Tr
④ UNC

29
R : 관용 테이퍼 수나사
M : 미터보통나사 및 미터가는나사
Tr : 미터 사다리꼴 나사
UNC : 유니파이 보통나사

30 다음 중 최대 죔새를 나타낸 것은?
(단, 조립 전 치수를 기준으로 한다.)
① 구멍의 최대 허용치수−축의 최대 허용치수
② 축의 최소 허용치수−구멍의 최대 허용치수
③ 축의 최대 허용치수−구멍의 최소 허용치수
④ 구멍의 최소 허용치수−축의 최소 허용치수

30.
최대 죔새는 구멍의 치수가 축의 치수보다 작을 때 발생하는 두 치수의 차이이다.

31 다음 중 토크에 대한 설명 중 맞는 것은?
① 토크는 굽힘 모멘트라고도 한다.
② 한 쪽이 고정된 원형 축에 토크가 작용되면 압축응력이 발생한다.
③ 한 쪽이 고정된 원형 축에 토크가 작용되면 인장응력이 발생한다.
④ 한 쪽이 고정된 원형 축에 토크가 작용되면 전단응력이 발생한다.

31.
원형 중심축의 토크
(비틀림 모멘트)
$T = \tau \frac{\pi d^3}{16}$

정답 27. ④ 28. ④ 29. ③ 30. ③ 31. ④

32 전류가 잘 흐르지 못하도록 방해하는 것은?
　① 저항　　　　　② 전류
　③ 전압　　　　　④ 전기장

33 그림과 같이 안지름이 d_1인 원통관 속을 v_1의 속도로 흐르는 어떤 유체가 원통관의 안지름이 d_2로 줄어 v_2의 속도로 흐를 때 이들의 관계식으로 맞는 것은?

33.
$Q = A_1 V_1 = A_2 V_2$

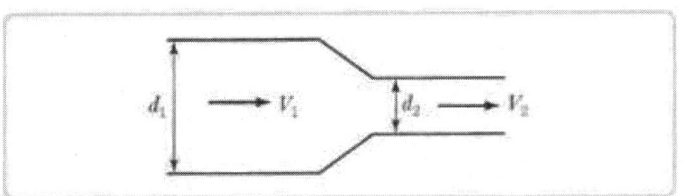

　① $d_1 \times v_1 = d_2 \times v_2$　　② $d_1 \times v_2 = d_2 \times v_1$
　③ $d_1^2 \times v_1 = d_2^2 \times v_2$　　④ $d_1^2 \times v_1 = d_2^2 \times v_2$

34 뉴턴의 운동법칙 중 가속도 발생의 법칙에 해당하는 것은?
　① 사람이 걷는 행위
　② 비행기 및 로켓의 추진
　③ 달리기 할 때 팔다리의 빠른 움직임
　④ 버스가 급정거할 때 몸이 앞으로 쏠리는 현상

35 30[Ω]의 저항 3개를 직렬로 연결하면 합성저항(Ω) 값은?
　① 9　　　　　② 10
　③ 30　　　　　④ 90

35.
· 직렬합성저항 구하는 공식
$R = R_1 + R_2 + R_3 + \cdots + R_N$
· 병렬합성저항 구하는 공식
$\dfrac{1}{R_0} = \dfrac{1}{R_1} + \dfrac{1}{R_2} + \dfrac{1}{R_3}$
$+ \cdots \dfrac{1}{R_n}$

36 0.25[rev/sec]는 몇 도/초(°/sec)인가?
　① 30[°/sec]　　　② 45[°/sec]
　③ 60[°/sec]　　　④ 90[°/sec]

36.
$0.25 \dfrac{rev}{\sec} \dfrac{360°}{rev} = 90°$

정답　32. ①　33. ③　34. ③　35. ④　36. ④

37 아래 그림과 같이 받침점으로부터 420[mm] 떨어진 곳에 80[kg_f]인 물체 w_1을 놓으면 받침점에서 840[mm] 떨어진 곳에 중량이 얼마인 물체 w_2를 놓아야 평형이 유지되는가?

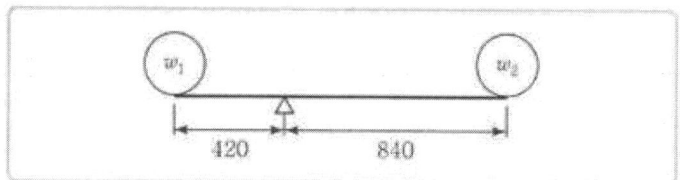

① 420[kg_f] ② 160[kg_f]
③ 80[kg_f]   ④ 40[kg_f]

38 "유도 전류의 세기는 코일의 단면을 통과하는 자속의 시간적 변화율에 비례하고, 코일의 감은 횟수에 비례한다."는 법칙은?

① 패러데이의 법칙
② 플레밍의 왼손 법칙
③ 앙페르의 오른손 법칙
④ 플레밍의 오른손 법칙

37.
$$X = \frac{420 \times 80}{840} = 40$$

38.
㉠ 패러데이의 법칙
· 제1법칙 : 전해질 용액을 전기분해할 때 전극에서 석출되는 물질의 질량은 그 전극을 통과한 전자의 몰수에 비례한다. 즉, 전류가 더 많이 흐를수록 시간이 지날수록, 석출되는 물질의 질량은 많아진다.
· 제2법칙 : 같은 전기량에 의해 석출되는 물질의 질량은 물질의 종류에 관계없이 각 물질의 화학 당량에 비례한다. 즉, 1그램 당량의 물질량을 전기분해하여 석출하는 데 필요한 전기량은 물질의 종류에 관계없이 항상 일정하다.
㉡ 플레밍의 왼손법칙
자기장 속에 있는 도선에 전류가 흐를 때 자기장의 방향과 도선에 흐르는 전류의 방향으로 도선이 받는 힘의 방향을 결정하는 규칙이다.(전동기에서의 법칙이다.)
㉢ 앙페르의 오른손법칙
닫힌 원형회로에서의 전류가 이루는 자기장에서 어떤 경로를 따라 단위자극을 일회전 시키는 데 필요한 일의 양은, 그 경로를 가장자리로 하는 임의의 면을 관통하는 전류의 총량에 비례한다. 앙페르가 발견한 전류의 방향과 자기장 방향과의 관계를 나타내는 '오른나사의 법칙'을 앙페르의 법칙이라고도 한다. 자기장의 방향을 오른나사의 회전방향으로 잡으면 전류의 방향이 나사의 진행방향이 된다.
㉣ 플레밍의 오른손 법칙
자기장 속에서 도선이 움직일 때 자기장의 방향과 도선이 움직이는 방향으로 유도 기전력 또는 유도전류의 방향을 결정하는 규칙이다.(발전기에서의 법칙이다.)

39 아래 그림과 같이 $1,000[kg_f]$의 전단력이 직경 $20[mm]$의 볼트에 작용하고 있을 때, 볼트에 생기는 전단응력은 약 얼마인가?

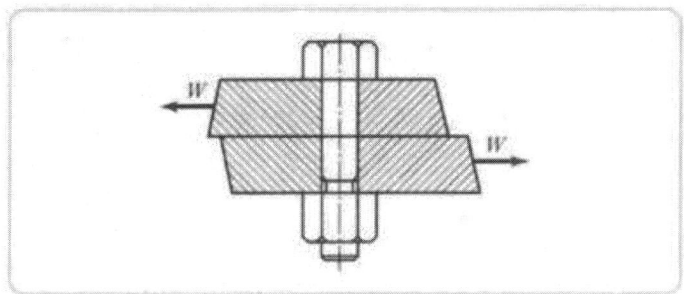

① $3.18[kg_f/mm^2]$ ② $6.37[kg_f/mm^2]$
③ $31.8[kg_f/mm^2]$ ④ $63.7[kg_f/mm^2]$

39.
$$\sigma = \frac{P}{A} = \frac{1000}{\frac{\pi \times d^2}{4}}$$
$$= 3.18[kg_f/mm^2]$$

40 전기에서 사용되는 단위 중 [J/C]와 같은 단위는?
① A ② F
③ H ④ V

40.
$$V = \frac{W}{Q} = \frac{J}{C}$$
전기에서의 일1[J]은 1[V]의 전압으로 1[C]의 전기량을 이동시키는 양이다.

③ 과목 자동제어

41 서보모터의 속도나 위치 검출에 사용되지 않는 것은?
① 로드셀 ② 리졸버
③ 엔코더 ④ 타코미터

41.
로드셀은 하중센서로서 힘 또는 하중을 측정하기 위한 변환기이다. 출력을 전기적으로 표시한다.
리졸버는 서보기구에서 회전각을 검출하는 데 사용하는 계측기이다.
엔코더는 서보모터의 회전량, 회전속도 및 회전 방향을 검출할 수 있는 계측기이다.
타코미터는 고속도로 회전하는 물체의 회전수를 측정하는 계측기이다.

정답 39. ① 40. ④ 41. ①

42 4/3-way 밸브의 중립위치형식 중에서 A포트가 막히고 다른 포트들은 서로 통하게 되어 있는 형식은?

① 클로즈드 센터형
② 탱크 클로즈드 센터형
③ 펌프 클로즈드 센터형
④ 실린더 클로즈드 센터형

42.
① 클로즈드 센터형 : 중립 위치에서 액추에이터의 위치를 일정하게 유지시킨다.
② 탱크 클로즈드 센터형 : 차동회로의 구성에 사용된다.
③ 펌프 클로즈드 센터형 : 액추에이터가 외력을 받으면 자유로이 움직인다.
④ 실린더 클로즈드 센터형 : 중립 위치에서 공급포트를 무부하로 한다. 액추에이터의 위치는 일정하게 유지된다.

43 로터리 엔코더가 부착된 DC 서보모터에서 로터리 엔코더가 1회전 할 때마다 360개의 펄스신호가 출력된다고 한다. 이 모터가 회전할 때 로터리 엔코더에서 나오는 펄스 수를 카운터로 계수하였더니 720개의 펄스 수가 계수되었다고 하면 모터의 회전수는?

① 0.5 회전   ② 1회전
③ 2회전   ④ 4회전

43.
1회전에 360개의 펄스신호가 출력되었을 때,
회전수 = $\frac{720}{360} = 2$

44 어떤 NC(Numerical Control) 기계의 제어장치는 스테핑 모터를 제어하는 데 있어서 12초 동안 20,000[pulse]를 발생한다. 만약 이 기계가 pulse당 이송거리가 0.01[mm/pulse]라면 이 때의 분당 이동속도는 몇 [m/min]인가?

① 0.2   ② 1
③ 2   ④ 10

44.
$= \frac{(20,000 \times 0.01) \times 10^{-3}}{(12 \div 60)}$
$= 1 m/min$
펄스당 이송거리가 [mm]단위로 되어 있으므로 분자에 10^{-3}을 해주고 분당이므로 분모에 60을 나눠준다.

45 다음 중 전달함수 $G(s) = \frac{s+b}{s+a}$ 를 갖는 회로가 지상보상회로의 특성을 갖기 위한 조건은?(단, a와 b의 값은 절대값이다.)

① $a > b$ ② $b > a$
③ $s = b$ ④ $s = a$

46. 제어대상이 현재출력값과 미래출력의 예상값을 이용하여 제어하며, 응답속응성의 계선에 쓰이는 동작은?

① 비례동작
② 적분동작
③ 비례미분동작
④ 비례적분동작

46.
① 비례동작=잔류편차가 생기고, 부하변동이 적으며 프로세스의 반응속도가 작다.
② 적분동작=잔류편차가 제거되고, 진동이 있으며, 제어의 안정성이 낮다.
③ 비례미분동작=제어의 안전성이 높고 편자에 대한 직접적인 효과가 없으며 변화 속도가 큰 곳에서 크게 작용하고, 속응성이 높아진다.
④ 비례적분동작=잔류편차를 제거하고 부하변화에 잔류편차가 남지 않으며 급변 시에는 큰 진동이 생기고 사이클링의 주기가 커진다.

47. PLC의 주요 구성요소가 아닌 것은?

① 입력부   ② 조작부
③ 출력부   ④ 중앙처리장치

47.
PLC의 주요 구성요소에는 중앙처리장치, 입력부, 출력부, 기억장치, 전원부가 있다.

48. 아래 그림의 CNC 공작기계의 서보제어방식으로 옳은 것은?

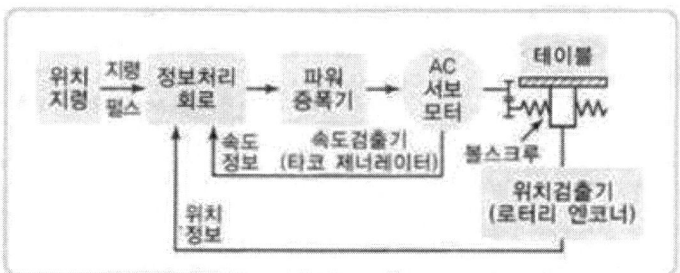

① 개방회로방식   ② 복합회로방식
③ 폐쇄회로방식   ④ 반폐쇄회로방식

49. PLC 제어 프로그램에서 프로그램의 오류를 찾거나 연산과정을 추적하는 것은?

① debug   ② restart
③ scan time   ④ parameter

49.
· debug=프로그램에서 오류를 발견하는 것
· restart=PLC가 운전 중 어떠한 이유로 운전이 정지되었다가 다시 운전을 할 때, 그 전 운전할 때 데이터를 어떻게 처리할 것인지를 결정하는 것
· scan time=하나의 프로그램 전체를 한 번 읽는 시간
· parameter=매개 변수로서 회로나 기계를 동작시킬 때 조작 가능한 요소

정답 46. ③ 47. ② 48. ③ 49. ①

50 다음 스테핑 모터의 구동신호 패턴 중 가장 고분해능을 낼 수 있는 구동방식은?

① 1상 여자방식 ② 2상 여자방식
③ 1-2상 여자방식 ④ 3상 여자방식

50.
스텝모터의 고분해능
1상여자방식<2상여자방식
<1-2상여자방식
→1-2상 여자방식은 1, 2상 여자방식의 스텝비율이 2배이다.

51 PD제어기는 제어계의 과도특성 개선을 위해 쓰인다. 이것에 대응하는 보상기는?

① 과도보상기 ② 동상보상기
③ 지상보상기 ④ 진상보상기

52 PLC 출력부에 부착하여 사용할 수 없는 것은?

① 전자 밸브 ② 리밋 스위치
③ 전자 클러치 ④ 파일럿 램프

52.
PLC의 출력부에는 파일럿램프, 부저, 전자밸브, 전자클러치, 전자브레이크, 전자개폐기를 부착할 수 있다. 리밋 스위치는 입력부 검출 센서이다.

53 생산설비에 자동제어기법을 적용한 경우의 특징이 아닌 것은?

① 원자재비 증가
② 연속작업 가능
③ 제품 품질의 균일화
④ 정밀한 작업 가능

53.
자동화생산설비에 대한 효과
· 생산성의 향상
· 품질의 향상
· 에너지 절감화
· 경제성 향상
· 운전의 신뢰성 향상
· 정밀한 제품 생산
· 품질의 균일성

54 C언어의 반복제어문에 해당되지 않는 것은?

① for 문
② while 문
③ do-while 문
④ switch-case 문

54.
· for 문=실행문을 원하는 횟수만큼 반복할 때 사용한다.
· while 문=조건식을 먼저 검사하고 조건식이 참인 동안 실행문을 반복한다.
· do-while 문=반복할 문장을 수행한 후에 조건을 검사한다.
· switch-case 문=조건식의 결과와 일치하는 상수식의 실행문만을 수행한다.

정답 50. ③ 51. ④ 52. ② 53. ① 54. ④

55 다음 그림과 같은 형태의 보드(Bode) 선도를 가지는 전달함수는?

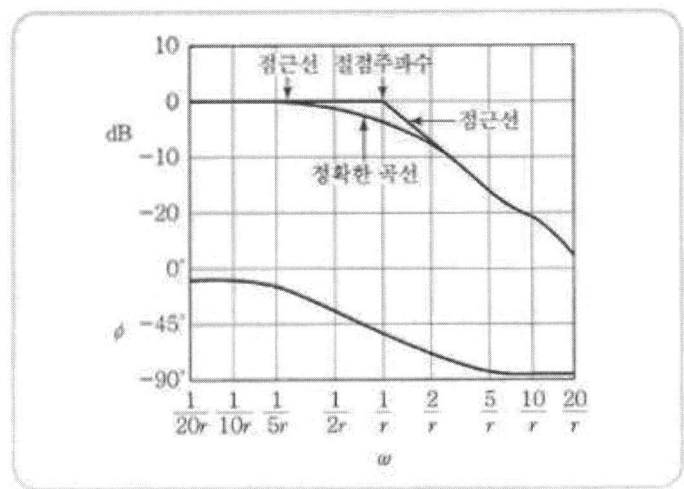

① $G(s) = \dfrac{1}{Ts}$
② $G(s) = \dfrac{1}{Ts^2}$
③ $G(s) = \dfrac{1}{Ts^3}$
④ $G(s) = \dfrac{1}{Ts+1}$

56 전달함수를 정의할 때 고려해야 할 사항 중 가장 적합하게 표현하고 있는 것은?

① 입력만을 고려한다.
② 주파수를 고려한다.
③ 시간영역특성만을 고려한다.
④ 모든 초기값을 0으로 고려한다.

56.
시스템의 전달함수는 입력신호가 출력신호에 전달되는 특성을 표시하기 위한 것이기 때문에 이 함수를 구할 때에는 시스템 안의 초기상태는 모두 0으로 한다.

57 유압시스템에서 사용하는 유량제어밸브에 해당되지 않는 것은?

① 감압밸브
② 교축밸브
③ 압력 보상형 유량조절 밸브
④ 압력온도 보상형 유량조절 밸브

57.
①감압밸브-압력제어
②교축밸부-유량제어
③압력 보상형 유량조절 밸브-유량제어
④압력온도 보상형 유량조절 밸브-유량제어

정답 55. ④ 56. ④ 57. ①

58 SHI(International System of Unit) 단위계에서 압력의 기본 단위는?
① Pa
② bar
③ psi
④ kg_f/cm^2

59 다음 그림의 전달함수 값으로 옳은 것은?

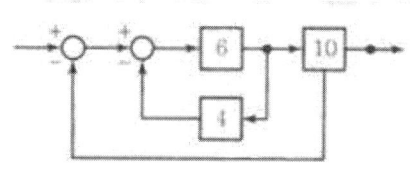

① 0.6
② 0.7
③ 0.8
④ 0.9

59.
$\dfrac{C}{R} = \dfrac{G}{1+GH} = \dfrac{6}{1+6\times 4} = \dfrac{6}{25}$
$R_T \times \dfrac{6}{25} \times 10 - C_T \times \dfrac{6}{25} \times 10 = C_T$
$\dfrac{C_T}{R_T} = \dfrac{\dfrac{60}{25}}{1+\dfrac{60}{25}} = 0.7058$

60 공작물 수치제어 좌표계에서 절대위치 결정방법에 대한 설명으로 옳은 것은?
① 공구의 위치를 항상 원점(영점)을 기준으로 표시
② 공구의 위치를 항상 앞의 공구위치를 기준으로 표시
③ 공구의 위치를 원점(영점)과 앞의 공구위치를 기준으로 표시
④ 공구의 위치를 X,Y축선 상에서 어느 한 점을 기준으로 표시

60.
절대좌표란 절대 지령이라고도 하며 공구의 위치를 항상 원점(영점)을 기준으로 표시한다.

4 과목 메카트로닉스

61 중앙처리장치(CPU)의 주요기능이 아닌 것은?
① 메모리로 데이터를 전송한다.
② 외부 인터럽트에 응답하여 처리한다.
③ 프로그램 명령을 인출, 해독, 실행한다.
④ DMA(Direct Memory Access)를 처리한다.

61.
직접 메모리 접근(Direct Memory Access, DMA)은 주변장치들(하드디스크, 그래픽 카드, 네트워크 카드, 사운드 카드 등)이 메모리에 직접 접근하여 읽거나 쓸 수 있도록 하는 기능으로서, 컴퓨터 내부의 버스가 지원하는 기능이다.

62 8비트 데이터에서 2의 보수방법으로 -5를 표기한 것은?
① 85H
② 8BH
③ FBH
④ FAH

62.
0000 0101 ← 5
1111 1010 ← 5의 1의 보수
1111 1011 ← 5의 2의 보수
이것을 16진수로 변환하면 FB가 된다.

정답 58. ① 59. ② 60. ① 61. ④ 62. ③

63 다음 논리식을 간소화한 값으로 옳은 것은?

$$A\overline{B}\overline{C}+\overline{A}\,\overline{B}\,C+\overline{A}\,B\,C+AB\overline{C}=Y$$

① $AC+AB$
② $AC+\overline{AB}$
③ $A\overline{C}+\overline{AB}$
④ $A\overline{C}+\overline{AB}$

63.
$A\overline{B}\overline{C}+\overline{A}\overline{B}C+\overline{A}BC+AB\overline{C}=Y$
$A\overline{C}(\overline{B}+B)+\overline{A}B(\overline{C}+C)$
$=Y$ ← 결합법칙
$A\overline{C}+\overline{A}B=Y$

64 서보모터의 회전각을 제어하기 위해 사용하는 센서가 아닌 것은?

① 타코미터
② 포텐쇼미터
③ 자기엔코더
④ 광학식 엔코더

64.
①타코미터 : 회전하는 물체의 회전속도를 측량하는 계측기로서 회전속도계라고도 한다.
②포텐쇼미터 : : 전기저항값을 변화시키는 전기 부품
③자기 엔코더 : 자석과 홀센서를 이용한 회전각 검출
④광학식 엔코더 : 발광부와 수광부를 이용한 회전각 검출

65 위치, 속도, 가속도 등의 기계량을 제어하는 것으로 수치제어 공작기계나 로봇에 많이 응용되는 제어는?

① 서보(Servo) 제어
② 시퀀스(Sequence) 제어
③ 개루프(Open-Loop) 제어
④ 프로세스(Process) 제어

65.
서보제어는 제어량이 목표값을 따라가도록 하는 고속 추종성을 제어하는 방법이다.

66 계자코일을 갖는 직류모터 중 분권형 모터에 대한 특징이 아닌 것은?

① 기동토크가 높다.
② 좋은 속도조정성능을 갖는다.
③ 무부하 동작에서 속도가 낮다.
④ 전기자코일과 계자코일이 병렬로 연결되어 있다.

66.
분권형 모터는 직권형 모터에 비해 기동토크가 작다.

67 RLC 공진회로에 대한 설명 중 틀린 것은?

① 병렬공진 시 임피던스는 최대가 된다.
② 직렬공진 시 전류의 크기는 최대가 된다.
③ 공진 시 전압과 전류의 위상은 이상(異相)이 된다.
④ 병렬공진 시 전압과 전류의 위상은 동상(同相)이 된다.

67.
직렬 공진시에는 임피던스의 위상이 동상이다.

정답 63. ④ 64. ① 65. ① 66. ① 67. ③

68 정밀도보다는 표면 거칠기가 중요한 부품가공에 가장 적합한 가공방법은?

① 호닝
② 숏 피닝
③ 레이저 가공
④ 슈퍼 피니싱

68.
· 호닝 : 방사상 숫돌로 공작물의 내면을 정밀다듬질을 하는 정밀 가공법
· 숏 피닝 : 경화된 작은 쇠구슬을 피가공물에 고압으로 분사시켜 표면의 강도를 증가시킴으로써 기계적 성능을 향상시키는 가공법
· 레이저 가공 : 레이저라 불리는 특수한 빛을 가진 에너지를 열 에너지로 변환시켜 공작물을 국부적으로 가열하여 미세한 가공을 행하는 방법
· 슈퍼피니싱 : 공작물의 표면에 눈이 고운 숫돌을 가벼운 압력으로 누르고, 숫돌에 진폭이 작은 진동을 주면서 공작물을 회전시켜 그 표면을 마무리하는 정밀가공법

69 서브루틴에 뛰어들 때에, 서브루틴 프로그램이 끝난 다음 주프로그램으로 되돌아올 주프로그램의 어드레스가 저장되는 장소는?

① 스택
② 데이터 레지스터
③ 프로그램 카운터
④ HEAP(힙) 메모리

70 변화하는 자계 내에 놓은 코일의 권선수를 늘리면 코일에 유도되는 전압은?

① 증가한다.
② 감소한다.
③ 변함없다.
④ 전압이 유도되지 않는다.

70.
$V = IX_c = I\dfrac{1}{\omega c}$
코일에 권선수를 늘리면 전압은 증가한다.

71 어떤 126개의 데이터 각각에게 2진수로 번호를 붙이려고 할 때 필요한 비트수는?

① 4   ② 5
③ 6   ④ 7

71.
$2^7 = 128$ 이므로 필요한 비트 수는 7이다.

정답 68. ④ 69. ① 70. ① 71. ④

72 다음 마이크로 프로세서의 명령 중 산술논리연산 명령은?

① INR
② JMP
③ MOV
④ PUSH

72.
- INR : 그 지정된 레지스터 또는 메모리의 내용이 1씩 증가되고, 그 결과는 같은 장소에 저장되는 산술논리연산 명령
- JMP : 접속신호처리장치 (interface message processor)로서 소규모지역 컴퓨터로서 각 지역에 있는 주 컴퓨터와 망을 연결하는 신호처리장치
- MOV : 한 장소에서 다른 데이터를 복사하는 데 사용
- PUSH : 이 명령은 스택에 레지스터 쌍을 푸시하고 피연산자에 지정된 레지스터 쌍의 내용은 스택에 복사된다.

73 인덕턴스(L) 만의 교류회로에서 L=30[mH]의 코일에 50[Hz]인 교류전압을 인가할 때, 이 코일의 리액턴스는?

① 3.4[Ω]　　② 9.4[Ω]
③ 30[Ω]　　④ 100[Ω]

73.
$X_L = 2\pi f L$의 유도리액턴스 공식을 이용하여 대입하면
$X_L = 2 \times \pi \times 50 \times 0.03 = 9.4[\Omega]$

74 거리 계측이나 두께를 측정할 때 초음파의 강한 반사성과 전파성의 지연을 효과적으로 응용한 센서는?

① 광센서
② 자기센서
③ 적외선센서
④ 초음파센서

74.
- 광센서 : 빛을 내었을 때, 빛이 부딪혀 반사되어 오는 것을 토대로 그 물체의 정보를 얻는 센서
- 자기센서 : 자기장 또는 자력선의 크기와 방향을 측정하는 센서
- 적외선 센서 : 적외선을 이용해 온도, 압력, 방사선의 세기 등의 물리량이나 화학량을 감지하여 신호처리가 가능한 전기량으로 변환하는 센서
- 초음파센서 : 초음파가 가지고 있는 특성을 이용한 센서로서 주파수가 높고 파장이 짧기 때문에 높은 분해력을 계측할 수 있는 특징이 있다.

75 발광부와 수광부가 대향 배치되어 있어 그 사이에 물체가 들어가면 빛이 차단되어 수광부의 광전류가 차단되는 구조로 되어 있는 것은?

① 태양 전지　　② 컬러 센서
③ 포토 인터럽터　　④ 포토 아이솔레이터

정답　72. ①　73. ②　74. ④　75. ③

76 다음 변환기 중 특성이 다른 하나는?
① 사다리형 변환기
② 병렬비교형 변환기
③ 축차근사형 변환기
④ 2중 경사 적분법 변환기

77 도체가 전류를 흐르게 하는 정도를 나타내는 컨덕턴스의 단위로 맞는 것은?
① Ohms
② Volts
③ Current
④ Siemens

78 그림과 같은 OP 앰프 회로에서 $R_1 = R_2 = R_3 = R_f = 2[k\Omega]$이고, 입력전압 $v_1 = v_2 = v_3 = 0.2V$이면 출력 전압 Vo[V]는?

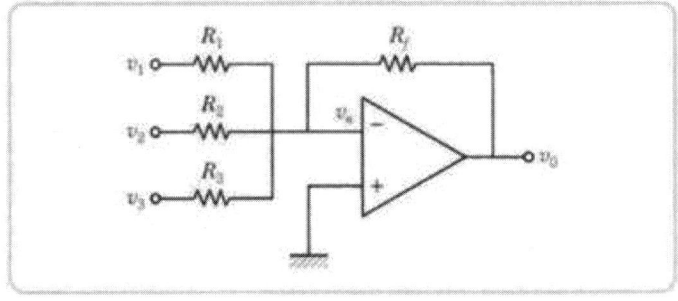

① −0.6
② −1.2
③ −6
④ −12

79 공작물을 양극으로 하고, 전기저항이 적은 Cu, Zn을 음극으로 하여 전해액 속에 넣어 매끈한 공작물 표현을 얻을 수 있는 가공방법은?
① 숏 피닝
② 보링작업
③ 연삭작업
④ 전해연마

80 온도센서 중 서미스터의 원리로 옳은 것은?
① 온도→압력
② 온도→저항
③ 온도→자속
④ 온도→빛의 양

정답 76. ① 77. ④ 78. ① 79. ④ 80. ②

SECTION 11 2016년 2회

1 과목 기계가공법 및 안전관리

01 연삭숫돌에 대한 설명으로 틀린 것은?

① 부드럽고 전연성이 큰 연삭에는 고운 입자를 사용한다.
② 연삭숫돌에 사용되는 숫돌입자에는 천연산과 인조산이 있다.
③ 단단하고 치밀한 공작물의 연삭에는 고운 입자를 사용한다.
④ 숫돌과 공작물의 접촉 면적이 작은 경우에는 고운 입자를 사용한다.

1.
부드럽고 전연성이 큰 연삭에는 거친 입자를 사용한다.

02 칩 브레이커(Chip Beaker)에 대한 설명으로 옳은 것은?

① 칩의 한 종류로서 조각난 칩의 형태를 말한다.
② 드로우 어웨이(Throw Away) 바이트의 일종이다.
③ 연속적인 칩의 발생을 억제하기 위한 칩 절단장치이다.
④ 인서트 팁 모양의 일종으로서 가공 정밀도를 위한 장치이다.

2.
칩 브레이커는 유동형 칩이 공작물에 감기는 것을 방지하기 위해 칩을 자르는 장치이다.

03 수기가공에 대한 설명으로 틀린 것은?

① 서피스 게이지는 공작물에 평행선을 긋거나 평행면의 검사용으로 사용된다.
② 스크레이퍼는 줄 가공 후 면을 정밀하게 다듬질 작업하기 위해 사용된다.
③ 카운터 보어는 드릴로 가공된 구멍에 대하여 정밀하게 다듬질하기 위해 사용된다.
④ 센터펀치는 펀치의 끝이 각도가 60~90도 원뿔로 되어 있고 위치를 표시하기 위해 사용된다.

3.
카운터 보어는 둥근머리 나사의 자리파기를 하기 위한 작업이다.

04 수기가공에 대한 설명 중 틀린 것은?

① 탭은 나사부와 자루 부분으로 되어 있다.
② 다이스는 수나사를 가공하기 위한 공구이다.
③ 다이스는 1번, 2번, 3번 순으로 나사가공을 수행한다.
④ 줄의 작업순서는 황목→중목→세목 순으로 한다.

4.
1번(55%), 2번(25%), 3번(20%) 순으로 가공하는 것은 핸드탭 가공이다.

정답 01. ① 02. ③ 03. ③ 04. ③

05 절삭속도 150m/min, 절삭깊이 $8mm$, 이송 $0.25mm/rev$로 $75mm$ 지름의 원형 단면봉을 선삭할 때의 주축 회전수(rpm)는?

① 160 ② 320
③ 640 ④ 1,280

5.
$$N = \frac{1,000 \times V}{\pi \times d} = \frac{1,000 \times 150}{\pi \times 75}$$
$$= 636.619 rpm$$

06 밀링머신에서 테이블 백래시(Back Lash) 제거장치의 설치 위치는?

① 변속기어 ② 자동 이송레버
③ 테이블 이송나사 ④ 테이블 이송핸들

6.
밀링머신에서 테이블 백래시(Back Lash)는 하향절삭 시 발생하며 제거장치는 테이블의 이송나사에서 발생한다.

07 200rpm으로 회전하는 스핀들에서 6회전 휴지(dwell) NC 프로그램으로 옳은 것은?

① G01 P1800; ② G01 P2800;
③ G04 P1800; ④ G04 P2800;

7.
G01=직선 절삭이송
G04=DWELL(일시 정지)
P=휴지시간(6÷(200/60))
  =1.8
1.8초 동안 일시 정지를 한다는 뜻이다.

08 나사를 측정할 때 삼침법으로 측정 가능한 것은?

① 골지름 ② 유효지름
③ 바깥지름 ④ 나사의 길이

8.
3침법에 의한 유효지름(d_2) 측정
$$d_2 = M - d\left(1 + \frac{1}{\sin\alpha}\right) + \frac{1}{2}p\cot\alpha$$
M : 3개의 와이어 양쪽을 마이크로미터로 측정한 거리
d : 와이어의 지름
α : 나사산 각도의 1/2
P : 피치

09 연삭숫돌의 결합제에 따른 기호가 틀린 것은?

① 고무-R ② 셀락-E
③ 레지노이드-G ④ 비트리파이드-V

9.
레지노이드는 B이다.

10 피치 $3mm$의 3줄 나사가 2회전하였을 때 전진거리는?

① $8mm$ ② $9mm$
③ $11mm$ ④ $18mm$

10.
전진거리=피치×줄 수×회전수
  =3×3×2=18

11 밀링머신에서 육면체 소재를 이용하여 아래와 같이 원형 기둥을 가공하기 위해 필요한 장치는?

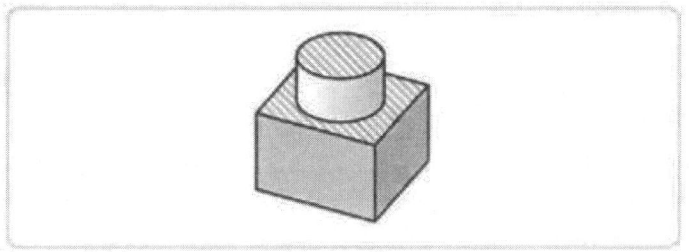

① 다이스　　　② 각도 바이스
③ 회전테이블　　④ 슬로팅 장치

11.
· 다이스 : 쇠파이프 끝단에 수나사 홈을 제작하기 위하여 사용하는 공구이다.
· 각도바이스 : 각도를 조정하여 공작물을 고정하는 공구이다.
· 회전테이블 : 공작기계의 부속장치로서 밀링 머신, 연삭기 등의 테이블에 장착하여 사용한다. 핸들을 돌리면 웜 기어 장치로 위의 원판이 회전하여 원둘레에 눈금이 새겨져 있어서 원주방향의 분할작업에 적합하다.
· 슬로팅장치 : 가로 또는 만능 밀링 머신의 주축(主軸) 머리에 장착하여 슬로팅 머신과 같이 절삭공구를 상하로 왕복운동 시켜 키홈 등을 절삭하는 장치를 말한다.

12 다음 중 초음파 가공으로 가공하기 어려운 것은?
① 구리　　　② 유리
③ 보석　　　④ 세라믹

12
초음파 가공은 공구와 공작물 사이에, 숫돌입자와 물 또는 기름의 혼합액을 넣고 공구에 초음파 진동을 주어 공작물의 구멍 뚫기, 연삭, 절단 등을 행하는 가공법으로서 보석·귀금속가공 및 구멍가공에 사용하고 구리는 가공하기 어렵다.

13 피복 초경합금으로 만들어진 절삭공구의 피복처리방법은?
① 탈탄법
② 경남땜법
③ 접용접법
④ 화학증착법

13.
화학증착법(CVD)은 900~1,000℃이상의 고온상태에서 초경공구에 반응가스를 통과시켜줌으로써, 초경공구 표면에 고체상태의 재료를 피복시키는 장착법이다.

14 연삭작업 안전사항으로 틀린 것은?
① 연삭숫돌의 측면부위로 연삭작업을 수행하지 않는다.
② 숫돌은 나무해머나 고무해머 등으로 음향검사를 실시한다.
③ 연삭가공할 때, 안전을 위하여 원주 정면에서 작업을 한다.
④ 연삭작업할 때, 분진의 비산을 방지하기 위해 집진기를 가동한다.

14.
연삭가공 할 때, 안전을 위하여 원주 측면에서 작업을 해야 한다.

정답　11. ③　12. ①　13. ④　14. ③

15 드릴로 구멍을 뚫은 이후에 사용되는 공구가 아닌 것은?
  ① 리머   ② 센터 펀치
  ③ 카운터 보어   ④ 카운터 싱크

15.
센터펀치는 구멍을 뚫기 전 드릴의 자리를 잡아주는 공구이다.

16 선반가공에 영향을 주는 조건에 대한 설명으로 틀린 것은?
  ① 이송이 증가하면 가공변질층은 증가한다.
  ② 절삭각이 커지면 가공변질층은 증가한다.
  ③ 절삭속도가 증가하면 가공변질층은 감소한다.
  ④ 절삭온도가 상승하면 가공변질층은 감소한다.

16.
가공변질층은 열에 의한 변질이므로 절삭속도가 증가하면 열이 증가하여 가공변질층도 증가한다.

17 다음 중 드릴의 파손 원인으로 가장 거리가 먼 것은?
  ① 이송이 너무 커서 절삭저항이 증가할 때
  ② 디닝(Thinning)이 너무 커서 드릴이 약해졌을 때
  ③ 얇은 판의 구멍가공 시 보조판 나무를 사용할 때
  ④ 절삭칩이 원활히 배출되지 못하고 가득 차 있을 때

17.
얇은 판을 드릴로 가공할 경우 밑에 나무 판을 깔고 해야 안전하게 드릴링 작업을 할 수 있다.

18 기어절삭에 사용되는 공구가 아닌 것은?
  ① 호브
  ② 래크 커터
  ③ 피니언 커터
  ④ 더브테일 커터

18.
· 호브 : 원통의 외주에 나선을 따라 절삭날을 붙인 회전 절삭공구를 말하는데, 호빙 머신에 장착하여 기어나 스플라인축 등을 절삭하는 공구
· 래크커터 : 창성 기어 가공법에서 이용되는 래크형의 커터
· 피니언커터 : 피니언형 기어 절삭기에 사용하는 절삭공구로서, 치면이 절삭날이 되어 있는 기어형 커터
· 더브테일커터 : 더브테일 홈을 절삭하기 위한 커터. 날의 형상이 더브테일 홈의 단면과 같게 되어있다.

19 터릿 선반의 설명으로 틀린 것은?
  ① 공구를 교환하는 시간을 단축할 수 있다.
  ② 가공 실물이나 모형을 따라 윤곽을 깎아낼 수 있다.
  ③ 숙련되지 않은 사람이라도 좋은 제품을 만들 수 있다.
  ④ 보통 선반의 심압대 대신 터릿대(Turret Carriage)를 놓는다.

19.
터릿 절삭 공구대인 회전 절삭공구대 둘레에 여러 개의 의 절삭 공구를 장착하고, 절삭공정을 주어 여러 공정을 요하는 가공물의 가공을 완료할 수 있다.

정답 15. ② 16. ④ 17. ③ 18. ④ 19. ②

20 그림과 같이 더브테일 홈 가공을 하려고 할 때 X의 값은 약 얼마인가?(단, $\tan 60° = 1.7321$, $\tan 30° = 0.5774$이다.)

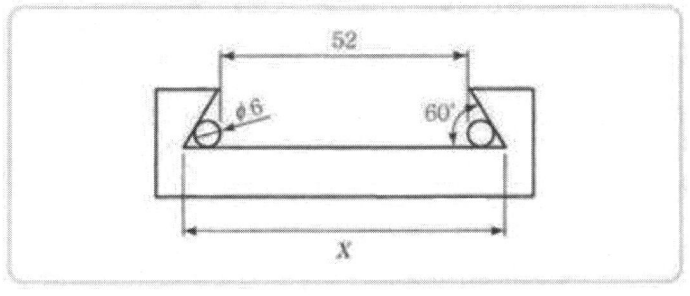

① 30.26 ② 68.39
③ 82.04 ④ 84.86

20.
$X = 52 + (\dfrac{3}{0.5774} + 3) \times 2$
$= 68.39$

② 과목 기계제도 및 기초공학

21 그림과 같은 입체도를 화살표 방향에서 보았을 때 가장 적합한 투상도는?

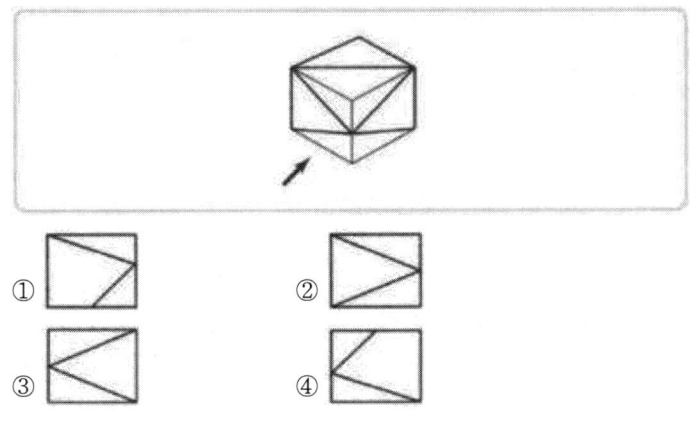

21.
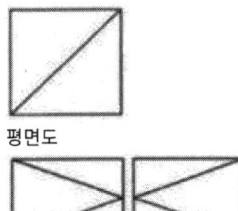

정답 20. ② 21. ②

22 그림과 같이 나타낸 단면도의 명칭은?

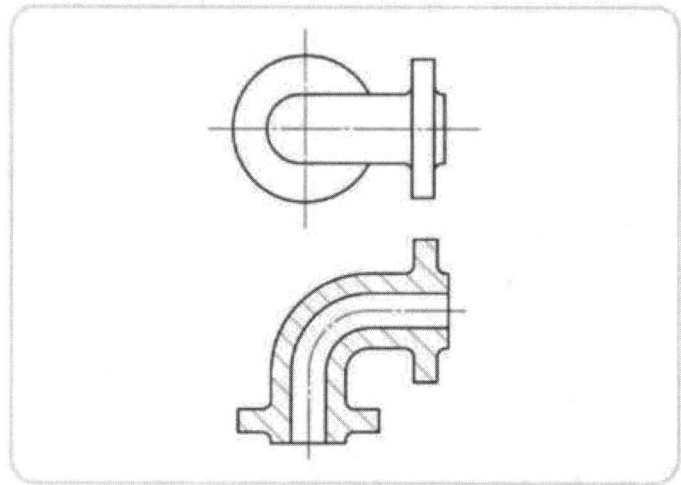

① 온단면도 ② 회전도시 단면도
③ 한쪽 단면도 ④ 부분 단면도

22.
· 온단면도 : 물체를 기본 중심선에서 전부 절단하여 도시한 도면 또는 기본 중심이 아닌 곳에서 물체를 절단하여 필요부분을 단면으로 도시하는 방법
· 회전도시 단면도 : 물체를 수직한 단면으로 절단하여 90도 회전하여 나타내는 방법
· 한쪽 단면도 : 기본 중심선에서 대칭인 물체의 1/4만 잘라내어 표시하는 단면도로서 나머지는 외형도로 나타내는 방법
· 부분 단면도 : 필요로 하는 요소의 일부만을 단면도로 나타내는 방법

23 기준 치수 49.000mm, 최대 허용치수 49.011mm, 최소 허용치수 48.985mm 일 때, 위 치수 허용차와 아래 치수 허용차는?

　　　(위 치수 허용차)　　　(아래 치수 허용차)
① +0.011mm　　　　　　-0.085mm
② -0.015mm　　　　　　+0.011mm
③ -0.025mm　　　　　　+0.025mm
④ +0.011mm　　　　　　-0.015mm

23.
· 위 치수 허용차
 =49.011-49.000
 =0.011
· 아래 치수 허용차
 =48.985-49.000
 =-0.015

24 평행 핀에 대한 호칭방법을 옳게 나타낸 것은?
(단, 오스테나이트계 스테인리스강 A1 등급이고, 호칭 지름 5mm, 공차 h7, 호칭 길이 25mm이다.)

① 평행 핀-h7 5×25-A1
② 5 H7×25-A1-평행 핀
③ 평행 핀-5 h7×25-A1
④ 5 h7×25-평행 핀-A1

24.
평행 핀-5h7×25-A1
(규격번호 또는 명칭)(종류)
(형식) (호칭지름×길이) (재료)

정답 22. ① 23. ④ 24. ③

25 유압·공기압 도면 기호에서 그림의 기호 명칭으로 옳은 것은?

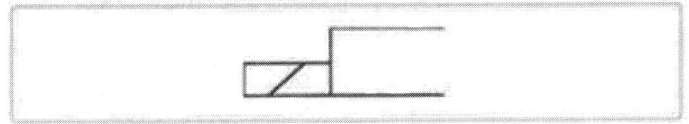

① 단독 솔레노이드
② 복동 솔레노이드
③ 단독 가변식 전자 액추에이터
④ 복동 가변식 전자 액추에이터

26 다음과 같은 도면에서 플랜지 A부분의 드릴구멍의 지름은?

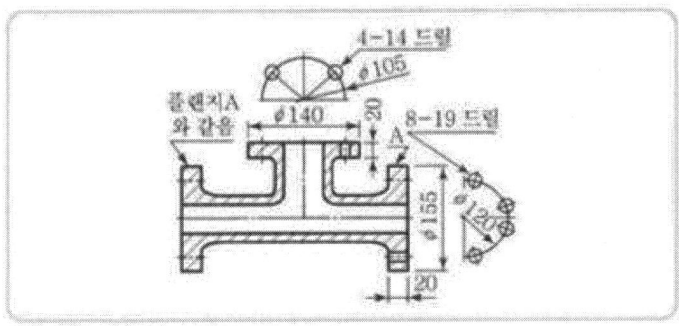

① $\phi 4$
② $\phi 14$
③ $\phi 19$
④ $\phi 8$

26.
플랜지의 구멍에 대해서 도면에 8-19 드릴이라는 표시를 하였기 때문에 $\phi 19$짜리의 구멍 8개를 드릴가공 하였다는 뜻이므로 플랜지A 부분의 드릴 구멍의 지름은 $\phi 19$이다.

27. 다음과 같이 상호 관련된 구멍 4개의 치수 및 위치허용공차에 대한 설명으로 틀린 것은?

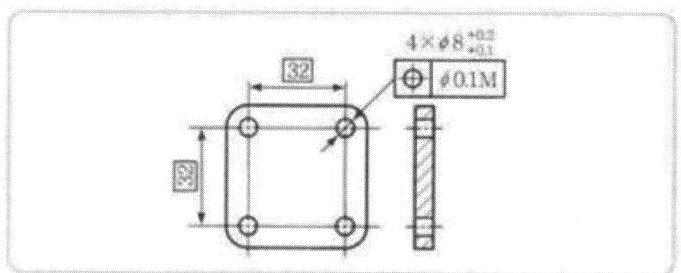

① 각 형태의 실제 부분 크기는 크기에 대한 허용공차 0.1의 범위에 속해야 하며, 각 형태는 φ8.1에서 φ8.2 사이에서 변할 수 있다.
② 각 형태의 지름이 φ8.2인 최소 재료 크기일 경우 각 형태의 축은 φ0.1의 허용공차영역 내에서 변할 수 있다.
③ 각 형태의 지름이 φ8.1인 최대 재료 크기일 경우 각 형태의 축은 φ0.1의 위치허용공차 범위에 속해야 한다.
④ 모든 허용공차가 적용된 형태의 실질 조건 경계, 즉 φ8(=φ8.1−0.1)의 완전한 형태의 내접 원주를 지켜야 한다.

27.
M 이것은 질량을 최대로 갖고 있을 때의 수치를 기준으로 삼으라는 최대실체공차방식이므로 φ8+0.2=8.2는 최소 재료크기는 취급하지 않는다.

28. 도면 양식에서 용지를 여러 구역으로 나누는 구역 표시를 하는 데 있어서 세로방향으로는 대문자 영어를 표시한다. 이때 사용해서는 안 되는 문자는?

① A ② H
③ K ④ O

28.
도면의 구역에서 O를 쓰게 되면 숫자 0과 혼동이 되므로 대문자 O는 쓰지 않는다.

정답 27. ② 28. ④

29 표면의 결 도시방법 및 면의 지시기호에서 가공으로 생긴 선 모양의 약호로 "C"의 의미는?

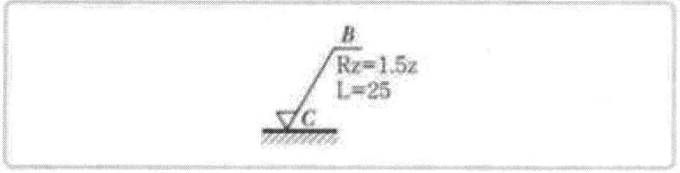

① 거의 동심원 ② 다방면으로 교차
③ 거의 방사상 ④ 거의 무방향

30 그림과 같은 평면도에 대한 정면도로 가장 옳은 것은?

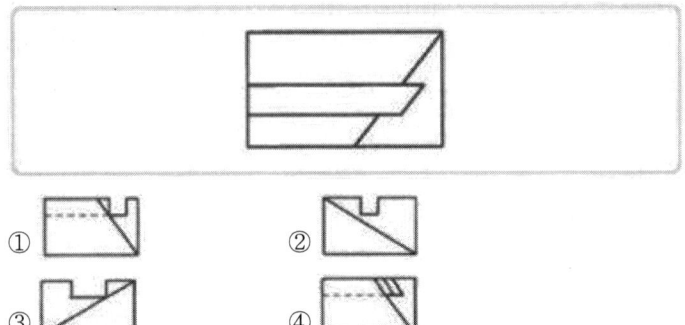

31 직경이 $20mm$이고, 길이가 $100mm$인 환봉의 부피(mm^3)를 구하는 식으로 옳은 것은?

① $V = 2\pi \times 20 \times 100$
② $V = 2\pi \times 20^2 \times 100$
③ $V = \dfrac{\pi \times 10^2}{4} \times 100$
④ $V = \dfrac{\pi \times 20^2}{4} \times 100$

31.
환봉의 부피를 구하는 식은
환봉의 부피=봉의 단면적×환봉의 길이이며,
단면적으로 구하는 식
$\dfrac{\pi \times 직경^2}{4}$
환봉의 부피=$\dfrac{\pi \times 20^2}{4} \times 100$

32 어떤 물체가 v_1인 속도로 A점을 지나 v_2인 속도로 B점을 지날 때 시간 t가 소요되었다면 가속도는?

① $v_1 t$
② $v_2 t$
③ $\dfrac{v_2 - v_1}{t}$
④ $\dfrac{t}{v_2 - v_1}$

32.
단위시간당 속도의 변화량을 가속도라고 한다
그러므로 가속도의 공식은
$\dfrac{v_2 - v_1}{t}$ 가 된다.

33 120rpm은 1초 동안에 몇 회전하는 속도인가?

① 1회전
② 2회전
③ 3회전
④ 4회전

33.
rpm이란 분당 회전수를 나타내는 단위로서 1분당 120회전을 하였다면, 120 : 60=2이므로 1초 동안 2회전을 한다.

34 질량 4kg인 물체가 힘을 받아 $2m/s^2$만큼 가속되어 12m를 이동하였을 때, 이 물체에 가해진 힘은?

① 8N
② 24N
③ 48N
④ 96N

34.
힘=질량×가속도이므로
$F = 4 \times 2 \times 12 = 96N$이 된다.

정답 30. ④ 31. ④ 32. ③ 33. ② 34. ①

35 어떤 가정용 전기기기에 220V의 전압을 가했을 경우 440W의 전력이 소비되었다. 이때, 흐르는 전류는?
 ① 2A ② 4A
 ③ 8A ④ 22A

36 단위의 연결이 틀린 것은?
 ① 압력 : [Pa] ② 저항 ; [Ω]
 ③ 주파수 : [A] ④ 콘덴서 : [F]

37 A와 B가 얼음판 위에서 마주보고 서 있는데 질량 40kg인 A가 질량 80kg인 B를 40N으로 밀었다. B가 A를 미는 힘의 크기는?
 ① 10N ② 20N
 ③ 40N ④ 80N

38 관속 내의 유량에 관한 설명으로 옳은 것은?
 ① 유량은 정해진 시간 동안 관을 통하여 흐르는 유체의 중량이다.
 ② 단면이 변하는 관을 통하여 유체가 흐를 때 관의 면적이 크면 유량도 많이 흐른다.
 ③ 단면이 변하는 관을 통하여 유체가 흐를 때 관의 면적이 작으면 유량도 적게 흐른다.
 ④ 단면이 변하는 관을 통하여 유체가 흐를 때 관의 면적이 크거나 작아도 유량은 일정하게 흐른다.

39 길이가 20cm인 스패너에 파이프를 끼워 길이 50cm로 만든다면 토크는 얼마나 증가하는가?(단, 스패너 끝과 파이프 끝에 가한 힘은 각각 $20kgf$이다.)
 ① $2kgf \cdot m$ ② $4kgf \cdot m$
 ③ $8kgf \cdot m$ ④ $6kgf \cdot m$

35.
전력=전류×전압이므로
$P = IV, I = \dfrac{P}{V}$ 가 된다.
그러므로 전류는 2A가 된다.

36.
주파수의 단위는 [Hz] 또는 [cps]이다.

37.
A와 B가 붙은 다음에 미는 힘은 40N이다.

38.
체적유량
$Q = A_1 V_1 = A_2 V_2$
①은 중량유량의 정의이다.

39.
$T_2 - T_1 = 20 \times 0.5 - 20 \times 0.2$
$= 6 kgf \cdot m$

정답 35. ① 36. ③ 37. ③ 38. ④ 39. ④

40 하중을 가할 때 응력 분포 상태가 불규칙하고 부분적으로 큰 응력이 집중하게 되는 응력집중현상이 일어나는 단면이 아닌 것은?

① 구멍 부분 ② 나사 부분
③ 노치 홈 부분 ④ 긴 축의 중간 부분

40.
긴 축의 중간 부분에는 응력집중현상이 발생하지 않는다.

3 과목 자동제어

41 유압 작동유가 구비하여야 할 조건 중 틀린 것은?

① 압축성이어야 한다.
② 열을 방출시킬 수 있어야 한다.
③ 적절한 점도가 유지되어야 한다.
④ 장시간 사용하여도 화학적으로 안정되어야 한다.

41.
유압 작동유는 비압축성이어야 동력 전달이 정확해진다.

42 $F(s) = \dfrac{1}{s^2+6s+10}$ 의 값은?

① $e^{-3t}\sin t$ ② $e^{-t}\sin 5t$
③ $e^{-3t}\cos wt$ ④ $e^{-t}\sin 5wt$

42.
$$\dfrac{1}{s^2+6s+10}$$
$$=\dfrac{1}{s^2+6s+9+1}$$
$$=\dfrac{1}{(s+3)^2+1}=e^{-3t}\sin'$$

43 아래 그림은 두 개의 NC 스위치를 연결한 접점회로이다. 이에 맞는 논리기호는?

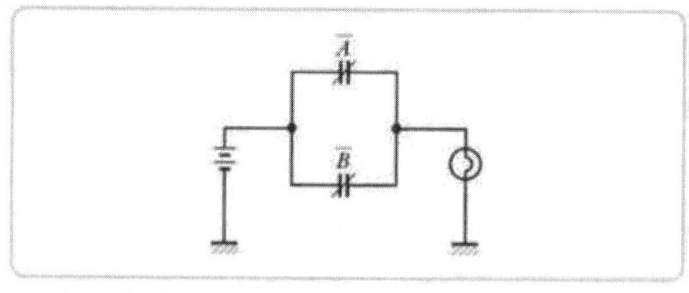

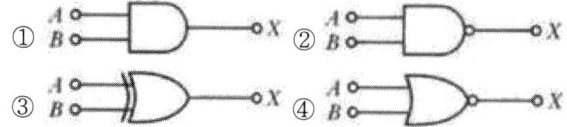

43
진리표

A	B	Y
0	0	1
1	0	1
0	1	1
1	1	0

정답 40. ④ 41. ① 42. ① 43. ②

44 수치제어 공작기계시스템에서 서보회로 구성 시 속도와 위치를 측정하고 이를 이용하여 속도나 위치를 제어하는 제어방식은?

① 병렬 방식
② 개루프 방식
③ 폐루프 방식
④ 하이브리드 방식

45 압력제어 밸브 중 주로 안전밸브로 사용되고 시스템 내의 압력이 최대 허용 압력을 초과하는 것을 방지해 주는 밸브는?

① 체크 밸브
② 릴리프 밸브
③ 무부하 밸브
④ 시퀀스 밸브

45.
① 체크밸브 : 한쪽 흐름만 허용하는 방향제어밸브
② 릴리프밸브 : 일정한 압력을 유지하여 회로의 안정성을 유지하는 압력제어밸브
③ 무부하밸브 : 펌프와 탱크를 바로 연결시켜 밀폐가 되지 않아 압력이 발생하지 않도록 하는 압력제어밸브
④ 시퀀스밸브 : 정해진 순서에 따라 작동하는 압력제어밸브

46 질량 M인 물체에 힘 f를 가하여 거리 x만큼 이동한 물리계의 전달함수는?

① Ms
② Ms^2
③ $\dfrac{1}{Ms}$
④ $\dfrac{1}{Ms^2}$

46.
M은 제어량 f는 전달함수 x는 목표치이므로
$f = \dfrac{x}{M}$의 공식이 세워진다.

47 베인 펌프의 특징을 설명한 것으로 틀린 것은?

① 구조가 복잡하고 대형이다.
② 펌프 출력에 비해 형상 치수가 작다.
③ 비교적 고장이 적고 수리 및 관리가 용이하다.
④ 베인의 마모에 의한 압력 저하가 발생되지 않는다.

47.
베인 펌프의 특징
1. 수명이 길고 장시간 안정된 성능을 발휘할 수 있어서 산업기계에 많이 쓰인다.
2. 소음 및 맥동이 작다.
3. 유지 및 보수가 용이하다.
4. 작게 만들 수 있어 피스톤 펌프보다 단가가 싸다.
5. 기름에 의한 오염에 주의하여야 하고 흡입 진공도가 허용한도 이하이어야 한다.
6. 기어의 마모에 의하여 토출량이 저하되는 기어펌프와는 달리 베인의 선단이 마모되더라도 원심력에 의하여 캠링과 베인이 접촉되어 있기 때문에 체적 효율이 좋다.

정답 40. ④ 41. ① 42. ① 43. ②

48 전달함수의 일반적인 식으로 옳은 것은?

① 전달함수 = $\dfrac{목표값}{제어량}$

② 전달함수 = $\dfrac{제어량}{목표값}$

③ 전달함수 = $\dfrac{초기값을\,0으로\,한\,입력의\,라플라스\,변환값}{초기값을\,0으로\,한\,출력의\,라플라스\,변환값}$

④ 전달함수 = $\dfrac{초기값을\,0으로\,한\,출력의\,라플라스\,변환값}{초기값을\,0으로\,한\,입력의\,라플라스\,변환값}$

48.
전달함수란, 어떠한 입력($X(s)$)이 들어가 전달함수($G(s)$)와 만나 출력($Y(s)$)을 내는 것으로서 $Y(s) = X(s) \times G(s)$의 공식이 세워진다.
그러므로, 전달함수는
$G(s) = \dfrac{Y(s)}{X(s)}$가 된다.
(입력은 제어량이 되고, 출력은 목표치가 된다.)

49 수치제어를 적용하는 공작기계에서 사람의 손, 발과 같은 역할을 담당하며 범용기계에는 없는 부분은?

① 부품도면   ② 서보기구
③ NC 테이프   ④ 정보처리회로

49.
수치제어를 적용하는 공작기계에서 사람의 손, 발과 같은 역할을 담당하는 장치는 서보기구이다.

50 다음 회로에서 양단에 걸리는 전압 $V(s)$는?

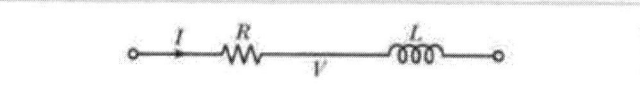

① $V(s) = RI(s) + sLI(s)$

② $V(s) = \dfrac{1}{R}I(s) + sLI(s)$

③ $V(s) = RI(s) + \dfrac{1}{L}I(s)$

④ $V(s) = RI(s) + \dfrac{1}{sL}I(s)$

50.
RL직렬회로이므로
$V = \sqrt{V_R^2 + V_L^2}$
$= \sqrt{R^2 + X_L^2} \times I$
$= RI(s) + \dfrac{1}{L}I(s)$가 된다.

51 시퀀스 제어와 비교하여 피드백 제어에서만 필요한 장치는?

① 구동장치   ② 입력장치
③ 제어장치   ④ 입출력 비교장치

51.
피드백 제어에는 반드시 입출력 비교장치가 있어야 제어를 할 수 있다.

정답 48. ④ 49. ② 50. ① 51. ④

52 전달함수의 특징으로 옳지 않은 것은?

① 시스템의 모든 초기조건은 0으로 한다.
② 전달함수는 오직 선형 시 불변시스템에만 정의된다.
③ 출력의 라플라스변환식과 입력의 라플라스변환식의 비이다.
④ 전달함수는 시스템의 입력신호의 형태에 따라 달라질 수 있다.

52.
전달함수의 정의는 모든 초기조건이 0이라는 가정 하에 선형 시 불변시스템의 입력과 출력 사이의 관계이며 전달함수는 입력의 크기와 종류에는 무관하다.

53 폐루프 제어시스템에서 정상상태오차가 발생하는 경우 이를 줄이기 위해서 어떤 제어방식을 추가하여야 하는가?

① P(비례)제어
② I(적분)제어
③ D(미분)제어
④ PD(비례미분)제어

54 개루프 제어시스템과 비교해 볼 때 폐루프 제어시스템의 특성이 아닌 것은?

① 제어오차가 감소한다.
② 필요한 세션의 개수가 증가한다.
③ 제어시스템의 구성이 복잡해진다.
④ 제어시스템의 구성이 저렴해진다.

54.
폐루프 시스템(Closed Loop System)의 장단점
· 장점
1. 외부조건의 변화에 대처할 수 있다.
2. 제어계의 특성을 향상시킬 수 있다.
3. 목표값에 정확히 도달할 수 있다.
· 단점
1. 복잡해지고 값이 비싸진다.
2. 제어계 전체가 불안정해질 수 있다.

개루프 시스템(Open loop System)의 장단점
· 장점
1. 시스템을 설계하는 데 있어 복잡하지 않다.
2. 시스템이 복잡하지 않아 제어계가 안정하다.
3. 제품의 단가를 낮출 수 있다.
· 단점
1. 외부조건(외란)의 변화에 대처할 수 없다.
2. 목표값과 오차가 많이 발생할 수 있다.

정답 52. ④ 53. ② 54. ④

55 PLC의 입력 측에 연결할 수 있는 부품으로 적절한 것은?
① Lamp ② Motor
③ Buzzer ④ Push Botton

55.
① Lamp : 출력측
② Motor : 출력측
③ Buzzer : 출력측
④ Push Botton : 입력측

56 다음 중 온도, 유량, 압력 등을 제어량으로 하는 제어로 알맞은 제어방식은?
① 서보 제어 ② 정치 제어
③ 개루프 제어 ④ 프로세스 제어

56.
· 서보제어 : 위치, 속도, 각도 등을 제어량으로 하는 것
· 정치제어 : 출력전압, 주파수 등을 제어량으로 하여 언제나 일정한 값이 유지되도록 하는 것
· 개루프제어 : 시스템의 출력을 입력에 피드백하지 않고 기준입력만으로 제어신호를 만들어서 출력을 제어하는 방식
· 프로세스제어 : 온도, 유량, 압력 등을 제어량으로 하는 것

57 컴퓨터를 구성하는 기본 요소를 기능별로 분류할 때 해당되지 않는 것은?
① 연산장치 ② 제어장치
③ 출력장치 ④ 컴파일러장치

57.
컴파일러는 0과 1의 집합체들인 기계어를 통역하는 장치이다.

58 어드레스 버스 중 2개 비트만 사용하여 지정할 수 있는 어드레스는 몇 가지인가?
① 2 ② 4
③ 6 ④ 8

58.
어드레스의 비트가 2^2이므로 4개의 어드레스만 사용할 수 있다.

59 자동제어계를 해설할 때 기준입력신호로 사용되지 않는 함수는?
① 전달함수 ② 임펄스 함수
③ 단위계단함수 ④ 단위경사함수

59.
라플라스 변환에서의 함수는 임펄스 함수, 단위계단함수, 단위램프함수가 있다.

정답 55. ④ 56. ④ 57. ④ 58. ② 59. ①

60 되먹임 제어계의 특징을 설명한 것으로 틀린 것은?

① 제어시스템이 비교적 안정적이다.
② 목표값을 보다 정확히 달성할 수 있다.
③ 오픈루프 제어가 대표적인 시스템이다.
④ 제어계의 베어특성을 향상시킬 수 있다.

60.
오픈루트 제어는 시퀀스 제어계이다.

4 과목 메카트로닉스

61 세그먼트 레지스터(Segment Register)의 분류에 속하지 않는 것은?

① BS(Base Segment Register)
② CS(Code Segment Register)
③ DS(Data Segment Register)
④ SS(Stack Segment Register)

61.
세그먼트 레지스터의 종류에는 CS, DS, SS, ES, FS, GS 총 6가지의 세그먼트 레지스터가 있다.
· CS : 코드 세그먼트라고 하며 코드의 시작주소를 가지고 있다.
· SS : 스텍 세그먼트라고 하며 스택의 시작주소를 가지고 있으며 스택의 조작에 의해 데이터 처리 동작이 이루어진다.
· DS : 데이터 세그먼트라고 하며 데이터의 시작주소를 가지고 있다.

62 기계의 전자화 또는 전자기기의 기계화를 통칭하는 기술을 무엇이라 하는가?

① PLC   ② CAD/CAM
③ 메카트로닉스   ④ 마이크로프로세서

62
메카트로닉스란 기계(mechanics)와 전자(electronics)의 융합기술이다.

63 다음 중 머시닝 센터(Machining Center)에 대한 설명으로 틀린 것은?

① 드릴링 작업을 할 수 있다.
② 방전을 이용한 가공작업이다.
③ 자동 공구 교환장치(ATC)가 있다.
④ 테이블은 가공물을 절삭에 필요한 위치에 오게 한다.

63
방전을 이용한 가공작업은 방전가공이다.

64 10진수의 41을 2진수로 변환한 것은?

① 110001   ② 100011
③ 101001   ④ 101101

64.
$41_{(10)} \rightarrow 1(2^5)0(2^4)1(2^3)0(2^2)0(2^1)1(2^0)$
$\rightarrow 101001_{(2)}$

정답 60. ③ 61. ① 62. ③ 63. ② 64. ③

65 실횻값 100V, 주파수 60Hz인 정현파 교류 전압의 최댓값은?

① $60\sqrt{2}$
② $100\sqrt{2}$
③ $\dfrac{60}{\sqrt{2}}$
④ $\dfrac{100}{\sqrt{2}}$

65.
$V_{max} = V \times \sqrt{2} = 100 \times \sqrt{2}$

66 스테핑 모터의 특징에 대한 설명으로 틀린 것은?

① 특정 주파수에서 진동·공진 현상이 없으며 관성이 있는 부하에 강하다.
② 디지털 신호로 직접 오픈루프제어를 할 수 있고, 시스템 전체가 간단하다.
③ 펄스신호의 주파수에 비례한 회전속도를 얻을 수 있으므로 속도제어가 광범위하다.
④ 회전각의 검출을 위한 별도의 센서가 필요 없어 제어계가 간단하며, 가격이 상대적으로 저렴하다.

66.
스테핑 모터의 특징
· 장점
1. motor의 총 회전각은 입력 pulse 수의 총 수에 비례하고, motor의 속도는 1초 당 입력 pulse 수에 비례한다.
2. 1step당 각도 오차가 ±5%이내이며 회전각 오차는 step마다 누적되지 않는다.
3. 회전각 검출을 위한 feedback이 불필요하여, 제어계가 간단해서 가격이 상대적으로 저렴하다.
4. DC motor 등과 같이 brush 교환 등과 같은 보수를 필요로 하지 않고 신뢰성이 높다.
5. 모터축에 직결함으로써 초저속 동기회전이 가능하다.
6. 기동 및 정지 응답성이 양호하므로 servo motor로서 사용가능하다.
· 단점
1. 일정 주파수영역에서는 진동, 공진 현상이 발생하기 쉽고, 관성이 있는 부하에 약하다.
2. 고속운전 시에 응답성이 불량할 수 있다.
3. 보통의 driver도 구동 시에는 권선의 인덕턴스 영향으로 인하여 권선에 충분한 전류를 흘리게 할 수 없으므로 pulse비가 상승함에 따라 torque가 저하하며 DC motor에 비해 효율이 떨어진다.

67 초음파 센서의 특징으로 틀린 것은?

① 초음파 센서는 투명 물체를 검출할 수 없다.
② 초음파는 높은 영역일수록 그 지향성이 강하다.
③ 초음파 센서는 압전기 직접 효과를 이용한 것이다.
④ 초음파 센서는 온도가 올라가면 중심주파수가 내려간다.

정답 65. ② 66. ① 67. ①

68 프레스가공의 분류 중 전단가공 그룹에 속하지 않는 것은?
① 슬리팅   ② 엠보싱
③ 트리밍   ④ 피어싱

68.
프레스가공의 분류 중 엠보싱은 압축성형작업이다.

69 저항 R1, R2, R3, R4가 직렬로 연결되어 있을 때와 이들이 병렬로 연결되어 있을 때의 합성저항의 비(직렬/병렬)는?
(단, R1=R2=R3=R4이다.)
① 4   ② 8
③ 12   ④ 16

69.
직렬의 합성저항
$= R1 + R2 + R3 + R4 = 4R$
$\dfrac{1}{병렬의 합성저항}$
$= \dfrac{1}{R1} + \dfrac{1}{R2} + \dfrac{1}{R3} + \dfrac{1}{R4} = \dfrac{4}{R}$
$\dfrac{직렬}{병렬} = \dfrac{4R}{\dfrac{4}{R}} = 16$

70 제너 다이오드를 사용하는 회로는?
① 검파회로   ② 정전압회로
③ 고압증폭회로   ④ 고주파발진회로

70.
제너 다이오드(Zener diode)는 정전압 다이오드라고 하며 역방향으로 어느 일정값 이상 항복 전압이 가해졌을 때 전류가 흐른다.
그러므로 간단히 정전압을 만들거나 과전압으로부터 회로소자를 보호하는 용도로 사용된다.

71 다음 중 서보모터의 용도로 적합한 것은?
① 기중기용   ② 전동차용
③ 엘리베이터용   ④ 안테나 위치제어용

71.
서보모터는 위치, 속도, 각도를 제어량으로 하는 것으로서 안테나의 위치를 잡아주는 용도로 사용된다.

72 마이크로프로세서의 어드레스 단자가 16개이고, 데이터 단자가 8개일 때 메모리의 최대 크기는?
① 64kbyte   ② 128kbyte
③ 256kbyte   ④ 512kbyte

72.
· 어드레스 단자 16개
 -A0~A15-64kbyte
· 어드레스 단자 15개
 -A0~A14-32kbyte
64kbyte×8bits=512bits

정답 68. ② 69. ④ 70. ② 71. ④ 72. ①

73 다음 회로는 어떤 회로를 나타낸 것인가?

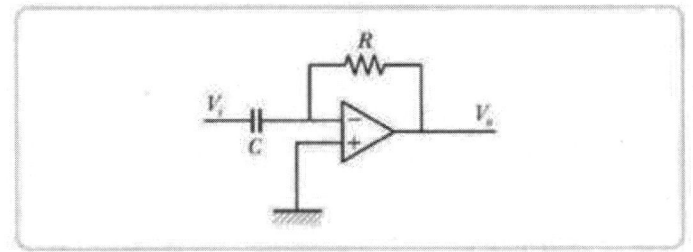

① 미분 회로
② 적분 회로
③ 가산기 회로
④ 차동 증폭기 회로

74 동기 전동기에서 자극수가 4극이면 60Hz의 주파수로 전원 공급할 때, 회전수는 몇 rpm이 되는가?

① 1,200
② 1,800
③ 3,600
④ 7,200

74.
$$N = \frac{120f}{극수} = \frac{120 \times 60}{4}$$
$$= 1,800 rpm$$

75 다음 보기와 같은 기계 제작공정이 필요할 경우 작업순서를 올바르게 나열한 것은?

<보기>
ⓐ제품조립   ⓑ설계
ⓒ기계가공   ⓓ제품검사

① ⓐ → ⓥ → ⓒ → ⓐ
② ⓓ → ⓑ → ⓒ → ⓓ
③ ⓒ → ⓐ → ⓑ → ⓓ
④ ⓓ → ⓑ → ⓒ → ⓐ

정답 73.① 74.② 75.②

76 8비트 어드레스 시스템인 경우, 그림에서 PA의 신호에 의해 사용되는 장치가 활성화되기 위한 어드레스로 옳은 것은?

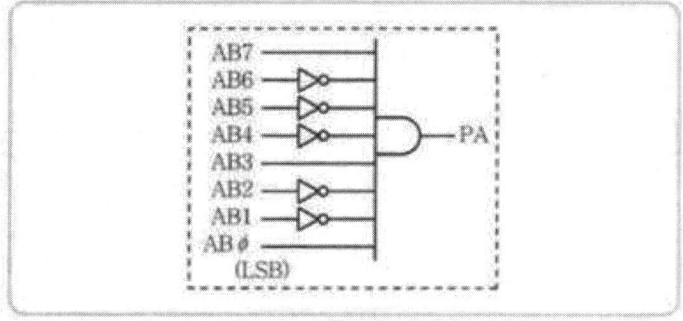

① 89H ② 91H
③ 95H ④ 99H

76.
회로도에서 AB6, AB5, AB4, AB2, AB1은 부정의 기호가 있으므로 출력이 0이 된다.
AB7, AB3, AB ϕ는 그대로 출력되므로 출력은 1이 된다.
$10001001_{(2)}$의 2진수가 만들어지고 이것을 16진수로 변환시켜 주면 $89_{(16)}$가 된다.
그러므로 컨트롤워드는 89H가 된다.

77 전자유도에 대한 설명 중 틀린 것은?
① 코일을 지나는 자속이 변화하면 코일에 기전력이 생기는 현상을 전자유도라 한다.
② 전자유도에 의하여 흐르는 전류를 유도전류라 한다.
③ 전자유도에 의하여 회로에 유도되는 기전력은 자속이 증가, 감소하는 정도에 반비례한다.
④ 전자유도 작용은 패러데이에 의하여 1831년에 발견되었다.

77.
유도 기전력의 크기는 코일 속을 지나는 자기력선속의 시간적 변화율에 비례하고 코일을 감은 횟수에 비례한다.

78 아래 논리회로의 명칭은?

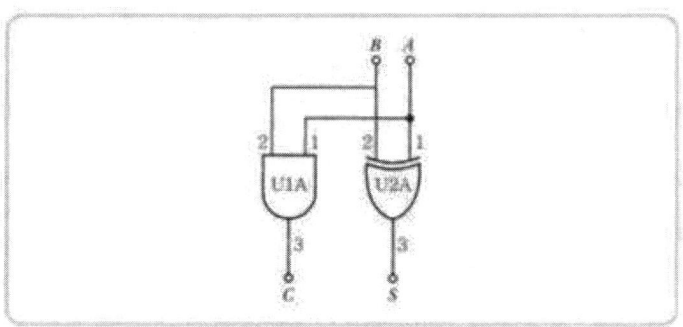

① 만가산기   ② 전가산기
③ 병렬가산기   ④ 직렬가산기

정답 76. ① 77. ③ 78. ①

79 2종의 금속 또는 반도체를 둥근 모양으로 접속하고, 접속한 2점 사이에 온도 차를 주면 기전력이 발생하여 전류가 흐른다. 이러한 현상을 무엇이라고 하는가?

① 홀 효과　　　　② 광전 효과
③ 제베크 효과　　④ 루미네선스 효과

79.
- 홀효과 : 자장 속에 반도체를 놓고 전류를 통하면 반도체의 단면에 전하가 발생하여 초전력이 생기는 현상으로 고체의 물리적 성질 측정이라든가 홀 소자, 자기 저항 소자 등의 자기 센서에 응용되고 있다.
- 광전효과 : 금속 등의 물질에 일정한 진동수 이상의 빛을 비추었을 때, 물질의 표면에서 전자가 튀어나오는 현상이다. 튀어나온 전자의 상태에 따라 광이온화, 내부광전효과, 광기전력 효과로 나뉜다.
- 제백효과 : 2종류의 금속 또는 반도체의 양 끝을 접합하여 거기에 온도 차를 주면 회로에 열기전력을 일으키는 현상
- 루미네선스 효과 : 자외선 영역의 파장과 같은 에너지 흡수가 있는 동안에 물질로부터 빛의 방출에 대한 효과

80 2진수 $(01011)^2$의 2의 보수는?

① 10100　　　　② 10101
③ 11010　　　　④ 11111

80.
01011의 1의보수 →10100이고 이것에 1을 더해주면 10101이 된다.
$$01011 \rightarrow \begin{array}{r} 10100 \\ +1 \\ \hline 10101 \end{array}$$

정답　79. ③　80. ②

SECTION 12 2016년 3회

1 과목 기계가공법 및 안전관리

01 밀링머신 호칭번호를 분류하는 기준으로 옳은 것은?

① 기계의 높이
② 주축모터의 크기
③ 기계의 설치 면적
④ 테이블의 이동거리

1.
표준형 밀링머신 호칭번호는 테이블의 세로 방향 최대 이송, 새들의 최대 가로 이송거리 및 니의 최대 상하 이동거리로 하며, 이들의 크기에 따라 번호를 붙여 그 크기를 나타낸다.

02 선반가공에서 절삭저항의 3분력이 아닌 것은?

① 배분력
② 주분력
③ 이송분력
④ 절삭분력

2.
선반의 절삭저항의 3분력은 주분력, 배분력, 이송분력이다.

03 센터리스 연삭기의 특징으로 틀린 것은?

① 긴 홈이 있는 가공물이나 대형 또는 중량물의 연삭이 가능하다.
② 연삭숫돌 폭보다 넓은 가공물을 플랜지 컷 방식으로 연삭할 수 없다.
③ 연삭숫돌의 폭이 크므로, 연삭숫돌 지름의 마멸이 적고 수명이 길다.
④ 센터가 필요하지 않아 센터 구멍을 가공할 필요가 없고, 속이 빈 가공물을 연삭할 때 편리하다.

3.
센터리스 연삭기는 긴 홈이 있는 가공물이나 대형 중량물은 연삭할 수 없다.

04 평면도 측정과 관계없는 것은?

① 수준기
② 링 게이지
③ 옵티컬 플랫
④ 오토콜리메이터

4.
평면도 측정기에는 옵티컬 플랫, 스트레이지 에지, 정반, 정밀 수준기, 오토 콜리미네이터 등이 있다.

05 축용으로 사용되는 한계 게이지는?

① 봉 게이지
② 스냅 게이지
③ 블록 게이지
④ 플러그 게이지

5.
축용 한계게이지의 종류로는 링게이지와 스냅게이지가 있다.

정답 01. ④ 02. ④ 03. ① 04. ② 05. ②

06 밀링작업의 안전수칙에 대한 설명으로 틀린 것은?

① 공작물의 측정은 주축을 정지하여 놓고 실시한다.
② 급속이송은 백래쉬 제거장치가 작동하고 있을 때 실시한다.
③ 중절삭할 때에는 공작물을 가능한 바이스에 깊숙이 물려야 한다.
④ 공작물을 바이스에 고정할 때 공작물이 변형되지 않도록 주의한다.

6.
백래시 제거장치를 사용하는 이유는 하향절삭 시 발생하는 물림틈새의 벌어짐을 제거하여 흔들림을 제거하기 위해서다.

07 선삭에서 지름 50mm, 회전수 900rpm, 이송 0.25mm/rev, 길이 50mm를 2회 가공할 때 소요되는 시간은 약 얼마인가?

① 13.4초   ② 26.7초
③ 33.4초   ④ 46.7초

7.
$T = \dfrac{L}{N_S} = \dfrac{50}{900 \times 0.25} \times 60$
$= 13.33 \text{sec}$
$2 \times 13.33 = 26.67 \text{sec}$

08 유막에 의해 마찰면이 완전히 분리되어 윤활의 정상적인 상태를 말하는 것은?

① 경계 윤활   ② 고체 윤활
③ 극압 윤활   ④ 유체 윤활

8.
고체 윤활은 고체와 고체 사이의 마찰에 의한 윤활이다. 고체 사이에 유체가 있어서 유막이 형성되면 유체 윤활이라 하며 고체 윤활과 유체 윤활 사이의 윤활을 경계 윤활이라 한다.

09 보링 머신의 크기를 표시하는 방법으로 틀린 것은?

① 주축의 지름   ② 주축의 이송거리
③ 테이블의 이동거리   ④ 보링 바이트의 크기

9.
보링 머신의 크기는 테이블의 크기, 주축의 지름, 주축의 이동거리, 주축머리의 상하 이동거리 및 테이블의 이동거리로 나타낸다.

10 윤활제의 급유방법으로 틀린 것은?

① 강제 급유법   ② 적하 급유법
③ 진공 급유법   ④ 핸드 급유법

10.
윤활유 급유법으로는 핸들오일링, 적하급유법, 오일링 급유법, 분무급유법 등이 있다.

11 보통형(conventional type)과 유성형(planetary type) 방식이 있는 연삭기는?

① 나사 연삭기   ② 내면 연삭기
③ 외면 연삭기   ④ 평면 연삭기

정답 06. ② 07. ② 08. ④ 09. ④ 10. ③ 11. ②

12 드릴 자루(shank)를 테이퍼 자루와 곧은 자루로 구분할 때 곧은 자루의 기준이 되는 드릴 직경은 몇 mm 이하 인가?
① 13   ② 18
③ 20   ④ 25

12.
13mm이하는 곧은 자루,
13mm이상은 테이퍼 자루를 사용한다.

13 그림과 같은 공작물을 양 센터 작업에서 심압대를 편위시켜 가공할 때 편위량은?(단, 그림의 치수단위는 mm이다.)

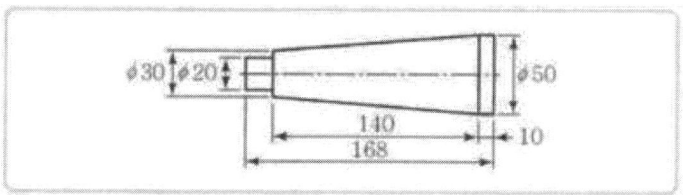

① $6mm$ ② $8mm$
③ $10mm$ ④ $12mm$

13.
$x = \dfrac{(50-30) \times 168}{2 \times 140} = 12mm$

14 밀링가공에서 공작물을 고정할 수 있는 장치가 아닌 것은?
① 면판   ② 바이스
③ 분할대   ④ 회전 테이블

14.
면판은 선반의 부속장치이다.

15 테이퍼 플러그 게이지(taper plug gage)의 측정에서 다음 그림과 같이 정반 위에 놓고 핀을 사용해서 측정하려고 한다. M을 구하는 식으로 옳은 것은?

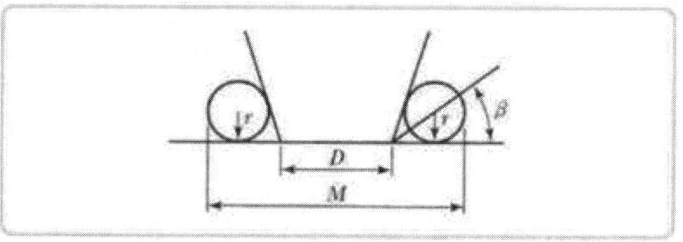

① $M = D + r + r \cdot \cot\beta$ ② $M = D + r + r \cdot \tan\beta$
③ $M = D + 2r + 2r \cdot \cot\beta$ ④ $M = D + 2r + 2r \cdot \tan\beta$

정답   12. ①   13. ④   14. ①   15. ③

16 창성식 기어절삭법에 대한 설명으로 옳은 것은?

① 밀링머신과 같이 총형 밀링커터를 이용하여 절삭하는 방법이다.
② 셰이퍼 등에서 바이트를 치형에 맞추어 절삭하여 완성하는 방법이다.
③ 셰이퍼의 테이블에 모형과 소재를 고정한 후 모형에 따라 절삭하는 방법이다.
④ 호빙 머신에서 절삭공구와 일감을 서로 적당한 상대운동을 시켜서 치형을 절삭하는 방법이다.

16.
창성법으로 기어를 가공하는 대표적인 공작기계로는 호빙머신, 펠로우즈식 기어 셰이퍼, 마그식 기어 셰이퍼 등이 있다.

17 원하는 형상을 한 공구를 공작물의 표면에 눌러대고 이동시켜 표면에 소성변형을 주어 정도가 높은 면을 얻기 위한 가공법은?

① 래핑(lapping)
② 버니싱(burnishing)
③ 폴리싱(polishing)
④ 슈퍼 피니싱(super-finishing)

17.
버니싱 : 필요한 형상을 한 공구를 공작물의 표면을 누르며 이동시켜 표면에 소성변형을 일으키게 하여 매끈하고 정도가 높은 면을 얻는 가공법으로 주로 구멍 내면의 다듬질에 사용하는 가공법이다.

18 호환성이 있는 제품을 대량으로 만들 수 있도록 가공위치를 쉽고 정확하게 결정하기 위한 보조용 기구는?

① 지그   ② 센터
③ 바이스   ④ 플랜지

18.
· 센터 : 주축에 끼우는 회전센터와 심압대에 사용하는 정지센터 등이 있다.
· 바이스 : 일감을 고정하는 공구
· 플랜지 : 부품의 보강을 위한 부분

19 다음 중 소재의 두께가 $0.5mm$인 얇은 박판에 가공된 구멍의 내경을 측정할 수 없는 측정기는?

① 투영기
② 공구 현미경
③ 옵티컬 플랫
④ 3차원 측정기

19.
옵티컬 플랫 : 평면도 측정 공구, 광선정반이라고도 한다.

정답 16. ④ 17. ② 18. ① 19. ③

20 리밍(reaming)에 관한 설명으로 틀린 것은?

① 날 모양에는 평행 날과 비틀림 날이 있다.
② 구멍의 내면을 매끈하고 정밀하게 가공하는 것을 말한다.
③ 날 끝에 테이퍼를 주어 가공할 때 공작물에 잘 들어가도록 되어있다.
④ 핸드리머와 기계리머는 자루부분이 테이퍼로 되어 있어서 가공이 편리하다.

20.
· 핸드리머 : 적당한 핸들을 자루에 꽂아 손으로 돌려 구멍을 다듬질하는 데 사용한다.
· 기계리머 : 선반이나 드릴 작업에 사용하는 리머로서 자루가 모스테이퍼로 되어 있다.

❷ 과목 기계제도 및 기초공학

21 그림과 같은 입체도에서 화살표 방향이 정면일 때 평면도로 가장 적합한 것은?

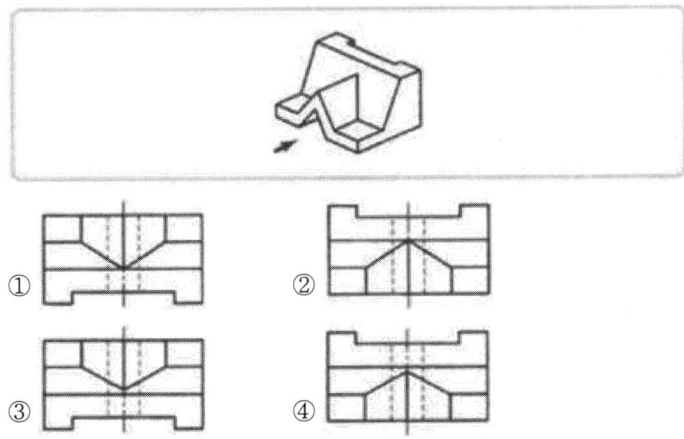

22 "왼 2줄 M50×3-6H"의 나사기호 해독으로 올바른 것은?

① 리드가 3mm
② 암나사 등급 6H
③ 왼쪽 감김 방향 1줄 나사
④ 나사산의 수가 3개

22.
· 왼 2줄 : 왼쪽 감김 방향 2줄 나사
· M50×3 : 미터가는나사 호칭지름 50mm, 피치 3mm
· 6H : 암나사 등급 6H

정답 20. ④ 21. ④ 22. ②

23 기계제도에서 치수선을 나타내는 방법에 해당하지 않는 것은?

24 다음 그림과 같은 표면의 결 표시기호에서 M이 뜻하는 것은?

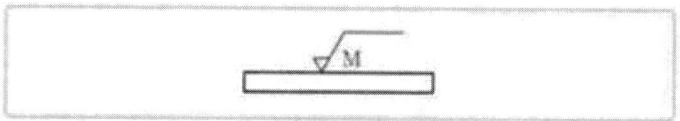

① 가공으로 생긴 선이 투상면에 직각
② 가공으로 생긴 선이 거의 동심원
③ 가공으로 생긴 선이 두 방향으로 교차
④ 가공으로 생긴 선이 여러 방향

25 베어링 기호 "6012 C2 P4"에서 각 기호의 뜻을 설명한 것으로 틀린 것은?

① 60 – 베어링 계열 기호
② 12 – 안지름 번호
③ C2 – 레이디얼 내부 틈새 기호
④ P4 – 베어링 조합 기호

25.
P4 : 정밀급 4급

26 기하공차를 사용하는 이유로 가장 거리가 먼 것은?

① 직각 좌표의 치수방법을 변환시켜 간편하게 표시한다.
② 상호 결합되는 부품의 호환성을 확보한다.
③ 생산 원가를 절감할 수 있는 방향으로 설계할 수 있다.
④ 생산성을 높일 수 있는 방향으로 공차를 적용할 수 있다.

26.
2차원 제도에서 직각 좌표의 치수 방법을 변환시키면 극좌표가 된다.

27 나사의 도시에서 완전 나사부와 불완전 나사부의 경계를 나타내는 선은?

① 굵은 실선
② 가는 실선
③ 가는 파선
④ 가는 1점 쇄선

정답 23. ③ 24. ④ 25. ④ 26. ① 27. ①

28 그림에서 가는 실선으로 나타낸 대각선 부분의 의미는?

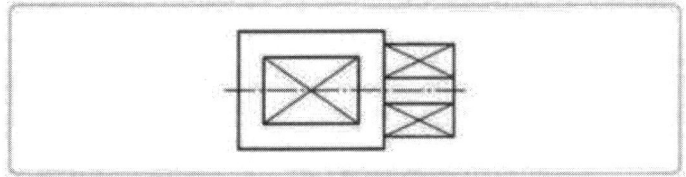

① 대각선으로 표시된 면이 구면임을 나타냄
② 대각선으로 표시된 면이 평면임을 나타냄
③ 대각선으로 표시된 면이 가공하지 않음을 표시함
④ 대각선으로 표시된 면만 열처리할 것을 표시함

29 도면에 $20^{+0.02}_{-0.01}$로 표시된 치수의 치수공차는 얼마인가?

① 0.01 ② −0.01
③ 0.02 ④ 0.03

29.
0.02+0.01=0.03

30 다음 중 단면도의 분류에 있어서 그 종류가 다른 하나는?

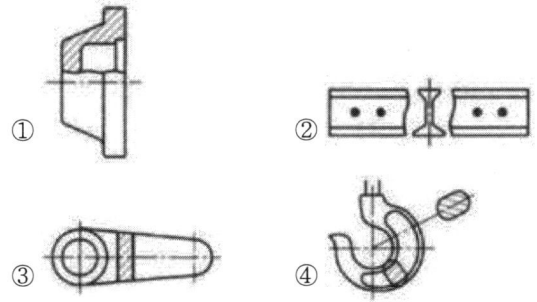

30.
①: 부분투상도
②,③,④: 회전투상도

31 길이가 일정한 막대에 좌측 끝단에는 7kgf, 우측 끝단에는 3kgf인 물체를 올려놓았을 때 수평을 유지하기 위한 받침대의 좌측과 우측의 길이 비율은? (단, 좌측 : 우측이다.)

① 7 : 3 ② 3 : 7
③ 7 : 10 ④ 10 : 7

31.
$M = 7 \times 3 = 3 \times 7$

정답 28. ② 29. ④ 30. ① 31. ②

32 직경이 6cm인 원형 단면에 2400kgf의 인장하중이 작용할 때 발생하는 인장응력은 약 몇 kgf/cm²인가?

① 85　　② 95
③ 105　　④ 125

32.
$$\sigma = \frac{P}{A} = \frac{4 \times 2400}{\pi \times 6^2}$$
$$= 84.88 \, kg/cm^2$$

33 $1\mu F$ 콘덴서 5개를 직렬 연결했을 때 합성정전용량 $[\mu F]$은?

① 0.2　　② 0.5
③ 2　　　④ 5

33.
$$\frac{1}{c} = \frac{1}{c_1} \times 5 = 5$$
$$c = \frac{1}{5} = 0.2 \mu F$$

34 다음 그림과 같이 가로, 세로, 높이가 모두 $100mm$인 사각기둥에 직경이 $50mm$인 구멍이 윗면에서 밑면까지 수직으로 뚫려 있다면 사각기둥의 체적은 약 몇 mm^3인가?

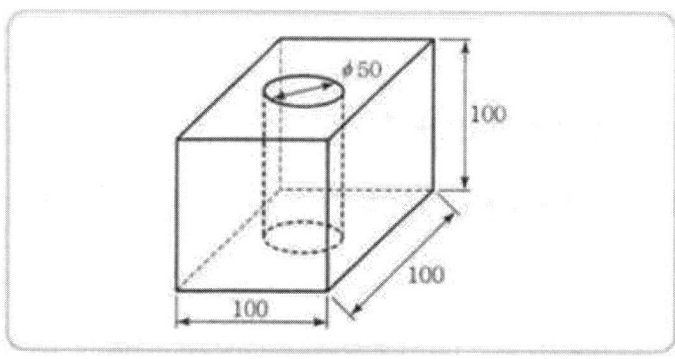

① 392500　　② 740300
③ 803650　　④ 965000

34.
$$V = 100^3 - \frac{\pi \times 50^2}{4} \times 100$$
$$= 803650 mm^3$$

35 질량이 4.5kg인 물체에 12N의 힘을 가했다면 이 물체의 가속도는?

① $2.67 m/\sec^2$　　② $3.67 m/\sec^2$
③ $26.7 m/\sec^2$　　④ $36.7 m/\sec^2$

35.
$$a = \frac{F}{m} = \frac{12}{4.5} = 2.67 m/\sec^2$$

정답　32. ①　33. ①　34. ③　35. ①

36 단면적이 $10mm^2$이고, 길이가 1km인 구리선의 저항[Ω]은?
(단, 구리선의 고유저항은 $1.77\times 10^{-8} \Omega \cdot m$이다.)

① 0.177　　　　② 1.77
③ 17.7　　　　　④ 177

36.
$R = \rho \dfrac{1}{A}$
$= 1.77 \times 10^{-8} \times \dfrac{1000}{10 \times 1000^{-2}}$
$= 1.77$

37 뉴턴의 운동 제2법칙에 맞는 식은?
(단, F는 힘, m은 질량, a는 가속도이다.)

① F=ma　　　　② F=m/a
③ F=m²a　　　　④ F=ma²

38 하중 500kgf를 SI단위로 변환하면 약 얼마인가?

① 3901N　　　　② 4903N
③ 5803N　　　　④ 9801N

38.
500×9.8=4900N

39 전동축은 비틀림모멘트 T와 굽힘 모멘트(M)를 동시에 받는다. 이때의 상당굽힘 모멘트 M_e는?

① $M_e = \sqrt{M^2+T^2}$
② $M_e = M + \sqrt{M^2+T^2}$
③ $M_e = \dfrac{1}{2}\sqrt{M^2+T^2}$
④ $M_e = \dfrac{1}{2}(M + \sqrt{M^2+T^2})$

40 임의의 점 P에서 Q까지 6C의 전하를 이동시키는 데 12J의 일을 하였다면 전위차는?

① 1V　　　　② 2V
③ 4V　　　　④ 6V

40.
$V = \dfrac{Q}{C} = \dfrac{12}{6} = 2V$

정답 36. ② 37. ① 38. ② 39. ④ 40. ②

❸ 과목 자동제어

41 USB 장치 USB 버스에 대한 설명으로 틀린 것은?
① 플러그 앤 플레이 설치를 지원하는 외부 버스이다.
② 병렬 버스 장치를 연결할 수 있도록 해주는 컴퓨터 인터페이스이다.
③ 컴퓨터를 종료하거나 다시 시작하지 않아도 USB 장치를 연결하거나 연결을 끊을 수 있다.
④ 단일 USB 포트를 사용하여 스피커, 전화, CD-ROM 드라이브, 스캐너 등 주변기기를 연결할 수 있다.

41.
컴퓨터 인터페이스(computer interface)는 컴퓨터 용어로 다른 장치를 연결해주는 접속장치 즉, 연결선이다.

42 리밋 스위치의 기호로 옳은 것은?

① 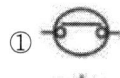   ②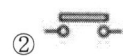
③ 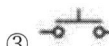   ④

43 3/2-Way 방향제어 밸브에 대한 설명으로 틀린 것은?
① 연결구의 수가 2개이다.
② 정상상태 열림형도 있다.
③ 정상상태 닫힘형도 있다.
④ 솔레노이드 작동, 스프링 리셋(복귀)형도 있다.

43.
연결구의 수가 3개이다.

44 $f(t)=t^2$의 라플라스 변환은?
① $\dfrac{1}{s}$ ② $\dfrac{1}{s^2}$
③ $\dfrac{2}{s^3}$ ④ $\dfrac{2}{s^4}$

정답 41. ②   42. ②   43. ①   44. ③

45 다음 블록선도에서 합성 전달함수는?

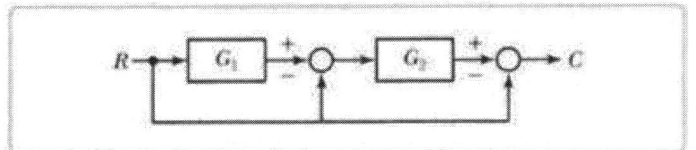

① $1 + G_1G_2$
② $-1 + G_1 + G_2$
③ $-1 - G_1 - G_2G_1$
④ $-1 - G_2 + G_1G_2$

45.
$RG_1 + R = Y$
$(RG_1 - G)G_2 - R = C$
$R(G_1G_2 - G_2 - 1) = C$

46 온도를 전압으로 변환시키는 특징을 가진 것은?

① 광전지
② 열전대
③ 차동변압기
④ 측온저항체

46.
· 광전지 : 금속과 반도체의 경계층에서의 광기전력 효과를 이용한 수광기를 말하며, 셀렌 광전지, 아산화구리 광전지 등이 있다.
· 온도 측정기 : 측온저항체, 열전대, 더미스터 등이 있다.
· 차동변압기 : 1차 쪽에 1개, 2차 쪽에 2개의 코일이 있는 변압기로서 코일을 사용했기 때문에 온도의 영향을 받기 쉬운 결점도 있다 두께의 측정, 압력·차압의 측정, 장력, 신장의 측정, 가중(加重) 측정 등 넓은 응용분야에서 사용된다.

47 다음 중 공압 장치의 구성기기로 가장 거리가 먼 것은?

① 윤활기(lubricator)
② 축압기(accumulator)
③ 공기 압축기(compressor)
④ 애프터 쿨러(after cooler)

47.
축압기(accumulator)는 유압장치에서 사용하는 부속장치이다.

48 다음 데이터 통신 방식 중 직렬 데이터 전송방식이 아닌 것은?

① 반 이중방식
② 전 이중방식
③ 단방향 전송방식
④ 스트로브-애크놀리지방식

정답 45. ④ 46. ② 47. ② 48. ④

49 동기형 AC서보 전동기의 특징으로 틀린 것은?

① 교류 전원을 사용한다.
② 회전자에 영구자석을 사용한다.
③ 정류자 브러시가 없어 유지보수가 용이하다.
④ 제어 시 회전자 위치를 검출 할 필요가 없어 회전 검출기가 필요 없다.

49.
SERVO MOTOR의 종류별 특징

· DC 서보모터
〈장점〉
- 기동토크가 크다.
- 크기에 비해 큰 토크가 발생한다.
- 효율이 높다.
- 제어성이 좋다.
- 속도제어범위가 넓다.
- 비교적 가격이 싸다.

〈단점〉
- 브러시 마찰로 기계적 손실이 크다.
- 브러시의 보수가 필요하다.
- 접촉부의 신뢰성이 떨어진다.
- 정류에 한계가 있다.
- 사용 환경에 제한이 있다.
- 방열이 나쁘다.

· 동기기형 AC 서보모터
〈장점〉
- 브러시가 없어서 보수가 용이하다.
- 내환경성이 좋다.
- 정류에 한계가 없다.
- 신뢰성이 높다.
- 고속, 고토크 이용 가능
- 방열이 좋다.

〈단점〉
- 시스템이 복잡하고 고가.
- 전기적 시정수가 크다.
- 회전 검출기가 필요하다.
- 2~3kW가 출력한계

· 유도기형 AC 서보모터
〈장점〉
- 브러시가 없어서 보수가 용이하다.
- 내환경성이 좋다.
- 정류에 한계가 없다.
- 자석을 사용하지 않는다.
- 고속, 고토크 이용 가능
- 방열이 좋다.

〈단점〉
- 시스템이 복잡하고 고가이다.
- 전기적 시정수가 크다.
- 출력은 2~3kW 이하가 거의 없다.

정답 49. ④

50 다음 자동제어 시스템의 주요 구성요소 중에서 오차를 찾아내는 부분은?

① block ② direct arrow
③ takeout point ④ summing point

50.
summing point(가합점)는 신호의 전달 경로를 나타내는 블록선도에서 두 신호의 합 또는 차를 구하는 부분으로 자동제어 시스템에서 오차를 구할 수 있다.

51 함수 $F(s) = \dfrac{4}{s^3+3s^2+2s}$ 를 라플라스 역변환한 결과값 $f(t)$은?

① $2-4e^{-t}+2e^{-2t}$
② $2-4e^{-t}-2e^{-2t}$
③ $\dfrac{1}{2}-\dfrac{1}{4}e^t+\dfrac{1}{2}e^{-t}$
④ $\dfrac{1}{2}-\dfrac{1}{4}e^t-\dfrac{1}{2}e^{-t}$

51.
$F(s) = \dfrac{4}{s^3+3s^2+2s}$
$= \dfrac{A}{S}+\dfrac{B}{S+1}+\dfrac{C}{S+2}$
$A = \dfrac{4}{2} = 2$
$B = \dfrac{4}{-1 \times 1} = -4$
$C = \dfrac{4}{-2 \times -1} = 2$
$= \dfrac{2}{S}+\dfrac{-4}{S+1}+\dfrac{2}{S+2}$
역라플라스는 $2-4e^{-t}+2e^{-2t}$

52 다음 그래프의 Laplace 변환은?

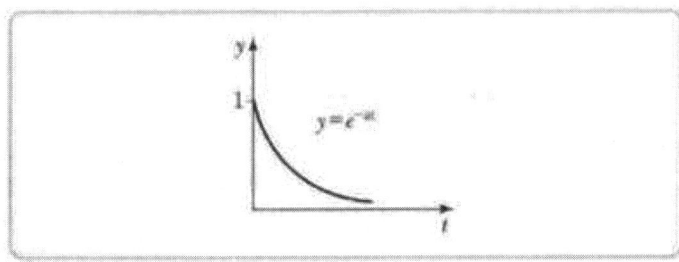

① as
② $\dfrac{a}{s}$
③ $\dfrac{1}{(s+a)}$
④ $\dfrac{1}{(s-a)}$

53 주파수 영역에서 시스템의 응답성 및 안정성을 표시하기 위한 값이 아닌 것은?

① 대역폭 ② 이득 여유
③ 위상 여유 ④ 피크 시간

정답 50. ④ 51. ① 52. ③ 53. ④

54 C언어의 조건에 따른 흐름 제어문에 해당하지 않는 것은?
① if 문
② if-else 문
③ do-while 문
④ switch-case 문

54.
do-while 루프는 대부분의 컴퓨터 프로그래밍 언어에서 주어진 불린 자료형 조건을 기반으로 코드가 한 번 실행할 수 있게 하는 제어 흐름문으로 반복 문장이 선행되어 조건식에 맞지 않더라도 한 번은 실행되는 구조이므로 조건에 따른 흐름 제어문이 아니다.

55 그림에서 2개의 피스톤 ㉠, ㉡의 단면적 A_1, A_2가 각각 $2m^2$, $10m^2$일 때, F_1으로 1N의 힘으로 가하면 F_2에 생성되는 힘[N]은?

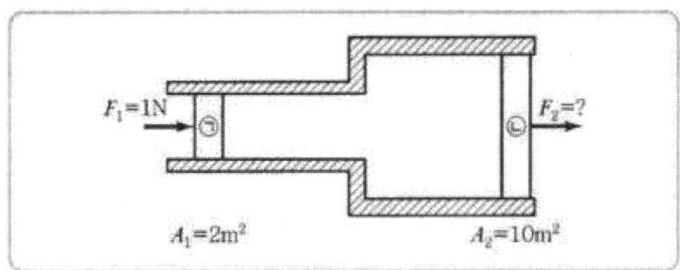

① 5
② 10
③ 20
④ 25

55.
$P = \dfrac{F_1}{A_1} = \dfrac{1}{2}$
$F_2 = P A_2 = 0.5 \times 10 = 5$

56 다음 중 주파수 영역에서 자동제어계를 해석할 때 기본입력으로 많이 사용되는 것은?
① 계단입력
② 등속입력
③ 등가속입력
④ 정현파입력

56.
주파수 영역에서 자동제어계를 해석할 때 정현파입력을 하며 사인파라고도 하며 교류파형의 가장 기본적인 형태이다.

57 전기식 서보기구에 대한 설명으로 옳은 것은?
① 작동속도가 유압식에 비해 느리다.
② 유압식에 비해 큰 출력을 얻을 수 있다.
③ 유압식에 비해 경제성과 취급이 용이하다.
④ 전기식 서보기구에는 분사관식 서보기구가 있다.

57.
전기식 서보기구의 특징
① 작동속도가 유압식에 비해 빠르다.
② 유압식에 비해 큰 출력을 얻을 수 없다.
③ 유압식에 비해 경제성과 취급이 용이하다.
④ 분사관식 서보기구는 유압식의 장치이다.

정답 54. ③ 55. ① 56. ④ 57. ③

58 다음 블록선도의 전체 전달함수를 구하는 식으로 옳은 것은?

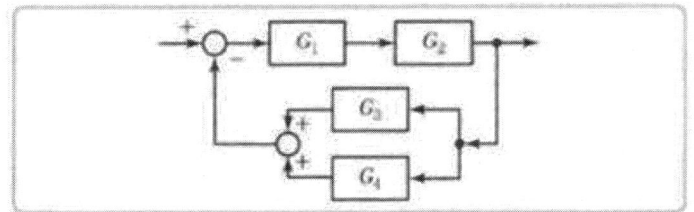

① $G = \dfrac{G_3 + G_4}{1 + G_1 G_2}$
② $G = \dfrac{G_3 + G_4}{1 - G_1 G_2}$
③ $G = \dfrac{G_1 G_2}{1 + G_1 G_2 (G_3 + G_4)}$
④ $G = \dfrac{G_1 + G_2}{1 - G_1 G_2 (G_3 + G_4)}$

58.
$RG_1 G_2 - Y(G_3 G_4) G_1 G_2 = Y$ 에서
$G = \dfrac{G_1 G_2}{1 + G_1 G_2 (G_3 + G_4)}$

59 비례동작에 의해 발생되는 잔류편차를 제거하기 위한 것으로 제어 결과가 진동적으로 되기 쉬우나 잔류편차가 작아지는 제어동작은?

① 미분 제어동작
② 비례 제어동작
③ 비례미분 제어동작
④ 비례적분 제어동작

59.
잔류편차를 제거하기 위한 제어는 적분제어이다.

60 제어용 기기에 대한 설명으로 틀린 것은?

① 전기 릴레이는 다수 독립회로를 개폐할 수 있다.
② 도체에 흐르는 전류의 크기는 도체의 저항에 반비례한다.
③ 전기 접점에서 상시 열려 있다가 작동되면 닫히는 접점을 b접점이라 한다.
④ 전자 접촉기란 전자석의 동작에 의하여 부하전로를 개폐하는 접촉기를 말한다.

60.
전기 접점에서 상시 열려 있다가 작동되면 닫히는 접점은 a접점이다.

④ 과목 메카트로닉스

61 가공 공정을 줄이기 위해 선삭, 밀링가공, 드릴링 등의 작업을 모두 할 수 있는 기계는?

① 선반
② 호빙 머신
③ 복합 가공기
④ 다축 드릴 머신

61.
복합가공기는 터닝센터와 머시닝센터를 조합한 것으로서 작업시간 절감, 고정밀도, 작업인력 축소, 설치면적 축소 등의 장점이 있다.

정답 58. ③ 59. ④ 60. ③ 61. ③

62 일반 선반작업에서 할 수 없는 작업은?
① 홈 절삭   ② 기어 절삭
③ 나사 절삭 ④ 테이퍼 절삭

62.
선반작업에서는 기어절삭과 키홈절삭을 할 수 없다. 기어절삭은 대체적으로 호빙머신을 사용한다.

63 명령어가 실행 중일 때 CPU가 사용 중인 내부 데이터를 일시적으로 저장하는 곳은?
① 기억장치   ② 레지스터
③ 중앙처리장치 ④ 산술논리연산장치

63.
레지스터란 극히 소량의 데이터나 처리 중인 중간 결과를 일시적으로 기억해 두는 고속의 전용 영역을 말한다.

64 발진회로를 정현파 발진회로와 비정현파 발진회로로 구분할 때, 비정현파 발진회로에 해당되는 것은?
① LC 발진회로   ② RC발진회로
③ 수정 발진회로 ④ 멀티바이브레이터 발진회로

64.
정현파란 사인파라고도 하며 교류 파형의 가장 기본적인 형태이고, 교류파형 이외의 파형들은 모두 비정현파라 한다. L, C, R 수정은 파형이 기본적인 교류형태를 띄지만 멀티바이브레이터는 불규칙한 파형이 생성된다.

65 다음 불 대수식 중 틀린 것은?
① $\overline{AB} = \overline{A} + \overline{B}$ ② $AB + A\overline{B} = A$
③ $A\overline{B} + B = A + B$ ④ $(A+\overline{B})B = A + B$

65.
$(A+\overline{B})B = AB$

66 다음 식과 같이 표현되는 순시전류에 대한 설명 중 틀린 것은?

$$i = 50\sqrt{2}\sin\left(377t + \frac{\pi}{6}\right)[A]$$

① 실효값은 50A이다.
② 최대값은 $50\sqrt{2}A$이다.
③ 주파수는 약 60Hz이다
④ 이 파형의 주기는 $\frac{1}{377}$ sec이다.

66.
(주파수)
$f = \frac{w}{2\pi} = \frac{377}{2\pi} = 60Hz$
(주기)
$T = \frac{1}{f} = \frac{1}{60}$

정답 62. ② 63. ② 64. ④ 65. ④ 66. ④

67 센서에 대한 설명이 옳은 것은?

① 리드 스위치는 빛을 검출하는 센서이다.
② 근접 스위치는 물체의 변형력을 검출하는 센서이다.
③ 자기센서로 사용되는 홀소자는 압전효과를 이용한 것이다.
④ 로드 셀은 중량에 비례한 변형을 저항변화로 변환하는 센서이다.

67.
리드 스위치와 근접스위치 모두 물체를 검출하는 센서이며, 자기센서는 홀효과 또는 자기저항효과를 이용한다.

68 아래 회로는 간단한 디지털 조도계 회로도이다. 다음 중 회로도의 7-세그먼트 옆 ⓐ에 가장 적합한 소자는?

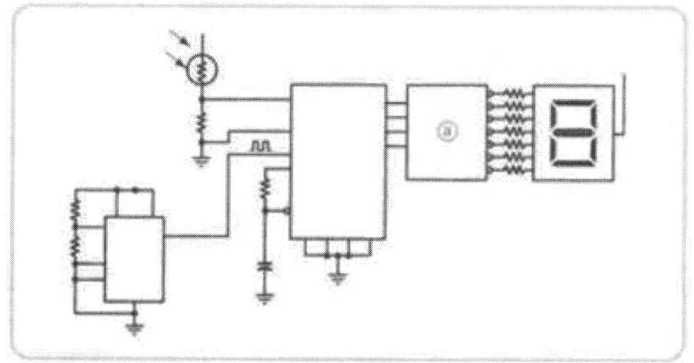

① 디코더   ② 엔코더
③ 카운터   ④ 타이머

68.
디코더란 데이터를 어떤 부호화된 형으로부터 다른 형으로 바꾸고 위한 회로와 장치를 가리킨다.

69 전류에 관한 설명으로 옳은 것은?

① 전류는 저항에 비례한다.
② 전류는 전기적인 압력에 반비례한다.
③ 전류는 이동방향은 전자의 이동방향과 같다
④ 전자의 이동방향과 전류의 흐름은 반대이다.

69.
전류는 저항에 반비례하며 전류는 전기적인 압력에 비례한다.

70 직경 $32mm$인 고속도강 드릴을 사용하여 절삭속도 50m/min으로 공작물에 구멍을 뚫을 때 드릴링머신의 스핀들 회전수[rpm]는 약 얼마인가?

① 300   ② 400
③ 500   ④ 600

70.
$N = \dfrac{1000\,V}{\pi D} = \dfrac{1000 \times 50}{\pi \times 32}$
≒ 500

정답   67. ④   68. ①   69. ④   70. ③

71 다음 프로그램과 회로도에서 푸시버튼 스위치가 SW6은 ON, SW7은 OFF 상태일 때의 이진수 8비트 표현값으로 옳은 것은?
(단, x=리던던시, JP3의 1번 단자가 LSB이고 8번 단자가 MSB이다.)

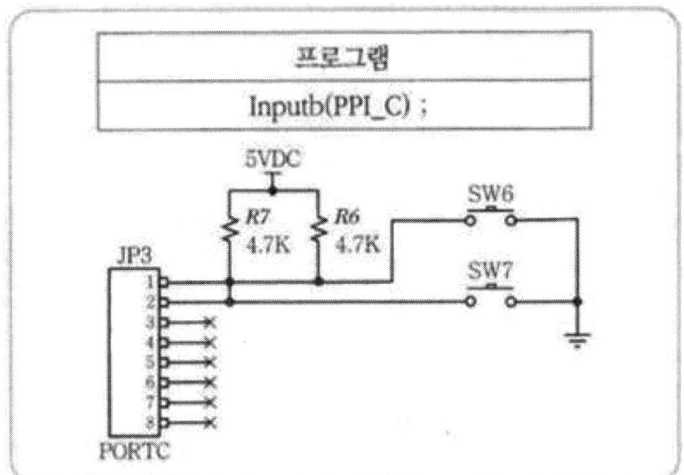

① xxxx xx00　　② xxxx xx01
③ xxxx xx10　　④ xxxx xx11

71.
이진수는 0과 1로 표현된다. 다음 회로도에서 맨 앞부분이 0부터 시작하므로 총 0~7까지의 8비트가 나온다. 그 중 SW6이 1, SW7이 0, 이라면 xxxx xx10이라는 비트값이 지정된다.

72 열전기력이 다른 두 금속을 접합하여 만든 열전대를 이용하여 만든 스위치는?

① 광전 스위치　　② 리드 스위치
③ 온도 스위치　　④ 전자 계전기

72.
온도를 바이메탈 등으로 검출하고, 온도의 변화에 따라 바이메탈 등 감온체가 팽창 수축하여 변위 하는 것을 이용하여 온도에 대응해서 접점을 개폐시키는 것을 온도스위치라 한다.

73 물체를 자화시킬 때 그림과 같이 N극 가까운 쪽에서 N극, 자석S극 쪽에 S극으로 자화되는 물체로 옳은 것은?

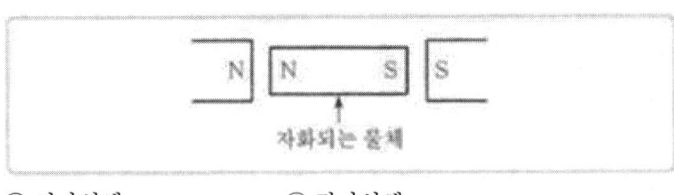

① 정자성체　　② 강자성체
③ 반자성체　　④ 최전도체

73.
반자성을 보이는 물질이며 외부 자기장에 의해서 자기장과 반대방향으로 자화되는 물질을 말한다.

정답　71. ③　72. ③　73. ③

74 온도에 민감한 저항체라는 의미를 가지고 있으며 온도변화에 따라 소자의 전기저항이 크게 변화하는 대표적인 반도체 감온 소자는?

① 열전쌍   ② 로드 셀
③ 서미스터   ④ 적외선 센서

74.
전자부품으로 사용하기 쉬운 저항값과 온도 특성을 가진 반도체 디바이스로서 온도변화에 따른 저항값의 변화로 그 종류에는 NTC(부특성 서미스터), PTC, CIR이 있다.

75 마이크로프로세서의 구성요소 중 조건 코드 레지스터 또는 플래그 레지스터라고도 하며, 산술논리 연산장치에서 수행한 최근의 처리결과에 관한 정보를 담고 있는 것은?

① 범용 레지스터   ② 상태 레지스터
③ 누산기 레지스터   ④ 명령어 레지스터

75.
상태 레지스터란 컴퓨터 연산결과를 나타내는 데 사용되는 레지스터로서, 마이크로프로세서 장치의 전형적인 상태레지스터는 자리올림수, 오버플로, 부호, 제로계수 인터럽트 상태를 가지고 있다.

76 RS 플립플롭(Flip-Flop)에서 SET(S) 입력에 0, RESET(R) 입력에 1을 입력하면 출력(Q)은?

① Low(0)   ② High(1)
③ 불확실   ④ 이전상태 유지

76.

입력		출력
S	R	Q^{n+1}
0	0	Q^n
1	0	1
0	1	1
1	1	부정

· Q^n : 앞의 상태 유지
RS 플립플롭은 다음과 같은 논리회로와 진리표를 나타낸다.
S에 0을 R에는 1을 입력했다면, 진리표에 나와 있듯이 출력은 0이 된다.

77 4상 스테핑 모터의 여자방식으로 사용하지 않는 방법은?

① 1상 여자법   ② 2상 여자법
③ 1-2상 여자법   ④ 3상 여자법

77.
스테핑 모터에는 3상여자방식이 없다.

정답 74. ③ 75. ② 76. ① 77. ④

78 코일에 흐르는 전류가 4배로 증가하면 축적되는 에너지는 어떻게 변하는가?

① $\frac{1}{4}$로 감소　　② 4배로 증가

③ $\frac{1}{16}$로 감소　　④ 16배로 증가

78.
$U = \frac{LI^2}{2}$ 이므로 16배가 증가되었다.

79 스테핑 모터에 대한 설명으로 틀린 것은?

① 영구자석 스텝 모터의 경우 무여자 정지 때도 유지토크를 갖는다.
② 유니폴라 구동 방식은 여자 전류가 한 방향만인 방식이다. (+ 또는 0)
③ 바이폴라 구동 방식은 유니폴라 구동 방식에 비하여 더 큰 토크를 얻을 수 있다.
④ 1분간 가해진 펄스 수를 n, 스텝각(deg)을 θ_S이라 하면 회전수(rpm) $N = n \times \theta_S \times 180$이다.

79.
분당회전수이므로 회전수 RPM은 $N = n \times \theta_S \times 360$이다.
(한 바퀴가 360도이므로)

80 저손실이며 전류의 상승시간을 개선한 스테핑 모터의 구동법은?

① PAM　　② PWM
③ 바이폴라　　④ 유니폴라

80.
PWM은 저항제어법에서 사용하는 구동회로의 앞 단에 PWM 회로를 추가하는 방식으로서 구동회로에 입력되는 것은 펄스이지만 주파수가 충분히 빠르므로 실제 모터에 흐르는 전류는 펄스가 아니라 펄스폭에 비례한 직류가 흐르게 된다. 이때 중요한 것은 한주기 동안에 펄스가 ON되는 시간의 비율이다.

정답　78. ④　79. ④　80. ②

SECTION 13

PART 05 과년도 출제문제
2017년 1회

❶ 기계가공법 및 안전관리

01 밀링가공에서 분할대를 사용하여 원주를 6° 30′ 씩 분할하고자 할 때, 옳은 방법은?

① 분할크랭크를 18공열에서 13구멍씩 회전시킨다.
② 분할크랭크를 26공열에서 18구멍씩 회전시킨다.
③ 분할크랭크를 36공열에서 13구멍씩 회전시킨다.
④ 분할크랭크를 13공열에서 1회전하고 5구멍씩 회전시킨다.

1.
$$\frac{d}{9} = \frac{6.5}{9} = \frac{13}{18}$$

02 연삭 숫돌의 표시에 대한 설명이 옳은 것은?

① 연삭입자 C는 갈색, 알루미나를 의미한다.
② 결합제 R은 레지노이드 결합제를 의미한다.
③ 연삭 숫돌의 입도 #100이 #300보다 입자의 크기가 크다.
④ 결합도 K 이하는 경한 숫돌, L~0는 중간정도 숫돌, P 이상은 연한 숫돌이다.

2.
숫자는 입도의 크기를 말하며 선별하는 데 사용한 체의 1인치 당의 체눈의 수로 표시하며 메시 (mesh)라고 한다 (번호가 높을수록 곱다).

03 선반에서 맨드릴(mandrel)의 종류가 아닌 것은?

① 갱 맨드릴
② 나사 맨드릴
③ 이동식 맨드릴
④ 테이퍼 맨드릴

04 상향절삭과 하향절삭에 대한 설명으로 틀린 것은?

① 하향절삭은 상향절삭보다 표면거칠기가 우수하다.
② 상향절삭은 하향절삭에 비해 공구의 수명이 짧다.
③ 상향절삭은 하향절삭과는 달리 백래시 제거장치가 필요하다.
④ 상향절삭은 하향절삭할 때 보다 가공물을 견고하고 고정하여야 한다.

4.
백래시 제거 장치를 사용하는 이유는 하향절삭 시 발생하는 물림틈새의 벌어짐을 제거하여 흔들림을 제거하는 장치이다.

정답 1. ① 2. ③ 3. ③ 4. ③

05 주축의 회전운동을 직선 왕복운동으로 변화시킬 때 사용하는 밀링 부속장치는?

① 바이스
② 분할대
③ 슬로팅 장치
④ 래크 절삭 장치

06 선반을 설계할 때 고려할 사항으로 틀린 것은?

① 고장이 적고 기계효율이 좋을 것
② 취급이 간단하고 수리가 용이할 것
③ 강력 절삭이 되고 절삭 능률이 클 것
④ 기계적 마모가 높고, 가격이 저렴할 것

07 드릴 머신으로서 할 수 없는 작업은?

① 널링
② 스폿 페이싱
③ 카운터 보링
④ 카운터 싱킹

7.
널링은 둥근축에 45°의 홈을
만드는 소성가공으로
선반작업에서 수행한다.

08 나사연삭기의 연삭방법이 아닌 것은?

① 다인 나사연삭 방법
② 단식 나사연삭 방법
③ 역식 나사연삭 방법
④ 센터리스 나사연삭 방법

09 선반의 주요 구조부가 아닌 것은?

① 베드
② 심압대
③ 주축대
④ 회전 테이블

정답 5. ③ 6. ④ 7. ① 8. ③ 9. ④

10 그림에서 플러그 게이지의 기울기가 0.05일 때, M_2의 길이 [mm]는? (단, 그림의 치수단위는 mm이다.)

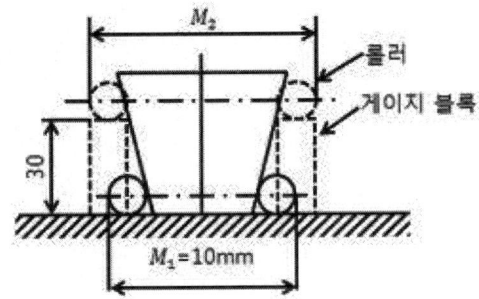

① 10.5
② 11.5
③ 13
④ 16

10.
$0.05 = \dfrac{y}{30}$ 에서
$y = 0.05 \times 30 = 1.5$
$M_2 = M_1 + 1.5 \times 2 = 13\,mm$

11 일반적인 손다듬질 작업 공정순서로 옳은 것은?
① 정 → 줄 → 스크레이퍼 → 쇠톱
② 줄 → 스크레이퍼 → 쇠톱 → 정
③ 쇠톱 → 정 → 줄 → 스크레이퍼
④ 스크레이퍼 → 정 → 쇠톱 → 줄

11.
쇠톱으로 자르고 정으로 다듬는다.
다음에 줄로 다듬질을 하고 스크레이퍼로 마무리작업을 한다.

12 절삭공구의 절삭면에 평행하게 마모되는 현상은?
① 치핑(chiping)
② 플랭크 마모(flank wear)
③ 크레이터 마모(creat wear)
④ 온도 파손(temperature failure)

12.
크레이터 마모 : 칩이 공구의 경사면 위를 마찰에 의해 공구상면에 오목하게 파지는 현상

치핑 : 공구의 날끝이 떨어져나가 절삭이 불가능 하게 되는 상태

13 드릴작업에 대한 설명으로 적절하지 않은 것은?
① 드릴작업은 항상 시작할 때 보다 끝날 때 이송을 빠르게 한다.
② 지름이 큰 드릴을 사용할 때는 바이스를 테이블에 고정한다.
③ 드릴은 사용 전에 점검하고 마모나 균열이 있는 것은 사용하지 않는다.
④ 드릴이나 드릴 소켓을 뽑을 때는 전용공구를 사용하고 해머 등으로 두드리지 않는다.

13.
드릴작업은 항상 시작할 때 보다 끝날 때 이송을 느리게 한다.

정답 10. ③ 11. ③ 12. ② 13. ①

14 구멍가공을 하기 위해서 가공물을 고정시키고 드릴이 가공 위치로 이동할 수 있도록 제작된 드릴링 머신은?

① 다두 드릴링 머신
② 다축 드릴링 머신
③ 탁상 드릴링 머신
④ 레이디얼 드릴링 머신

14.
레이디얼 드릴링 머신: 공작물을 고정시켜 놓고 주축의 위치를 이동시켜 구멍의 중심을 맞추어 작업하는 것으로서 대형 공작물에 여러 개 구멍을 가공할 때 공작물을 이동시키지 않고 암(arm)을 칼럼(column)주위에 회전시켜 가공하는 드릴머신

15 일감에 회전운동과 이송을 주며 숫돌을 일감표면에 약한 압력으로 눌러 대고 다듬질할 면에 따라 매우 작고 빠른 진동을 주어 가공하는 방법은?

① 래핑
② 드레싱
③ 드릴링
④ 슈퍼 피니싱

15.
슈퍼피니싱 : 입도가 작고 연한 숫돌을 작은 압력으로 가공물의 표면에 가압하면서 숫돌을 진동시키면서 가공(원통내, 외면)

·래핑 : 마포현상을 이용, 랩 공구 사이에 미세한 랩제와 평면도 윤활유를 넣고 상대운동 시켜 표면을 가공

16 절삭공작기계가 아닌 것은?

① 선반
② 연삭기
③ 플레이너
④ 굽힘 프레스

16.
굽힘 프레스는 눌러서 굽힘가공을 하는 소성 가공기계이다.

17 삼각함수에 의하여 각도를 길이로 계산하여 간접적으로 각도를 구하는 방법으로, 블록 게이지와 함께 사용하는 측정기는?

① 사인 바
② 베벨 각도기
③ 오토 콜리메이터
④ 콤비네이션 세트

18 CNC기계의 움직임을 전기적인 신호로 속도와 위치를 피드백하는 장치는?

① 리졸버(resolver)
② 컨트롤러(controller)
③ 볼 스크루(ball screw)
④ 패리티 체크(parity-check)

정답 14. ④ 15. ④ 16. ④ 17. ① 18. ①

19. 20°에서 20mm인 게이지 블록이 손과 접촉 후 온도가 36°가 되었을 때, 게이지 블록에 발생한 오차는 몇 mm인가?
(단, 선팽창계수는 $1.0 \times 10^{-6}/°C$이다.)
① 3.2×10^{-4}
② 3.2×10^{-3}
③ 6.4×10^{-4}
④ 6.4×10^{-3}

19.
$\epsilon = l\alpha(T_2 - T_1)$
$= 20 \times 1.0 \times 10^{-6} \times (36 - 20)$
$= 3.2 \times 10^{-4}$

20. 기어 절삭기에서 창성법으로 치형을 가공하는 공구가 아닌 것은?
① 호브(hob)
② 브로치(broach)
③ 래그 커터(rack cutter)
④ 피니언 커터(pinion cutter)

20.
브로치는 키홈을 가공하는 기계이다.

❷ 기계제도 및 기초공학

21. 나사의 종류를 표시하는 기호가 잘못 연결된 것은?
① 30도 사다리꼴 나사: TW
② 유니파이 보통 나사: UNC
③ 유니파이 가는 나사: UNF
④ 미터 가는 나사: M

21.
30도 사다리꼴 나사: TM
29도 사다리꼴 나사: TW

22. 축의 도시방법에 관한 설명으로 틀린 것은?
① 축의 구석부나 단이 형성되어 있는 부분에 형상에 대한 세부적인 지시가 필요할 경우 부분 확대도로 표시할 수 있다.
② 긴축은 단축하여 그릴 수 있으나 길이는 실제 길이를 기입해야 한다.
③ 축은 일반적으로 길이방향으로 단면 도시하여 나타낼 수 있다.
④ 축의 절단면은 90도 회전하여 회전도시 단면도로 나타낼 수 있다.

22.
축은 길이방향으로 단면 도시하여 나타내지않는다.

정답 19. ① 20. ② 21. ① 22. ③

23 가상선의 용도에 대한 설명으로 틀린 것은?

① 인접부분을 참고로 표시하는 선
② 공구, 지그 등의 위치를 참고로 표시하는 선
③ 가동부분의 이동한계 위치를 표시하는 선
④ 가공면이 평면임을 나타내는 선

23.
가상선은 가는 2점 쇄선 이며 가공면이 평면임을 나타내는 선은 가는 실선을 교차하여 도시한다.

24 다음 도면 배치 중에서 제3각법에 의한 배치 내용이 아닌 것은?

①
| 우측면도 | 정면도 |
| | 평면도 |

②
| 평면도 | |
| 정면도 | 우측면도 |

③
| | 평면도 |
| 좌측면도 | 정면도 |

④
| 좌측면도 | 정면도 |
| | 저면도 |

25 구름 베어링의 호칭 번호가 6001일 때 안지름은 몇 mm인가?

① 10
② 11
③ 12
④ 13

26 다음 중 억지 끼워 맞춤에 해당하는 것은?

① H7/g6
② H7/s6
③ H7/k6
④ H7/m6

정답 23. ④ 24. ① 25. ③ 26. ②

27 그림과 같은 도면에서 평면도로 가장 적합한 것은?

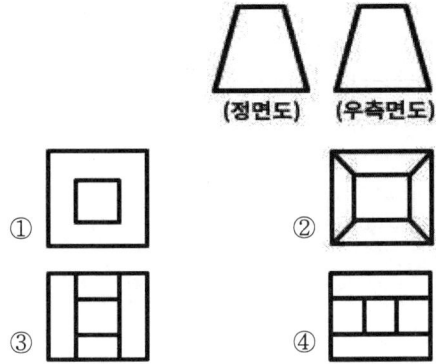

28 가공 방법에 관한 약호에서 스크레이퍼 가공을 의미하는 것은?
① FR
② FL
③ FF
④ FS

28.
① FR:리머 가공
② FL: 랩 다듬질
③ FF:줄 다듬질
④ FS: 스크레이퍼 다듬질

29 도면 부품란의 재료기호에 기입된 'SPS 6'는 어떤 재료를 의미하는가?
① 스프링 강재
② 스테인리스 압연강재
③ 냉간압연 강판
④ 기계구조용 탄소강재

30 배관도면에서 다음과 같이 배관이 표시되었을 때 이에 관한 설명 중 잘못된 것은?

SPPS 380 - S - C 50×Sch40

① 압력배관용 탄소강관이다.
② 호칭 지름은 50이다.
③ 호칭 두께는 Sch40이다.
④ 열간 가공하여 이음매 없는 강관이다.

30.
SPPS는 압력배관용 탄소강관으로 인장강도는 $380\,MPa$ 이며 관은 이음매 없이 또는 전기저항 용접으로 제조하며, 냉간가공한 관에는 제조 후 풀림처리를 한다.

정답 27. ② 28. ④ 29. ① 30. ④

31 응력에 대한 설명 중 틀린 것은?

① 물체에 작용하는 하중과 응력은 비례관계에 있다.
② 작용하중이 일정할 때 면적이 크면 응력은 커진다.
③ 단위 면적당 재료의 내부에서 저항하는 힘의 크기를 말한다.
④ 응력이 단면에 직각으로 작용할 때 이것을 수직응력이라 한다.

32 단면적이 A인 관로에서 시간 t동안 v의 속도로 유출되는 물의 양을 Q라고 할 때 Q를 구하는 식으로 옳은 것은?

① $\dfrac{A \cdot v}{t}$
② $\dfrac{A \cdot t}{v}$
③ $A \cdot v \cdot t$
④ $\dfrac{\pi}{4} \cdot A^2 \cdot v \cdot t$

33 다음 그림과 같이 3개의 저항이 병렬로 접속된 회로에서 저항 R_3에 흐르는 전류 $I_3[A]$은?

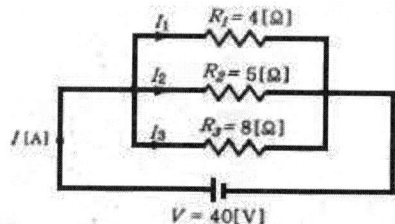

① 5
② 8
③ 10
④ 23

34 물체에 작용하는 힘의 3요소에서 속하지 않는 것은?

① 힘의 방향
② 힘의 크기
③ 힘의 작용점
④ 힘의 작용시간

31.
$\sigma = \dfrac{P}{A}$ 로서 작용하중이 일정할 때 면적이 크면 응력은 작아진다.

33.
병렬이므로 전압은 $40\,V$로 일정하다.
$I_3 = \dfrac{40}{8} = 5\,A$

정답 31. ② 32. ③ 33. ① 34. ④

35 다음 시간에 다른 물체의 위치에 관한 식에서 t를 3으로 두었을 때 속도는?
(단 t : 시간, x : 물체의 위치이다.)

$$x = t^3 + 3t$$

① 6 ② 18
③ 30 ④ 36

35.
$V = \dfrac{dx}{dt} = 3t^2 + 3$
$t = 3$ 이므로
$V = 3 \times 3^2 + 3 = 30$

36 유체 연속의 법칙에 대한 설명 중 틀린 것은?
(단, 유체의 밀도는 변하지 않는다.)

① 유량은 단면적의 크기에 따라서 변한다.
② 유체가 흐르는 단면적이 작아지면 속도는 빨라진다.
③ 유체가 흐르는 단면적이 커지면 유체의 속도가 느려진다.
④ 정상흐름 상태에서 임의의 단면을 통과하는 유량은 일정하다.

36.
유량은 단면적의 크기에 따라서 변하나 연속의 법칙과는 무관하다.

37 1.5V, 2.5V, 3V의 전지를 직렬로 연결하였을 때 전압[V]은?

① 2 ② 4
③ 5 ④ 7

37.
직렬 연결의 전압은 합이다.
$1.5 + 2.5 + 3 = 7\,V$

38 다음 회로의 합성저항 [kΩ]은?
(단, $R_1 2k\Omega, R_2 = 3k\Omega, R_3 = 6k\Omega$ 이다.)

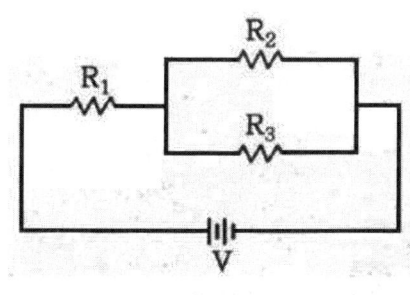

① 3.5 ② 4
③ 4.5 ④ 5

38.
$R = R_1 + \dfrac{R_2 \times R_3}{R_2 + R_3}$
$= 2 + \dfrac{3 \times 6}{3 + 6} = 4k\Omega$

정답 35. ③ 36. ① 37. ④ 38. ②

39 축의 회전수를 n, 전달되는 동력을 $H(W)$라 할 때, 회전모멘트 $T[N \cdot m]$는?

① $\dfrac{60H}{n^2}$ ② $\dfrac{60H}{2\pi n}$

③ $\dfrac{2\pi n}{60H}$ ④ $\dfrac{n^2}{60H}$

39.
$$T = \dfrac{H}{\omega} = \dfrac{60H}{2\pi n}[N \cdot m]$$

40 전동축의 전달 동력을 H[kW], 회전수를 n[rpm] 이라할 때, 전달토크 $T[N \cdot mm]$를 구하는 식으로 옳은 것은?

① $9.55 \times 10^3 \dfrac{H}{n}$

② $9.55 \times 10^6 \dfrac{H}{n}$

③ $9.74 \times 10^4 \dfrac{H}{n}$

④ $9.74 \times 10^5 \dfrac{H}{n}$

40.
$$T = \dfrac{H}{\omega}$$
$$= \dfrac{60 \times 1000 H}{2\pi n} \times 1000$$
$$= 9.55 \times 10^6 \dfrac{H}{n}$$

❸ 자동제어

41 PLC의 통신 중 RS-422방식에 대한 설명으로 틀린 것은?

① 1 byte 단위로 data가 전송된다.
② 전송속도가 느리나 소프트웨어가 간단하다.
③ 데이터를 1개의 케이블을 통해 1bit씩 전송된다.
④ RS-232C에 비해 전송길이가 길고 1:N 접속이 가능하다.

41.
RS-422케이블의 통신속도는 Mbyte 단위로 data가 전송된다.

Specification	RS232C	RS423	RS422	RS485
동작모드	Single-Ended	Single-Ended	Differential	Differential
최대 Driver/ Receiver 수	1 Driver 1 Receiver	1 Driver 10 Receivers	1 Driver 32 Receivers/256	32 Drivers 32 Receivers/256
최대 통달거리	약 15m	약 1.2km	약 1.2km	약 1.2km
최고 통신속도	20 Kb/s	100 Kb/s	10 Mb/s	10 Mb/s
지원 전송방식	Full Duplex	Full Duplex	Full Duplex	Half Duplex
최대 출력전압	±25V	±6V	-0.25V to +6V	-7V to +12V
최대 압력전압	±15V	±12V	-7V to +7V	-7V to +12V

정답 39. ② 40. ② 41. ①

42 출력이 0.5mV/℃인 열전대 센서에서 0~200℃의 온도 범위를 분해능 0.5℃로 측정하고자 할 때, 필요한 A/D변환기의 최소 비트수는?
① 6
② 7
③ 8
④ 9

42.
최대 200도까지의 온도 범위를 분해능(디지털 출력값을 한 등급만큼 변화시키기 위한 아날로그 입력의 최소변화를의미) 0.5도로 측정하려면 최소 400(최대온도값/분해능)이상의 최소단위가 필요하다.
그러므로 2^9=512 (지수가 비트수)가 필요하다.

43 공압장치의 구성기기가 아닌 것은?
① 공기탱크
② 서비스 유닛
③ 애프터 쿨러
④ 어큐뮬레이터

43.
어큐뮬레이터는 유압장치의 압력저장과 맥동제거 등에 쓰이는 구성기기이다.

44 제어의 종류를 제어량에 따라 분류했을 때 다음 중 공정제어와 가장 관계가 먼 것은?
① 위치제어
② 유량제어
③ 온도제어
④ 액면제어

44.
프로세스 제어는 온도,유량,압력, 레벨,농도,습도,비중 등 공정제어의 제어량으로 하는 제어이다.
위치제어의 경우에는 서보제어에 해당된다.

45 동기기형 서보전동기에 관한 설명으로 틀린 것은?
① 신뢰성이 높다.
② 시스템이 간단하고 저가이다.
③ 고속, 고토크 이용이 가능하다.
④ 브러시가 없어 보수가 용이하다.

45.
동기기형 AC 서보전동기의 장,단점
장점
. 브러시가 없어 보소 용이.
. 내 환경성이 좋다.
. 정류에 한계가 없다.
. 신뢰성이 높다.
. 고속,고토오크 이용가능.
. 방열이 좋다.
단점
. 시스템이 복잡하고 고가.
. 전기적 시정수가 크다.
. 회전 검출기가 필요.

정답 42. ④ 43. ④ 44. ① 45. ②

46 다음 중 생산공정이나 기계장치 등을 자동화 하였을 때 효과로 가장 거리가 먼 것은?

① 인건비 감소
② 생산속도 증가
③ 제품 품질의 균일화
④ 생산 설비의 수명 감소

46.
자동화의 장,단점
장점
1. 생산제품의 균일화, 표준화 가능
2. 품질의 향상과 대량생산 가능
3. 원자재 및 인건비 절감
4. 제품의 불량률 저감 및 가동률 향상
5. 작업조건 향상
6. 생산설비의 수명연장 및 생산원가 절감.
단점
1. 자동화 설비의 고 투자비 필요.
2. 고도화 된 기술 필요
조작에 있어서 능숙한 기술이 필요.
3. 설비의 운전, 수리, 보관 전문지식 필요
4. 고장 발생時 전공정에 영향

47 제어 대상의 제어량을 제어하기 위하여 제어요소를 만들어내는 회전력, 열, 수증기, 빛 등과 같은 것으로 제어요소가 제어대상에 주는 신호는?

① 목표값
② 제어량
③ 조작량
④ 동작신호

47.
조작량이란, 제어요소가 제어대상에 가하는 제어신호로써 제어요소의 출력신호, 제어대상의 입력신호를 뜻한다.

48 DC모터에 대한 설명으로 틀린 것은?

① 가격이 저렴하고 기동 토크가 크다.
② 입력 주파수에 따라 속도가 가변된다.
③ 브러시에 의한 노이즈 발생이 심하다.
④ 인가전압에 따른 회전특성이 직선적이다

48.
DC모터의 특징
1. 제어기 구성이 용이하다.
2. 기동토크가 크다.
3. 동일출력의 교류모터에 비해 출력이 크고 효율이 좋다.
4. 제어가 간단하므로 시스템 구성 비용이 저렴하다.
5. 브러시의 주기적인 교체가 필요하고 수명에 한계가 있다.
6. 브러시와 정류자의 마찰로 소음 및 전자 노이즈가 발생한다.
7. 코깅과 브러시의 전압강하로 저속에서 원활한 회전을 하기가 힘들다.
8. 주위에 폭발물 또는 폭발 가능성이 있는 경우 사용을 금한다.

정답 46. ④ 47. ③ 48. ②

49 순차 제어시스템과 되먹임 제어시스템을 비교하는 경우 되먹이 제어시스템에만 있는 구성요소는?

① 비교부
② 조작부
③ 조절부
④ 출력부

49.
비교부란, 기준입력과 피드백량과의 차이를 구하는 부분으로 서로 비교하여 제어동작을 일으키는데 필요한 정보를 만들어 내는 부분으로서, 되먹임 제어시스템과 같이 정확한 제어를 요구하는 제어시스템의 경우에는 비교부를 통한 피드백을 필요로 한다.

50 8bit 데이터버스, D0~D7를 통해서 전송되는 데이터 값이 95이다. 데이터 버스가 각 핀 신호 중 High(ON 또는 1)가 아닌 신호 핀은?

① D0
② D2
③ D4
④ D6

50.
8BIT 데이터버스의 전송 값 95를 이진수로 변환하면 10010101 이므로, 6번째 자리는 0이 된다.

51 리셋 신호가 들어오지 않은 상태에서 입력 신호가 몇 번 들어 왔는가를 계수하여 설정값이 되면 출력을 내보내는 PLC의 기능으로 옳은 것은?

① 로드
② 함수
③ 카운터
④ 타이머

51.
카운터란, 입력신호를 받을 때 마다 1씩 가산하여 설정된 값에 도달하면 출력을 내보내는 기능이다.

52 다음 컴퓨터 구성장치 중 입력장치가 아닌 것은?

① OMR(Optical Mark Reader)
② OCR(Optical Character Reader)
③ COM(Computer Output Microfilmer)
④ MICR(Magnetic Ink Character Reader)

52.
Computer Output Microfilmer은 저장된 데이터를 마이크로 필름 또는 마이크로 피시로 직접 변환하는 시스템입니다.

정답 49. ① 50. ④ 51. ③ 52. ③

53 그림에서 R(s)=101, C(s)=10일 때 전달함수 G의 값은?

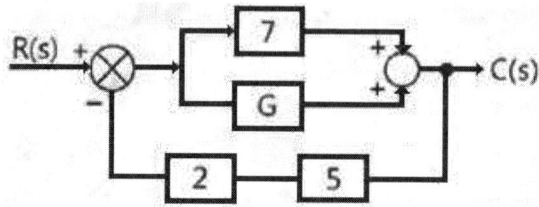

① 3
② 6
③ 9
④ 12

54 제어계가 안정하려면 특성 방정식의 근이 다음 그림과 같은 s-평면에서 어느 곳에 위치하여야 하는가?

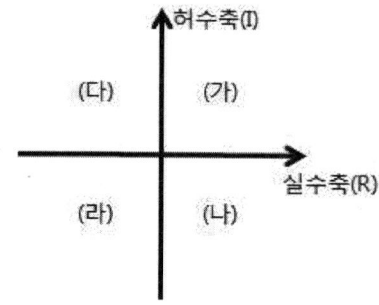

① (가), (나)
② (가), (다)
③ (나), (라)
④ (다), (라)

54.
전달 함수시스템이 안정하기 위해서는 시스템의 특성방정식의 모든 근이 S평면상의 왼쪽 반평면에만 위치해야 한다.

55 회전형 공기압축기가 아닌 것은?

① 베인 형
② 스크루 형
③ 스크롤 형
④ 다이어프램 형

55.
다이어프램 형은 용적식, 무급유식 압축기입니다.

56 전자력을 이용하여 유체의 방향을 제어하는 밸브 조작 방식으로 사용되는 것은?

① 수동 방식
② 공기아 방식
③ 기계 작동 방식
④ 솔레노이드 방식

56.
솔레노이드 방식이란, 코일을 원형으로 감고 전류를 흘리면 원의 내측에 자기장이 생겨 자성 물질을 접근시키면 원의 중심부로 순간 이동하는 원리를 이용한 것이다.

57 다음 FND로 숫자 '2'를 표시하고자 할 때 옳은 데이터는?

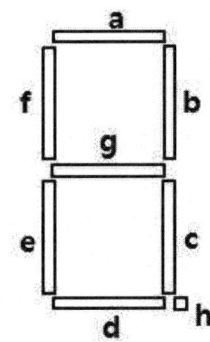

h	g	f	e	d	c	b	a
d7	d6	d5	d4	d3	d2	d1	d0

① 4AH
② 4BH
③ 5AH
④ 5BH

57 해설.

h	g	f	e	d	c	b	a
d7	d6	d5	d4	d3	d2	d1	d0
0	1	0	1	1	0	1	1

위와같이 a,b,d,e,g의 칸이 high가 되야하므로, 16진수로 변환시키면 5B가 됩니다.

정답 56. ④ 57. ④

58 제어계의 과도 응답을 조사하는 데 사용되는 입력은?
① 램프 함수
② 사인 함수
③ 포물선 함수
④ 단위 계단 함수

58.
제어계의 과도 응답을 조사하는 데 사용되는 입력은 계단입력, 등속도입력, 등가속도입력이 기준입력이 됩니다.

59 $G(s) \cdot H(s) = \dfrac{K(s+3)}{s(s+1)^3(s+2)}$ 에서 근궤적의 수는?
① 4
② 5
③ 6
④ 7

60 무접점시퀀스회로 구성에서 검출기로부터 신호를 받아서 제어대상에 어떠한 조작을 가할 것인가라는 것을 판단하고 조작기기에 명령을 내리는 회로는?
① 논리회로
② 입력회로
③ 제어회로
④ 출력회로

60.
입력회로 : 검출기를 통해 보내는 신호를 보내는 것
제어회로 : 검출기를 통해 받은 신호를 통해 합당한 조건을 만드는 것
출력회로 : 논리회로를 통해서 나온 명령을 실행하는 것

❹ 메카트로닉스

61 2진수 100110의 2의 보수는?
① 011001
② 011010
③ 100111
④ 111000

61.
100110의 2의 보수를 구하기 위해선 먼저 1->0, 0->1 로 변환하여야 한다.
이것을 1의 보수라고 한다.
(100110 -> 011001)
변환 후 011001에 1을 더하면, 011010이 된다. 이것을 2의 보수라고 한다.

정답 58. ④ 59. ② 60. ① 61. ②

62. RISC(Reduced Instruction Set Computing)구조의 마이크로프로세서 설명 중 틀린 것은?

① 명령어 개수가 적다.
② 명령어 수행 속도가 느리다.
③ 명령어는 단일 사이클로 실행된다.
④ 명령어가 고정된 길이 명령어를 사용한다.

62.
Reduced Instruction Set Computing란, 축소명령어집합 컴퓨터로서 아래의 특징이 있다.
1. 고정 길이의 명령어를 사용하여 더욱 빠르게 해석할 수 있다.
2. 모든 연산은 하나의 클럭으로 실행되므로 파이프라인을 기다리게 하지 않는다.
3. 레지스터 사이의 연산만 실행하며, 메모리 접근은 로드(load), 스토어(store) 명령어로 제한된다. 이렇게 함으로써 회로가 단순해지고, 불필요한 메모리 접근을 줄일 수 있다.
4. 마이크로코드 논리를 사용하지 않아 높은 클럭을 유지할 수 있다.
5. 많은 수의 레지스터를 사용하여 메모리 접근을 줄인다.
6. 지연 실행 기법을 사용하여 파이프라인의 위험을 줄인다.

63. 코일에 흐르는 전류가 변화할 때, 변화하는 자계로 인해 유도전압이 발생하고 유도전압의 방향은 항상 전류의 변화를 방해하는 방향으로 결정된다는 유도전압의 방향을 정의한 법칙은?

① Lenz의 법칙
② Gauss의 법칙
③ Weber의 법칙
④ Faraday의 법칙

63.
Lenz의 법칙이란, 유도기전력의 극성은 자속의 변화에 반대 방향으로 자속을 발생시키도록 전류를 발생시킨다.
즉, 유도전류는 외부 자속의 변화로부터 원래의 자속을 유지하려고 한다

64. 어드레스 핀이 10개, 데이터 핀이 8개 인 메모리의 용량은 몇 bit 인가?

① 512
② 1024
③ 4028
④ 8192

64.
메모리용량 구하는 법
주소 값 : $2^{어드레스핀수}$
메모리용량 : 주소 값 x 데이터 핀 개수
그러므로,
$2^{10} \times 8 = 8192$가 됩니다.

정답 62. ② 63. ① 64. ④

65 다음 그림과 같이 1대의 컴퓨터로 여러 대의 CNC공작기계를 제어하는 구조의 시스템은?

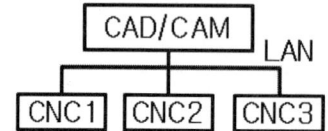

① DNC
② FMC
③ FMS
④ CIMS

65.
FMC : 공작물의 가공 순서를 컴퓨터에 입력시켜 순서에 따라 공작물을 착탈한다.
FMS : 유연생산시스템으로 필요한 제품을 유연성있게 생산하는 시스템이다.
CIMS : 컴퓨터통합생산시스템으로 컴퓨터 관리시스템에 의한 최적의 생산을 하여 이익 경쟁력 등을 극대화하려는 시스템이다.

66 에너지와 같은 단위를 사용하는 물리량은?
① 저항
② 전류
③ 전압
④ 전력량

66.
전력량은 W(와트)로 표현하는데 W는 1초 동안 1J(줄)의 일을 하는 일률의 단위로 사용된다.

67 센서는 일반적으로 비선형 신호를 출력하며 같은 센서라도 그 측정값의 변화량에 따라 변형되는 출력의 크기가 범위에 따라 다르므로 이것을 그대로 이용하기는 매우 어렵다. 이를 해결하기 위한 방법은?
① 디지털 변환
② 신호의 정렬
③ 신호의 증폭
④ 신호의 선형화

67.
신호의 선형화란 기하학적 비례, 모양,형태가 모두 직선적인 것을 표현하며, 직선적으로 표현됨에 따라 해석이 편해지는 장점을 가지고 있다.

정답 65. ① 66. ④ 67. ④

68 다음 A/D 변환기중 변환속도가 가장 빠른 것은?

① 계수 비교형
② 병렬 비교형
③ 이중 적분형
④ 축차 비교형

68 해설.

	이중적분형	추적비교형	축차비교형	병렬비교형
변환시간	가장 늦다	늦다	빠르다	가장 빠르다
분해능	중간 정도	낮다	높다	가장 낮다
회로구성	간단	가장 간단	복잡	가장 복잡
가격	중간	가장 낮다	높다	가장 높다

〈주요 A/D 컨버터 방식의 특성 비교〉

69 로봇 팔의 구동뿐만 아니라 기계의 위치, 속도, 가속도 등의 정밀 제어를 필요로 하는 기계구동에 사용되는 제어는?

① 공정 제어
② 서보 제어
③ 개루프 제어
④ 플랜트 제어

69.
공정제어 : 압력,온도,유량,액위, 농도 등의 제어
개루프제어 : 출력을 피드백하지 않는 제어
플랜트제어 : 건설기계제어

70 자기장 내에 있는 도체에 전류를 흐르게 하면 발생되는 힘 F[N]는? (단, B: 자속밀도, l: 도체의 길이, I: 전류, θ: 자기장과 도체가 이루는 각도이다.)

① $F = BIl\sin\theta$
② $F = BIl\cos\theta$
③ $F = BIl\tan\theta$
④ $F = BIl\tan^{-1}\theta$

정답 68. ② 69. ② 70. ①

71 나사의 종류에 따른 기호의 연결이 틀린 것은?

① 미니추어 나사 - S
② 미터 보통 나사 - M
③ 유니파이 가는 나사 - UNF
④ 유니파이 보통 나사 - CTG

71.
유니파이 보통 나사는 UNC 이다.

72 다음 중 주변 장치와 메모리 사이에 고속의 데이터 전송이 필요할 때 적합한 방식은?

① 폴링
② DMA전송
③ 핸드쉐이킹
④ 인터럽트 전송

72.
폴링 : 하나의 장치가 충돌 회피 또는 동기화 처리 등을 목적으로 다른 장치의 상태를 주기적으로 검사하여 일정한 조건을 만족할 때 송수신 등의 자료처리를 하는 방식
핸드쉐이킹 : 채널에 대한 정상적인 통신이 시작되기 전에 두 개의 실체 간에 확립된 통신 채널의 변수를 동적으로 설정하는 자동화된 과정
인터럽트 : 마이크로프로세서가 프로그램을 실행하고 있을 때, 입출력 하드웨어 등의 장치나 또는 예외상황이 발생하여 처리가 필요할 경우에 마이크로프로세서에게 알려 처리할 수 있도록 하는 것을 말한다.

73 반사형 포토센서의 특징으로 틀린 것은?

① 응답속도가 빠르다.
② 검출 정밀도가 좋다.
③ 신뢰성이 좋고 수명이 길다.
④ 먼지나 연기가 많은 환경에서도 사용에 문제가 없다.

73.
반사형 포토센서는 발광부와 수광부가 서로 마주보고 있는 구조로 배치되어 있어서 만약 이 사이에 물체가 들어가면 빛이 차단되고 수광부의 광전류가 차단되는 구조로 되어 있기 때문에 이물질이 중간에 들어간다면 사용자가 원하는 상황이 아닐 때에 센서가 작동할 수 있습니다.

74 온도의 변화에 따른 저항이 변화되는 특징을 이용한 센서는?

① 광전소자
② 서미스터
③ 마그네틱 센서
④ 스트레인 게이지

74.
광전소자 : 빛을 에너지 송신 수단이나 수신 수단으로 사용할 때에 빛에너지를 전기 에너지로 변환하는 소자이다.
마그네틱센서 : 자석이나 강자성체의 유무를 검출하기 위한 센서
스트레인 게이지 : 가해지는 힘에 따라 저항이 변하는 센서

정답 71. ④ 72. ② 73. ④ 74. ②

75 2진수 101.1을 10진수로 나타내면 얼마인가?

① 5.25
② 5.5
③ 6.25
④ 6.5

75.
$2^2 + 0 + 2^0 + 2^{-1} = 5.5$

76 전기자와 계자에 별도의 전원을 사용한 DC서보 모터로 제어성이 우수하며, 대용량 서보모터에 적합한 형은?

① 복권형
② 분권형
③ 직권형
④ 타여자형

76.
복권형 : 직렬로 연결한 계자와 병렬 연결한 계자를 같이 채용하여 운전
분권형 : 전기자와 계자를 별도 연결 일반산업용 직류전동기로 대부분사용
직권형 : 전기자와 계자를 직렬로 연결, 지게차용 Traction용 등으로 사용

77 전기적 에너지를 기계적인 진동 에너지로 변환시켜 금속, 비금속 등의 재료에 관계없이 정밀가공이 가능한 가공방법은?

① 밀링 가공
② 선반 가공
③ 연삭 가공
④ 초음파 가공

77.
밀링가공 : 다인 공구인 밀링커터를 회전시켜 고정된 공작물에 이송을 주면서 절삭하는 방법
선반가공 : 공작물을 회전 시키면서 바이트로 가공하는 기계가공
연삭가공 : 물체의 표면을 원하는 모양과 치수에 맞춰 다듬질하는 가공법

78 고정자 측에 영구자석을 배치하여 공극부에 직류 바이어스 자계를 발생시켜 제어하는 스테핑 모터는?

① 영구 자석형
② 하이브리드형
③ 반영구 자석형
④ 가변 릴럭턴스형

78.
영구자석형 : 로터부가 영구자석으로 구성되어 있고 그 주위에 여러 개의 스테이터 자극이 대향으로 배치되어 있다.
반영구 자석형 : 로터부가 반영구 자석으로 구성되어 있는 방식
가변 릴럭턴스형 : 전자석의 흡인력에 의하여 로터 돌극을 끌어 들임으로써 발생하는 회전력을 이용한 것으로 영구자석을 사용하지 않는다.

정답 75. ② 76. ④ 77. ④ 78. ②

79 사인바에 의한 테이퍼 측정 시 불필요한 장치는?
① 측장기
② 게이지 블록
③ 다이얼 게이지
④ 테이퍼 플러그 게이지

79.
측장기란, 여러 가지 게이지의 길이를 측정하거나 또는 정밀 공구나 정밀한 부분을 측정하는 데 쓰는 정밀기기로서 길이를 측정할 때 사용한다.

80 도체를 관통하는 자속의 변화로 도체에 전압이 발생하는 현상의 명칭은?
① 홀효과
② 자기유도
③ 전자유도
④ 핀치효과

80.
홀효과 : 전류와 자기장에 의해 모든 전도체 물질에 나타나는 효과로서 전류가 흐르는 전기 전도체에 수직하게 자기장이 걸릴 때, 전류와 자기장의 방향에 수직하게 걸리는 전압을 홀전압이라 한다.
자기유도 : 자기장이 변하는 곳에 있는 도체에 전위차가 발생하는 현상
핀치효과 : 원주의 도체에 전류가 흐르면 전류소자 사이에 흡인력이 작용하여 원주의 직경이 가늘게 수축되는 현상

정답 79. ① 80. ③

SECTION 14

PART 05 과년도 출제문제
2017년 2회

❶ 기계가공법 및 안전관리

01 다이얼 게이지 기어의 백 래시(back lash)로 인해 발생하는 오차는?
① 인접 오차
② 지시 오차
③ 진동 오차
④ 되돌림 오차

1.
되돌림 오차는 피드백제어 또는 되먹임 제어장치로서 입출력을 비교하기 위한 제어이다.

02 미끄러짐을 방지하기 위한 손잡이나 외관을 좋게 하기 위하여 사용되는 다음 그림과 같은 선반 가공법은?

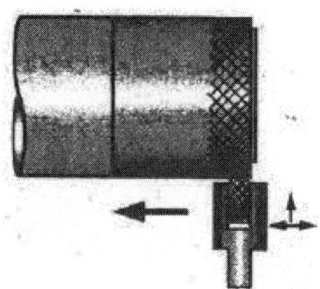

① 나사 가공
② 널링 가공
③ 총형 가공
④ 다듬질 가공

03 선반에서 할 수 없는 작업은?
① 나사 가공   ② 널링 가공
③ 테이퍼 가공 ④ 스플라인 홈 가공

3.
스플라인 홈 가공은 브로칭머신으로 가공한다.

정 답 1. ④ 2. ② 3. ④

04 밀링 머신에서 절삭공구를 고정하는데 사용되는 부속장치가 아닌 것은?

① 아버(arbor) ② 콜릿(collet)
③ 새들(saddle) ④ 어댑터(adapter)

05 수기가공 할 때 작업안전 수칙으로 옳은 것은?

① 바이스를 사용할 때는 조에 기름을 충분히 묻히고 사용한다.
② 드릴가공을 할 때에는 장갑을 착용하여 단단하고 위험한 칩으로부터 손을 보호한다.
③ 금긋기 작업을 하는 이유는 주로 절단을 할 때 절삭성이 좋아지기 위함이다.
④ 탭 작업 시에는 칩이 원활하게 배출이 될 수 있도록 후퇴와 전진을 번갈아 가면서 점진적으로 수행한다.

06 심압대의 편위량을 구하는 식으로 옳은 것은?

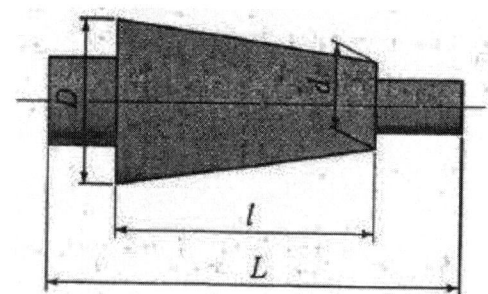

① $X = \dfrac{D - dl}{2l}$

② $X = \dfrac{L(D - d)}{2l}$

③ $X = \dfrac{l(D - d)}{2L}$

④ $X = \dfrac{2L}{(D - d)l}$

4.
헤드 : 주축이 달리는 곳, 밀링척(공구)를 고정하여 회전 운동을 준다. 니, 새들, 테이블 : 니이 위에 새들과 테이블이 있으며, 새들은 전후, 테이블은 좌우 운동(이송)을 하며 공작물을 고정한다.
컬럼, 베이스 : 내부에 모터와 주축 회전기구, 동력전달장치 등이 있고 컬럼 전면에 안내면이 있어 그 안내면을 타고 니이가 부착되어 상하 운동(이송)을 한다.

정답 4. ③ 5. ④ 6. ②

07 공기 마이크로미터에 대한 설명으로 틀린 것은?
① 압축 공기원이 필요하다.
② 비교 측정기로 1개의 마스터로 측정이 가능하다.
③ 타원, 테이퍼, 편심 등의 측정을 간단히 할 수 있다.
④ 확대 기구에 기계적 요소가 없기 때문에 장시간 고정도를 유지할 수 있다.

08 입자를 이용한 가공법이 아닌 것은?
① 래핑 ② 브로칭
③ 배럴가공 ④ 액체 호닝

8.
브로칭 은 브로치라고 하는 특수한 공구를 사용하여 절삭가공을 하는 공작기계로서 주로 스플라인 키등을 가공시 사용한다.

09 밀링 머신에서 테이블의 이송속도(f)를 구하는 식으로 옳은 것은? (단, f_z: 1개의 날 당 이송[mm], z: 커터의 날, n: 커터의 회전수[rpm]이다.)
① $f = f_z \times z \times n$
② $f = f_z \times \pi \times z \times n$
③ $f = \dfrac{f_z \times z}{n}$
④ $f = \dfrac{(f_z \times z)^2}{n}$

10 비교 측정하는 방식의 측정기는?
① 측장기
② 마이크로미터
③ 다이얼 게이지
④ 버니어캘리퍼스

정 답 7. ② 8. ② 9. ① 10. ③

11 다음 그림과 같이 피측정물의 구면을 측정할 때 다이얼 게이지의 눈금이 0.5mm 움직이면 구면의 반지름[mm]은 얼마인가?
(단, 다이얼 게이지 측정자로부터 구면계의 다리까지의 거리는 20mm이다.)

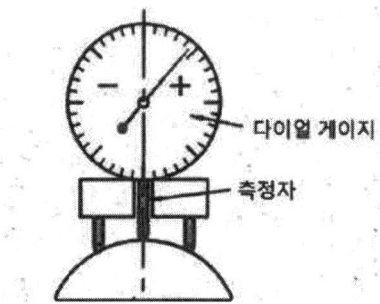

① 100.25
② 200.25
③ 300.25
④ 400.25

12 일반적으로 센터드릴에서 사용되는 각도가 아닌 것은?
① 45° ② 60°
③ 75° ④ 90°

12.
센터드릴 테이퍼 부의 각도는 60도, 75도 또는 90도로 되어 있다.

13 연삭작업에 대한 설명으로 적절하지 않은 것은?
① 거친 연삭을 할 때에는 연삭 깊이를 얕게 주도록 한다.
② 연질 가공물을 연삭할 때는 결합도가 높은 숫돌이 적합하다.
③ 다듬질 연삭을 할 때는 고운입도의 연삭숫돌을 사용한다.
④ 강의 거친 연삭에서 공작물 1회전마다 숫돌바퀴 폭의 1/2~3/4으로 이송한다.

13.
거친 연삭을 할 때에는 연삭 깊이를 깊게 하여 가공시간을 단축한다.

14 센터리스 연삭에 대한 설명으로 틀린 것은?
① 가늘고 긴 가공물의 연삭에 적합하다.
② 긴 홈이 있는 가공물의 연삭에 적합하다.
③ 다른 연삭기에 비해 연삭여유가 작아도 된다.
④ 센터가 필요치 않아 센터 구멍을 가공할 필요가 없다.

14.
센터리스 연삭기는 가공물을 다량 생산하기 위해 가공물의 외경을 조정하는 조정숫돌과 지지판을 이용 가공물에 회전운동과 이송운동을 동시에 실시하는 연삭기로서 긴 홈이 있는 가공물의 연삭은 할 수 없다.

정답 11. ④ 12. ② 13. ① 14. ②

15 트위스트 드릴은 절삭날의 각도가 중심에 가까울수록 절삭작용이 나쁘게 되기 때문에 이를 개선하기 위해 드릴의 웨브부분을 연삭하는 것은?

① 디닝(thining)
② 트루잉(truing)
③ 드레싱(dressing)
④ 글레이징(glazing)

16 풀리(pulley)의 보스(boss)에 키 홈을 가공하려 할 때 사용되는 공작기계는?

① 보링 머신
② 호빙 머신
③ 드릴링 머신
④ 브로칭 머신

17 산화알루미늄(Al_2O_3)의 분말을 주성분으로 마그네슘(Mg), 규소(Si)등의 산화물과 소량의 다른 원소를 첨가하여 소결한 절삭공구의 재료는?

① CBN
② 서멧
③ 세라믹
④ 다이아몬드

18 박스 지그(box jig)의 사용처로 옳은 것은?

① 드릴로 대량 생산을 할 때
② 선반으로 크랭크 절삭을 할 때
③ 연삭기로 테이퍼 작업을 할 때
④ 밀링으로 평면 절삭작업을 할 때

19 래핑작업에 사용하는 랩제의 종류가 아닌 것은?

① 흑연
② 산화크롬
③ 탄화규소
④ 산화알루미나

정답 15. ① 16. ④ 17. ③ 18. ① 19. ①

20 범용 밀링 머신으로 할 수 없는 가공은?

① T홈 가공
② 평면 가공
③ 수나사 가공
④ 더브테일 가공

20.
수나사가공은 선반으로 한다.

❷ 기계제도 및 기초공학

21 기하학적 형상공차를 사용하는 이유로 거리가 먼 것은?

① 최대 생산 공차를 주어 생산성을 높인다.
② 끼워맞춤 부품의 호환성을 보증한다.
③ 직각좌표의 치수방법을 변환시켜 간편하게 표시한다.
④ 끼워맞춤, 조립 등 그 형상이 요구하는 기능을 보증한다.

22 그림과 같은 도면에서 테이퍼가 $\frac{1}{2}$일 때 a의 지름은 몇 mm인가?

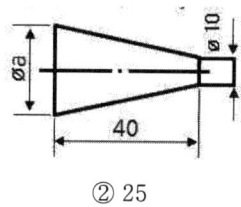

① 20
② 25
③ 30
④ 35

22.
테이퍼 $= \frac{D-d}{l}$
$= \frac{D-10}{40} = \frac{1}{2}$ 에서
$D = 30$

23 그림과 같은 용접 기호를 가장 잘 설명한 것은?

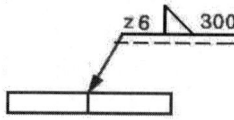

① 목길이 6mm, 용접길이 300mm인 화살표 쪽의 필릿 용접
② 목두께 6mm, 용접길이 300mm인 화살표 쪽의 필릿 용접
③ 목길이 6mm, 용접길이 300mm인 화살표 반대 쪽의 필릿 용접
④ 목두께 6mm, 용접길이 300mm인 화살표 반대 쪽의 필릿 용접

정답 20. ③ 21. ③ 22. ③ 23. ①

24 축의 치수허용차 기호에서 위치수 허용차가 0인 공차역 기호는?

① b
② h
③ g
④ s

25 그림과 같은 입체도를 제3각법으로 투상하였을 때 가장 적합한 투상도는?

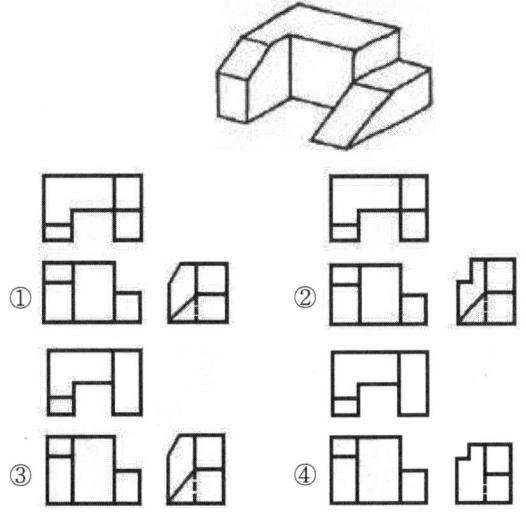

26 그림과 같은 기어 간략도를 살펴 볼 때 기어의 종류는?

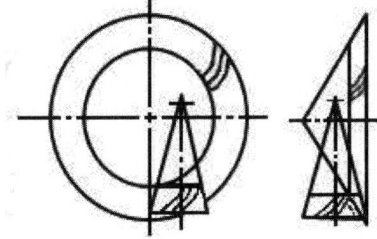

① 헬리컬 기어
② 스파이럴 베벨 기어
③ 스크루 기어
④ 하이포이드 기어

정답 24. ② 25. ① 26. ④

27 가공 방법의 약호 중 FR이 뜻하는 것은?
① 브로칭 가공
② 호닝 가공
③ 줄 다듬질
④ 리밍 가공

27.
① FR:리머 가공
② FL: 랩 다듬질
③ FF:줄 다듬질
④ FS: 스크레이퍼 다듬질

28 나사 표시 "M15×1.5-6H/6g"에서 6H/6g는?
① 나사의 호칭치수
② 나사부의 길이
③ 나사의 등급
④ 나사의 피치

28.
나사의 등급으로 헐거움 끼워 맞춤이다.

29 그림과 같이 하나의 그림으로 정육면체의 세 면 중의 한 면만을 중점적으로 엄밀·정확하게 표현하는 것으로, 캐비닛도가 이에 해당하는 투상법은?

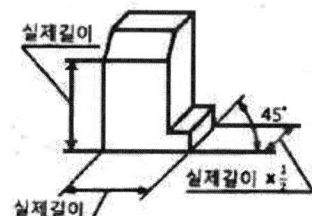

① 사투상법
② 등각투상법
③ 정투상법
④ 투시도법

30 특수 가공하는 부분이나 특별한 요구사항을 적용하도록 범위를 지정하는 데 사용되는 선의 종류는?
① 가는 1점 쇄선
② 가는 2점 쇄선
③ 굵은 실선
④ 굵은 1점 쇄선

31 $30\mu F$ 콘덴서 3개를 병렬 연결하면 합성 정전용량[μF]은?
① 3
② 9
③ 10
④ 90

31.
$Q = 3 \times 30 = 90\,\mu F$

32 자동차가 12분 동안 $60\,m$를 달렸다면 평균속력[km/h]은 얼마인가?
① 0.2
② 0.3
③ 20
④ 30

32.
$V = \dfrac{60}{1000} \times \dfrac{60}{12}$
$= 0.3\ km/h$

33 스패너를 이용하여 수평면상의 볼트를 조일 때, 동일한 힘을 이용하여 토크를 2배 증가시키기 위한 방법으로 옳은 것은?
① 스패너의 길이를 $\dfrac{1}{2}$로 짧게 한다.
② 스패너의 무게를 $\dfrac{1}{2}$로 가볍게 한다.
③ 스패너의 길이를 2배로 길게 한다.
④ 스패너의 무게를 2배로 무겁게 한다.

33.
$T = PR$ 이므로 스패너의 길이를 2배로 길게 한다.

34 9.8N에 관한 내용으로 틀린 것은?
① 9.8N = 1kgf
② 9.8N = 10^5dyn
③ 9.8kg = 9.8kg · m/sec^2
④ 질량 1kg인 물체의 지구상 중량이다.

34.
1N = 10^5dyn

정답 31. ④ 32. ② 33. ③ 34. ②

35 다음 그림의 A점에 대한 모멘트[$kgf \cdot mm$]는 얼마인가?

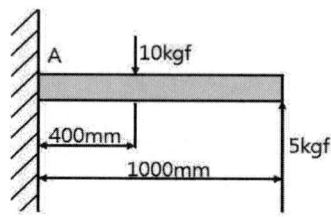

① 5
② 10
③ 100
④ 1000

35.
$M = 5 \times 1000 - 10 \times 400$
$= 1000 \, kg_f mm$

36 압력 1kgf/cm²는 몇 bar인가?

① 0.098
② 0.98
③ 9.8
④ 98

37 가위로 물체를 자르거나 전단기로 철판을 절단할 경우에 주로 생기는 응력은?

① 굽힘응력
② 수직응력
③ 압축응력
④ 전단응력

38 모멘트의 중심에서 20 cm 떨어진 지점에 접선 방향으로 5N의 힘이 작용할 때의 모멘트[$N \cdot m$]는 얼마인가?

① 1
② 4
③ 10
④ 40

38.
$M = 5 \times 0.2 = 1 \, [N \cdot m]$

정답 35. ④ 36. ② 37. ④ 38. ①

39 SI유도단위가 아닌 것은?
① 힘[N]
② 열량[J]
③ 질량[kg]
④ 압력[Pa]

39.
질량은 기본단위이다.

40 전자유도 현상에 의하여 생기는 유도 기전력의 크기를 정의하는 법칙은?
① 옴의 법칙
② 쿨롱의 법칙
③ 오른나사의 법칙
④ 패러데이의 법칙

❸ 자동제어

41 어떤 대상물의 현재 상태를 원하는 상태로 조절하는 것을 무엇이라 하는가?
① 신호(signal)
② 밸브(valve)
③ 제어(control)
④ 명령(instruction)

41.
신호 : 시간에 따라 변화하는 양자
밸브 : 유체의 흐름을 조절하거나 방향을 바꾸는 장치이다.
명령(instruction) : 프로그래밍 언어에서 하나의 동작을 하는 단어로 프로그램의 최소 단위

42 잔류편차가 감소하고 응답 속응성이 개선되며 오버슈트를 감소시키는 제어동작은?
① 적분제어 동작
② 비례미분 제어동작
③ 비례적분 제어동작
④ 비례적분미분 제어동작

42.
적분제어 동작 : 제어량에 편차가 생겼을 때 그 편차의 크기에 따라 조작단 이동속다가 비례하며, 제어량의 편차가 없어질 때까지 동작을 계속하는 동작
비례미분 제어동작 : 입력편차의 시간 미분치에 비례한크기 출력을 연속적으로 내는 제어동작
비례적분 제어동작 : 입력편차의 시간 적분치에 비례한크기 출력을 연속적으로 내는 제어동작

정답 39. ③ 40. ④ 41. ③ 42. ④

43 PPI 8255에서 포트(port)를 통해서 외부장치로 데이터를 보낼 때만 사용하는 신호는?

① $\overline{CS}$
② $\overline{RD}$
③ $\overline{WR}$
④ RESET

43.
$\overline{CS}$: 8255칩을 활성화하는 신호로서 액티브 로우 신호입니다.
$\overline{RD}$: 외부장치를 통해 오는 데이터를 읽기 위한 로우 신호입니다.
RESET : 시스템이 리셋 될 때, 모든 포트는 입력 라인으로 초기화되도록 하는 신호입니다.

44 전압, 주파수를 제어량으로 하고 목표값을 장시간 일정하게 유지하도록 하는 제어는?

① 비율제어
② 서보기구
③ 자동조정
④ 추종제어

44.
비율제어 : 목표치가 있는 다른 양과 일정의 비율관계를 가지고 변화시키는 것을 목적으로 하는 수치제어
서보기구 : 일정 대상의 위치, 자세 등에 관한 기계적인 변위를 따로 설정하여 놓은 목표 값에 항상 일치하도록 자동적으로 제어하는 장치
추종제어 : 목표 값이 시간의 경과에 따라 임의로 변할 때의 자동제어를 말한다.

45 다음 기계시스템과 전기시스템의 요소 중 상사관계가 잘못 연결되어진 것은?

① 기계시스템 - 힘, 전기시스템 - 전압
② 기계시스템 - 변위, 전기시스템 - 전류
③ 기계시스템 - 질량, 전기시스템 - 인덕턴스
④ 기계시스템 - 점성마찰계수, 전기시스템 - 저항

45.
전류 : 전하의 흐름
변위 : 위치의 변화량

46 PLC의 입출력부에서 외부기기와 내부회로를 전기적으로 절연시킬 목적으로 사용되는 전자소자는?

① 다이오드
② 트라이액
③ 트랜지스터
④ 포토 커플러

46.
포토커플러 : 발광부와 수광부를 가지고 있으며 전기적으로 절연되어 있는데 광에 의하여 신호가 전달되는 소자를 광결합소자라고 한다. 동작원리는 발광 다이오드에 신호가 입력되면 발광하고 이 광을 수광하는 포토트랜지스터에 입사시키면 전도 상태로 된다.

정답 43. ③ 44. ③ 45. ② 46. ④

47 다음 회로에서 시정수(time constant)는?

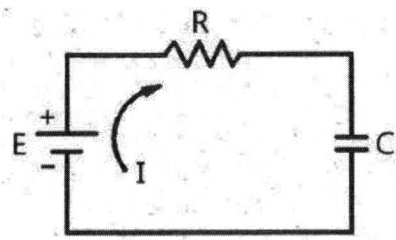

① RC
② $\dfrac{C}{R}$
③ $\dfrac{R}{C}$
④ $\dfrac{1}{RC}$

48 물치의 위치, 방위, 자세 등의 기계적 변위를 제어량으로 하는 제어방식은?

① 공정제어
② 서보제어
③ 자동조정
④ 정치제어

49 감쇄비 $\zeta=0.4$, 고유주파수 $\omega_n=1\text{rad/s}$ 인 2차계의 전달함수는?

① $\dfrac{1}{s^2+0.4s+1}$
② $\dfrac{0.16}{s^2+0.4s+1}$
③ $\dfrac{1}{s^2+0.8s+1}$
④ $\dfrac{0.16}{s^2+0.8s+1}$

47.
시정수(T = RC) : 전기 회로에 갑자기 전압을 가했을 경우 전류는 점차 증가하여 마침내 일정한 값에 도달한다. 이 때의 증가의 비율을 나타내는 것으로, 정상값의 63.2%에 달할 때까지의 시간을 초로 표시한다.

48.
공정제어 : 압력,온도,유량,액위, 농도 등의 제어
자동조정 : 전압,전류,회전속도, 회전력 등의 양을 자동제어 하는 것
정치제어 : 목표값이 일정하고, 제어량을 그와 같게 유지하기 위한 제어, 예를 들면, 수차의 속도를 일정하게 하는 제어이다.

49.
2차 시스템 전달함수의 표준형
$$\dfrac{C(s)}{R(s)} = \dfrac{\omega_n^2}{s^2+2\zeta\omega_n s+\omega_n^2}$$
위의 주어진 값을 대입하면
$$\dfrac{1}{s^2+0.8s+1}$$

정답 47. ① 48. ② 49. ③

50 다음 중 서보 모터의 관성을 줄이고 기계적시정수를 줄이기 위한 조치로 적절하지 않은 것은?

① 회전자 반경을 크게 한다.
② 모터 회전자의 중량을 줄인다.
③ 코어리스(coreless) 구조로 모터를 만든다.
④ 모터 회전자의 지름을 작게하고 축 방향으로 길게하는 구조로 한다.

50.
서보모터의 관성을 줄이기 위하여 회전자가 가늘고 긴 구조를 가지며 영구자석으로 여자속을 만들어 크기를 줄이고 작으면서도 큰 토크를 만들 수 있도록 해야 한다.

51 전달함수의 성질에 대한 설명으로 틀린 것은?

① 전달함수는 제어계의 입력과는 무관하다.
② 전달함수는 비선형 제어계에서만 정의된다.
③ 전달함수를 구할 때 제어계의 모든 초기조건을 0으로 한다.
④ 전달함수는 임펄스 응답의 라플라스 변환으로 정의되며, 제어계의 입력 및 출력 함수의 라플라스 변환에 대한 비가 된다.

51.
전달함수의 특성
1. 전달 함수는 선형 제어계에서만 정의된다.
2. 전달 함수는 임펄스 응답의 라플라스 변환으로 정의되며, 제어계의 입력 및 출력 함수의 라플라스 변환에 대한 비가 된다.
3. 전달 함수를 구할 때 제어계의 모든 초기 조건을 0으로 하므로 정상 상태의 주파수 응답을 나타내며 과도 응답 특성은 알 수 없다.
4. 전달 함수는 제어계의 입력과는 관계없다.

52 다음 그림과 같은 회로에서 입력전류에 대한 출력전압의 전달함수는? (단, s는 라플라스연산자이다.)

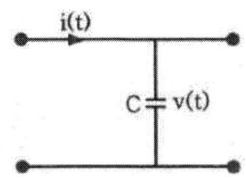

① Cs
② CV
③ $\dfrac{1}{Cs}$
④ $\dfrac{C}{1+s}$

52.
현재 위의 회로는 전기계에서의 전달함수로서 커패시터(C)만을 보유하고 저항값은 없기 때문에 $\dfrac{1}{Cs}$이 된다. 만약 아래의 그림과 같은 회로와 같이 저항이 있었다면 $\dfrac{1}{RCs}$가 되었을 것이다.

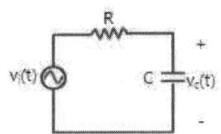

정답 50. ① 51. ② 52. ③

53 유압 회로에서 유압 실린더나 액추에이터로 공급하는 유체 흐름의 양을 제어하는 밸브는?

① 체크 밸브
② 압력 변환기
③ 방향제어 밸브
④ 유량제어 밸브

53.
체크밸브 : 유체의 흐름을 한 방향으로만 흐르게 하는 밸브
압력 변환기 : 유체의 압력을 변환하는 장치
방향제어 밸브 : 액추에이터로 흐르는 유체의 흐름을 변경하여 액추에이터의 동작방향을 변경하는 밸브

54 다음 중 서보 모터에 사용되고 있는 회전 속도 검출기로 적합하지 않는 것은?

① 리졸버
② 엔코드
③ 리밋 스위치
④ 타코 제너레이터

54.
리밋스위치 : 접촉식 센서로서 액추에이터의 접촉에 의해 반응하는 센서

55 다음 프로그램은 C++ 언어를 사용하여 포트 B로 설정된 0x11 번지에 0xA4 값을 출력하는 프로그램이다. 이 프로그램에 대한 설명이 틀린 것은?

Outputb(0x11,0xA4);

① B포트 1번 핀(pin)인 PB1은 High(1) 값이 출력된다.
② B포트 2번 핀(pin)인 PB2은 High(1) 값이 출력된다.
③ B포트 5번 핀(pin)인 PB5은 High(1) 값이 출력된다.
④ B포트 7번 핀(pin)인 PB7은 High(1) 값이 출력된다.

55.
0xA4는 C++에서 16진수값을 의미합니다. 이것을 2진수로 변경하면 10110100이 됩니다. 데이터주소를 통해 비교를 하면 high가 된 곳은 2,4,5,7번입니다.

56 배관 내에서 유체의 흐름은 층류와 난류로 구분한다. 다음 중 난류가 일어나는 조건은?

① 레이놀즈수가 1000이다.
② 배관 내의 유속이 비교적 작다.
③ 배관 내의 유체의 동점도가 크다.
④ 배관 내의 흘러가는 유체의 점도가 작다.

56.
원형관에서의 난류발생조건은 레이놀즈수가 4000보다 크거나, 유체의 점도가 작을 때 발생한다.

정답 53. ④ 54. ③ 55. ① 56. ④

57 PLC에서 CPU의 자기진단 기능으로 발견될 수 없는 이상은?
① 메모리 이상
② 각종 링크 이상
③ 입·출력 버스 이상
④ 입·출력 접점 이상

57.
입·출력 접점 이상의 경우에는 접점테스터기를 통하여 확인하거나 PLC의 모니터링을 통해 확인하여야 한다.

58 다음 중 불연속형 조절기는?
① 비례동작 조절기
② 2위치 동작 조절기
③ 비례미분동작 조절기
④ 비례적분동작 조절기

58.
2위치 동작 조절기란 ON/OFF 기능이 있는 조절기를 말한다.

59 PLC의 주변기기를 사용하여 프로그램을 메모리에 기억시키는 것을 무엇이라고 하는가?
① 코딩(coding)
② 로딩(loading)
③ 샌딩(sending)
④ 디버깅(debugging)

59.
코딩 : 래더안에 논리회로를 프로그래밍 하는 것
샌딩 : 작성한 프로그램을 전송시키는 것
디버깅 : 작성한 프로그램안의 오류를 찾아내거나 고치는 것

60 압축 공기를 생성할 때 필요한 구성요소와 관계없는 것은?
① 공압 필터
② 공압 탱크
③ 공압 실린더
④ 공기 압축기

60.
공압실린더는 생성된 공압을 전달받아 전,후진 운동을 하는 액추에이터이다.

❹ 메카트로닉스

61 센터리스 연삭기의 특징에 대한 설명으로 옳은 것은?
① 중공 공작물 연삭은 불가능하다.
② 가늘고 긴 공작물 연삭은 불가능하다.
③ 긴 홈이 있는 공작물 연삭은 불가능하다.
④ 반드시 센터 구멍을 가공하여 사용하여야 한다.

61.
센터리스 연삭기의 특징
1) 센터가 필요하지 않아 센터구멍을 가공할 필요가 없고, 중공의 가공물을 연삭할때 편리하다.
2) 숙련을 요구 하지 않는다.
3) 연삭여유가 작아도 된다.
4) 가늘고 긴 가공물의 연삭에 적합하다.
5) 연삭숫돌의 폭이 크므로, 연삭숫돌 지름의 마멸이 적고, 수명이 길다.
6) 긴 홈이 있는 가공물의 연삭은 불가능하다.
7) 대형이나 중량의 연삭은 불가능하다.
8) 연삭숫돌의 폭보다 넓은 가공물을 플랜지 컷 방식으로 연삭할수 없는 단점이 있다.

정 답 57. ④ 58. ② 59. ② 60. ③ 61. ③

62 마이크로컴퓨터 내부의 버스(bus)에 해당되지 않는 것은?
① 데이터 버스(data bus)
② 시프트 버스(shift bus)
③ 컨트롤 버스(control bus)
④ 어드레스 버스(address bus)

62.
마이크로컴퓨터 내부의 버스는 데이터버스, 컨트롤버스, 어드레스버스 이다.

63 스텝 각이 3.6°인 2상 HB형 스테핑모터를 반스텝 시퀀스(1-2상 여자)로 구동하면 1펄스당 회전각은?
① 0.9°
② 1.8°
③ 3.6°
④ 5.4°

63.
2상이라는 것은 스테핑모터를 돌아가게 하는 코일의 수를 말하는데 여기서 두 개의 코일이 흡인,반발의 과정을 거치면서 모터가 회전한다.
1펄스신호가 가해졌을 때라는 것은 코일에 한번의 신호만을 주었다는 것이고, 이 신호를 통해 반스템만 구동하였다면 스텝각의 반을 움직였으므로 1.8°가 움직였다.

64 $X = \overline{A}B\overline{C}D + AB\overline{C}D + \overline{A}BCD + ABCD$를 간단화 시킨 후, 논리회로를 그렸을 때 옳은 것은?

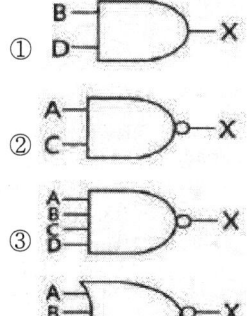

64.
$X = \overline{A}B\overline{C}D + AB\overline{C}D + \overline{A}BCD + ABCD$
$= BD(\overline{A}\,\overline{C} + A\overline{C} + \overline{A}C + AC)$
$= BD(\overline{A}\overline{A}(\overline{C} + C) + AA(\overline{C} + C))$
$= BD(A(\overline{C} + C) + A(\overline{C} + C))$
$= BD(A(1) + A(1))$
$= BD(A + A)$
$= BD(A)$
$= ?$

65 소성가공에 포함되지 않는 것은?
① 단조
② 압연
③ 인발
④ 주조

65.
주조의 가공방식은 주형가공이라 한다.

정답 62. ② 63. ② 64. ① 65. ④

66 AC 서보모터와 DC 서보모터의 구조상 가장 큰 차이점은?
① 브러시 유무
② 영구자석 유무
③ 고정자 코일 유무
④ 전기자 코일 유무

66.
DC 서보모터는 브러쉬가 있지만, AC 서보모터에는 브러쉬가 없다.

67 전압계로 교류 전압을 측정할 때 나타나는 값은?
① 순시값
② 실효값
③ 최대값
④ 평균값

67.
순시값 : 교류는 시간에 따라 변하고 있으므로 임의의 순간에서의 전압 또는 전류의 크기
최대값 : 교류의 순시값중에서 가장 큰 값
평균값 : 정현판 교류의 1주기를 평균하면 0이 되므로, 반주기를 평균한 값

68 마이크로프로세서에서 인터럽트를 발생시킬 수 있는 이벤트(event) 요인이 아닌 것은?
① 정전 발생
② 입·출력 작업완료
③ 서브루틴 함수 호출
④ 오버플로우(overflow)발생

68.
서브루틴 함수 호출은 주프로그램으로부터 어떤 서브루틴에 프로그램의 실행권을 옮기는 것으로 보통 이 시점에서 그 서브루틴의 실행에 필요한 매개변수를 경유하여 건네지는 것을 말한다.

69 선반에서 척에 고정할 수 없는 불규칙하거나 대형의 가공물 또는 복잡한 가공물을 고정할 때 사용되는 것은?
① 면판
② 센터
③ 돌림판
④ 방진구

69.
센터 : 가공물을 지지할 때 사용한다.
돌림판 : 척을 선반에서 때어내고 회전센터와 정지센터로 가공물을 고정하는 부품
방진구 : 선반에서 가늘고 긴 가공물을 절삭할 때 사용하는 부품이다.

70 마이크로프로세서의 레지스터(register)를 기능적으로 분류한 것이 아닌 것은?
① 메모리
② 명령 포인터
③ 플래그 레지스터
④ 세그먼트 레지스터

70.
기능적으로 분류한 레지스터의 종류
범용레지스터,세그먼트레지스터, 포인터레지스터(명령포인터), 인덱스레지스터,플래그레지스터

정답   66. ①   67. ②   68. ③   69. ①   70. ①

71 트랜지스터에서 각 단자에 흐르는 전류가 베이스 50mA, 컬렉터 500mA가 흐른다면 이미터전류 I_E는?

① 100mA
② 450mA
③ 550mA
④ 25000mA

72 논리 등가 회로의 관계가 틀린 것은?

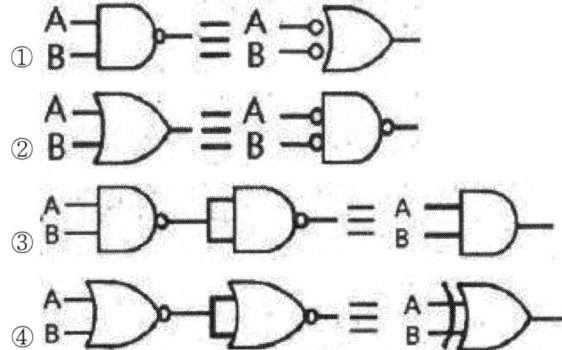

73 서미스터에 대한 설명 중 옳은 것은?

① NTC 서미스터는 정(+)온도계수를 갖는다.
② 체적변화에 의해서 소자의 전기저항이 크게 변하는 반도체 소자이다.
③ CTR 서미스터는 온도가 상승함에 따라 저항값이 증가하는 반도체 소자이다.
④ PTC 서미스터는 온도가 상승함에 따라 저항이 현저히 증가하는 반도체 소자이다.

74 전계 효과 트랜지스터(FET)의 특징 중 틀린 것은?

① 입·출력 임피던스가 높다.
② 다수 캐리어만으로 동작한다.
③ 동특성이 열적으로 불안정하다.
④ 트랜지스터보다 잡음면에서 유리하다.

71.
$I_E = I_B + I_C$ 이므로,
대입하면 $I_E = 50 + 500$이
되어 이미터전류의 값은
550mA가 된다.

72. 4번의 진리표

A	B	Y		A	B	Y
1	1	0		0	0	0
0	0	1		0	1	1
0	0	1	≠	1	0	1
0	0	1		1	1	0

73.
서미스터의 종류
온도변화에 의해서 소자의 전기저항이 크게 변하는 반도체소자이다.
NTC : 온도가 오르면 저항값이 떨어진다.
PTC : 온도가 올라가면 저항값이 올라간다.
CIR : 어떤 온도에서 저항값이 급변한다.

74.
FET(필드 이펙트 트랜지스터)는 아래와 같은 특징을 가지고 있다.
1. 인가 전압에 의해 발생한 전계를 이용하여 전류를 제어한다.
2. 제조가 쉽고 집적도가 좋다.
3. 온도 유지 특성이 좋으며 크기가 작다.
4. 전자,정공 중 1개 형의 전하(다수캐리어) 만에 의한 동작을 한다.

정답 71. ③ 72. ④ 73. ④ 74. ③

75 나사에서 수나사와 암나사가 접촉하고 있는 부분의 평균지름을 뜻하는 것은?

① 리드
② 피치
③ 유효 지름
④ 호칭 지름

75.
리드 : 나사를 한 바퀴 돌았을 때 축 방향으로 움직인 거리
피치 : 서루 이웃한 나사산과 나사산 사이의 거리
호칭 지름 : 나사의 호칭을 정하는 지름치수

76 쿨롱의 법칙에 관한 설명으로 틀린 것은?

① 힘의 크기는 두 전하량의 곱에 비례한다.
② 힘의 크기는 두 전하 사이의 거리에 반비례한다.
③ 작용하는 힘의 방향은 두 전하를 연결하는 직선과 일치한다.
④ 작용하는 힘의 크기는 두 전하가 존재하는 매질에 따라 다르다.

76.
힘의 크기는 두 전하 사이의 거리에 제곱한 것에 반비례한다.

77 다음 불(Bool) 대수의 연산 중 틀린 것은?

① A+1=A
② A+A=A
③ A·A=A
④ A+A·B=A

77.
A+1 = 1 이다.

78 25Ω의 저항에 주파수 60Hz인 전압 $100\sqrt{2}\sin\omega t$[V]를 가했을 때 전류의 실효값[A]은?

① 3
② 4
③ $4\sqrt{2}$
④ 5

78.
$I = \dfrac{V}{R}$ 이므로 $100\sqrt{2}$ 가 최대값이고 100은 실효치이므로 실효값 $= \dfrac{100}{25} = 4$ 입니다.

79 콘덴서의 기능을 응용한 회로가 아닌 것은?

① 스파크 소거 회로
② 저역 통과필터 회로
③ 교류 전류에 대한 저항 회로
④ 교류 전원에 대한 정류 회로

79.
콘덴서는 교류회로를 다이오드와 정류회로를 구성하여 직류로 만듭니다.

정답   75. ③   76. ②   77. ①   78. ②   79. ④

80 서보시스템에서 어떤 신호의 출력값이 처음으로 목표 값에 도달하는데 걸리는 시간이 0.3초라면 지연시간은?

① 0.1초
② 0.15초
③ 0.2초
④ 0.25초

80.
서보모터의 지연시간은 목표 값에 도달하는데 걸리는 시간의 $\frac{1}{2}$이 된다.

정답 80. ②

SECTION 15

PART 05 과년도 출제문제

2018년 1회

❶ 기계가공법 및 안전관리

01 밀링가공 중에서 일반적인 절삭속도 선정에 관한 내용으로 틀린 것은?

① 거친 절삭에서는 절삭속도를 빠르게 한다.
② 다듬질 절삭에서는 이송속도를 느리게 한다.
③ 커터의 날이 빠르게 마모되면 절삭 속도를 낮춘다.
④ 적정 절삭속도보다 약간 낮게 설정하는 것이 커터의 수명연장에 좋다.

1.
절삭속도가 증가하면 구성인선이 방지되나 바이트의 수명은 짧아지며 이송속도가 빠를수록 표면거칠기는 나빠진다.

02 W, Cr, V, Co 들의 원소를 함유하는 합금강으로 600°까지 고온경도를 유지하는 공구 재료는?

① 고속도강
② 초경합금
③ 탄소공구강
④ 합금공구강

2.
고속도강(SKH) :
주성분이 0.8[%]C, 18[%]W, 4[%]Cr, 1[%]V로 된 것이 표준형으로 500~600[℃]의 고온에서도 경도가 저하되지 않고, 내마멸성이 크며 고속도의 절삭 작업이 가능하게 된다.

03 밀링머신에서 사용하는 바이스 중 회전과 상하로 경사시킬 수 있는 기능이 있는 것은?

① 만능 바이스
② 수평 바이스
③ 유압 바이스
④ 회전 바이스

04 탭으로 암나사 가공작업 시 탭의 파손원인으로 적절하지 않은 것은?

① 탭이 경사지게 들어간 경우
② 탭 재질의 경도가 높은 경우
③ 탭의 가공 속도가 빠른 경우
④ 탭이 구멍바닥에 부딪쳤을 경우

4.
탭 재질의 경도가 가공물보다 낮은 경우 탭의 파손원인이 된다.

정답 1. ① 2. ① 3. ① 4. ②

05 기어절삭가공 방법에서 창성법에 해당하는 것은?
① 호브에 의한 기어가공
② 형판에 의한 기어가공
③ 브로칭에 의한 기어가공
④ 총형 바이트에 의한 기어가공

06 연삭기의 이송방법이 아닌 것은?
① 테이블 왕복식
② 플랜지 컷 방식
③ 연삭 숫돌대 방식
④ 마그네틱 척 이동방식

07 다음 중 각도를 측정할 수 있는 측정기는?
① 사인 바
② 마이크로미터
③ 하이트 게이지
④ 버니어 캘리퍼스

7.
마이크로미터, 하이트 게이지, 버니어 캘리퍼스는 길이 측정기이다.

08 머시닝센터에서 드릴링 사이클에 사용되는 G-코드로만 짝지어진 것은?
① G25, G43
② G44, G65
③ G54, G92
④ G73, G83

8.
G43 공구길이보정 "+"
G44 공구길이보정 "-"
G54 공작물좌표계선택1
G65 MACRO 호출
G73 고속심공드릴사이클
G83 심공드릴사이클
G92 공작물좌표계설정

09 선반에서 긴 가공물을 절삭할 경우 사용하는 방진구 중 이동식 방진구는 어느 부분에 설치하는가?
① 베드
② 새들
③ 심압대
④ 주축대

정 답 5. ① 6. ④ 7. ① 8. ④ 9. ①

10 터릿선반에 대한 설명으로 옳은 것은?
① 다수의 공구를 조합하여 동시에 순차적으로 작업이 가능한 선반이다.
② 지름이 큰 공작물을 정면가공하기 위하여 스윙을 크게 만든 선반이다.
③ 작업대 위에 설치하고 시계부속 등 작고 정밀한 가공물을 가공하기 위한 선반이다.
④ 가공하고자 하는 공작물과 같은 실물이나 모형을 따라 공구대가 자동으로 모형과 같은 윤곽을 깎아내는 선반이다.

11 절삭공구 수명을 판정하는 방법으로 틀린 것은?
① 공구 인선의 마모가 일정량에 달했을 경우
② 완성 가공된 치수의 변화가 일정량에 달했을 경우
③ 절삭저항의 주 분력이 절삭을 시작했을 때와 비교하여 동일할 경우
④ 완성 가공면 또는 절삭가공 한 후에 가공표면에 광택이 있는 색조 또는 반점이 생길 경우

11.
절삭저항의 주 분력이 절삭을 시작했을 때와 비교하여 동일할 경우는 좋은 경우이므로 가공을 계속 할 수 있다.

12 테일러의 원리에 맞게 제작되지 않아도 되는 게이지는?
① 링 게이지
② 스냅 게이지
③ 테이퍼 게이지
④ 플러그 게이지

12.
① 링 게이지
② 스냅 게이지
④ 플러그 게이지는 한계게이지로서 통과측과 제지측이 있다.

13 연삭 작업에 관련한 안전사항 중 틀린 것은?
① 연삭숫돌을 정확하게 고정한다.
② 연삭숫돌 측면에 연삭을 하지 않는다.
③ 연삭가공 시 원주 정면에 서 있지 않는다.
④ 연삭숫돌 덮개 설치보다는 작업자의 보안경 착용을 권장한다.

13.
연삭 작업에서 연삭숫돌 덮개 설치가 작업자의 보안경 착용보다 중요하다. 그러나 둘다 구비하는 것이 좋다.

14 밀링 절삭 방법 중 상향절삭과 하향절삭에 대한 설명이 틀린 것은?
① 하향절삭은 상향절삭에 비하여 공구수명이 길다.
② 상향절삭은 가공면의 표면거칠기가 하향절삭보다 나쁘다.
③ 상향절삭은 절삭력이 상향으로 작용하여 가공물의 고정이 유리하다.
④ 커터의 회전방향과 가공물의 이송이 같은 방향의 가공방법을 하향절삭이라 한다.

14.
가공물의 고정은 하향절삭이 유리하다.

정답 10. ① 11. ③ 12. ③ 13. ④ 14. ③

15 다음 연삭숫돌 기호에 대한 설명이 틀린 것은?

WA 60 K m V

① WA : 연삭숫돌입자의 종류
② 60 : 입도
③ m : 결합도
④ V : 결합제

15.
m : 조직

16 측정자의 직선 또는 원호운동을 기계적으로 확대하여 그 움직임을 지침의 회전변위로 변환시켜 눈금으로 읽을 수 있는 측정기는?

① 수준기
② 스냅 게이지
③ 게이지 블록
④ 다이얼 블록

16.
① 수준기:수평을 판단하는 측정기
② 스냅 게이지 :축의 직경을 측정하는 한계게이지
③ 게이지 블록 : 높이를 측정하는 게이지로서 주로 사인바와 함께 각도측정에 사용

17 래핑에 대한 설명으로 틀린 것은?

① 습식래핑은 주로 거친 래핑에 사용한다.
② 습식래핑은 연마입자를 혼합한 랩액을 공작물에 주입하면서 가공한다.
③ 건식래핑의 사용 용도는 초경질 합금, 보석 및 유리 등 특수재료에 널리 쓰인다.
④ 건식래핑은 랩제를 랩에 고르게 누른 다음 이를 충분히 닦아내고 주로 건조상태에서 래핑을 한다.

17.
래핑가공은 블록게이지, 각종 측정기의 평면, 광학렌즈 등의 다듬질 등에 쓰인다.

18 다음 중 금속의 구멍작업 시 칩의 배출이 용이하고 가공 정밀도가 가장 높은 드릴 날은?

① 평 드릴
② 센터 드릴
③ 직선홈 드릴
④ 트위스트 드릴

정 답   15. ③ 16. ④ 17. ③ 18. ④

19 드릴 속도가 V(m/min), 지름이 d(mm)일 때, 드릴의 회전수 n(rpm)을 구하는 식은?

① $n = \dfrac{1000}{\pi d V}$

② $n = \dfrac{1000 V}{\pi d}$

③ $n = \dfrac{\pi V}{1000}$

④ $n = \dfrac{\pi d}{1000 V}$

20 절삭제의 사용 목적과 거리가 먼 것은?
① 공구수명 연장
② 절삭 저항의 증가
③ 공구의 온도상승 방지
④ 가공물의 정밀도 저하 방지

20.
절삭제의 사용 목적
① 공구의 절삭면과 칩 사이의 마모감소, 공구수명 연장(윤활작용)
② 온도상승방지(냉각작용)
③ 칩의 용착방지(세척작용)

❷ 기계제도 및 기초공학

21 구멍과 축의 억지 끼워 맞춤에서 최대 죔새의 설명으로 옳은 것은?
① 구멍의 최대 허용치수 – 축의 최대허용치수
② 구멍의 최소허용치수 – 축의 최소허용치수
③ 축의 최소허용치수 – 구멍의 최대허용치수
④ 축의 최대허용치수 – 구멍의 최소허용치수

22 V-벨트 풀리의 도시에 관한 설명으로 옳지 않은 것은?
① V-벨트 풀리 홈 부분의 치수는 형별과 호칭 지름에 따라 결정된다.
② V-벨트 풀리는 축 직각 방향의 투상을 정면도(주투상도)로 할 수 있다.
③ 암(Arm)은 길이 방향으로 절단하여 도시한다.
④ V-벨트 풀리에 적용하는 일반용 V고무벨트는 단면치수에 따라 6가지 종류가 있다.

22.
암(Arm)은 길이 방향으로 절단하여 도시하지 않는다.

정답 19. ② 20. ② 21. ④ 22. ③

23 강재의 종류와 그 기호가 잘못 짝 지어진 것은?

① SCr 420 : 크로뮴 강
② SCM 420 : 니켈 크로뮴 강
③ SMn 420 : 망가니즈 강
④ SMnC 420 : 망가니즈 크로뮴 강

23.
SCM 420 : 크롬 몰리브덴 강

24 기계제도에서 사용하는 선의 종류에 대한 용도 설명 중 잘못된 것은?

① 굵은 실선 : 대상물의 보이는 부분의 모양 표시
② 가는 1점 쇄선 : 도형의 중심 표시
③ 가는 2점 쇄선 : 대상물의 일부를 파단한 경계 표시
④ 가는 파선 : 대상물의 보이지 않는 부분의 모양 표시

24.
가는2점쇄선 : 가상선
(가공전후의 모습), 이동한계,
무게중심선,

스프링의 중심선 생략표시 등에
사용한다.

25 그림과 같은 등각투상도에서 화살표 방향에서 본 면을 정면이라 할 때 제3각법으로 3면도가 올바르게 그려진 것은?

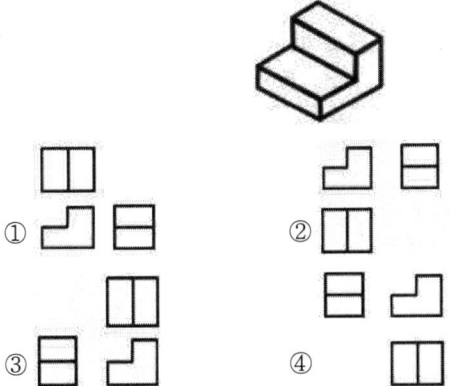

26 투상도를 그릴 때 선이 서로 겹칠 경우 나타내야 할 우선순위로 옳은 것은?

① 중심선 > 숨은선 > 외형선
② 숨은선 > 절단선 > 중심선
③ 외형선 > 중심선 > 절단선
④ 외형선 > 중심선 > 숨은선

26.
겹치는 선의 우선 순위
문자(기호) > 외형선 > 숨은선 >
절단선 > 중심선 > 무게중심선 >
치수보조선

정답 23. ② 24. ③ 25. ③ 26. ②

27 그림과 같은 원뿔을 전개하였을 때 전개도의 중심각이 120°가 되려면 L의 치수는 얼마인가?
(단, 원뿔 밑면의 지름은 $100mm$ 이다.)

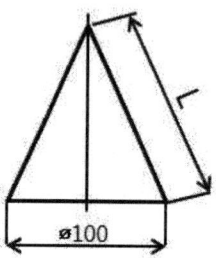

① $150mm$　　② $200mm$
③ $120mm$　　④ $180mm$

27.
$$L = \frac{100\pi}{2\cos 30} = 181.37$$

28 가공 모양의 기호에 대한 설명으로 잘못된 것은?

① = : 가공에 의한 컷의 줄무늬 방향이 기호를 기입한 그림의 투영한 면에 평행
② X : 가공에 의한 컷의 줄무늬 방향이 기호를 기입한 그림의 투영면에 비스듬하게 2방향으로 교차
③ M : 가공에 의한 컷의 줄무늬가 여러 방향
④ R : 가공에 의한 컷의 줄무늬가 기호를 기입한 면의 중심에 대하여 거의 동심원 모양

28.
R : 가공에 의한 컷의 줄무늬가 방사상

정답　27. ④　28. ④

29 그림과 같이 입체도를 제3각법으로 올바르게 나타낸 투상도는?

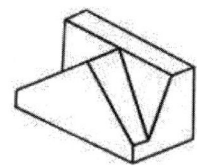

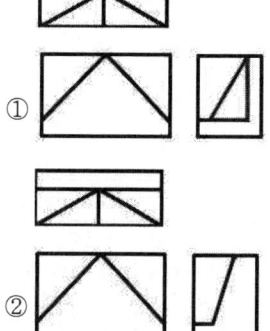

30 나사 표기가 "G 1/2"이라 되어 있을 때, 이는 무슨 나사인가?
① 관용 평행나사
② 20° 사다리꼴 나사
③ 관용 테이퍼나사
④ 30° 사다리꼴 나사

31 다음 그림에서 F_1, F_2의 합성 (F)의 크기에 대한 표현식으로 옳은 것은?

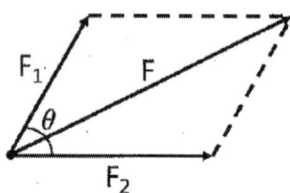

① $F = F_1^2 + F_2^2 + 2F_1F_2\sin\theta$
② $F = F_1^2 + F_2^2 + 2F_1F_2\cos\theta$
③ $F = \sqrt{F_1^2 + F_2^2 + 2F_1F_2\sin\theta}$
④ $F = \sqrt{F_1^2 + F_2^2 + 2F_1F_2\cos\theta}$

32 응력과 압력에 관한 설명으로 틀린 것은?

① 단위는 N/m^2이다.
② $1kgf/cm^2 = 9.8 \times 10^4 N/m^2$로 나타낸다.
③ 응력과 압력은 물리력으로 뉴턴의 제3법칙에 근거한다.
④ 내부 힘에 대한 외부 저항력을 단위 면적당 크기로 표시한다.

32.
외부 힘에 대한 내부 저항력을 단위 면적당 크기로 표시한다.

33 다음 그림에서 A점을 중심으로 한, 모멘트 대수합은 얼마인가?
(단, 시계방향 회전은 +부호, 반시계방향 회전은 -부호를 사용한다.)

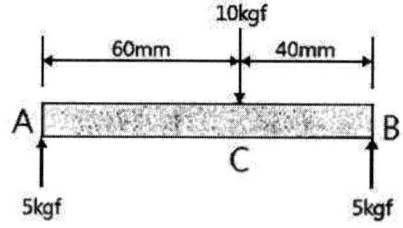

① $10\ kgf \cdot mm$
② $-10 kgf \cdot mm$
③ $100 kgf \cdot mm$
④ $-100 kgf \cdot mm$

33.
$M = 60 \times 10 - 100 \times 5 = 100$

정답 31. ④ 32. ④ 33. ③

34 저항의 직·병렬 회로에 대한 설명으로 틀린 것은?

① 저항 직렬회로에서 전류는 어느 지점에서나 항상 일정하다.
② 저항 직렬회로에서 저항 단자전압 크기는 저항의 크기에 비례한다.
③ 저항 병렬회로에서 저항 단자전압의 크기는 저항의 크기에 반비례한다.
④ 저항 병렬회로에서 각 저항에 흐르는 전류의 크기는 저항의 크기에 반비례한다.

34.
저항 병렬회로에서 저항 단자전압의 크기는 저항의 크기에 비례한다.

35 다음 설명에 해당하는 법칙은?

> 회로 내의 임의의 접속점에서 들어가는 전류와 나오는 전류의 대수합은 0이다.

① 플레밍의 왼손법칙
② 플레밍의 오른손 법칙
③ 키르히호프의 전류법칙
④ 키르히호프의 전압법칙

36 속력의 정의로 옳은 식은?

① 속력 = 시간 ÷ 이동거리
② 속력 = 이동거리 × 시간
③ 속력 = 이동거리 ÷ 시간
④ 속력 = 이동거리 ÷ (시간)^2

36.
속력의 단위는 m/s 이다.

37 직경이 $2\,m$ 인 가공물이 작업대 위에 놓여 있을 때, 이 가공물의 무게가 50kgf라면 작업대가 받는 압력$[kg/m^2]$은 얼마인가?

① 5
② 16
③ 20
④ 25

37.
$$P = \frac{F}{A} = \frac{4F}{\pi d^2}$$
$$= \frac{4 \times 50}{\pi \times 2^2} = 15.9$$
$[kg/m^2]$

정답 34. ③ 35. ③ 36. ③ 37. ②

38 유압 실린더가 기반으로 하고 있는 원리 또는 법칙은?
① 뉴턴의 법칙
② 아베의 원리
③ 파스칼의 원리
④ 베르누이의 법칙

39 바하(Bach)의 축 공식에서 연강축의 길이 1m당 비틀림 각은 몇 도(°) 이내로 제한하는가?
① $\frac{1}{4}$
② $\frac{1}{6}$
③ $\frac{1}{8}$
④ $\frac{1}{10}$

39.
다음은 바하(Bach)축 공식은 연강 ($G = 0.8 \times 10^6 kg/cm^2$) 에서

탄성영역 까지는 1m당 비틀림 각은 $\frac{1}{4}$° 이내여야한다.

40 도선에 1A의 전류가 흐를 때 1초간에 통과하는 전하량은?
① 1Ω
② 1C
③ 1V
④ 1W

40.
$1A = 1 C/S$

❸ 자동제어

41 릴리프밸브의 크랭킹 압력이 60kgf/cm^2 이고, 전량 압력이 100 kgf/cm^2 이면, 이 밸브의 압력 오버라이드는 몇 kgf/cm^2 인가?
① 10
② 60
③ 100
④ 160

41.
압력오버라이드는 크래킹압력과 전량압력의 차이다.

정답 38. ③ 39. ① 40. ② 41. ①

42 PLC 제어의 장점으로 틀린 것은?

① 신뢰성 및 보수성 향상
② 프로그램 호환성이 높음
③ 긴 수명 및 고속제어 가능
④ 설계 및 테스트 변경 등이 용이

42.
PLC의 장점
1. 기능이 풍부하다.
2. 신뢰성이 높고 보수가 용이하다.
3. 소형화가 가능하다.
4. 제어 내용의 변경이 간단하다.
5. 제작 기간이 단축된다.
6. 수명이 길고, 경제적으로 유리하다.

43 응답이 최초로 희망 값의 50%에 도달하는데 필요한 시간을 무엇이라 하는가?

① 상승시간
② 응답시간
③ 지연시간
④ 정정시간

43.
상승시간 : 지정된 작은 쪽 값에서 큰 쪽 값까지 상승하는데 소요되는 시간
응답시간 : 스텝 응답 파형에서 오버슈트가 발생하기까지의 시간
정정시간 : 과도 응답 특성에서 최종값 즉 정상 상태가 되려면 무한대의 시간을 요하게 되므로 최종 값으로 허용 범위를 두고, 그 값에 도달하여 그 값에서 벗어나지 않게 되기까지의 시간

44 1차 시스템의 시정수에 관한 다음 설명 중 옳은 것은?

① 시정수가 클수록 오버슈트가 크다.
② 시정수가 클수록 정상상태오차가 작다.
③ 시정수가 작을수록 응답속도가 빠르다.
④ 시정수는 지연시간에 영향을 받지 않는다.

44.
1차 시스템의 시정수의 특징
1. 1차 시스템 과도응답 특성은, 전적으로 시정수에만 의존한다.
2. 시스템 응답속도를 느리게 하려면 시정수를 크게해야 한다.
3. 시스템 응답속도를 빠르게 하려면 시정수를 작게해야 한다.

45 다음 중 DC 모터의 속도를 제어하는 방법으로 가장 적합한 것은?

① ATM
② PAM
③ PWM
④ SSP

45.
PWM : PWM 방식은 결과적으로는 구동전압을 바꾸고 있는 것과 같은 효과를 내고 있지만, 그 방법이 펄스폭에 따르고 있으므로 펄스폭 변조(PWM: Pulse Width Modulation)라 부르고 있다.

정답 42. ② 43. ③ 44. ③ 45. ③

46 다음 개루프 전달함수에 대한 제어시스템의 근궤적의 개수는?

$$G(s)H(s) = \frac{K(s+1)}{s(s+2)(s+3)}$$

① 1
② 2
③ 3
④ 4

46.
근궤적의 개수 N은
z : G(s)H(s)의 유한 zero의 개수
p : G(s)H(s)의 유한 pole의 개수
라고 하면
z > p 이면
N = z, z < p, N=p입니다.
이때 pole에서 출발하여 zero에서 끝나므로 근궤적의 개수는 z와 p중 큰 것과 일치합니다.

47 4의 라플라스 변환식은?

① 4
② 4S
③ $\frac{S}{4}$
④ $\frac{4}{S}$

47 해설. 라플라스변환 공식

f(t)	F(s)	F(t)	F(s)
1	$\frac{1}{2}$	$t\sin at$	$\frac{2as}{(s^2+a^2)^2}$
t^n	$\frac{n!}{s^{n+1}}$	$t\cos at$	$\frac{(s^2-a^2)}{(s^2+a^2)^2}$
e^{at}	$\frac{1}{s-a}$	$e^{at}\sin bt$	$\frac{b}{(s-a)^2+b^2}$
$t^n e^{at}$	$\frac{n!}{(s-a)^{n+1}}$	$e^{at}\cos bt$	$\frac{s-a}{(s-a)^2+b^2}$
$e^{at}-e^{bt}$	$\frac{a-b}{(s-a)(s-b)}$	$Sinh\,at$	$\frac{a}{s^2-a^2}$
$Sin\,at$	$\frac{a}{s^2+a^2}$	$Cosh\,at$	$\frac{s}{s^2-a^2}$
$Cos\,at$	$\frac{s}{s^2+a^2}$	$\delta(t-a)$	e^{-as}

정답 46. ③ 47. ④

48 신호 흐름 선도의 요소에 대한 설명 중 틀린 것은?

① 경로는 동일한 진행방향을 갖는 연결가지의 집합이다.
② 경로 이득은 경로를 형성하는 가지들의 이득의 합이다.
③ 출력 마디는 들어오는 가지만 있고 밖으로 나가는 가지는 없다.
④ 입력 마디는 밖으로 나가는 가지만 있고 돌아오는 가지는 없다.

48.
신호흐름선도의 특징
1. 신호흐름선도는 선형시스템에만 적용한다.
2. 신호흐름선도를 그리는데 쓰이는 방정식은 원인과 결과 꼴의 대수방정식 이어야 한다.
3. 마디는 변수를 나타내는데 쓰인다. 보통 시스템의 원인과 결과의 순서로 왼쪽에서 오른쪽으로, 입력에서 출력으로 차례로 배열된다.
4. 신호는 가지의 화살표 방향으로만 가지를 따라 이동한다.
5. 출력 마디는 들어오는 가지만 있고 밖으로 나가는 가지는 없다.
6. 입력 마디는 밖으로 나가는 가지만 있고 돌아오는 가지는 없다.

49 래더 다이어그램에 대한 설명으로 옳은 것은?

① 릴레이 제어회로의 표현에 사용된다.
② 위치제어 문제의 정확한 해결에 사용된다.
③ 프로그램 메모리에 저장되는 프로그램이다.
④ 제어 시스템에서 부품의 연결을 나타내는 계획도이다.

49.
래더 다이어그램은 PLC에서 LOGIC을 표현할 때 직관적으로 표현하기 위해 사용하는 표현 방식이다.

50 제어용 각종 기기 중 주 회로의 단락사고 등에 의한 과전류로부터 회로를 보호하는 장치로 사용되는 것은?

① 릴레이
② 차단기
③ 카운터
④ 타이머

50.
릴레이 : 접점의 개폐를 한다.
카운터 : 설정된 값까지 카운팅 되면 출력을 내보낸다.
타이머 : 설정된 시간이 되면 출력을 내보낸다.

51 다음 중 1 atm과 같은 압력은?

① 100mAq
② 1.013bar
③ 1000mmHg
④ $10.336 kgf/m^2$

51.
100mAq = 9.678411atm
100mmHg = 0.131579atm

$10.336 kgf/m^2$
=1000.36057atm

정답 48. ② 49. ① 50. ② 51. ②

52 트리거 입력 펄스가 들어올 때 마다 Q의 출력이 반전을 하는 플립플롭은?

① D
② T
③ JK
④ RS

52.
D플립플롭 : 입력하는 값을 그대로 저장하는 플립플롭

JK플립플롭 : RS에서 S=R=1 일 때의 결점 보완 플립플롭

RS플립플롭 : 기본 플립플롭으로 S와 R선의 입력을 조절하여 임의의 bit값을 그대로 유지시키거나 무조건 0 또는 1의 값을 기억시키기 위해 사용

53 다음 중 되먹임 제어계의 안정도와 가장 관련이 깊은 것은?

① 역률
② 효율
③ 시정수
④ 이득여유

53.
역률 : 교류회로에서 유효전력과 피상전력과의 비
효율 : 에너지의 비율
시정수 : 1차 자연계의 인디셜 응답에 있어서 출력 신호 변화가 정상 최종값의 63.2%에 이르는 시간

54 PLC의 입·출력장치의 요구사항에 해당하지 않는 것은?

① 외부 기기와 전기적 규격이 일치해야 한다.
② 디지털 방식의 외부기기만 사용할 수 있다.
③ 입·출력의 각 접점 상태를 감시할 수 있어야 한다.
④ 외부 기기로 부터의 노이즈가 CPU쪽에 전달되지 않도록 해야 한다.

54.
PLC 입,출력장치의 요구사항
1. 외부 기기와 전기적 규격이 일치해야 한다.
2. 외부 기기로부터 노이즈가 CPU 쪽에 전달되지 않도록 해야한다.
3. 외부 기기와의 접속이 용이해야 한다.
4. 입출력의 각 접점 상태를 감시할 수 있어야 한다.
5. 입력부는 외부 기기의 상태를 검출하거나 조작 Panel을 통해 외부 장치의 움직임을 지시하고 출력부는 외부기기를 움직이거나 상태를 표시한다.

55 하나의 전송 매체에 여러 채널의 데이터를 실어서 동시에 전송하는 방식의 통신방식은?

① 토큰 링(token ring)
② 베이스 밴드(base band)
③ 브로드 밴드(broad band)
④ 캐리어 밴드(carrier band)

55.
토큰 링 : 근거리 통신망의 실현으로 구성된 회선의 하나로, 단말이 접속되는 노드 간을 링 모양으로 접속해서 상호 통신하는 회선
베이스 밴드 : 신호를 멀리보내기 위해서는 반송파에 원래의 신호를 합쳐서 효율적인 주파수 대역으로 보낸다. 이때 변조하기 전의 원래 신호가 가진 주파수 대역을 말한다.
캐리어 밴드 : 2개의 주파수를 합쳐 속도를 향상시키는 것

정답 52. ② 53. ④ 54. ② 55. ③

56 NC 기계의 동력전달 방법으로 서보모터와 볼스크루 축을 직접 연결하여 연결부위의 백래시 발생을 방지하는 기계요소로 적합한 것은?

① 기어
② 체인
③ 커플링
④ 타이밍벨트

56.
기어 : 두 개 또는 그 이상의 회전축 사이에 회전이나 동력을 전달하기 위해 축에 끼운 원판 모양의 회전체 같은 간격의 돌기를 만들어 서로 물리면서 회전하여 미끄럼이나 에너지의 손실 없이 운동이나 동력을 전달할 수 있는 기계 장치
체인 : 금속제의 고리를 차례로 연결한 것으로 주로 계류용으로 사용한다.
타이밍벨트 : 크랭크축에 장착된 타이밍기어와 캠축에 장착된 타이밍기어를 연결해 캠축을 회전시키는 역할

57 다음은 C언어 스위치와 DC모터를 제어하는 프로그램의 일부이다. 프로그램에 대한 설명으로 틀린 것은?

```
#define PPIA 0x310
#define CW 0x313
#define ON 0x01
void main(){
  outportb(SW, 0x89);
  outportb(PPIA, ON)'
  …이하 생략
```

① #define ON 0x01 : ON을 0x01로 정의한다.
② outportb(CW, 0x89); : 0x01번지에 0x89값을 출력한다.
③ outportb(PPIA, ON); : 0x310번지를 통해서 1을 출력한다.
④ #define PPIA 0x310 : PPI 8255의 A포트를 0x310번지로 지정한다.

57.
outportb(CW, 0x89);는 0x313번지에 0x89값을 출력한다.

58 전달함수 인 $G(s) = 1 + sT$ 제어계에서 $\omega T = 1000$ 일 때, 이득은 약 몇 [dB]인가?

① 40
② 50
③ 60
④ 70

58.
이득을 구하는 공식은 아래와 같습니다.
이득 $= 20\log(\omega T)$

그러므로 대입하면
$20\log(1000) = 60$ 이 됩니다.

정답 56. ③ 57. ② 58. ③

59 제어계를 동작시키는 기준으로서 제어계에 입력되는 신호는?

① 조작량
② 궤환 신호
③ 동작 신호
④ 기준입력 신호

59.
조작량 : 제어를 실행하기 위해서 제어 대상에 가해서 제어량을 변화시키는 양을 말한다.
궤환신호(feedback) : 어떤 일로 인해 일어난 결과가 다시 원인에 영향을 미치시는 신호
동작신호 : 기준 입력에서 주피드백 신호를 뺀것으로서 제어 편차를 나타내는 신호

60 DC 서보모터의 설계 시 응답을 개선하기 위하여 고려할 사항으로 틀린 것은?

① 토크의 맥동을 작게 한다.
② 기계적 시정수를 작게 한다.
③ 순시 최대 토크까지의 선형성을 높인다.
④ 전기적 시정수(인덕턴스/저항)를 크게 한다.

60.
DC 서보모터의 시정수를 높이게 되면 과도한 부하가 발생하여 모터에 악영향을 끼칠 수 있다.

❹ 메카트로닉스

61 다음 진리표의 논리 심볼로 옳은 것은?

입력		출력
0	0	0
0	1	1
1	0	1
1	1	1

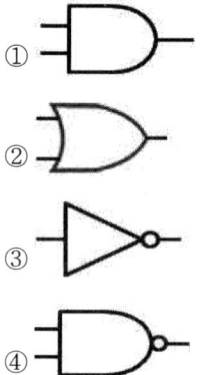

61.
위의 진료표의 논리는 OR논리의 진리표이다.

① AND논리
③ NOT논리
④ NAND논리

정답 59. ④ 60. ④ 61. ②

62 프로그램 카운터의 설명으로 옳은 것은?

① 입·출력 신호를 제어한다.
② 프로그램에서 타이머, 카운터의 기능을 수행한다.
③ CPU 안에 정보가 저장되고, 처리될 장소를 제공한다.
④ 프로그램에서 다음에 수행될 명령어의 주소를 기억한다.

62.
프로그램카운터란, 컴퓨터에서의 제어 장치의 일부로 컴퓨터가 다음에 실행할 명령의 로케이션이 기억되어 있는 레지스터 현재의 명령이 실행될 때마다 그 레지스터의 내용에 1이 자동적으로 덧셈되고, 다음에 꺼낼 명령의 로케이션을 지시하도록 되어 있다.

63 부품 가공 시 중심을 잡거나 정반 위에서 공작물을 이동시켜 평행선을 그을 때 사용되는 공구는?

① 펀치
② 컴퍼스
③ 서피스 게이지
④ 버니어 캘리퍼스

63.
펀치 : 금속재료에 그린 선을 분명히 하기 위해 마크를 찍는 기구
캠퍼스 : 원 또는 원호를 그릴 때 쓰는 기구
버니어 캘리퍼스 : 길이를 측정하는 기구로서 어미자와 아들자로 구성되어 있다.

64 광전 센서의 일반적인 특징으로 틀린 것은?

① 검출거리가 길다.
② 응답속도가 느리다.
③ 검출물체의 대상이 넓다.
④ 비접촉식으로 물체를 검출한다.

64.
광센서는 빛을 이용한 센서이기 때문에 응답속도가 빠르다.

65 쾌속조형기술이라고도 하며 컴퓨터에서 생성된 3차원의 형상을 조형하여 모델을 만드는 것은?

① boring
② honing
③ burnishing
④ rapid prototyping

65.
boring : 구멍을 뚫는 작업
honing : 혼이라는 기름 숫돌을 장착한 공구로 구멍의 내면을 정밀 연마하는 가공법
burnishing : 원통내면의 표면다듬질에 가압법을 응용한 것

66 스택(stack)에 대한 설명으로 옳은 것은?

① 먼저 입력된 자료가 먼저 출력된다.
② 자료의 입출력 포인터가 두 곳에 있다.
③ 마지막에 입력된 자료가 먼저 출력된다.
④ 자료가 입력될 때의 포인터와 출력될 때의 포인터가 다르다.

66.
스택이란, 컴퓨터에서 사용되는 기본 데이터 구조 중 하나로 데이터를 후입선출하는 구조로 유치하는 추상 데이터형을 말하며 마지막에 입력된 자료가 먼저 출력된다.

정답 62. ④ 63. ③ 64. ② 65. ④ 66. ③

67 마이크로프로세서의 ALU(Arithmetic Logic Unit)에 기본 연산방법은?
① 가산
② 감산
③ 곱셈
④ 나눗셈

67.
ALU(Arithmetic Logic Unit)란, 산술연산과 논리연산 및 시프트를 수행하는 중앙처리장치 내부의 회로 장치로, 독립적으로 데이터 처리를 수행하지 못하며 반드시 레지스터들과 조합하여 처리한다.

68 윤활작동이 주목적인 절삭제는?
① 극압유
② 수용성 절삭유
③ 지방유
④ 혼합유

68.
수용성 절삭유 : 고열이 나는 재료의 구멍 뚫기 가공이나 다듬질 연삭에 주로 사용한다.
혼합유 : 두 개의 성분이 다른 유체를 섞어 절삭 혹은 윤활에 사용한다.

69 밀링머신에 대한 설명 중 틀린 것은?
① 상향절삭은 마찰저항은 작으나 백래시가 크다.
② 슬로팅 장치는 커터를 상하로 움직여 키홈을 절삭한다.
③ 분할대는 공작물을 일정한 간격으로 등분하는데 사용된다.
④ 하향절삭은 절삭력이 하향으로 작용하여 가공물의 고정이 유리하다.

69.
상향절삭은 마찰저항이 크고 백래시가 없다.

70 스테핑모터의 종류가 아닌 것은?
① 브러시형 스테핑모터
② 영구자석형 스테핑모터
③ 하이브리드형 스테핑모터
④ 가변 릴럭턴스형 스테핑모터

70.
스테핑모터의 종류는 영구자석형, 하이브리드형, 가변릴럭턴스형 3가지이다.

71 서미스터(Thermistor)의 특징으로 틀린 것은?
① 서미스터는 전압에 발생되는 소자이다.
② 서미스터는 온도변화에 반응하는 소자이다.
③ 정의 온도계수를 갖는 서미스터는 PTC이다.
④ 부의 온도계수를 갖는 서미스터는 NTC이다.

71.
서미스터는 온도변화에 따른 저항이 발생되는 소자이다.

정답   67. ①   68. ①   69. ①   70. ①   71. ①

72 스테핑 모터의 특징으로 틀린 것은?

① 정지 시 홀딩 토크가 없다.
② 정·역 전환 및 변속이 용이하다.
③ 저속 시 진동 및 공진의 문제가 있다.
④ 개루프(open loop)에서 제어성능이 좋다.

72.
스테핑모터는 전류가 흐르지 않을 때 로터가 정지된 상태를 유지하려고 하는데 이때 발생하는 토크를 정지토크(detent torque)라고 한다.

73 데이터 처리(연산)명령이 아닌 것은?

① 산술명령
② 저장명령
③ 시프트명령
④ 논리연산명령

73.
산술명령 : 사칙연산을 하는 명령
시프트명령 : 자리옮김에 따라 나누기,곱셈 연산을 하는 것과 같은 효과를 내는 명령
논리연산명령 : 논리합,논리곱, 부정 등의 논리연산을 하는 명령

74 120V의 전압을 가할 때 500mA의 전류가 흐르는 백열전등의 저항(R)과 전력(P)은 각각 얼마인가?

① $R = 0.24\Omega$, P=1.2W
② $R = 0.24\Omega$, P=6W
③ $R = 240\Omega$, P=60W
④ $R = 240\Omega$, P=120W

74.
저항 $R = \dfrac{전압}{전류}$
$= \dfrac{120}{0.5} = 240\Omega$

전력 $P = $ 전류 $\times$ 전압
$= 0.5 \times 120 = 60W$

75 금속에서만 동작하는 센서는?

① 광 센서
② 유도형 센서
③ 온도형 센서
④ 용량형 센서

75.
유도형 센서는 금속만을 감지하며, 용량형 센서는 금속을 포함하여 모든 물체를 감지합니다.

76 십진법의 57을 BCD(Binary Coded Decimal)진법으로 변환한 값은?

① 01010111_{BCD}
② 01110101_{BCD}
③ 01110111_{BCD}
④ 11010111_{BCD}

76.
　5　　7
0101 0111

정 답　72. ①　73. ②　74. ③　75. ②　76. ①

77 이상적인 연산증폭기의 입력 임피던스(Ω)의 값으로 옳은 것은?

① 0
② ∞
③ 10
④ 100

77 해설. 이상적인 임피던스의 요소와 값

요소	영어 용어	값
되먹임없는 열린 이득	open-loop gain G	∞
대역폭	bandwidth	∞
위상	phase rate	0
슬루율	slew rate	∞
입력 임피던스	input impedance R_{in}	∞
입력 전류	input current	0
입력 오프셋 전압	input offset voltage	0
출력 임피던스	output impedance R_{out}	0
노이즈	electronic noise	0
공통 모드 제거비	CMRR(Common-Mode Rejection Ratio)	∞
전원 전압 제거비	power supply rejection ratio	∞

78 다음 중 입력장치로만 짝지어진 것은?

① 릴레이, 타이머, 카운터
② 타이머, 카운터, 엔코더
③ 습도센서, 토글스위치, 릴레이
④ 푸시버튼, 캠스위치, 토글스위치

78.
타이머, 카운터, 캠스위치는 출력장치에 해당된다.

79 저항값이 5Ω과 10Ω인 저항이 직렬로 접속되었을 때 100V의 전압을 인가했을 경우 전체 회로에 흐르는 전류[A]는?

① 6.7
② 10
③ 20
④ 30

79.
전류 $I = \dfrac{전압}{저항}$
$= \dfrac{100}{5+10} = 6.6666....$
$\fallingdotseq 6.7\,V$

정답 77. ② 78. ③ 79. ①

80 패러데이 법칙에 대한 설명으로 옳은 것은?

① 전자유도에 의해 회로에 발생하는 기전력은 자속 쇄교수에 시간을 더한 값이다.
② 전자유도에 의해 회로에 발생하는 기전력은 자속의 변화 방향으로 유도된다.
③ 전자유도에 의해 회로에 발생하는 기전력은 단위 시간당의 자속 쇄교수에 반비례한다.
④ 전자유도에 의해 회로에 발생하는 기전력은 단위 시간당의 자속 쇄교수에 비례한다.

80.
패러데이 법칙의 전자기유도에 의해 회로 내에 유발되는 기전력의 크기는, 회로를 관통하는 자기력선속의 시간적 변화율에 비례한다. 기전력의 방향을 정하는 렌츠의 법칙과 함께 전자기유도가 일어나는 방식을 나타낸다.

정답 80. ④

SECTION 16 2018년 2회

❶ 기계가공법 및 안전관리

01 밀링작업의 단식 분할법에서 원주를 15등분하려고 한다. 이 때 분할대 크랭크의 회전수를 구하고, 15구멍열 분할판을 몇 구멍씩 보내면 되는가?

① 1회전에 10구멍씩
② 2회전에 10구멍씩
③ 3회전에 10구멍씩
④ 4회전에 10구멍씩

1.
$$n = \frac{40}{N} = \frac{40}{15} = 2\frac{10}{15}$$
15구멍열 분할판을 2회전에 10구멍씩 보내면 된다.

02 화재를 A급, B급, C급, D급으로 구분했을 때, 전기화재에 해당하는 것은?

① A급
② B급
③ C급
④ D급

2.
A급 : 일반화재
B급 : 유류화재
C급 : 전기화재
D급 : 금속화재

03 도금을 응용한 방법으로 모델을 음극에 전착시킨 금속을 양극에 설치하고, 전해액 속에서 전기를 통전하여 적당한 두께로 금속을 입히는 가공방법은?

① 전주가공
② 전해연삭
③ 레이저가공
④ 초음파가공

04 가늘고 긴 일정한 단면모양을 가진 공구를 사용하여 가공물의 내면에 키 홈, 스플라인 홈, 원형이나 다각형의 구멍 형상과 외면에 세그먼트 기어, 홈, 특수한 외면의 형상을 가공하는 공작기계는?

① 기어 셰이퍼(gear shaper)
② 호닝 머신(honing machine)
③ 호빙 머신(hobbing machine)
④ 브로칭 머신(broaching machine)

4.
해설) 스플라인 홈 가공은 브로칭머신으로 가공한다.

정답 1. ② 2. ③ 3. ① 4. ④

05 공작물을 센터에 지지하지 않고 연삭하며, 가늘고 긴 가공물의 연삭에 적합한 특징을 가진 연삭기는?

① 나사 연삭기
② 내경 연삭기
③ 외경 연삭기
④ 센터리스 연삭기

5.
센터리스 연삭기는 가공물을 다량 생산하기 위해 가공물의 외경을 조정하는 조정숫돌과 지지판을 이용 가공물에 회전운동과 이송운동을 동시에 실시하는 연삭기로서 긴 홈이 있는 가공물의 연삭은 할 수 없다.

06 절삭유의 사용목적으로 틀린 것은?

① 절삭열의 냉각
② 기계의 부식 방지
③ 공구의 마모 감소
④ 공구의 경도 저하 방지

07 표면 프로파일 파라미터 정의의 연결이 틀린 것은?

① Rt – 프로파일의 전체 높이
② RSm – 평가 프로파일의 첨도
③ Rsk – 평가 프로파일의 비대칭도
④ Ra – 평가 프로파일의 산술 평균 높이

08 CNC프로그램에서 보조기능에 해당하는 어드레스는?

① F
② M
③ S
④ T

8.
① F: 이송기능
② M: 보조기능
③ S: 주축 회전수
④ T: 공구기능

09 다음 나사의 유효지름 측정방법 중 정밀도가 가장 높은 방법은?

① 삼침법을 이용한 방법
② 피치 게이지를 이용한 방법
③ 버니어캘리퍼스를 이용한 방법
④ 나사 마이크로미터를 이용한 방법

정답 5. ④ 6. ② 7. ② 8. ② 9. ①

10 드릴작업 후 구멍의 내면을 다듬질하는 목적으로 사용하는 공구는?
① 탭
② 리머
③ 센터드릴
④ 카운터 보어

11 선반작업에서 구성인선(built-up edge)의 발생 원인에 해당하는 것은?
① 절삭 깊이를 적게 할 때
② 절삭속도를 느리게 할 때
③ 바이트의 윗면 경사각이 클 때
④ 윤활성이 좋은 절삭유제를 사용할 때

11.
구성인선은
바이트 등에 의해 절삭작업을 할 때 연강, 스테인레스강, 알루미늄 등과 같은 연질의 재료를 절삭시 절삭된 칩의 일부가 바이트 끝에 부착하여 절삭날과 같은 작용을 하면서 절삭을 하는 것을 구성인선이라 하며 발생 → 성장 → 분열 → 탈락 → 일부잔류 → 성장을 반복한다.
구성 날끝을 방지책은 다음과같다
① 절삭깊이를 적게 하고 경사각의 윗면 경사각을 크게 한다.
② 절삭속도를 빠르게 한다.
③ 날 끝에 경질 크롬도금 등을 하여 윗면 경사각을 매끄럽게 한다.

12 밀링머신에 포함되는 기계장치가 아닌 것은?
① 니
② 주축
③ 컬럼
④ 심압대

12.
심압대는 선반의 부품이다.

13 윤활제의 구비조건으로 틀린 것은?
① 사용 상태에 따라 점도가 변할 것
② 산화나 열에 대하여 안정성이 높을 것
③ 화학적으로 불활성이며 깨끗하고 균질할 것
④ 한계 윤활 상태에서 견딜 수 있는 유성이 있을 것

정답 10. ② 11. ② 12. ④ 13. ①

14 드릴링 머신 작업 시 주의해야 할 사항 중 틀린 것은?

① 가공 시 면장갑을 착용하고 작업한다.
② 가공물이 회전하지 않도록 단단하게 고정한다.
③ 가공물을 손으로 지지하여 드릴링하지 않는다.
④ 얇은 가공물을 드릴링 할 때에는 목편을 받친다.

14.
선반작업, 드릴, 밀링, 연삭, 해머, 정밀기계 작업 등에는 장갑 착용을 금한다.

15 다음 3차원 측정기에서 사용되는 프로브 중 광학계를 이용하여 얇거나 연한 재질의 피측정물을 측정하기 위한 것으로 심출 현미경, CMM계측용 TV시스템 등에 사용되는 것은?

① 전자식 프로브
② 접촉식 프로브
③ 터치식 프로브
④ 비접촉식 프로브

16 연삭 작업에서 숫돌 결합제의 구비조건으로 틀린 것은?

① 성형성이 우수해야 한다.
② 열이나 연삭액에 대하여 안전성이 있어야 한다.
③ 필요에 따라 결합 능력을 조절할 수 있어야 한다.
④ 충격에 견뎌야 하므로 기공 없이 치밀해야 한다.

16.
숫돌 바퀴의 3대 요소는 숫돌입자·기공·결합제 이다.

17 밀링작업에서 분할대를 사용하여 직접 분할할 수 없는 것은?

① 3등분
② 4등분
③ 6등분
④ 12등분

17.
직접 분할법은 주축의 선단이 고정된 직접 분할판을 이용하는 방법으로 24등분의 구멍이 설치되어 있으므로 24의 약수 즉 2, 4, 6, 8, 12, 24등분만이 분할할 수 있다.

18 일반적인 보통선반 가공에 관한 설명으로 틀린 것은?

① 바이트 절입량의 2배로 공작물의 지름이 작아진다.
② 이송속도가 빠를수록 표면거칠기는 좋아진다.
③ 절삭속도가 증가하면 바이트의 수명은 짧아진다.
④ 이송속도는 공작물의 1회전 당 공구의 이동거리이다.

18.
절삭속도가 증가하면 구성인선이 방지되나 바이트의 수명은 짧아지며 이송속도가 빠를수록 표면거칠기는 나빠진다.

정답 14. ① 15. ④ 16. ④ 17. ① 18. ②

19 원형 부분을 두 개의 동심의 기하학적 원으로 취했을 경우, 두 원의 간격이 최소가 되는 두 원의 반지름의 차로 나타내는 형상 정밀도는?

① 원통도
② 직각도
③ 진원도
④ 평행도

20 4개의 조가 90° 간격으로 구성 배치되어 있으며, 보통 선반에서 편심가공을 할 때 사용되는 척은?

① 단동척
② 연동척
③ 유압척
④ 콜릿척

❷ 기계제도 및 기초공학

21 그림에서 치수 500과 같이 치수 밑에 굵은 실선을 적용하였을 때 이 치수에 대한 해석으로 옳은 것은?

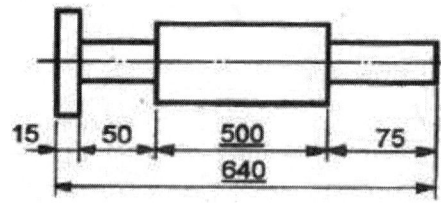

① 500의 치수 부분은 비례척이 아님
② 치수 500만큼 표면 처리를 함
③ 치수 500 부분을 정밀 가공을 함
④ 치수 500은 참고 치수임

19.
진원도
원의 중심으로부터 벗어난 측정값으로 공차역은 원 표면의 모든 점이 들어가야 하는 완전한 동심원 반경상의 공차이다.
(중심에 수직한 단면상 표면의 측정값)

원통도
원통도는 축선에서 표면이 완전히 평행한 원통으로부터 벗어난 크기로 공차는 반경상의 공차이며 원통형상 전 표면에 대하여 적용한다.

20.
연동척 : 척의 조는 3개로 되어 있고 동시에 방사상으로 진퇴하게 되며, 공작물의 단면이 원형, 6각형 같은 공작물을 물린다.
·단동척 : 나사가 각각 조마다 별개로 되어 있어 4개의 조가 단독으로 움직이며 공작물의 단면이 불규칙한 것, 편심가공할 때 사용한다.
·복동척 : 단동식 또는 연동식으로 겸용. 불규칙한 형상 가공시 사용한다.
·콜릿척 : 환봉이나 각봉재를 가공할 때 자동선반이나 터릿선반에서 사용한다.

정답 19. ③ 20. ① 21. ①

22 다음 중 복렬 자동 조심 볼 베어링에 해당하는 베어링 간략기호는?

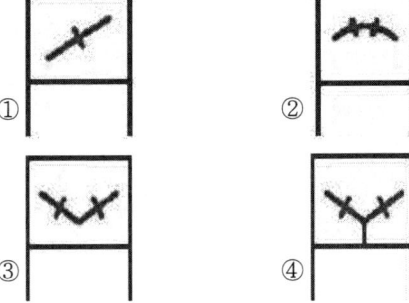

23 스퍼기어를 제도할 경우 스퍼기어 요목표에 일반적으로 기입하는 항목으로 거리가 먼 것은?

① 기준 피치원 지름
② 모듈
③ 압력각
④ 기어의 이폭

24 조립 전의 구멍 치수가 $100^{+0.04}_{\ \ \ 0}$, 축의 치수가 $100^{+0.02}_{-0.06}$일 때 최대 틈새는?

① 0.02
② 0.06
③ 0.10
④ 0.04

24.
0.04 + 0.06 = 0.10

25 그림과 같이 경사지게 잘린 사각뿔의 전개도로 가장 적합한 형상은?

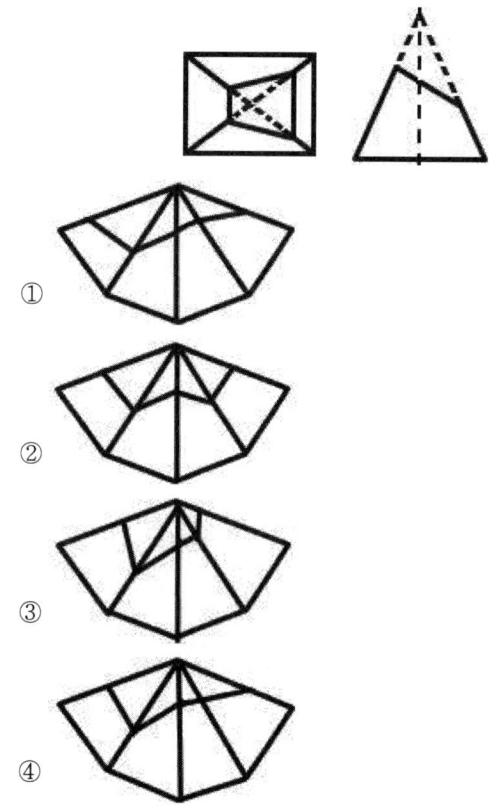

25. ④

26 그림과 같이 개개의 치수공차에 대해 다른 치수의 공차에 영향을 주지 않기 위해 사용하는 치수 기입법은 무엇인가?

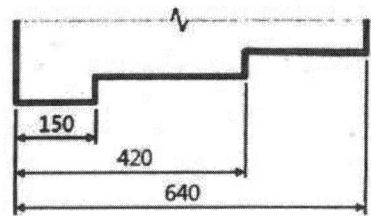

① 직렬 치수 기입법
② 병렬 치수 기입법
③ 누진 치수 기입법
④ 좌표 치수 기입법

27 [보기]와 같은 내용의 기하공차를 표시한 것 중 옳은 것은?

[보기]
길이 25mm의 원기둥의 표면은 0.1mm만큼 차이가 있는 2개의 동심 원기둥 사이에 들어 있어야 한다.

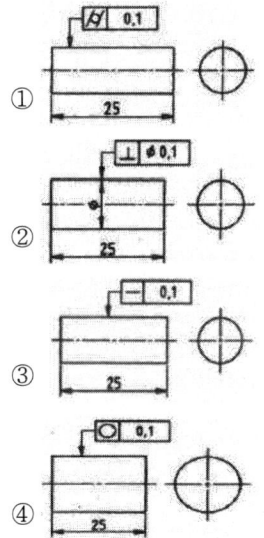

27.
원통도는 축선에서 표면이 완전히 평행한 원통으로부터 벗어난 크기로 공차는 반경상의 공차이며 원통형상 전 표면에 대하여 적용한다.

정답 26. ② 27. ①

28 다음 중 표면의 결을 도시할 때 제거가공을 허용하지 않는다는 것을 지시한 것은?

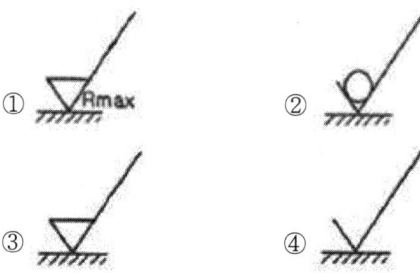

29 그림과 같은 입체도를 제3각법으로 투상한 투상도로 옳은 것은?

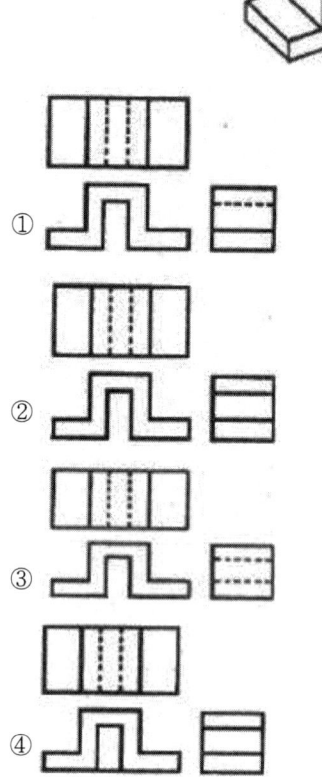

30 그림과 같은 도면의 양식에서 각 항목이 지시하는 부위의 명칭이 틀린 것은?

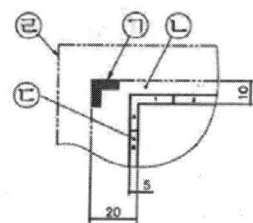

① ㉠ : 재단 마크
② ㉡ : 재단 용지
③ ㉢ : 비교 눈금
④ ㉣ : 재단하지 않은 용지 가장자리

30.
㉢ : 구역표시

31 가정용 형광등에 사용하는 교류전압은 실효값이 220V이다. 이 교류전압의 최대값은 약 얼마인가?

① 110.15V
② 220.13V
③ 244.15V
④ 311.13V

31.
$V_{max} = \sqrt{2} \times 220$
$= 311.13\ V$

32 회전 모멘트에 대한 설명이 틀린 것은?

① 물체에 가하는 힘이 크면 회전 모멘트는 크다.
② 회전 모멘트의 단위는 힘과 거리 단위의 곱이다.
③ 회전 중심에서 힘이 가해지는 곳까지의 선분 길이가 길면 회전 모멘트는 크다.
④ 힘이 가해지는 곳까지의 선분과 힘이 이루는 각이 180°일 때 회전 모멘트는 크다.

32.
힘이 가해지는 곳까지의 선분과 힘이 이루는 각이 90°일 때 회전 모멘트는 크다.

33 축전기의 용량을 표시하는 단위로 옳은 것은?

① V
② Ah
③ kVA
④ kWh

정답 30. ③ 31. ④ 32. ④ 33. ②

34 다음 그림(응력-변형률곡선)에서 A점을 비례한도라고 할 때 B점(응력)의 명칭은?

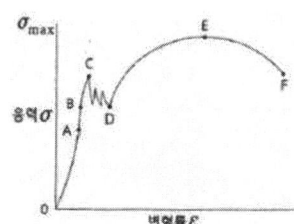

① 하한 값
② 극한강도
③ 탄성한도
④ 파괴강도

34.
A : 비례한도
B : 탄성한도
C : 상항복점
D : 하항복점
E : 극한강도
F : 파단점

35 직경이 D인 원의 면적을 구하는 식으로 옳은 것은?

① $\dfrac{\pi D}{2}$

② $\dfrac{\pi D^2}{2}$

③ $\dfrac{\pi D}{4}$

④ $\dfrac{\pi D^2}{4}$

36 그림과 같이 두 힘을 합성할 때 합력의 크기는?

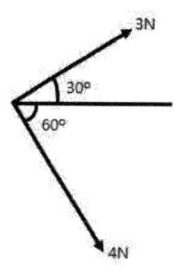

① 3.5N ② 5N
③ 7N   ④ 12N

36.
$F = \sqrt{4^2 + 3^2} = 5$

정답 34. ③ 35. ④ 36. ②

37 철판에 1.5cm/s로 자동 용접할 수 있는 잠호용접기가 있다. 같은 철판을 2분 동안 용접한 거리는?

① 30cm
② 160cm
③ 180cm
④ 540cm

37.
$1.5 \times 60 \times 2 = 180\,cm$

38 여러 개의 저항을 하나의 패키지(package) 형태로 만든 저항은?

① 가변 저항
② 고정 저항
③ 반고정 저항
④ 어레이 저항

39 그림과 같이 직경이 90cm인 풀리가 180rpm으로 회전할 때 발생하는 전달마력[PS]은?

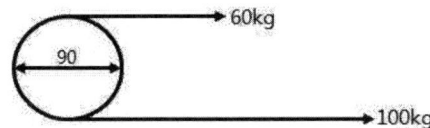

① 4.52
② 5.52
③ 6.52
④ 7.52

39.
$PS = \dfrac{(100-60)}{75} \times \dfrac{\pi \times 90 \times 180}{60 \times 100}$
$= 4.52$

40 바다 속 10m에 있는 물체에 가해지는 바닷물의 압력(게이지 수압)은 약 얼마인가?
(단, 바닷물의 밀도는 1.03g/cm³이다.)

① 101kPa
② 110kPa
③ 111kPa
④ 121kPa

40.
$P = \gamma h = 1030 \times 10$
$= 10300\,kg/m^2$
$= \dfrac{10300 \times 9.8}{1000}$
$= 100.94\,kPa$

정답 37. ③ 38. ④ 39. ① 40. ①

❸ 자동제어

41 다음 중 로터리 엔코더에서 출력되는 펄스 신호를 PLC에 입력하기 위해서 사용하는 특수 유니트의 명칭은?

① PID 유니트
② D/A변환 유니트
③ 고속 카운터 유니트
④ 컴퓨터 링크 유니트

41.
PID 유니트 : 제어대상을 설정한 값으로 유지하기 위해, 검출부에서 측정한 현재 값과 목표값이 차이가 있는 경우에 그 차를 없애는 방향으로 출력을 조절하는 장치

D/A변환 유니트 : 아날로그 정보를 디지털 신호로 바꿔 처리하고, 그 터리 결과를 다시 아날로그 정보로 표시해주는 장치

컴퓨터 링크 유니트 : PLC나 컴퓨터와 연결하여 데이터의 상호 교환하도록 해주는 장치

42 다음 전기회로의 입력과 출력 간 전달함수 $\dfrac{V_o(s)}{V_i(s)}$ 는?

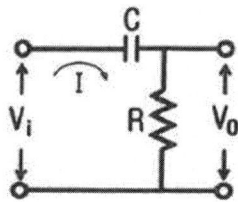

① $RCs + 1$
② $\dfrac{RCs + 1}{RCs}$
③ $\dfrac{1}{RCs + 1}$
④ $\dfrac{RCs}{RCs + 1}$

42.
1차 RC회로
LPF(저역통과필터) HPF(고역통과 필터)
시정수
RC회로 시정수 : $\tau = RC$
RL회로 시정수 : $\tau = \dfrac{L}{R}$

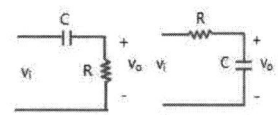

전달함수
$H_{LP}(s) = \dfrac{1}{1 + \tau s}$
$= \dfrac{1}{1 + s/\omega_L}$

$H_{HP}(s) = \dfrac{\tau s}{1 + \tau s}$
$= \dfrac{s}{1 + s/\omega_L}$

위의 회로는 HPF 회로로서 전달함수 공식을 대입하면

$\dfrac{RCs}{RCs + 1}$ 이 된다.

정답 41. ③ 42. ④

43 PLC의 RS232C 커넥터를 이용하여 PC와 직접 연결하려고 한다면, RXD 단자는 상대편의 어느 단자와 연결해야 하는가?

① DCD
② DTR
③ RXD
④ TXD

43.
RS-232C 신호선의 순서
DTR(컴퓨터) -> DSR(모뎀) ->
RTS(컴퓨터->모뎀송신체크) ->
CTS(모뎀->컴퓨터송신체크)
->DCD(모뎀->컴퓨터->
모뎀 체크) -> TXD(데이터전송)
-> RXD(데이터확인)

44 피드백 제어계 중 물체의 위치, 각도 등의 기계적 변위를 제어량으로 하여 목표값의 임의의 변화를 추종하도록 구성된 제어계는?

① 서보제어
② 자동조정
③ 프로그램 제어
④ 프로세스 제어

44.
자동조정 : 전압,전류,회전속도, 회전력 등의 양을 자동제어 하는 것
프로그램제어 : 제어 목표값을 미리 정해진 규칙에 따라 변화시키는 자동제어를 하는 것
프로세스 제어는 온도,유량,압력, 레벨,농도,습도,비중 등 공정제어의 제어량으로 하는 제어이다.
위치제어의 경우에는 서보제어에 해당된다.

45 정보처리 회로에서는 서보 기구로 보내는 신호의 형태는?

① 변위
② 전류
③ 전압
④ 펄스

45.
서보기구는 일정치 이상의 전압을 가진 순간적인 전류인 펄스를 사용한다.

46 어큐뮬레이터(accumulator)의 용도로 틀린 것은?

① 에너지 축적용
② 펌프 맥동 흡수용
③ 충격 압력의 완충용
④ 오일 중 공기나 이물질 분리용

46.
4번의 특징은 분리판 (Baffle plate)의 특징이다.

47 PLC의 출력에 해당하지 않는 것은?

① lamp
② motor
③ sensor
④ solenoid valve

47.
sensor는 입력장치이다.

정답 43. ④ 44. ① 45. ④ 46. ④ 47. ③

48 유압제어의 일반적인 특징으로 틀린 것은?

① 무단변속이 가능하다.
② 입력에 대한 출력 응답이 빠르다.
③ 작은 장치로 큰 출력을 얻을 수 없다.
④ 전기, 전자의 조합으로 자동제어가 가능하다.

48.
유압의 특징
소형으로도 큰출력을 전달할 수 있다.
출력의 크기와 속도를 무단계로 간단히 제어가능 자동제어, 원격제어가 가능
전부하에서의 시동가능
과부하방지대책이 간단
입력부와 출력부의 위치를 자유로 바꿀 수 있다.
가동부의 관성이 작아 기동, 정치를 빠르게 할 수 있다.
동력의 축적이 어큐뮬레이터에 의하여 간단히 가능하다.
유온의 변화에 따라 출력부의 속도가 변하기 쉽다.
유압장치의 동력전달효율이 나빠 손실동력이 크다.
배관이 곤란하다.
소음, 진동이 발생하기 쉽다.
기름의 관리가 어렵다.
유압유는 가연성이 크므로 위험하다.
배관접속부, 패킹부 등에서 압유 누설 방지에 주의가 필요하다.

49 근궤적의 대칭에 대한 설명으로 옳은 것은?

① 대칭성이 없다.
② 원점과 대칭이다.
③ 실수축과 대칭이다.
④ 허수축과 대칭이다.

49.
특성방정식의 복소근은 공액근으로서 허수부의 값이 실수축에 대하여 대칭이므로 근궤적 역시 실수축에 대하여 대칭을 이룬다.

50 시퀀스제어 회로에서 스위치를 ON으로 조작하는 것과 동시에 작동하고 타이머의 설정시간 후에 정지하는 회로는?

① 반복 동작회로
② 지연 동작회로
③ 일정시간 동작회로
④ 지연복귀 동작회로

50.
OFF딜레이타이머
입력이 들어감과 동시에 출력이 ON되고, 내보낸 출력은 타이머의 설정시간 만큼 출력을 내보낸 후 OFF된다.

정 답   48. ③   49. ③   50. ③

51. $\dfrac{A(s)}{B(s)} = \dfrac{2}{s-1}$ 의 전달함수를 미분방정식으로 나타낸 것은?

① $\dfrac{da(t)}{dt} + a(t) = 2b(t)$

② $\dfrac{da(t)}{dt} + 2a(t) = b(t)$

③ $\dfrac{da(t)}{dt} + 2a(t) = 2b(t)$

④ $\dfrac{2da(t)}{dt} + a(t) = b(t)$

52. 그림과 같은 되먹임 제어계의 전달함수는?

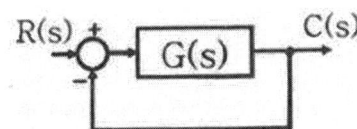

① $\dfrac{G(s)}{1+R(s)}$

② $\dfrac{C(s)}{1+R(s)}$

③ $\dfrac{R(s)C(s)}{1+G(s)}$

④ $\dfrac{G(s)}{1+G(s)}$

53. 서보기구용 검출기 중 변위를 자기장의 변화로 감지하는 것은?
① 압력계
② 속도 검출기
③ 전압 검출기
④ 차동 변압기

53.
차동변압기란, 변위 센서의 하나로서 1차 쪽에 1개, 2차 쪽에 2개의 코일이 있는 변압기로서. 상호 인덕턴스의 원리를 응용한 센서,리니어 포머라고도 말해진다

54. 다음 중 인칭(Inching) 회로를 사용하는 목적으로 옳은 것은?
① 전압을 높이기 위하여
② 사용자의 안전을 위하여
③ 토크를 크게 하기 위하여
④ 기동전류를 제한하기 위하여

54.
.인칭회로는 자동으로 동작되고 있는 회로를 인칭버튼 혹은 인칭신호를 통하여 수동으로 변환하는 회로로서 자동화 공정 중 긴급한 상황이 발생했을 경우에 수동조작으로 안전하게 위험상황을 제거하는데에 사용한다.

정답 51. ① 52. ④ 53. ④ 54. ②

55 스테핑 모터에 대한 설명으로 틀린 것은?

① 고속 운전 시에 탈조하기 쉽다.
② 회전각 검출을 위한 피드백이 필요 없다.
③ 스테핑 모터의 총 회전각은 입력 펄스의 총 수에 비례한다.
④ 1스텝 당 각도 오차가 작고 회전각 오차는 스텝마다 누적된다.

55.
스테핑모터의 특징
1. 피드백기능이 불필요하며 제어가 간단하다. 펄스입력으로 오픈 루프로 제어가 가능하다.
2. 모터의 회전각도와 입력펄스의 수가 완전히 비례한다.
3. 한 스텝당의 각도오차가 적고, 오차는 누적되지 않는다.
4. 기동정지, 정,역회전의 응답성이 좋다.
5. 모터의 축을 부하에 직결한 상태로 초저속으로 동기운전이 가능하다.
6. 자기 유지력이 있어서 브레이크 등을 사용하지 않고도 정지 위치를 유지할 수 있다.
7. 펄스신호의 주파수에 비례한 회전속도가 얻어지며, 광범위한 변속이 가능하다.
8. 크고 무겁다.
9. 크기에 비해 토크가 적다.
10. 과부하에서 난조 (탈조 현상)를 일으키며, 동기가 되지 않을 수 있다.
11. 고속회전이 곤란하다.
12. 저속회전 시에는 진동이 발생한다.
13. 소비전력이 크다.

56 4096bps를 사용하기 위한 1bit 전송시간은 약 몇 ms인가?

① 0.48
② 0.69
③ 0.244
④ 0.288

56.
bps는 bits per second의 약자로 1초에 송신할 수 있는 비트수를 나타낸다. 초당 4096의 bit를 보냈다면, 1초는 1000ms이므로, 1000/4096을 하면 0.244의 전송시간이 나온다.

57 10진법의 수 0에서 7까지를 2진법으로 표현하기 위한 최소 자릿수는?

① 1
② 2
③ 3
④ 4

57.
$2^2 + 2^1 + 2^0$ 이기 때문에 3자리면 충분하다
$4 + 2 + 1$

정답 55. ④ 56. ③ 57. ③

58 어떤 제어계에 대하여 단위 1인 크기의 계단입력에 대한 응답을 무엇이라 하는가?
① 과도 응답
② 선형 응답
③ 정상 응답
④ 인디셜 응답

58.
인디셜응답 : 물리적 계에 스텝함수의 입력이 가해졌을 경우의 출력함수

59 1차 자연요소의 전달함수는?
(단, K: 이득상수, T:시정수, s:라플라스연산자이다.)
① $1+Ls$
② $1+Ls+Ks^2$
③ $\dfrac{K}{1+sT}$
④ $\dfrac{K}{1+sT_1+s^2T_2}$

60 NC 공작기계의 주요 구성부가 아닌 것은?
① 스크루
② 입력부
③ 서보 제어부
④ 연산 제어부

60.
NC시스템의 주요 구성부는 입력부,연산제어부,서보제어부, 검출부가 있다.

4 메카트로닉스

61 마이크로프로세서의 중앙처리장치가 기억장치에서 명령을 인출해 오는 사이클은?
① Fetch
② Direct
③ Interrupt
④ Execution

61.
Direct : 마이크로프로세서 개입없이 데이터를 메모리나 입출력 장치에 하드웨어적인 방법으로 전송하는 것
Interrupt : 마이크로프로세서(CPU)가 프로그램을 실행하고 있을 때, 입출력 하드웨어 등의 장치나 또는 예외상황이 발생하여 처리가 필요할 경우에 마이크로프로세서에게 알려 처리할 수 있도록 하는 것을 말한다.
Execution : CPU 내부에서 실행하면서 걸리는 경우도 있다. 예를 들어 DIV 명령어를 실행할 때 0으로 나누어지거나, 주소 버스에서 할당되지 않는 주소공간을 액세스 하는 것

정답 58. ④ 59. ③ 60. ① 61. ①

62 10진수 458을 이진화 십진법인 BCD 부호로 변환한 값은?

① $0100\ 0101\ 1000_{BCD}$
② $0101\ 0100\ 1011_{BCD}$
③ $0101\ 0101\ 1001_{BCD}$
④ $1000\ 0100\ 0101_{BCD}$

62.
각각의 숫자를 16진수화 시키면
　　4　　5　　8　이 된다.
　0100　0101　1000

63 다음 논리회로의 논리식은?

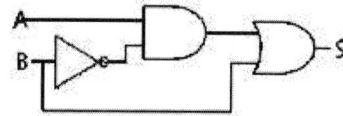

① $S = AB$
② $S = \overline{A}B$
③ $S = A + B$
④ $S = \overline{A} + B$

63.
위의 논리회로를 정리하면
$S = A\overline{B} + B$가 되고, 이것을
배분의 정리에 의해서
다시 정리하면
$S = (B + A) \cdot (B + \overline{B})$가
되고, 결국 $S = A + B$가 됩니다.

64 $V = 142 \sin\left(120\pi t - \dfrac{\pi}{3}\right)$인 파형의 주파수[Hz]는 얼마인가?

① 15
② 30
③ 60
④ 120

64.
$120\pi t$가 파형의 각속도이고,
각속도 $= 2\pi \times$ 주파수 이므로
주파수 $= 120\pi \div 2\pi$가 된다.
그러므로 주파수는 $60Hz$가 된다.

65 구멍 가공 공정을 줄이기 위해 1개의 구동력으로 여러 개의 구멍을 동시에 뚫을 수 있는 드릴링 머신은?

① 다두 드릴링 머신
② 다축 드릴링 머신
③ 탁상 드릴링 머신
④ 레이디얼 드릴링 머신

65.
다두드릴링머신 : 직접 드릴링 머신의 상부 기구를 같은 베드위에 여러개 나란히 장치한 머신
탁상드릴링머신 : 소형의 구멍을 뚫을 때 쓰는 머신
레이디얼드릴링머신 : 수직의 기둥을 중심으로 선회할 수 있는 암(arm) 위를 주축헤드가 수평으로 이동하는 구조의 머신

정답　62. ①　63. ③　64. ③　65. ②

66 입·출력장치와 CPU의 실행 속도 차를 줄이기 위해 사용되는 소형의 장치는?

① DMA
② RAM
③ Channel
④ Program Counter

66.
DMA : CPU에 의한 프로그램의 실행없이 자료의 이동을 할 수 있도록 하는 컨트롤러
RAM : 기억된 정보를 읽어내기도 하고 다른 정보를 기억할 수 있지만 휘발성이다.
Program Counter : 컴퓨터가 다음에 실행할 명령의 로케이션이 기억되어 있는 레지스터

67 이상적인 연산증폭기(OP AMP)의 특성 중 틀린 것은?

① 대역폭은 항상 0이다.
② 두 입력 단자 사이의 전압은 0이다.
③ 온도에 따라 특성이 변화되지 않는다.
④ $V_1 = V_2$일 때 V_1의 크기에 관계없이 $V_0 = 0$이다.

67.
연산증폭기(OP AMP)는 대역폭이 항상 무한대이다.

68 센서의 신호변환에서 8개의 2진 신호를 가지고 0~10V의 아날로그 신호를 디지털 신호로 변환할 때 아날로그 신호의 분해능은 약 얼마인가?

① 0.027V
② 0.039V
③ 0.052V
④ 0.068V

68.
$V_{resolution}$ (분해능)
= 전압 ÷ $2^{비트수}$
= $10 ÷ 2^8$
= $0.039\,V$

69 직류 모터에서 접촉하는 브러시를 통하여 직류 전류를 공급하는 요소는?

① 고정자
② 전기자
③ 정류자
④ 회전자

69.
고정자 : 전동기,발전기 등 전기기기에서 고정되어 있는 부분
전기자 : 고정 부분에 대하여 회전 혹은 이동운동에 의해서 전기-기계 에너지 변환 또는 회로의 개폐 등을 하는 부분
회전자 : 전동기,발전기 등 전기기기에서 회전하는 부분

70 10진수 423을 16진수로 변환하면?

① $1A6_{16}$
② $1A7_{16}$
③ $1F6_{16}$
④ $1F7_{16}$

70.
10진수 423을 16진수로 변환하기 위해선 먼저 2진수로 변환한다.

423 -> 110100111 이 되며, 이 2진수를 16진수로 변환하면
0001/1010/0111 -> 1A7이 된다.
　1　　A　　7

정답 66. ③ 67. ① 68. ② 69. ③ 70. ②

71 선반에서 4개의 조(jaw)가 각각 별도로 움직여 불규칙한 공작물을 고정할 때 쓰이는 척은?

① 단동 척
② 연동 척
③ 콜릿 척
④ 마그네틱 척

71.
연동 척 : 1곳의 핸들 구멍을 회전시키는데 따라 동시에 3개의 조(jaw)를 같은 양 만큼 이동시킬 수 있는 척
콜릿 척 : 자동선반, 터릿선반들에 있어서 주축 통하여 봉재를 물릴 때에 사용하는 죔 공구
마그네틱 척 : 자석을 이용한 기구로서 얇은 가공물 또는 연삭에 좋다.

72 지름 $100mm$의 공작물을 절삭길이 $25mm$, 회전속도 $300rpm$, 이송속도 $0.25mm/rev$으로 1회 가공할 때 소요되는 시간은 약 몇 초(sec)인가?

① 10
② 20
③ 30
④ 40

72.
가공시간 = $\frac{절삭길이}{절삭속도}$ 이므로,

절삭속도 = $\frac{\pi \times 100 \times 300}{1000 \times 60}$
= $1.57 mm/\sec$

그러므로 가공시간은
$T = \frac{25}{1.57} = 15.9 mm/\sec$

73 마이크로프로세서 장치로 들어가는 다음 입력 중에서 입력과 출력이 양방향(쌍방향)인 것은?

① 클럭 입력
② 인터럽트 입력
③ 데이터버스 입력
④ 어드레스 버스 입력

73.
클럭 입력 : high신호와 low신호가 주기적으로 나타나는 방형파 입력
인터럽트 입력 : 마이크로프로세서로 보내는 일방향 신호
어드레스 버스 입력 : CPU가 외부에 있는 메모리나 I/O들의 번지를 지정하는데 사용

74 연산 증폭기의 응용 회로가 아닌 것은?

① 미분기
② 적분기
③ 디지털 반가산증폭기
④ 아날로그 가산증폭기

74.
연산 증폭기의 응용회로에 디지털 반가산증폭기는 없다.

75 AC 서보 모터의 특징으로 틀린 것은?

① 속도제어가 간단하다.
② 고속 특성이 우수하다.
③ 토크 특성이 우수하다.
④ 단상(single phase)과 다상(poly phase)의 형태이다.

76 접시머리나사의 머리 부분을 묻히게 하기 위해 자리를 파는 작업은?

① 스텝 보링(step boring)
② 스폿 페이싱(spot facing)
③ 카운터 보링(counter boring)
④ 카운터 싱킹(counter sinking)

77 정류자와 브러시가 있는 전동기는?

① 동기 전동기
② 유도 전동기
③ 직류 전동기
④ 스테핑 전동기

78 다음 중 검출 방법이 접촉식인 것은?

① 근접 스위치
② 리밋 스위치
③ 광전 스위치
④ 초음파 스위치

75.
AC 서보모터의 특징
1. 유지,보수성이 용이하다.
2. 내환경성이 뛰어나다.
3. 큰 토크가 가능하다.
4. 정전시의 발전 제동이 가능하다.
5. 소형,경량이다.
6. 높은 파워 레이트를 가지고 있다.
7. 속도제어가 어렵다.

76.
스텝보링 : 보링은 하나 이상의 직경 및 피니시,모따기 등과 같은 추가 피처를 포함하는 특수 정밀 보링 프로세스
스폿 페이싱 : 흑피의 부분은 너트와 볼트의 조임을 확실하게 하기 위한 것
카운터 보링 : 작은나사 또는 볼트의 머리를 공작물의 표면으로부터 묻히게 하기 위하여 깊게 자리내기를 하는 가공

77.
동기 전동기 : 계자극에 영구자석을 사용한다.
유도 전동기 : 고정자,회전자, 3상코일,회전자도체에 의해 회전한다.
스테핑 전동기 : 브러시가 없는 직류 전동기이다.

78.
근접스위치, 광전스위치, 초음파스위치는 물체와 직접적인 접촉이 없는 비접촉식 센서이다.

정답 75. ① 76. ④ 77. ③ 78. ②

79 자기력선의 설명으로 옳은 것은?

① 자력이 미치는 공간을 말한다.
② 자석 내부를 통과하는 자력선이다.
③ 자력이 소유하고 있는 힘의 크기이다.
④ 자력이 미치고 있는 가상적인 선을 말한다.

79.
자기력선이란, 자기력이 작용하는 공간을 표현하는 방법으로 자기력의 방향과 크기를 선으로 나타낸 것이다.

80 반도체의 도전성에 대한 설명으로 틀린 것은?

① P형 반도체의 반송자는 대부분 정공이다.
② N형 반도체의 반송자는 대부분 자유전자이다.
③ 불순물 반도체는 자유전자만을 포함하고 있다.
④ 진성 반도체의 반송자는 같은 수의 자유전자와 정공이 있다.

80.
불순물 반도체는 인,비소, 알루미늄,붕소가 일반적이며 5족원소를 첨가하면 N형 반도체, 3족 원소를 첨가하면 P형 반도체가 된다.

정답 79. ④ 80. ③